国家林业局普通高等教育“十三五”规划教材
高等院校园林与风景园林专业规划教材

风景建筑构造与结构（第3版）

Landscape Construction And Building Structure

瞿志　林洋◎主编

中国林业出版社
CFPH China Forestry Publishing House

内容简介

本教材内容总共分为两大部分：第1~8章介绍的是建筑构造方面的内容，基本按照建筑物从下至上的构件顺序介绍了相关的构造内容；第9~14章介绍的是建筑结构方面的内容，主要按照承重结构材料分类不同依照国家相关规范介绍了相关的结构设计计算问题。

本教材的内容涵盖范围很广，涉及的学科很多，但相关内容的介绍都比较基础，尤其是结构计算部分比较浅显易懂，适合风景园林与城市规划专业的本科生使用，亦可供园林工作者、林业、农业民用房屋建筑设计施工人员参考。

图书在版编目（CIP）数据

风景建筑构造与结构/瞿志，林洋编著. —3版. —北京：中国林业出版社，2016.8（2024.8重印）
国家林业局普通高等教育“十三五”规划教材　高等院校园林与风景园林专业规划教材
ISBN 978-7-5038-8671-3

Ⅰ.①风…　Ⅱ.①瞿…②林…　Ⅲ.①园林建筑—建筑构造—高等学校—教材②园林建筑—建筑结构—高等学校—教材　Ⅳ.①TU986.4

中国版本图书馆CIP数据核字（2016）第201500号

策划、责任编辑：康红梅
电话：83143551　　**传真**：83143516

出版发行　中国林业出版社（100009　北京市西城区刘海胡同7号）
E-mail：jiaocaipublic@163.com　电话：（010）83143500
http://www.cfph.net
经　销　新华书店
印　刷　中农印务有限公司
版　次　1992年3月第1版（共印10次）
2008年8月第2版（共印6次）
2016年8月第3版
印　次　2024年8月第5次印刷
开　本　889mm×1194mm　1/16
印　张　19
字　数　524千字
定　价　55.00元

高等院校园林与风景园林专业规划教材
编写指导委员会

第3版前言

《风景建筑构造与结构》（第2版）于2008年出版，是在黄金锜先生撰写的第1版教材的基础上进行修订的，结构部分主要遵循国家2001版的相关规范编写。因为教材涵盖内容较广，基础性较强，尤其是结构计算部分比较浅显易懂，更适用于非建筑与结构专业的学生参考，因此第2版的教材在城市规划专业和风景园林专业本科教学实践中得到了较好的评价，出版8年来共计印刷6次。2010年，结构部分的相关国家规范陆续修订出新版，尤其是《混凝土结构设计规范》GB 50010—2010和《建筑抗震设计规范》GB 5001—2011有较大的变化，个别计算方法和相关概念已不同于旧版规范，因此有必要对教材进行修订。

本次修订根据现行工程中建筑构造常用处理方法以及新版国家规范进行，同时纠正了第2版中的一些错误与不足。第3版中建筑结构基本计算原理部分按照《建筑结构荷载规范》GB 50009—2012编写，地基基础结构设计计算部分按照《建筑地基基础设计规范》GB 50007—2011编写，砌体结构设计计算部分按照《砌体结构设计规范》GB 50003—2011编写，混凝土结构设计计算部分按照《混凝土结构设计规范》GB 50010—2010编写，建筑抗震部分按照《建筑抗震设计规范》GB 50011—2011编写。钢结构和木结构部分按照《钢结构设计规范》GB 50017—2003和《木结构设计规范》GB 50005—2003编写。

本次修订工作主要由林洋担任，在教材编写过程中参考、引用了大量文献资料，恕未在书中一一标注，统列于书后，在此深表谢意。另外，感谢参与本书出版的编辑与所有同仁，尤其是北京林业大学园林学院的多位研究生与本科生在提供资料和绘制插图等方面给予热情的帮助，由于大家通力合作，才能完成此书。

由于水平所限和所综合的课程内容较多等因素，不足之处在所难免，恳请读者给予批评指正，以求再版改正。

编　者

2016年6月

第2版前言

“风景建筑构造与结构”是介绍建筑物构配件组成及结构基本原理和设计的课程，是高等学校本科风景园林专业、城市规划专业的必修课。主要内容包括：建筑结构与建筑构造的基本概念、墙、门窗、变形缝、楼地层、楼梯、屋顶、屋顶花园等构造知识，以及建筑结构基本计算原理、地基与基础、砌体结构、钢筋混凝土结构构件设计、钢结构和木结构、建筑抗震等结构知识。

本教材从风景建筑实际出发，考虑到专业的需要和学时限制，将全国统编建筑、结构类型的教材有关建筑构造与结构设计等课程的内容加以取舍，综合归纳为风景建筑构造与结构的混编教材。

本教材内容旨在给予读者风景建筑必要的建筑构造和建筑结构的基本理论、基本知识和基本技能，建立风景建筑构造和结构的整体概念，并且具有独立的解决风景建筑方案中关于构造与结构处理的相关思维与技能，为学习后继课程“园林建筑设计”和“园林工程”及从事有关的建筑技术工作奠定必要的基础。

本教材第1版由黄金锜先生撰写，并一直作为风景园林专业的建筑构造与结构课程的教材使用，效果良好。但随着建筑技术和建筑材料的不断进步，建筑的构造做法已有较大的改进和改变，另外随着对结构构件性能的试验研究与经验总结的积累，结构的相关国家规范也已经更换新版本，计算方法和相关概念已不同于旧版规范，因此在本教材第1版的基础上进行修订。本教材根据现行工程中建筑构造常用处理方法以及新版结构设计规范进行编写与修订。本教材中建筑结构基本计算原理部分按照《建筑结构荷载规范》GB 50009—2001（2006年版）编写，地基基础结构设计计算部分按照《建筑地基基础设计规范》GB 50007—2002编写，砌体结构设计计算部分按照《砌体结构设计规范》GB 50003—2001编写，混凝土结构设计计算部分按照《混凝土结构设计规范》GB 50010—2002编写，建筑抗震部分按照《建筑抗震设计规范》GB 50011—2001编写。

本书由北京林业大学园林学院瞿志、林洋两位教师合编，参考并引用了一些公开出版和发表的文献，在此谨向原作者表示衷心感谢。在编写过程中园林学院的多位研究生与本科生在提供资料和绘制插图等方面给予了热情的帮助，谨致由衷的感谢。由于水平所限及所综合的课程内容较多等因素，书中定有不足之处，恳请读者给予批评指正。

本教材亦可供园林工作者、林业、农业民用房屋建筑设计施工人员参考。

瞿志　林洋

2008 年 6 月

第1版前言

本教材的编写是根据林业部所属高等院校教材出版计划，首先在北京林学院1982年编为油印讲义，1985年和1987年先后在北京林业大学印刷的《园林建筑构造与结构》教材基础上，为风景园林系园林规划设计专业重新编写的风景园林建筑结构教材。

在园林规划设计中进行园林建筑设计，必须具有一定的建筑构造和房屋结构设计知识，并应掌握一般中小型民用混合结构计算和有关构件的选用方法等技能。

从园林设计专业的实际需要来讲，目前全国统编建筑、结构类型的教材内容均过多，有些内容如大工业、高层、大跨和特构等建筑物在风景园林建筑工程中都很少遇到。为此本教材从园林建筑结构实际出发，考虑到专业的需要和学时限制，将有关建筑构造、地基基础、砖石结构、钢筋混凝土结构、木结构和房屋抗震设计等课程的有关内容，加以取舍、综合归纳为风景园林建筑结构的混编教材。

在本教材编写阶段，我国正在修订各项建筑设计标准、结构设计规范。为了在本教材中及时反映新的科技成果，并使学生所学内容尽可能与今后工作中使用的规范一致，在编写中将国家基本建设委员会在1980年以后新颁发的建筑设计、结构设计等一系列设计通则、规范及国家标准，作为编写依据。但由于有关结构规范（如钢筋混凝土结构设计规范、砌体结构设计规范及木结构设计规范等）截至本教材脱稿时，尚未正式颁布执行。因此本教材是在可能收集到的新规范送审稿及有关按新规范编写的教材等基础上进行编写的。

在编写过程中得到校内外专家教授们的帮助，北京林业大学风景园林系白日新教授、清华大学土木系支秉琛教授参加了本教材的审核工作，谨致由衷的感谢。

由于本人业务水平所限和所综合的课程内容较多等因素，对书中的某些不妥之处，恳请读者给予批评指正。

本教材亦可供园林工作者、林业、农业民用房屋建筑设计施工人员参考。

黄金锜

1989年12月

目录

第1章 绪论

[**本章提要**] 建筑构造与建筑结构是两个不同的概念。建筑构造是指研究建筑物构造方案、构配件组成、细部节点构造，研究建筑物的各个组成部分的组合原理和构造方法。建筑结构是指在房屋建筑中，由构件组成的能承受"作用"的体系。本章通过定义、分析与列举分别阐述了这两个基本概念的区别与联系。同时介绍了建筑物的基本组成及其作用和工程中对建筑物常用的分类方法，为后续章节的详细分解介绍提供了基本概念与基础知识。

风景建筑是一门内容广泛的综合性学科。它涉及城镇区域环境规划、建筑艺术、建筑设计、建筑构造、建筑结构及建筑经济等众多方面的技术问题。风景建筑是物质产品，同时又具有特定的艺术形象。

风景建筑应最大限度地利用周围环境，在位置的选择上要因地制宜，取得最好的透视线与观景点，并应以得景为主。因此它要比一般工业与民用建筑更重视造型和轮廓。风景建筑的这些特点，除了应在总体设计及艺术造型上给予足够的重视外，在建筑构造和建筑结构上也应有适应这些特色的技术要求。

风景建筑除了尚存的古典园林中的殿、堂、亭、台、楼、阁、廊、榭、舫、桥等外，随着我国经济建设的迅速发展，园林建设中的各类新型风景建筑也会层出不穷，在众多建筑结构中占有应有的位置。

1.1 建筑物与建筑构造和建筑结构的关系

风景建筑物大都是由基础、墙柱、楼盖、屋顶各个部分和各种构造装修所组成。任何一项建筑物的设计，需要建筑、结构、电气、暖通、给排水等专业工种相互配合来完成。

单体风景建筑设计是总体规划中的组成部分，需要符合总体规划要求，充分考虑周围环境，满足使用功能要求而为人们创造优美和愉快的休息环境，还需要处理好景观和造景，避免整齐对称，应有曲折变化、空透和精巧装修效果。

要满足上述这些要求，除了建筑设计外，还必须有建筑结构和建筑构造的保证，才能予以实现，并建成优秀的风景建筑物。

建筑结构指在房屋建筑中，由构件组成的能承受"作用"的体系。建筑结构是建筑物的骨骼，人们对于建筑所需要的空间就是依靠结构的技术手段而形成的。凡是建筑物，都是由屋架、楼板、大梁、墙身、柱子、基础等结构构件组成，这些构件在建筑物中互相支承，互相扶持，直接或间接地，单独或协同地承受各种荷载作用，构成一个结构整体——建筑结构。建筑结构是建筑物的骨架，是建筑物赖以存在的物质基础。因此，它的质量好坏，对建筑物的安全和寿命具有决定性的作用，也直接影响人们的生命与财产的安全。

建筑结构与建筑物有着密切关系，在决定建筑设计的平、立、剖面时，就应考虑结构方案，既要保证建筑物的使用功能，又要照顾到结构方案技术上实现的可能性、经济的合理性和施工的难易程度。因此，不同类型的建筑，对于结构体系和选型，构件尺寸的大小等，建筑设计者都应具有比较清晰的概念。

当然，与建筑设计密切配合、满足工艺要求无疑是结构方案选择的基本出发点。但反过来又必然对建筑设计提出技术限制。因此，建筑设计者如能对结构设计有较深刻的了解和掌握，将可使建筑设计和结构设计二者的技术矛盾最大限度地减小。

建筑构造是研究建筑物构造方案、构配件组成、细部节点构造，研究建筑物的各个组成部分的组合原理和构造方法。一个精美的风景建筑物设计，除了建筑设计的方案选择和平、立、剖面合理的设计和优良的结构设计外，还应处理好各种建筑物的做法，才能全面地满足建筑物的使用要求，达到美的艺术造型及先进的技术经济指标。例如，建筑物的立面色彩、装修，外檐墙身及檐口做法，室内墙面的粉饰，屋顶的防水，保温，地面和天花板、楼梯、台阶及室外勒脚、散水等的做法，以及它们的细部大样和所采用的材料等，这些都是建筑构造要解决的工程技术问题。

1.2 建筑物的组成及作用

任何一个建筑物，一般是由基础、墙或柱、楼板层及地坪、楼梯、屋顶和门窗等六大部分所组成(图1-1)。这些构件处在不同的部位，发挥着各自的作用。

(1)基础

基础是位于建筑物最下部的承重构件，它承受着建筑物的全部荷载，并将这些荷载传给地基。因此，基础必须具有足够的强度，并能抵御地下各种有害因素的侵蚀。

(2)墙

墙是建筑物的承重构件和围护构件。作为承重构件，承受着建筑物由屋顶或楼板传来的荷载，并将这些荷载再传给基础；作为围护构件，外墙起着抵御自然界各种因素对室内的侵袭；内墙起着分隔空间、组成房间、隔声以及保证舒适环境的作用。为此，要求墙体具有足够的强度、稳定性、保温、隔热、隔声、防火等能力以及适当的经济性和耐久性。

(3)柱

柱是框架或排架结构的主要承重构件，和承重墙一样，承受着屋顶和楼板层传来的荷载。柱所占空间小，受力比较集中，因此它必须具有足够的强度和刚度。

(4)楼板层

楼板层是楼房建筑中水平方向的承重构件，按房间层高将整幢建筑物沿水平方向分为若干部分。楼板层承重着家具、设备和人体荷载以及本身自重，并将这些荷载传给墙或柱。同时，它还对墙身起着水平支撑的作用。因此，作为楼板层，要求具有足够的强度、刚度和隔声能力。同时对有水侵蚀的房间，则要求楼板层具有防潮、防水的功能。

(5)地坪

地坪是底层房间与土层相接触的构件，它承受底层房间的荷载。作为地坪则要求具有耐磨、防潮、防水和保温的能力。

(6)楼梯

楼梯是建筑的垂直交通设施，供人们上下楼层和紧急疏散之用。所以要求楼梯具有足够的通行能力。

(7)屋顶

屋顶是建筑物顶部的围护构件和承重构件。由屋面层和结构层所组成。屋面层抵御自然界风、雨、雪及太阳热辐射与寒冷对顶层房间的侵袭；结构层承受房屋顶部荷载，并将这些荷载传给墙或柱。因此，屋顶必须具有足够的强度、刚度及

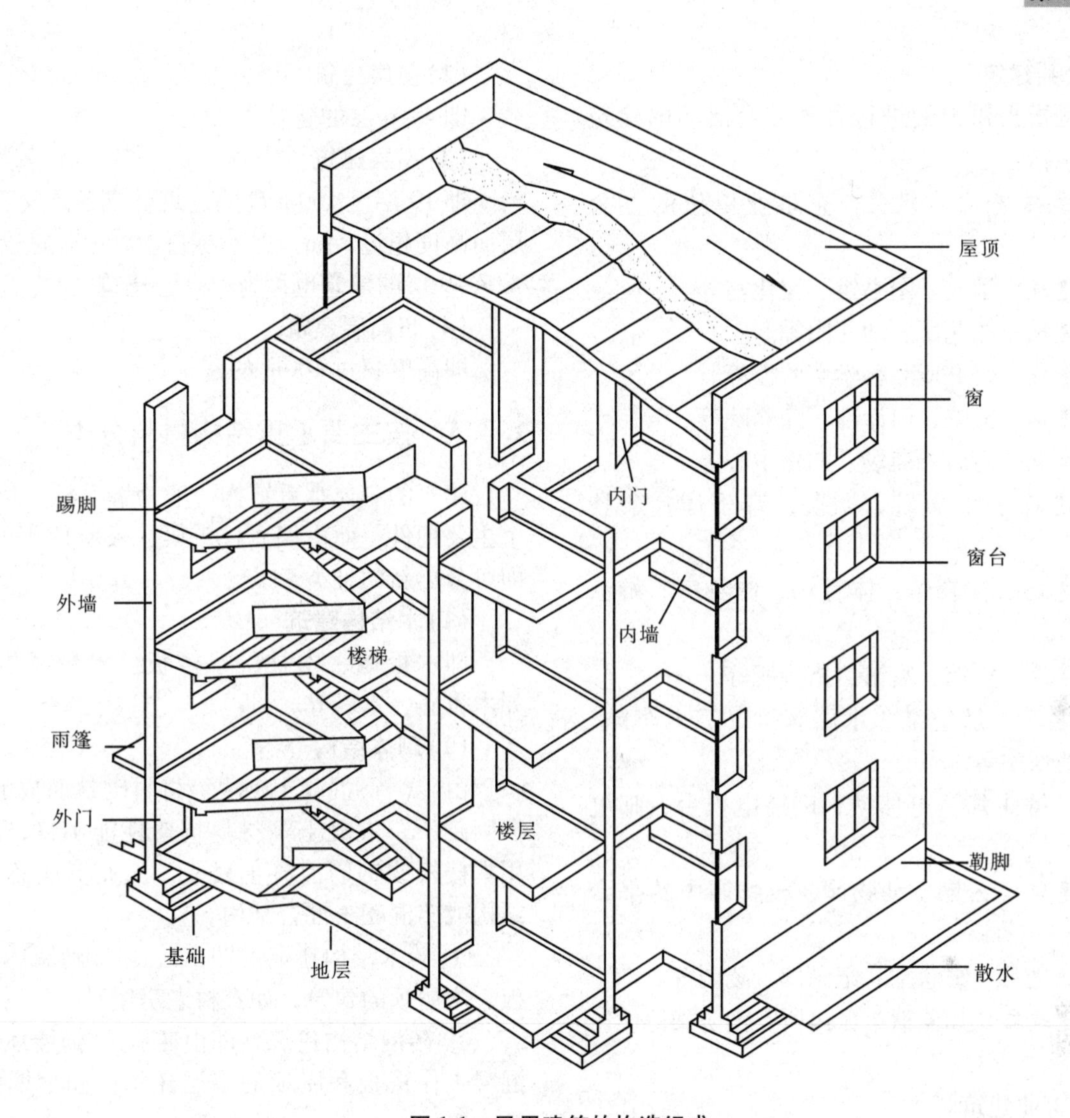

图 1-1 民用建筑的构造组成

防水、保温、隔热等能力。

(8)门与窗

门、窗属非承重构件。门主要供人们内外交通和分隔房间之用；窗则主要起采光、通风以及分隔、围护的作用。对某些有特殊要求的房间，则要求门窗具有保温、隔热、隔声、防射线等能力。

建筑物除上述基本组成构件外，对不同使用功能的建筑，还包含许多特有的构件和配件，如民用建筑中的阳台、雨篷等，工业建筑中的吊车梁、托架、天窗架等。

1.3 建筑物的分类

1.3.1 按建筑物的用途分类

按建筑物的用途通常可以分为民用建筑、工业建筑和农业建筑。

1.3.1.1 民用建筑

民用建筑即为人们大量使用的非生产性建筑。它又可以分为居住建筑和公共建筑两大类。

(1)居住建筑

主要是指提供家庭和集体生活起居用的建筑物，如住宅、宿舍、公寓等。

(2)公共建筑

主要是指提供人们进行各种社会活动的建筑物，其中包括：

行政办公建筑　机关、企事业单位的办公楼等。

文教建筑　学校、图书馆、文化宫等。

托教建筑　托儿所、幼儿园等。

科研建筑　研究所、科学实验楼等。

医疗建筑　医院、门诊部、疗养院等。

商业建筑　商店、商场、购物中心等。

观览建筑　电影院、剧院、音乐厅、杂技场等。

体育建筑　体育馆、体育场、健身房、游泳池等。

旅馆建筑　旅馆、宾馆、招待所等。

交通建筑　航空港、水路客运站、火车站、汽车站、地铁站等。

通信广播建筑　电信楼、广播电视台、邮电局等。

风景建筑　公园、动物园、植物园中的亭台楼榭等。

纪念性建筑　纪念堂、纪念碑、陵园等。

其他建筑类　如监狱、派出所、消防站等。

1.3.1.2　工业建筑

为工业生产服务的各类建筑，也可以叫厂房类建筑，如生产车间、辅助车间、动力用房、仓储建筑等。厂房类建筑又可以分为单层厂房和多层厂房两大类。

1.3.1.3　农业建筑

用于农业、牧业生产和加工用的建筑，如温室、畜禽饲养场、粮食与饲料加工站、农机修理站等。目前，由于农村与城镇的区别越来越小，因此农业建筑会慢慢地归属于工业建筑类。

1.3.2　按建筑物的层数或高度分类

(1)低层建筑

即1~3层的建筑。

(2)多层建筑

即4~6层的建筑。

(3)高层建筑

即10层至100m高的建筑，或者是层数少于7层而高度超过24m，但不超过100m高的建筑。通常7~9层的建筑也称为中高层建筑。

(4)超高层建筑

即高度超过100m的建筑。

1.3.3　按主要承重结构材料分类

建筑的主要承重结构一般为墙、柱、梁、板4个主要构件，而由墙、柱、梁、板所使用的材料，即可分出新的种类。

(1)木结构建筑

即木板墙、木柱、木楼板、木屋顶的建筑，如木古庙、木塔等。

(2)砌体结构

由砖(石)混凝土砌块等材料砌筑而成的建筑，但因砖(石)混凝土等材料抗弯性能不良，故多采用木楼板或钢筋混凝土楼板，从而形成砖木混合结构或砖混凝土混合结构。

① 砖木结构建筑　即由砖(石)砌墙体，木楼板、木屋顶的建筑，如农村老房屋。

② 砖混结构建筑　即由砖(石)砌墙体，钢筋混凝土作楼板和屋顶的多层建筑，如早期的集体宿舍等。

(3)钢筋混凝土结构

即由钢筋混凝土柱、梁、板承重的多层和高层建筑(它又可分为框架结构建筑、筒体结构建筑、剪力墙结构建筑)，如现代的大量建筑，以及用钢筋混凝土材料制造的装配式大板、大模板建筑。

(4)钢结构建筑

即全部用钢柱、钢梁组成承重骨架的建筑。

(5)其他结构建筑

如生土建筑、充气建筑、塑料建筑等。

1.3.4　按建筑物的规模分类

(1)大量性建筑

单体建筑规模不大，但兴建数量多、分布面

广的建筑，如住宅、学校、中小型办公楼、商店、医院等。

（2）大型性建筑

建筑规模大、耗资多、影响较大的建筑，如大型火车站、航空港、大型体育馆、博物馆、大会堂等。

1.3.5 按建筑的耐火等级分类

在建筑构造设计中，应该对建筑的防火与安全给予足够的重视，特别是在选择结构材料和构造做法上，应根据其性质分别对待。现行《建筑设计防火规范》把建筑物的耐火等级划分成4级。一级的耐火性能最好，四级的最差。性质重要的或规模宏大的或具有代表性的建筑，通常按一、二级耐火等级进行设计；大量性的或一般的建筑按二、三级耐火等级设计；很次要的或临时建筑按四级耐火等级设计。

1.3.6 按建筑的耐久年限分类

以主体结构确定的建筑耐久年限分为4级：

（1）一级建筑

耐久年限为100年以上，适用于重要的建筑和高层建筑。

（2）二级建筑

耐久年限为50～100年，适用于一般性建筑。

（3）三级建筑

耐久年限为25～50年，适用于次要的建筑。

（4）四级建筑

耐久年限为15年以下，适用于临时性建筑。

思考题

1. 什么是建筑构造？什么是建筑结构？
2. 建筑物的基本组成部分有哪些？
3. 按不同的分类方法，建筑的分类如何？

推荐阅读书目

建筑构造（上册）. 李必瑜. 中国建筑工业出版社，2013.

房屋建筑学. 同济大学等. 中国建筑工业出版社，2006.

第2章 墙体

[**本章提要**] 墙体是建筑物的基本组成构件之一，不仅起围护作用，在某些结构体系中还起到承重作用。本章重点介绍了墙体作为围护构件时的各细部构造名称及常用做法和块材墙体作为承重构件时常用的结构布置方案。同时还介绍了块材墙体的施工组砌要点和其饰面装修常用材料与方法的相关知识，简要讲解了隔墙与隔断的分类与构造。

2.1 概 述

墙体是建筑物的重要组成构件，占建筑物总重量的30%~45%，造价比重大，因而在工程设计中，合理地选择墙体材料、结构方案及构造做法十分重要。

2.1.1 墙体的作用

墙体在建筑中的作用主要有4个方面：

承重作用　一方面承受建筑物屋顶、楼层、人、设备及墙自身荷载；另一方面承受自然界风、地震荷载等。

围护作用　抵御自然界风、雨、雪等的侵袭，防止太阳辐射和噪声的干扰等。

分隔作用　把建筑物分隔成若干个小空间。

装饰作用　墙面通过装修从而满足室内外装饰和使用功能要求。

2.1.2 墙的分类

建筑物的墙体按照其所在位置、材料组成、受力情况及施工方法的不同，有以下几种分类方式：

(1)按所在位置及方向分类

墙体在平面中所处位置不同分为外墙和内墙、纵墙和横墙。

外墙指位于建筑物四周的墙，是建筑物的外围护结构，起着挡风、阻雨、保温、隔热等作用，使内部空间不受自然界因素的侵袭；内墙指位于建筑物内部的墙，起着分隔内部空间的作用；沿建筑物短轴方向布置的墙为横墙，横墙有内横墙和外横墙之分，外横墙一般又称山墙；沿建筑长轴方向布置的墙称为纵墙，纵墙有外纵墙和内纵墙之分；任何一片墙上，窗与窗或门与窗之间的墙称为窗间墙，窗洞下部的墙称为窗下墙，又称窗肚墙。外墙突出墙顶的部分称为女儿墙。如图2-1所示。

(2)按受力状况分类

根据墙体结构受力情况不同，墙体分为承重墙和非承重墙，凡直接承受墙体上部结构传来荷载的墙称为承重墙，反之为非承重墙。非承重墙又分为自承重墙、隔墙和幕墙。自承重墙仅承受自身重量，并把自重传至基础。其中，作为分隔空间不承受外力的墙称为隔墙，如框架结构中的

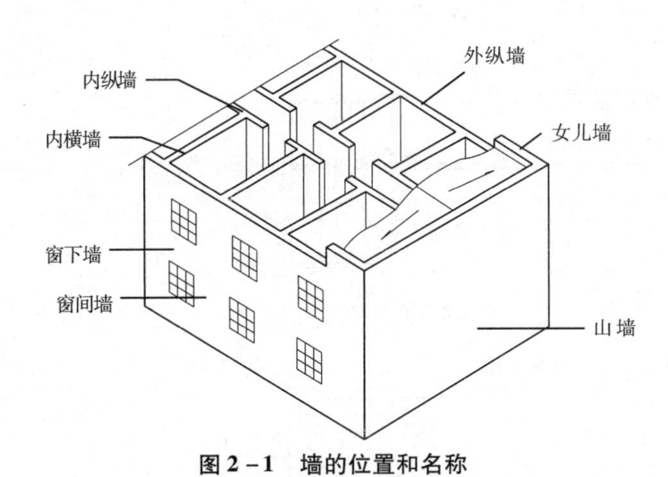

图2-1　墙的位置和名称

内填充墙就是隔墙的一种。悬挂于建筑物外部骨架或楼板间的轻质外墙称为幕墙，常见的有金属、玻璃及复合材料幕墙。

(3)按材料及构造方式分类

按所用材料分　用砖和砂浆砌筑的墙称为砖墙，砖有普通黏土砖、黏土多孔砖、黏土空心砖、灰砂砖、矿渣砖等；用石块和砂浆砌筑的墙称为石墙；用土坯和黏土、砂浆砌筑的墙或模板内填充黏土夯实而成的墙称为土墙；用钢筋混凝土现浇或预制的墙称为钢筋混凝土板材墙，玻璃幕、复合材料幕墙均为板材墙；还有用工业废料制作的砌块砌筑的砌块墙等。

按其构造方式分　按构造方式不同可分为实体墙、空体墙和组合墙3种。实体墙由单一材料组成，如普通黏土砖及其他实体砌块砌成的墙；空体墙也是由单一材料组成，如空斗墙(内部为空腔)、空心砌块墙、空心板墙等；组合墙是由2种以上材料组合而成的墙，其主体结构一般为黏土砖或钢筋混凝土，内外侧复合轻质保温材料，常用的有充气石膏板、水泥聚苯板、水泥珍珠岩、石膏聚苯板、纸面石膏岩棉板、石膏玻璃丝复合板等，这些组合墙体质轻、热阻大，按《民用建筑节能设计标准》(JGJ26—1995)要求，均满足节能要求。

(4)按施工方法分类

根据施工方法不同分为叠砌墙、板筑墙和板材墙。叠砌墙是指各种材料制作的块材(如黏土砖、空心砖、灰砂砖、石块、小型砌块等)，用砂浆等胶结材料砌筑而成，也叫块材墙。板筑墙则是指在施工现场立模板，现浇而成的墙，如现浇混凝土墙等。板材墙是预先制成墙板，施工现场安装而成的墙，例如，预制装配的钢筋混凝土大板墙，各种轻质条板内隔墙等。

2.2　墙体的结构设计要求

2.2.1　结构布置的选择

多层砖混房屋中的墙体既是围护构件，也是主要的承重结构。墙体布置必须同时考虑建筑和结构两方面的要求，既满足建筑设计的房间布置，空间大小划分等使用要求，又应选择合理的墙体承重结构布置方案，使之安全承担作用在房屋上的各种荷载，坚固耐久，经济合理。

结构布置是指梁、板、墙、柱等结构构件在房屋中的总体布局。大量民用建筑的结构布置方案，通常有以下几种，墙体结构布置方式如图2-2所示。

(1)横墙承重方案

适用于房间的使用面积不大，墙体位置比较固定的建筑，如住宅、宿舍、旅馆等。可按房屋的开间设置横墙，楼板的两端搁置在横墙上，横墙承受楼板等外来荷载，连同自身的重量传给基础，这即为横墙体系。横墙的间距是楼板的长度，也是开间，一般在4.2m以内较为经济。此方案横墙数量多，因而房屋空间刚度大，整体性好，对抗风力、地震力和调整地基不均匀沉降有利，但是建筑空间组合不够灵活。在横墙承重方案中，纵墙起围护、隔离和将横墙连成整体的作用，纵墙只承担自身的重量，所以对在纵墙上开门、窗限制较少[图2-2(a)]。

(2)纵墙承重方案

适用于房间的使用上要求有较大空间，墙体位置在同层或上下层之间可能有变化的建筑，如教学楼中的教室、阅览室、实验室等。通常把大梁或楼板搁置在内、外纵墙上，此时纵墙承受楼板自重及活荷载，连同自身的重量传给基础和地基，这称为纵墙体系。在纵墙承重方案中，由于

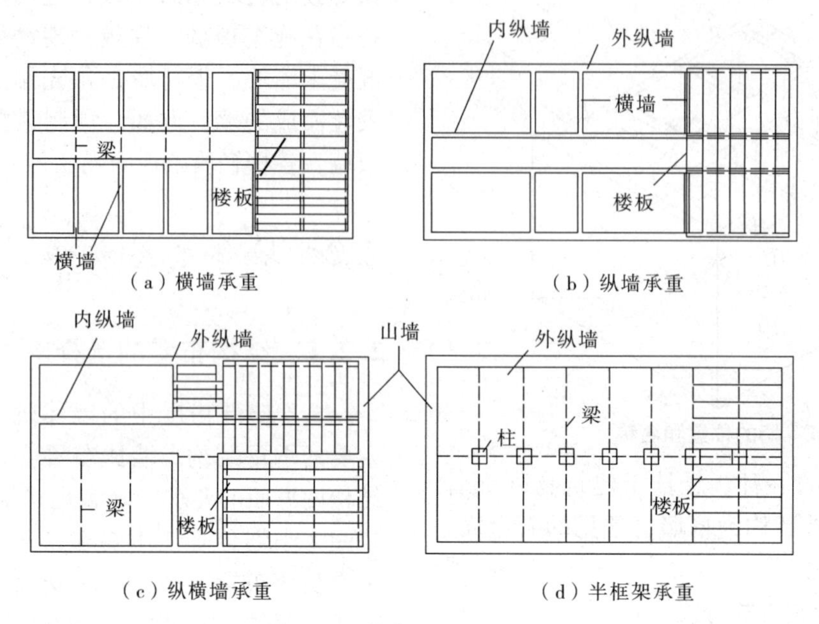

图2-2　墙体结构布置方案

横墙数量少，房屋刚度差，应适当设置承重横墙，与楼板一起形成纵墙的侧向支撑，以保证房屋空间刚度及整体性的要求。此方案空间划分较灵活，但设在纵墙上的门、窗大小和位置将受到一定限制。相对横墙承重方案来说，纵墙承重方案楼板材料用量较多[图2-2(b)]。

(3)纵横墙承重方案

适用于房间变化较多的建筑，如医院、实验楼等。结构方案可根据需要布置，房屋中一部分用横墙承重，另一部分用纵墙承重，形成纵横墙混合承重方案。此方案建筑组合灵活，空间刚度较好，墙体材料用量较多，适用于开间、进深变化较多的建筑[图2-2(c)]。

(4)半框架承重方案

当建筑需要大空间时，如商店、综合楼等，采用内部框架承重，四周为墙承重，楼板自重及活荷载传给梁、柱或墙。房屋的总刚度主要由框架保证，因此水泥及钢材用量较多[图2-2(d)]。

2.2.2　墙体的强度和稳定性

① 强度　是指墙体承受荷载的能力。大量的民用建筑，一般横墙数量多，空间刚度大，但仍需验算承重墙或柱在控制截面处的承载力。承重墙应有足够的强度来承受楼板及屋顶竖向荷载。地震区还应考虑地震作用下墙体承载力，对多层砖混房屋一般只考虑水平方向的地震作用。

② 墙体的稳定性、墙体的高厚比是保证墙体稳定的重要措施　墙：柱高厚比是指墙柱的计算高度与墙厚的比值。高厚比越大构件越细长，其稳定性越差。实际工程高厚比必须控制在允许高厚比限值以内。允许高厚比限值结构上有明确的规定，它是综合考虑了砂浆强度等级、材料质量、施工水平、横墙间距等诸多因素确定的。

表2-1　多层砖房总高(m)和层数限值

墙厚	烈　度							
	6°		7°		8°		9°	
240mm	高度 24	层数 8	高度 21	层数 7	高度 18	层数 6	高度 12	层数 4

砖墙是脆性材料，变形能力小，如果层数过多，重量就大，砖墙可能破碎和错位，甚至被压垮。特别是地震区，房屋的破坏程度随层数增多而加重，因而对房屋的高度及层数有一定的限制值，见表2－1。

2.3 块材墙构造

块材墙是用砂浆等胶结材料将块材按一定规律砌筑而成的砌体。块材墙的优点主要是制作简单，既能承重又有较好的保温、隔热、抗裂、隔声和防火性能，而且施工中不需要大型吊装设备。但块材墙也同时存在着强度较低、现场湿作业多、施工速度慢、自重大、劳动强度大等缺点。

2.3.1 墙体材料

2.3.1.1 常用块材

(1)砖

砖有经过焙烧的实心砖、多孔砖、空心砖以及不经焙烧的黏土砖、炉渣砖和灰砂砖等。

普通黏土砖是我国传统的墙体材料，它以黏土为主要原料，经成型、干燥、焙烧而成，根据生产方式的不同有红砖和青砖之分。鉴于我国不少地区面临黏土资源严重不足的情况，因此，从发展趋势看，砖生产的重要途径是工业废渣资源化，如炉渣砖、粉煤灰砖等都是替代实心黏土砖的产品之一，但都不得用于长期受热，有流水冲刷，受急冷、急热和有酸碱介质侵蚀的建筑部位。砖的强度是以强度等级表示的，即每平方毫米能承受多少牛顿的压力，单位是N/mm^2。

(2)砌块

砌块是利用混凝土、工业废料(炉渣、粉煤灰等)或地方材料制成的人造块材，外形尺寸比砖大，具有设备简单、砌筑速度快的优点，符合建筑工业化发展中墙体改革的要求。

砌块按尺寸和质量的大小不同分为小型砌块、中型砌块和大型砌块。砌块系列中主规格的高度大于115mm而小于380mm的称作小型砌块；高度为380～980mm的称为中型砌块；高度大于980mm的称为大型砌块。使用中以中小型砌块居多。

砌块按外观形状可以分为实心砌块和空心砌块。空心砌块有单排方孔、单排圆孔和多排扁孔3种形式，其中多排扁孔对保温较有利。按砌块在组砌中的位置与作用可以分为主砌块和各种辅助砌块。

根据材料的不同，常用的砌块有普通混凝土与装饰混凝土砌块和石膏砌块。吸水率较大的砌块不能用于长期浸水，经常受干湿交替或冻融循环的建筑部位。

2.3.1.2 胶结材料

砂浆是墙体的胶结材料，它将块材胶结成为整体，并将块材之间的空隙填平、密实，因此上层块材所承受的荷载能逐层均匀地传至下层块材，以确保砌体的强度和稳定。

常用的砌筑砂浆有：水泥砂浆、石灰砂浆、混合砂浆3种。水泥砂浆属水硬性材料，强度高，多用于承重墙体和防潮要求高的砌体。石灰砂浆属气硬性材料，强度虽低，但和易性好，多用于强度要求不高的墙体。混合砂浆因同时有水泥和石灰两种胶结材料，不但强度高，和易性也比较好，故使用较为广泛。

2.3.2 组砌方式

块材在墙体中的排列方式，称为组砌方式。为保证砌体的承载能力，以及保温、隔声等要求，砌筑用的块材与砂浆的品种和标号必须符合设计要求，砂浆要饱满，组砌时遵守上下错缝，内外搭砌的原则，避免通缝的产生。

(1)砖墙的组砌

在砌筑中，每排列一层砖则称为“一皮”，将砖的长度垂直于墙面砌筑的砖叫“丁砖”，把砖的长度沿墙面砌筑的砖叫作“顺砖”。实体墙常见的砌式有全顺式(走砌式)、上下皮一顺一丁，每皮顺丁相间(梅花丁)以及多顺一丁(18墙)等[图2－3(a～c)]。

空斗墙砌筑方式常用一眠一斗、一眠二斗或一眠多斗，墙厚为一砖，每隔一块斗砖必须砌1～2块立砖。眠砖是指垂直于墙面的平砌砖，斗砖是平行于墙面的侧砌砖，立砖是垂直于墙面的侧砌砖[图2－3(d)]。

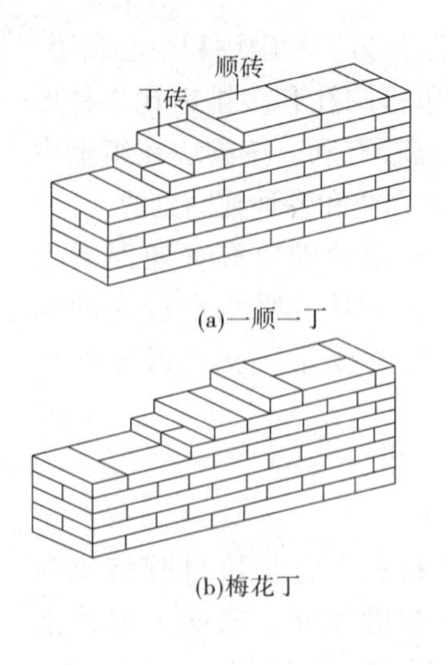

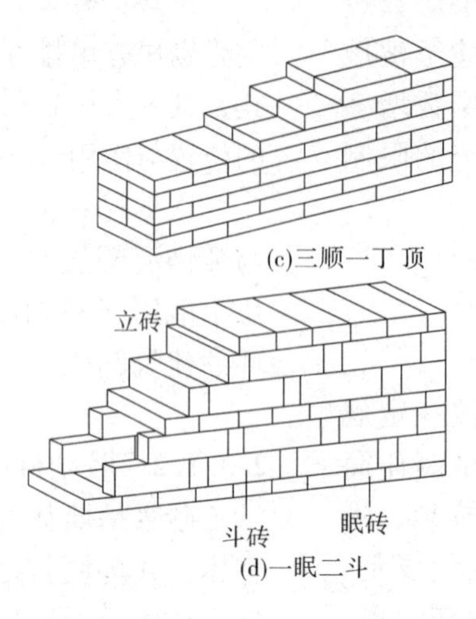

图 2－3　砖墙的砌筑方式

标准砖的规格为 53mm×115mm×240mm。当灰缝宽为 10mm 进行组合时，从尺寸上可以看出砖厚、砖宽加灰缝后与砖长的比例为 1∶2∶4 的关系。用标准砖砌筑墙体，常见的墙厚尺度(表 2－2)。

表 2－2　墙厚名称

墙厚名称	习惯称呼	实际尺寸(mm)
半砖墙	12 墙	115
3/4 砖墙	18 墙	178
一砖墙	24 墙	240
一砖半墙	37 墙	365
二砖墙	49 墙	490
二砖半墙	62 墙	615

(2)砌块墙的组砌

砌块在组砌中与砖墙不同的是，由于砌块规格较多、尺寸较大，为保证错缝以及砌体的整体性，应事先做排列设计，并在砌筑过程中采取加固措施。排列设计就是把不同规格的砌块在墙体中的安放位置用平面图和立面图加以表示。砌块排列设计应满足以下要求：上下皮应错缝搭接，墙体交接处和转角处应使砌块彼此搭接，优先采用大规格砌块并使主砌块的总数量在 70% 以上；为减少砌块规格，允许使用极少量的砖来镶砌填缝，采用混凝土空心砌块时，上下皮砌块应孔对孔、肋对肋以保证有足够的接触面。

当砌块墙组砌时出现通缝或错缝距离不足 150mm 时，应在水平缝处加钢筋网片，使之拉结成整体。

由于砌块规格很多，外形尺寸往往不像砖那样规整，因此砌块组砌时，缝型比较多，有平缝、凹槽缝和高低缝。平缝制作简单，多用于水平缝。凹槽缝灌浆方便，多用于垂直缝。缝宽视砌块尺寸而定，小型砌块为 10～15mm，中型砌块为 15～20mm。砂浆强度等级不低于 M5。

砌块的规格种类较多，常用的有普通混凝土小型空心砌块 90 系列和 190 系列，其主规格长×宽×厚分别为 390(290、190)×190×90 和 390(290、190)×190×190，轻骨料混凝土小型空心砌块和粉煤灰小型空心砌块，其主规格长×宽×厚均为 390×190×190。

2.3.3　墙的细部构造

为保证墙体的耐久性，满足各构件的使用功能要求及墙体与其他构件的连接，应在相应的位置进行构造处理，即为墙的细部构造。主要包括：散水、排水沟、勒脚、门窗洞口、墙身加固及变形缝等。

2.3.3.1　勒脚

勒脚是外墙接近室外地面的部分，其高度一般指室内地坪与室外地面的高差部分。现在大多将其提高到底层窗台，它起着保护墙身、增加比例效果和美观的作用。由于砌体墙本身存在很多微孔，极易受到地表水和土壤水的渗入，致使墙身受潮冻融破坏，饰面发霉、脱落，加之外力的碰撞，雨雪的不断侵蚀，使勒脚造成损坏。故在构造上应选用耐久性高、防水性能好的材料。做法、高矮、色彩应结合建筑造型确定，如图 2－4 所示。

(1)抹灰类勒脚

可采用 20～25mm 厚 1∶3 水泥砂浆抹面或者采用 1∶2 水泥石子(根据立面设计确定水泥和石子种类及颜色)水刷石或斩假石等抹面。此法多用于一般建筑，如图 2－4(a)所示。

(2)贴面勒脚

可用人工石材或天然石材贴面，如水磨石板、陶瓷面砖、花岗石、大理石等。贴面勒脚耐久性强，装饰效果好，多用于标准较高的建筑，如图2－4(b)所示。

(3)坚固材料勒脚

采用天然石料，如条石、蘑菇条石、混凝土等坚固耐久的材料代替砖砌外墙。高度可砌筑至室内地坪或按设计。多用于潮湿地区、高标准建筑或有地下室的建筑，如图2－4(c)所示。

2.3.3.2　散水、排水沟

为防止雨水对建筑物墙基的侵蚀，常在外墙的四周用多种建筑材料将地面做成向外倾的坡面，以便将地面雨水等排至远处，这一坡面称为散水。为将雨水等有组织地导向地下排水井等而在建筑物四周设置的沟称为排水沟。

(1)散水

散水的做法很多，有素土夯实砖铺，块石、碎石、三合土、灰土、混凝土等。宽度一般为600~1000mm，厚度为60~80mm，坡度一般不小于3%。当屋面排水为自由落水时，散水宽度应比屋面檐口宽出200mm，但在软弱土层，湿陷性黄土层地区，散水宽度一般应≥1500mm。为防止建筑物的自沉降，外墙勒脚与散水施工时间的差异而造成的裂缝，在勒脚与散水交接处，应留有缝隙，缝内填沥青砂浆盖缝连接。为防止温度应力及散水材料干缩在散水整体面层造成裂缝，在长度方向每隔6~12m做一道伸缩缝并在缝中填沥青砂浆，如图2－5所示。

(2)排水沟

一般采用明沟，但不适用于软土层和湿陷性黄土层地区。可用砖砌、石砌、混凝土现浇，沟底应做纵坡，坡度为0.5%~1%，坡向窨井。沟中

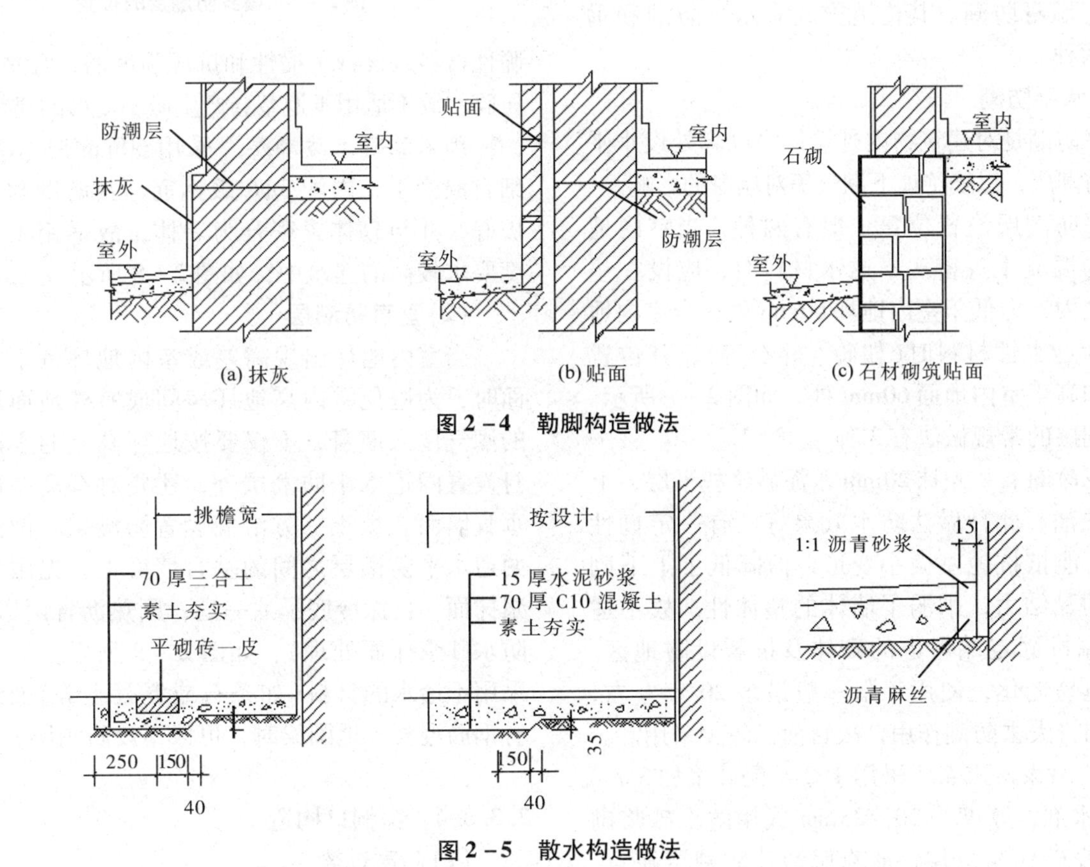

图2－4　勒脚构造做法

图2－5　散水构造做法

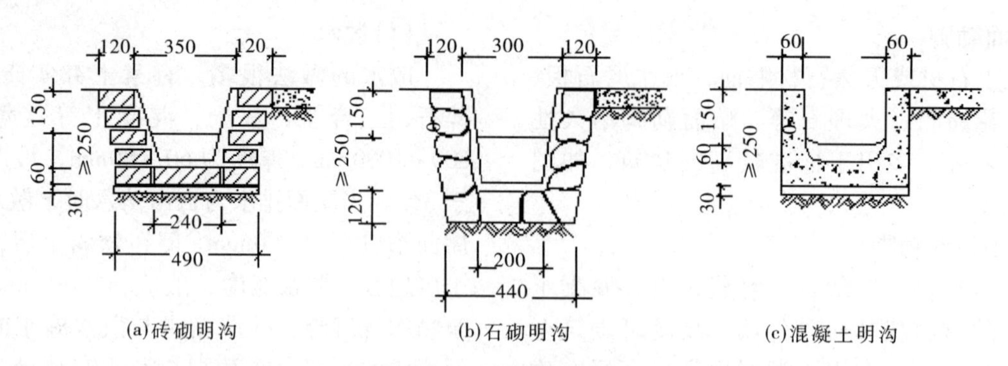

(a)砖砌明沟　(b)石砌明沟　(c)混凝土明沟

图 2－6　明沟构造做法

心应正对屋檐滴水位置，外墙与明沟之间应做散水。如图 2－6 所示。

2.3.3.3　墙身防潮

因墙体位于基础之上，部分墙身与土壤层接触，且本身又是多孔材料构成，常受到地表水和地潮的侵袭，致使墙身受潮，饰面层脱落，降低了其坚固耐久性，影响室内环境卫生，故需在勒脚处做好墙身防潮。其构造方式有水平防潮和垂直防潮两种。

（1）水平防潮

水平防潮是对建筑物内外墙体沿勒脚处设水平方向的防潮层，以隔绝地下潮气等对墙身的影响。

水平防潮层设置位置一般有两种：当室内地面垫层为混凝土等密实不透水材料时，应设在垫层范围之内，即低于室内地坪 60mm 处；当室内地面垫层为透水性材料时（如砖、碎石等），其位置应平齐和高于室内地面 60mm 处，如图 2－7 所示。

防潮层的常规做法有 3 种。

油毡防潮层　先抹 20mm 水泥砂浆找平层，上铺一毡二油。此种做法防水效果好，有一定韧性延伸性，能抵抗地基微小变形，但降低了上下砌体之间的黏结力，削弱了墙体的整体性，故不适用于下端按固定端考虑的砌体及抗震设防地区。同时油毡易老化，使用年限一般最多 20 年左右，长期使用将失去防潮作用，故目前已较少采用。

防水砂浆防潮层　采用 1∶2 水泥砂浆加 3%～5% 的防水剂，厚度为 20～25mm 或用防水砂浆砌筑 2～4 皮砖作防潮层，能克服油毡防潮层缺点，适用于抗震设防地区和一般的砖砌体中，但因其属

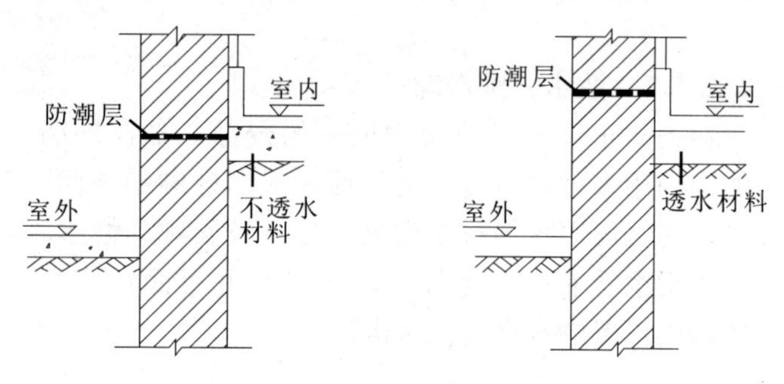

图 2－7　墙身防潮层的位置

脆性材料，自身干缩性和抗压强度弱，容易开裂及压碎，故不适用于地基会产生微小变形的建筑中。

细石混凝土防潮层　采用 60mm 厚 C15～C20 细石混凝土，内配 3ϕ6 级钢筋，其防潮和抗裂性极好，并与砌体紧密合为一体，故适用于整体刚度要求较高的建筑中，如图 2－8 所示。

（2）垂直防潮层

当室内地坪出现高差或室内地坪低于室外地面时，为避免室内高地坪房间或室外地面填土中的潮气侵入墙身，不仅要按地坪高差的不同在墙身设置两道水平防潮层外，还要对有高差部分的垂直墙面在填土一方沿墙设置防潮层。做法是在两道水平防潮层之间的垂直墙面上，先用水泥砂浆抹面，再涂冷底子油一道，刷热沥青两道（或用防水砂浆抹面处理），如图 2－9 所示。如果墙脚采用不透水的材料（如条石或混凝土等）而筑，设有钢筋混凝土地圈梁时，可以不设防潮层。

2.3.3.4　窗洞口构造

（1）门窗过梁

当墙体上开设门窗洞口时，为了承受洞口上部

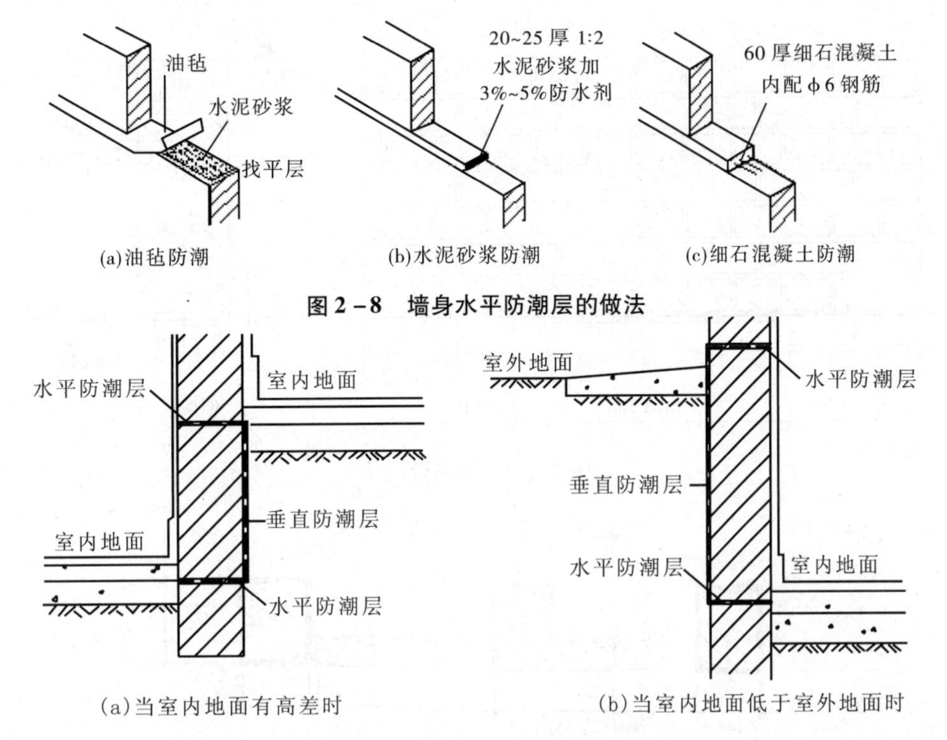

(a)油毡防潮　　(b)水泥砂浆防潮　　(c)细石混凝土防潮

图2-8　墙身水平防潮层的做法

(a)当室内地面有高差时　　(b)当室内地面低于室外地面时

图2-9　墙身垂直防潮层的位置

砌体传来的各种荷载，并把这些荷载传给洞口两侧的墙体，常在门窗洞口上设置横梁，即门窗过梁。

过梁的形式较多，常见的有砖拱过梁、钢筋砖过梁和钢筋混凝土过梁3种。

砖拱过梁　有平拱和弧拱两种(图2-10)。将立砖和侧砖相间砌筑，使灰缝上宽下窄相互挤压便形成了拱的作用。平拱高度不小于240mm，灰缝上部宽度不大于20mm，下部不小于5mm，拱两端下部伸入墙内20~30mm。中部的起拱高度约为跨度L的1/50，受力后拱体下落时，形成水平。平拱的适宜跨度L为1.0~1.8m。弧拱高度不小于120mm，其余同平拱砌筑方法，由于起拱高度大，跨度也相应增大。当拱高为(1/8~1/12)L时，跨度L为2.5~3m；当拱高为(1/5~1/6)L时，跨度L为3~4m。砖拱过梁的砌筑砂浆标号不低于M10级，砖标号不低于MU7.5级才能保证过梁的强度和稳定性。砖拱过梁节约钢材和水泥，但施工麻烦，整体性较差，不宜用于上部有集中荷载、振动较大、地基承载力不均匀以及地震区的建筑。

钢筋砖过梁　是在砖缝里配置钢筋，形成可以承受荷载的加筋砖砌体。半砖厚墙采用2根ϕ6钢筋，24墙放置3根ϕ6钢筋，钢筋间距不大于120mm，放在洞口上部的砂浆层内，砂浆层为1:3，水泥砂浆30mm厚，钢筋两边伸入支座长度不小于240mm，并加弯钩，也可以将钢筋放入洞口上部第一皮和第二皮砖之间。为使洞口上的部分砌体和钢筋构成过梁，常在相当于1/4跨度的高度范围内(不少于五皮砖)，用不低于M5级砂浆砌筑(图2-11)。

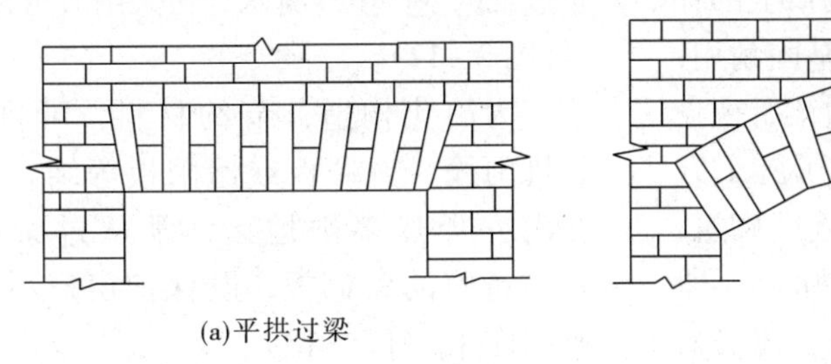

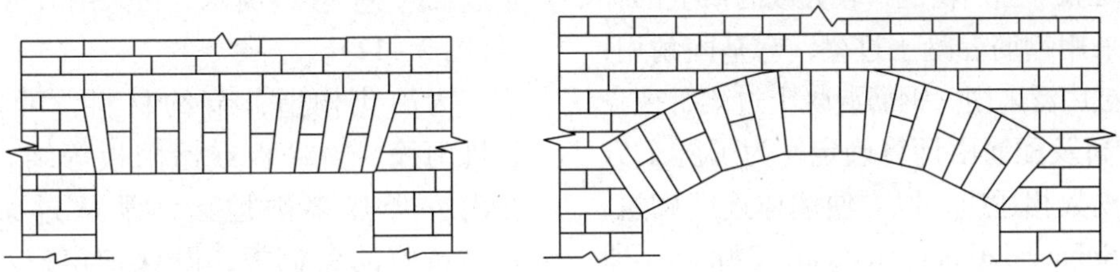

(a)平拱过梁　　(b)弧拱过梁

图2-10　砖拱过梁

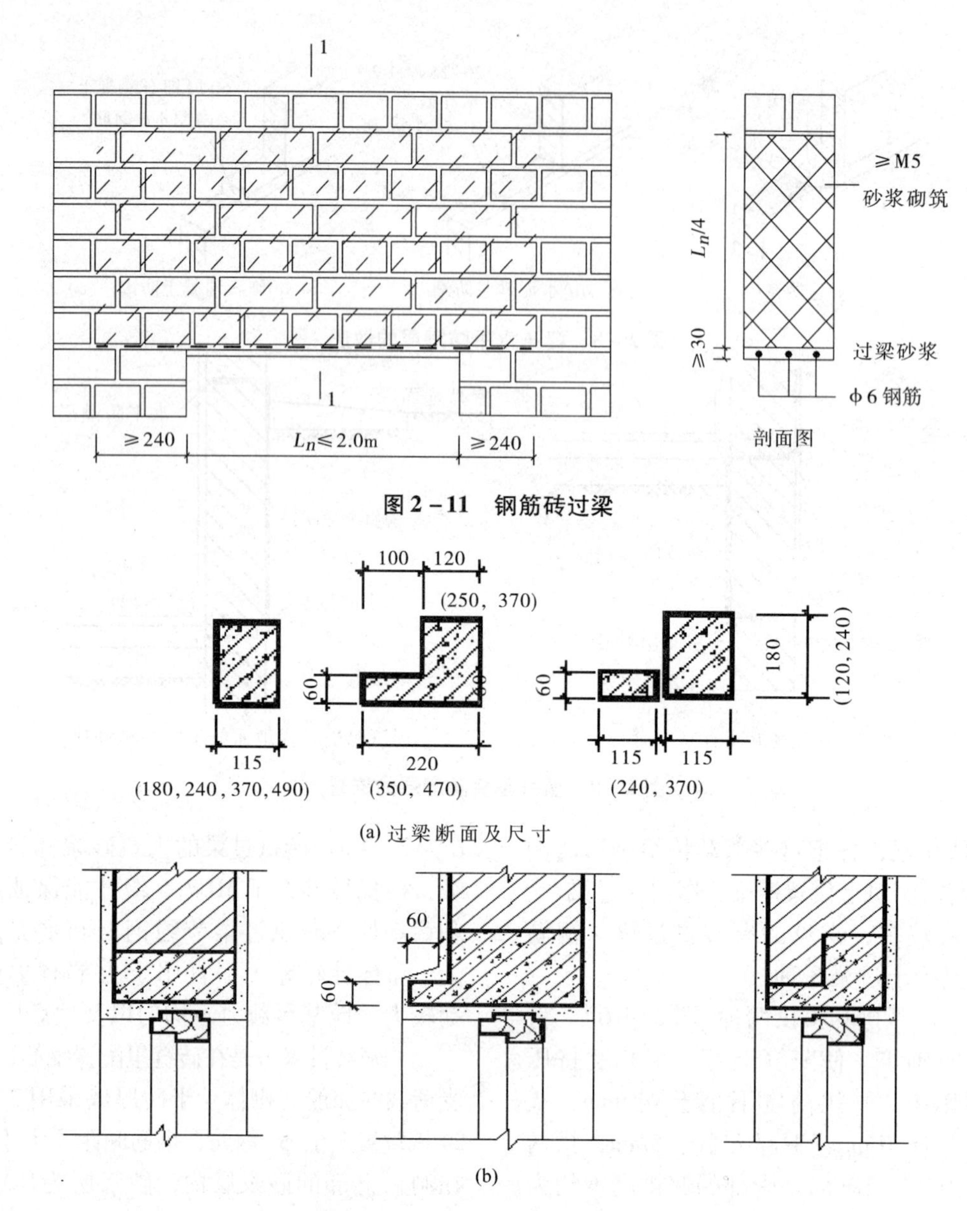

图 2-11　钢筋砖过梁

图 2-12　预制钢筋混凝土过梁

钢筋砖过梁适用于跨度不大于 2m，上部无集中荷载的洞口上。它施工方便，整体性好，墙身为清水墙时，建筑立面易获得与砖墙统一的效果。

钢筋混凝土过梁　当门窗洞口较大或洞口上部有集中荷载时，常采用钢筋混凝土过梁，它坚固耐用，施工简便，目前被广泛采用。钢筋混凝土过梁有现浇和预制两种，梁高及配筋由计算确定。为了施工方便，梁高应与砖皮数相适应，以方便墙体连续砌筑，故常见梁高为 60mm、120mm、180mm、240mm，即 60mm 的倍数。梁宽一般同墙厚，梁两端支承在墙上的长度每边不少于 240mm，以保证足够的承压面积。过梁断面形式有矩形和 L 形，矩形多用于内墙和混水墙，L 形多用于外墙和清水墙。在寒冷地区，为了防止过梁内壁产生冷凝水，可采用 L 形过梁或组合式过梁(图 2-12)。

为简化构造，节约材料，可将过梁与圈梁、悬挑雨篷、窗楣板或遮阳板等结合起来设计。如在南方炎热多雨地区，常从过梁上挑出 300～500mm 宽的窗楣板，既保护窗户不淋雨，又可起遮阳作用(图 2-13)。

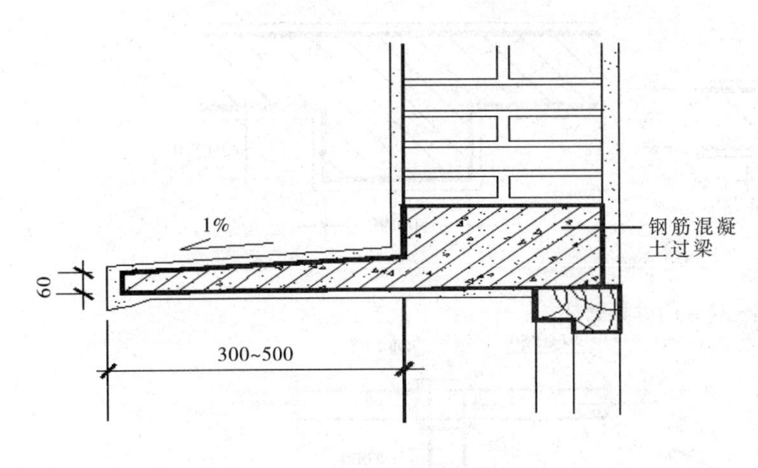

图 2-13 带窗楣板钢筋混凝土过梁

(2)窗台

窗台是在窗洞下部靠室外一侧设置的泄水构件。其设置目的是：当室外雨水沿窗向下流淌时，为避免雨水聚积窗洞下部，并沿窗下框向室内渗透污染室内。窗台应向外形成一定坡度，以利排水。

窗台有悬挑窗台和不悬挑窗台两种，悬挑窗台常采用顶砌一皮砖或将一皮砖侧砌并悬挑60mm，也可预制混凝土窗台。窗台表面用1∶3水泥砂浆抹面做出坡度，挑砖下缘粉滴水线，以利雨水沿滴水槽下落。由于悬挑窗台下部容易积灰，在风雨作用下很容易污染窗台下的墙面，影响建筑物的美观，因此，当外墙材料为易于清洗的面砖等材料时，可设计为不悬挑窗台，利用雨水的冲刷洗去积灰(图2-14)。

2.3.3.5 檐部做法

由于檐部做法涉及屋面的部分内容，这里先作一些简单介绍。

挑檐板　挑檐板的做法有预制钢筋混凝土板和现浇钢筋混凝土板两种。挑出尺寸不宜过大，一般以不大于500mm为宜。

女儿墙　该墙是墙身在屋面以上的延伸部分，其厚度可以与下部墙身一致，也可以使墙身适当减薄。女儿墙的高度取决于屋面做法厚度和泛水高度，一般屋面上找坡层、保温层、隔热层、防水层等做完，总厚度约250mm，再考虑防水层端部卷起250mm高做泛水收口，女儿墙至少需要做500mm高，实际工程中女儿墙做法一般取600、700mm高。因为女儿墙是非结构构件，在地震时也是不安全因素，所以一般都是限制女儿墙的高度。也有上人屋面考虑让女儿墙兼做栏杆，总高度不小于1200mm。

斜板挑檐　这是由女儿墙和挑檐板，另加斜板共同构成的屋檐做法，其尺寸应符合前两种做法的规定。

2.3.3.6 墙身加固构造

如果墙体受到集中荷载、墙身开洞、墙体过长或地震等因素影响，致使墙体稳定性有所下降，这时，须考虑对墙体采取加固措施。

(1)增设门垛和壁柱

当洞口开在两墙转角处或丁字墙交接处时，为了便于门框的安装及考虑墙体的稳定性，须在门洞靠墙转角部位或丁字交接的一边设置门垛，门垛宽度同墙厚，长度与块材尺寸规格相对应。如砖墙的门垛长度一般为120mm或240mm，如图2-15(a)所示。

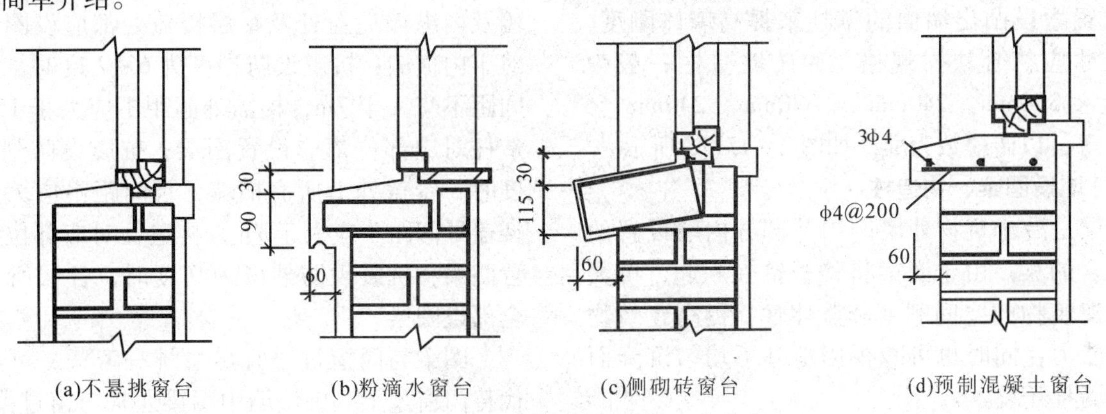

图 2-14 窗台形式

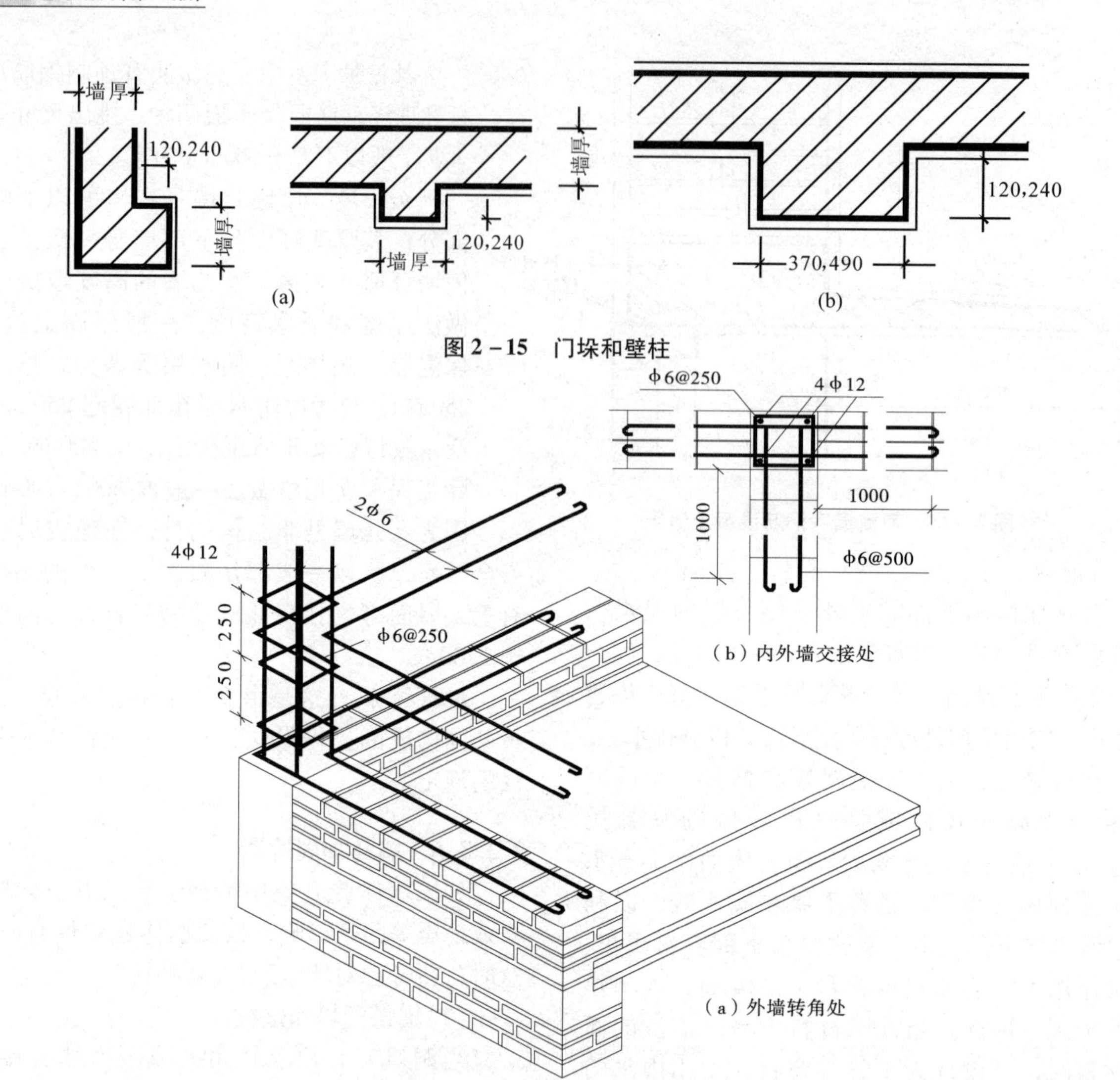

图2－15　门垛和壁柱

图2－16　砖砌体中的构造柱

当墙体的窗向墙上出现集中荷载，而墙厚又不足以承受其荷载；或当墙体的长度和高度超过一定限度并影响墙体稳定性时，通常在墙体局部适当位置增设凸出墙面的壁柱来提高墙体刚度。壁柱尺寸应符合块材规格，如砖墙壁柱一般为120mm × 370mm、240mm × 370mm、240mm × 490mm等，以砖模数为准，如图2－15(b)所示。

(2)增设圈梁、构造柱

圈梁是沿建筑物外墙四周及部分内墙设置的连续闭合的梁。由于圈梁将楼板箍在一起，可大大提高建筑物的空间刚度和整体性，提高建筑物的抗震能力，同时也可减少因地基不均匀沉降而引起的墙身开裂。

多层砖混结构房屋圈梁的位置和数量是：一般3层以下设1道，4层以上根据横墙数量及地基情况，隔1层或2层设1道。在抗震设防区内，外墙及内纵墙屋盖处及每层楼盖处都应设圈梁。而对于内横墙：抗震设防烈度为6~7度时，屋盖处间距不应大于7m，楼盖处间距不应大于15m，构造柱对应部位都应设置圈梁；抗震设防烈度为8度时，屋盖处沿所有横墙，且间距不应大于7m，楼盖处间距不应大于7m，构造柱对应部位都应设置圈梁；抗震设防烈度为9度时，各层所有横墙全部设圈梁。

圈梁与门窗过梁宜尽量统一考虑，可用圈梁代替门窗过梁。砌块墙中圈梁通常与窗过梁合并，可现浇，也可预制成圈梁砌块。圈梁应闭合，若遇标高不同的洞口，应上下搭接。

构造柱是从构造角度考虑设置的。结合建筑物的防震等级，一般在建筑物的四角、内外墙交界处，以及楼梯间、电梯井的4个角等位置设置构造柱。构造柱应与圈梁紧密连接，使建筑物形成一个空间骨架，从而提高建筑物的整体强度，改善墙体的应变能力，使建筑物做到裂而不倒。构造柱的截面不小于180mm×240mm，竖向钢筋一般用4ϕ12，箍筋间距不大于250mm，墙与柱之间沿墙高每500mm设2ϕ6拉结钢筋，每边深入墙内不少于1m，如图2－16所示。构造柱可不单独设置基础，但应伸入室外地面下500mm或锚入浅于500mm的基础圈梁内。

2.4 隔 墙

隔墙是分隔室内空间的非承重构件。在现代建筑中，为了提高平面布局的灵活性，大量采用隔墙以适应建筑功能的变化。由于隔墙不承受任何外来荷载，且本身的重量还要由楼板或小梁来承受，因此，应注意以下要求：

① 自重轻，有利于减轻楼板的荷载；

② 厚度薄，增加建筑的有效空间；

③ 便于拆卸，能随使用要求的改变而变化；

④ 有一定的隔声能力，使各使用房间互不干扰；

⑤ 根据使用部位不同的要求，如卫生间的隔墙要求防水、防潮，厨房的隔墙要求防潮、防火等。

隔墙的类型很多，按其构造方式可分为轻骨架隔墙、块材隔墙、板材隔墙三大类。

2.4.1 块材隔墙

块材隔墙是用普通砖、空心砖、加气混凝土等块材砌筑而成的，常用的有普通砖隔墙和砌块隔墙。目前框架结构中大量采用的框架填充墙，也是一种非承重块材墙，既作为外围护墙，又作为内隔墙使用。

(1)普通砖隔墙

普通砖隔墙有半砖(120mm)和1/4砖(60mm)两种。

半砖隔墙用普通砖顺砌，砌筑砂浆宜＞M5.0。在墙体高度超过5m时应加固，一般沿高度每隔0.5m砌入ϕ4钢筋2根，或每隔1.2～1.5m设一道30～50mm厚的水泥砂浆层，内放2根ϕ6钢筋。顶部和楼板相接处用立砖斜砌，填塞墙与楼板间的空隙。隔墙上有门时，要预埋铁件或将带有木楔的混凝土预制块砌入隔墙中以固定门框。半砖隔墙，坚固耐久，有一定的隔声能力，但自重大，湿作业多，施工麻烦(图2－17)。

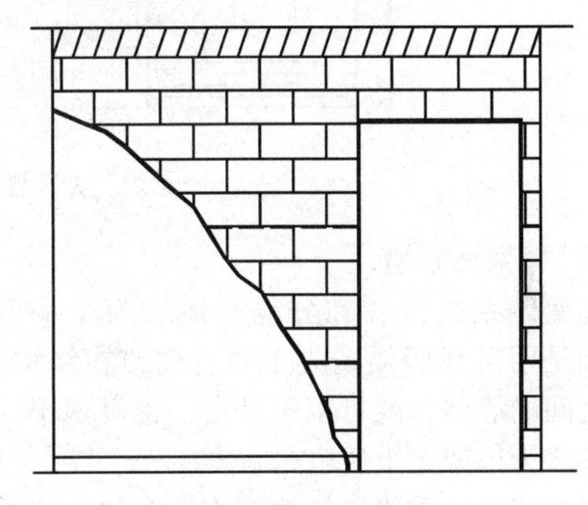

图2－17 半砖隔墙

1/4砖隔墙是由普通砖侧砌而成，由于厚度较薄、稳定性差，高度不应超过3m，对砌筑砂浆强度要求较高，一般不低于M5，且常用于不设门窗洞的部位，如厨房与卫生间之间的隔墙。若面积大又需开设门窗洞时，须采取加固措施，常用方法是在高度方向每隔500mm砌入ϕ4钢筋2根，或在水平方向每隔1200mm，立C20号细石混凝土柱一根，并沿垂直方向每隔7皮砖砌入ϕ6钢筋1根，使之与两端墙连接。

(2)砌块隔墙

为了减少隔墙的重量，可采用质轻块大的各种砌块，目前最常用的是加气混凝土块、粉煤灰硅酸盐砌块、水泥炉渣空心砖等砌筑的隔墙。隔墙厚度由砌块尺寸而定，一般为90～120mm。砌块大多具有质轻、孔隙率大、隔热性能好等优点，但吸水性强。因此，砌筑时应在墙下先砌3～5皮黏土砖。

砌块隔墙厚度较薄，也需采取加强稳定性措施，其方法与砖隔墙类似(图2－18)。

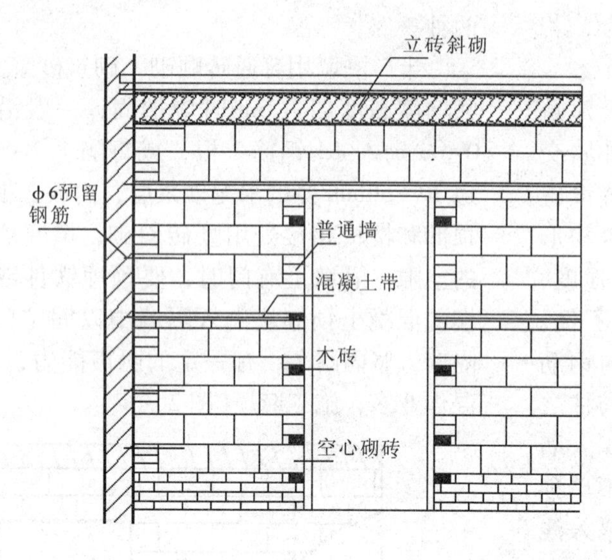

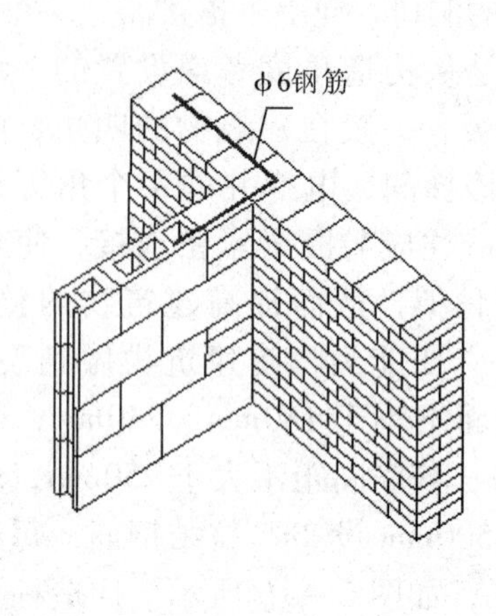

图2-18　砌块隔墙

(3)框架填充墙

框架体系的围护和分隔墙体均为非承重墙，填充墙是用砖或轻质混凝土块材砌筑在结构框架梁柱之间的墙体，既可用于外墙，也可用于内墙，施工顺序为框架完工后填充墙体。

填充墙的自重传递给框架支撑在梁上或板上，为了减轻自重，通常采用空心砖或轻质砌块，墙体的厚度视块材尺寸而定，用于外围护墙等有较高隔声和热工性能要求时不宜过薄，一般在200mm左右。

轻质块材通常吸水性较强，有防水、防潮要求时应在墙下先砌3~5皮吸水率小的砖。

填充墙与框架之间应有良好的连接，以利将其自重传递给框架支撑，其加固稳定措施与半砖隔墙类似，竖向每隔500mm左右需从两侧框架柱中甩出1000mm长2ф6钢筋伸入砌体锚固，水平方向2~3m需设置构造立柱，门框的固定方式与半砖隔墙相同，但超过3.3m以上的较大洞口需在洞口两侧加设钢筋混凝土构造立柱。

2.4.2　轻骨架隔墙

轻骨架隔墙由骨架和面层两部分组成，由于是先立墙筋(骨架)后做面层，因而又称为立筋式隔墙。

2.4.2.1　骨架

常用的骨架有木骨架、型钢骨架和轻钢骨架。近年来，为节约木材和钢材，出现了不少采用工业废料和地方材料及轻金属制成的骨架，如石棉水泥骨架、浇注石膏骨架、水泥刨花骨架、轻钢和铝合金骨架等。

木骨架由上槛、下槛、墙筋、斜撑及横档组成，上、下槛及墙筋断面尺寸为45~50mm×70~100mm，斜撑与横档断面相同或略小些，墙筋间距常用400mm，横档间距可与墙筋相同，也可适当放大。

轻钢骨架是由各种形式的薄壁型钢制成，其主要优点是强度高、刚度大、自重轻、整体性好、易于加工和大批量生产，还可根据需要拆卸和组装。常用的薄壁型钢有0.8~1mm厚槽钢和工字钢。

2.4.2.2　面层

轻钢骨架隔墙的面层有抹灰面层和人造板材面层。抹灰面层常用木骨架，即传统的板条灰隔墙；人造板材面层可用木骨架或轻钢骨架，隔墙的名称以面层材料而定。

胶合板是用阔叶树或松木经旋切、胶合等多种工序制成，常用的是1830mm×915mm×4mm(三合板)和2135mm×915mm×7mm(五合板)。

硬质纤维板是用碎木加工而成的，常用的规格是1830mm×1220mm×3(或4.5)mm和2135mm×915mm×4(或5)mm。

石膏板是用一、二级建筑石膏加入适量纤维、黏结剂、发泡剂等经辊压等工序制成。我国生产的石膏板规格为 3000mm × 800mm × 12mm，3000mm × 800mm × 9mm。

胶合板、硬质纤维板等以木材为原料的板材多用木骨架，石膏面板多用石膏或轻钢骨架。

人造板和骨架的关系有两种：一种是在骨架的两面或一面，用压条压缝或不用压条压缝，即贴面式；另一种是将板材置于骨架中间，四周用压条压住，称为镶板式。

2.4.3 板材隔墙

板材隔墙是指单板高度相当于房间净高，面积较大，且不依赖骨架，直接装配而成的隔墙。目前，采用的大多为条板，如加气混凝土条板、石膏条板、碳化石灰板、蜂窝纸板、水泥刨花板等。

(1)加气混凝土条板隔墙

加气混凝土由水泥、石灰、砂、矿渣等加发泡剂(铝粉)，经过原料处理、配料浇注、切割、蒸压养护工序制成。加气混凝土条板具有自重轻，节省水泥，运输方便，施工简单，可锯、可刨、可钉等优点。但加气混凝土吸水性大、耐腐蚀性差、强度较低，运输、施工过程中易损坏，不宜用于具有高温、高湿或有化学、有害空气介质的建筑中。加气混凝土条板规格为长 2700 ~ 3000mm，宽 600 ~ 800mm，厚 80 ~ 100mm(图 2 – 19)，隔墙板之间用水玻璃砂浆或 107 胶砂浆黏结。条板安装一般是在地面上用一对对口木楔在板底将板楔紧。

(2)碳化石灰板隔墙

碳化石灰板是以磨细的生石灰为主要原料，掺 3%~ 4%(重量比)的短玻璃纤维，加水搅拌，振动成型，利用石灰窑的废气碳化而成的空心板。一般的碳化石灰板的规格为：长 2700 ~ 3000mm，宽 500 ~ 800mm，厚 90 ~ 120mm，板的安装方法同加气混凝土条板隔墙(图 2 – 20)。

碳化石灰板隔墙可做成单层或双层，90mm 厚或 120mm，隔墙平均隔声能力为 33.9dB 或 35.7dB。60mm 宽空气间层的双层板，平均隔声能力可为 48.3dB，适用于隔声要求高的房间。

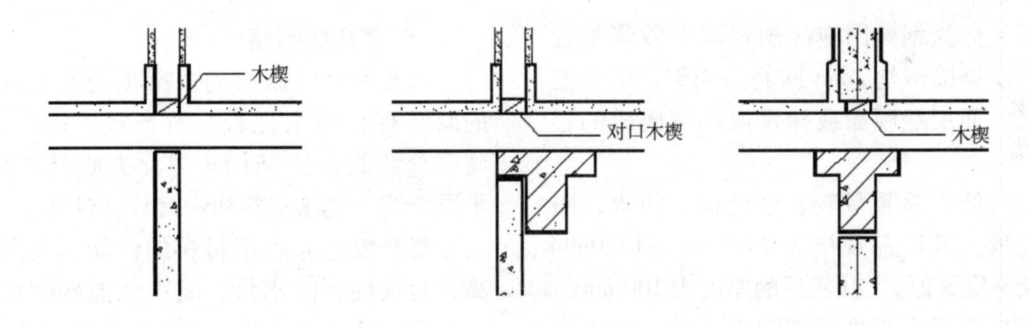

图 2 – 19 加气混凝土板隔墙

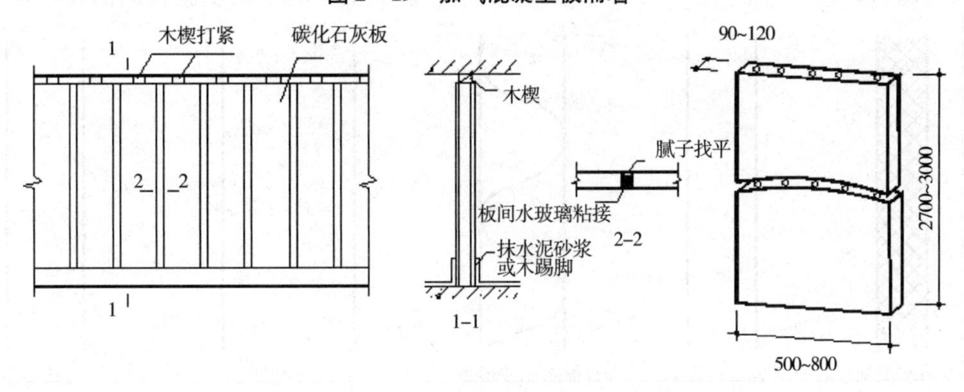

图 2 – 20 碳化石灰板隔墙

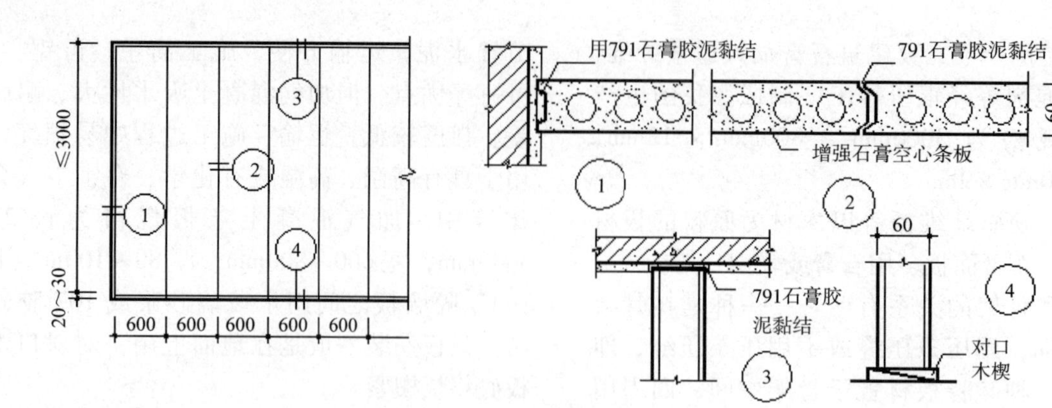

图2－21　增强石膏空心板条

碳化石灰板材料来源广泛、生产工艺简易、成本低廉、密度轻、隔声效果好。

(3)增强石膏空心板

增强石膏空心板分为：普通条板、钢木窗框条板及防水条板3种，在建筑中按各种功能要求配套使用。石膏空心板规格为600mm宽，60mm厚，2400~3000mm长，9个孔，孔径38mm，空隙率28%，能满足防火、隔声及抗撞击的能力(图2－21)。

(4)泰柏板

这种板又称为钢丝网泡沫塑料水泥砂浆复合墙板，它是以焊接钢丝2mm网笼为构架，填充泡沫塑料芯层，面层经喷涂或抹水泥砂浆而成的轻质板材。

这种板的特点是重量轻、强度高、防火、隔声、不腐烂等。其产品规格为2440mm×1220mm×75mm(长×宽×厚)。抹灰后的厚度为100mm。

泰柏板与顶板底板采用固定夹连接，墙板之间采用克高夹连接(图2－22)。

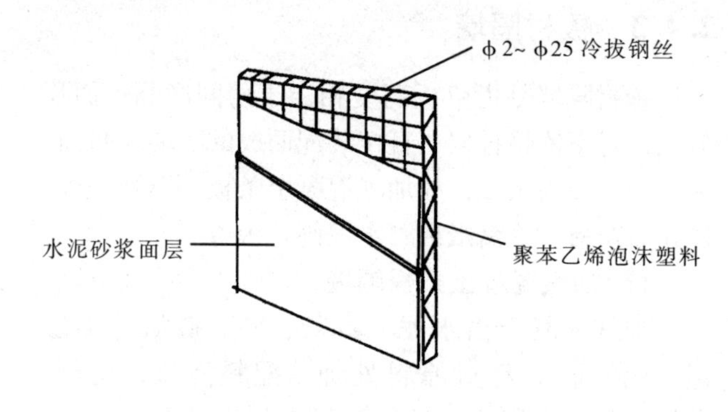

图2－22　泰柏板

(5)复合板隔墙

用几种材料制成的多层板为复合板，复合板的面层有石棉水泥板、石膏板、铝板、树脂板、硬质纤维板、压型钢板等。夹心材料可用矿棉、木质纤维、泡沫塑料和蜂窝状材料等。

复合板充分利用材料的性能，大多具有强度高，耐火性、防水性、隔声性能好的优点，且安装、拆卸简便，有利于建筑工业化。图2－23为几种日本生产的石棉水泥板面的复合板。

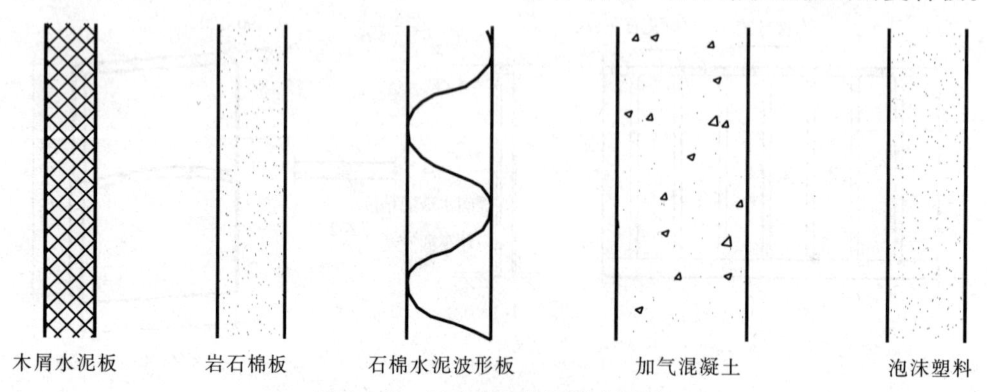

图2－23　日本生产的石棉水泥板

我国生产的有金属面夹心板，其上下两层为金属薄板，芯材为具有一定刚度的保温材料，如岩棉、硬质泡沫塑料等，在专用的自动化生产线上复合而成具有承载能力的结构板材，也称为“三明治”板。根据面材和芯材的不同，板的长度一般在12 000mm以内，宽度为900～1000mm，厚度为30～250mm。金属夹芯板是一种多功能的建筑材料，具有高强、保温、隔热、隔声、装饰性能好等优点，既可用于内隔墙，还可用于外墙板、屋面板、吊顶板等。但泡沫塑料夹心的金属复合板不能用于防火要求高的建筑。

2.5 隔 断

隔断是指分隔室内空间的装修构件。与隔墙有相似之处，但也有根本区别，隔断的作用在于变化空间或遮挡视线。利用隔断分隔的空间，在空间的变化上，可以产生丰富的意境效果，增加空间的层次和深度，使空间既分又合，且互相连通，能创造一种似隔非隔、似断未断、虚虚实实的景象，是当今居住和公共建筑，如住宅、办公室、旅馆、展览馆、餐厅、门诊部等设计中常用的一种处理方法。

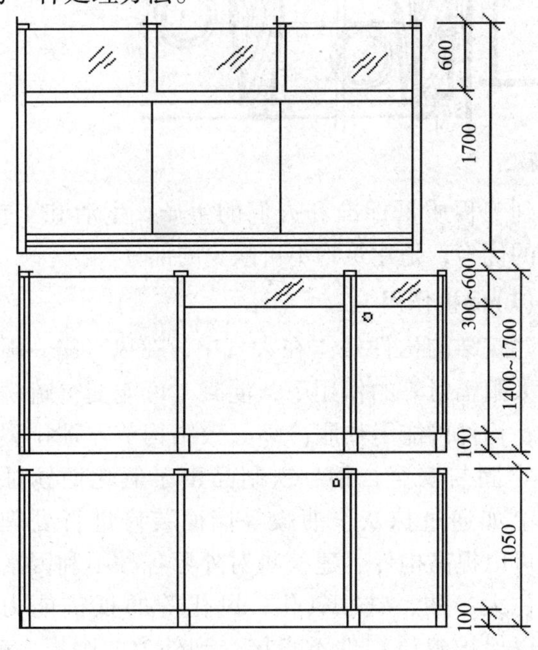

图2－24 屏风式隔断

(1)屏风式隔断(图2－24)

屏风式隔断通常不隔到顶，使空间通透性强。隔断与顶棚保持一段距离，起到分隔空间和遮挡视线作用。常用于办公室、餐厅、展览馆以及门诊部的诊室等公共建筑中，卫生间、淋浴间等也多采用这种形式。隔断高一般为1050～1800mm。

从构造上看，屏风式隔断有固定式和活动式两种。固定式构造又可有立筋骨架式和预制板式之分。预制板式隔断借预埋铁件与周围墙体、地面固定，如卫生间的隔断。而立筋骨架式屏风隔断则与隔墙相似，它可在骨架两侧铺钉面板，亦可镶嵌玻璃，玻璃可以是磨砂玻璃、彩色玻璃、棱花玻璃等。活动式屏风隔断可以移动放置。最简单的支撑方式是在屏风扇下安装一金属支撑架，支架可以直接放在地面上，也可以在支架下安装橡胶滚动轮或滑动轮，这样移动起来很方便，如医院诊室的隔断。

(2)漏空式隔断(图2－25)

漏空式隔断是公共建筑门厅、客厅等处分隔空间常用的一种形式。有竹、木制的，也有混凝土预制构件的，形式多样。

(3)玻璃墙式隔断

玻璃墙式隔断有玻璃砖隔断和空透式两种。玻璃砖隔断是采用玻璃砖砌筑而成，既分隔空间，又透光。常用于公共建筑的接待室、会议室等处。

透空玻璃隔断(图2－26)是采用普通平板玻璃、磨砂玻璃、刻花玻璃、压花玻璃、彩色玻璃以及各种颜色的有机玻璃等嵌入木框或金属框的骨架中，具有透光性。当采用普通玻璃时，还具可视性，它主要用于幼儿园、医院病房、精密车间走廊以及仪器仪表控制室等处。当采用彩色玻璃、压花玻璃或彩色有机玻璃隔断，除遮挡视线外，还具有丰富的装饰性。

(4)移动式隔断

移动式隔断是可以随意闭合、开启，使相邻的空间随之变化成独立的或合一的空间的一种隔断形式。具有使用灵活多变的特点。它可分为拼装式、滑动式、折叠式、悬吊式、卷帘式、起落式等多种形式。多用于餐馆、宾馆活动室以及会堂之中。

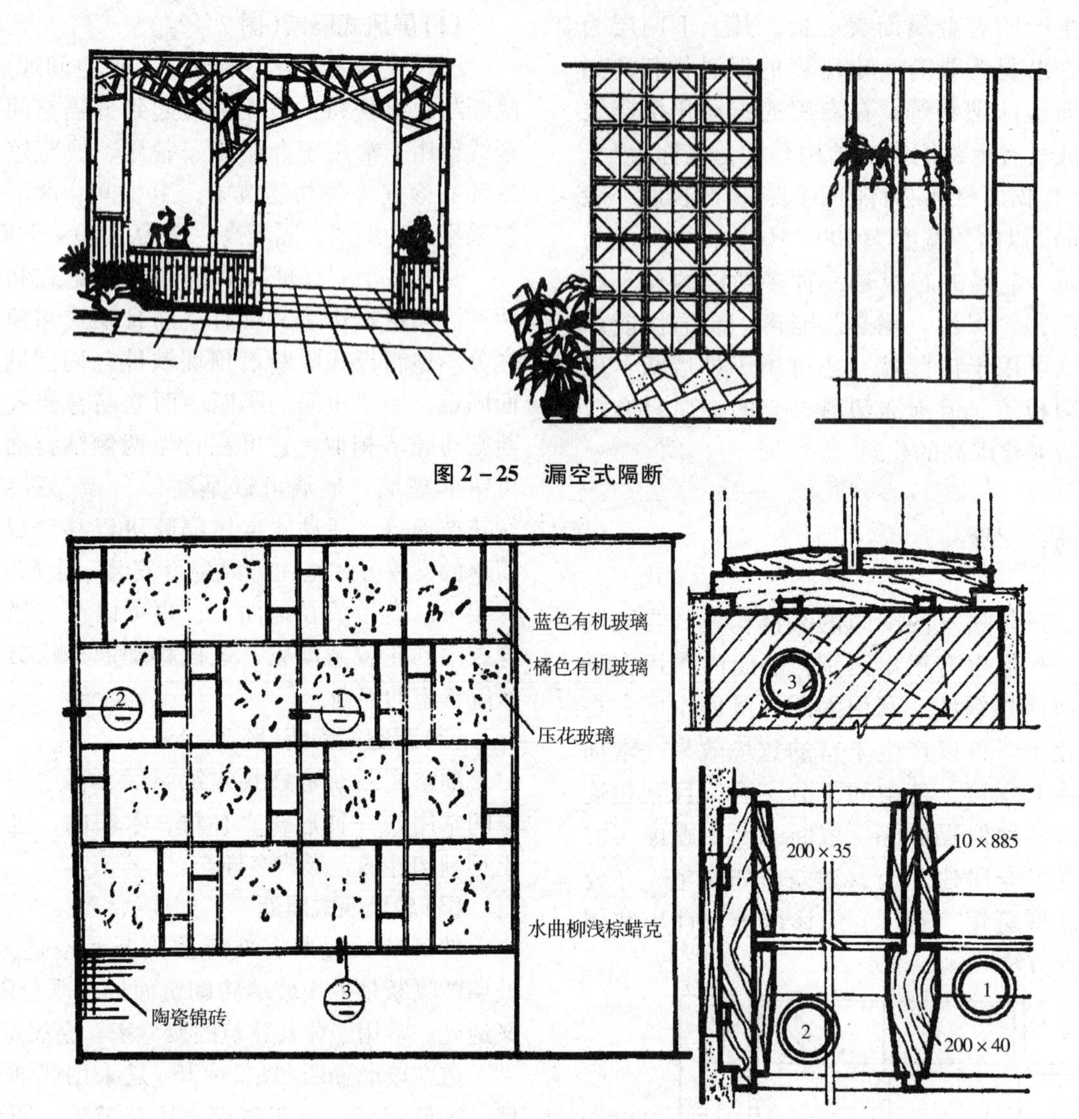

图2-25 漏空式隔断

图2-26 透空玻璃隔断

(5)家具式隔断

家具式隔断是利用各种适用的室内家具来分隔空间的一种设计处理方式。它把空间分隔与功能使用以及家具配套巧妙地结合起来，既节约费用，又节省面积；既提高了空间组合的灵活性，又使家具布置与空间相协调。这种设计多用于住宅的室内设计以及办公室的分隔等处。

2.6 墙面装修

2.6.1 墙面装修的作用

装修是建筑工程中十分重要的内容之一，它关系到工程质量标准和人们的生产、生活和工作环境的优劣，是建筑物不可缺少的部分。

(1)保护作用

建筑结构构件暴露在大气中，在风、霜、雨、雪和太阳辐射等的作用下，混凝土可能变得疏松、碳化；构件可能因热胀冷缩导致结构节点被拉裂，影响牢固与安全；钢、铁制品由于氧化而锈蚀。建筑上如通过抹灰、油漆等墙面装修进行处理，不仅可以提高构件、建筑物对外界各种不利因素，如水、火、酸、碱、氧化、风化等的抵抗能力，还可以保护建筑构件不直接受到外力的磨损、碰撞和破坏，从而提高结构构件的耐久性，延长其使用年限。

(2) 改善环境条件，满足房屋的使用功能要求

为了创造良好的生产、生活和工作环境，无论何种建筑物，一般都须进行装修。通过对建筑物表面装修，不仅改善了室内外清洁、卫生条件，且能增强建筑物的采光、保温、隔热、隔声性能。如砖砌体抹灰后不但能提高建筑物室内及环境照度，而且能防止冬天砖缝可能引起的空气渗透。内墙抹灰在一定程度上可调节室内湿度，当室内湿度较高时，抹灰层吸收空气中的一部分水蒸气，使墙面不致出现冷凝水；当空气过于干燥时，抹灰层能放出一部分水分，使室内保持较为舒适的环境。有一定厚度和重量的抹灰能提高隔墙的隔声能力，有噪声的房间，通过墙面吸声，控制噪声。由此可见，饰面装修对满足房屋的使用要求有重要的功能作用。

(3) 美观作用

装修不仅具有使用功能和保护作用，还有美化和装饰作用。建筑师根据室内外空间环境的特点，正确、合理运用建筑线形以及不同饰面材料的质地和色彩给人以不同的感受。同时，通过巧妙组合，还创造出优美、和谐、统一而又丰富的空间环境，以满足人们在精神方面对美的要求。当然，一幢建筑的艺术效果，除了装修是一个重要的影响因素外，主要还取决于建筑师对空间、体型、比例、尺度、色彩等设计手法的正确使用。

2.6.2 饰面装修的设计要求

(1) 根据使用功能，确定装修的质量标准

不同等级和功能的建筑除在平面空间组合中满足其要求外，还应采用不同装修的质量标准。如高级公寓和普通住宅就不能等同对待，就应为之选择相应的装修材料、构造方案和施工措施。即使同等级建筑，由于位置不同，如若面临城市主要干道、广场与在街坊内部的也不能等同处理。同一栋建筑的不同部位，如正、背立面，首层与上层，一般房间与主要门厅、走道，重要房间与次要房间，均可按不同标准进行处理。另外，有特殊要求的，如声学要求较高的录音室、广播室除选择声学性能良好的饰面材料外，还应采用相应的构造措施和施工方案。

不同建筑由于装修质量标准不同，采用的材料、构造方案和施工方法不同而造成造价的差别是很大的。一般民用建筑装修费用占土建造价25%左右，标准较高的工程可达40%~50%。例如，石灰砂浆墙面与塑料壁纸或木护板墙面单方造价相差几十倍，与镜面、光面花岗石饰面相差100倍以上。一般地讲，高档装修材料能取得较好的艺术效果，但单纯追求艺术效果，片面提高工程质量标准，浪费国家资财是不可取的。反之，片面节约造成不合理使用，甚至影响建筑物的耐久性也是不对的。故应根据不同等级建筑的不同经济条件，选择、确定与之适应的装修材料、构造方案和施工方法。

(2) 正确合理地选用材料

建筑装修材料是装饰工程的重要物质基础，在装修费用中一般占70%左右。装修工程所用材料，量大面广，品种繁多。从黏土砖到大理石、花岗岩，从普通砂、石到黄金、锦缎，价格相差巨大。能否正确选择和合理地利用材料，直接关系到工程质量、效果、造价、做法。而材料的物理、化学性能及其使用性能是装修用料选择的依据。

除大城市重要的公共建筑可采用较高级装修材料外，对于大量性建筑，因造价不高，装修用料尽可能因地制宜，就地取材。不要舍近求远，舍内求外。只要合理利用材料，既能达到经济节约的目的，又能保证良好的装饰效果。如北京香山"独一居"就是利用价格不贵的地方材料——海带草做装修材料，取得了一致公认的效果。如果一味追求高档、异地材料，施工中一旦供应不上，中途变更设计，反而影响原设计意图。又如广州东方宾馆新楼主门厅一侧弧形装饰楼梯背面墙面，采用仅每平方米几元钱的单色三聚氰胺塑料贴面板，夹以直条形装饰线与其他三面普通墙面抹灰形成对比，造价不高，又取得了较好艺术效果。

(3) 充分考虑施工技术条件

装修工程是要通过施工来实现的，如果仅有良好的设计及材料，没有好的施工技术条件，理想的效果也难以实现。如两幢相同设计和相同材料的房屋，由于施工技术条件不同，最后可能出现明显的质量差别。因此，在设计阶段就要充分考虑影响装修做法的各种因素：工期长短、施工季节、温度高低、具体施工队伍的技术管理水平和技术熟练程度以及施工组织和施工方法等。例如，工艺要求较高的饰面，就要求技术级别较高的熟练技工操作，否则，就难取得好的效果。可见，施工技术条件是装修设计必须考虑的重要因素。

2.6.3 饰面装修的基层

饰面装修是在结构主体完成之后进行的。没有结构物的存在，就谈不上装修，这说明装修面层是依附于结构物的。因此，我们说凡附着或支托饰面层的结构构件或骨架，均视为饰面装修的基层，如内外墙体、楼地板、吊顶骨架等。

2.6.3.1 基层处理原则

(1)基层应有足够强度和刚度

饰面层附着于基层，为了保证饰面不至于开裂、起壳、脱落，要求基层须具有足够强度。如地面基层强度要求每平方米不得少于10~15N，否则，难以保证饰面层不开裂。只有足够强度没有足够刚度也是不行的，如楼板尽管强度足够，若刚度差、变形大，也同样难以保证饰面层特别是整体面层如水磨石饰面不开裂。饰面开裂、起壳不仅影响美观而且影响使用。如果墙体或顶棚饰面开裂、脱落，还可能砸伤行人，酿成事故。可见，具有足够强度和刚度的基层，是保证饰面层附着牢固的重要因素。一般地讲，饰面层因重量不大，基层强度和刚度大都能满足要求。

(2)基层表面必须平整

饰面层平整均匀是达到美观的必要条件，而基层表面的平整均匀又是使饰面层达到平整均匀的重要前提。为此，对饰面主要部位的基层如内外墙体、楼地板、吊顶骨架等，在砌建筑、安装时必须平整。基层表面凸凹过大，必然使找平材料厚度增加，且不易找平。厚度不均匀不仅浪费材料，还可能因材料的胀缩不均匀而引起饰面层开裂、起壳，甚至脱落，同时影响美观、使用，乃至危及安全。

(3)确保饰面层附着牢固

饰面层附着与基层表面应牢固可靠，但实际工程中，不论地面、墙面、顶棚到处可见饰面层开裂、起壳、脱落现象。究其原因，无非是构造方法不妥或面层与基层材料性能差异过大或黏结材料选择不当等因素所致。如混凝土表面抹石灰砂浆，因材料差异大而导致面层开裂、起壳。又如大理石板用于地面可以直接铺贴，而用于墙面时则须做挂钩处理，否则会因重力而下落。所以应根据不同部位和不同性质的饰面材料采用不同材料的基层和相应的构造连接措施，如粘、钉、抹、涂、贴、挂等使其饰面层附着牢固。这对于垂直墙面和水平顶棚尤为重要。

2.6.3.2 基层类型及要求

饰面装修基层可分为实体基层和骨架基层两类。

(1)实体基层

实体基层是指用砖、石等材料组砌或用混凝土现浇或预制的墙体，以及预制或现浇的各种钢筋混凝土楼板等。这种基层强度高、刚度好，其表面可以做任何一种饰面。如罩刷各种涂料，涂抹各种抹灰，铺贴各种面砖，粘贴各种卷材等。为确保实体基层的饰面层平整均匀，附着牢固，施工时还应对各种材料的基层作如下处理。

砖、石基层主要用于墙体，因砖、石表面粗糙，加之凹进墙面的缝隙较多，故黏结力强。做饰面前须清理基层，除去浮灰，必要时用水冲净。如能在墙体砌筑时，做到垂直，这就为饰面层的牢固黏结及厚度均匀创造了条件。

混凝土及钢筋混凝土基层主要指预制或现浇墙体和楼板。由于这些构件是由混凝土浇筑成型，为脱模方便，其表面均加机油之类脱模剂，加上钢模板的广泛采用，构件表面光滑平整。为使饰面层附着牢固，施工时须除掉脱模剂，还须将表面打毛，用水冲去浮尘；为保证平整，无论是预制安装或现场浇注，墙体必须垂直，楼板必须水平。

(2)骨架基层

骨架隔墙、架空木地板、各种形式吊顶的基

层属于这一类型。

骨架基层由于材料不同，有木骨架基层和金属骨架基层之分。构成骨架基层中的骨架通常称为龙骨(在墙中也有称为墙筋；在吊顶中也有称为天棚顶)。木龙骨多为枋木，金属龙骨多为型钢或薄壁型钢、铝合金型材等。龙骨间距视面层材料而定，一般不大于600mm。骨架表面，通常不做大理石等较重材料的饰面层。

在基层面上起美观保护作用的覆盖层为饰面层。饰面层包括构成饰面的各种构造，如抹灰饰面不仅包括面灰，且包括中灰和底灰，如为板材饰面，饰面层即板材本身。通常把饰面层最表面的材料作为饰面种类的名称，如面层材料为水泥砂浆则饰面为水泥砂浆面。

建筑物主要装修部位有内墙面、地面及顶棚。各部分饰面种类很多，均附着于结构基层表面起美观保护作用。本节只介绍一般民用建筑普通饰面装修。

2.6.4 墙面装修

墙体是建筑物主要饰面部位之一，墙体表面的饰面装修因其位置不同有外墙面装修和内墙面装修两大类型。又因其饰面材料和做法不同，外墙面装修可分为抹灰类、贴面类、涂料类；内墙面装修可分为抹灰类、贴面类、涂料类、裱糊类和铺钉类。

2.6.4.1 抹灰类墙面装修

抹灰，是我国传统的饰面做法，也称“粉饰”或“粉刷”，是指用砂浆涂抹在房屋结构表面上的一种装修工程。

(1)抹灰的组成

为保证抹灰质量，做到表面平整，黏结牢固，色彩均匀，不开裂，施工时须分层操作。抹灰一般分3层，即底灰(层)、中灰(层)、面灰(层)(图2-27)。

底灰(又叫刮糙)主要起与基层黏结和初步找平作用。这一层用料和施工对整个抹灰质量有较大影响，其用料视基层情况而定。当墙体基层为砖、石时，可采用水泥砂浆或石灰、水泥混合砂

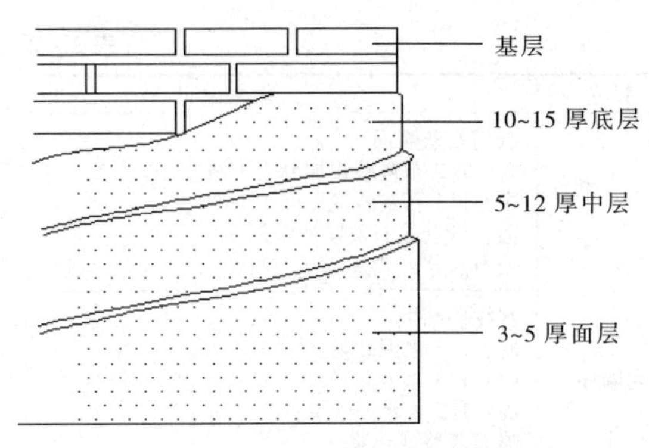

图2-27 抹灰的组成

浆打底；当基层为骨架板条基层时，应采用石灰砂浆作底灰，并在砂浆中掺入适量麻刀(纸筋)或其他纤维，施工时将底灰挤入板条缝隙，以加强拉结，避免开裂、脱落。

中灰主要起进一步找平作用，材料基本与底层相同。

面灰主要起装饰美观作用，要求平整、均匀、无裂痕。面层不包括在面层上的刷浆、喷浆或涂料。

抹灰按质量要求和主要工序划分为3种标准：

普通抹灰　一层底灰，一层面灰，总厚度不大于18mm。

中级抹灰　一层底灰，一层中灰，一层面灰，总厚度不大于20mm。

高级抹灰　一层底灰，数层中灰，一层面灰，总厚度不大于25mm。

高级抹灰适用于公共建筑、纪念性建筑，如剧院、宾馆、展览馆等；中级抹灰适用于住宅、办公楼、学校、旅馆以及高标准建筑物中的附属房间；普通抹灰适用于简易宿舍、仓库等。

(2)常用抹灰种类、做法和应用

抹灰按照面层材料及做法分为一般抹灰和装饰抹灰。

一般抹灰常用的有石灰砂浆抹灰、水泥砂浆抹灰、混合砂浆抹灰、纸筋石灰浆抹灰、麻刀石灰浆抹灰。

装饰抹灰常用的有水刷石面、水磨石面、斩假石面、干黏石面、喷涂面等。

抹灰饰面均是以石灰、水泥等为胶结材料，掺入砂、石骨料用水拌合用，采用抹(一般抹灰)、

表2-3 常用抹灰做法及选用

部位	做法说明	厚度(mm)	适用范围	备注
内墙面	纸筋石灰浆面 底：1:2 石灰砂浆加麻刀 15%； 中：1:3 石灰砂浆加麻刀 15%； 面：纸筋浆石灰浆加纸筋 6%； 喷石灰浆或色浆	8 8 2	用于一般居住及公共建筑的砖、石基层墙面	普通抹灰将底层中层合并厚 12
	水泥砂浆面 底：1:3 水泥砂浆； 中：1:3 水泥砂浆； 面：1:2.5 水泥砂浆； 喷石灰浆或色浆	7 5 3	用于易受碰撞或受潮的地方，如厕所、厨房墙裙、踢脚线等	
	混合砂浆面 底：1:0.3:3 水泥石灰砂浆； 中：1:0.3:3 水泥石灰砂浆； 面：1:0.3:3 水泥石灰砂浆； 喷石灰浆或色浆	9 6 5	砖石基层墙面	
外墙面	水泥砂浆面 底：1:0.8:5 水泥石灰砂浆； 面：1:3 水泥砂浆	10 5	砖石基层墙面	
	水刷石面 底：1:3 水泥砂浆； 中：1:3 水泥砂浆； 面：1:2 水泥白石子用水刷洗	7 5 10	砖石基层墙面	用中八厘石子，当用小八厘石子时比例为 1:1.5，厚度为 8
	干黏石面 底：1:3 水泥砂浆； 中：1:3 水泥砂浆； 面：刮水泥浆，干黏石压平实	10 7 1	砖石基层墙面	石子粒径 3～5mm，做中层时按设计分格
	斩假石面 底：1:3 水泥砂浆； 中：1:3 水泥砂浆； 面：1:2 水泥白石子用斧斩	7 5 12	主要用于外墙局部如门套、勒脚等装修	

刷、斩、粘等(装饰抹灰)不同方法施工，是现场湿作业。常用抹灰类饰面的做法及选用见表2-3。

2.6.4.2 铺贴类墙面装修

(1)面砖饰面

面砖多数是以陶土或瓷土为原料；压制成型后经焙烧而成。由于面砖不仅可以用于墙面装饰也可以用于地面，所以称之为墙地砖。常见的面砖有釉面砖、无釉面砖、仿花岗岩瓷砖、劈裂砖等。

无釉面砖俗称外墙面砖，主要用于高级建筑外墙面装修，具有质地坚硬、强度高、吸水率低(4%)等特点。釉面砖具有表面光滑，容易擦洗，美观耐用，吸水率低等特点。釉面砖除白色和彩色外，还有图案砖、印花砖以及各种装饰釉面砖等。釉面砖主要用于高级建筑内外墙面以及厨房、卫生间的墙裙贴面。

面砖规格、色彩、品种繁多，根据需要可按厂家产品目录选用。常用 150mm×150mm、75mm×150mm、113mm×77mm、145mm×113mm、233mm×113mm、265mm×113mm 等几种规格，厚度为 5～17mm(陶土无釉面砖较厚，为 13～17mm；瓷土釉面砖较薄，为 5～7mm 厚)。

面砖安装前先将表面清洗干净，然后将面砖放入水中浸泡，贴前取出晒干。面砖安装时用 1:3 水泥砂浆打底并划毛，后用 1:0.3:3 水泥石灰砂浆或用掺有 107 胶(水泥用量 5%～10%)的 1:2.5 水泥沙浆满刮于面砖背面，其厚度不小于 10mm，然后将面砖贴于墙上，轻轻敲实，使其与底灰粘牢。一般面砖背面有凹凸纹路，更有利于面砖粘贴牢固。对贴于外墙的面砖常在面砖之间留出一定的缝隙，以利使其透气。而内墙面为便于擦洗和防水则要求安装紧密，不留缝隙。面砖如被污染，可用浓度为10%的盐酸洗刷，并用清水洗净。

(2)玻璃马赛克饰面

玻璃马赛克是以玻璃为主要原料，加入二氧化硅，经高温、熔化发泡后机压成型为边长20mm，厚4mm的小方块，其背面处理呈凹形，带有棱角线，四周呈斜角，镶贴的夹缝呈楔形(图2－28)，故能与基层很好黏结。

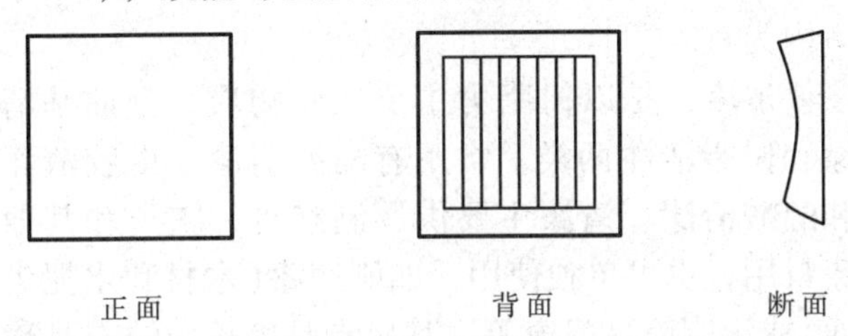

图2－28 玻璃马赛克示意图

由于玻璃马赛克尺寸较小，为了便于粘贴，出厂前已按各种图案反贴在标准尺寸325mm×325mm的牛皮纸上。施工时将纸面向外，覆盖在砂浆上，不待砂浆干固，用水洗去牛皮纸，校正缝隙，并用水泥砂浆擦缝(贴在牛皮纸上时已留下缝隙)。

玻璃马赛克具有质地坚硬、不吸灰、不褪色，色彩华丽、典雅、柔和，花色品种繁多，其在160℃以上至－40℃急热骤冷均不炸裂、不变形以及材料来源广、价格较陶瓷锦砖便宜等优点。在民用建筑外墙饰面中得到较为广泛采用。如武汉晴川饭店外墙、走廊、遮阳板等采用玻璃马赛克饰面，取得较好的经济和美观效果。由于玻璃马赛克边沿棱角尖锐，不宜用做地面。

(3)石材饰面

装饰用的石材有天然石材和人造石材之分，按其厚度有厚型和薄型两种，通常厚度在30～40mm以下的称板材，厚度在40～130mm以上的称为块材。

天然石材饰面板不仅具有各种颜色、花纹、斑点等天然材料的自然美感，而且质地密实坚硬，故耐久性、耐磨性等均比较好，在装饰工程中的适用范围广泛。可用来制作饰面板材、各种石材线角、罗马柱、茶几、石质栏杆、电梯门贴脸等。但是由于材料的品种、来源的局限性，造价比较高，属于高级饰面材料。

天然石材按其表面的装饰效果，可分为磨光和剁斧两种主要处理形式。磨光的产品又有粗磨板、精磨板、镜面板等区别。而剁斧的产品可分为磨面、条纹面等类型。也可以根据设计的需要加工成其他的表面。板材饰面的天然石材主要有花岗石、大理石及青石板。

人造石材属于复合装饰材料，它具有重量轻、强度高、耐腐蚀性强等优点。人造石材包括水磨石、合成石材等。人造石材的色泽和纹理不及天然石材自然柔和，但其花纹和色彩可以根据生产需要人为地控制，可选择范围广，且造价要低于天然石材墙面。

石材在安装前必须根据设计要求核对石材品种、规格、颜色，进行统一编号，天然石材要用电钻打好安装孔，较厚的板材应在其背面凿两条2～3mm深的砂浆槽。板材的阳角交接处，应做好45°的倒角处理。最后根据石材的种类及厚度，选择适宜的连接方法。常用的连接方式可在墙柱表面拴挂钢筋网，将板材用铜丝绑扎，拴结在钢筋网上，并在板材与墙体的夹缝内灌以水泥砂浆，称之为拴挂法。还可用连接件挂接法，通过连接件、扒钉等零件与墙体连接。另外还有采用聚酯砂浆或树脂胶黏结板材固定的方式连接。

2.6.4.3 涂料类墙面装修

涂料饰面是在木基层表面或抹灰饰面的底灰、中灰及面灰上喷、刷涂料涂层的饰面装修。我国使用涂料作为建筑物的保护和装饰材料，具有悠久的历史，许多木结构古建筑物能保存至今，涂料起了重要的作用。早期涂料的主要原料是天然油脂和天然树脂，如亚麻仁油、桐油、松香和生漆等。随着石油化工和有机合成工业的发展，为涂料提供了新的原料来源，许多涂料不再使用油脂，主要使用合成树脂及其乳液、无机硅酸盐和硅溶胶。涂料饰面是靠一层很薄的涂层起保护和装饰作用，并根据需要可以配成各种色彩。通常将在其表面喷刷浆料或水性涂料的称为刷浆，若涂敷于建筑表面并能与其基层材料很好黏结，形成完整涂膜的则为涂料。涂料饰面由于涂层薄，抗腐蚀能力差，有关资料表明，外用乳液涂料使用年限为4～7年，厚质涂料(涂层厚1～2mm)使用年限可达10年。涂料饰面施工简单、省工省料，工期短、效率高、自重轻、维修更新方便，故在饰面装修工程中得到较为广泛应用。

(1)刷浆

石灰浆 是用石灰膏化水而成，根据需要可掺入颜料。为增强灰浆与基层的黏结力，可在浆中掺入108胶或聚醋酸乙烯乳液，其掺入量为20%～30%。石灰浆涂料的施工要待墙面干燥后进行，喷或刷两遍即成。石灰浆耐久性、耐水性以及耐污染性较差，主要用于室内墙面、顶棚饰面。

大白浆 是由大白粉并掺入适量胶料配制而成。大白粉为一定细度的碳酸钙粉末。常用胶料有108胶或聚醋酸乙烯乳液，其掺入量分别为15%和8%～10%，以掺乳胶者居多。大白浆可掺入颜料而成色浆。大白浆覆盖力强，涂层细腻洁白，且货源充足，价格低，施工、维修方便，广泛应用于室内墙面及顶棚。

可赛银浆 是由碳酸钙、滑石粉与酪素胶配制而成的粉末状材料。产品有白、杏黄、浅绿、天蓝、粉红等。使用时先用温水将粉末充分浸泡，使酪素胶充分溶解，再用水调制成需要浓度即可使用。可赛银浆质细、颜色均匀，其附着力以及耐磨、耐碱性均较好，主要用于室内墙面及顶棚。

(2)涂料

建筑涂料的种类很多，按成膜物质可分为有机系涂料、无机系涂料、有机无机复合涂料。

按建筑涂料的分散介质可分为溶剂型涂料、水溶型涂料、水乳型涂料(乳液型)。

按建筑涂料的功能分类，可分为装饰涂料、防火涂料、防水涂料、防腐涂料、防霉涂料、防结露涂料等。

按涂料的厚度和质感可分为薄质涂料、厚质涂料、复层涂料等。

① 油漆涂料　是由黏结剂、颜料、溶剂和催干剂组成的混合剂。油漆涂料能在材料表面干结成膜(漆膜)，使与外界空气、水分隔绝，从而达到防潮、防锈、防腐等保护作用。漆膜表面光洁、美观、光滑，改善了卫生条件，增强了装饰效果。下面介绍几种油漆涂料。

调和漆 油漆在出厂前已基本调制好，使用时不再加任何材料即能施工。调和漆有油性调和漆和磁性调和漆两种。油性调和漆附着力好，不易脱落、粉化，不龟裂、便于涂刷。但干燥性差，漆膜软，适用于室内外各种木材、金属、砖石表面。磁性调和漆漆膜硬，光亮平滑，干燥性好，但抗气候变化能力差，易失光、龟裂，一般用于室内为宜。

清漆 是以树脂为主要成膜物质，分油基清漆和树脂清漆两类。常用有酚醛清漆、虫胶清漆和醇酸清漆。清漆主要供调制红丹、腻子和其他漆料用，也可单独使用，如刷底漆(木材和水泥表面)或涂刷简易门窗等。其优点是廉价，缺点是漆膜软、干燥慢、易发黏。

防锈漆 有油性防锈漆和树脂防锈漆两类。油性防锈漆的优点是渗透性、润滑性、柔韧性和附着力均较好。如红丹防锈漆就是黑色金属优良防锈漆，但这种防锈漆干燥慢、漆膜软。树脂防锈漆是以各种树脂为主要成膜物质，如锌黄醇酸防锈漆对轻金属表面有较好防锈化能力。一般防锈漆只作打底用，另需罩面漆。

② 溶剂型涂料　是以高分子合成树脂为主要成膜物质，有机溶剂为稀释剂，加入一定量颜料、填料及辅料、经辊扎塑化，研磨搅拌溶解配制而成的一种挥发性涂料。如过氯乙烯外墙涂料、苯乙烯焦油外墙涂料、聚乙烯醇缩丁醛外墙涂料等。这类涂料一般有较好的硬度、光泽、耐久度、耐蚀性及耐老化性。但施工时有机溶剂挥发，污染环境，除个别品种外，在潮湿基层上施工易产生起皮、脱落。这类涂料主要用于外墙饰面。

③ 乳液型涂料　是以各种有机物单体经乳化聚合反应后生成的聚合物，它以非常细小的颗粒分散在水中，形成非均相的乳状液。将这种乳状液作为主要成膜物质配成的涂料称为乳液涂料。当填充料为细小粉末，所得的涂料能形成类似油漆漆膜的平滑涂层，故习惯上称为“乳胶漆”。常用乳胶漆有乙－顺乳胶漆(由醋酸乙烯－顺丁烯二

酸二丁酯共聚乳液配制成)、乙-丙乳胶漆、氯-醋-丙乳胶漆等。

乳液涂料以水为分散介质，无毒、不污染环境。由于涂膜多孔而透气，故可在初步干燥的(抹灰)基层上涂刷。涂膜干燥快，对加快施工进度缩短工期十分有利，另外，所涂饰面可以擦洗，易清洁，装饰效果好。乳液涂料施工需按所用涂料品种性能及要求(如基层平整、光洁、无裂纹等)进行，方能达到预期的效果。乳液涂料品种较多，属高级饰面材料，主要用于内外墙饰面。

④ 水溶型涂料　有聚乙烯醇水玻璃涂料、聚乙烯醇缩甲醛涂料等。聚乙醇涂料是以聚乙烯醇树脂为主要成膜物质。这类涂料的优点是不掉粉，造价不高，施工方便，有的还能经受湿布轻擦，主要用于内墙面装修。

⑤ 硅酸盐无机涂料　是以碱性硅酸盐为基料，如硅酸钠、硅酸钾和胶体氧化硅即硅溶胶，外加硬化剂、颜料、填充料及助剂配制而成。目前，市面可见的如JH801无机建筑涂料，这种涂料具有良好的耐光、耐热、耐水及耐老化性能，耐污染性也好，且无毒，对空气无污染。涂料施工喷、刷均可，但以喷涂效果较好。

⑥ 厚质涂料　是在涂料中掺入类似云母粉、粗砂粒等粗填料配制成的涂料。和前述涂料比较，前者涂层薄，后者涂层厚，有较好的质感；前者施工以涂刷方式为主，后者则以喷涂和刮涂方式为主。常见厚质涂料有砂胶厚质涂料、聚乙烯醇缩甲醛水泥厚质涂料、乙-丙乳液厚质涂料等，这些涂料主要用于外墙饰面及地面。另外，还有由聚氨酯、不饱和聚氨酯等为主料配制成的各种厚质涂料，主要用于地面，形成无缝涂布地面。

涂料是建筑饰面的重要材料之一，近年来的推广、使用，已取得了较好的经济及装饰效果，今后它的应用将更为广泛。但和国外先进国家相比，我国的涂料工业尚有一定差距，表现在品种不多，价格偏高，质量也有待进一步提高。

2.6.4.4 裱糊类墙面装修

裱糊类装修是将各种装饰性的墙纸、墙布等卷材类的装饰材料裱糊在墙面上的一种装修饰面。

(1)墙纸

墙纸又称壁纸。利用各种彩色花纸装修墙面，在我国已有悠久历史，且具有一定艺术效果。但花纸不仅怕潮、怕火、不耐久，而且脏了不能洗刷。故应用受到限制。当今，国内外生产的各种新型复合墙纸，种类达千余种，依其构成材料和生产方式不同墙纸可分以下几类。

① PVC塑料墙纸　是当今国际上最流行的室内墙面装饰材料之一。它除具有色彩艳丽、图案雅致，美观大方等艺术特征外，在使用上还具有不怕水、抗油污、耐擦洗、易清洁等优点。是理想的室内装修材料。

PVC塑料墙纸由面层和衬底层在高温下复合而成。面层以聚氯乙烯塑料薄膜或发泡塑料为原料，经配色、喷花或压花等工序与衬底进行复合。发泡工艺又有低发泡和高发泡塑料之分，形成浮雕型，凹凸图案型，其表面丰满厚实，花纹起伏，立体感强，且富有弹性，装饰效果显得高雅豪华。而普通塑料面层亦显图案清新，花纹美观，色彩丰富，装饰感强，效果亦佳。

墙纸的衬底大体分纸底与布底两类。纸底成型简单，价格低廉，但抗拉性能较差；布底有密织纱布和稀织网纹之分。其具有较好的抗拉能力，较适宜于可能出现微小裂隙的基层上，撞击时不易破损，经久耐用。多用于高级宾馆客房及走廊等公共场所。

② 纺织物面墙纸　系采用各种动、植物纤维(如羊毛、兔毛、棉、麻、丝等纺织物)以及人造纤维等纺织物作面料复合于纸质衬底而制成的墙纸。由于各种纺织面料质感细腻，古朴典雅，清新秀丽，故多用做高级房间装修之用。

③ 金属面墙纸　也由面层和底层组成。面层系以铝箔、金粉、金银线等为原料，制成各种花纹、图案，并同用以衬托金属效果的漆面(或油墨)相间配制而成，然后将面层与纸质衬底复合压制而成墙纸。其生产工艺要求较高。墙纸表面呈金色、银色和古铜色等多种颜色，构成多种图案。在光线照射下，色泽鲜艳，墙面显得金碧辉煌，古色古香，别有风味。同时它可防酸、防油污。因此多用于高级宾馆、餐厅、酒吧以及住宅建筑

的厅堂之中。

④ 天然木纹面墙纸　这类墙纸系采用名贵木材剥出极薄的木皮，贴于布质衬底上而制成的墙纸。它类似胶合板，色调沉着、雅致，富有人性味、亲切感，具有特殊的装饰效果。

(2)墙布

墙布系指以纤维织物直接作为墙面装饰材料的总称。它包括玻璃纤维墙面装饰布和织锦等材料。

① 玻璃纤维装饰墙布　玻璃纤维布是以玻璃纤维织物为基材，表面涂布合成树脂，经印花而成的一种装饰材料，布宽 840～870mm，一卷长 40m。由于纤维织物的布纹感强，经套色后的花纹装饰效果好，且具有耐水、防火、抗拉力强，可以擦洗以及价格低廉等特点，故应用较广。其缺点是易泛色，当基层颜色较深时，容易显露出来。同时，由于本身系碱性材料，使用日久即呈黄色。

② 织锦墙面　织锦墙面装修是采用锦缎裱糊于墙面的一种装饰材料。锦缎系丝绸织物，宽 800mm，它颜色艳丽，色调柔和，古朴雅致，且对室内吸声有利，仅用做高级装修。由于锦缎柔软易变形，可以先裱糊在人造板上再进行装配，但施工较繁，且价格昂贵，一般少用。

墙纸与墙布的裱贴主要在抹灰的基层上进行。它要求基底平整、致密，对不平的基层需用腻子刮平。粘贴墙纸一般采用 108 胶与羧甲基纤维素配制的黏结剂。加纤维素的作用，一是使胶有保水性，二是便于涂刷。也可采用 8504 和 8505 粉末墙纸胶。而粘贴玻璃纤维布可采用 801 墙布黏合剂。它属于醋酸乙烯树脂类黏结剂，系配套产品。同时，在粘贴时，对要求对花的墙纸或墙布在裁剪尺寸上，其长度需比墙高放出 100～150mm，以适应对花粘贴的要求。

2.6.4.5　铺钉类墙面装修

铺钉类装修系指利用天然木板或各种人造薄板借助于钉、胶等固定方式对墙面进行的装修处理。由于它不需要对墙面进行抹灰，故属干作业范畴。铺钉类装修因所用材料质感细腻、美观大方，装饰效果好，给人以亲切感。同时材料多系薄板结构或多孔性材料，对改善室内音质效果，有一定作用。唯防潮、防火性能欠佳，一般多用做宾馆、大型公共建筑大厅如候机室、候车室以及商场等处的墙面或墙裙的装修。铺钉类装修和隔墙构造相似，由骨架和面板两部分组成。

(1)骨架

骨架有木骨架和金属骨架之分。木骨架由墙筋和横挡组成，借预埋在墙上的木砖固定到墙身上。墙筋截面一般为 50mm × 50mm，横挡截面为 50mm × 50mm、50mm × 40mm。墙筋和横挡的间距应与面板的长度和宽度尺寸相配合。金属骨架亦采用冷轧薄钢板构成槽形截面。为防止骨架与面板受潮而损坏，常在立墙筋前，先于墙面抹一层 10mm 厚混合砂浆抹灰，并涂刷热沥青两道，或不做抹灰，直接在砖墙上涂刷热沥青亦可。

(2)面板

装饰面板多为人造板，包括硬木条、石膏板、胶合板、纤维板、甘蔗板、装饰吸声板以及钙塑板等。

硬木条或硬木板装修是指将装饰性木条或凹凸型木板竖直铺钉在墙筋或横筋上。背面衬以胶合板，使墙面产生凹凸感，以丰富墙面。

石膏板是以建筑石膏为原料，加入适量的纤维填充料、黏结剂、缓凝剂和发泡剂等辅料，经拌和后，两面用纸板辊压成薄板状的装饰材料，俗称纸面石膏板。具有质轻、变形小，施工时可钉、可刨、可锯、可粘贴等特点。

2.6.4.6　清水砖墙饰面装修

凡在墙体外表面不做任何外加饰面的墙体称为清水墙；反之，谓之混水墙。用砖砌筑清水砖墙在我国已有悠久的历史，如北京故宫等。

为防止灰缝不饱满而可能引起的空气渗透和雨水渗入，须对砖缝进行勾缝处理。一般用 1∶1 水泥砂浆勾缝，也可在砌墙时用砌筑砂浆勾缝，称为原浆勾缝。勾缝形式有平缝、平凹缝、斜缝、弧形缝等(图 2－29)。

砌体在今后相当长时间内仍然是我国主要墙体材料之一，因此，如何处理好清水墙外观具有重要意义。一般可从色彩、质感、立面变化取得

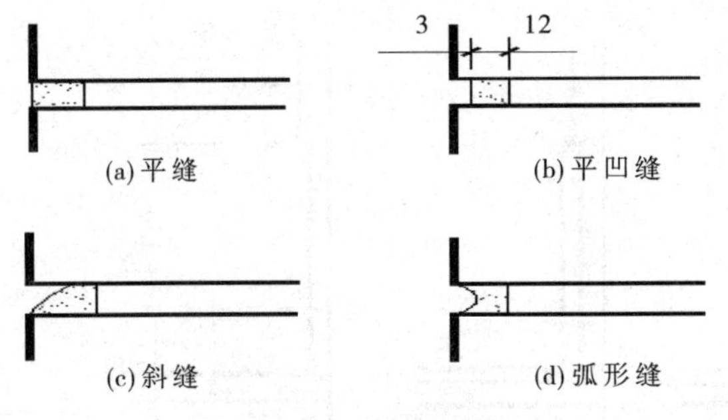

图2-29 勾缝形式

清水砖墙多样化装饰效果。

目前，清水砖墙材料多为红色，色彩较单调，但可以用刷透明色的办法改变色调。做法是用红、黄两种颜料如氧化铁红，氧化铁黄等配成偏红或偏黄的颜色，再加上颜料重量的5%的聚醋酸乙烯乳液，用水调成浆刷在砖面上。这种做法往往给人以面砖的错觉，若能和其他饰面相互配合、衬托，能取得较好的装饰效果。另外，清水砖墙砖缝多，其面积约占墙面的1/6，改变勾缝砂浆的颜色能有效地影响整个墙面色调的明暗度。如用白水泥勾白缝或水泥掺颜料勾成深色或其他颜色的缝，由于砖缝颜色突出，整个墙面质感效果也有一些变化。

要取得清水砖墙质感变化，还可以在砖墙组砌上下工夫，多采用顺-丁砌法以强调横线条；在结构受力允许条件下，改平砌为斗砌、立砌以改变砖的尺度感；或采用将个别砖成点成条突出墙面几厘米的拨砌方式，形成不同质感和线形。以上做法要求大面积墙面平整规矩，并须严格砌筑质量，虽多费些工，但能求得一定装饰效果。

大面积红砖墙要想取得很好效果，仅采取上述措施是不够的，还须在立面处理上做一些变化。如一个墙面可以保留大部分清水墙面，局部做混水(抹灰)能取得立面颜色和质感的变化。

2.6.4.7 特殊部位的墙面装修

在内墙抹灰中，对易受到碰撞，如门厅、走道的墙面和有防潮、防水要求如厨房、浴厕的墙面，为保护墙身，做成护墙墙裙(图2-30)；对内墙阳角，门洞转角等处则作成护角(图2-31)。

墙裙和护角高度2m左右，根据要求护角也可用其他材料如木材制作。

在内墙面和楼地面交接处，为了遮盖地面与墙面的接缝，保护墙身以及防止擦洗地面时弄脏墙面做成踢脚线。其材料与楼地面相同，常见做法有3种，即与墙面粉刷相平、凸出、凹进(图2-32)，踢脚线高120~150mm。

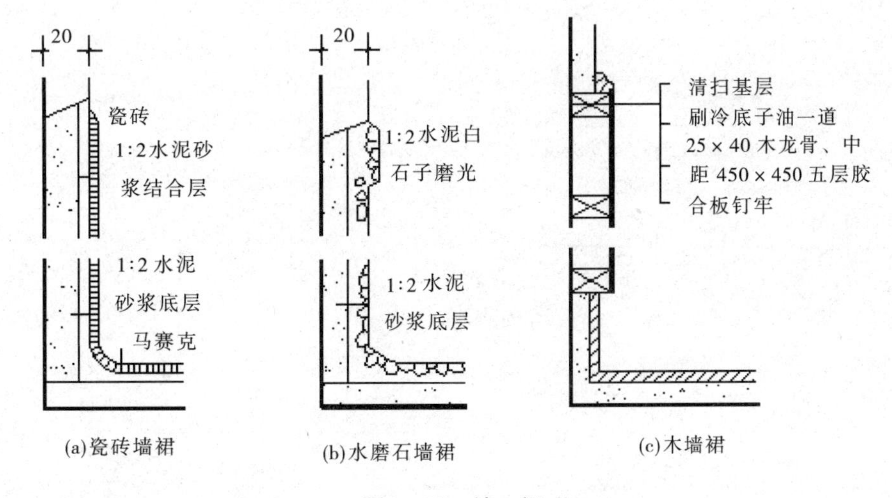

图2-30 墙 裙

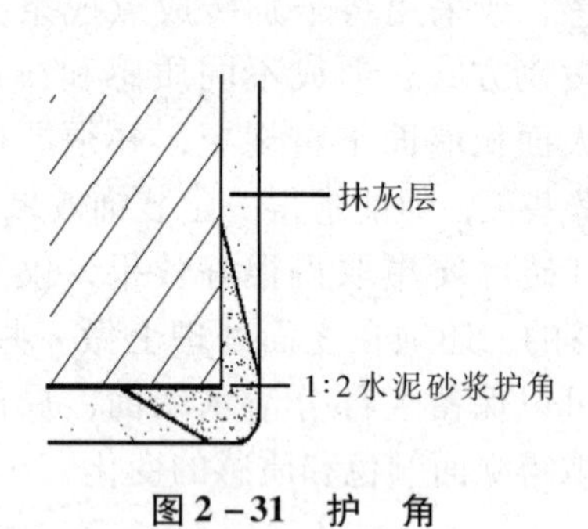

图2-31 护 角

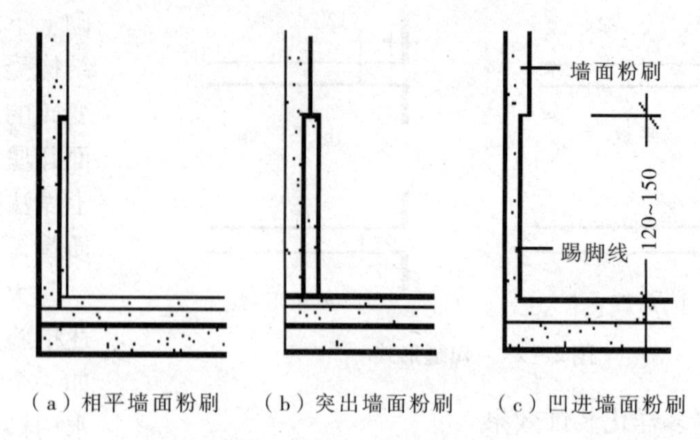

(a)相平墙面粉刷 (b)突出墙面粉刷 (c)凹进墙面粉刷

图2-32 踢脚线形式

思考题

1. 简述墙体类型的分类方式及类别。
2. 简述砖混结构的几种结构布置方案及特点。
3. 墙体设计在使用功能上应考虑哪些设计要求?
4. 简述砖墙优缺点。
5. 砖墙组砌要点是什么?
6. 砌块墙的组砌要求有哪些?
7. 墙身加固措施有哪些?有何设计要求?
8. 简述水平防潮层的设置位置方式及特点。
9. 试比较几种常用隔墙的特点。
10. 简述饰面装修的作用。
11. 简述饰面装修的处理原则。
12. 简述饰面装修的类型。
13. 简述墙面装修的种类及特点。
14. 什么是清水墙?
15. 墙裙、护角、踢脚的位置与作用是什么?

推荐阅读书目

建筑构造(上册). 李必瑜. 中国建筑工业出版社, 2013.

房屋建筑学. 同济大学等. 中国建筑工业出版社, 2006.

第3章 门窗

[本章提要]门窗是建筑物的基本组成构件之一，起到围护的作用。门窗的形式不仅直接影响到建筑内外立面的效果，同时其构造处理还会影响建筑物的舒适度，因此本章重点介绍了门窗的形式、分类与尺度，为建筑设计提供良好的基础知识，同时介绍了门窗的组成与构造等细部构造内容，还简要讲解了窗上的附属建筑构件遮阳的设置。

3.1 概　述

3.1.1 门和窗的作用与设计要求

门和窗是建筑物不可缺少的围护构件。门主要是为室内外和房间之间的交通联系而设，兼顾通风、采光和空间分隔。窗主要是为了采光、通风和观望而设。门和窗又是建筑造型重要的组成部分，它的形状、尺寸、比例、排列对建筑内外造型影响极大，所以常作为重要的装饰构件处理。

一般的门和窗通常要求具有保温、隔声、防渗风、防漏雨的能力。在寒冷地区采暖期内，由门窗缝隙渗透而损失的热量约占全部采暖耗热量的25%，门窗的密闭要求是北方门窗保温节能极其重要的内容。对于门窗，在保证其主要功能和经济条件的前提下，还要求门窗坚固、耐久、灵活，便于清洗、维修和工业化生产。门窗可以像某些建筑配件和设备一样，作为建筑构件的成品，以商品形式在市场上供销。

3.1.2 门和窗的类型

3.1.2.1 按材料分类

门和窗按制造材料分为木、钢、铝合金、塑料，此外还有玻璃钢以及钢塑、木塑、铝塑等复合材料制作的门窗。

木门窗　加工方便，价格低廉，但木材耗量大，且不防火，所以使用受到一定限制，在节约优质木材的前提下，开发以用途较少的硬杂木等木材制造门窗，是重要的途径。在国外，经过技术处理的硬杂木是高级门房的主要材料。

钢门窗　体型小、挡光少、强度高、能防火。其用量目前在我国仅次于木门窗，是华北及其以南城镇中的主要类型。但钢门窗易生锈，导热系数高，在严寒地区易结露结霜，成本高于木门窗。

铝合金门窗　精致，密闭性优于钢门窗。铝的导热系数比较高，保温差，成本高。铝材在各行业中用量很大，产量受限。按国家现行政策，尚不能在大量一般性建筑中采用。

塑料门窗　是近几十年发展起来的新品种，保温效果似木门窗，形式类似铝合金门窗，美观精致，目前我国塑料门窗厂很多。但塑料窗成本较高，产品刚度问题有待改善。

复合材料门窗　采用不同材料的优点，避免各种材料缺点，是一种新型门窗，很有发展前途。钢塑复合窗已经研制成功，其他各种复合材料窗尚待继续研制。

3.1.2.2　按开关方式分类

(1)窗按开关方式分类(图3-1)

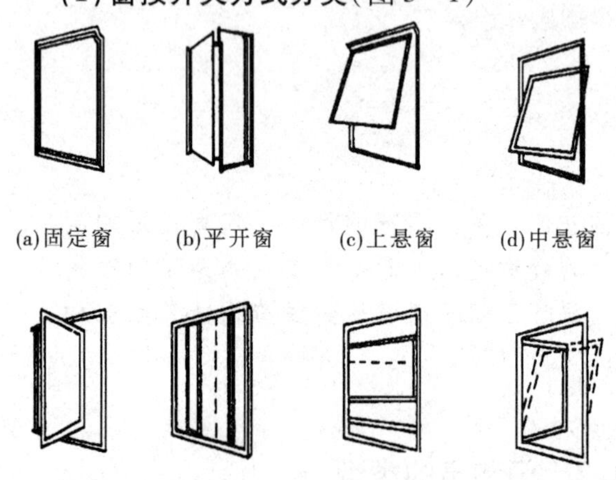

图3-1　窗的开/关方式

① 固定窗　不能开关(包括在必要时可以卸下的窗)，仅作采光和观望用。

② 平开窗　有内开和外开两种。构造简单，开关、制作和安装方便，所以这种形式最多。

③ 悬窗　按横轴的位置不同，有上悬、中悬、下悬之分。外开的上悬和中悬窗便于防雨，多用于外墙。悬窗亦可用于内墙作为高侧窗和门的亮窗，易于通风。下悬窗不利于挡雨，在民用建筑中用者极少。另一种形式的下悬平开窗，是在窗口边框中安设复杂的金属配件，既可下悬开关，也可以平开；根据使用者的需要，随手改换开关方式，可用于住宅和办公之类的房屋中。由于部件复杂，成本高于其他可开窗。

④ 立转窗　竖轴可以转动，竖轴设于窗扇中心，或略偏于窗扇的一侧。通风效果好，但不够严密，防雨防寒性能差。

⑤ 推拉窗　可左右推拉和垂直推拉，水平推拉窗须上下设轨槽。垂直推拉窗须设滑轮和平衡锤。推拉窗开关时不占室内空间，但推拉窗不能全部同时开启，可开启面积最大不超过1/2的窗面积。水平推拉窗扇受力均匀，所以窗扇尺寸可以大些，但五金件较贵。

(2)门按开关方式分类(图3-2)

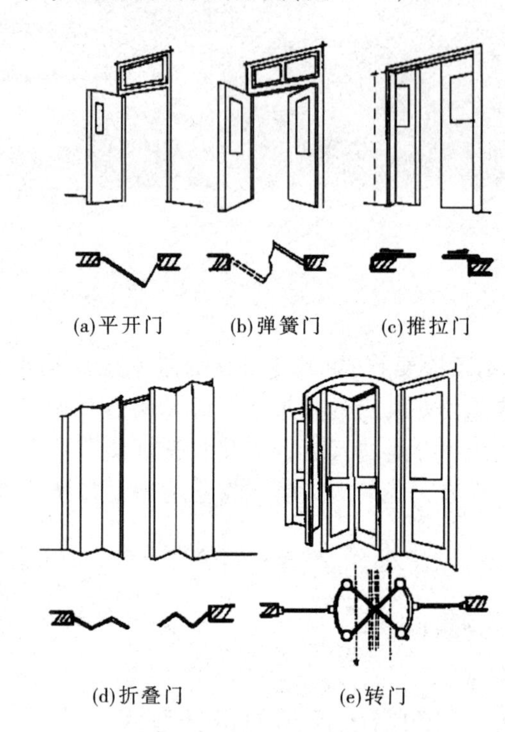

图3-2　门的开关方式

① 平开门　分为单扇、双扇和多扇，有内开和外开。平开门构造简单，制作方便，使用最多。

② 弹簧门　其形式与平开门一样，区别在于用弹簧合页和地弹簧代替普通合页，能够自动关闭；其合页设在门的侧面。单向弹簧门常用于有自动关闭要求的房间中，如公共卫生间等。双向弹簧门需用内外双向弹动的弹簧合页或采用设于地面的地弹簧，多用于出入人流较大和需要自动关闭的公共场所，如公共建筑门厅的门等。双向弹簧门必须安装透明的大玻璃，便于出入的人们互相察觉和礼让。纱门也常用弹簧门。

③ 推拉门　门扇开关沿着水平轨道左右滑行。有单扇和双扇两种，但单扇多用做内门，双扇用于人流大的公共建筑外门，如宾馆、饭店、办公楼等，也用于内门。滑动的门扇或靠在墙的内外，或藏于夹层墙内。推拉门不占空间，受力合理，

不易变形。因此，门扇可以大些，以增加人流量，但关闭不够严密。门内外两侧的地面相平，不设任何障碍性的配件，行走方便。用于公共建筑中的推拉门多采用玻璃门，并设有电动自控开关。通常是在门扇内、外的正上方安置光电管，或触动式设置进行控制。推拉门的配件较多，较平开门复杂，造价较高，寒冷地区还常在外门的内侧，两道门之间(门斗)设暖风幕。

④ 折叠门 当两个房间相连的洞口较大，或大房间需要临时分隔成两个小房间时，可用多扇折叠式门，可折叠推移到洞口一侧或两侧。但每侧均为双扇折叠门时，在两个门扇侧边用合页连接在一起，开关可同普通平开门一样。两侧均为多扇折叠门时，除在相邻各扇的侧面装合页之外，还需要在门顶和门底装滑轮和导轨及可转动的五金配件。

⑤ 转门 在两个弧形门套之间，窗扇由同一竖轴组成三扇或四扇夹角相等的、可水平旋转的门扇。其装置与配件较为复杂，造价较高。转门可作为公共建筑中人员出进频繁、且有采暖和空调设备的情况下的外门，对减弱和防止内外空气对流有一定作用。开关时各门扇之间形成的封闭空间起着门斗作用。但人流较多，通行受阻，或不需要采暖和空调的季节，转门可以停转，双扇并拢，在门扇两侧出入通行，见图3-2(e)中的虚线。门厅较大，人流集中时，常在转门旁边另设平开门，以缓解疏散能力，或转门停用时的需要。

此外还有卷门、上翻门、提升门等，各适用不同条件的需要。

3.1.2.3 门和窗的层数

各地的气候和环境不同，门窗扇要求的层数也不同。一般情况下，单扇的门和窗已可满足使用要求。而夏季蚊蝇多的地区，常在门、窗扇的一侧增加一层纱扇，成为一玻一纱的双层窗和门。寒冷地区和严寒地区，根据保温和节能的需要，必须设双层窗和门，甚至三层玻璃的窗和门。譬如单层扇双层玻璃，双层扇三层玻璃的窗和门。

3.1.3 门和窗的尺度

3.1.3.1 窗的尺度

窗的尺度主要取决于房间的采光通风、构造做法和建筑造型等要求，并要符合现行《建筑模数协调统一标准》(GB50003—2001)的规定。为使窗坚固耐久，一般平开木窗的窗扇高度为800~1200mm，宽度不宜大于500mm。上下悬窗的窗扇高度为300~600mm，中悬窗窗扇高不宜大于1200mm，宽度不宜大于1000mm；推拉窗高宽均不宜大于1500mm。对一般民用建筑用窗，各地均有通用图，各类窗的高度与宽度尺寸通常采用扩大模数3M数列作为洞口的标志尺寸，需要时只要按所需类型及尺度大小直接选用。

窗洞口大小的确定应考虑房间的窗地比(采光系数)、玻地比以及建筑外墙的窗墙比。

(1)窗地比

窗地比是窗洞口与房间净面积之比。如管理室、公共活动室窗地比最低值为1:7，厕所的窗地比最低值为1:10。

(2)玻地比

窗玻璃面积与房间净面积之比叫玻地比。采用玻地比确定洞口大小时还需要除以窗子的透光率。透光率是窗玻璃面积与窗洞口面积之比。钢窗的透光率为80%~85%，木窗的透光率为70%~75%。采用玻地比决定窗洞口面积的只有中小学校。

(3)窗墙比

窗墙面积比是指窗洞口面积与房间立面单元面积(层高与开间定位线围成的面积)的比值。《民用建筑热工设计规范》(GB50176—1993)中规定：居住建筑各朝向的窗墙面积比，北向不大于0.25；东、西向不大于0.30；南向不大于0.35。

3.1.3.2 门的尺度

门的尺度通常是指门洞的高宽尺寸。门作为交通疏散通道，其尺度取决于人的通行要求，家具器械的搬运及与建筑物的比例关系等，并要符合现行《建筑模是协调统一标准》的规定。

门的高度 一般民用建筑门的高度不宜小于

2100mm。如门设有亮子时，亮子高度一般为300～600mm，则门洞高度为门扇高加亮子高，再加门框及门框与墙间的缝隙尺寸，即门洞高度一般为2400～3000mm。公共建筑大门高度可视需要适当提高。

门的宽度　单扇门为700～1000mm，双扇门为1200～1800mm。宽度在2100mm以上时，则多做成三扇、四扇门或双扇带固定扇的门，因为门扇过宽易产生翘变形，同时也不利于开启。辅助房间(如浴厕、贮藏室等)，门的宽度可窄些，一般为700～800mm。

为了使用方便，一般民用建筑门(木门、铝合金门、塑料门)，均编制成标准图，在图上注明类型及有关尺寸，设计时可按需要直接选用。

3.2　平开木门的组成与构造

3.2.1　平开木门的组成

门一般由门框、门扇、亮子、五金零件及其附件组成(图3－3)。

门框是门扇、亮子与墙的联系构件，由上槛、中横框和边框等组成，多扇门还有中竖框。

门扇由上冒头、中冒头、下冒头和边梃等组成。为了通风采光，可在门的上部设腰窗(俗称上亮子)，有固定、平开及上、中、下悬等形式。

五金零件一般有铰链、门锁、插销、拉手、停门器、风钩等。

附件有贴脸板、筒子板等。

3.2.2　平开木门的构造

3.2.2.1　门框

(1)门框的断面形状和尺寸

门框的断面形式与门的类型、层数有关，同时应利于门的安装，并具有一定的密闭性(图3－4)。门框的断面尺寸主要考虑接榫牢固与门的类型，还要考虑制作时刨光损耗，毛断面尺寸应比净断面尺寸大些。

为便于门扇密闭，门框上要有裁口(或铲口)。根据门扇数与开启方式的不同，裁口的形式可分为单裁口与双裁口两种。单裁口用于单层门，双裁口用于双层门或弹簧门。裁口宽度要比门扇宽度大1～2mm，以利于安装和门扇开启。裁口深度一般为8～10mm。

(2)门框的安装

门框的安装方式有立口和塞口两种。施工时先将门框立好，后砌门间墙，称为立口。立口的优点是门框与墙体结合紧密、牢固；缺点是施工中安门和砌墙相互影响，若施工组织不当，影响施工进度。

塞口则是在砌墙时先留出洞口，以后再安装

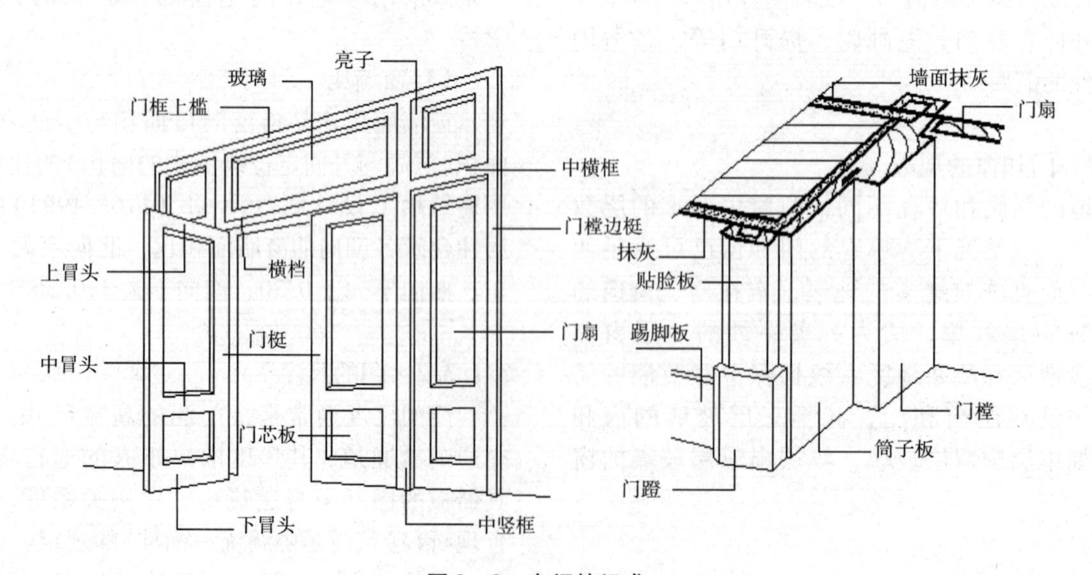

图3－3　木门的组成

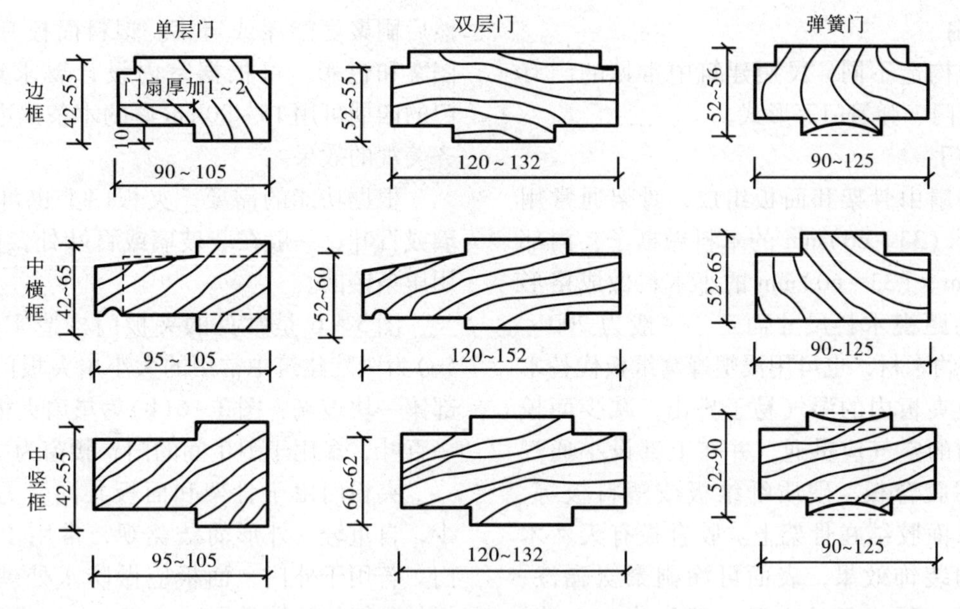

图3－4　平开门门框的断面形状及尺寸

门框，为便于安装，预留洞口应比门框外缘尺寸多出20～30mm。塞口法施工方便，但框与墙间的缝隙较大，为加强门框与墙的联系，安装时应用长钉将门框固定于砌墙时预埋的木砖上，为了方便也可用铁脚或膨胀螺栓将门框直接固定到墙上，每边的固定点不少于2个，其间距不应大于1.2m。

工厂化生产的成品门，其安装多要用塞口法施工。

(3)门框与墙的关系

门框在墙洞中的位置，有门框内平、门框居中和门框外平3种情况，一般情况下多做在开门方向一边，与抹灰面平齐，使门的开启角度较大。但对较大尺寸的门，为牢固地安装，多居中设置，如图3－5(a)(b)。

门框的墙缝处理与窗框相似，但应更牢固，门框靠墙一边也应开防止因受潮而变形的背槽，并做防潮处理，门框外侧的内外角做灰口，缝内填弹性密封材料，如图3－5(c)。

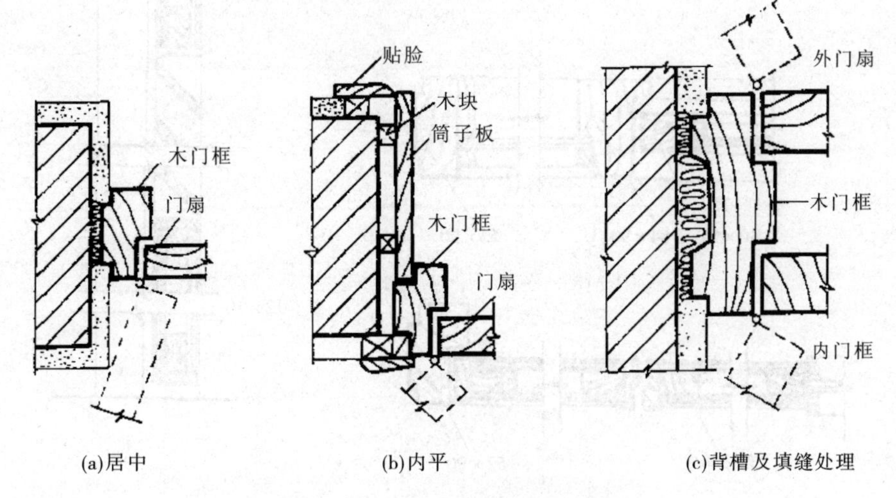

图3－5　木门框在墙洞中的位置

3.2.2.2 门扇

依门扇的构造不同，民用建筑中常见的门有镶板门、夹板门、弹簧门等形式。

(1)夹板门

夹板门门扇由骨架和面板组成，骨架通常用(32~35)mm×(33~60)mm的木料做框子，内部用(10~25)mm×(33~60)mm的小木料做成格形纵横肋条，肋距视木料尺寸而定，一般为200~400mm，为节约木材，也可用浸塑蜂窝纸板代替木骨架。为了使夹板内的湿气易于排出，减少面板变形，骨架内的空气应贯通，并在上部设小通气孔，面板可用胶合板、硬质纤维板或塑料板等，用胶结材料双面胶结在骨架上。胶合板有天然木纹，有一定的装饰效果，表面可涂刷聚氨酯漆、蜡克漆或清漆。纤维板的表面一般先涂底色漆，然后刷聚氨酯漆或清漆。塑料面板有各种装饰性图案和色彩，可根据室内设计要求选用。另外，门的四周可用15~20mm厚的木条镶边，以取得整齐美观的效果。

根据功能的需要，夹板门上也可以局部加玻璃或百叶，一般在装玻璃或百叶处，做一个木框，用压条镶嵌。

图3-6是常见的夹板门构造实例，图3-6(a)为医院建筑中常用的大小扇夹板门，大扇的上部镶一块玻璃；图3-6(b)为单扇夹板门，下部装一百叶，多用于卫生间的门，腰窗为中悬式窗。

夹板门由于骨架和面板共同受力，所以用料少，自重轻，外形简洁美观，常用于建筑物的内门。若用于外门，面板应做防水处理，并提高面板与骨架的胶结质量。

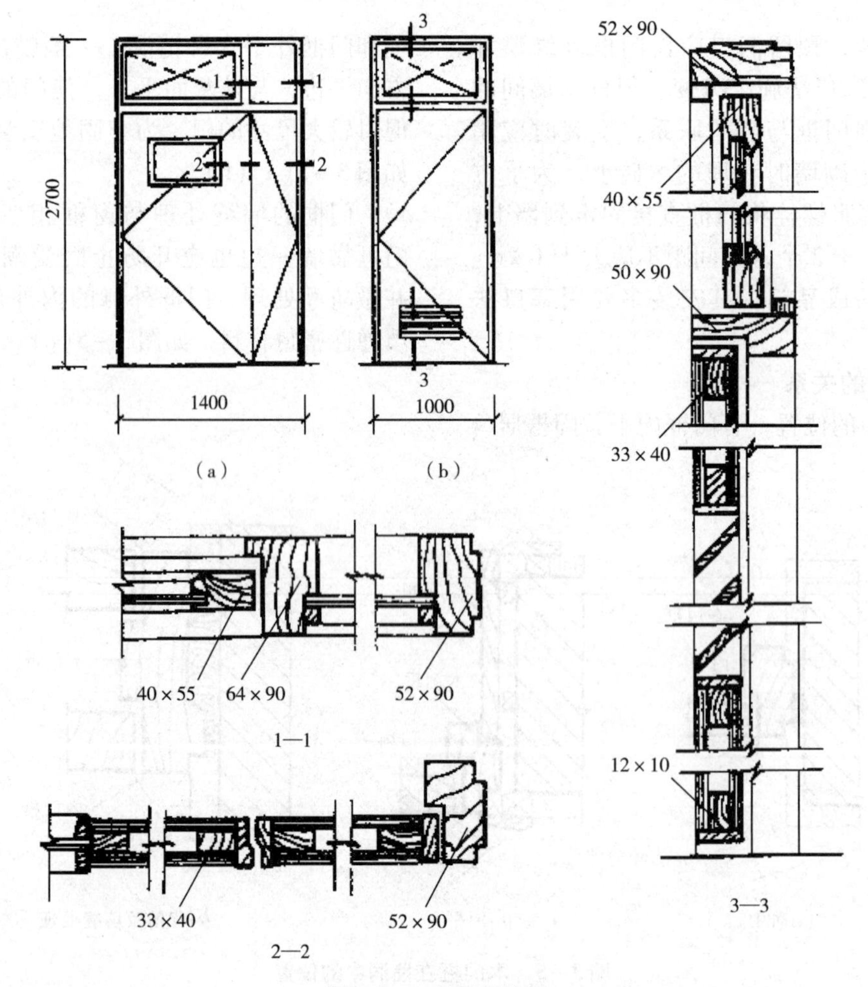

图3-6 夹板门构造

(2)镶板门

镶板门门扇是由骨架和门芯板组成。骨架一般由上冒头、下冒头及边梃组成，有时中间还有一道或几道横冒头或一条竖向中梃。门芯板可采用木板、胶合板、硬质纤维板及塑料板等。有时门芯板可部分或全部采用玻璃，则称为半玻璃(镶板)门或全玻璃(镶板)门。构造上与镶板门基本相同的还有纱门、百叶门等。

木制门芯板一般用10~15mm厚的木板拼装成整块，镶入边梃和冒头中，板缝应结合紧密，不能因木材干缩而裂缝。门芯板的拼接方式有4种，分别为平缝胶合、木键拼缝、高低缝和企口缝(图

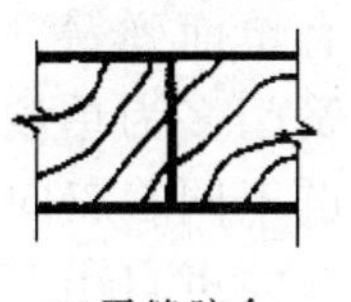

(a)平缝胶合　(b)木键拼缝

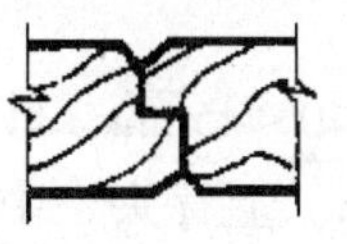

(c)高低缝

(d)企口缝

图3-7　门芯板的拼接方式

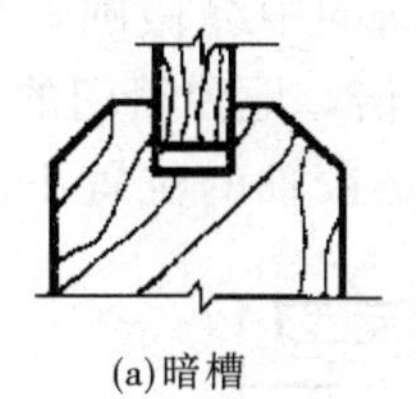

(a)暗槽

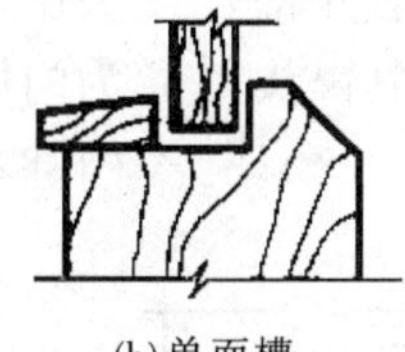

(b)单面槽

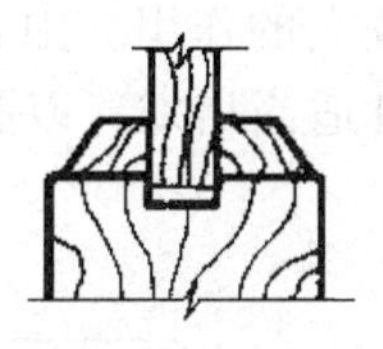

(c)双边压条

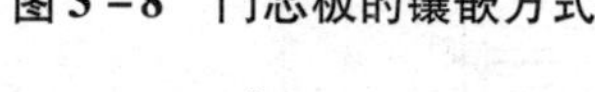

图3-8　门芯板的镶嵌方式

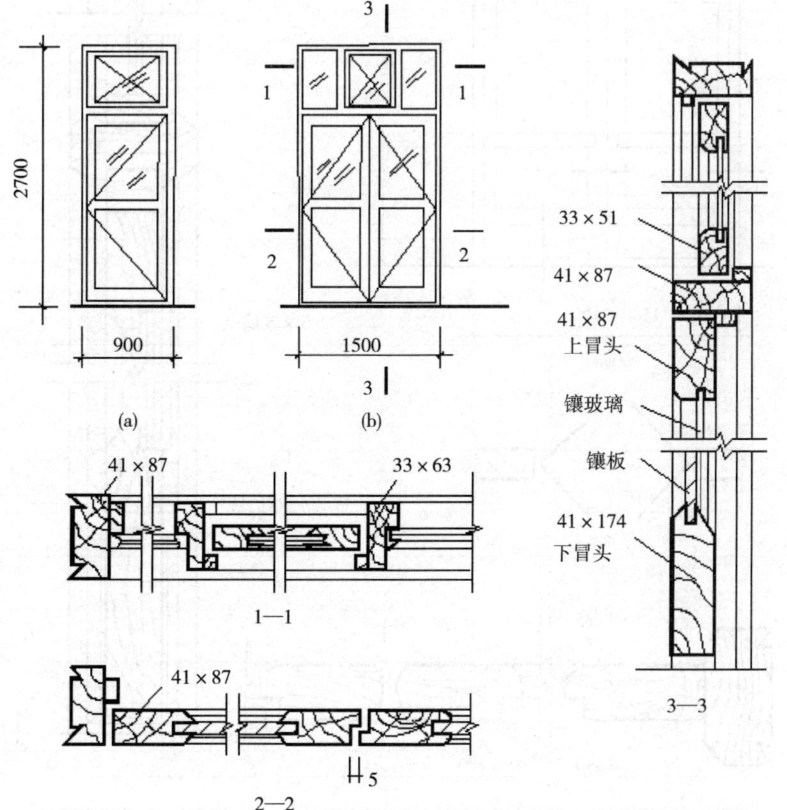

图3-9　半玻璃镶板门构造

3－7)。工程中常用的为高低缝和企口缝。

门芯板在边梃和冒头中的镶嵌方式有暗槽、单面槽以及双边压条3种(图3－8)。其中，暗槽结合最牢，工程中用得较多，其他两种方法比较省料和简单，多用于玻璃、纱网及百叶的安装。另外为防止门芯板胀缩变形，凡镶入冒头、边梃槽内须留空隙。

镶板门门扇骨架的厚度一般为40～45mm，纱门的厚度可薄一些，多为30～35mm。上冒头、中间冒头和边梃的宽度一般为75～120mm，下冒头的宽度习惯上同踢脚高度，一般为200mm左右。较大的下冒头，对减少门扇变形和保护门芯板不被行人撞坏有较大的作用。中冒头为了便于开槽装锁，其宽度可适当增加，以弥补开槽对中冒头材料的削弱。

图3－9是常用的半玻璃镶板门的实例。图3－9(a)为单扇，图3－9(b)为双扇，腰窗为中悬式窗，门芯板的安装采用暗槽结合，玻璃采用单面槽加小木条固定。

(3)弹簧门

弹簧门是指利用弹簧铰链，开启后能自动关闭的门。弹簧铰链有单面弹簧、双面弹簧和地弹簧等形式。单面弹簧门多为单扇，与普通平开门基本相同，只是铰链不同。双向弹簧门通常都为双扇门，其门扇在双向可自由开关，门框不需裁口，一般做成与门扇侧边对应的弧形对缝，为避免两门扇相互碰撞，又不使缝过大，通常上下冒头做平缝，两扇门的中缝做圆弧形，其弧面半径为门厚的1～1.2倍。地弹簧门的构造与双扇弹簧门基本相同，只是铰轴的位置不同，地弹簧装在

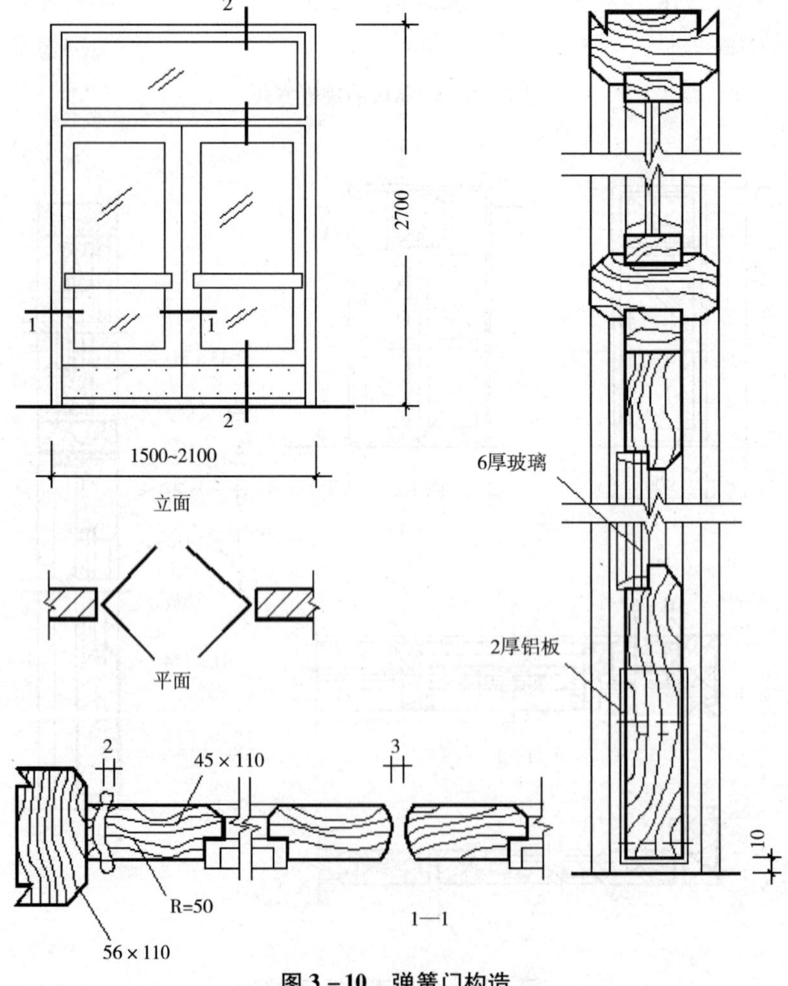

图3－10　弹簧门构造

地板上。

弹簧门的构造如图 3－10 所示。弹簧门的开启一般都比较频繁，对门扇的强度和刚度要求比较高，门扇一般要用硬木，用料尺寸应比普通镶板门大一些，弹簧门门扇的厚度一般为 42～50mm，上冒头、中冒头和边梃的宽度一般为100～120mm，下冒头的宽度一般为 200～300mm。

3.2.3　成品装饰木门窗

在酒店、宾馆、办公大楼、中高档住宅等民用建筑中广泛采用成品装饰木门窗，该门窗采用标准化、工厂化生产，现场组装成形的新工艺，同时有很好的装饰效果。

木门为无钉胶结固定施工，工期短，施工现场无噪声、垃圾、污染等。木门窗的木材为松木、榉木或其他优良树种，内框骨架采用指接工艺，榫接胶合严密，填充芯料选用电热拉伸定型蜂窝芯。

门窗套基材一般选用优质密度板，背面覆防潮层。面层饰面选用 0.6mm 优质天然实木单板或仿真饰面膜，常用品种有枫木、红榉、樱桃、黑胡桃等。

门窗配套用合页、锁具、滑轨、门上五金，可按订货合同规定由工厂提供，相关的锁孔、滑轨开槽均可在工厂预制加工。

3.3　铝合金门窗

3.3.1　铝合金门窗的特点

(1)质量轻

铝合金门窗用料省、质量轻。

(2)性能好

密封性好，气密性、水密性、隔声性、隔热性都较木门窗有显著的提高。因此，在装设空调设备的建筑中，对防潮、隔声、保温、隔热有特殊要求的建筑中，以及多台风、多暴雨、多风沙地区的建筑更适合用。

(3)耐腐蚀、坚固耐用

铝合金门窗不需要涂涂料，氧化层不褪色、不脱落，表面不需要维修。铝合金门、窗强度高，刚性好，坚固耐用，开闭轻便灵活，无噪声，安装快速。

(4)色泽美观

铝合金门窗框料型材，表面经过氧化着色处理，既可保持铝材的银白色，也可以制成各种柔和的颜色或带色的花纹，如古铜色、暗红色、黑色等。还可以在铝材表面涂刷一层聚丙烯酸树脂保护装饰膜，制成的铝合金门窗造型新颖大方，表面光洁、外观美观、色泽牢固，增加了建筑立面和内部的美观。

3.3.2　铝合金门窗的设计要求

①应根据使用和安全要求确定铝合金门窗的风压强度性能、雨水渗漏性能、空气渗透性能综合指标。

②组合门窗设计宜采用定型产品门窗作为组合单元。非定型产品的设计应考虑洞口最大尺寸和开启扇最大尺寸的选择和控制。

③外墙门窗的安装高度应有限制。广东地区规定，外墙铝合金门窗安装高度小于等于 60m(不包括玻璃幕墙)、层数小于等于 20 层；若高度大于 60m 或层数大于 20 层则应进行更细致的设计。必要时，应进行风洞模型试验。

3.3.3　铝合金门窗框料系列

系列名称是以铝合金门窗框的厚度构造尺寸来区别各种铝合金门窗的称谓，如平开门门框厚度构造尺寸为 50mm 宽，即称为 50 系列铝合金平开门；推拉窗窗框厚度构造尺寸 90mm 宽，即为 90 系列铝合金推拉窗等。

铝合金门窗设计通常采用定型产品，选用时应根据不同地区、不同气候、不同环境、不同建筑物的不同使用要求，选用不同的门窗框系列。

3.3.4　铝合金门窗安装

铝合金门窗是表面处理过的铝材经下料、打孔、铣槽、攻丝等加工，制作成门窗框料的构件，然后与连接件、密封件、开闭五金件一起组合装配成门窗。

门窗安装时，将门、窗框在抹灰前立于门窗

洞处，与墙内预埋件对正，然后用木楔将三边固定。经检验确定门、窗框水平、垂直、无挠曲后，用连接件将铝合金框固定在墙(柱、梁)上，连接件固定可采用焊接、膨胀螺栓或射钉方法。

门窗框固定好后与门窗洞四周的缝隙，一般采用软质保温材料填塞，如泡沫塑料条、泡沫聚氨酯条、矿棉毡条和玻璃丝毡条等，分层填实，外表留5~8mm深的槽口用密封膏密封。这种做法主要是为了防止门、窗框四周形成冷热交换区产生结露，影响防寒、防风的正常功能和墙体的寿命，也影响了建筑物的隔声、保温等功能。同时，避免了门窗框直接与混凝土、水泥砂浆接触，消除了碱对门、窗框的腐蚀。

铝合金门、窗装入洞口应横平竖直，外框与洞口应弹性连接牢固，不得将门、窗外框直接埋入墙体，防止碱对门、窗框的腐蚀。

门窗框与墙体等的连接固定点，每边不得少于两点，且间距不得大于0.7m。在基本风压值大于等于0.7kPa的地区，间距不得大于0.5m，边框端部的第一固定点与端部的距离不得大于0.2m。

3.3.5 常用铝合金窗构造

(1)平开窗

铝合金平开窗分为平开窗(或称合页平开窗)、滑轴平开窗。

平开窗合页装于窗侧面，平开窗玻璃镶嵌可采用干式装配、湿式装配或混合装配。混合装配又分为从外侧安装玻璃和从内侧安装玻璃两种。所谓干式装配是采用密封条嵌入玻璃与槽壁的空隙将玻璃固定。湿式装配是在玻璃与槽壁的空腔内注入密封胶填缝，密封胶固化后将玻璃固定，并将缝隙密封起来。混合装配是一侧空腔嵌密封条，另一侧空腔注入密封胶填缝固定。湿式装配的水密、气密性能优于干式装配，而且当使用的密封胶为硅酮密封胶时，其寿命远较密封条为长。平开窗开启后，应用撑挡固定。撑挡有外开启上撑挡，内开启下撑挡。平开窗关闭后应用执手固定。

滑轴平开窗是在窗上下装有滑轴(撑)，沿边框开启。滑轴平开窗仅开启撑挡不同于合页平开窗。

隐框平开窗玻璃不用镶嵌夹持而用密封胶固定在窗梃的外表面。由于所有框梃全部在玻璃后面，外表只看到玻璃，从而达到隐框的要求。

寒冷地区或有特殊要求的房间，宜采用双层窗，双层窗有不同的开启方式，常用的有内层窗内开，外层窗外开，也可采用双层均内开，也可采用双层均外开。

(2)推拉窗

铝合金推拉窗有沿水平方向左右推拉和沿垂直方向上下推拉的窗。沿垂直方向推拉的窗用得较少。铝合金推拉窗外形美观、采光面积大、开启不占空间、防水及隔声均佳，并具有很好的气密性和水密性，广泛用于宾馆、住宅、办公、医疗建筑等。推拉窗可用拼樘料(杆件)组和其他形式的窗或门连窗。推拉窗可装配各种形式的内外纱窗，纱窗可拆卸，也可固定(外装)。推拉窗在下框或中横框两端，或在中间开设排水孔，使雨水及时排除。

推拉窗常用的有90系列、70系列、60系列、55系列等。其中90系列是目前广泛采用的品种，其特点是框四周外露部分均等，造型较好，边框内设内套，断面呈“已”型。

(3)铝合金窗中玻璃的选择及安装

玻璃的厚度和类别主要根据面积大小，热功要求来确定。一般多选用3~8mm厚度的平板玻璃、镀膜玻璃、钢化玻璃或中空玻璃等。在玻璃与铝型材接触的位置设垫块，周边用橡皮条密封固定。安装橡胶密封条时应留有伸缩余量，一般比窗的装配边长20~30mm，并在转角处斜边断开，然后用胶结剂粘贴牢固，以免出现缝隙。

3.3.6 彩板门窗

彩板钢门窗是以彩色镀锌钢板，经机械加工而成的门窗。它具有质量轻、硬度高、采光面积大、防尘、隔声、保温密封性好、造型美观、色彩绚丽、耐腐蚀等特点。

彩板门窗断面形式复杂，种类较多，通常在出厂前就已将玻璃装好，在施工现场进行成品安装。

彩板门窗目前有两种类型，即带副框和不带

副框的两种。当外墙面为花岗石、大理石等贴面材料时，常采用带副框的门窗。安装时，先用自攻螺钉将连接件固定在副框上，并用密封胶将洞口与副框及副框与窗樘之间的缝隙进行密封。当外墙装修为普通粉刷时，常用不带副框的做法，即直接用膨胀螺钉将门窗樘子固定在墙上。

3.4 塑料门窗

塑料门窗是以聚氯乙烯、改性聚氯乙烯或其他树脂为主要原料，轻质碳酸钙为填料，添加适量助剂和改性剂，经挤压机挤出成各种截面的空腹门窗异型材，再根据不同的品种规格选用不同截面异型材料组装而成。由于塑料的变形大、刚度差，一般在型材内腔加入钢或铝等，以增加抗弯能力，即所谓塑钢门窗，较之全塑门窗刚度更好。

塑料门窗线条清晰、挺拔，造型美观，表面光洁细腻，不但具有良好的装饰性，而且有良好的隔热性和密封性。其气密性为木窗的3倍，铝窗的1.5倍；热损耗为金属窗的1/1000；隔声效果比铝窗高30dB以上。同时，塑料本身具有耐腐蚀等功能，不用涂涂料，可节约施工时间及费用。因此，塑料门窗在国外发展很快，在建筑上得到大量应用。

3.4.1 塑料门窗类型

按其塑料门窗型材断面分为若干系列，常用的有60系列、80系列、88系列推拉窗和60系列平开窗，平开门系列。

3.4.2 设计选用要点

①门窗的抗风压性能、空气渗透性能、雨水渗透性能及保温隔声性能必须满足相关的标准、规定及设计要求；

②根据使用地区、建筑高度、建筑体型等进行抗风压计算，在此基础上选择合适的型材系列。

3.4.3 塑料门窗安装

施工安装要点：

①塑钢门窗应采取预留洞口的方法安装，不得采用边安装边砌口或先安装后砌口的施工方法。门窗洞口尺寸应符合现行国家标准《建筑门窗洞口尺寸系列》有关的规定。对于加气混凝土墙洞口，应预埋胶黏圆木。

②门窗及玻璃的安装应在墙体湿作业完工且硬化后进行，当需要在湿作业前进行时，应采取保护措施。

③当门窗采用预埋木砖法与墙体连接时，其木砖应进行防腐处理。

④施工时，应采取保护措施。

3.5 遮 阳

3.5.1 遮阳的作用

遮阳是为防止直射阳光照入室内，以减少太阳辐射热，避免夏季室内过热，或产生眩光以及保护室内物品不受阳光照射而采取的一种建筑措施。

用于遮阳的方法很多，在窗口悬挂窗帘、设置百叶窗，或者利用门窗构件自身的遮光性以及窗扇开启方式的调节变化，利用窗前绿化、雨篷、挑、阳台、外廊及墙面花格也都可以达到一定的遮阳效果(图3－11)。本节主要介绍根据专门的遮阳设计窗前加设遮阳板进行遮阳的措施。

一般房屋建筑，当室内气温在29℃以上，太阳辐射强度大于1005kJ/(m^2·h)，阳光照射室内时间超过1h，照射深度超过0.5m时，应采取遮阳措施。标准较高的建筑只要具备前二条即应考虑设置遮阳。

在窗前设置遮阳板进行遮阳，对采光、通风都会带来不利影响。因此，设计遮阳设施时应对采光、通风、日照、经济、美观等作通盘考虑，以达到功能、技术和艺术的统一。

3.5.2 窗户遮阳板的基本形式

窗户遮阳板按其形状和效果而言，可分为水平遮阳、垂直遮阳、综合遮阳及挡板遮阳4种基本形式(图3－12)。

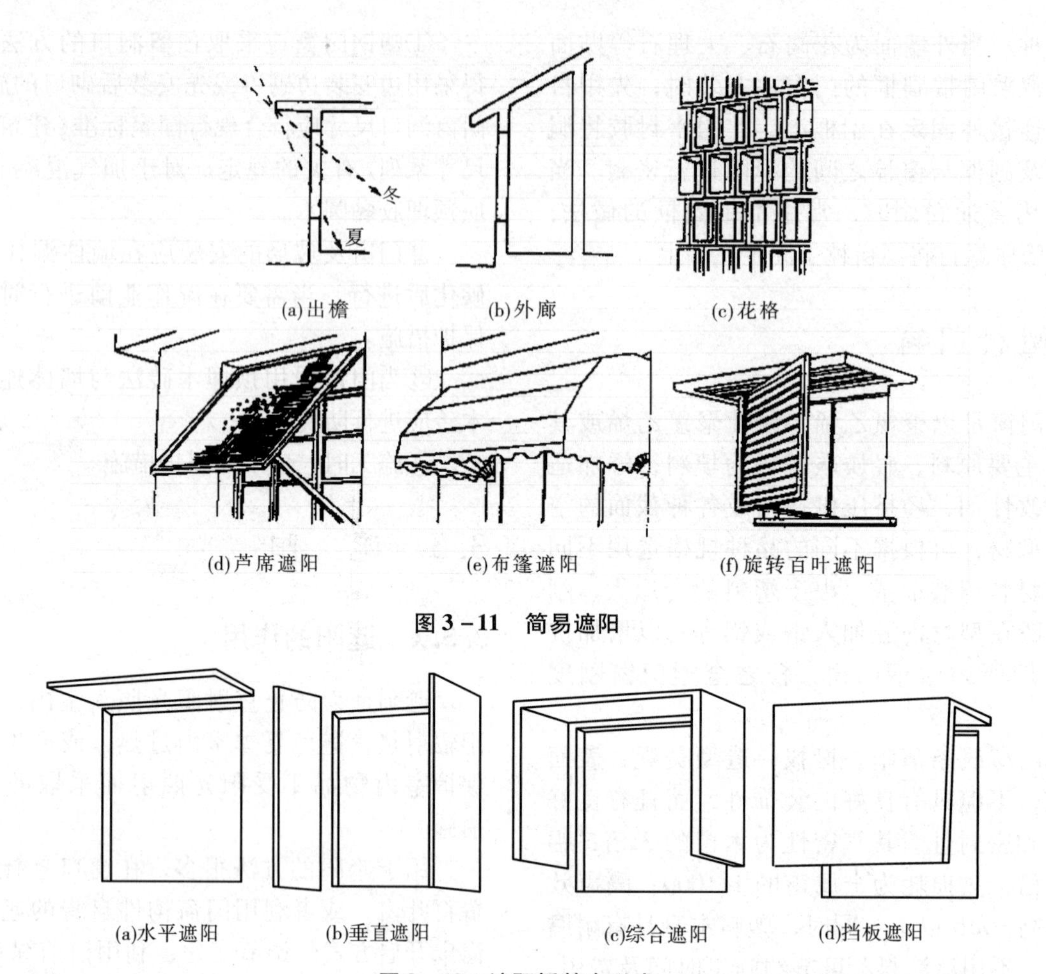

图3－11　简易遮阳

图3－12　遮阳板基本形式

(1)水平遮阳

在窗口上方设置一定宽度的水平方向的遮阳板，能够遮挡高度角较大时从窗口上方照射下来的阳光，适用于南向及其附近朝向的窗口或北回归线以南低纬度地区之北向及其附近的窗口。水平遮阳板可做成实心板，也可做成栅格板或百叶板，较高大的窗口可在不同高度设置双层或多层水平遮阳板，以减少板的出挑宽度。

(2)垂直遮阳

在窗口两侧设置垂直方向的遮阳板，能够遮挡高度角较小的，从窗口两侧斜射过来的阳光。根据光线的来向和具体处理的不同，垂直遮阳板可以垂直于墙面，也可以与墙面形成一定的垂直夹角。主要适用于偏东偏西的南向或北向窗口。

(3)综合遮阳

是以上两种遮阳板的综合，能够遮挡从窗口左右两侧及前上方射来的阳光，遮阳效果比较均匀。主要适用于南向、东南向及西南向的窗口。

(4)挡板遮阳

在窗口前方离开窗口一定距离设置与窗户平行方向的垂直挡板，可以有效地遮挡高度角较小的正射窗口的阳光。主要适用于东、西向及其附近的窗口。为有利于通风，避免遮挡视线和风，可以做成格栅式或百叶式挡板。

根据以上4种基本形式，可以组合演变成各种各样的形式(图3－13)。这些遮阳板可以做成固定的，也可以做成活动的；后者可以灵活调节，遮阳、通风、采光效果较好，但构造较复杂，需经常维护；固定式则坚固、耐用及较为经济。设计时应根据不同的使用要求、不同的纬度和建筑造型要求予以选用。

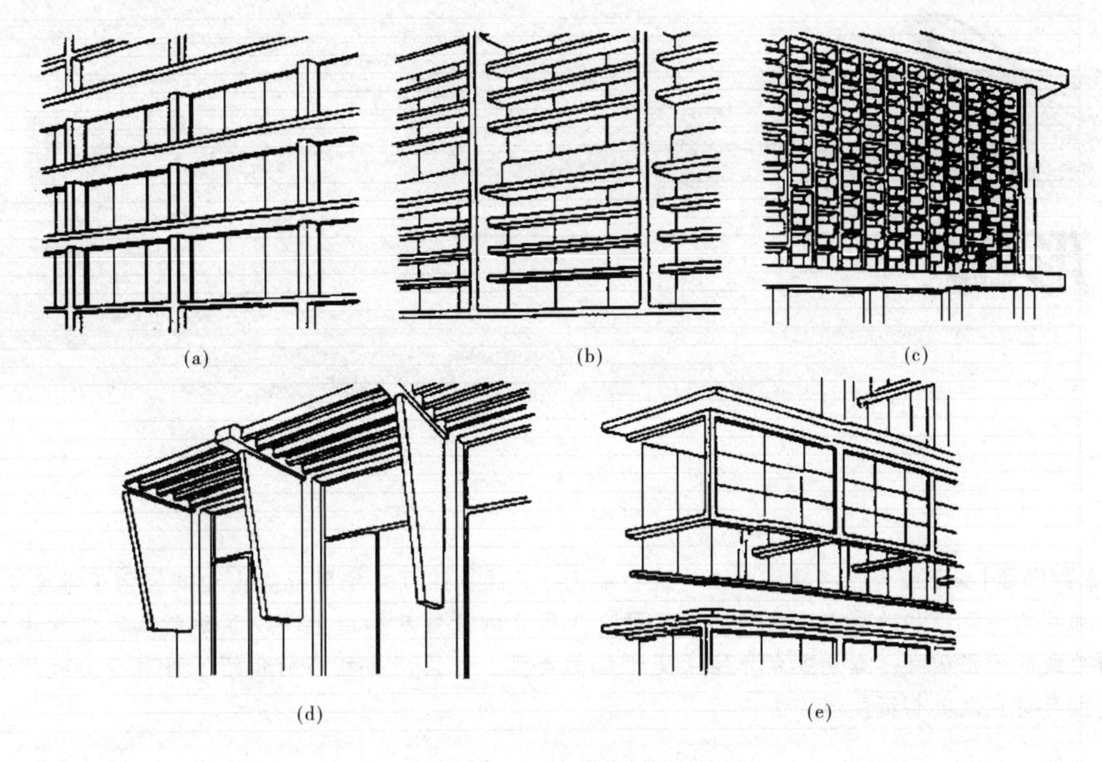

图 3－13 连续遮阳的形式

思考题

1. 门窗的作用和要求有哪些?
2. 门的形式有哪几种? 各自的特点和适用范围如何?
3. 窗的形式有哪几种? 各自的特点和适用范围如何?
4. 平开门的组成和门框的安装方式是什么?
5. 铝合金门窗的特点是什么? 各种铝合金门窗系列的称谓是如何确定的?
6. 简述铝合金门窗的安装要点。
7. 简述塑料门窗的优点。

推荐阅读书目

建筑构造（上册）. 李必瑜. 中国建筑工业出版社, 2013.

房屋建筑学. 同济大学等. 中国建筑工业出版社, 2006.

第4章 变形缝

[本章提要]变形缝是指将建筑物或构筑物垂直分开的缝隙。其作用是防止和减轻由于温度变化、基础不均匀沉降和地震造成的破坏。可见，变形缝的设置从构造上减少了建筑物可能的由外因而导致的变形破坏。本章重点介绍了变形缝的类型、作用，并且分别介绍了每种变形缝的设置位置与特点及其构造处理方法。

建筑物由于受气温变化、地基不均匀沉降以及地震等因素的影响，使结构内部产生附加应力和变形，如处理不当，将会造成建筑物的破坏，产生裂缝甚至倒塌，影响使用与安全。其解决办法有二：一是加强建筑物的整体性，使之具有足够的强度与刚度来克服这些破坏应力，不产生破裂；二是预先在这些变形敏感部位将结构断开，留出一定的缝隙，以保证各部分建筑物在这些缝隙中有足够的变形宽度而不造成建筑物的破损。这种将建筑物垂直分割开来的预留缝隙称为变形缝。

变形缝按其功能分有3种，即伸缩缝、沉降缝和防震缝。

4.1 伸缩缝

4.1.1 伸缩缝的设置

建筑物因受温度变化的影响而产生热胀冷缩。在结构内部产生温度应力，当建筑物长度超过一定限度、建筑平面变化较多或结构类型变化较大时，建筑物会因热胀冷缩变形较大而产生开裂。为预防这种情况发生，常常沿建筑物长度方向每隔一定距离或结构变化较大处预留缝隙，将建筑物断开。这种因温度变化而设置的缝隙就称为伸缩缝，也称温度缝。

伸缩缝要求把建筑物的墙体、楼板层、屋顶等地面以上部分全部断开，基础部分因受温度变化影响较小，不需断开。

伸缩缝的最大间距，应根据不同材料的结构而定，详见有关结构规范。砌体房屋伸缩缝的最大间距参见表4－1；钢筋混凝土结构伸缩缝的最大间距参见表4－2有关规定。

另外，也有采用附加应力钢筋，加强建筑物的整体性，来抵抗可能产生的温度应力，使之少设缝和不设缝。但需经过计算确定。

4.1.2 伸缩缝的构造

伸缩缝是将基础以上的建筑构件全部分开，并在两个部分之间留出适当的缝隙，以保证伸缩缝两侧的建筑构件能在水平方向自由伸缩。缝宽一般为20～40mm。

表4－1　砌体房屋伸缩缝的最大间距　m

屋盖或楼盖类别		间　距
整体式或装配整体式钢筋混凝土结构	有保温层或隔热层的屋盖、楼盖	50
	无保温层或隔热层的屋盖	40
装配式无檩体系钢筋混凝土结构	有保温层或隔热层的屋盖、楼盖	60
	无保温层或隔热层的屋盖	50
装配式有檩体系钢筋混凝土结构	有保温层或隔热层的屋盖、楼盖	75
	无保温层或隔热层的屋盖	60
瓦材屋盖、木屋盖或楼盖、轻钢屋盖		100

注：① 对烧结普通砖、多孔砖、配筋砌块砌体房屋取表中的数值；对石砌体、蒸压灰砂砖、蒸压粉煤灰砖和混凝土砌块房屋取表中数值乘以0.8的系数。当有实践经验并采取有效措施时，可不遵守本表规定。

② 在钢筋混凝土屋面上挂瓦的屋盖应按钢筋混凝土屋盖采用。

③ 按本表设置的墙体伸缩缝，一般不能同时防止由于钢筋混凝土屋盖的温度变形和砌体干缩变形引起的墙体局部裂缝。

④ 层高大于5m的烧结普通砖、多孔砖、配筋砌块砌体结构单层房屋，其伸缩缝间距可按表中数值乘以1.3采用。

⑤ 温差较大且变化频繁地区和严寒地区不采暖的房屋及构筑物墙体的伸缩缝最大间距，应按表中数值予以适当减小。

⑥ 墙体的伸缩缝应与结构的其他变形缝相重合，在进行立面处理时，必须保证缝隙的伸缩作用。

表4－2　钢筋混凝土结构伸缩缝最大间距　m

结构类别		室内或土中	露　天
排架结构	装配式	100	70
框架结构	装配式	75	50
	现浇式	55	35
剪力墙结构	装配式	65	40
	现浇式	45	30
挡土墙及地下室墙壁等类结构	装配式	40	30
	现浇式	30	20

注：① 装配整体式结构房屋的伸缩缝间距宜按表中现浇式的数值采用。

② 框架剪力墙结构或框架核心筒结构房屋的伸缩缝间距可根据结构的具体布置情况取表中框架结构与剪力墙结构之间的数值。

③ 当屋面无保温或隔热措施时，框架结构、剪力墙结构的伸缩缝间距宜按表中露天栏的数值取用。

④ 现浇挑檐、雨罩等外露结构的伸缩缝间距不宜大于12m。

⑤ 柱高（从基础顶面算起）低于8m的排架结构，屋面无保温或隔热措施的排架结构，位于气候干燥地区、夏季炎热且暴雨频繁地区的结构或经常处于高温作用下的结构，采用滑模类施工工艺的剪力墙结构，材料收缩较大、室内结构因施工外露时间较长的结构，伸缩缝间距宜适当减小。

⑥ 混凝土浇筑采用后浇带分段施工，采用专门的预加应力措施，采取能减少混凝土温度变化或收缩的措施这些情况下，如有充分依据和可靠措施，伸缩缝间距可适当增大。

(1)墙体伸缩缝

墙体伸缩缝一般做成平缝、错口缝、企口缝等截面形式(图4－1)，主要视墙体材料、厚度及施工条件而定。

为防止外界自然条件对墙体及室内环境的侵袭，变形缝外墙一侧常用浸沥青的麻丝或木丝板及泡沫塑料条、橡胶条、油膏等有弹性的防水材料塞缝。当缝隙较宽时，缝口可用镀锌铁皮、彩色薄钢板、铝皮等金属调节片做盖缝处理。内墙可用具有一定装饰效果的金属片、塑料片或木盖缝条覆盖。所有填缝及盖缝材料和构造应保证结构在水平方向自由伸缩而不产生破裂(图4－2)。

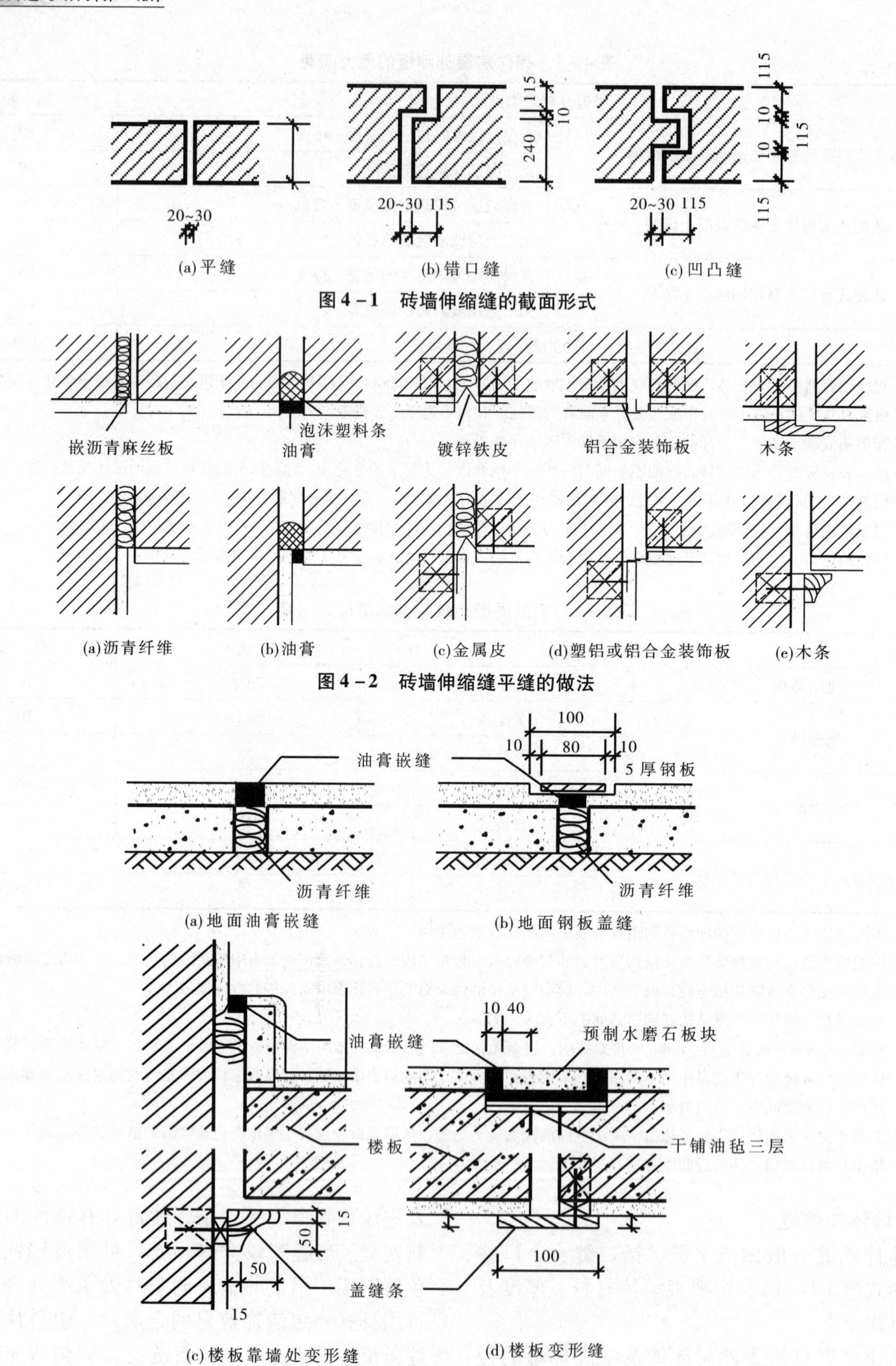

(a)平缝 (b)错口缝 (c)凹凸缝

图4-1 砖墙伸缩缝的截面形式

(a)沥青纤维 (b)油膏 (c)金属皮 (d)塑铝或铝合金装饰板 (e)木条

图4-2 砖墙伸缩缝平缝的做法

(a)地面油膏嵌缝 (b)地面钢板盖缝 (c)楼板靠墙处变形缝 (d)楼板变形缝

图4-3 砖墙伸缩缝的截面形式

(2)楼地板层伸缩缝

楼地板层伸缩缝的位置与缝宽大小应与墙体、屋顶变形缝一致，缝内常用可压缩变形的材料(如油膏、沥青麻丝、橡胶、金属或塑料调节片等)做封缝处理，上铺活动盖板或橡、塑地板等地面材料，以满足地面平整、光洁、防滑、防水及防尘等功能。顶棚的盖缝条只能固定于一端，以保证两端构件能自由伸缩变形(图4-3)。

(3)屋顶伸缩缝

屋顶伸缩缝常见的位置在同一标高屋顶处或墙与屋顶高低错落处。不上人屋面，一般可在伸缩缝处加砌矮墙，并做好屋面防水和泛水处理，其基本要求同屋顶泛水构造，不同之处在于盖缝处应能允许自由伸缩而不造成渗漏。上人屋面则用嵌缝油膏嵌缝并做好泛水处理。常见屋面伸缩缝构造如图4-4至图4-6所示。值得注意的是，采用镀锌铁皮和防腐木砖的构造方式在屋面中使用，其寿命是有限的，少则十余年，多则四五十年就会锈蚀腐烂。故近年来逐步采用涂层、涂塑薄钢板或铝皮甚至用不锈钢皮和射钉、膨胀螺钉等来代替之。构造原则不会变，而构造形式却有待进一步发展。

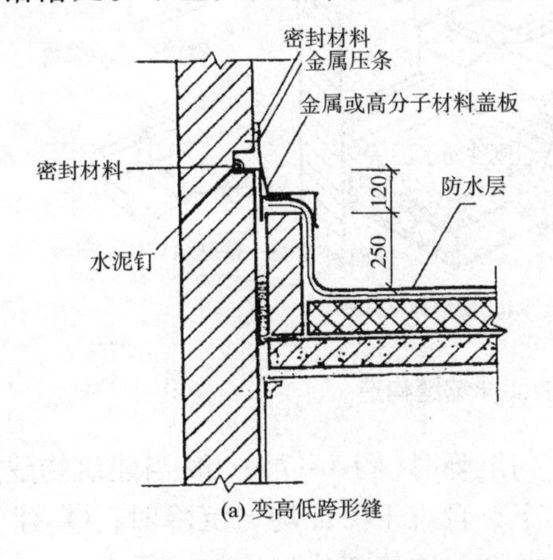

(a) 变高低跨形缝

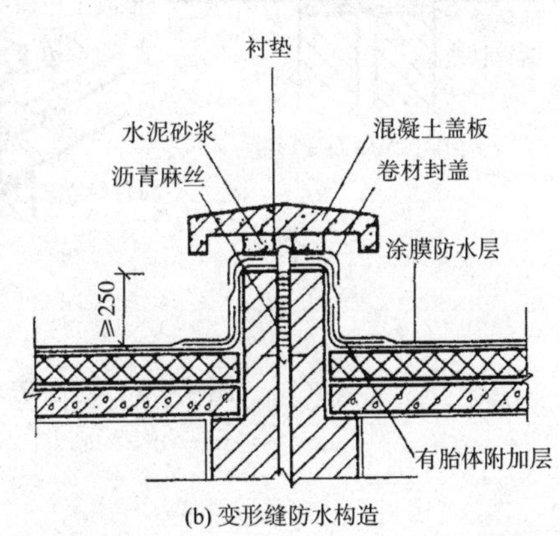

(b) 变形缝防水构造

图4-4　涂膜防水屋面伸缩缝构造

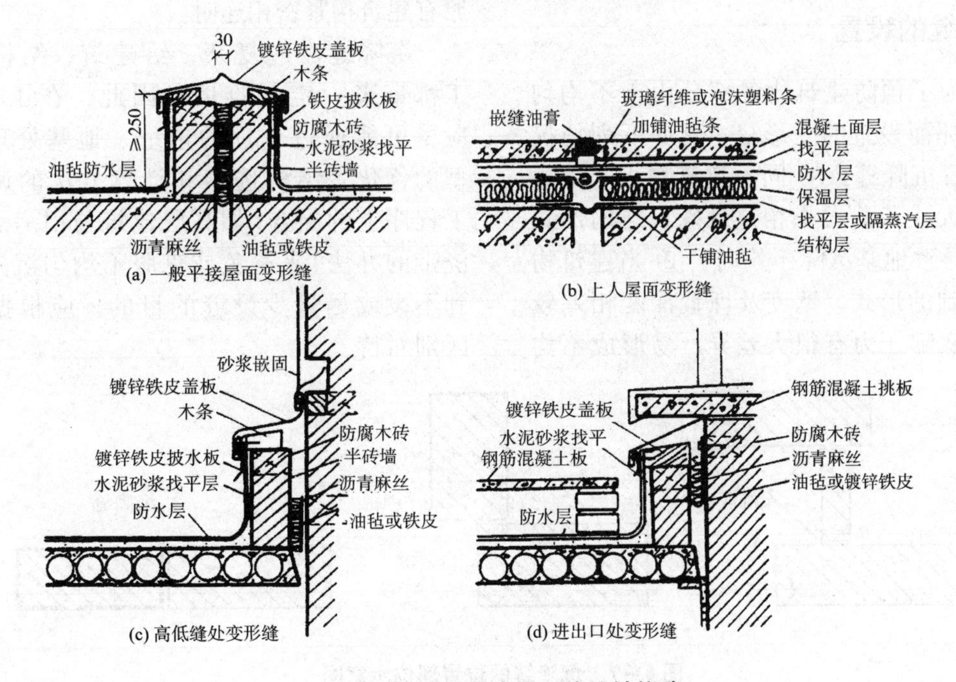

图4-5　卷材防水屋面伸缩缝构造

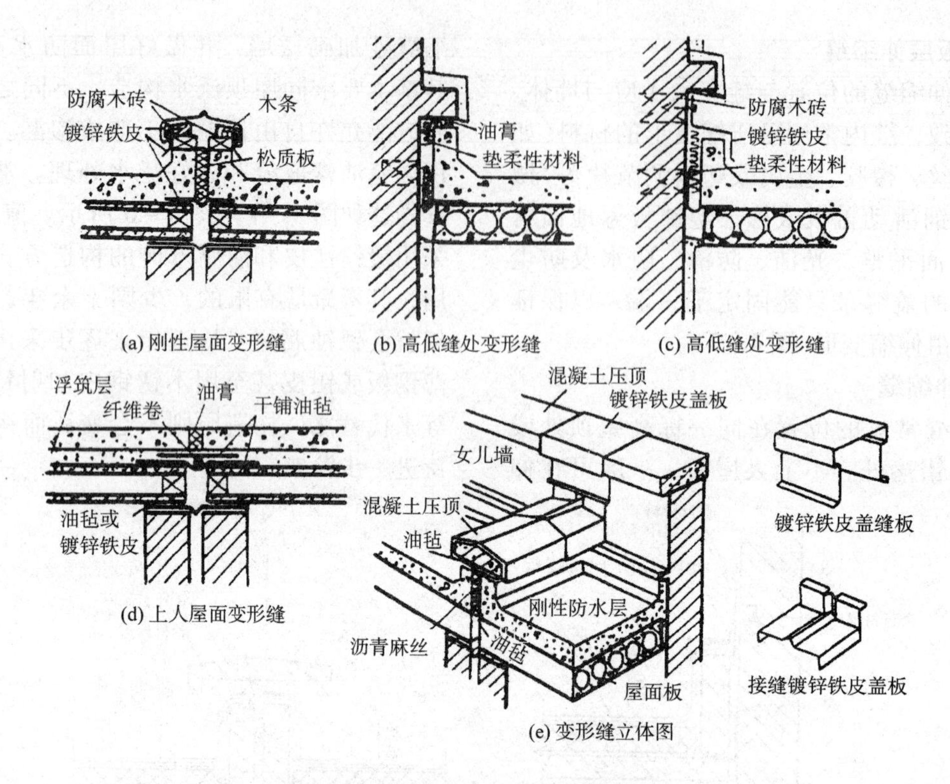

图 4－6　刚性防水屋面伸缩缝构造

4.2　沉降缝

4.2.1　沉降缝的设置

沉降缝是为了预防建筑物各部分由于不均匀沉降引起的破坏而设置的变形缝。凡属下列情况时均应考虑设置沉降缝：① 同一建筑物相邻部分的高度相差较大或荷载大小相差悬殊、结构形式变化较大，易导致地基沉降不均时；② 当建筑物各部分相邻基础的形式、宽度及埋置深度相差较大，造成基础底部压力有很大差异，易形成不均匀沉降时(图 4－7)；③ 当建筑物建造在不同地基上，且难于保证均匀沉降时；④ 建筑物体型比较复杂，连接部位又比较薄弱时；⑤ 新建建筑物与原有建筑物紧密相连时。

沉降缝构造复杂，给建筑、结构设计和施工都带来一定的难度，因此，在工程设计时，应尽可能通过合理的选址、地基处理、建筑体型的优化、结构选型和计算方法的调整以及施工程序上的配合(如高层建筑与裙房之间采用后浇带的办法)来避免或克服不均匀沉降，从而达到不设或尽量少设缝的目的，应根据不同情况区别对待。

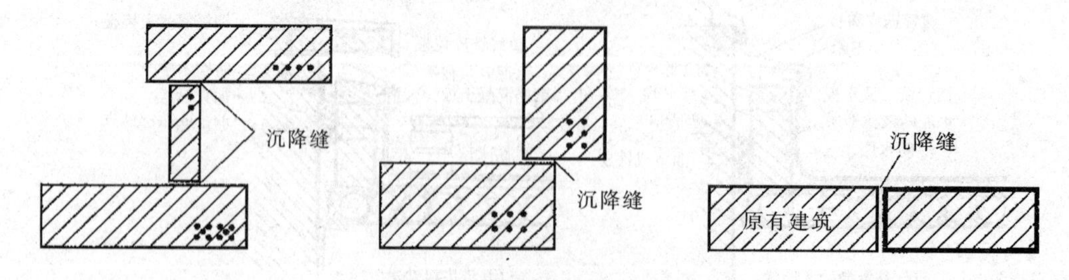

图 4－7　沉降缝的位置部位示意图

4.2.2 沉降缝的构造

沉降缝与伸缩缝最大的区别在于伸缩缝只需保证建筑物在水平方向的自由伸缩变形，而沉降缝主要应满足建筑物各部分在垂直方向的自由沉降变形，故应将建筑物从基础到屋顶全部断开。同时沉降缝也应兼顾伸缩缝的作用，故在构造设计时应满足伸缩和沉降双重要求。

沉降缝的宽度随地基情况和建筑物的高度不同而定，可参见表4－3。

表4－3 沉降缝的宽度

地基情况	建筑物高度	沉降缝宽度(mm)
一般地基	$H<5$m	30
	$H=5\sim10$m	50
	$H=10\sim15$m	70
软弱地基	2～3层	50～80
	4～5层	80～120
	5层以上	>120
湿陷性黄土地基		30～70

(1)墙体沉降缝

墙体沉降缝盖缝条的处理应满足水平伸缩和垂直沉降变形的要求，如图4－8所示。

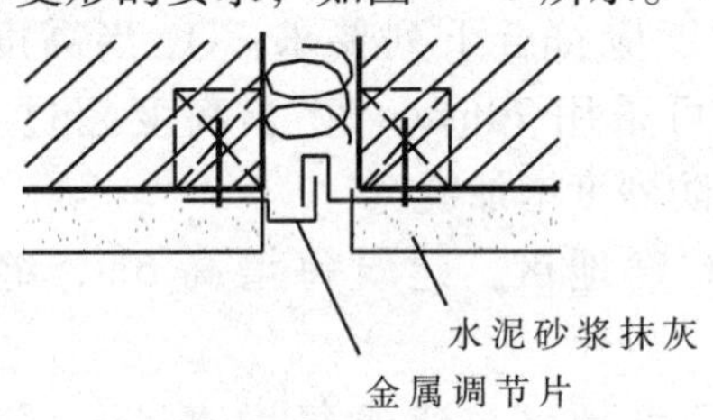

(a)平直墙体

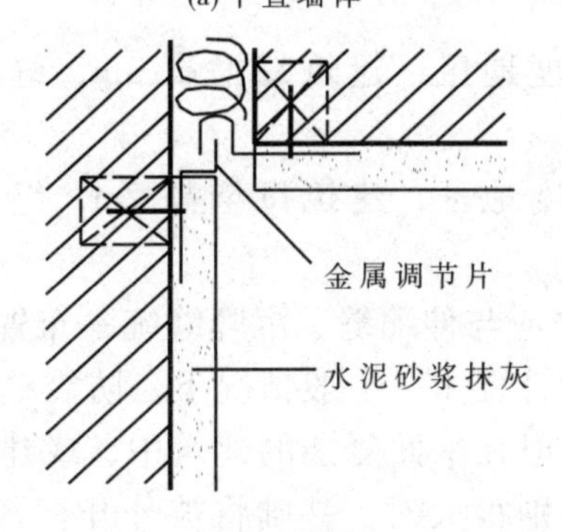

(b)转角墙体

图4－8 墙体外缝口沉降缝构造

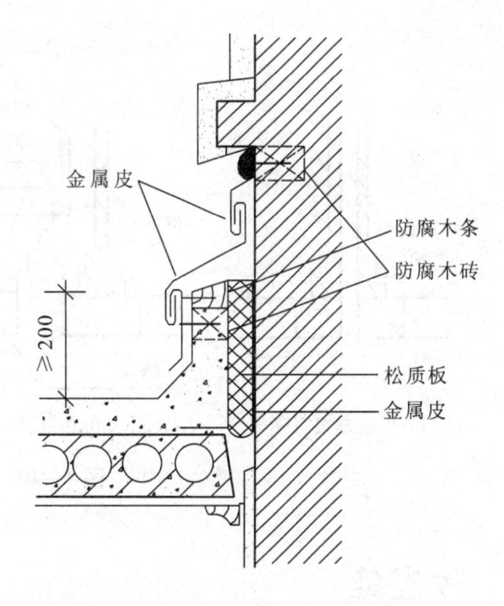

图4－9 屋顶沉降缝构造

(2)屋顶沉降缝

屋顶沉降缝应充分考虑不均匀沉降对屋面防水和泛水带来的影响，泛水金属皮或其他构件应考虑沉降变形与维修余地，如图4－9所示。

(3)楼板层沉降缝

楼板层应考虑沉降变形对地面交通和装修带来的影响；顶棚盖缝处理也应充分考虑变形方向，以尽可能减少变形后遗缺陷。构造做法同伸缩缝。

(4)基础沉降缝

基础沉降缝也应断开并应避免不均匀沉降造成的相互干扰。常见的砖墙条形基础处理方法有双墙偏心基础、挑梁基础和交叉式基础3种方案(图4－10)。

① 双墙偏心基础方案　建筑物沉降缝两侧各设有承重墙，墙下有各自的基础。这样，每个结构单元都有封闭连续的基础和纵横墙，结构整体刚度大，但基础偏心受力，并在沉降时相互影响。

② 挑梁基础方案　为使缝隙两侧结构单元能自由沉降又互不影响，经常在缝的一侧做成挑梁基础。缝侧如需设置双墙，则在挑梁端部增设横梁，将墙支承其上。当缝隙两侧基础埋深相差较大以及新建筑与原有建筑毗连时，一般多采取挑梁基础方案。

③ 交叉式基础方案　沉降缝两侧的基础交叉设置，在各自的基础上支撑基础梁，墙体砌在基础梁上的方案。

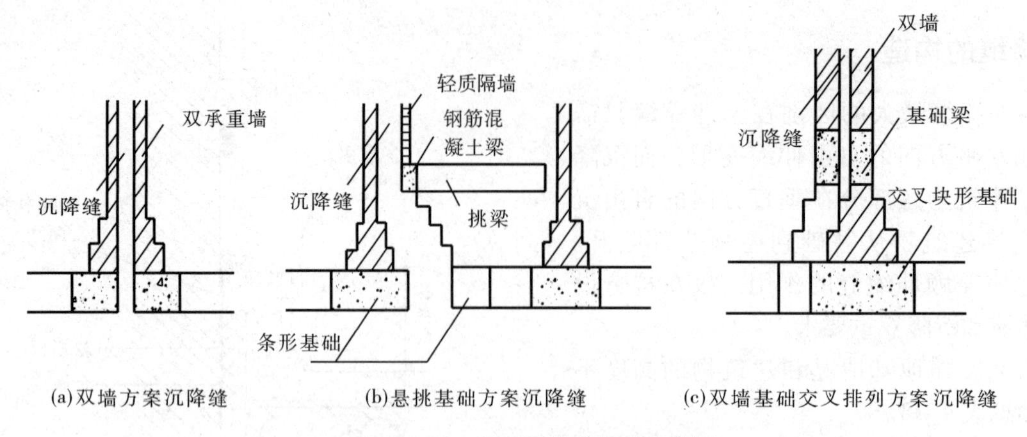

图4－10　基础沉降缝处理示意图

4.3　防震缝

4.3.1　设计烈度

地震的发生是由于地层深处所积累的弹性波的潜能，突然转变为动能的结果。震级是用来表示地震强度大小的等级，是衡量地震震源释放出来的能量大小的量度。地震烈度是表示地面及建筑物受到破坏的程度，一次地震只有一个震级，但在不同地区，烈度的大小是不一样的。一般距离地震中心区越近，烈度越大，破坏也越大。我国和世界上大多数国家把烈度划分为12个等级，在1~5度时，一般建筑物是不受损失或损失很小。而地震烈度在10度以上的情况极少遇到，即使采取措施也难确保安全。因此建筑工程设防重点在6~9度地区。

抗震设计所采用的烈度称为设计烈度。决定设计烈度时必须慎重，应根据当地的基本烈度、建筑物的重要性共同确定。设计烈度有时可比基本烈度提高1度；有时也可比基本烈度降低1度，但若基本烈度为6度时，一般不宜降低。

4.3.2　防震缝构造做法

防震缝是为了防止建筑物各部分在地震时相互撞击引起破坏而设置的缝隙。对于层数和结构形式不同的建筑物，其设缝的条件与构造均有差别。

(1)多层砌体结构房屋

应重点考虑采用整体刚度较好的横墙承重或纵横墙混合承重的结构体系，在设防裂度为8度和9度地区，有下列情况之一时宜设防震缝：① 建筑立面高差在6m以上；② 建筑物有错层且错层楼板高差较大；③ 建筑物相邻部分结构刚度、质量差别较大。

此时防震缝宽度可采用50~70mm，缝两侧均需设置墙体，以加强防震缝两侧房屋的刚度。

(2)多层钢筋混凝土结构房屋

应根据建筑物高度和抗震设计裂度来确定。其最小宽度应符合下列要求：① 当高度不超过15m时，可采用70mm；② 当高度超过15m时，按不同设防烈度增加缝宽：

——6度地区，建筑每增高5m，缝宽增加20mm；

——7度地区，建筑每增高4m，缝宽增加20mm；

——8度地区，建筑每增高3m，缝宽增加20mm；

——9度地区，建筑每增高2m，缝宽增加20mm。

防震缝应与伸缩缝、沉降缝统一布置，并满足抗震的设计要求。一般情况下，防震缝的基础可不分开，但在平面复杂的建筑中，或建筑相邻部分刚度差别很大时，基础将被分开。另外，按沉降缝要求的防震缝也应将基础分开。

防震缝不应做企口或错口缝，同时因缝隙较

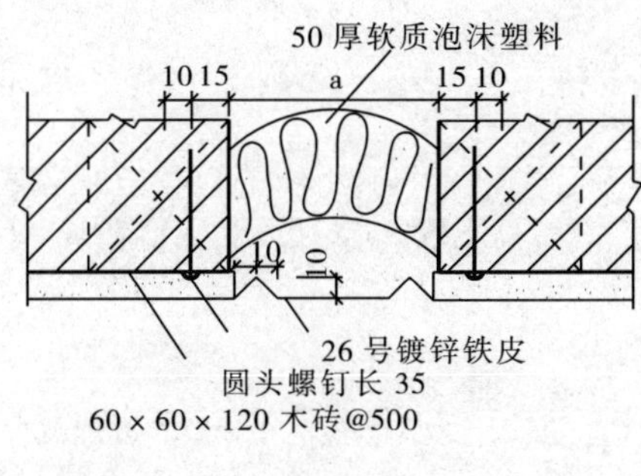

(a)外墙平缝处

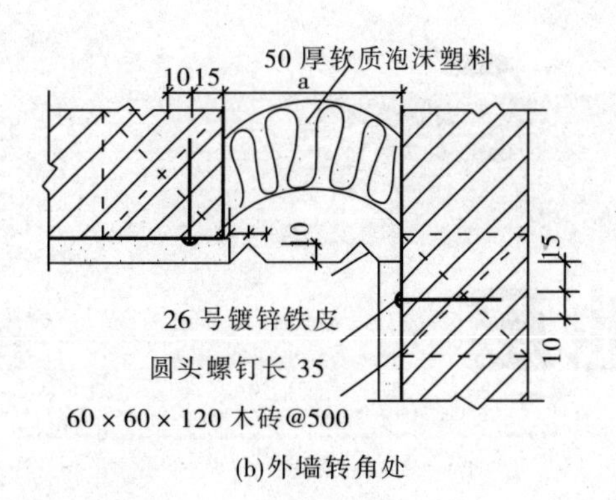

(b)外墙转角处

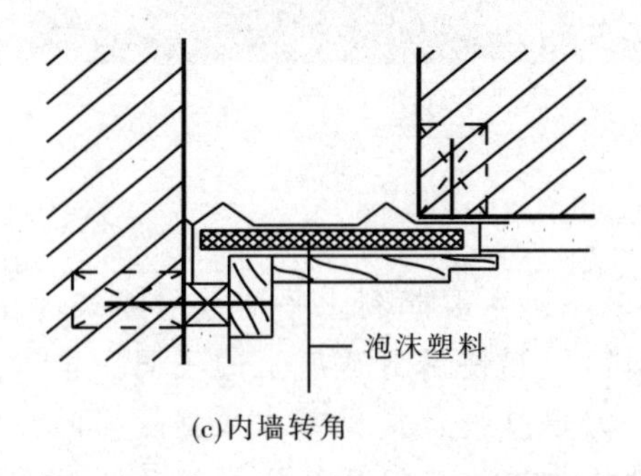

(c)内墙转角

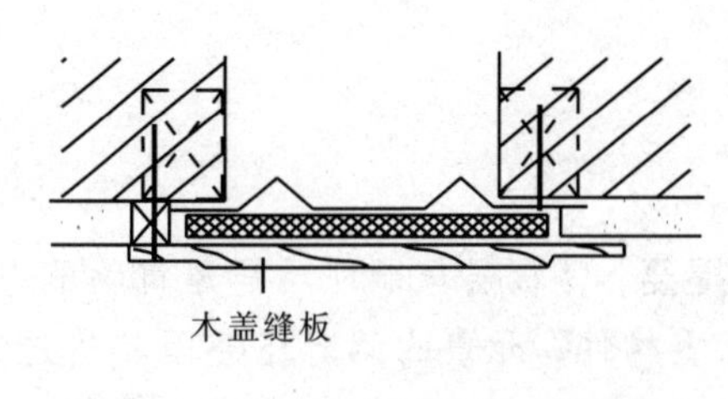

(d)风墙平缝

图4－11 墙体防震缝构造之一

宽，构造上更应注意盖缝的牢固性，适应变形的能力，以及防风、防水等措施(图4－11)。

思考题

1. 变形缝分哪几种?
2. 伸缩缝的设置要求有哪些?
3. 沉降缝的设置要求有哪些?
4. 防震缝的设置要求有哪些?

推荐阅读书目

建筑构造（上册）. 李必瑜. 中国建筑工业出版社，2013.

房屋建筑学. 同济大学等. 中国建筑工业出版社，2006.

第5章 楼地层

［本章提要］楼板层与地坪层是建筑物的基本组成构件之一，主要起到水平向分隔建筑的作用，属于承重构件，承重的同时还会因其构造处理上的不同而引起使用舒适度上的不同。本章重点介绍了现浇钢筋混凝土楼板的类型及其相关经济尺度，为建筑设计提供基本依据。同时介绍了楼板层和地坪层的构造组成以及阳台、雨篷等附属构件的构造内容，还简要讲解了园林中非广泛使用的其他类型的楼板及其特点和适用范围。

5.1 概 述

5.1.1 楼板层、地坪层的作用及其设计要求

楼板层、地坪层是分隔建筑空间的水平承重结构构件，但它们所处位置不同，故受力和构造层次不同。楼板分隔上下层空间，将承受的上部荷载及自重传递给墙或柱，地坪层直接与土壤相连。它们均可供人们在上面活动，故有相同面层，为满足使用要求，楼板层、地坪层同时还必须满足一定程度的隔声、防火、防水、防潮、防腐保温及美观要求。

为充分满足其作用，须具备如下要求：

(1)必须具备足够强度和刚度

足够的强度可满足承受使用荷载和自重的要求，足够的刚度是指其在荷载作用下产生的挠度变形仅在允许的范围内，其值是用相对挠度来衡量的。根据结构规范要求，为现浇板时，相对挠度值，$f \leq L/250 \sim L/350$；为预制装配板时，$f \leq L/200$（L为构件跨度）。

(2)隔声要求

声音可通过空气传声和撞击传声方式将一定音量通过楼板层传到相邻的上下空间，为避免其造成的干扰，楼板层必须具备一定的隔撞击传声的能力。不同使用性质的房间对隔声要求不同，如我国住宅的隔声标准为一级≤65dB，二级≤75dB，对一些特殊要求的房间如广播室、演播室、录音室等隔声要求更高。

(3)热工要求

对有一定温度、湿度要求的房间，常在其中设置保温层，使楼板层的温度与室内温度趋于一致，减少通过楼板层造成的冷热损失。

(4)防水防潮要求

对潮湿易积水的房间，须具备防潮、防水的能力，以防水的渗漏，影响使用。

(5)防火要求

楼板层应根据建筑物耐火等级，按防火要求进行设计，满足防火安全的功能。

(6)设备管线布置要求

现代建筑中，各种功能日趋完善，同时必须

有更多管线借助楼板层敷设，为使室内平面布置灵活，空间使用完整，在楼板层设计中应充分考虑各种管线布置的要求。

(7)建筑经济的要求

多层建筑中，楼板层的造价占建筑总造价的20%~30%，因此，楼板层设计中，在保证质量标准和使用要求的前提下，要选择经济合理的结构形式和构造方案，尽量减少材料消耗和自重，并为工业化生产创造条件。

5.1.2 楼板层、地坪层的组成

(1)楼板层组成

楼板层主要由面层、结构层、顶棚及附加层组成，如图5-1(a)所示。

① 楼板面层　又称面层或地面，是楼板层中与人和家具设备直接接触的部分，它起着保护楼板、分布荷载和各种绝缘、隔声等功能方面的作用。同时也对室内装饰有重要影响。

② 楼板结构层　是楼板层的承重部分，包括板和梁，主要功能在于承受楼板层的荷载，并将荷载传给墙或柱，同时还对墙身起水平支撑作用，抵抗部分水平荷载，增加建筑物的整体刚度。

③ 附加层　又称功能层，主要用以设置满足隔声、防水、隔热、保温、绝缘等作用的部分。

④ 楼板顶棚层　是楼板层下表面的构造层，也是室内空间上部的装修层，又称天花、天棚或平顶，其主要功能是保护楼板、装饰室内，以及保证室内使用条件。

(2)地坪层组成

地坪层是由建筑物底层与土壤相接的构件，和楼板层一样，它承受着地坪上的荷载，并均匀地传给地基。

地坪层是由面层、垫层和素土夯实层构成，根据需要还可以设各种附加构造层，如找平层、结合层、防潮层、保温层、管道敷设层等，如图5-1(b)所示。

① 素土夯实层　是地坪的基层，也称地基，素土即为不含杂质的砂质黏土，经夯实后，才能承受垫层传下来的地面荷载。通常是填300mm厚的土夯实成200mm厚，使之每平方米能均匀承受

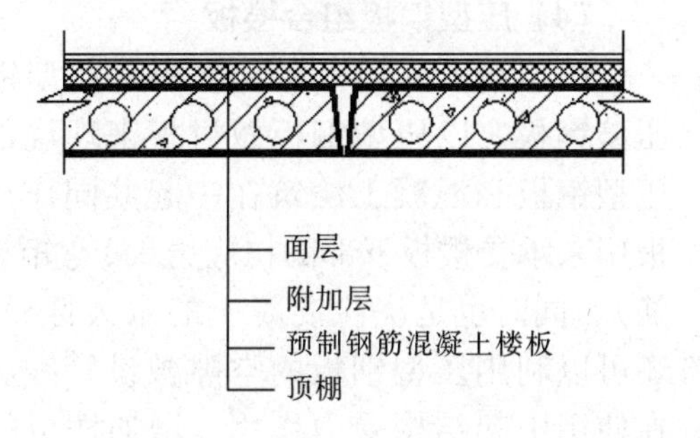

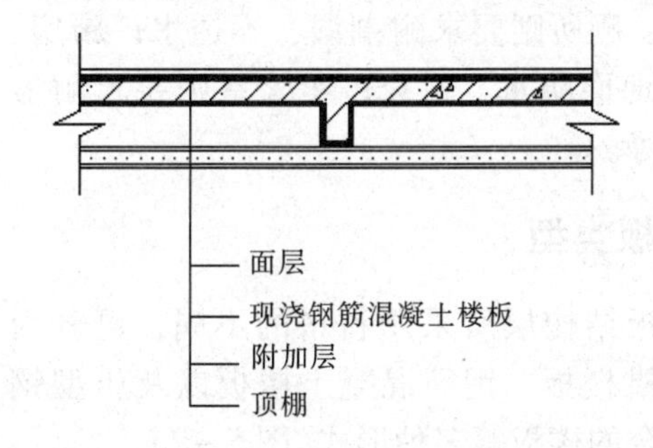

(a)楼板层组成

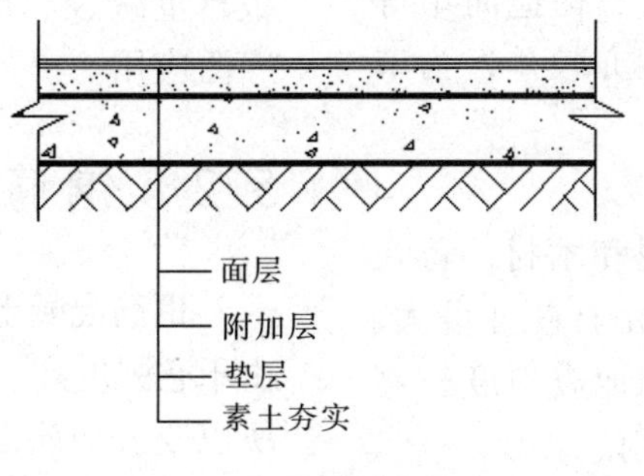

(b) 地坪层组成

图5-1　楼地层组成

10~15kN 的荷载。

② 垫层　是承受并传递荷载给地基的结构层，垫层有刚性垫层和非刚性垫层之分。刚性垫层常用低标号混凝土，一般采用 C10 混凝土，其厚度为 80~100mm；非刚性垫层；常用 50mm 厚砂垫层，80~100mm 厚碎石灌浆、50~70mm 厚石灰炉渣、70~120mm 厚三合土(石灰、炉渣、碎石)。

刚性垫层用于地面要求较高及薄而脆的面层，如水磨石地面、瓷砖地面、大理石地面等。

非刚性垫层常用于厚而不易于断裂的面层，如混凝土地面、水泥制品块地面等。

对某些室内荷载大且地基又较差的，又有保温等特殊要求的，或面层装修标准较高的建筑，可在地基上先做非刚性垫层，再做一层刚性垫层，即复式垫层。

③ 面层　地坪面层与楼板面层一样，是人们日常生活、工作、生产直接接触的地方。根据不同房间对面层有不同的要求，面层应坚固耐磨、表面平整、光洁，易清洁、不起尘。对于居住和人们长时间停留的房间，要求有较好的蓄热性和弹性；浴室、厕所则要求耐潮湿、不透水；厨房、锅炉房要求地面防水、耐火；实验室则要求耐酸碱、耐腐蚀等。

5.1.3　楼板类型

根据楼板结构层所采用材料的不同，可分为木楼板、砖拱楼板、钢筋混凝土楼板以及压型钢板与钢梁组合的楼板等多种形式(图 5-2)。

(1) 木楼板

木楼板具有自重轻、表面温暖、构造简单等优点，但不耐火、隔声，且耐久性亦较差，为节约木材，现已极少采用。

(2) 砖拱楼板

砖拱楼板可以节约钢材、水泥和木材，曾在缺乏钢材、水泥的地区采用过。由于它自重大、承载能力差，且不宜用于有振动和地震烈度较高地区，加上施工较繁，现也趋于不用。

(3) 钢筋混凝土楼板

钢筋混凝土楼板具有强度高、刚度好，既耐久又防火，还具有良好的可塑性，且便于机械化施工等特点，是目前我国工业与民用建筑中楼板的基本形式。

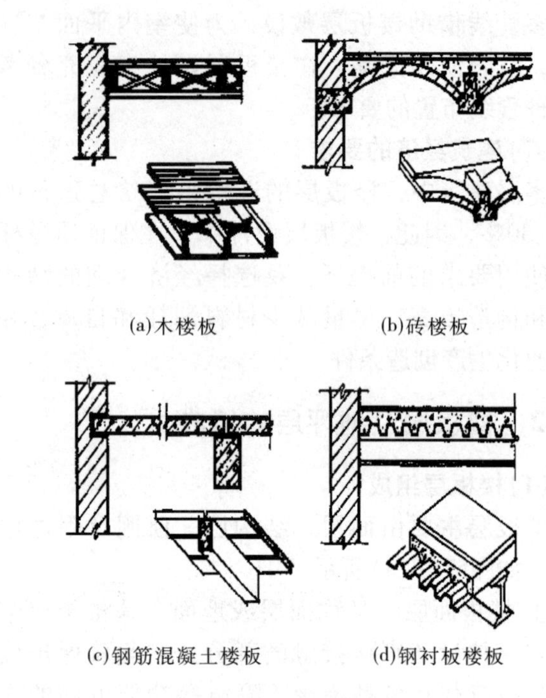

图 5-2　楼板的类型

(4) 压型钢板组合楼板

压型钢板混凝土组合楼板是在型钢梁上铺设压型钢板，以压型钢板做衬板来现浇混凝土，使压型钢板和混凝土浇筑在一起共同作用。压型钢板用来承受楼板下部的拉应力(负弯矩处另加铺钢筋)，同时也是浇注混凝土的永久性模板，此外，还可以利用压型钢板的空隙敷设管线。压型钢板在使用中起结构受力作用，增加楼板的竖向和侧向刚度，使结构的跨度加大、梁的数量减少、楼板自重减轻、加快施工进度，在高层建筑中得到广泛应用。

5.2　钢筋混凝土楼板层构造

钢筋混凝土用于建造房屋已有一百多年的历史，由于它强度高、不燃烧、耐久性好，而且可塑性强，所以今天钢筋混凝土在建筑上的运用仍极为广泛。它是当今建筑业中不可缺少的、较经济的建筑材料之一。它的出现，给建筑业带来了巨大的变化。钢筋混凝土楼板按施工方式的不同可以分为现浇整体式、预制装配式和装配整体式楼板。

5.2.1 现浇钢筋混凝土楼板

现浇钢筋混凝土楼板是在施工现场按支模、扎筋、浇灌振捣混凝土、养护等施工程序而成型的楼板结构。由于是现场整体浇筑成型，结构整体性能良好，且制作灵活，因而特别适合于整体性要求较高、平面位置不规则、尺寸不符合模数或管道穿越较多的楼面，随着高层建筑的日益增多，以及施工技术的不断革新和工具式钢模板的发展，现浇钢筋混凝土楼板的应用逐渐增多。

现浇钢筋混凝土楼板按其受力和传力情况可分为板式楼板、梁板式楼板、无梁楼板。

(1) 板式楼板

将楼板现浇成一块平板，并直接支承在墙上，这种楼板称为板式楼板。板式楼板底面平整，便于支模施工，是最简单的一种形式，适用于平面尺寸较小的房间(多用于混合结构住宅中的厨房和卫生间等)以及公共建筑的走廊。

(2) 梁板式楼板

当房间的平面尺寸较大，为使楼板结构的受力与传力较为合理，常在楼板下设梁以增加板的支点，从而减小板的跨度。这样楼板上的荷载是先由板传给梁，再由梁传给墙或柱。这种楼板结构称为梁板式结构。梁有主梁与次梁之分(图5-3)。

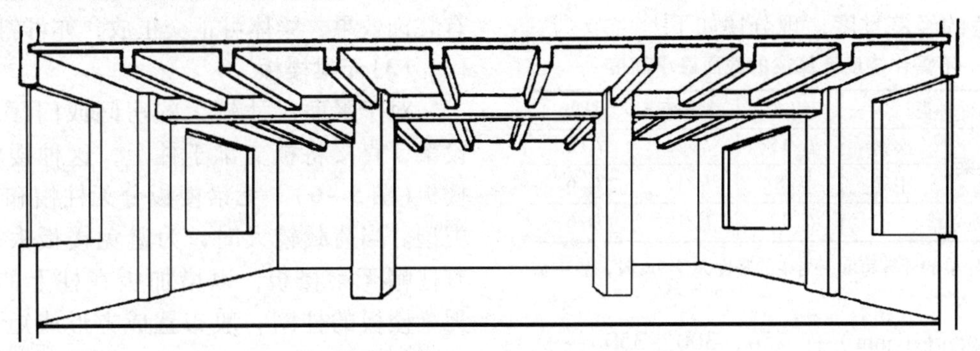

图5-3 梁式楼板

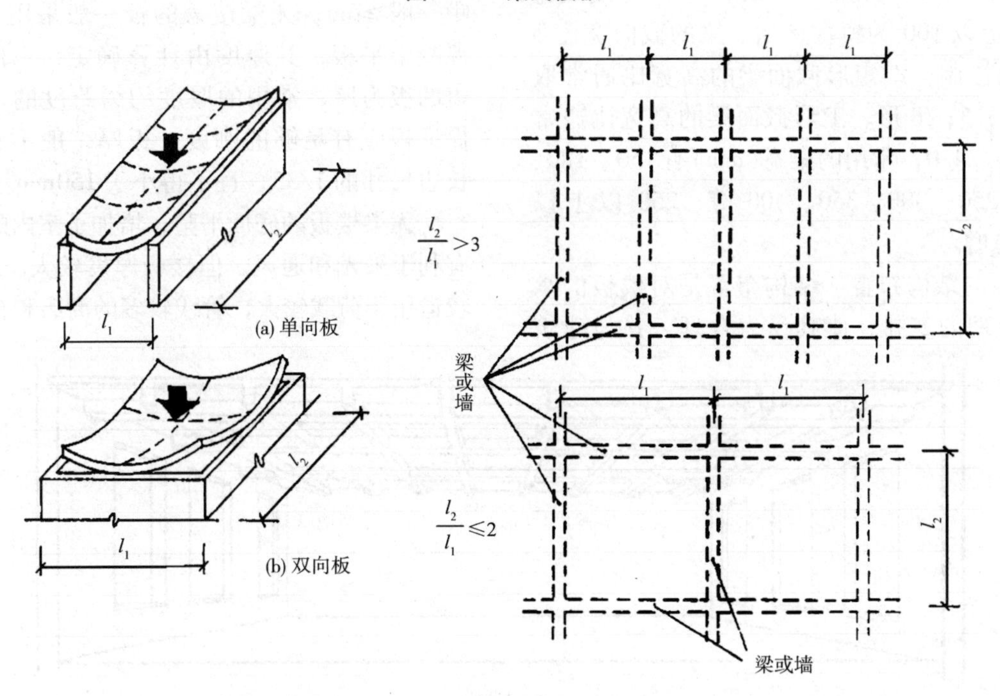

图5-4 楼板的受力传力方式

楼板依其受力特点和支承情况，又有单向板与双向板之分。在板的受力和传力过程中，板的长边尺寸 l_2 与短边尺寸 l_1 的比例，对板的受力方式影响极大。

当 $l_2/l_1>3$ 时，在荷载作用下，板基本上只在 l_1 方向挠曲，而在 l_2 方向挠曲很小[图5-4(a)]，这表明荷载主要沿 l_1 方向传递，故称单向板。

当 $l_2/l_1\leqslant2$ 时，则两个方向都有挠曲[图5-4(b)]，这说明板在两个方向都传递荷载，故称双向板。

① 楼板结构的经济尺度　为了更充分地发挥楼板结构的效力，合理选择构件的使用尺度是至关重要的。工程技术人员在试验和实践的基础上，总结出楼板结构构件常用尺度。表5-1是结构构件设计时参考的经济尺度，现分述如下：

表5-1　不需作挠度计算梁的截面最小高度

项次	构件种类		简支	两端连续	悬臂
1	整体肋形梁	次梁	$l_0/15$	$l_0/20$	$l_0/8$
		主梁	$l_0/8$	$l_0/12$	$l_0/6$
2	独立梁		$l_0/12$	$l_0/15$	$l_0/6$

注：表中为 l_0 梁的计算跨度，当梁的跨度大于9m时，表中数值应乘以1.2。

常见的梁高(mm)有250、300、350、…、700、800、900、1000等，800以内以50为模数递增，800以上以100为模数递增。梁的截面宽度 b 常由高宽比控制，即矩形截面梁的高宽比通常取 $h/b=2.0\sim3.5$；T形、工形截面梁的高宽比通常取 $h/b=2.5\sim4.0$；常用的梁宽(mm)有150、180、200、240、250、300、350、400等，250以上以50为模数递增。

② 楼板的结构布置　结构布置是对楼板的承重构件做合理的安排，使其受力合理，并与建筑设计协调。

在结构布置中，首先应考虑构件的经济尺度，以确保构件受力的合理性；当房间的尺度超过构件的经济尺度时，可在室内增设柱子作为主梁的支点，使其尺度在经济跨度范围以内。其次，构件的布置应根据建筑的平面尺寸使其主梁尽量沿支点的短跨方向布置；次梁则与主梁方向垂直。对于一些公共建筑的门厅或大厅中，当房间的形状近似方形，长短边比例 $l_2:l_1\leqslant2$，且跨度≥10m时，常沿两个方向等尺寸布置构件，即不分主梁与次梁，梁的截面也同高，形成井格形梁板结构形式，这种结构又称井式楼板(图5-5)，是梁板式楼板结构中的一种特例。此种楼板布置美观，有装饰效果，梁体可正交正放，亦可斜交斜放。

(3)无梁楼板

对于平面尺寸较大的房间或门厅，也可以不设梁，直接将板支承于柱上，这种楼板称为无梁楼板(图5-6)。无梁楼板分无柱帽和有柱帽两种类型。当荷载较大时，为避免楼板太厚，应采用有柱帽无梁楼板，以增加板在柱上的支承面积。无梁楼板的柱网一般布置成方形或矩形，以方形柱网较为经济，每一方向的跨数不少于3跨，柱距一般≥6m，无梁楼盖的板一般采用等厚的钢筋混凝土平板，其厚度由计算确定，一般较有梁楼盖的板为厚，常用的厚度约为跨度的1/30。为了保证板应有足够的刚度，板厚一般不宜小于柱网长边尺寸的1/35，且不得小于150mm。

无梁楼板的底面平整，增加了室内的净空高度，有利于采光和通风，但楼板厚度较大。这种楼板比较适用于荷载较大，管线较多的商店和仓库等。

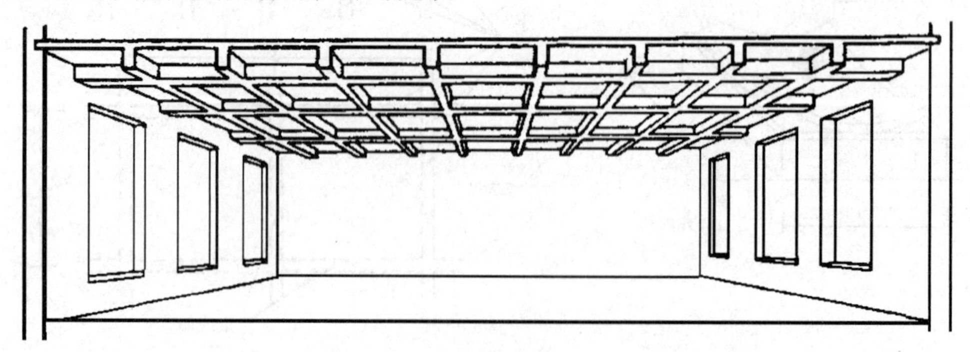

图5-5　井式楼板

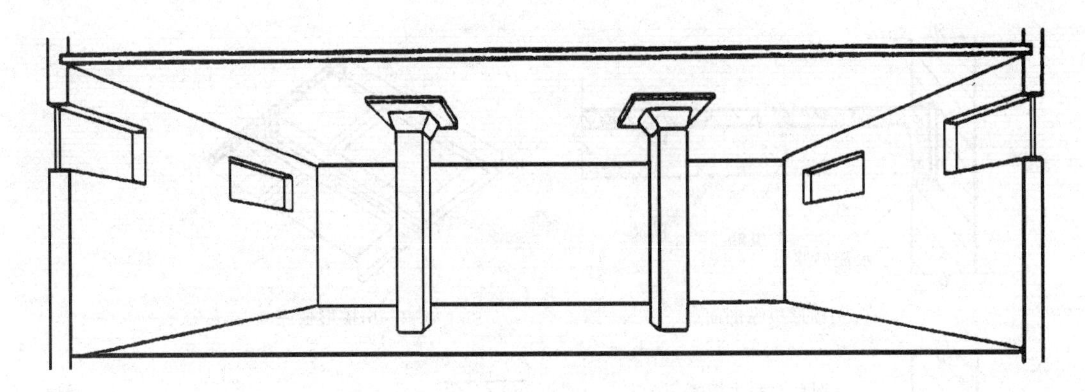

图5-6　无梁楼板(有柱帽)

5.2.2　预制装配式钢筋混凝土楼板

预制钢筋混凝土楼板是将楼板在预制厂或施工现场预制，然后装配而成。此做法可节省模板，改善劳动条件，提高效率，缩短工期，促进工业化水平。但预制楼板的整体性不好，灵活性也不如现浇板，更不宜在楼板上穿洞。

5.2.2.1　预制钢筋混凝土楼板的类型

(1)预制实心平板

实心平板的上下表面平整，制作简单。但板的跨度受到限制，隔声效果较差，一般多用于跨度较小的房间或走廊等处。

实心平板的两端支承在墙或梁上，其跨度一般不超过2.4m，板宽多在600~900mm范围之内，板厚可取其跨度的1/30，常用60~80mm(图5-7)。

(2)预制槽形板

槽形板是由板和肋两部分组成，它是一种梁板结合的构件。肋设于板的两侧以承受板的荷载，为方便搁置和提高板的刚度，在板的两端常设端肋封闭，当板的跨度达到6m时，还应在板的中部增加横肋，以加强板的刚度[图5-8(b)]。

槽形板有预应力和非预应力两种。由于其两侧有肋，故槽形板的板厚较小，而跨度可以较大。一般槽形板的板厚为30~35mm，板宽为600~1200mm，肋高为120~240mm，板跨为3~6m。槽形板的自重较轻，用料省，亦便于在楼板上临时开洞，但隔声性能较差。槽形板经常被制成大型屋面板，用在单层大跨度的工业厂房建筑中。

槽形板的搁置方式有两种：一种是正置，即肋向下搁置。这种做法受力合理，但底板不平整，也不利于采光，可直接用于观瞻要求不高的房间，也可采用吊顶棚来解决美观和隔声等问题[图5-8(a)、(c)]。另一种是倒置，即肋向上搁置，这种方式可使板底平整，但板受力不合理，且须另做面板。为提高板的隔声能力，可在槽内填充隔声材料[图5-8(d)]。

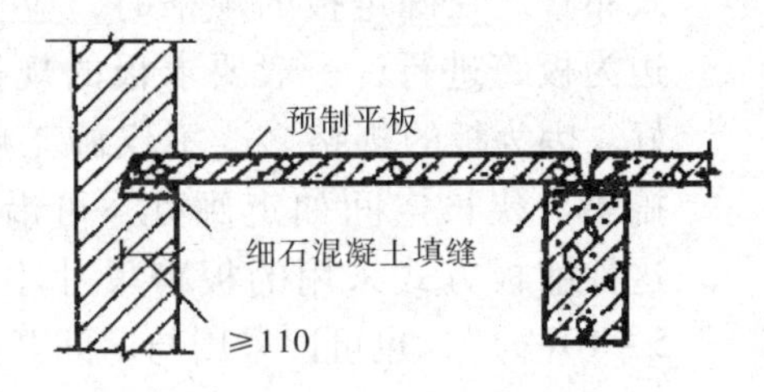

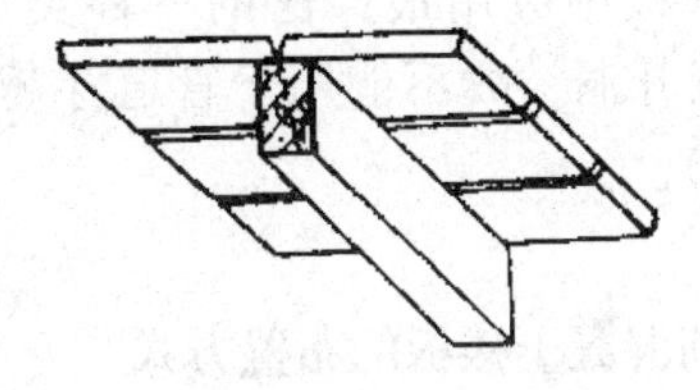

图5-7　实心平板

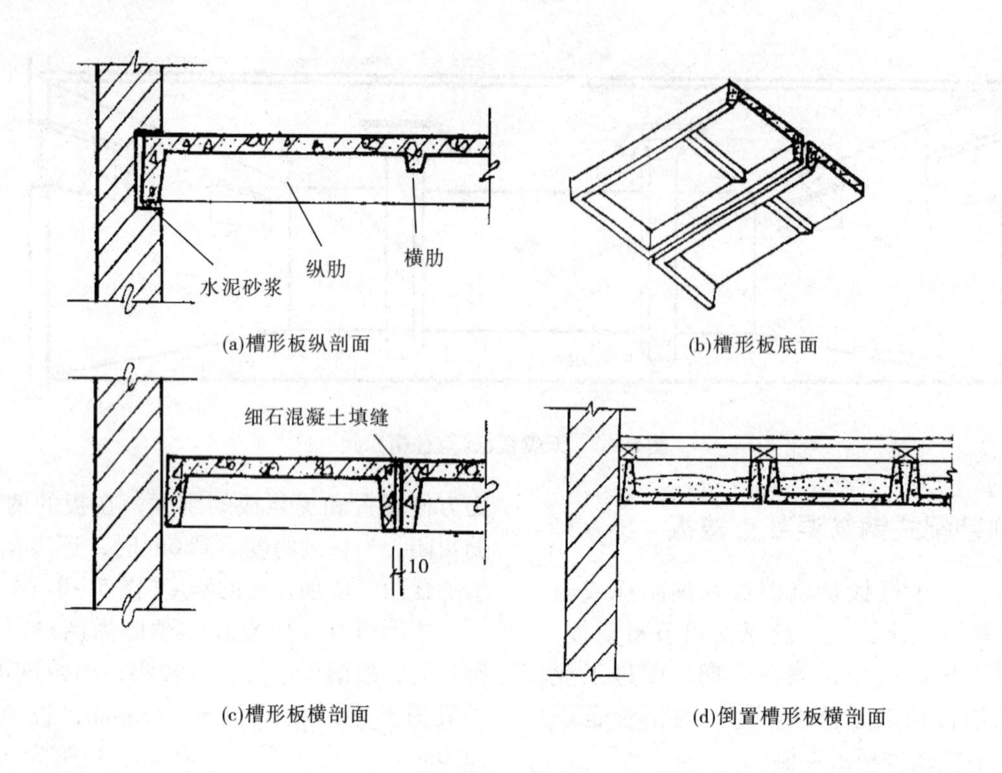

图5-8　预制钢筋混凝土槽形板

(3)预制空心板

空心板是将平板沿纵向抽孔而成。孔的断面形式有圆形、方形、长方形和长圆形等。由于圆形孔制作时抽芯脱膜方便且刚度好，所以其应用最普遍。空心板也有预应力和非预应力之分，预应力空心板更为多用。

空心板的厚度尺寸视板的跨度而定，一般多为120～240mm，宽度为600～1200mm，跨度为2.4～7.2m，其中非预应力空心板较为经济的跨度为2.4～4.2m，而预应力空心板的跨度尺寸可达6m、6.6m、7.2m。

空心板上下表面平整，隔声效果较实心板和槽形板好，是预制板中应用最广泛的一种类型。但空心板不宜任意开洞，故不能用于管道穿越较多的房间(图5-9)。

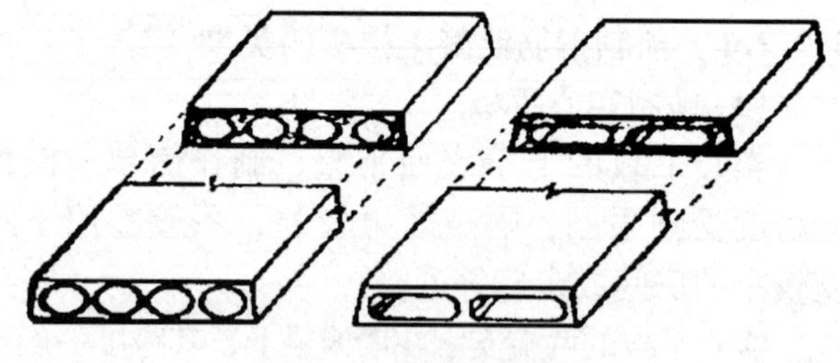

图5-9　预制空心板

5.2.2.2　预制钢筋混凝土楼板的布置方式

板的布置方式应根据空间的大小，铺板的范围以及尽可能减少板的规格种类等因素综合考虑，以达到结构布置经济、合理的目的。

对一个房间进行板的结构布置时，首先应根据其开间、进深尺寸确定板的支承方式，然后根据板的规格进行布置。板的支承方式有板式和梁板式，预制板直接搁置在墙上的称为板式布置；若楼板支承在梁上，梁再搁置在墙上的称为梁板式布置。在确定板的规格时，应首先以房间的短边为板跨进行，一般要求板的规格、类型越少越好。因为板的规格多，不仅施工麻烦，同时容易搞错。狭长空间如走廊处，可沿走廊横向铺板。这种铺板方式采用的板跨尺寸小，板底平整[图5-10(a)]。也可以采用与房间开间尺寸相同的预制板沿走廊纵向铺设，但需设梁支承，当板底不做吊顶时，走廊内可见板底的梁[图5-10(b)]。同时，板的布置，应避免出现三面支承，即板的纵向长边不得深入砖墙内，否则，在荷载作用下，

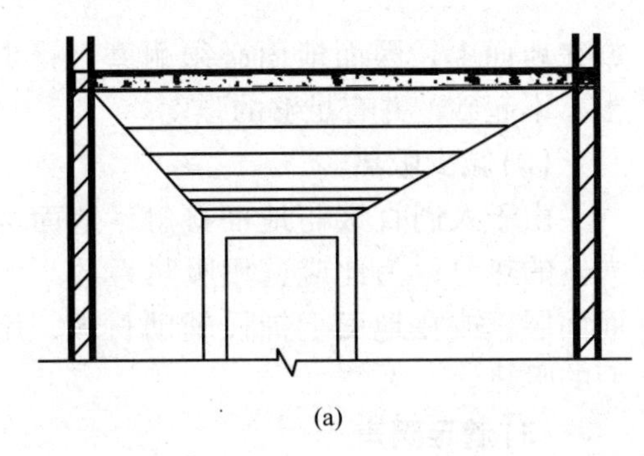
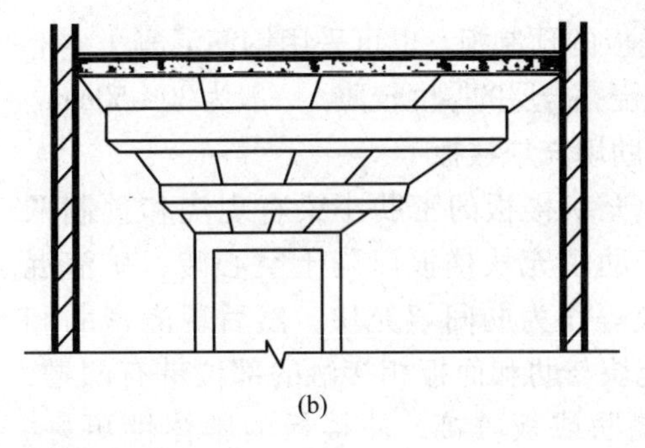

图5-10 走廊楼板的结构布置

板会发生纵向裂缝。

5.2.3 装配整体式钢筋混凝土楼板

装配整体式钢筋混凝土楼板是将楼板中的部分构件预制安装后，再通过现浇的部分连接成整体。这种楼板的整体性较好，又可节省模板，施工速度也较快。

(1)叠合楼板

叠合楼板是由预制板和现浇钢筋混凝土层叠合而成的装配整体式楼板。预制板既是楼板结构的组成部分，又是现浇钢筋混凝土叠合层的永久性模板，现浇叠合层内应设置负弯矩钢筋，并可在其中敷设水平设备管线。预制薄板叠合楼板常在住宅、宾馆、学校、办公楼、医院及仓库等建筑中应用。

叠合楼板的预制部分，可以采用预应力和非预应力实心薄板，板的跨度一般为4~6m，预应力薄板的跨度最大可达9m，以5.4m以内较为经济，板的宽度一般为1.1~1.8m，板厚通常不小于50mm。叠合楼板的总厚度视板的跨度而定，以大于或等于预制板的2倍为宜，通常为150~250mm[图5-11(c)]。为使预制薄板与现浇叠合层结合牢固，薄板的板面应做适当处理，如在板面刻槽，或设置三角形结合钢筋等[图5-11(a)、(b)]。

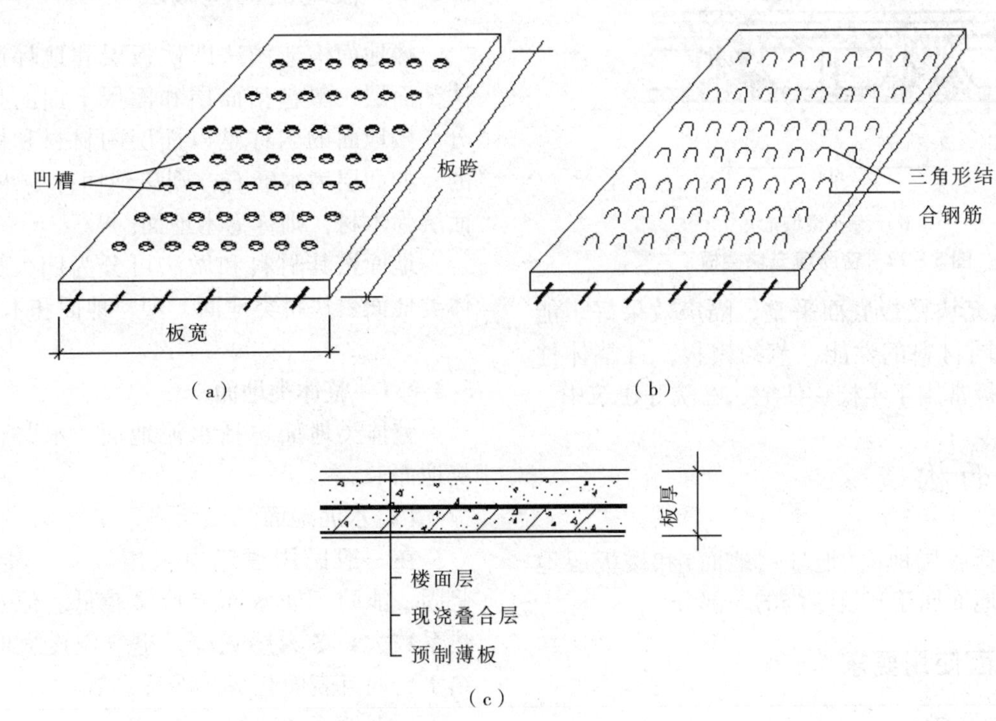

图5-11 叠合楼板

叠合楼板的预制板，也可采用钢筋混凝土空心板，此时现浇叠合层的厚度较薄，一般为30~50mm。

(2)密肋填充块楼板

密肋填充块楼板的密肋小梁有现浇和预制两种。现浇密肋填充块楼板以陶土空心砖、矿渣混凝土空心块等作为肋间填充块，然后现浇密肋和面板。填充块与肋和面板相接触的部位带有凹槽，用来与现浇肋或板咬接，使楼板的整体性更好。肋的间距视填充块的尺寸而定，一般为300~600mm，面板厚度一般不小于50mm[图5-12(a)]，楼板的适用跨度4~10m。预制小梁填充块楼板是在预制小梁之间填充陶土空心砖、矿渣混凝土空心块、煤渣空心砖等填充块，上面现浇混凝土面层而成[图5-12(b)]。

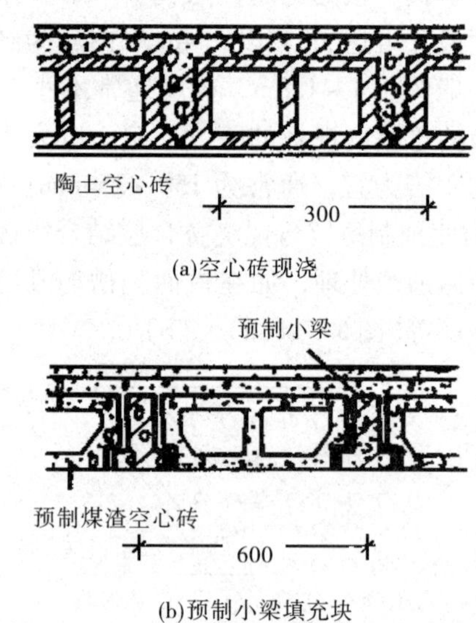

图5-12　密肋填充块楼板

密肋填充块楼板底面平整，隔声效果好，能充分利用不同材料的性能，节约模板，且整体性好。此种楼板常用于学校、住宅、医院等建筑中。

5.3　地面构造

地面包括底层地面(地坪层地面)和楼板层地面两部分，地面属于建筑装修的一部分。

5.3.1　地面使用要求

(1)坚固耐久

地面直接与人接触，家具、设备也大多都摆放在地面上，因而地面必须耐磨，行走时不起尘土、不起砂，并有足够的强度。

(2)减少吸热

由于人们直接与地面接触，地面则直接吸走人体的热量，为此应选用吸热系数小的材料作地面面层，或在地面上铺设辅助材料，用以减少地面的吸热。

(3)满足隔声

隔声要求主要针对楼地面，楼层上下的噪声传播，一般通过空气传播或固体传播，而其中固体噪声是主要的隔除对象。

(4)防水要求

用水较多的厕所、盥洗室、浴室、实验室等房间，应满足防水要求。一般应选用密实而不透水的材料，并适当做排水坡度，在楼地面的垫层上部有时还应做防水层。

(5)经济要求

地面在满足使用要求的前提下，应选择经济的构造方案，尽量就地取材，以降低整个房屋的造价。

5.3.2　楼地面构造做法

楼地面构造做法即楼板层和地坪层的面层做法，面层一般包括面层和面层下面的找平层两部分。楼地面的名称是以面层的材料和做法来命名的，如面层为水磨石，则该地面称为水磨石地面，面层为木材，则称为木地面。

地面按其材料和做法可分为四大类型，即整体类地面、块材类地面、塑料地面和木地面。

5.3.2.1　整体类地面

整体类地面包括水泥地面、水磨石地面等现浇地面。

(1)水泥地面

在一般民用建筑中采用较多，其构造简单、坚固，能防潮防水而造价又较低。但水泥地面蓄热系数大，冬天感觉冷，空气湿度大时易产生凝结水，而且表面起灰，不易清洁。

水泥地面做法如下：

水泥砂浆地面　即在混凝土垫层或结构层上

抹水泥砂浆。一般采用双层做法，先做一层10～20mm厚1∶3水泥砂浆找平层，表面只抹5～10mm厚1∶2水泥砂浆，不易开裂、空鼓。

水泥石屑地面 是以石屑替代砂的一种水泥地面，这种地面性能近似水磨石，表面光洁，不起尘，易清洁。先做一层15～20mm厚1∶3水泥砂浆找平层，面层铺15mm厚1∶2水泥石屑，提浆抹光即成。

(2)水磨石地面

水磨石地面一般分两层施工，在垫层或结构层上用10～20mm厚1∶3水泥砂浆找平，面铺10～15mm厚1∶1.5～2的水泥白石子，待面层达到一定强度后加水用磨石机磨光、打蜡即成。所用石子为中等硬度的方解石、大理石、白云石屑等。

为适应地面变形可能引起的面层开裂以及施工和维修方便，做好找平层后，用嵌条把地面分成若干小块，尺寸约1000mm，分块形状可以设计成各种图案。嵌条用料常为玻璃、塑料或金属(铜条、铝条等)，嵌条高度同磨石面层厚度，且用1∶1水泥砂浆固定。嵌固砂浆不宜过高，否则会造成面层在嵌条两侧仅有水泥而无石子，影响美观(图5－13)。

如果将普通水泥换成白水泥，并掺入不同颜料做成各种彩色地面，称为美术水磨石地面，但造价比普通水磨石高约4倍。

水磨石地面具有良好的耐磨性、耐久性、防水防火性，质地美观，表面光洁，不起尘，易清洁等优点。通常应用于居住建筑的浴室、厨房、厕所和公共建筑门厅、走道及主要房间地面、墙裙等地方。

5.3.2.2 块材类地面

块材类地面是把地面材料加工成块状，然后借助胶结材料贴或铺砌在结构层上。胶结材料既起胶结又起找平作用，也有先做找平层再做胶结层的。常用胶结材料有水泥砂浆、沥青玛蹄脂等，也有用细砂和细炉渣做结合层。

块料地面种类很多，常用的有水泥砖、大理石、缸砖、陶瓷锦砖、陶瓷地砖等。

(1)水泥制品块地面

水泥制品块地面常见的有水磨石块、预制混凝土块。尺寸常为400～500mm见方，厚20～50mm。

水泥制品块和基层连接有两种方式：当预制块尺寸较大且较厚时，常在板下干铺一层20～40mm厚细砂或细炉渣，待校正后，板缝用砂浆嵌填。这种做法施工简单、造价低，便于维修更换，但不易平整。城市人行道常按此方法施工[图5－14(a)]。当预制块小而薄时则采用12～20mm厚1∶3水泥砂浆做结合层，铺好后再用1∶1水泥砂浆嵌缝。这种做法坚实、平整[图5－14(b)]。

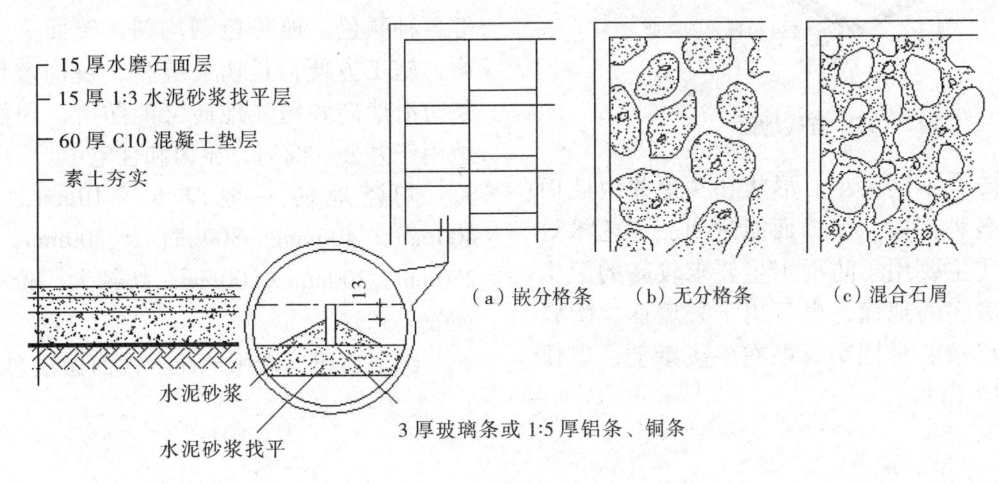

图5－13 水磨石地面

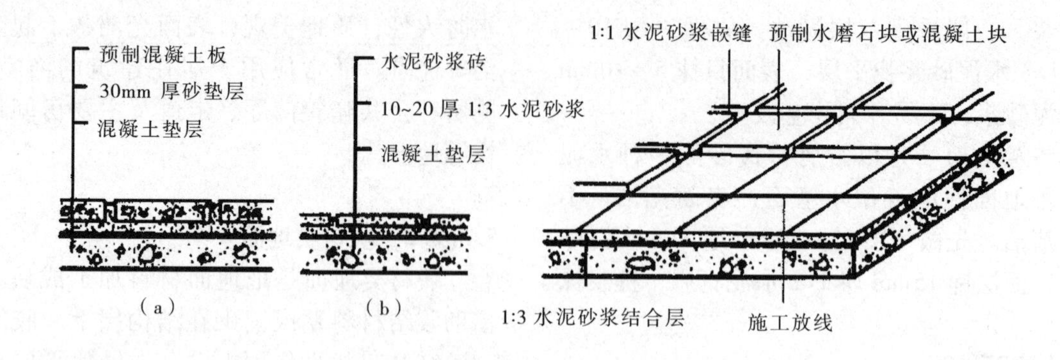

图 5－14　水泥制品块地面

(2) 缸砖及陶瓷锦砖地面

缸砖是用陶土焙烧而成的一种无釉砖块，形状有正方形(尺寸为 100mm × 100mm 和 150mm × 150mm，厚 10 ~ 19mm)、六边形、八角形等。颜色也有多种，由不同形状和色彩可以组合成各种图案。缸砖背面有凹槽，使砖块和基层黏结牢固，铺贴时一般用 15 ~ 20mm 厚 1∶3 水泥砂浆做结合材料，要求平整，横平竖直(图 5－15)。缸砖具有质地坚硬、耐磨、耐水、耐酸碱、易清洁等优点。陶瓷锦砖又称马赛克，其特点与面砖相似。

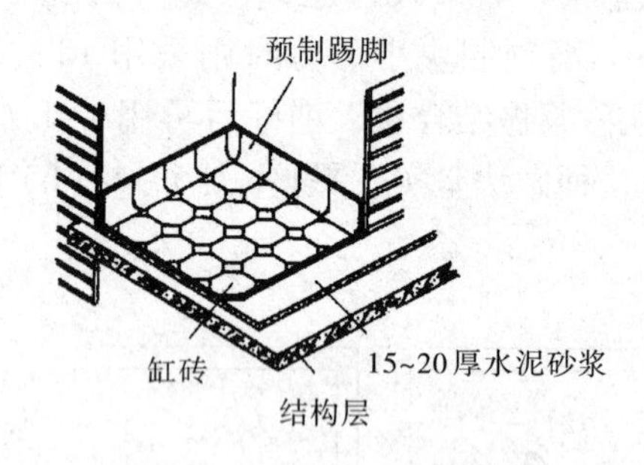

图 5－15　缸砖地面

陶瓷锦砖有不同大小、形状和颜色并由此而可以组合成各种图案，使饰面能达到一定艺术效果。陶瓷锦砖主要用于防滑卫生要求较高的卫生间、浴室等房间的地面，也可用于外墙面。陶瓷锦砖出厂前已按各种图案反贴在牛皮纸上，以便于施工(图 5－16)。

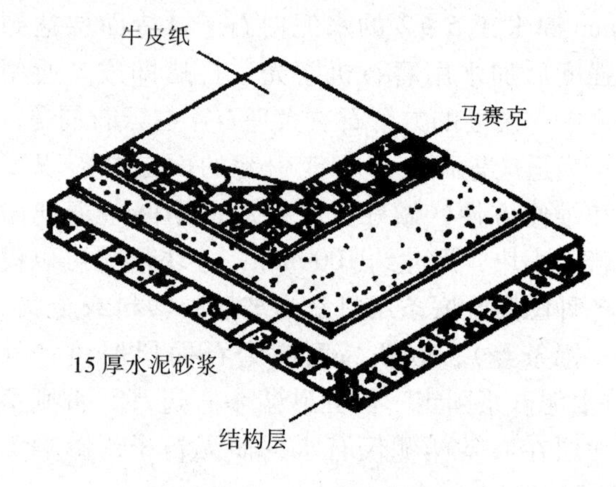

图 5－16　马赛克地面

(3) 陶瓷地砖地面

陶瓷地砖又称墙地砖，其类型有釉面地砖、无光釉面砖和无釉防滑地砖及抛光同质地砖。

陶瓷地砖有红、浅红、白、浅黄、浅绿、蓝等各种颜色。地砖色调均匀，砖面平整，抗腐耐磨，施工方便，且块大缝少，装饰效果好，特别是防滑地砖和抛光地砖又能防滑，因而越来越多地用于办公、商店、旅馆和住宅中。

陶瓷地砖一般厚 6 ~ 10mm，其规格有 400mm × 400mm，300mm × 300mm，250mm × 250mm，200mm × 200mm，块越大，价格越高，装饰效果越好。

综上所述，常用地面、楼面做法总结于表 5－2、表 5－3 中。

表5－2　常用地面做法

名　称	材料及做法
水泥砂浆地面	25mm 厚 1∶2 水泥砂浆面层铁板赶光； 水泥浆结合层一道； 80mm、100mm 厚 C10 混凝土垫层； 素土夯实
水泥豆石地面	30mm 厚 1∶2 水泥豆石（瓜米石）面层铁板赶光； 水泥浆结合层一道； 80mm、100mm 厚 C10 混凝土垫层； 素土夯实
水磨石地面	表面草酸处理后打蜡上光； 15mm 厚 1∶2 水泥白石子面层； 水泥浆结合层一道； 25mm 厚 1∶2.5 水泥砂浆找平层； 水泥浆结合层一道； 80mm、100mm 厚 C10 混凝土垫层； 素土夯实
聚乙烯醇缩丁醛地面	面层、面漆三道； 清漆二道； 填嵌并满按腻子； 清漆一道； 25mm 厚 1∶2.5 水泥砂浆找平层； 80mm、100mm 厚 C10 混凝土垫层； 素土夯实
陶瓷锦砖（马赛克）地面	4mm 厚陶瓷锦砖面层白水泥浆擦缝； 25mm 厚 1∶2.5 干硬性水泥砂浆结合层，上洒 1～2mm 厚干水泥并洒； 清水适量； 水泥结合层一道； 80mm、100mm 厚 C10 混凝土垫层； 素土夯实
缸砖地面	10mm 厚缸砖（防潮砖、地红砖）面层配色水泥浆擦缝； 25mm 厚 1∶2.5 干硬性水泥砂浆结合层，上洒 1～2mm 厚干水泥并洒清水适量； 水泥浆结合层一道； 80mm、100mm 厚 C10 混凝土垫层； 素土夯实
陶瓷地砖地面	4mm 厚陶瓷锦砖面层白水泥浆擦缝； 25mm 厚 1∶2.5 干硬性水泥砂浆结合层，上洒 1～2mm 厚干水泥并洒清水适量； 水泥结合层一道； 80mm、100mm 厚 C10 混凝土垫层； 素土夯实

表5－3　常用楼面做法

名　称	材料及做法
水泥砂浆楼面	25mm 厚 1∶2 水泥砂浆面层铁板赶光； 水泥浆结合层一道； 结构层
水泥石屑楼面	30mm 厚 1∶2 水泥石屑面层铁板赶光； 水泥浆结合层一道； 结构层

(续)

名 称	材料及做法
水磨石楼面(美术水磨石楼面)	15mm 厚 1:2 水泥白石子面层表面草酸处理后打蜡上光; 水泥浆结合层一道; 25mm 厚 1:2.5 水泥砂浆找平层; 水泥浆结合层一道; 结构层
陶瓷锦砖(马赛克)楼面	5mm 厚陶瓷锦砖面层白水泥浆擦缝并抹干净表面的水泥; 25mm 厚 1:2.5 干硬性水泥砂浆结合层，上洒 1~2mm 厚干水泥并洒清水适量; 水泥浆结合层一道; 结构层
陶瓷地砖楼面	10mm 厚陶瓷地砖面层配色水泥浆擦缝; 25mm 厚 1:2.5 干硬性水泥砂浆结合层，上洒 1~2 厚干水泥并洒清水适量; 水泥浆结合层一道; 结构层
大理石楼面	20mm 厚大理石块面层配色水泥浆擦缝; 25mm 厚 1:2.5 干硬性水泥砂浆结合层，上洒 1~2mm 厚干水泥并洒清水适量; 水泥浆结合层一道; 结构层

5.3.2.3 粘贴类地面

主要指塑料地面，塑料地面包括一切有机物质为主所制成的地面覆盖材料。如油地毡、橡胶地毡，以及涂料地面和涂布无缝地面。

塑料地面装饰效果好，色彩鲜艳，施工简单，维修保养方便，有一定的弹性，脚感舒适，步行时噪声小，但它有易老化，日久失去光泽，受压后产生凹陷、不耐高热，硬物刻画易留痕等缺点。

下面重点介绍聚氯乙烯塑料地面。

聚氯乙烯塑料地面是以聚氯乙烯树脂为主要胶结材料，配以增塑剂、填充料、稳定剂、润滑剂和颜料制成。就外形看，有块材和卷材之分；就材质看，有软质和半软质之分；就颜色看，有单色和复色之分。其所用黏结剂有溶剂型如氯丁橡胶剂、聚醋酸乙烯黏结剂、环氧树脂黏结剂等，水乳型如氯丁橡胶黏结剂等。

(1)聚氯乙烯石棉地砖

聚氯乙烯石棉地砖质地较硬，规格常为300mm 见方，厚1.5~3mm，另外还有三角形、长方形等形状。

聚氯乙烯地面施工是在清理基层后，根据房间大小设计图案排料编号，在基层上弹线定位，由中心向四周铺贴。

聚氯乙烯地砖可由不同色彩和形状拼成各种图案，还可仿各种石材，加上价格较低，因而使用广泛。

(2)软质及半硬质聚氯乙烯地面

由于增塑剂较多而填料较少，故较柔软，有一定的弹性，耐凹陷性能好，但不耐燃，尺寸稳定性差，主要用于医院、住宅等。

软质聚氯乙烯地面规格为：宽 800~1240mm，长 12~20mm，厚 1~6mm。施工是在清理基层后按设计弹线，在塑料板底满涂氯丁橡胶黏结剂 1~2 遍后进行铺贴。地面的拼接方法是将板缝先切割成 V 形，然后用三角形塑料焊条、电热焊枪焊接（图 5-17）。

半硬质聚乙烯地板规格为 1000mm×100mm~700mm×700mm，厚 1.5~1.7mm，黏结剂与软质地面相同。施工时，先将黏结剂均匀地刮涂在地面上，几分钟后，将塑料地板按设计图案贴在地面上，并用抹布擦去缝中多余的黏结剂。尺寸较大者如 700mm×700mm 者，可不用黏结剂，铺平后即可使用。

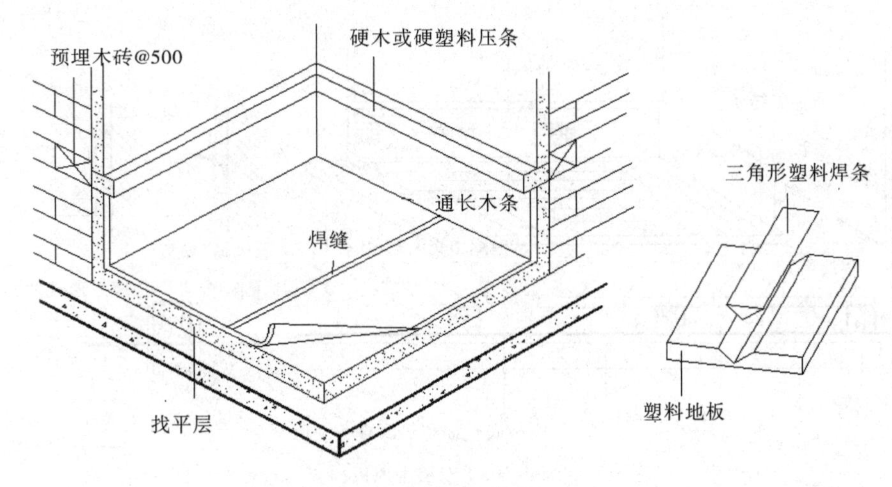

图5-17 塑料地面施工

5.3.2.4 涂料类地面

用于地面涂料有地板漆、过氯乙烯地面涂料、苯乙烯地面涂料等。这些涂料施工方便，造价较低，可以提高地面耐磨性和韧性以及不透水性，适用于民用建筑中的住宅、医院等。但由于过氯乙烯、苯乙烯地面涂料是溶剂型的，施工时有大量的有机溶剂逸出，污染环境；另外，由于涂层较薄耐磨性差，故不适于人流密集，经常受到物或鞋底摩擦的公共场所。

5.3.2.5 木楼面

包括条木地板、拼花地板等做法，木楼面的面层构造做法分为单层长条硬木楼地面和双层硬木楼地面做法两种，均属于实铺式。

下面以双层硬木楼地面做法为例，介绍其构造做法。在钢筋混凝土楼板中伸出 ϕ6 钢筋，绑扎 Ω 形 ϕ6 铁鼻子，400mm 中距，将 70mm × 50mm 的木龙骨用 10 号铅丝 2 根，绑于 Ω 形铁件上，在垂直于松木龙骨的方向上钉放 50mm × 50mm 支撑。中距 800mm，其间填 40mm 厚干焦砟隔音层。上铺 22mm 厚松木毛地板，铺设方向为 45°，上铺油毡一层，表面铺 50mm × 20mm 硬木企口长条或席纹，人字纹拼花地板，并烫硬蜡。

双层硬木楼地面的做法如图 5-18。

5.3.3 楼地面防潮防水构造

对有水侵蚀的房间，如厕所、盥洗室、淋浴室等，由于小便槽、盥洗台等各种设备、水管较多，用水频繁，室内积水的机会也多，容易发生渗漏水现象。因此，设计时需对这些房间的楼板层、墙身采取有效的防潮、防水措施。如果忽视这样的问题或者处理不当，就很容易发生管道、设备、楼板和墙身渗漏水，影响正常使用，并有碍建筑物的美观，严重的将破坏建筑结构，降低使用寿命。通常从两方面着手解决问题。

(1) 楼面排水

为便于排水，楼面需有一定坡度，并设置地漏，引导水流入地漏。排水坡一般为 1%~1.5%。为防止室内积水外溢，有水房间的楼面或地面标高应比其他房间或走廊低 20~30mm；若有水房间楼地面标高与走廊或其他房间楼、地面标高相平时，亦可在门口做高出 20~30mm 的门槛。

(2) 楼板、墙身的防水处理

楼板防水要考虑多种情况及多方面的因素。通常需解决以下问题：

楼板防水　对有水侵蚀的楼板应以现浇为佳。对防水质量要求较高的地方，可在楼板与面层之间设置防水层一道，常见的防水材料有卷材防水、防水砂浆防水或涂料防水层，以防止水的渗透，

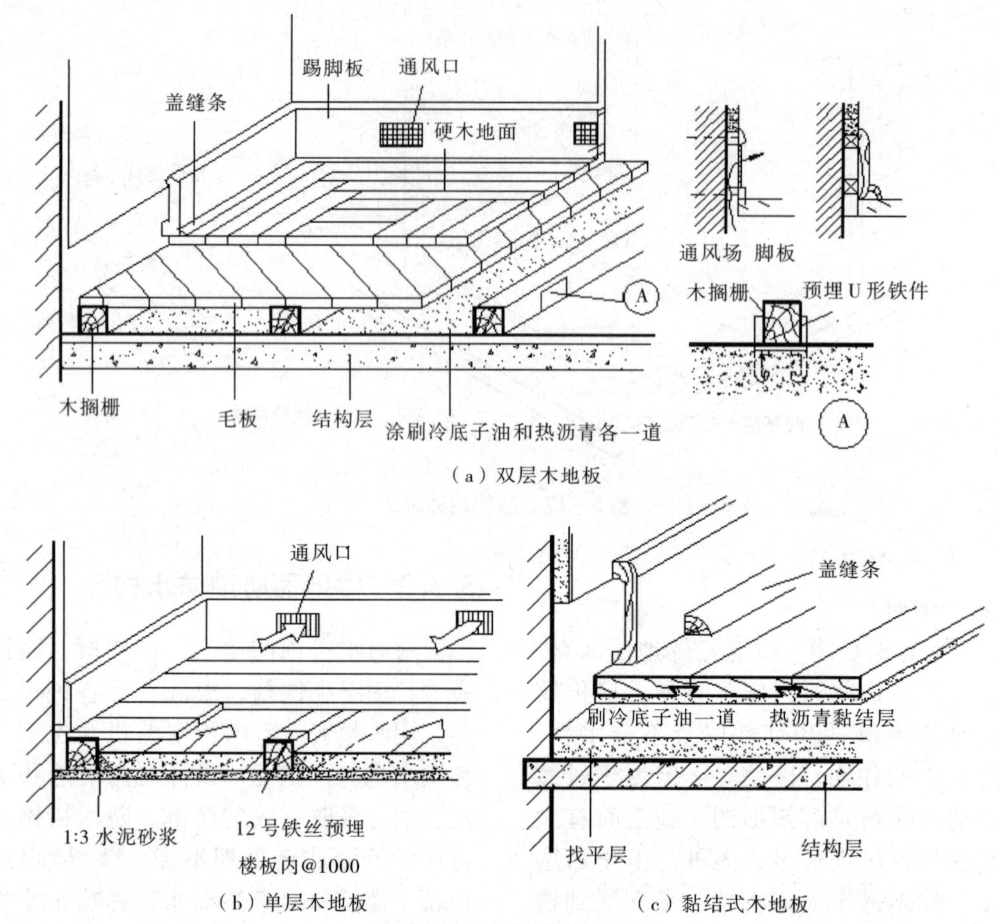

图5－18　实铺木楼地面

然后再做面层。有水房间地面常采用水泥地面、水磨石地面、马赛克地面、地砖地面或缸砖地面等。为防止水沿房间四周侵入墙身，应将防水层沿房间四周墙边向上深入踢脚线内50～150mm。当遇到开门处，其防水层应铺出门外至少250mm。

穿楼板立管的防水处理　一般采用两种办法，一是在管道穿过的周围用C20级干硬性细石混凝土捣固密实，再以两布二油橡胶酸性沥青防水涂料作密封处理。二是对某些暖气管、热水管穿过楼板层时，为防止由于温度变化，出现胀缩变形，致使管壁周围漏水，故常在楼板走管的位置埋设一个比热水管直径稍大的套管，以保证热水管能自由伸缩而不致影响混凝土开裂。套管比楼面高出30mm左右。

对淋水墙面的处理　淋水墙面常包括浴室、盥洗室和小便槽等处有水侵蚀墙体的情况。对于这些部位如果防水处理不当，亦会造成严重后果。最常见的问题是男小便槽的渗漏水，它不仅影响室内，严重地影响到室外或其他房间。对小便槽的处理首先是迅速排水，其次是小便槽本身须用混凝土材料制作，内配构造钢筋（ϕ6@200～300mm双向钢筋网），槽壁厚40mm以上。为提高防水质量，可在槽底加设防水层一道，并将其延伸到墙身。然后在槽表面做水磨石面层或贴瓷砖。水磨石面层由于经常受人尿侵蚀或水冲刷，使用时间长，表面受到腐蚀，致使面层呈粗糙状，变成水刷石，容易积脏。一般贴瓷砖或涂刷防水防腐蚀涂料效果较好。但贴瓷砖其拼缝要严，且须用酚醛树脂胶泥勾缝，否则，水、尿仍能侵蚀墙体，致使瓷砖剥落。

5.3.4　楼地面隔声构造

噪声通常是指由各种不同强度、不同频率的声音混杂在一起的嘈杂声。强烈的噪声对人们的健康和工作有很大的影响。噪声一般以空气传声和撞击传声两种方式进行传递。

在建筑构件中，楼上人的脚步声，拖动家具、撞击物体所产生的噪声，对楼下房间的干扰特别严重。因此，楼板层的隔声构造主要是针对撞击传声而设计的。若要降低撞击传声的声级，首先应对振源进行控制，然后是改善楼板层隔绝撞击声的性能，通常可以从以下三方面考虑。

(1) 对楼面进行处理

在楼面上铺设富有弹性的材料，如地毯、橡胶地毡、塑料地毡、软木板等，以降低楼板本身的振动，使撞击声声能减弱。采用这种措施，效果是比较理想的。

(2) 利用弹性垫层进行处理

即在楼板结构层与面层之间增设一道弹性垫层，以降低结构的振动。弹性垫层可以是具有弹性的片状、条状或块状的材料，如木丝板、甘蔗板、软木片、矿棉毡等。使楼面与楼板完全被隔开，使楼面形成浮筑层。所以这种楼板层又称浮筑楼板。但必须注意，要保证楼面与结构层(包括面层与墙面交接处)都要完全脱离，防止产生“声桥”。

(3) 作楼板吊顶处理

即在楼板下作吊顶。它主要是解决楼板层所产生的空气传声问题。当楼板被撞击后会产生撞击声，于是利用隔绝空气传声的措施来降低其撞击声。吊顶的隔声能力取决于它单位面积的质量以及其整体性，即质量越大，整体性越强，其隔声效果越好。此外，还决定于吊筋与楼板之间刚性连接的程度。如采用弹性连接，则隔声能力可大为提高。

5.4 阳台与雨篷构造

5.4.1 阳台

阳台是与楼房各房间相连并设有栏杆的室外小平台，是居住建筑中用以联系室内外空间和改善居住条件的重要组成部分。阳台主要由阳台板和栏杆扶手组成。阳台板是承重结构，栏杆扶手是围护、安全的构件。阳台按其与外墙的相对位置分为挑阳台、凹阳台、半凹半挑阳台(图5－19)。

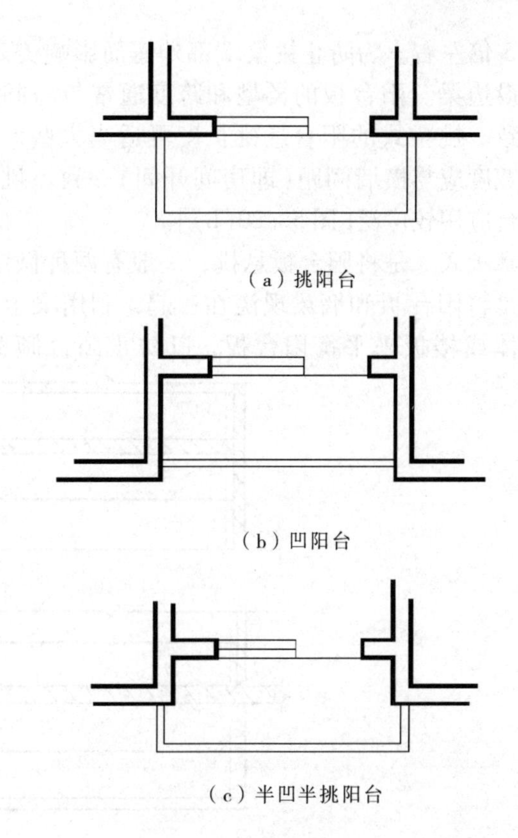

图5－19 阳台的类型

5.4.1.1 阳台结构布置

阳台承重结构的支承方式有墙承式、悬挑式等。

(1) 墙承式

墙承式是指将阳台板直接搁置在墙上，其板型和跨度通常与房间楼板一致。这种支承方式结构简单，施工方便，多用于凹阳台[图5－20(a)]。

(2) 悬挑式

悬挑式是指将阳台板悬挑出外墙。为使结构合理、安全，阳台悬挑长度不宜过大，而考虑阳台的使用要求，悬挑长度又不宜过小，一般悬挑长度为1.0～1.5m，以1.2m左右最常见。悬挑式适用于挑阳台或半凹半挑阳台。按悬挑方式不同有挑梁式和挑板式两种。

挑梁式　是从横墙上伸出挑梁，阳台板搁置在挑梁上。挑梁压入墙内的长度一般为悬挑长度的1.5倍左右。为防止挑梁端部外露而影响美观，可增设边梁。阳台板的类型和跨度通常与房间楼板一致。挑梁式的阳台悬挑长度可适当大些，而阳台宽度应与横墙间距(即房间开间)一致。挑梁式阳台应用较广泛[图5-20(b)]。

挑板式 是将阳台板悬挑，一般有两种做法：一种是将阳台板和墙梁现浇在一起，利用梁上部的墙体或楼板来平衡阳台板，以防止阳台倾覆。这种做法阳台底部平整，外形轻巧，阳台宽度不受房间开间限制，但梁受力复杂，阳台悬挑长度受限，一般不宜超过1.2m[图5-20(c)]。另一种是将房间楼板直接向外悬挑形成阳台板。这种做法构造简单，阳台底部平整，外形轻巧，但板受力复杂，构件类型增多，由于阳台地面与室内地面标高相同，不利于排水[图5-20(d)]。

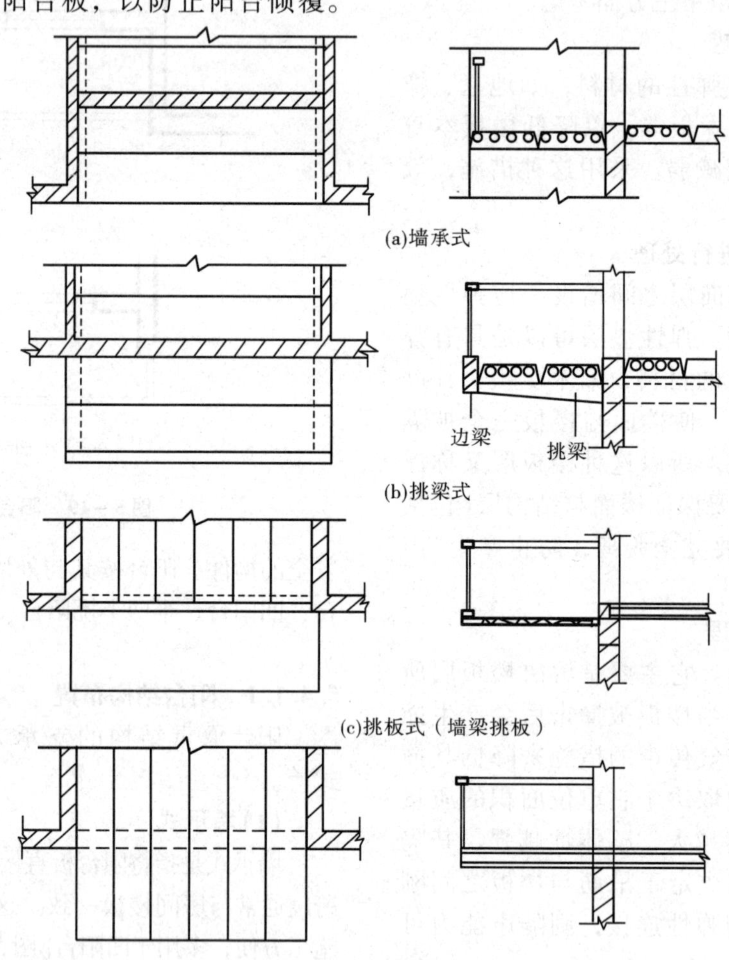

图5-20 阳台结构布置

5.4.1.2 阳台细部构造

(1)阳台栏杆与扶手

栏杆扶手作为阳台的围护构件，应具有足够的强度和适当的高度，做到坚固安全。栏杆扶手的高度不应低于1.05m，高层建筑不应低于1.1m，但不宜超过1.2m，栏杆离地面、屋面0.1m以内不应留空。有儿童活动的场所，栏杆的垂直杆件间净距不应大于0.11m，栏杆应采用不易攀登的构造。另外，栏杆扶手还兼起装饰作用，应考虑美观。

栏杆形式有3种，即空花栏杆、实心栏板以及由空花栏杆和实心栏板组合而成的组合式栏杆(图5-21)。

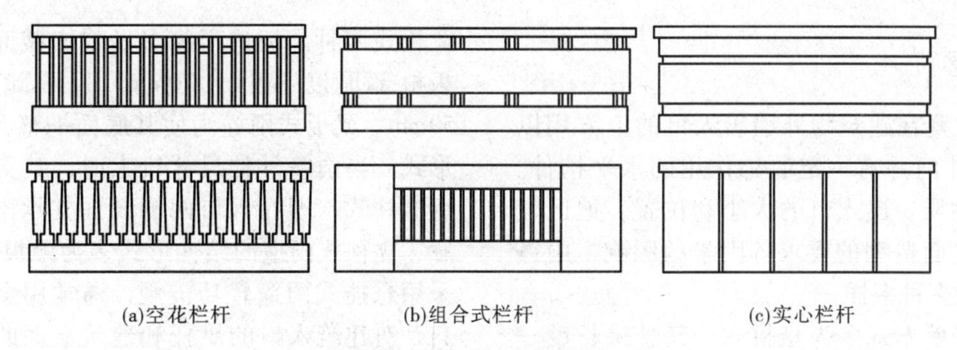

图5－21 阳台栏杆形式

空花栏杆按材料有金属栏杆和预制混凝土栏杆两种。金属栏杆一般采用圆钢、方钢、扁钢或钢管等。栏杆与阳台板(或边梁)应有可靠的连接，通常在阳台板顶面预埋通长扁钢与金属栏杆焊接，也可采用预留孔洞插接等方法。组合式栏杆中的金属栏杆有时须与混凝土栏板连接，其连接方法一般为预埋铁件焊接。预制混凝土栏杆与阳台板的连接，通常是将预制混凝土栏杆端部的预留钢筋与阳台板顶面的后浇混凝土挡水边坎现浇在一起，也可采用预埋铁件焊接或预留孔洞插接等方法。

栏板按材料来分有混凝土栏板、砖砌栏板等。混凝土栏板有现浇和预制两种。现浇混凝土栏板通常与阳台板(或边梁)整浇在一起，预制混凝土栏板可预留钢筋与阳台板的后浇混凝土挡水边坎浇注在一起，或预埋铁件焊接。砖砌栏板的厚度一般为120mm，为加强其整体性，应在栏板顶部设现浇钢筋混凝土扶手，或在栏板中配置通长钢筋加固。

栏板和组合式栏杆顶部的扶手多为现浇或预制钢筋混凝土扶手。栏板或栏杆与钢筋混凝土扶手的连接方法和它与阳台板的连接方法基本相同。空花栏杆顶部的扶手除采用钢筋混凝土扶手外，对金属栏杆还可采用木扶手或钢管扶手。

(2)阳台排水处理

为避免落入阳台的雨水泛入室内，阳台地面应低于室内地面30～60mm，并应沿排水方向做排水坡，阳台板的外缘设挡水边坎，在阳台的一端或两端埋设泄水管直接将雨水排出。泄水管可采用镀锌钢管或塑料管，管口外伸至少80mm。对高层建筑应将雨水导入雨水管排出(图5－22)。

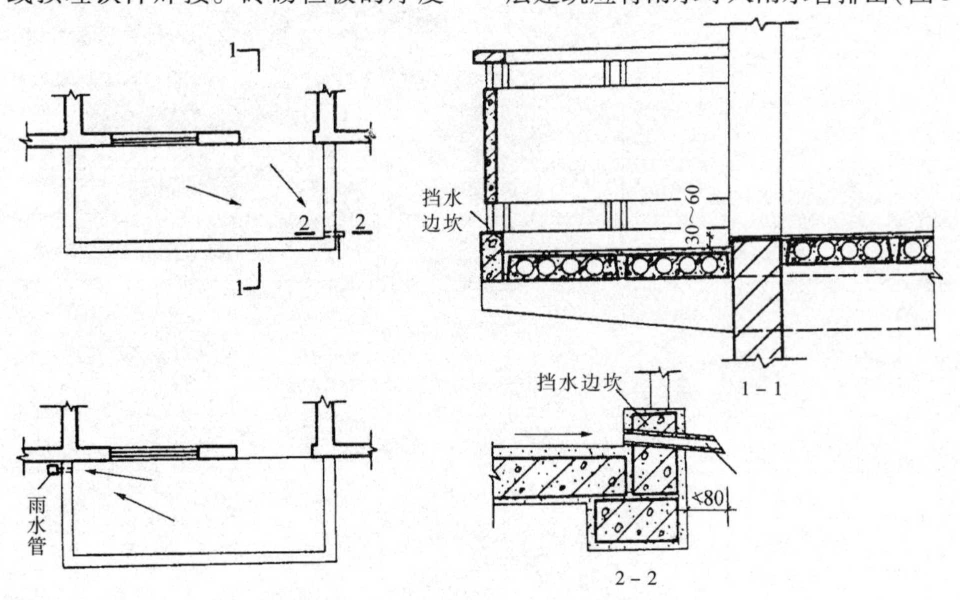

图5－22 阳台排水处理

5.4.2 雨篷

雨篷是设置在建筑物外墙出入口的上方用以挡雨和保护外门并有一定装饰作用的水平构件。由于房屋的性质、出入口的大小和位置、地区气候特点以及立面造型的要求等因素的影响，雨篷的形式可做成多种多样。

雨篷的支承方式多为悬挑式，其悬挑长度一般为0.9~1.5m。按结构形式不同，雨篷有板式和梁板式两种。板式雨篷多做成变截面形式，一般板根部厚度不小于70mm，板端部厚度不小于50mm。梁板式雨篷为使其底面平整，常采用反梁形式。当雨篷外伸尺寸较大时，其支承方式可采用立柱式，即在入口两侧设柱支承雨篷，形成门廊，立柱式雨篷的结构形式多为梁板式。近年来，采用悬挂式雨篷轻巧美观，通常用金属和玻璃材料，对建筑入口的烘托和建筑立面的美化有很好的作用。

思考题

1. 楼板层与地坪层有什么相同和不同之处？
2. 楼板层的基本组成及设计要求有哪些？
3. 简述地坪层的组成及各层的作用。
4. 现浇肋梁楼板的布置原则有哪些？
5. 井式楼板和无梁楼板的特点及适用范围是什么？
6. 常用的装配式钢筋混凝土楼板的类型及其特点和适用范围是什么？
7. 水泥砂浆地面、水泥石屑地面、水磨石地面的组成及优缺点、适用范围有哪些？
8. 常用的块料地面的种类、优缺点及适用范围是什么？
9. 塑料地面的优缺点及主要类型有哪些？
10. 楼板隔绝固体传声的方法是什么？
11. 简述挑阳台的结构布置。
12. 阳台栏杆的高度应如何考虑？
13. 简述雨篷的作用和形式。

推荐阅读书目

建筑构造（上册）. 李必瑜. 中国建筑工业出版社, 2013.

房屋建筑学. 同济大学等. 中国建筑工业出版社, 2006.

第6章 楼梯

[**本章提要**] 楼梯是建筑物基本组成构件之一，主要起到建筑物垂直向交通联系的作用，属于承重构件，在风景建筑中户外的楼梯形式也构成设计有特别景观效果的一个元素。本章重点介绍了楼梯的形式、组成与相关尺度；详细介绍了现浇钢筋混凝土楼梯的构造和预制装配式钢筋混凝土楼梯的构造，同时简要讲解了楼梯的其他细部构造。

6.1 概　述

建筑物各个不同楼层之间的联系，需要有上、下交通设施，此项设施有楼梯、电梯、自动扶梯、爬梯以及坡道等。电梯用于层数较多或有特种需要的建筑物中，而且即使设有电梯或自动扶梯的建筑物，也必须同时设置楼梯，以便紧急时使用。楼梯设计要求：坚固、耐久、安全、防火；做到上下通行方便，能搬运必要的家具物品，有足够的通行宽度和疏散能力；另外，楼梯应有一定的美观要求。

在建筑物入口处，因室内外地面的高差而设置的踏步段，称为台阶。为方便车辆、轮椅通行，也可增设坡道。

6.1.1 楼梯的形式

楼梯的形式很多，它的选择取决于所处位置、楼梯间的平面形状与大小、楼层高低与层数、人流大小与缓急等因素。一般建筑中，最常用的楼梯形式为双梯段的并列式楼梯，称为平行双跑楼梯。平行双分双合楼梯、折行三跑楼梯、交叉跑楼梯、弧形楼梯等多用于公共建筑，如图6－1所示。

(1)直行单跑楼梯

如图6－1(a)所示，此种楼梯无中间平台，由于单跑楼段踏步数一般不超过18级，故仅用于层高不高的建筑。

(2)直行多跑楼梯

如图6－1(b)所示，此种楼梯是直行单跑楼梯的延伸，仅增设了中间平台，将单梯段变为多梯段。一般为双跑梯段，适用于层高较大的建筑。

直行多跑楼梯给人以直接、顺畅的感觉，导向性强，在公共建筑中常用于人流较多的大厅。但是，由于其缺乏方位上回转上升的连续性，当用于需上下多层楼面的建筑，会增加交通面积并加长人流行走的距离。

(3)平行双跑楼梯

如图6－1(c)所示，此种楼梯由于上完一层楼刚好回到原起步方位，与楼梯上升的空间回转往复性吻合，当上下多层楼面时，比直跑楼梯节约交通面积并缩短人流行走距离，是最常用的楼梯形式之一。

(4)平行双分双合楼梯

如图6－1(d)所示，为平行双分楼梯，此种楼梯形式是在平行双跑楼梯基础上演变产生的。其梯

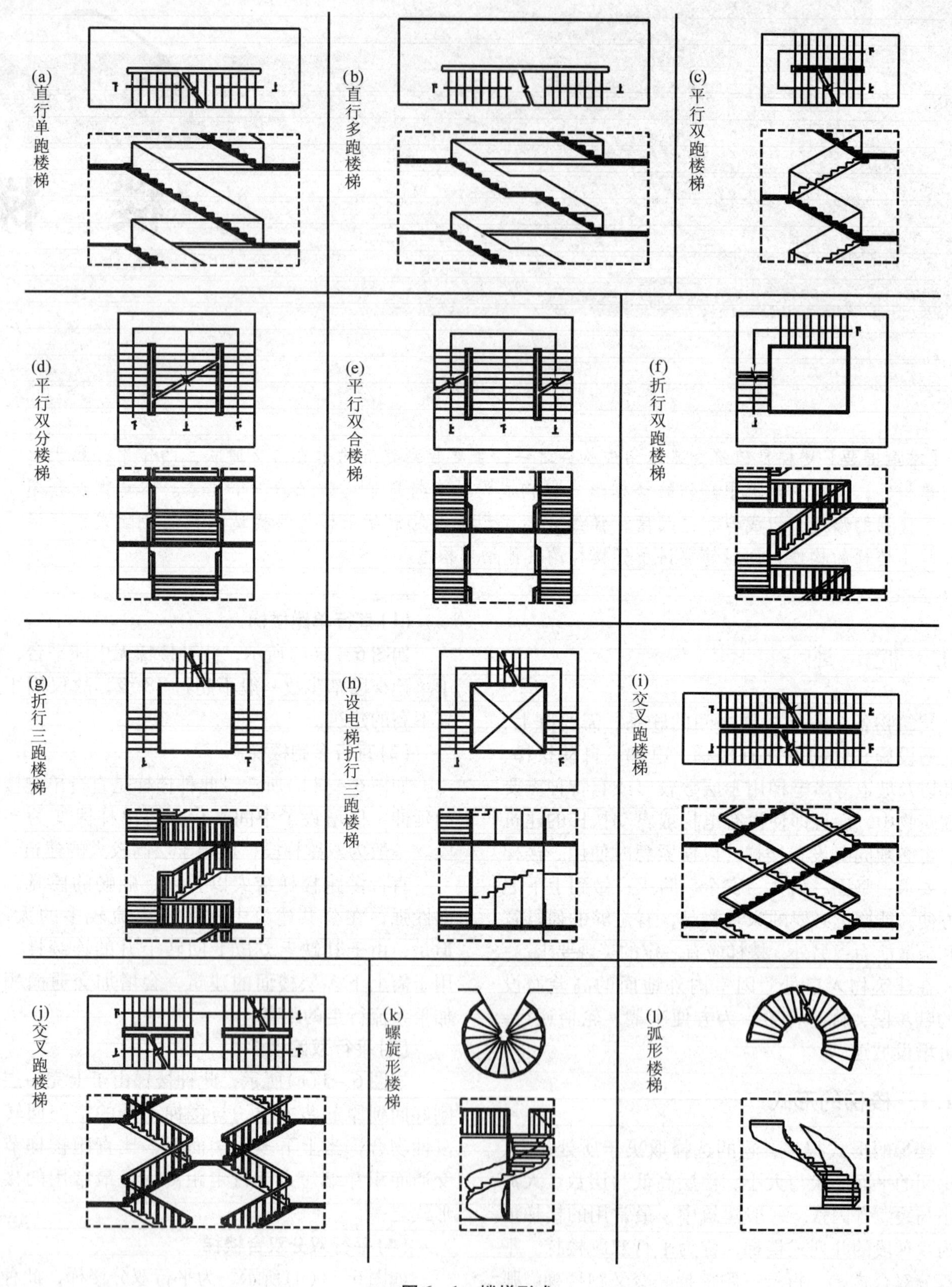
(a) 直行单跑楼梯
(b) 直行多跑楼梯
(c) 平行双跑楼梯
(d) 平行双分楼梯
(e) 平行双合楼梯
(f) 折行双跑楼梯
(g) 折行三跑楼梯
(h) 设电梯折行三跑楼梯
(i) 交叉跑楼梯
(j) 交叉跑楼梯
(k) 螺旋形楼梯
(l) 弧形楼梯

图 6－1　楼梯形式

段平行而行走方向相反，且第一跑在中部上行，然后其中间平台处往两边以第一跑的1/2梯段宽，各上一跑到楼层面。通常在人流多，楼段宽度较大时采用。由于其造型的对称严谨性，常用做办公类建筑的主要楼梯。

如图6－1(e)所示，为平行双合楼梯。此种楼梯与平行双分楼梯类似，区别仅在于楼层平台起步第一跑梯段前者在中而后者在两边。

(5)折行多跑楼梯

如图6－1(f)所示，为折行双跑楼梯。此种楼梯人流导向较自由，折角可变，可为90°，也可大于或小于90°。当折角大于90°时，由于其行进方向性类似直行双跑梯，故常用于导向性强仅上一层楼的影剧院、体育馆等建筑的门厅中；当折角小于90°时，其行进方向回转延续性有所改观，形成三角形楼梯间，可用于上多层楼的建筑中。

如图6－1(g)、(h)所示，为折行三跑楼梯，此种楼梯中部形成较大梯井，在设有电梯的建筑中，可利用梯井作为电梯井位置。由于有三跑梯段，常用于层高较大的公共建筑中。当楼梯井未作为电梯井时，因楼梯井较大，不安全，供少年儿童使用的建筑不能采用此种楼梯。

(6)交叉跑(剪刀)楼梯

如图6－1(i)所示交叉跑(剪刀)楼梯，可认为是由两个直行单跑楼梯交叉并列布置而成，通行的人流量较大，且为上下层楼的人流提供了两个方向，对于空间开敞、楼层人流多方向进入有利。但仅适合层高小的建筑。

如图6－1(j)所示交叉跑(剪刀)楼梯，当层高较大时，设置中间平台，中间平台为人流变换行走方向提供了条件，适用于层高较大且有楼层人流多向性选择要求的建筑如商场、多层食堂等。

在图6－1(i)、(j)所示交叉跑(剪刀)楼梯中间加上防火分隔墙(图中虚线所示)，并在楼梯周边设防火墙并设防火门形成楼梯间，就成了防火交叉跑(剪刀)楼梯。其特点是两边梯段空间互不相通，形成两个各自独立的空间通道，这种楼梯可以视为两部独立的疏散楼梯，满足双向疏散的要求。由于其水平投影面积小，节约了建筑空间，常在有双向疏散要求的高层居住建筑中采用。

(7)螺旋形楼梯

如图6－1(k)所示，螺旋形楼梯通常是围绕一根单柱布置，平面呈圆形。其平台和踏步均为扇形平面，踏步内侧宽度很小，并形成较陡的坡度，行走时不安全，且构造较复杂。这种楼梯不能作为主要人流交通和疏散楼梯，但由于其流线型造型美观，常作为建筑小品布置在庭院或室内。

为了克服螺旋形楼梯内侧坡度过陡的缺点，在较大型的楼梯中，可将其中间的单柱变为群柱或筒体。

(8)弧形楼梯

如图6－1(l)所示，弧形楼梯与螺旋形楼梯的不同之处在于它围绕一较大的轴心空间旋转，未构成水平投影圆，仅为一段弧环，并且曲率半径较大。其扇形踏步的内侧宽度也较大，使坡度不至于过陡，可以用来通行较多人流。弧形楼梯也是折行楼梯的演变形式，当布置在公共建筑的门厅时，具有明显的导向性和轻盈的造型。但其结构和施工难度较大，通常采用现浇钢筋混凝土结构。

6.1.2 楼梯的组成

楼梯主要由楼梯梯段、楼梯平台及栏杆扶手3部分组成(图6－2)。

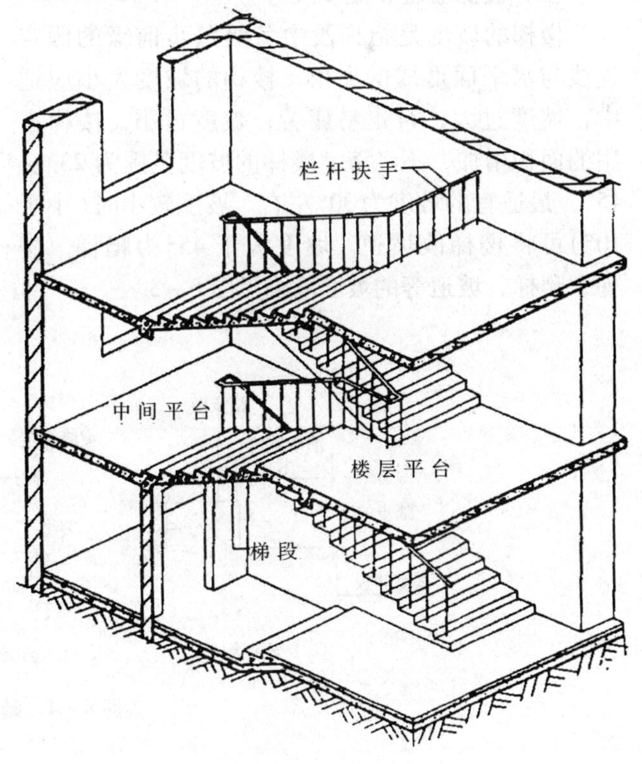

图6－2 楼梯的组成

(1)楼梯梯段

设有踏步供建筑物楼层之间上下行走的通道段落称为梯段。踏步又分为踏面(供行走时踏脚的水平部分)和踢面(形成踏步高差的垂直部分)。楼梯的坡度大小就是由踏步尺寸决定的。

(2)楼梯平台

楼梯平台是指连接两梯段之间水平部分。平台用来帮助楼梯转折、连通某个楼层或供使用者在攀登了一定的距离后稍事休息。平台的标高有时与某个楼层相一致,有时介于两个楼层之间。与楼层标高相一致的平台称之为正平台(楼层平台),介于两个楼层之间的平台称之为半平台(中间平台或休息平台)。

(3)栏杆扶手

栏杆是布置在楼梯梯段和平台边缘处有一定安全保障度的围护构件。扶手一般附设于栏杆顶部,供作依扶用。扶手也可附设于墙上,称为靠墙扶手。

6.1.3 楼梯的一般尺度

(1)楼梯坡度和踏步尺寸

楼梯的坡度是指梯段中各级踏步前缘的假定连线与水平面形成的夹角。楼梯的坡度大小应适中,坡度过大,行走易疲劳;坡度过小,楼梯占用的面积增加,不经济。楼梯的坡度范围为23°~45°,最适宜的坡度为30°左右。坡度较小时(小于10°)可将楼梯改坡道。坡度大于45°为爬梯。楼梯、爬梯、坡道等的坡度范围见图6-3。

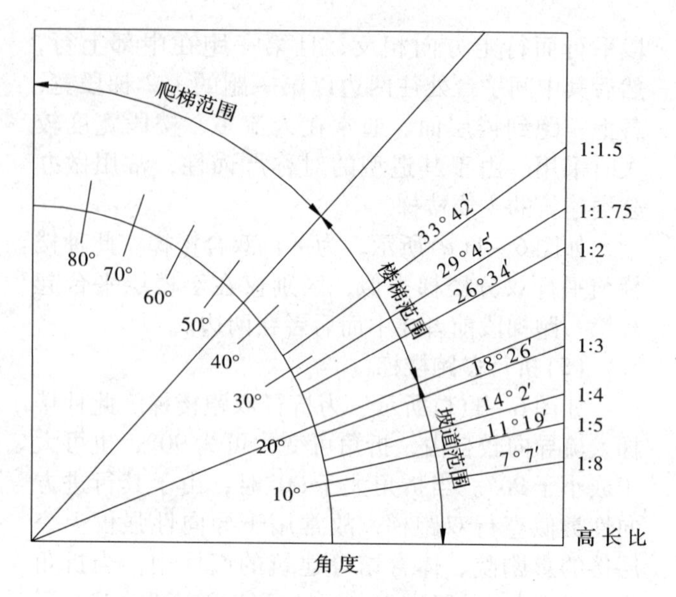

图6-3 楼梯、爬梯、坡道的坡度范围

楼梯坡度应根据使用要求和行走舒适性等方面来确定。公共建筑的楼梯,一般人流较多,坡度应较平缓,常在26°34′左右。住宅中的公用楼梯通常人流较少,坡度可稍陡些,多用33°42′左右。楼梯坡度一般不宜超过38°,供少量人流通行的内部交通楼梯,坡度可适当加大。

用角度表示楼梯的坡度虽然准确、形象,但不宜在实际工程中操作,因此经常用踏步的尺寸来表述楼梯的坡度。

踏步是由踏面(b)和踢面(h)组成[图6-4(a)],踏面(踏步宽度)与成人男子的平均脚长相适应,一般不宜小于260mm,常用260~320mm。为了适应人们上下楼时脚的活动情况,踏面宜适当

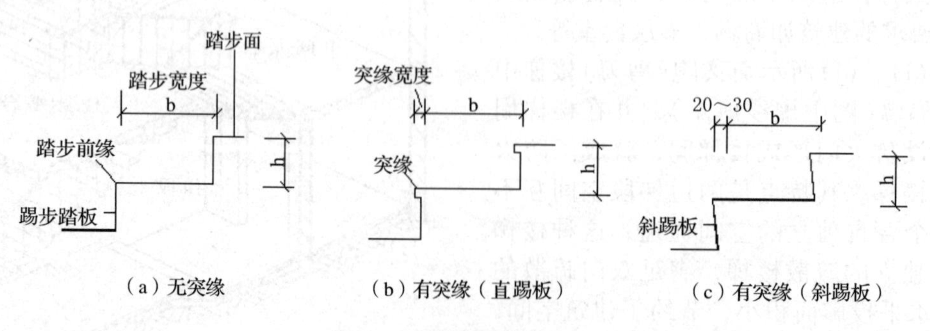

图6-4 踏步形式和尺寸

宽一些。在不改变梯段长度的情况下，为加宽踏面，可将踏步的前缘挑出，形成突缘，突缘挑出长度一般为20～30mm，也可将踢面做成倾斜[图6－4(b、c)]。踏步高度一般宜为140～175mm，各级踏步高度均应相同。在通常情况下可根据经验公式来取值，常用公式为：

$$b + 2h = 600\text{mm}$$

式中：b——踏步宽度(踏面)；

h——踏步高度(踢面)；

600mm——女子的平均步距。

b与h也可以从表6－1中找到较为适合的数据。

表6－1 常用适宜踏步尺寸 mm

名称	住宅	学校、办公楼	剧院、会堂、医院(病人用)	幼儿园
踏步高h	150～175	140～160	120～150	120～150
踏步宽b	260～300	280～340	300～350	260～280

对于诸如弧形楼梯这样踏步两端宽度不一，特别是内径较小的楼梯来说，为了行走的安全，往往需要将梯段的宽度加大。即当梯段的宽度≤600mm时，以梯段的中线为衡量标准；当梯段的宽度>600mm时，以距其内侧500～550mm处为衡量标准来作为踏面的有效宽度。

(2)梯段和平台的尺寸

梯段的宽度取决于同时通过的人流股数及是否有家具、设备经常通过。有关的规范一般限定其下限，对具体情况需作具体分析，其中舒适程度以及楼梯在整个空间中尺度、比例合适与否都是经常考虑的因素。表6－2提供了梯段宽度的设计依据。

表6－2 楼梯梯段宽度 mm

计算依据：每股人流宽度为550+(0～150)		
类 别	梯段度	备 注
单人通过	≥900	满足单人携物通过
双人通过	1100～1400	
三人通过	1650～2100	

为方便施工，在钢筋混凝土现浇楼梯的两梯段之间应有一定的距离，这个宽度叫梯井，其尺寸一般为150～200mm。

梯段的长度取决于该段的踏步数及其踏面宽。平面上用线来反映高差，因此如果某梯段有n步台阶的话，该梯段的长度为$b \times (n-1)$。在一般情况下，特别是公共建筑的楼梯，一个梯段不应少于3步(易被忽视)，也不应多于18步(行走疲劳)。

平台的深度应不小于梯段的宽度，以保证通行和梯段同股数人流。同时应便于家具搬运，医院建筑还应保证担架在平台处能转向通行，其中间平台宽度应不小于1800mm。对于直行多跑楼梯，其中间平台宽度不小于1000mm。对于楼层平面宽度，则应比中间平台更宽松一些，以利人流分配和停留。另外在下列情况下应适当加大平台深度，以防碰撞。

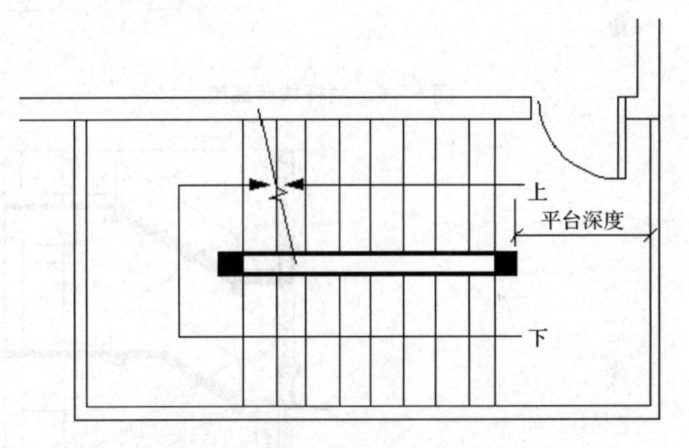

图6－5 结构对平台深度的影响

——梯段较窄而楼梯的通行人流较多时；

——楼梯平台通向多个出入口或有门向平台方向开启时；

——有突出的结构构件影响到平台的实际深度时(图6－5)。

(3)楼梯栏杆扶手的尺寸

楼梯栏杆扶手的高度是指从踏步前缘至扶手上表面的垂直距离。一般室内楼梯栏杆扶手的高度不宜小于900mm(通常取900mm)。室外楼梯栏杆扶手高度(特别是消防楼梯)应不小于1050mm。在幼儿建筑中，需要在600mm左右高度再增设一道扶手，以适应儿童的身高(图6－6)。另外，与楼梯有关的水平护身栏杆应不低于1050mm。当楼梯段的宽度大于1650mm时，应增设靠墙扶手。楼梯段宽度超过2200mm时，还应增设中间扶手。

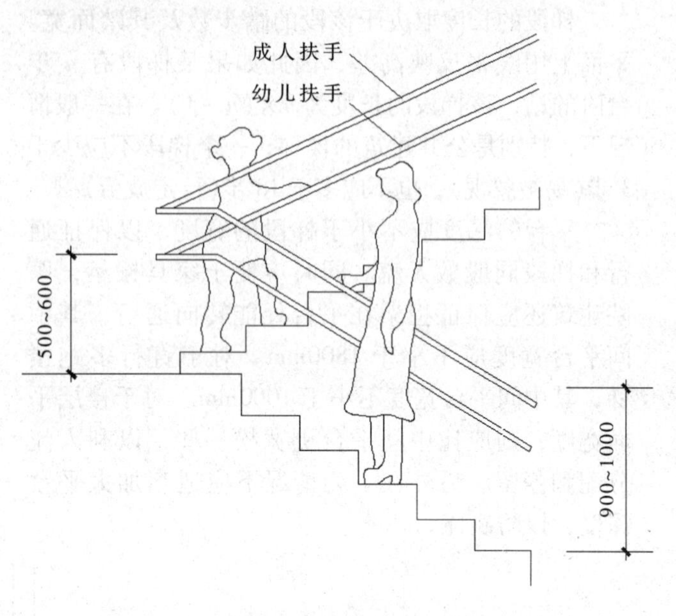

图6-6 栏杆扶手高度

(4)楼梯下部净高的控制

楼梯下部净高的控制不但关系到行走安全，而且在很多情况下涉及楼梯下面空间的利用以及通行的可能性，它是楼梯设计中的重点也是难点。楼梯下的净高包括梯段部位和平台部位，其中梯段部位净高不应小于2200mm；若楼梯平台下做通道时，平台中部位下净高应不小于2000mm。为使平台下净高满足要求，可以采用以下几种处理方法：

采用不等级数　增加底层楼梯第一个梯段的踏步数量，使底层楼梯的两个梯段形成短跑，以此抬高底层休息平台的标高。这种方式通常在楼梯间进深较大，底层平台宽富余时适用。当楼梯间进深不够布置加长后的梯段时，也可以将休息平台外挑[图6-7(a)]。

降低平台下地坪标高　充分利用室内外高差，将部分室外台阶移至室内，为防止雨水流入室内，

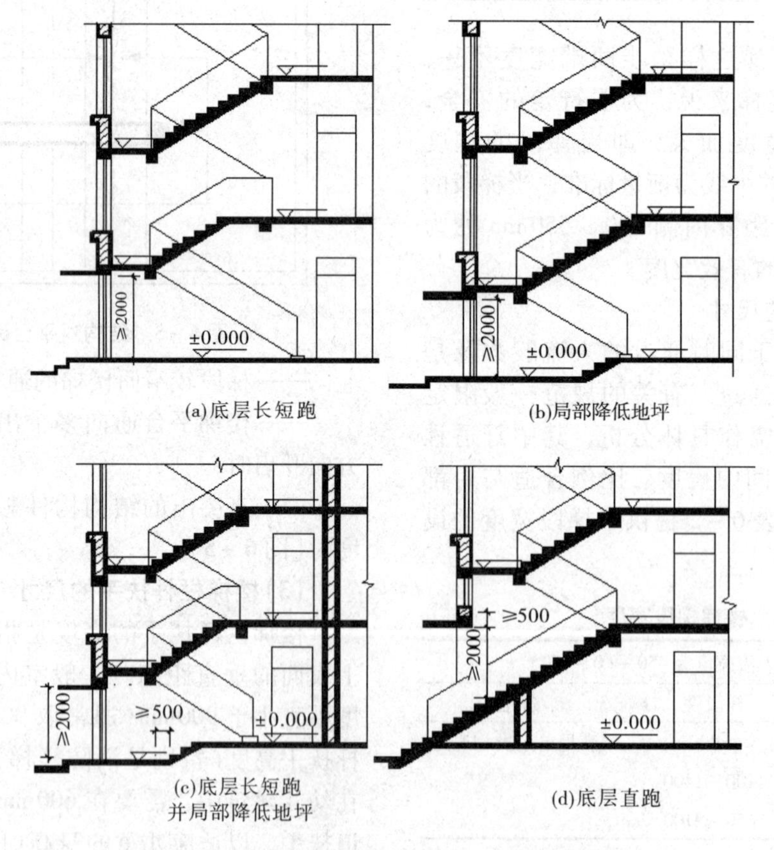

图6-7 底层中间平台下作出入口时的处理方式

应使室内最低点的标高高出室外地面标高不小于0.1m[图6－7(b)]。这种处理方可保持等跑梯段，使构件统一。但中间平台下地坪标高的降低，常依靠底层室内地坪±0.000标高绝对值的提高来实现，可能增加土方量或将底层地面架空。

底层长短跑并局部降低地坪　在实际工程中，经常将以上两种方法结合起来统筹考[图6－7(c)]，解决楼梯下部通道的高度问题。这种处理方法可兼有前两种方式的优点，并弱化其缺点。

底层采用直跑楼梯　当底层层高较低(不大于3000mm)时可将底层楼梯由双跑改为直跑，二层以上恢复双跑。这样做可将平台下的高度问题较好地解决，但应注意其可行性[图6－7(d)]。

6.2 钢筋混凝土楼梯构造

构成楼梯的材料可以是木材、钢材、钢筋混凝土或多种材料混合使用。由于钢筋混凝土楼梯具有较好的结构刚度和强度，较理想的耐久、耐火性能，并且在施工、造型和造价等方面也有较多优势，故应用最为普遍。

钢筋混凝土楼梯按施工方法不同，主要有现浇整体式和预制装配式两类。

6.2.1 现浇钢筋混凝土楼梯

现浇钢筋混凝土楼梯的整体性能好、刚度大，有利于抗震，但模板耗费大，施工周期长，受季节温度影响大。一般适用于抗震要求高、楼梯形式和尺寸变化多的建筑物。

现浇钢筋混凝土楼梯按梯段的结构形式不同，可分为板式梯段楼梯和梁式梯段楼梯两种。

(1)板式梯段

板式楼梯的梯段是一块斜放的板，它通常由梯段板、平台梁和平台板组成。梯段板承受着梯段的全部荷载，然后通过平台梁将荷载传给墙体或柱子[图6－8(a)]。必要时，也可取消梯段板一端或两端的平台梁，使平台板与梯段板连为一体，形成折线形的板直接支承于墙或梁上[图6－8(b)]。

板式梯段楼梯的底面平整，外形简洁，便于支模施工。当梯段跨度不大时(一般不超过3m)，常采用板式梯段。当梯段跨度较大时，梯段板厚度增加，自重较大，钢材和混凝土用量较多，经济性较差，这时常采用梁板式梯段替代。

近年来在一些公共建筑和庭园建筑中，出现了现浇钢筋混凝土悬臂板式楼梯和现浇钢筋混凝土扭板式楼梯。悬臂板式楼梯特点是梯段和平台均无支承，完全靠上下楼梯段与平台组成的空间

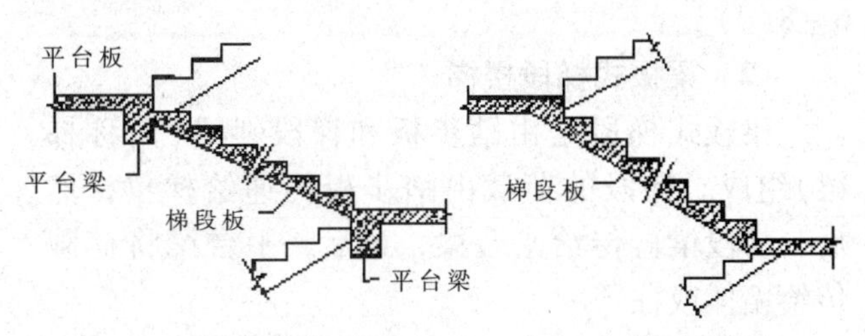

(a)不带平台板的梯段　(b)带平台板的梯段

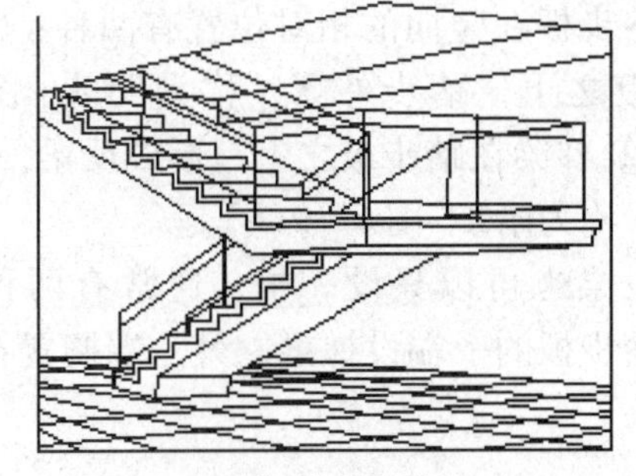

(c)悬挑平台板的梯段

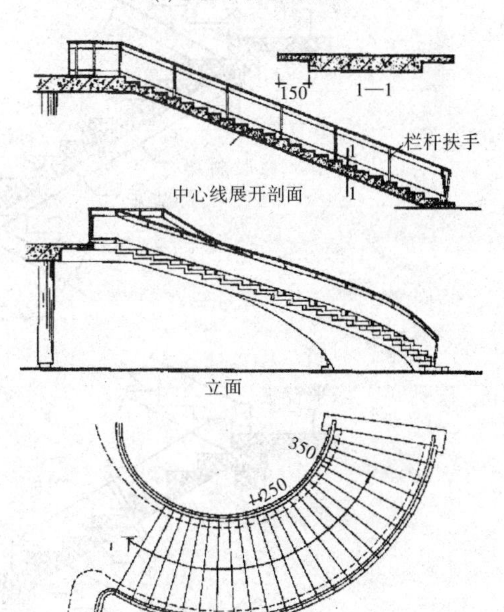

(d)扭板式梯段

图6－8　现浇钢筋混凝土板式楼梯

板式结构与上下层楼板结构共同来受力，其特点为造型新颖、空间感好[图6－8(c)]。扭板式楼梯底面平整，结构占空间少，造型美观。但由于板跨大，受力复杂，结构设计和施工难度较大，钢筋和混凝土用量也较大。一般只宜用于建筑标准高的建筑，特别是公共大厅中，为了使梯段边沿线条轻盈，常在靠近边沿处局部减薄出挑[图6－8(d)]。

(2) 梁板式梯段楼梯

梁板式梯段是由踏步板和梯段斜梁(简称梯梁)组成。梯段的荷载由踏步板传递给梯梁，然后，梯段梁再传给平台梁，最后，平台梁将荷载传给墙体或柱子。

梯梁通常设两根，分别布置在踏步板的两端。梯梁与踏步板在竖向的相对位置有两种：① 梯梁在踏步板之下，踏步外露，称为明步[图6－9(a)]。② 梯梁在踏步板之上，形成反梁，踏步包在里面，称为暗步[图6－9(b)]。

梯段梁也可以只设一根，通常有两种形式：一种是踏步板的一端设梯梁，另一端搁置在墙上，省去一根梯梁，可减少用料和模板，但施工不便；另一种是用单梁悬挑踏步板，即梯梁布置在踏步板中部或一端，踏步板悬挑，这种形式的楼梯结构受力较复杂，但外形独特、轻巧，一般适用于通行量小、梯段尺度与荷载都不大的楼梯。

当荷载或梯段跨度较大时，梁板式梯段比板式梯段的钢材和混凝土用量少、自重轻，因此，采用梁板式梯段比较经济。但同时也要注意到：梁板式梯段在支模、扎筋等施工操作方面较板式梯段复杂。

6.2.2 预制装配式钢筋混凝土楼梯

装配式钢筋混凝土楼梯由于其生产、运输、吊装和建筑体系的不同，存在着许多不同的构造形式。根据构件尺度的差别，大致可将装配式楼梯分为：小型构件装配式、中型构件装配式和大型构件装配式。

6.2.2.1 小型构件装配式楼梯

小型构件装配式楼梯是将梯段、平台分割成

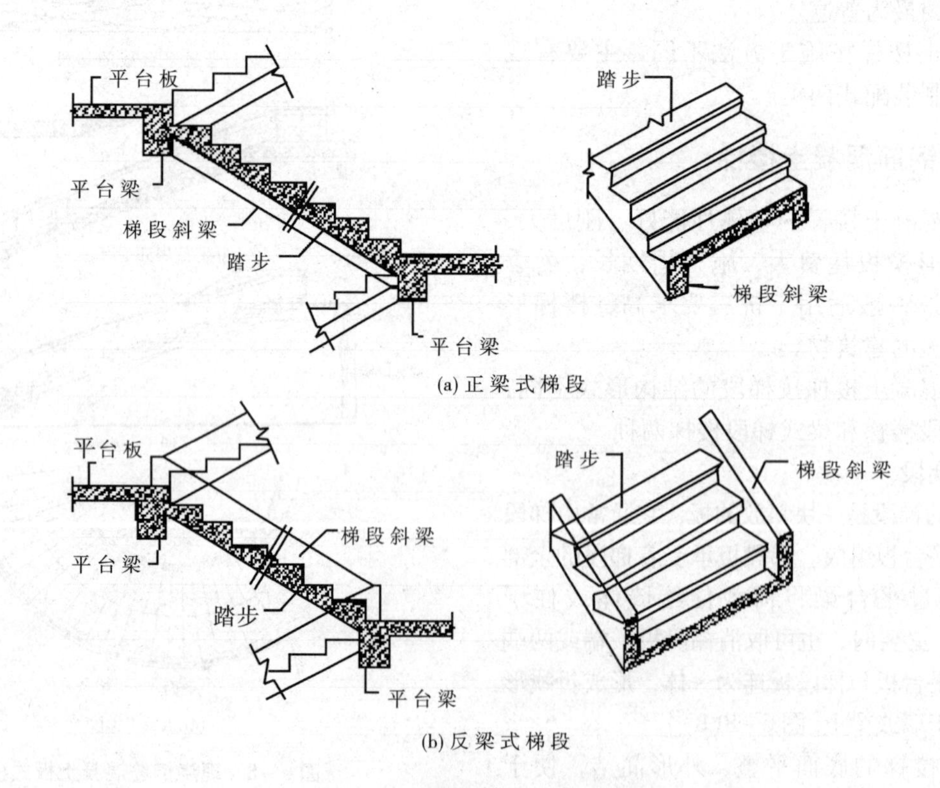

图6－9 现浇钢筋混凝土梁式楼梯

若干部分，分别预制成小构件装配而成。由于构件尺寸小、重量轻，制作、运输和安装简便，造价较低，但构件数量多、施工速度慢，因此，它主要适用于施工吊装能力较差的情况。一般预制构件和它们的支承构件是分开制作的，预制构件是指踏步构件和平台板。

(1)预制踏步构件

钢筋混凝土预制踏步的断面形式有三角形、L形和一字形3种(图6-10)。

三角形踏步始见于20世纪50年代，其拼装后底面平整。实心三角形踏步自重较大，为减轻自重，可将踏步内抽孔，形成空心三角形踏步。

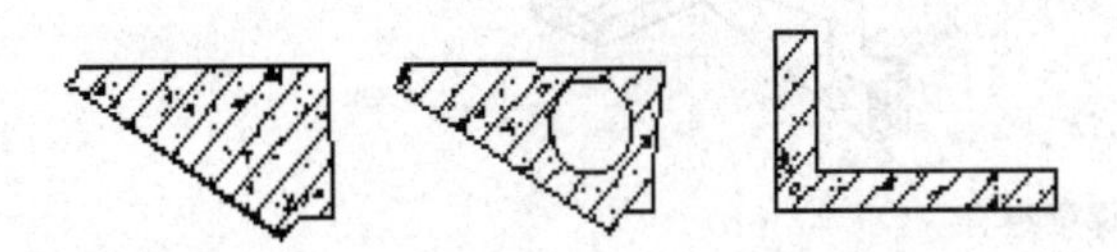

(a)实心三角形踏步 (b)空心三角形踏步 (c)正置L形踏步

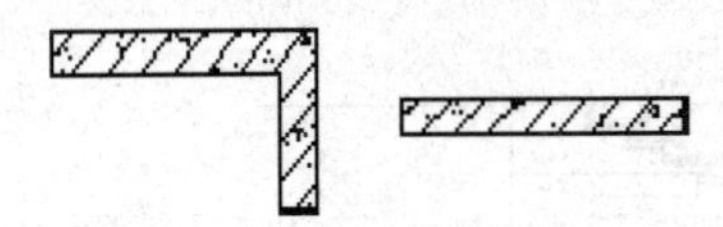

(d)倒置L形踏步　(e)一字形踏步

图6-10　预制踏步的形式

L形踏步自重轻、用料省，但拼装后底面形成折板，容易积灰。L形踏步的搁置方式有两种：一种是正置，即踢板朝上搁置；另一种是倒置，即踢板朝下搁置。

一字形踏步板只有踏板没有踢板，制作简单，存放方便，外形轻巧。必要时，可用砖补砌踢板。

(2)踏步构件的支承方式

预制踏步的支承方式主要有梁承式、墙承式和悬挑式3种。

① 梁承式楼梯　预制踏步支承在梯梁上，形成梁式梯段，梯梁支承在平台梁上。任何一种形式的预制踏步构件都可以采用这种支承方式。

梯梁的断面形式，视踏步构件的形式而定。三角形踏步一般采用矩形梯梁，楼梯为暗步时，可采用L形梯梁。L形和一字形踏步应采用锯齿形梯梁。预制踏步在安装时，踏步之间以及踏步与梯梁之间应用水泥砂浆坐浆。L形和一字形踏步预留孔洞应与锯齿形梯梁上预埋的插铁套接，孔内用水泥砂浆填实。

平台梁一般为L形断面，将梯梁搁置在L形平台梁的翼缘上或在矩形断面平台梁的两端局部做成L形断面，形成缺口，将梯梁插入缺口内。这样，不会由于梯梁的搁置，导致平台梁底面标高降低而影响平台净高。梯梁与平台梁的连接，一般采用预埋铁件焊接，或预留孔洞和插铁套接。

预制踏步梁承式楼梯构造详见图6-11(a)~(c)。

② 墙承式楼梯　预制踏步的两端支承在墙上，这样荷载将直接传递给两侧的墙体。墙承式楼梯不需要设梯梁和平台梁，踏步多采用L形或一字形踏步板。

墙承式楼梯构造简单、受力合理、节约材料。它主要适用于直跑楼梯，若为双跑楼梯，则需要在楼梯间中部砌墙，用以支承踏步。这样又易造成楼梯间空间狭窄，视线受阻，给人流通行和家具设备搬运带来不便，为改善这种状况，可在墙上适当位置开设观察孔(图6-12)。

③ 悬挑式楼梯　踏步板的一端固定在墙上，另一端悬挑，利用悬挑的踏步板承受梯段全部荷载，并直接传递给墙体。预制踏步板挑出部分多为L形断面，压在墙体内的部分为矩形断面。从结构安全性方面考虑，梯间两侧的墙体厚度一般不应小于240mm，踏步悬挑长度即楼梯宽度一般不超过1500mm。

悬挑式楼梯不设梯梁和平台梁，因此，构造简单、施工方便。安装预制踏步板时，须在踏步板临空一侧设临时支撑，以防倾覆。通常用于非地震区，楼梯宽度不大的建筑(图6-13)。

(3)平台板

平台板宜采用预制钢筋混凝土空心板或槽形板，两端直接支承在楼梯间的横墙上[图6-14(a)]。对于梁承式楼梯，平台板也可采用小型预制平板，支承在平台梁和楼梯间的纵墙上[图6-14(b)]。

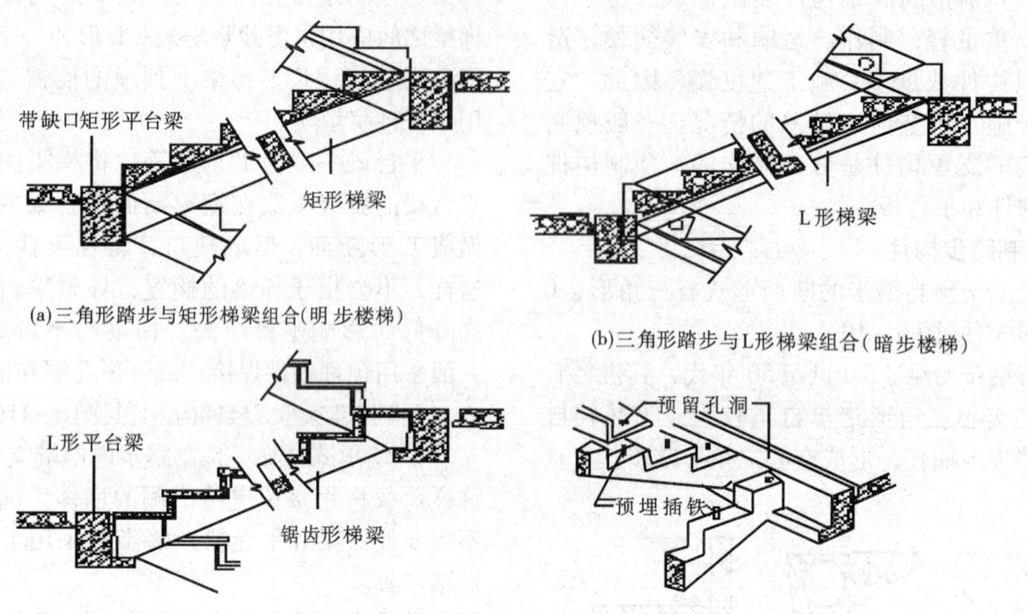

(a)三角形踏步与矩形梯梁组合(明步楼梯)

(b)三角形踏步与L形梯梁组合(暗步楼梯)

(c)L形(一字形)踏步与锯齿形梯梁组合

图6-11　预制踏步梁承式楼梯构造

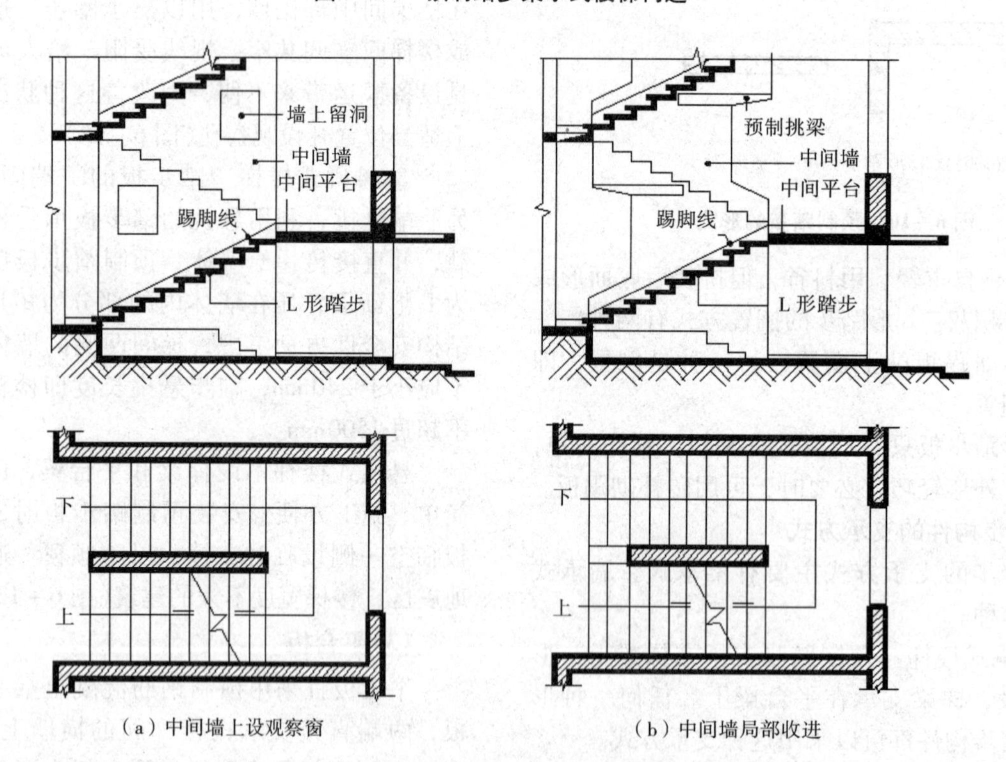

(a)中间墙上设观察窗

(b)中间墙局部收进

图6-12　预制踏步墙承式楼梯构造

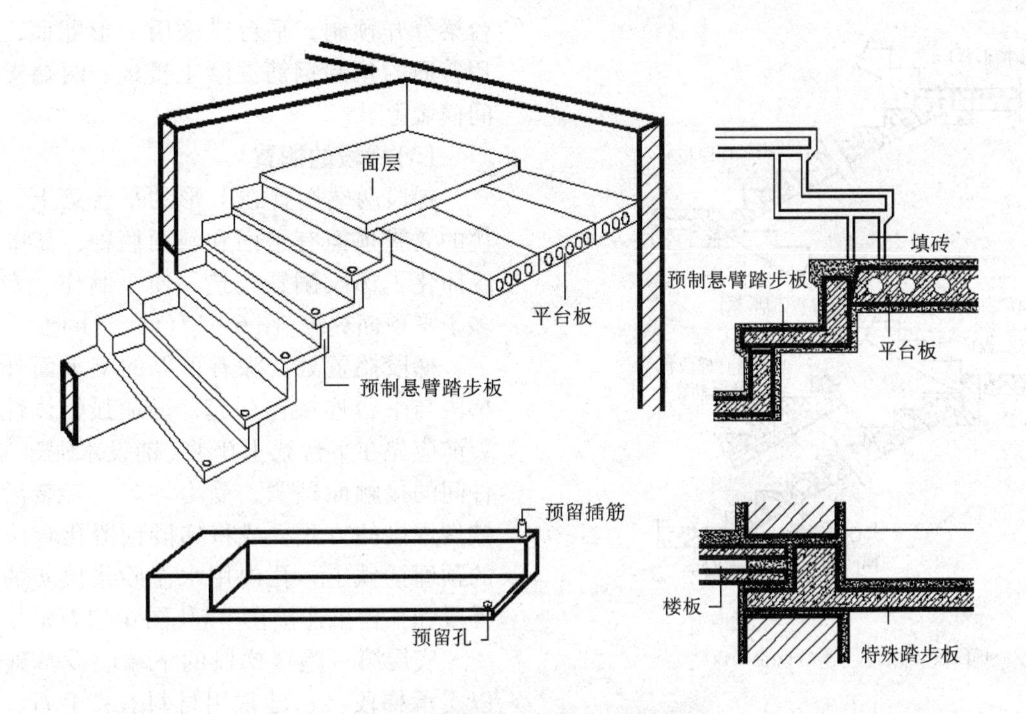

图 6-13 预制踏步悬挑式楼梯构造

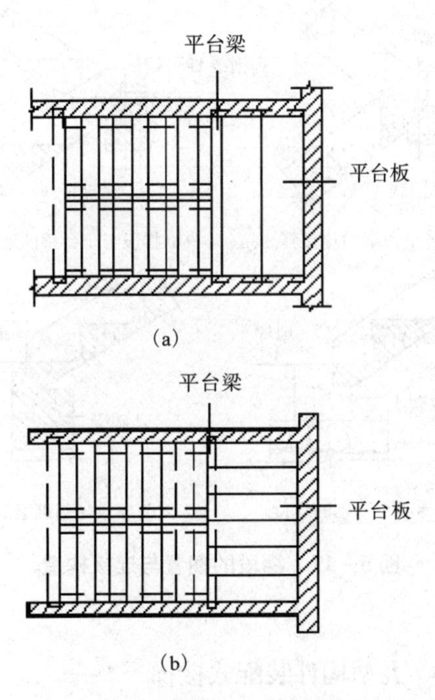

图 6-14 平台板的布置

6.2.2.2 中型构件装配式

中型构件装配式楼梯只有两类构件，即平台板(包括平台梁)和楼梯段。与小型构件相比，构件的种类减少，这样便可以简化施工，加快建设速度，但要求有一定的吊装能力。

(1)预制梯段

整个楼梯段是一个构件，按其结构形式不同，有板式梯段和梁板式梯段两种。

① 板式梯段　梯段为预制整体梯段板，两端搁置在平台梁出挑的翼缘上，将梯段荷载直接传递给平台梁。

板式梯段按构造方式不同，有实心和空心两种类型。实心梯段板自重较大[图 6-15(a)]，在吊装能力不足时，可沿宽度方向分块预制，安装时拼成整体。为减轻自重，可将板内抽孔，形成空心梯段板[图 6-15(b)]。空心梯段板有横向抽孔和纵向抽孔两种，其中，横向抽孔制作方便，应用广泛，当梯段板厚度较大时，可以纵向抽孔。

② 梁式梯段　是由踏步板和梯梁共同组成一个构件。它一般采用暗步，即梯段梁上翻包住踏步，形成梁板式梯段。将踏步根部的踏面与踢面相交处做成斜面，使其平行于踏步底板，这样，在梯板厚度不变的情况下，可将整个梯段底面上升，从而减少混凝土用量，减轻梯段自重。梯段有空心、实心和折板 3 种形式，空心梁式梯段只

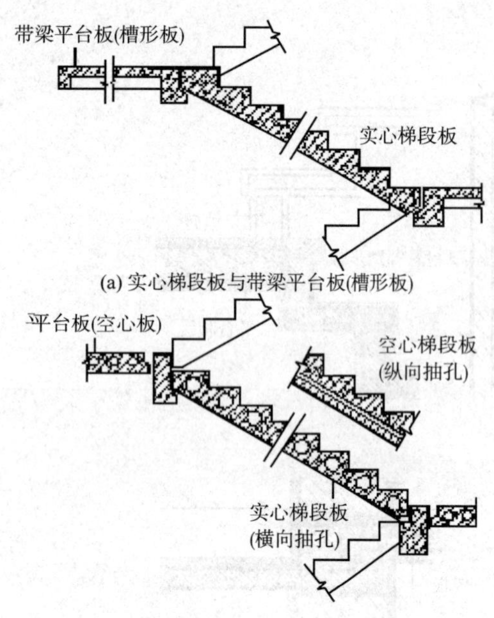

图 6－15　预制板式梯段与平台

能横向抽孔。折板式梯段是用料最省、自重最轻的一种形式，但楼梯底面不平整，且制作工艺较复杂(图 6－16)。

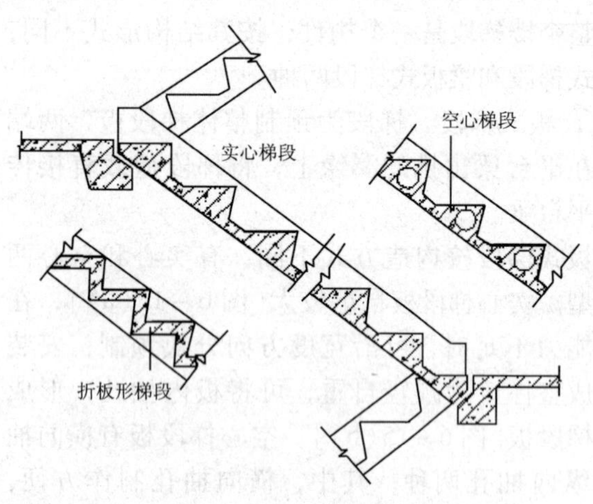

图 6－16　预制梁式梯段

(2)平台板

中型装配式楼梯通常将平台梁组合在一起预制成一个构件，形成带梁的平台板。这种平台板一般采用槽形板，与梯段连接处的板肋做成 L 形梁，以便连接。

当生产、吊装能力不足时，可将平台板和平台梁分开预制，平台梁采用 L 形断面，平台板可用普通的预制钢筋混凝土楼板，两端支承在楼梯间横墙上。

(3)梯段的搁置

梯段两端搁置在 L 形的平台梁上，平台梁出挑的翼缘顶面有平面和斜面两种，其中斜顶面翼缘简化了梯段搁置构造，便于制作、安装，使用多于平顶面翼缘[图 6－17(a)、(b)]。

梯段搁置处，除有可靠的支承面外，还应将梯段与平台连接在一起，以加强整体性。梯段安装前应先在平台梁上坐浆(铺设水泥砂浆)，使构件间的接触面贴紧，受力均匀。安装后，用预埋铁件焊接的方式，或将梯段预留孔套接在平台梁的预埋插铁上，孔内用水泥砂浆填实的方式，将梯段和平台梁连接在一起[图 6－17(a)、(b)]。

底层第一跑楼梯段的下端应设基础或基础梁以支承梯段，基础常用材料有：毛石、砖、混凝土、钢筋混凝土[图 6－17(c)、(d)]。

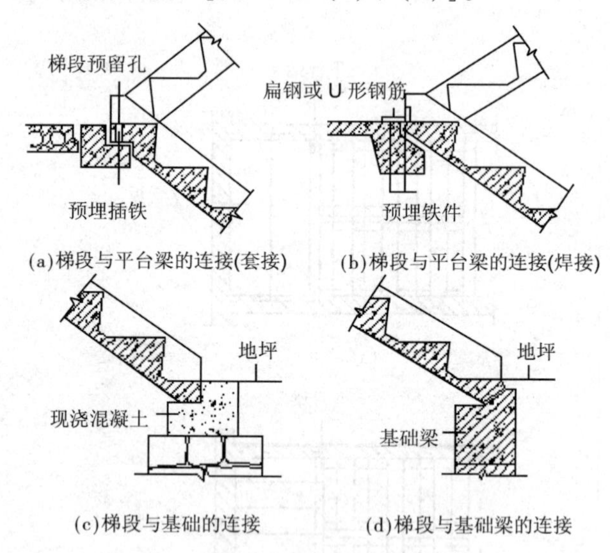

图 6－17　梯段的搁置与连接构造

6.2.2.3　大型构件装配式楼梯

大型构件装配式楼梯，是把整个梯段和平台板预制成一个构件。按结构形式不同，有板式楼梯和梁式楼梯两种[图 6－18(a)、(b)]。

这种楼梯的构件数量少，装配化程度高，施工速度快，但需要大型运输、起重设备，主要用

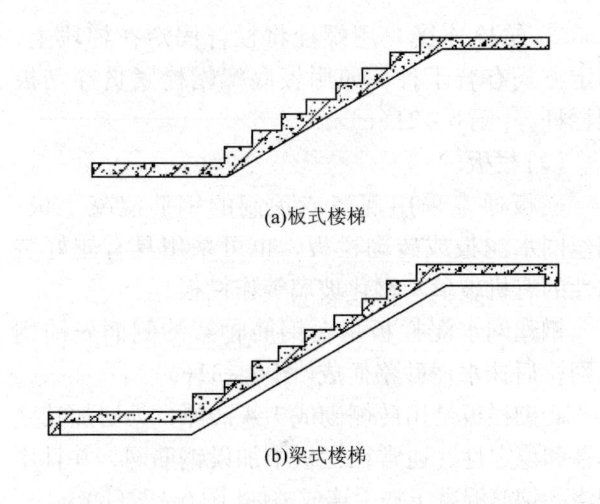

图 6-18 大型构件装配式楼梯形式

于大型装配式建筑中。

6.3 楼梯的细部构造

6.3.1 踏步面层及防滑构造

楼梯踏步面层应便于行走、耐磨、防滑并保持清洁。踏步面层的材料，视装修要求而定，一般与门厅或走道的楼地面材料一致，常用的有水泥砂浆、水磨石、大理石和防滑砖等。

为防止行人使用楼梯时滑倒，踏步表面应有防滑措施，特别是人流量大或踏步表面光滑的楼梯，必须对踏步表面进行处理。防滑处理的方法通常是在接近踏口处设置防滑条，防滑条的材料主要有：金刚砂、马赛克、橡皮条和金属材料等。也可用带槽的金属材料包住踏口，这样既防滑又起保护作用。在踏步两端近栏杆（或墙）处一般不设防滑条（图 6-19）。需要注意的是，防滑条应突出踏步面 2~3mm，但不能太高，实际工程中常见做得太高，反而行走不便。

6.3.2 栏杆和扶手构造

6.3.2.1 栏杆构造

楼梯栏杆有空花栏杆、栏板式和组合式栏杆 3 种。

(1)空花栏杆

空花栏杆一般采用圆钢、方钢、扁钢和钢管等金属材料做成。常用断面尺寸为圆钢 ϕ16~ϕ25mm，方钢 15mm×15mm~25mm×25mm，扁钢(30~50)mm×(3~6)mm，钢管 ϕ20~ϕ50mm。

在构造设计中应保证其竖杆具有足够的承载力以抵抗侧向冲击力，最好将竖杆与水平杆及斜杆连为一体共同工作。其杆件形成的空花尺寸不宜过大，通常控制在 120~150mm。在儿童活动的场所，如幼儿园、住宅等建筑，为防止儿童穿过

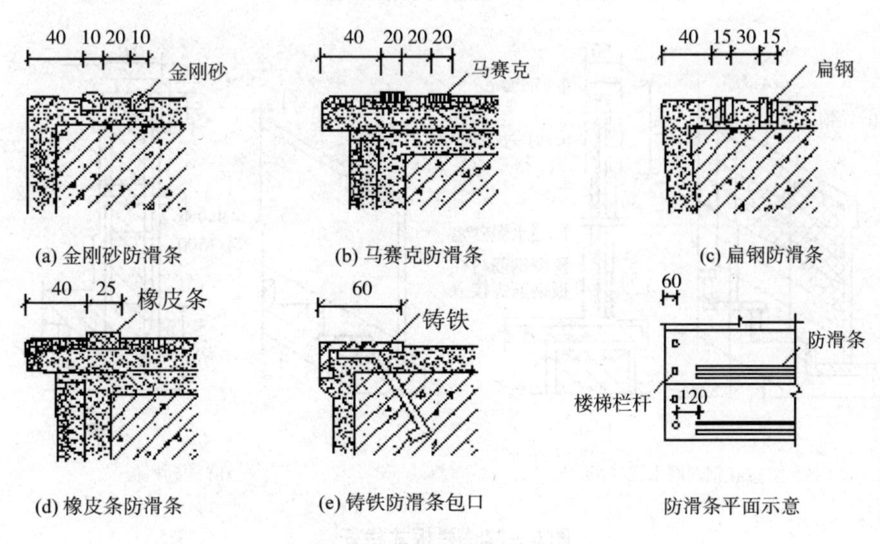

图 6-19 踏步防滑构造

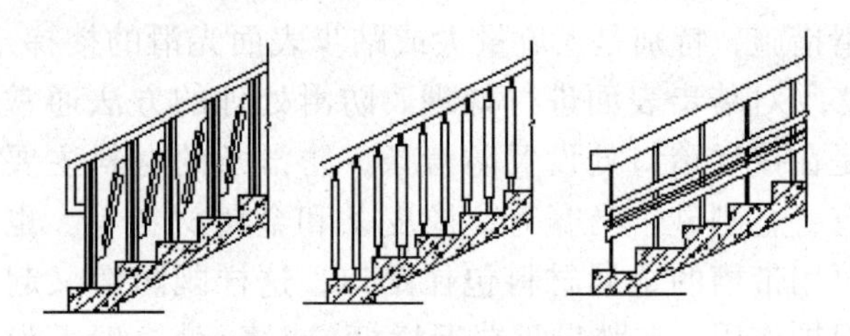

图6-20 空花栏杆形式示例

栏杆空当发生危险事故，栏杆垂直杆件间的净距不应大于110mm，且不应采用易于攀登的花饰。

空花栏杆的形式见图6-20。

栏杆与梯段应有可靠的连接，具体方法有以下几种：

① 预埋铁件焊接　将栏杆的立杆与梯段中预埋的钢板或套管焊接在一起[图6-21(a)]。

② 预留孔洞插接　将端部做成开脚或倒刺的栏杆插入梯段预留的孔洞内，用水泥砂浆或细石混凝土填实[图6-21(b)]。

③ 螺栓连接　用螺栓将栏杆固定在梯段上，固定方式有若干种，如用板底螺帽栓紧贯穿踏板的栏杆等[图6-21(c)]。

(2)栏板

栏板通常采用现浇或预制的钢筋混凝土板，钢丝网水泥板或砖砌栏板，也可采用具有较好装饰性的有机玻璃、钢化玻璃等作栏板。

钢丝网水泥栏板是在钢筋骨架的侧面先铺钢丝网，后抹水泥砂浆而成[图6-22(a)]。

砖砌栏板是用砖侧砌成1/4砖厚，为增加其整体性和稳定性，通常在栏板中加设钢筋网，并且用现浇的钢筋混凝土扶手连成整体[图6-22(b)]。

(3)组合式栏杆

组合式栏杆是将空花栏杆与栏板组合而成的一种栏杆形式。其中空花栏杆多用金属材料制作，栏板可用钢筋混凝土板、砖砌栏板、有机玻璃等材料制成(图6-23)。

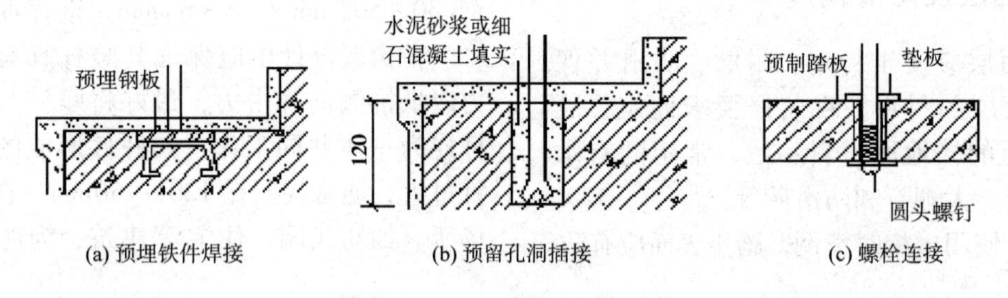

(a) 预埋铁件焊接　(b) 预留孔洞插接　(c) 螺栓连接

图6-21 栏杆与梯段的连接

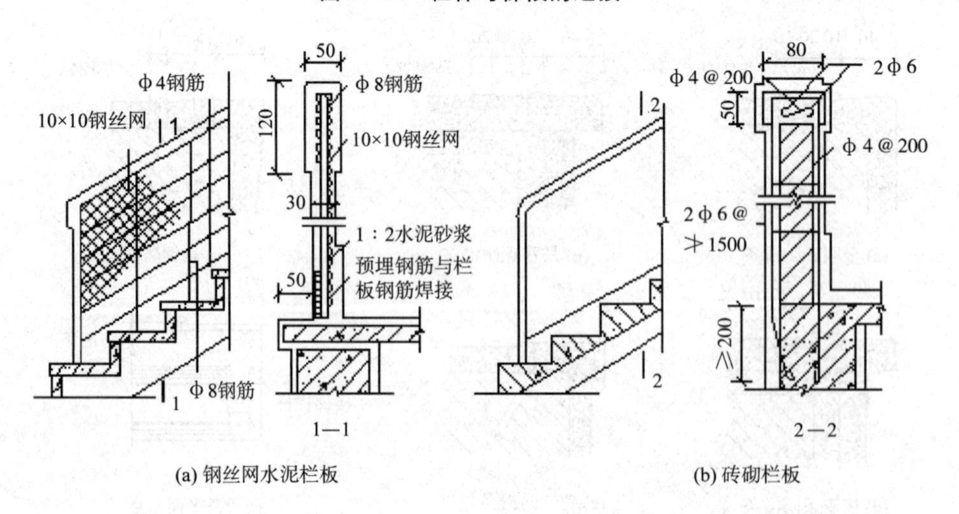

(a) 钢丝网水泥栏板　(b) 砖砌栏板

图6-22 栏板式栏杆

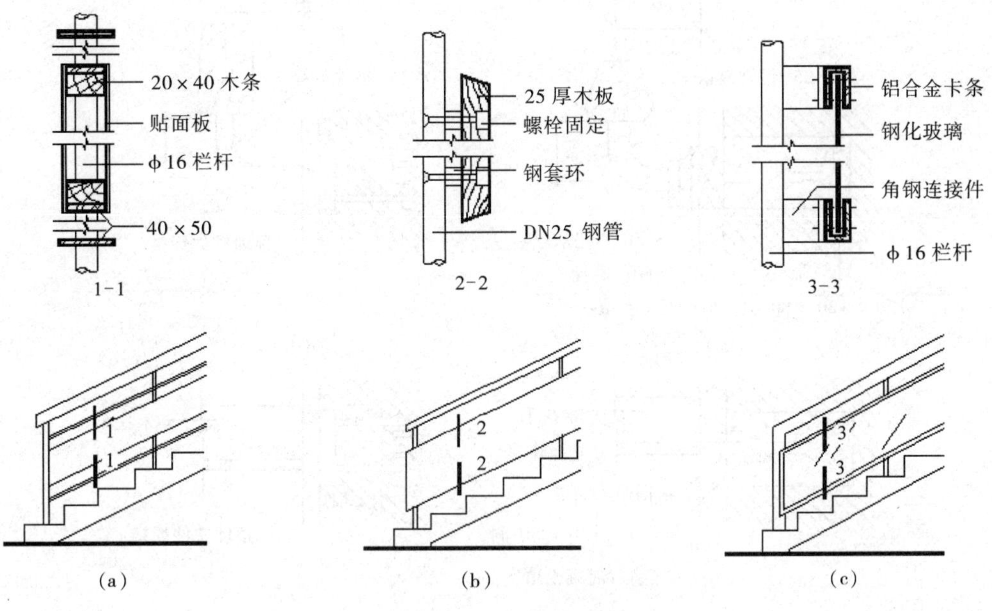

图 6-23 组合式栏杆

6.3.2.2 扶手构造

扶手位于栏杆顶部。空花栏杆顶部的扶手一般采用硬木、塑料和金属材料制作，其中硬木和金属扶手应用较为普遍。扶手的断面形式和尺寸应方便手握抓牢，扶手顶面宽一般为 40 ~ 90mm [图 6-24(a) ~ (c)]。栏板顶部的扶手可用水泥砂浆或水磨石抹面而成，也可用大理石、水磨石板、木材贴面而成[图 6-24(d) ~ (f)]。

扶手与栏杆应有可靠的连接，其方法视扶手

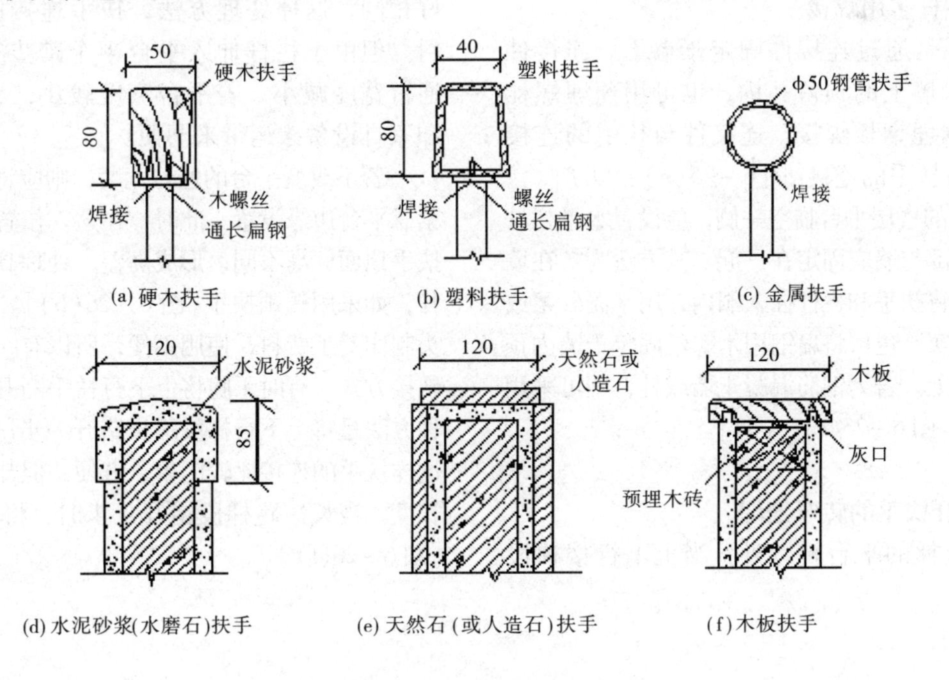

图 6-24 扶手的形式

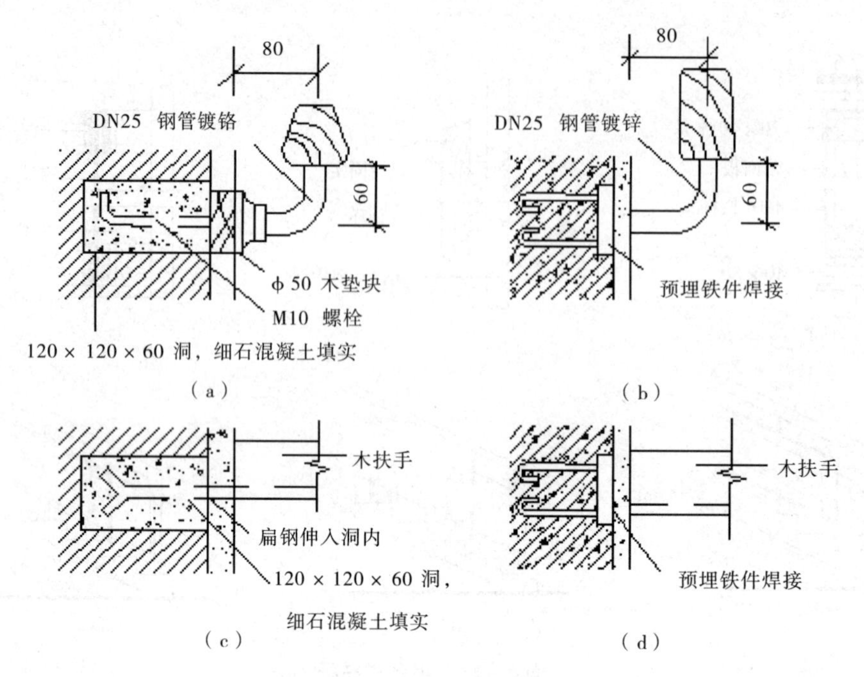

图 6-25 扶手与墙面连接

和栏杆的材料而定。硬木扶手与金属栏杆的连接，通常是在金属栏杆的顶端先焊接一根通长扁钢，然后用木螺丝将扁钢与扶手连接在一起。塑料扶手与金属栏杆的连接方法和硬木扶手类似。金属扶手与金属栏杆多用焊接。

靠墙扶手是通过连接件固定于墙上。连接件通常直接埋入墙上的预留孔内，也可用预埋螺栓连接或采取预埋钢板焊接。连接件与扶手的连接构造同栏杆与扶手的连接[图 6-25(a)、(b)]。

楼梯顶层的楼层平台临空一侧，应设置水平栏杆扶手，扶手端部与墙应固定在一起。其方法为：在墙上预留孔洞，将扶手和栏杆插入洞内，用水泥砂浆或细石混凝土填实。也可将扁钢用木螺丝固定于墙内预埋的防腐木砖上。若为钢筋混凝土墙或柱，则可采用预埋铁件焊接[图 6-25(c)、(d)]。

6.3.2.3 栏杆扶手的转弯处理

在平行楼梯的平台转弯处，当上下行楼梯段的踏口相平齐时，为保持上下行梯段的扶手高度一致，常用的处理方法是将平台处的栏杆设置到平台边缘以内半个踏步宽的位置上[图 6-26(a)]。在这一位置上下行梯段的扶手顶面标高刚好相同。这种处理方法，扶手连接简单，省工省料。但由于栏杆伸入平台半个踏步宽，使平台的通行宽度减小，若平台宽度较小，会给人流通行和家具设备搬运带来不便。

若不改变平台的通行宽度，则应将平台处的栏杆紧靠平台边缘设置。此时，在这一位置上下行梯段的扶手顶面标高不同，形成高差。处理高差的方法有几种，如采用鹤颈扶手[图 6-26(b)]。这种方法，弯头制作费工费料，使用不便，所以有时用直线转折的硬接方式，有时干脆将上下行扶手断开处理。还有一种方法是将上下行梯段踏步错开一步[图 6-26(c)]，这样扶手的连接比较简单、方便，但却增加了楼梯的长度。当长短跑梯段错开几步时，将出现水平栏杆[图 6-26(f)]。

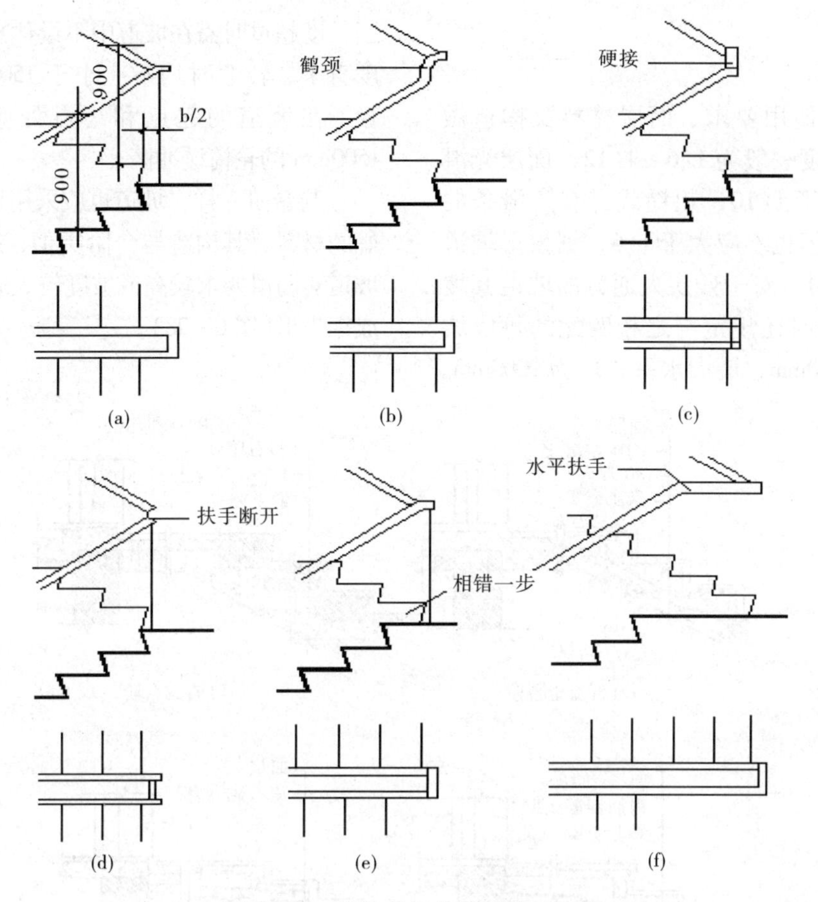

图6-26 梯段转折处栏杆扶手处理

6.4 台阶与坡道

室外台阶与坡道都是在建筑物入口处连接室内外不同标高地面的构件。由于其位置明显，人流量大，并须考虑无障碍设计，又处于半露天位置，特别是当室内外高差较大或基层土质较差时，须慎重处理。

6.4.1 室外台阶

室外台阶一般包括踏步和平台两部分。台阶的坡度应比楼梯小，通常踏步高度为 100 ~ 150mm，踏步宽度为 300 ~ 400mm。平台设置在出入口与踏步之间，起缓冲过渡作用。平台深度一般不小于 1000mm，为防止雨水积聚或溢水室内，平台面宜比室内地面低 20 ~ 60mm，并向外找坡 1% ~4%，以利排水。

室外台阶应坚固耐磨，具有较好的耐久性、抗冻性和抗水性。台阶按材料不同有混凝土台阶、石台阶、钢筋混凝土台阶等。混凝土台阶应用最普遍，它由面层、混凝土结构层和垫层组成。面层可用水泥砂浆或水磨石，也可采用马赛克、天然石材或人造石材等块材面层，垫层可采用灰土(北方干燥地区)、碎石等[图6-27(a)]。台阶也可用毛石或条石，其中条石台阶不需另做面层[图6-27(b)]。当地基较差或踏步数较多时可采用钢筋混凝土台阶，钢筋混凝土台阶构造同楼梯[图6-27(c)]。

为防止台阶与建筑物因沉降差别而出现裂缝，台阶应与建筑物主体之间设置沉降缝，并应在施工时间上滞后主体建筑。在严寒地区，若台阶下面的地基为冻胀土，为保证台阶稳定，减轻冻土影响，可采用换土法，换上保水性差的砂、石类土[图6-27(d)]，或采用钢筋混凝土架空台阶。

6.4.2 坡道

坡道的坡度与使用要求、面层材料及构造做法有关。坡道的坡度一般为1∶6～1∶12；面层光滑的坡道坡度不宜大于1∶10；粗糙或设有防滑条的坡道，坡度稍大，但也不应大于1∶6；锯齿形坡道的坡度可加大到1∶4。对于残疾人通行的坡道其坡度不大于1∶12，同时还规定与之相匹配的每段坡道的最大高度为750mm，最大水平长度为9000mm。当长度超过时需在坡道中不设休息台，休息平台的深度直平、转弯时均不应小于1500mm的轮椅回转直径。在坡道的起点和终点处应留有深度不小于1500mm的轮椅缓冲区。

与台阶一样，坡道也应采用耐久、耐磨和抗冻性好的材料，其构造与台阶类似，多采用混凝土材料。坡道对防滑要求较高或坡度较大时可设置防滑条或做成锯齿形(图6－28)。

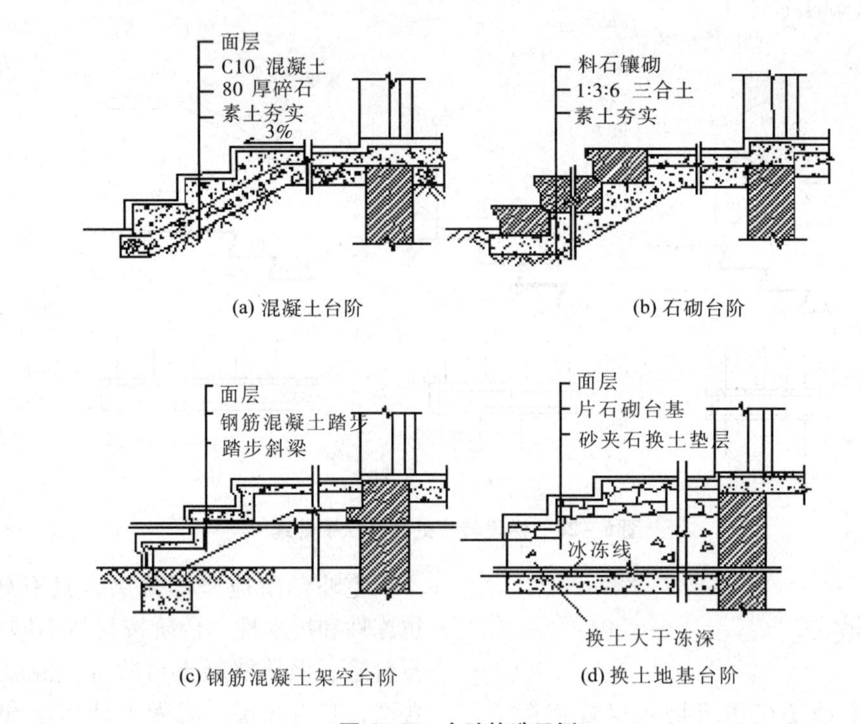

(a) 混凝土台阶　(b) 石砌台阶

(c) 钢筋混凝土架空台阶　(d) 换土地基台阶

图6－27　台阶构造示例

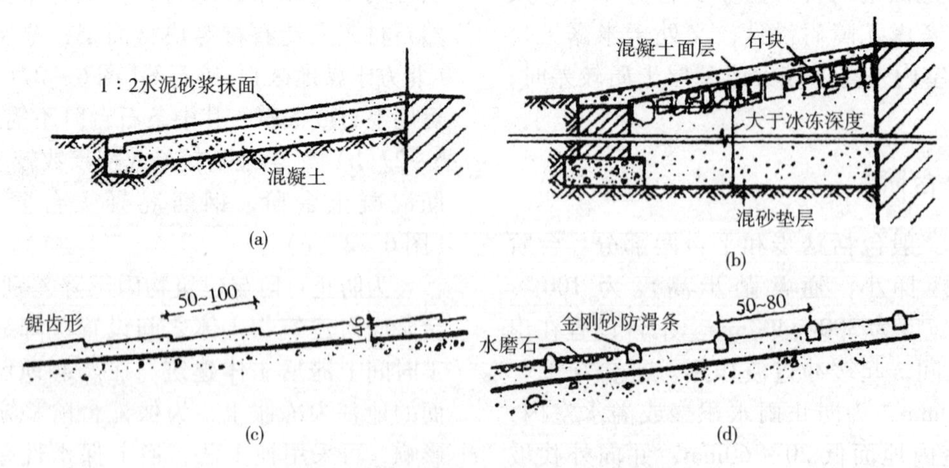

(a)　(b)　(c)　(d)

图6－28　台阶变形、坡道表面防滑处理

思考题

1. 常见的楼梯形式和适用范围是什么?

2. 楼梯由哪些部分所组成? 各组成部分的作用及要求如何?

3. 楼梯坡度如何确定? 踏步高与踏步宽和行人步距的关系如何?

4. 确定梯段和平台宽度的依据是什么?

5. 当底层平台下作出入口时，为保证净高，常采取哪些措施?

6. 钢筋混凝土楼梯常见的结构形式和特点是什么?

7. 预制装配式楼梯的构造形式有哪些?

8. 踏步的构造要求有哪些?

9. 楼梯扶手、栏杆的构造有哪些要求?

10. 台阶与坡道的构造有哪些要求?

推荐阅读书目

建筑构造（上册）. 李必瑜. 中国建筑工业出版社，2013.

房屋建筑学. 同济大学等. 中国建筑工业出版社，2006.

第7章 屋顶构造

[本章提要]屋顶是建筑物的基本组成构件之一，作为建筑物顶部的构件，既起到了围护作用，又起到了承重作用，因此在设计中要充分考虑构造与结构设计两方面的内容。本章重点介绍了屋顶的构造内容，包括屋顶的形式、坡度、檐口处理及其构造做法。

7.1 概 述

7.1.1 屋顶的功能和设计要求

屋顶是房屋最上层覆盖的外围护结构，其主要功能是用以抵御自然界的风霜雨雪、太阳辐射、气温变化和其他外界的不利因素，以使屋顶覆盖下的空间，有一个良好的使用环境。因此，要求屋顶在构造设计上应解决防水、保温、隔热等问题。

在结构上，屋顶又是房屋顶部的承重结构，它承受自身重量和屋顶的各种荷载，也有水平支撑的作用。因此，在结构设计时，应保证屋顶构件的强度、刚度和整体空间的稳定性。

另外，屋顶在艺术造型上的作用也是不可低估的，如何处理好屋顶的形式和细部也是建筑设计的重要内容。

7.1.2 屋顶的组成与形式

屋顶主要由屋面、支撑结构、各种形式的顶棚以及保温、防水、隔热、隔声和防火等功能所需的各种层次和设施所组成。

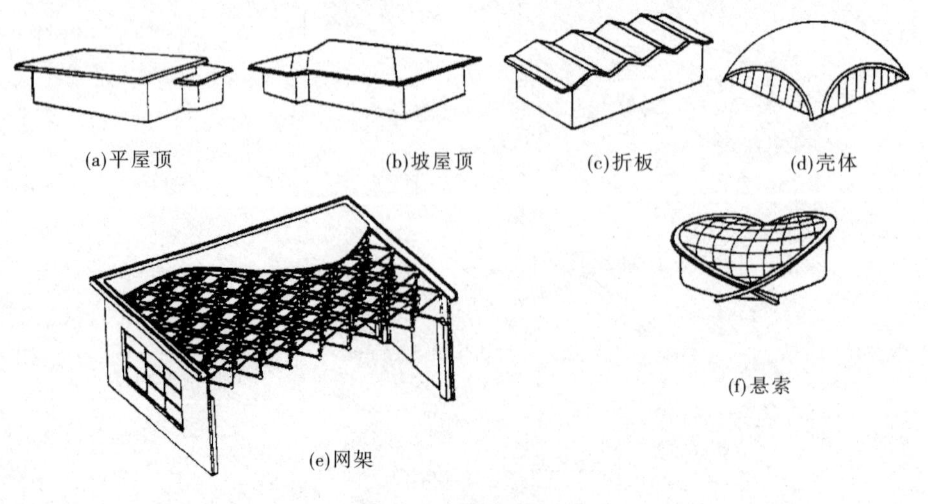

图7-1 屋顶形式

屋顶的形式与建筑的使用功能、屋面材料、结构类型以及建筑造型要求等有关。由于这些因素不同，便形成了平屋顶、坡屋顶以及其他形式的屋顶(图7－1)。其中平屋顶屋面坡度平缓，坡度宜小于5%，其主要优点是节约材料，构造简单，屋顶上面便于利用。坡屋顶屋面坡度一般大于10%，在我国广大地区有着悠久的历史和传统，它造型丰富多彩，并能就地取材，至今仍被一些地区应用。其他形式的屋顶多属于空间结构体系，如壳体、网架、悬索等。这类结构能充分发挥材料的力学性能，节约材料，但施工复杂、造价高，常用于大跨度的公共建筑。

7.1.3 屋顶坡度

(1)屋顶坡度的表示方法

常用的坡度表示有角度法、斜率法和百分比法，其中坡屋顶常用斜率法，如1:1；平屋顶多用百分比法，如5%；而角度法，如30°，虽然比较直观，但却难以操作，故在实际工程中较少使用。

(2)影响屋顶坡度的因素

屋顶的坡度大小是由多种因素决定的，它与防水材料、构造做法、地理气候、结构形式、建筑造型等方面的影响都有关系。

屋顶防水材料与坡度的关系 一般情况下，屋面覆盖材料面积越小，厚度越大如瓦材，其拼接缝越多，漏水的可能性就越大。这时应加大屋面坡度，使水的流速加快，以减少漏水的机会。反之，若屋面覆盖材料的面积越大如卷材，则屋面排水坡度可减小很多。

降水量大小与坡度的关系 降水量分为年降水量和小时最大降水量。我国气候多样，各地降水量差异较大。就年降水量而言，南方地区较大，一般在1000mm以上；北方地区较小，多在700mm以下。小时降水量各地也不一样，有的地区高达100mm以上，有的仅有5mm，大多数地区为20～90mm。降水量大的地区，屋顶的坡度应陡些，使水流加快，防止屋面积水过深，反之，屋面坡度宜小些。

其他一些因素也可能影响屋面坡度的大小，如屋面排水路线较长，屋盖有上人活动的要求、屋面蓄水等，屋面的坡度可适当小一些；反之则可以取较大的排水坡度。

7.2 平屋顶构造

在平屋顶的诸多功能中，防水功能十分重要，因此在屋顶上应采取合理有效的构造措施，目前采取的措施主要有两种：一是选用适当的防水材料，形成一个封闭的防水覆盖层，即通常所说的“堵”；二是依照防水材料的不同要求，设置合理的排水坡度，使雨水尽快排离屋面，即所谓“导”。由于平屋顶防水覆盖层较严密，坡度较小，所以平屋顶防水是以“导”为辅，以“堵”为主，导与堵互相补充。

7.2.1 平屋顶的排水

(1) 排水坡度大小

屋面排水若要通畅，首先应选择合适的屋面排水坡度。单纯从排水角度考虑，则排水坡度越大越好，但从经济、结构、施工以及屋面利用等综合考虑，又必须对坡度值有所限制。平屋顶最常用到的排水坡度为2%～3%。

(2) 排水坡度的形成

① 材料找坡 亦称垫置坡度或填坡。屋顶结构层保持水平，利用轻质材料如炉渣等将屋面垫出坡度，上面做防水层[图7－2(a)]。垫置坡度不宜过大，一般为2%，否则会使屋面荷载加大。若屋面有保温需要，则可用保温材料进行找坡。

② 结构找坡 亦称搁置坡度或撑坡，屋顶结构层呈倾斜状，直接找出所需要的坡度[图7－2(b)]，然后再铺设防水层。这种做法不需另设找坡层，屋顶荷载减轻，造价低，但屋面顶棚稍有倾斜。

(3) 屋顶排水方式

平屋顶的排水坡度较小，要把屋面的积水很快排出去，就要设计出恰当的屋顶排水系统。

① 无组织排水 指利用挑出的外檐构造方式，屋面的雨水经檐口自由落下至地面。这种做法构造简单、经济，排水顺畅，但落水时在檐口处形成水帘，雨水落地四溅。一般适用于低层及雨水

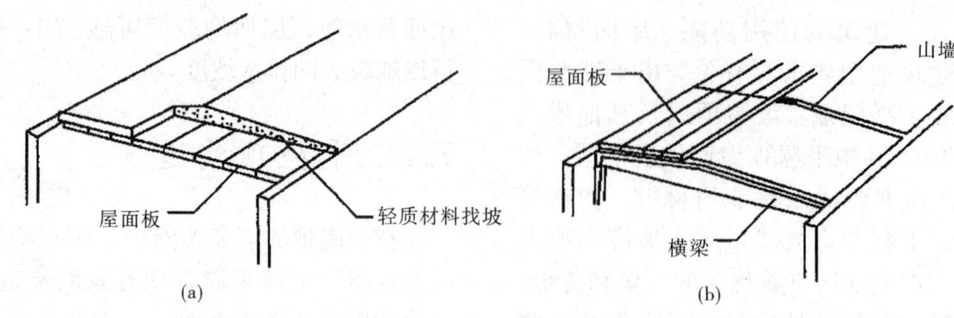

图7－2　屋顶坡度的形式

较少的地区，在积灰严重、腐蚀性介质较多的工业厂房中也经常采用。

② 有组织排水　是将屋面划分成若干排水区，通过一定的排水坡度把屋面的雨水有组织地排到檐口，再经过落水管排到散水、明沟等处，最后排入城市地下排水系统。

有组织排水方式的采用与降雨量大小及房屋的高度有关。在年降水量大于900mm的地区，当檐口高度大于8m时，或年降水量小于900mm地区，檐口高度到大于10m时，应采用有组织排水。有组织排水广泛应用于多层及高层建筑，高标准低层建筑、临街建筑及严寒地区的建筑也应采用有组织排水方式。

采用有组织排水方式时，应使屋面流水线路短捷，檐沟或天沟流水通畅，雨水口的负荷适当且布置均匀。对排水系统还有如下要求：

第一，层面流水线路不宜过长，因而屋面宽度较小时可做成单坡排水；如屋面宽度较大，如12m以上时宜采用双坡排水。

第二，水落口负荷按每个水落口排除150～200m^{2}屋面集水面积的雨水量计算，且应符合《建筑给水排水设计规范》GB50015的有关规定。当屋面有高差时，如高处屋面的集水面积小于100m^2，可将高处屋面的雨水直接排在低屋面上，但出水口处应采取防护措施；如高处屋面面积大于100m^2，高屋面则应自成排水系统。

第三，檐沟或天沟应有纵向坡度，使沟内雨水迅速排到水落口。纵坡的坡度一般为1%，用石灰炉渣等轻质材料垫置起坡。

第四，檐沟净宽不小于200mm，分水线处最小深度大于120mm，沟底水落差不得超过200mm。

第五，水落管的管径有75、100、125mm等几种，一般屋顶雨水管内径不得小于100mm。管材有铸铁、石棉、水泥、塑料、陶瓷等。水落管安装时离墙面距离不小于20mm，管身用管箍卡牢，管箍的竖向间距不大于1.2m。

有组织排水分为内排水和外排水两种，图7－3为根据工程实践归纳出的一些排水组织方案。

挑檐沟排水　屋面雨水汇集到悬挑在墙外的檐沟内，再由沟内纵坡导入水落口，最后从落水管排下[图7－3(a)]。当建筑物出现高低跨时，可先将高跨的雨水排至低跨屋面，然后从低跨檐沟引入水落管排出。

女儿墙外排水　将建筑外墙升起封住屋面，高于屋面的这部分墙称为女儿墙。此方案在女儿墙内侧或外侧设檐沟，雨水经檐沟内的纵坡倒入水落管排出[图7－3(b)、(c)]。

暗管外排水　明管的水落管有损建筑立面，故一些重要建筑物中，水落管常采用暗装的方式[图7－3(d)]。

内排水　该方案的屋面向内倾斜，坡度方向与外排水相反[图7－3(e)]。屋面雨水汇集到中间天沟内，再沿天沟纵坡流向水落口，最后排入室内水落管，经室内地沟排往室外。内排水方案的水落管在室内接头多，易渗漏，多用于不宜采用外排水的建筑中，如高层建筑、严寒地区建筑、规模巨大的公共建筑和多跨厂房。

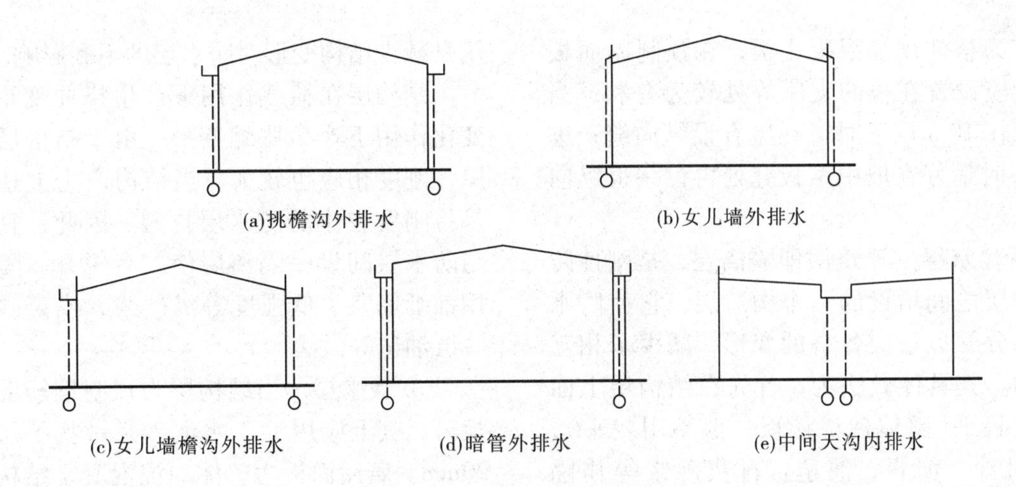

图7-3 有组织排水方案

7.2.2 平屋顶的防水

7.2.2.1 刚性防水屋面构造

刚性防水屋面是以防水砂浆抹面或细石混凝土浇捣而成的屋面防水层。它主要适用于防水等级为Ⅲ级的屋面防水，也可用做Ⅰ、Ⅱ级屋面多道防水设防中的一道防水层。其主要特点为构造简单、施工方便、造价低。但因混凝土抗拉强度低，属脆性材料，故容易开裂，尤其是在气候变化剧烈的地区。另外，刚性屋面不适于设置在有松散材料保温层的屋面以及受较大振动或冲击的建筑屋面。

(1)刚性防水层的材料

刚性屋面的水泥砂浆和混凝土在施工时，当水的用量超过水泥水凝过程所需的用水量，多余的水在硬化过程中，逐渐蒸发形成许多空隙和互相连贯的毛细管网；另外过多的水分在砂石骨料表面，形成一层游离的水，互相之间也会形成毛细通道。这些毛细通道都是使砂浆或混凝土收水干缩时表面开裂和形成屋面的渗水通道。由此可见，普通的水泥砂浆或细石混凝土必须经过处理才能作为屋面的刚性防水层。

① 增加防水剂　防水剂系化学原料配制，通常为憎水性物质、无机盐或不溶解的肥皂，如硅酸钠类、氯化物或金属皂类制成的防水粉。掺入砂浆或混凝土后，能与之生成不溶性物质，填塞毛细孔道，形成憎水性壁膜，以提高其密实性。

② 采用微膨胀　在普通水泥中掺入少量的矾土水泥和二水石粉等所配置的细石混凝土，在结硬时产生微膨胀效应，抵消混凝土的原有收缩性，以提高抗裂性。

③ 提高密实性　控制水灰比，加强浇注时振捣，均可提高砂浆和混凝土的密实性。细石混凝土在初凝前表面用铁滚辗压，使多余水压出，初凝后加少量干水泥，待收水后用铁板压平，表面打毛，然后浇水养护，从而提高了面层密实性，避免了表面龟裂。

(2)预防刚性防水屋面变形开裂的措施

刚性防水屋面最大的问题是防水层在施工完成后出现裂缝而漏水。裂缝的原因很多，有气候变化和太阳辐射引起的屋面热胀冷缩；有屋面板变形挠曲、徐变以及地基沉降、材料干缩对防水层的影响。为适应以上各种情况，防止防水层开裂，可以采取以下几种处理方法。

① 配筋　细石混凝土屋面防水层厚度不应小于40mm，混凝土强度等级不应小于C20，为提高其抗裂和应变能力，常配置ϕ3@150或ϕ4@200的双向钢筋。由于裂缝易在面层出现，所以钢筋宜置于混凝土层的中偏上位置，其上部有10～15mm厚的保护层即可。

② 设置分仓缝　分仓缝也称分格缝，是防止屋面不规则裂缝以适应屋面变形而设置的人工缝。分仓缝应设置在温差变形的许可范围内和结构构件变形的敏感部位。

一般情况下，分仓缝的服务面积宜控制在15～25m^{2}范围，间距不宜大于6m。刚性防水屋面的结构层宜为整体现浇混凝土板，在预制屋面板上，分仓缝应设置在板的支座等处较为有利，当建筑物进深在10m以下时可在屋脊设纵向缝；进深大于10m时最好在坡中某板缝处再设一道纵向分仓缝。

③ 设置浮筑层　浮筑层即隔离层，是刚性防水层与结构层之间增设的一个构造层，它使防水层与结构层分开以适应各自的变形，减少了相互影响和制约。其具体做法为：首先在结构层上面用水泥砂浆找平(整体现浇楼板一般不用找平)，然后用废机油、沥青、油毡、石灰砂浆等作隔离层。

④ 设置滑动支座　为了适应刚性防水屋面的变形，在装配结构中，屋面板的支承处最好做成滑动支座。其构造做法为：在准备搁置楼板的墙或梁上，先用水泥砂浆找平，找平后干铺2层油毡，中间夹滑石粉，再搁置预制板即可。

(3) 刚性防水屋面的构造做法

通过前面的分析，对刚性防水屋面的材料、做法和特点已经有了一定的认识，进而可以总结出刚性防水屋面的构造层次及做法(图7-4)。

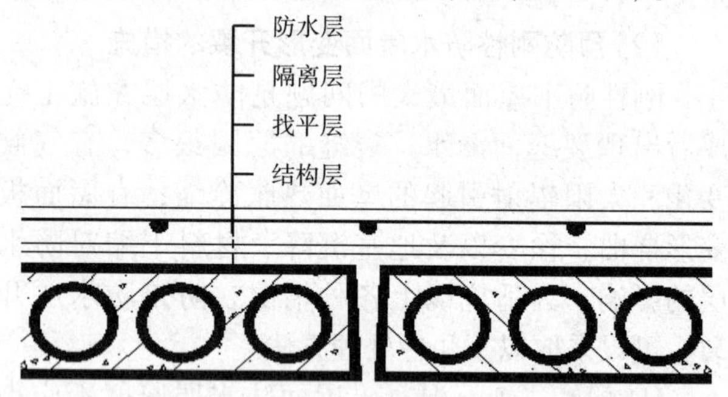

图7-4　刚性防水屋面的构造做法

① 防水层　采用不低于C20的细石混凝土整体现浇而成，其厚度不小于40mm。为防止混凝土开裂，可在防水层中配直径4~6mm、间距100~200mm的双向钢筋网片，钢筋的保护层厚度不小于10mm。

为提高防水层的抗裂和抗渗性能，可在细石混凝土中掺入适量的外加剂，如膨胀剂、减水剂、防水剂等。

② 隔离层　位于防水层与结构层之间，其作用是减少结构变形对防水层的不利影响。

结构层在荷载作用下产生挠曲变形，在温度变化作用下产生胀缩变形。由于结构层较防水层厚，刚度相应也较大，当结构产生上述变形时容易将刚度较小的防水层拉裂。因此，宜在结构层与防水层间设一隔离层使二者脱开。隔离层可采用铺纸筋灰、低强度等级砂浆，或薄砂层上干铺一层油毡等做法。

③ 找平层　当结构层为预制钢筋混凝土屋面板时，其上应用1:3水泥砂浆做找平层，厚度为20mm。若屋面板为整体现浇混凝土结构时则可不设找平层。

④ 结构层　一般采用预制或现浇的钢筋混凝土屋面板。结构应有足够的刚度，以免结构变形过大而引起防水层开裂。

(4) 刚性防水屋面的细部构造

① 泛水构造　凡屋面与墙面交接处的防水构造处理叫泛水构造，如女儿墙和烟囱等部位。一般做法为屋面防水层在与垂直墙面的交接处应留宽度为30mm的缝隙，以防止防水层的变形而推裂垂直墙体，缝隙应用密封材料嵌缝。泛水处应铺设卷材或涂膜附加层，卷材应一直铺贴到墙上，卷材收头应压入凹槽内固定密封，凹槽距屋面的最低高度不应小于250mm(图7-5)。

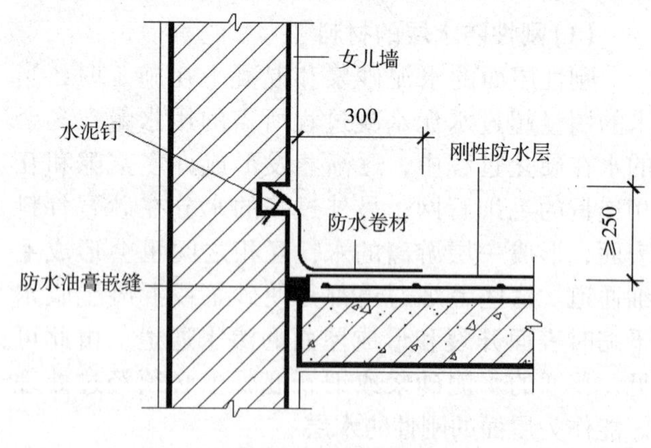

图7-5　泛水构造

② 檐口构造

自由落水挑檐口　可采用从墙内梁中出挑挑檐板，形成自由落水挑檐[图7-6(a)]。

檐沟挑檐　当挑檐口采用有组织排水时，常

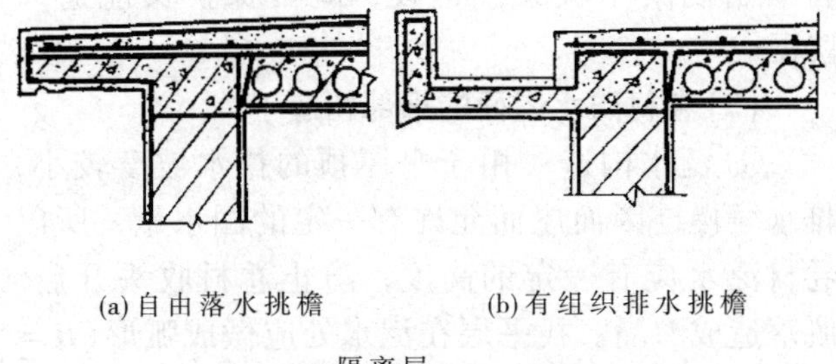

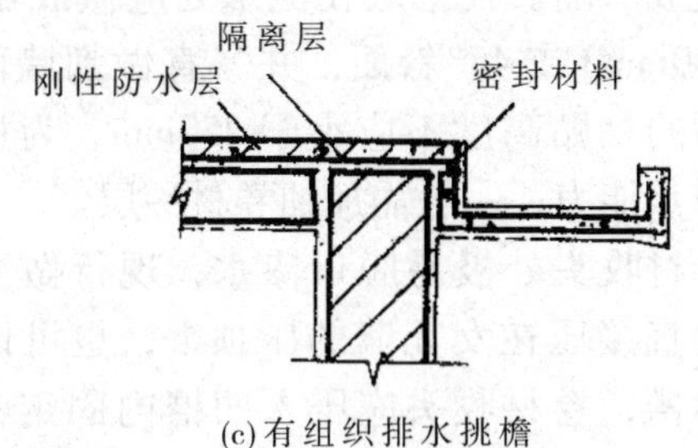

图7-6 刚性防水屋面檐口构造

将檐部做成排水檐沟，檐沟多为槽形。当无浮筑层时，可将防水层直接做到檐沟内[图7-6(b)]；当有浮筑层时，防水层应在与檐沟的交接处留槽，并用密封材料封严[图7-6(c)]。

挑檐雨水落口大多采用直管式，为防止雨水从落水管与沟底接缝处渗漏，应在水落口四周加铺卷材，卷材应铺入管内壁，沟内铺筑的混凝土防水层应盖在附加卷材上，防水层与水落口相交接的位置用石膏嵌封。

女儿墙檐口　在跨度不大的平屋盖中，当采用女儿墙外排水时，常利用倾斜的屋面板与女儿墙间的夹角做成三角形断面天沟。女儿墙檐口构造可参照泛水做法。女儿墙的外排水，一般采用侧向排水的水落口(弯管式)，在防水层与水落管的接缝处应嵌油膏，最好上面再贴一段卷材，并铺入管内不少于50mm。

7.2.2.2 柔性防水屋面构造

柔性防水亦称卷材防水，是指将防水卷材或片材用胶粘贴在屋面上，形成一个大面积的封闭防水覆盖层。这种防水层具有一定的延伸性，所以它对变形的适应能力强于刚性防水屋面。卷材防水适用于防水等级为Ⅰ~Ⅳ的屋面防水。

过去，我国许多地区一直沿用沥青油毡作为屋面防水的主要材料。这种材料的特点是造价低，防水性能较好，但需热施工，污染环境，使用寿命较短。为了改变这种落后情况，现已出现一些新的卷材防水材料，主要包括：高聚物改性沥青卷材，目前国内主要有SBS、APP改性沥青的防水卷材，这些卷材将高聚物加入沥青中，改善了沥青的高温流淌、低温冷脆的弱点，并采用不同胎体增强材料，成为我国目前防水卷材发展最快的品种。这些卷材大部分是采用胶黏剂冷粘施工和热熔施工。另一种新型卷材防水材料为合成高分子产品，例如，三元乙丙橡胶卷材、氯化聚乙烯橡胶卷材、聚氯乙烯卷材(PVC)、再生橡胶卷材等。合成高分子卷材抗拉强度高、延伸率大、耐老化好，但接缝不好处理，价格偏高。这些新型防水卷材已在一些工程中逐步推广应用。

(1)卷材防水屋面做法

卷材防水的构造比刚性防水复杂，需要有许多各种功能层的配合，才能保证屋面的防水效果(图7-7)。

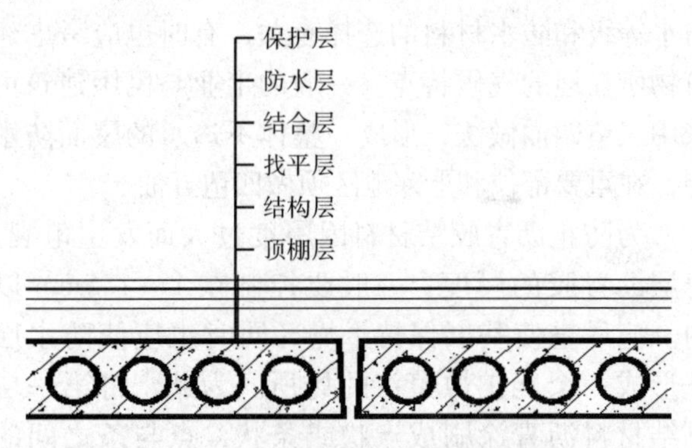

图7-7 卷材防水屋面的构造做法

① 找平层　防水卷材应铺设在表面平整、干燥的找平层上，找平层位置一般设在结构层或保温层(含保温层屋面)上面，用1:3水泥砂浆进行找平，其厚度为15~20mm。待表面干燥后作为卷材防水层面的基层，基层不得有酥松、起砂、起皮现象。为避免找平层受温度变化的影响而开裂，宜在适当位置留设分格缝，缝宽为20mm，并嵌填密封材料。当找平层采用水泥砂浆时，分格缝的间距不宜大于6m；找平层采用沥青砂浆时，不宜大于4m。

② 结合层　即对找平层表面进行处理，使防水层与基层之间能理想地结合。如今卷材品种繁多，材性各异，应选用与铺贴的卷材相配的基层

处理剂，使之黏结良好，不发生腐蚀等侵害。在油毡卷材屋面中常采用冷底子油(沥青加汽油或煤油等溶剂稀释而成)来做结合层。基层处理剂可采用涂刷法或喷涂法进行施工，其中喷涂法效果好且工效高应加以推广。基层处理应均匀一致，一般应喷涂两遍，第二遍应在第一遍干燥后进行。待最后一遍干燥后方可铺贴卷材。

③ 防水层　虽然油毡防水屋面有许多不足，但目前仍在许多地区被使用，同时它的构造处理也较典型，所以这里还是以其为主进行论述，其他卷材防水层的做法可以此作为参考。

油毡防水层是由沥青胶结材料和油毡卷材交替黏合而形成的屋面整体防水覆盖层。它的层次顺序是：沥青胶、油毡、沥青胶……由于沥青胶结在卷材的上下表面，因此沥青总是比卷材多一层。其构造做法为：二毡三油(五层做法)、三毡四油(七层做法)等。

卷材防水层的厚度(层数)主要与建筑物的屋面防水等级和防水材料的选择有关，有时也应考虑建筑物所在地的气候特点。一般的工业与民用建筑可采用三毡四油做法，形成一整体不透水的屋面防水层，在重要部位和严寒地区须做四毡五油。

为防止沥青胶结材料因厚度过大而发生龟裂，每层沥青胶的厚度，一般要控制在 1 ~ 1.5mm 以内。应尽量使基层保持干燥，同时也应使防水层下形成一个能扩散蒸汽的场所。为此，将第一层黏结材料沥青涂刷成点状或条状，点与条之间的空隙即作为水汽的扩散层。

④ 保护层　设置保护层的目的是保护防水层，使卷材在阳光和大气的作用下不致迅速老化，同时保护层还可以防止沥青类卷材中的沥青过热流淌，并防止暴雨对沥青的冲刷。保护层的构造做法应视屋面的利用情况而定。不上人时，改性沥青卷材防水屋面一般在防水层上撒粒径为 3 ~ 5mm 的小石子作为保护层，称为绿豆砂保护层；高分子卷材如三元乙丙橡胶防水层面等通常是在卷材面上涂刷水溶型或溶剂型浅色保护着色剂，如氯丁银粉胶等。

上人屋面可在防水层上浇筑 30 ~ 40mm 厚的细石混凝土层，每 2m 左右设一分仓缝；也可用砂填层或水泥砂浆铺砌预制混凝土块或大阶砖；还可将预制混凝土板架空铺设，既可保护又能通风降温。

(2)卷材防水屋面的细部构造

① 泛水构造　由于平屋顶的排水坡度较小，排水缓慢，因而屋面允许有一定的囤水量，所以卷材泛水应有一定的高度，防止卷材收头开启、脱落造成渗漏。找平层在泛水处应做成弧形(R = 50 ~ 100mm)或 45°斜面，并一直做到墙面。卷材沿墙面的粘贴高度不应小于 250mm，为加强泛水处的防水能力，一般需加铺卷材一层。

卷材收头处极易脱口渗水，现行做法为将卷材收头直接压在女儿墙的压顶下，也可以在砖墙上留凹槽，卷材收头应压入凹槽内固定密封，凹槽上部的墙体亦应做防水处理；当墙体材料为混凝土时，卷材的收头可采用金属压条钉压，并用密封材料封固(图 7 – 8)。

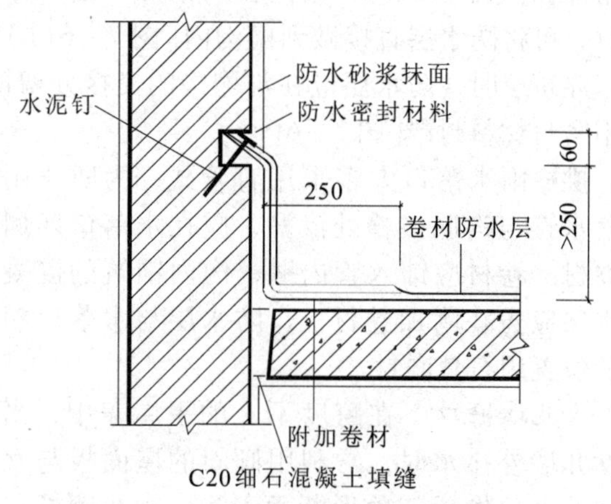

图 7 – 8　卷材防水屋面的泛水构造

② 檐口构造

挑檐口构造　当屋面采用无组织排水时，挑檐部分应在 800mm 范围内卷材采取满粘法；卷材收头处距挑檐端头宜不小于 100mm，并用水泥钉固定油膏密封(图 7 – 9)。

有组织排水时，挑檐多做成天沟。天沟内应增铺附加层，当采用沥青防水卷材时应加铺一层油毡；当采用高聚物改性沥青防水卷材或合成高分子防水卷材时宜采用防水涂膜增强层。天沟与屋面交接处的附加层宜空铺，空铺宽度应为 200mm。天沟卷材收头处应用钢条压住，水泥钉钉牢，最后用油膏密封(图 7 – 10)。

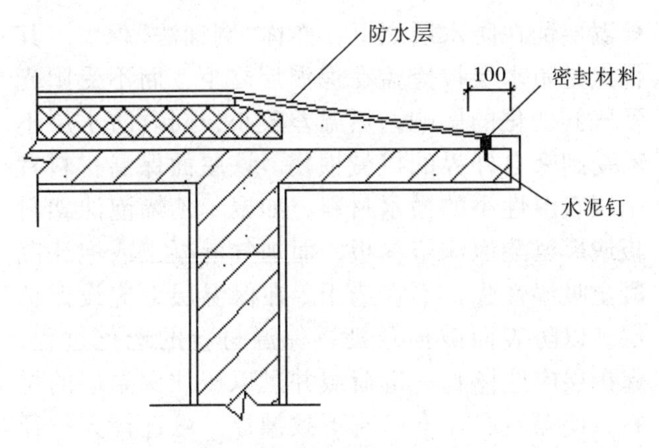

图7-9 无组织排水檐口

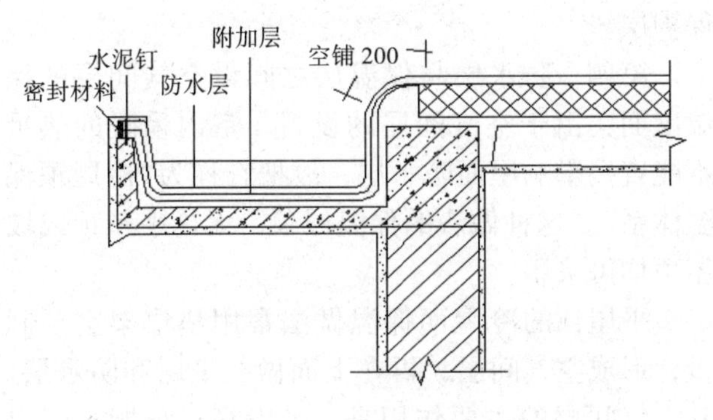

图7-10 檐 沟

女儿墙构造 女儿墙的厚度一般同外墙尺寸，为保证其稳定性和抗震，一般都限制高度，按使用要求如需加高女儿墙，则应设小构造柱与压顶相连接，以保证女儿墙的安全。女儿墙顶部的构造处理宜用压顶的构造做法，压顶应沿外墙四周封闭，因此具有圈梁的作用。

7.2.2.3 涂膜防水和粉末防水屋面

(1)涂膜防水屋面

涂膜防水是用防水涂料直接涂刷在屋面基层上，形成一层满铺的不透水薄膜层，涂膜主要成分有沥青涂膜、高聚物改性沥青涂膜、高分子防水涂膜。涂膜防水主要适用于防水等级为Ⅲ、Ⅳ级的屋面，也可用做Ⅰ、Ⅱ级屋面多道防水设防中的一道防水层。

涂膜的基层为混凝土或水泥砂浆，表面应干燥平整。在转角、水落口和接缝处，需用胎体增强材料附加层加固。涂刷防水涂料需分层进行，一般手涂3遍可使涂膜厚度达1.2mm。涂膜防水屋面应设置保护层。其材料可采用细砂、蛭石、水泥砂浆和混凝土块材等，当采用水泥砂浆或混凝土块材时，应在涂膜与保护层之间设置隔离层，以防保护层的变化影响到防水层。水泥砂浆保护层厚度不宜小于20mm。

涂膜防水只能提高屋面的防水能力，但对温度和结构引起的较为严重的变形，仍无能为力。因此，刚性屋面中关于浮筑层和滑动支座对涂膜防水屋面具有必要的辅助作用。

(2)粉末防水屋面

粉末防水又称拒水粉防水，系以硬脂酸为主要原料的憎水性粉末防水屋面。一般在平屋顶的基层结构上先抹水泥砂浆或细实混凝土找平，然后铺上3~5mm厚的建筑拒水粉，再覆盖保护层即可。保护层不起防水作用，主要是防止风雨吹散或冲刷拒水粉，保护层可采用20~30mm厚的水泥砂浆，30~40mm厚细石混凝土、预制混凝土板块或大阶砖铺盖。

7.2.3 平屋顶的保温与隔热

屋顶像外墙一样也属于建筑的围护结构，不但有遮风避雨的功能，还应有保温与隔热的作用。

7.2.3.1 平屋顶的保温

在寒冷地区或装有空调设备的建筑中，为防止室内热量或冷气散失过快，须在围护结构中设置保温层，以满足室内有一个便于人们生活和工作的环境。保温层的材料和构造方案是根据使用要求、气候条件、屋顶的结构形式、防水处理方法、施工条件等综合考虑确定的。

(1)屋面保温材料

屋面保温材料一般多选用空隙多、表观密度轻、导热系数小的材料。分为散料、现场浇筑的拌和物、板块料三大类。

散料保温层 常用的松散材料有膨胀蛭石、膨胀珍珠岩、矿棉、岩棉、玻璃棉、炉渣等。如果上面做卷材防水层时，必须在散状材料上先抹水泥砂浆找平层，再铺卷材。而这层找平层制作困难，为了解决这个问题，一般先做一过渡层，即可用石灰、水泥等胶结成轻混凝土面层，再在

其上抹找平层。

现浇式保温层 一般在结构层上用轻骨料(矿渣、陶粒、蛭石、珍珠岩等)与石灰或水泥拌和，浇筑而成。这种保温层可浇筑成不同厚度，可与找坡层结合处理。

板块保温层 常见的有水泥、沥青、水玻璃等胶结的预制膨胀珍珠岩、膨胀蛭石板、加气混凝土块、泡沫塑料泡沫混凝土岩棉、木丝、刨花、甘蔗等块材或板材。上面做找平层再铺防水层，屋面排水一般用结构找坡，或用轻混凝土在保温层下先做找坡层。

(2)屋顶保温层位置

屋顶中按照结构层、防水层和保温层所处的位置不同，可归纳为以下几种情况：

第一，保温层设在防水层之下，结构层之上。这种方式通常叫作正铺式保温，其构造简单，施工方便，目前广泛采用[图7-11(a)]。

第二，保温层与结构层组成复合板材，既是结构构件，又是保温构件。一般有两种做法：一种是为槽板内设置保温层，这种做法可减少施工工序，提高工业化施工水平，但成本偏高。其中把保温层设在结构层下面者，由于产生内部凝结水，从而降低保温效果。另一种为保温材料与结构层融为一体，如加气的配筋混凝土屋面板。这种构件既能承重，又能达到保温效果，简化施工，降低成本。但其板的承载力较小，耐久性较差，因此适用于标准较低且不上人的屋顶中[图7-11(d)~(f)]。

第三，保温层设置在防水层上面，其构造层次为保温层、防水层、结构层[图7-11(b)]。将保温层铺在防水层之上，亦称“倒铺法”保温。其优点是防水层被掩盖在保温层之下，而不受阳光及气候变化的影响，热温差较小，同时防水层不易受到来自外界的机械损伤。该屋面保温材料宜采用吸湿性小的憎水材料，如聚苯乙烯泡沫塑料板或聚氨酯泡沫塑料板，而加气混凝土或泡沫混凝土吸湿性强，不宜选用。在保温层上应设保护层，以防表面破损及延缓保温材料的老化过程，保护层应选择有一定荷载并足以压住保温层的材料，使保温层在下雨时不致漂浮，可选择大粒径的石子或混凝土作保护层，而不能采用绿豆砂作保护层。

第四，防水层与保温层之间设空气间层的保温屋面：由于空气间层的设置，室内采暖的热量不能直接影响屋面防水层，故把它称为“冷屋顶保温体系”。这种做法的保温屋顶，无论平屋顶或坡屋顶均可采用。

平屋顶的冷屋面保温做法常用垫块架空预制板，形成空气间层，再在上面做找平层和防水层。其空气间层的主要作用是，带走穿过顶棚和保温层的蒸汽以及保温层散发出来的水蒸气；并防止屋顶深部水的凝结；另外，带走太阳辐射热通过屋面防水层传下来的部分热量。因此，空气间层必须保证通风流畅，否则会降低保温效果[图7-11(c)]。

(3)隔蒸汽层的设置

保温层设在结构层上面，保温层上直接做防水层时，在保温层下要设置隔蒸汽层。隔蒸汽层的目的是防止室内水蒸气透过结构层，渗入保温层内，使保温材料受潮，影响保温效果(图7-12)。

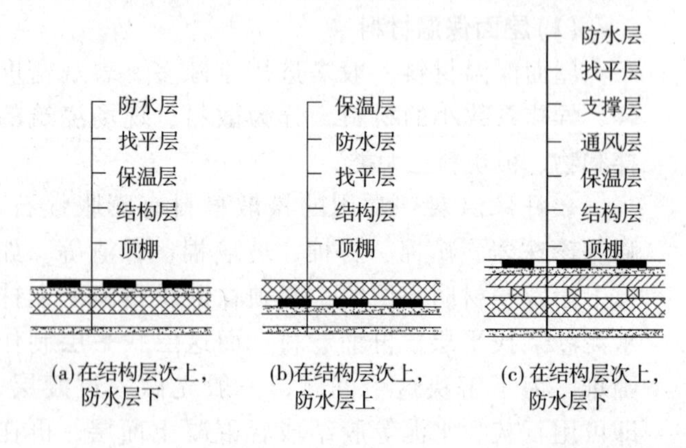

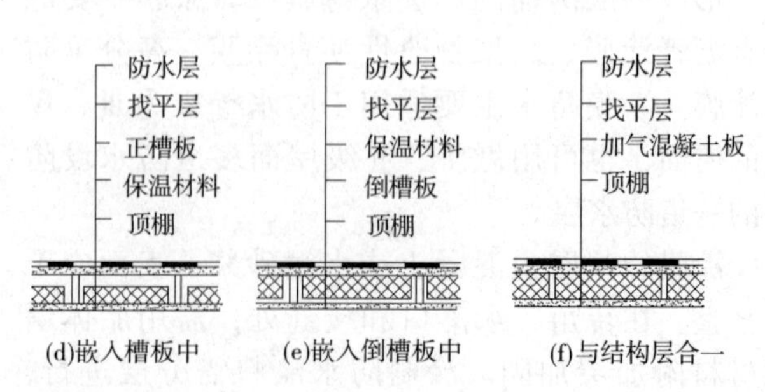

图7-11 保温层位置

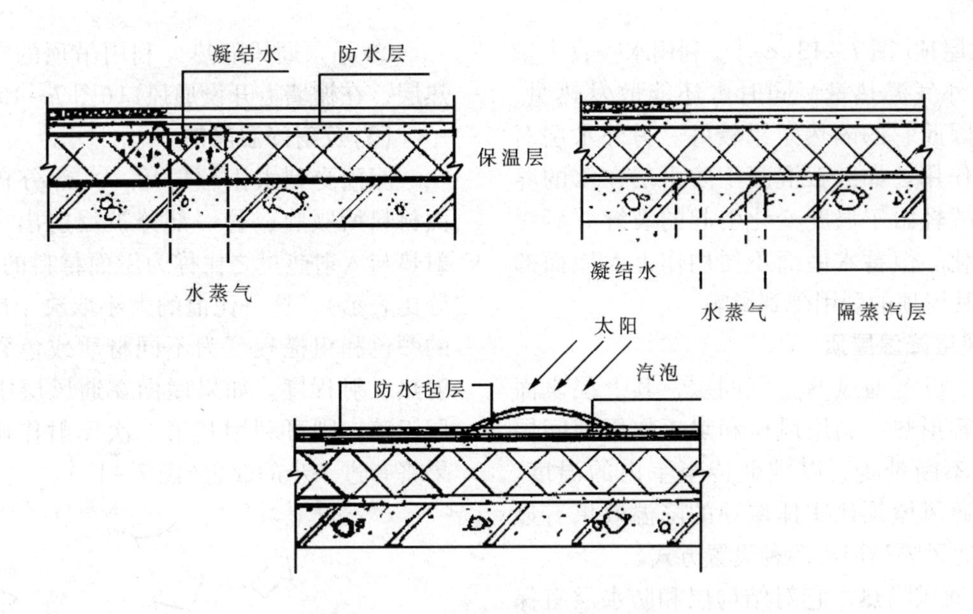

图7-12 平屋顶隔蒸汽层的构造

根据规范的要求，在我国纬度40°以北地区且室内空气湿度大于75%，或其他地区室内空气湿度常年大于80%时，保温层下面应设置隔汽层。

隔蒸汽层的做法通常是在结构层上做找平层，再在其上涂热沥青一道或铺一毡二油。

7.2.3.2 平屋顶隔热

夏季，特别是南方炎热地区，太阳的辐射热使得屋顶的温度升高，影响室内的生活和工作的条件。因此，需要对屋顶进行隔热构造处理，以降低屋顶热量对室内的影响。隔热降温的主要形式如下：

(1) 实体材料隔热屋面

利用实体材料的蓄热性能及热稳定性、传导过程中的时间延迟、材料中热量的散发等性能，可以使实体材料的隔热屋顶在太阳辐射下，内表面出现高温的时间延迟，其温度也低于外表面。但晚上室内温度降低时，屋顶内的蓄热又向室内散发，因此晚间使用的房子如住宅等，最好不要用实体材料隔热。常用的实体材料隔热做法有：

① 大阶砖或陶粒混凝土板实铺屋顶[图7-13(a)] 此做法构造简单，并可兼作上人屋面的保护层，但隔热效果不理想。

② 植被屋面[图7-13(b)] 利用植物的蒸发和光合作用，吸收太阳辐射热，达到隔热降温的作用。这种屋面有利于美化环境，净化空气，但增加了屋顶荷载。

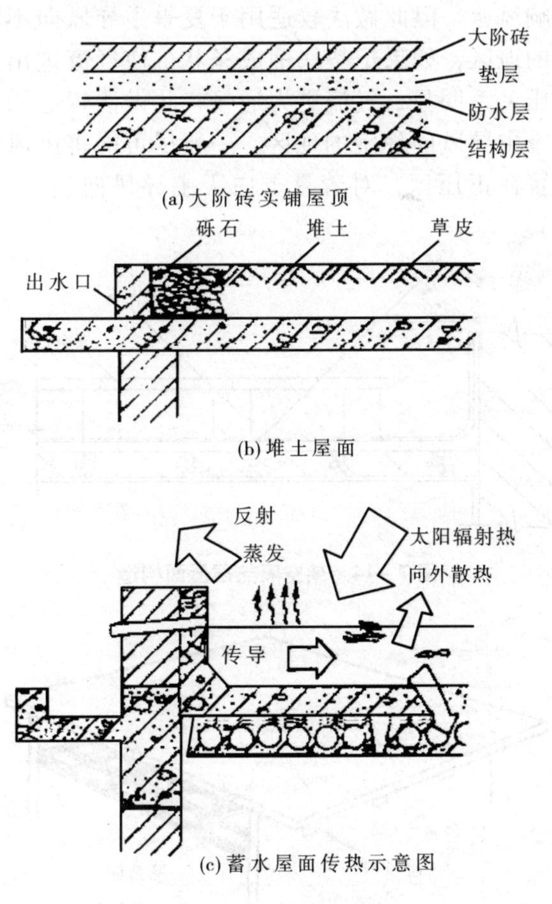

图7-13 实体材料隔热屋面

③ 蓄水屋顶[图7－13(c)]　利用水吸收大量辐射热和室外气温热量，同时水还能散发热量、反射阳光，因此它的隔热效果较好。另外水层对屋面有保护作用。如细石混凝土防水层在水的养护下，可以减轻由于温度变化引起的裂缝并延缓混凝土的碳化。但蓄水屋面不便用作上人屋面的隔热，因此其屋顶的利用受到影响。

(2)通风层降温屋顶

在屋顶中设置通风的空气间层，其上层表面可遮挡太阳辐射热，利用风压和热压作用把间层中的热空气不断带走，以减低传至室内的温度。有实测表明通风屋顶比实体屋顶的降温效果有显著的提高。通风隔热层有两种设置方式。

① 架空通风隔热　它对结构层和防水层有保护作用。一般有平面和曲面形状两种。平面做法为大阶砖或混凝土平板，用垫块支架。若用垫块支在板的四角，架空层内空气流通容易形成紊流，影响风速。但此做法较适用于夏季主导风向不稳定的地区，如果把垫块铺成条状，使气流进出正负压关系明显，气流更为通畅，此做法较适用于夏季主导风向稳定的地区。一般尽可能将进风口布置在正压区，对着夏季白天主导风向(图7－14)。

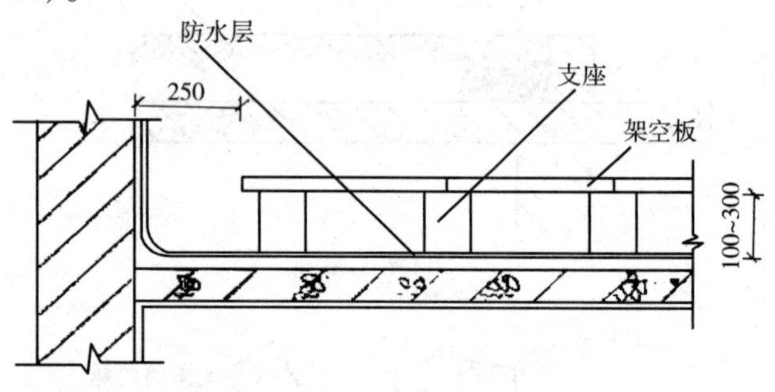

图7－14　架空隔热层屋面构造

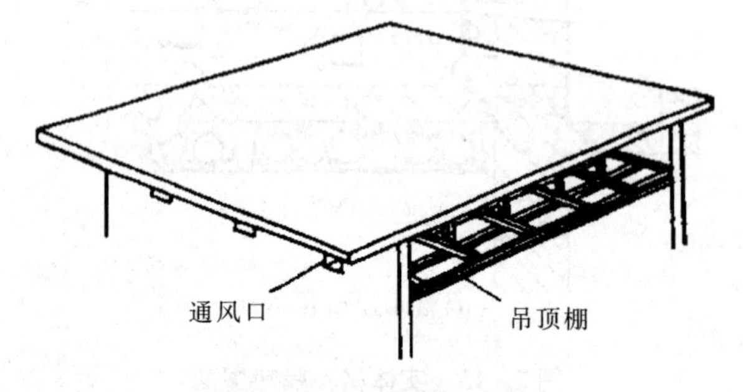

图7－15　平屋顶吊顶棚

② 吊顶通风隔热　利用吊顶的空间作通风隔热层，在檐墙上开设通风口(图7－15)。

(3)反射降温隔热

屋面受到太阳辐射后，一部分辐射热量为屋面材料所吸收；另一部分被反射出去。反射的辐射热与入射热量之比称为屋面材料的反射率(用百分比表示)。这一比值的大小取决于屋面表面材料的颜色和粗糙程度为不同材质或色彩时对太阳辐射热反射程度。如果屋面在通风层中的基层加一层铝箔，则可利用其第二次反射作用，对隔热效果将有进一步的改善(图7－16)。

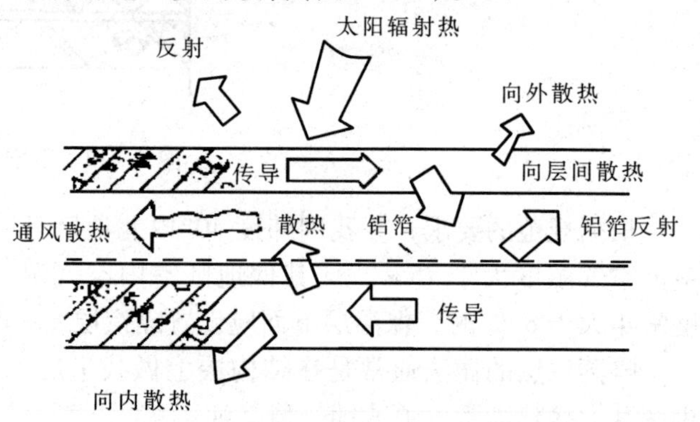

图7－16　铝箔屋顶反射降温示意图

(4)蒸发散热

在屋脊处装水管，白天温度高时向屋面浇水，形成一层流水层，利用流水层的反射、吸收和蒸发，以及流水的排泄可降低屋面温度。

也可在屋面上系统地安装排列水管和喷嘴，夏日喷出的水在屋面上空形成细小水雾，雾结成水滴落下又在屋面上形成一层水流层。水滴落下时，从周围的空气中吸取热量，又同时进行蒸发，也多少吸收和反射一部分太阳辐射热，水滴落到屋面后，产生与淋水屋顶一样的效果，进一步降低温度，因此喷雾屋面的隔热效果更好。

7.3　坡屋顶

7.3.1　坡屋顶的特点及形式

坡屋顶多采用瓦材防水，而瓦材块小，接缝多易渗漏，故坡屋顶的坡度一般大于10°，通常取

30°左右。由于坡度大、排水快、防水功能好，且屋顶构造高度大，因此它不仅消耗材料较多，其所受风荷载、地震作用也相应增加，尤其当建筑体型复杂，其交叉错落处屋顶结构更难处理。

坡屋顶根据坡面组织的不同，主要有单坡顶、双坡顶、四坡顶圆形顶、多角形攒尖顶等(图7－17)。

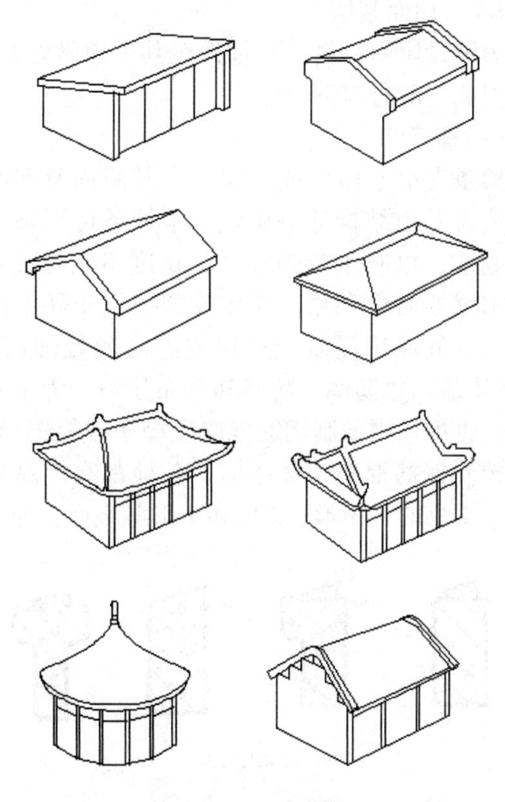

图7－17　坡屋顶

(1)单坡顶

当房屋进深不大时，可选用单坡顶。

(2)双坡顶

当房屋进深较大时，可选用双坡顶。由于双坡顶中檐口和山墙处理的不同又可分为：

悬山屋顶　即山墙挑檐的双坡屋顶。挑檐可保护墙身，有利于排水，并有一定的遮阳作用，常用于南方多雨地区。

硬山屋顶　即山墙不出檐的双坡屋顶。北方少雨地区采用较广。

出山屋顶　山墙高出屋顶，作为防火墙或装饰之用。防火规范规定，山墙高出屋顶500mm以上，易燃体材料不砌入墙内者，可作为防火墙。

(3)四坡顶

四坡顶亦叫四落水屋顶。古代宫殿庙宇中的四坡顶称为庑殿顶。四面挑檐利于保护墙身。

四坡顶两面形成两个小山尖，古代称为歇山顶。山尖处可设百叶窗，有利于屋顶通风。

7.3.2　坡屋顶的组成

坡屋顶一般由承重结构和屋面面层两部分所组成，必要时还有保温层、隔热层及顶棚等。

(1)承重结构

承重结构主要承受屋面荷载并把它传到墙或柱上，一般有椽子、檩条、屋架或大梁等。

(2)屋面

它是屋顶的上覆盖层，直接承受风、雪、雨和太阳辐射等大自然气候的作用。它包括屋面盖料和基层，如挂瓦条、屋面板等。

(3)顶棚

顶棚是屋顶下面的遮盖部分，可使室内上部平整，起反射光线和装饰作用。

(4)保温或隔热层

保温或隔热层可设在屋面层或顶棚处，视具体情况而定。

7.3.3　坡屋顶的承重结构系统

坡屋顶与平屋顶相比坡度较大，故它的承重结构的顶面是一斜面。承重结构可分为砖墙承重、梁架承重和屋架承重等。

(1)砖墙承重(硬山搁檩)

横墙间距较小(不大于4m)且具有分隔和承重功能的房屋，可将横墙顶部做成坡形以支承檩条，即为砖墙承重。这类结构形式亦叫作硬山搁檩(图7－18)。

(2)梁架承重

这是我国传统的结构形式，它由柱和梁组成排架，檩条置于梁间承受屋面荷载并将各排架联系成为一完整骨架。内外墙体均填充在骨架之间，仅起分隔和围护作用，不承受荷载。梁架交接点为榫齿结合，整体性和抗震性较好。这种结构形式的梁受力不够合理，梁截面较大，总体耗木料

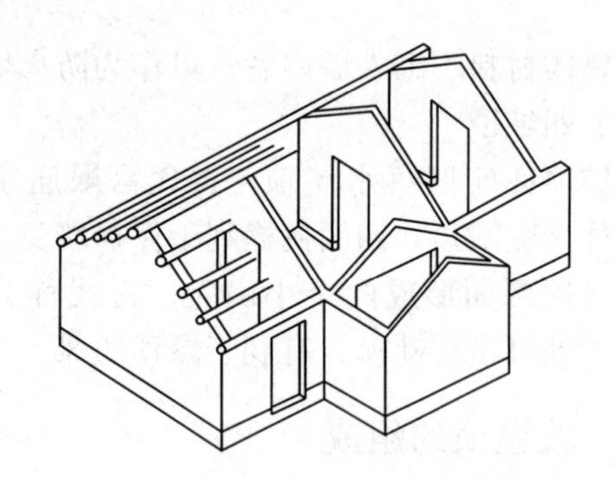

图7－18　山墙支撑檩条

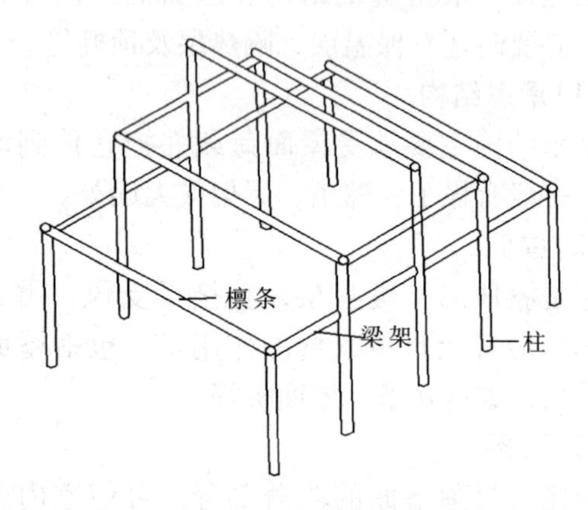

图7－19　梁架结构

较多，耐火及耐久性均差，维修费用高，现已很少采用(图7－19)。

(3)屋架承重

用在屋顶承重结构中的桁架叫屋架(图7－20)。屋架可根据排水坡度和空间要求，组成三角形、梯形、矩形、多边形屋架。屋架中各杆件受力较合理，因而杆件截面较小，且能获得较大跨度和空间。木制屋架跨度可达18m，钢筋混凝土屋架跨度可达24m，钢屋架跨度可达26m以上。如利用内纵墙承重，还可将屋架制成三支点或四支点，以减小跨度节约用材。

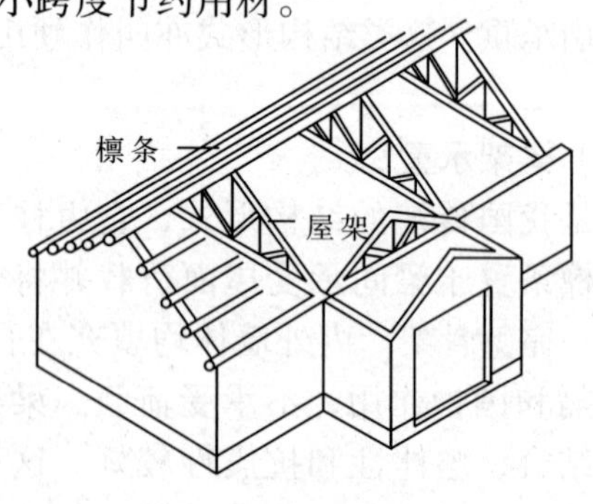

图7－20　屋架结构

7.3.4　坡屋顶的屋面构造

瓦屋面的名称随瓦的种类而定，如块瓦屋面、油毡瓦屋面、块瓦形钢板彩瓦屋面等。基层的做法则随瓦的种类和房屋的质量要求而定，一般为钢筋混凝土板。

7.3.4.1　屋面基层

为铺设屋面材料，应首先在其下面做好基层。基层组成一般有以下构件：

(1)檩条

檩条支承于横墙或屋架上，其断面及间距根据构造需要由结构计算确定。木檩条可用圆木或方木制成，以圆木较为经济，长度不宜超过4m。用于木屋架时可利用三角木支托；用于硬山搁檩时，支承处应用混凝土垫块或经防腐处理(涂焦油)的木块，以防潮、防腐和分布压力。为了节约木材，也可采用预制钢筋混凝土檩条或轻钢檩条。采用预制钢筋混凝土檩条时，各地都有产品规格可查。常见的有矩形、L形和T形等截面。为了在

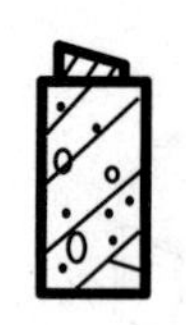

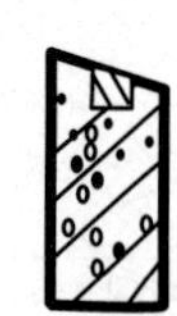

(a)钢筋混凝土檩条

(b)木檩条

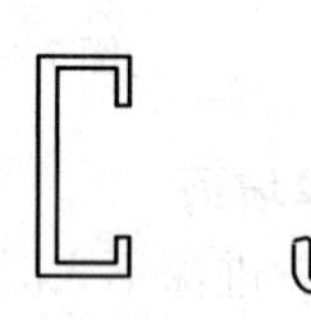

(c)薄壁钢檩条

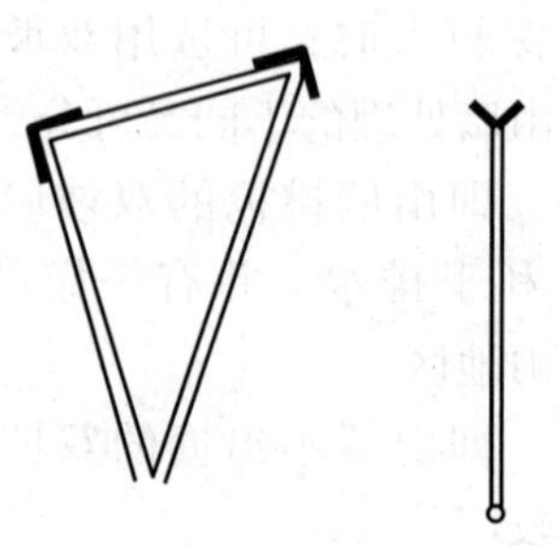

(d)钢桁架檩条

图7－21　檩条的类型

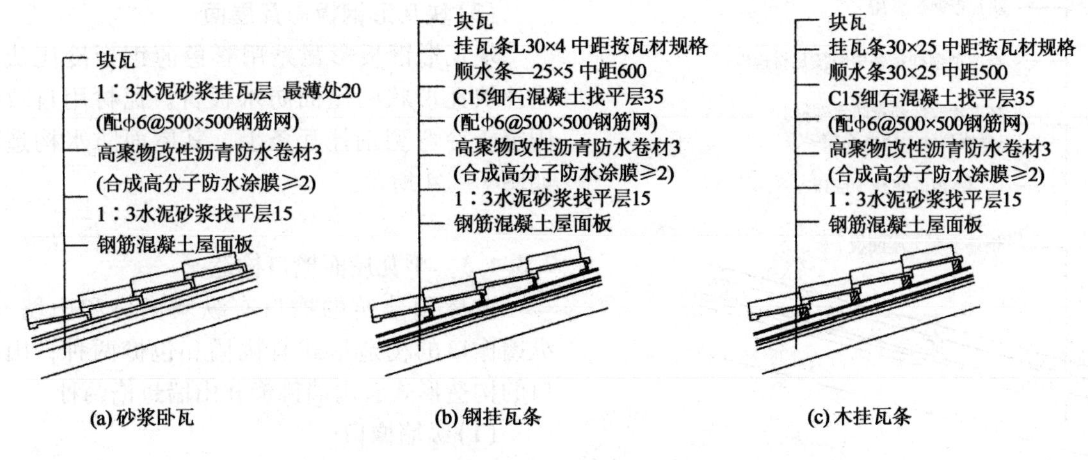

图 7－22 块瓦屋面构造

檩条上钉屋面板常在顶面设置木条，木条断面呈梯形，尺寸为 40～50mm 对开。檩条的间距与屋架的间距、檩条的断面尺寸以及屋面板的厚度有关，一般为 700～900mm(图 7－21)。

(2)椽条

当檩条间距较大，不宜在上面直接铺设屋面板时，可垂直于檩条方向架立椽条，椽条一般用木制，间距一般为 360～400mm，截面为 50mm×50mm。

(3)屋面板

当檩条间距小于 1000mm 时，可在檩条上直接铺钉屋面板；檩条间距大于 1000mm 时，应先在檩条上架椽条，然后在椽条上铺钉屋面板。

7.3.4.2 屋面铺设

(1)块瓦屋面

块瓦包括彩釉面和素面西式陶瓦、彩色水泥瓦及一般的水泥平瓦、黏土平瓦等能钩挂、可钉、绑固定的瓦材。

铺瓦方式包括水泥砂浆卧瓦、钢挂瓦条挂瓦、木挂瓦条挂瓦，其屋面防水构造做法如图 7－22 所示。钢、木挂瓦条有两种固定方法，一种是挂瓦条固定在顺水条上，顺水条钉牢在细石混凝土找平层上；另一种不设顺水条，将挂瓦条和支撑垫块直接钉在细石混凝土找平层上。

块瓦屋面应特别注意块瓦与屋面基层的加强固定措施。一般说来地震地区和风荷载较大的地区，全部瓦材均应采取固定加强措施。非地震和大风地区，当屋面坡度大于 1∶2 时，全部瓦材也应采取固定加强措施。块瓦的固定加强措施一般有以下几种：

① 水泥砂浆卧瓦　用双股 18 号铜丝将瓦与 φ6 钢筋绑牢[图 7－22(a)]；

② 钢挂瓦条钩挂　用双股 18 号铜丝将瓦与钢挂瓦条绑牢[图 7－22(b)]；

③ 木挂瓦条钩挂　用 40 圆钉(或双股 18 号铜丝)将瓦与木挂瓦条钉(绑)牢[图 7－22(c)]。

(2)油毡瓦屋面

油毡瓦是以玻纤毡为胎基的彩色块瓦状屋面防水片材，规格一般为 1000mm×333mm×2.8mm。

铺瓦方式采用钉黏结合，以钉为主的方法。其屋面防水构造做法如图 7－23 所示。

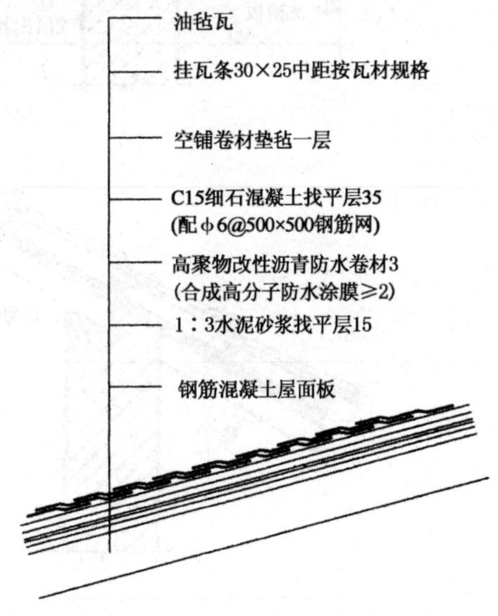

图 7－23 油毡瓦屋面构造层次

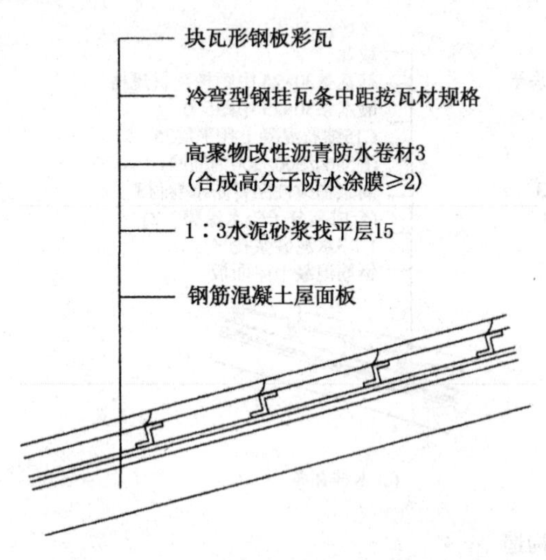

图7-24 块瓦形钢板彩瓦屋面构造层次

(3)块瓦形钢板彩瓦屋面

块瓦形钢板彩瓦系用彩色薄钢板冷压成型呈连片块瓦形状的屋面防水板材。瓦材用自攻螺钉固定于冷弯型钢挂瓦条上。其屋面防水构造做法如图7-24所示。

7.3.4.3 平瓦屋面檐口构造

坡屋顶建筑的檐口有纵墙檐口和山墙檐口。纵墙檐口的构造形式有挑檐和包檐两种；山墙檐口的构造形式有山墙挑檐和山墙封檐两种。

(1)纵墙檐口

①挑檐 指屋面挑出外墙部分，保护外墙，简便方法采用砖挑檐，构造方法是砖每皮出挑为

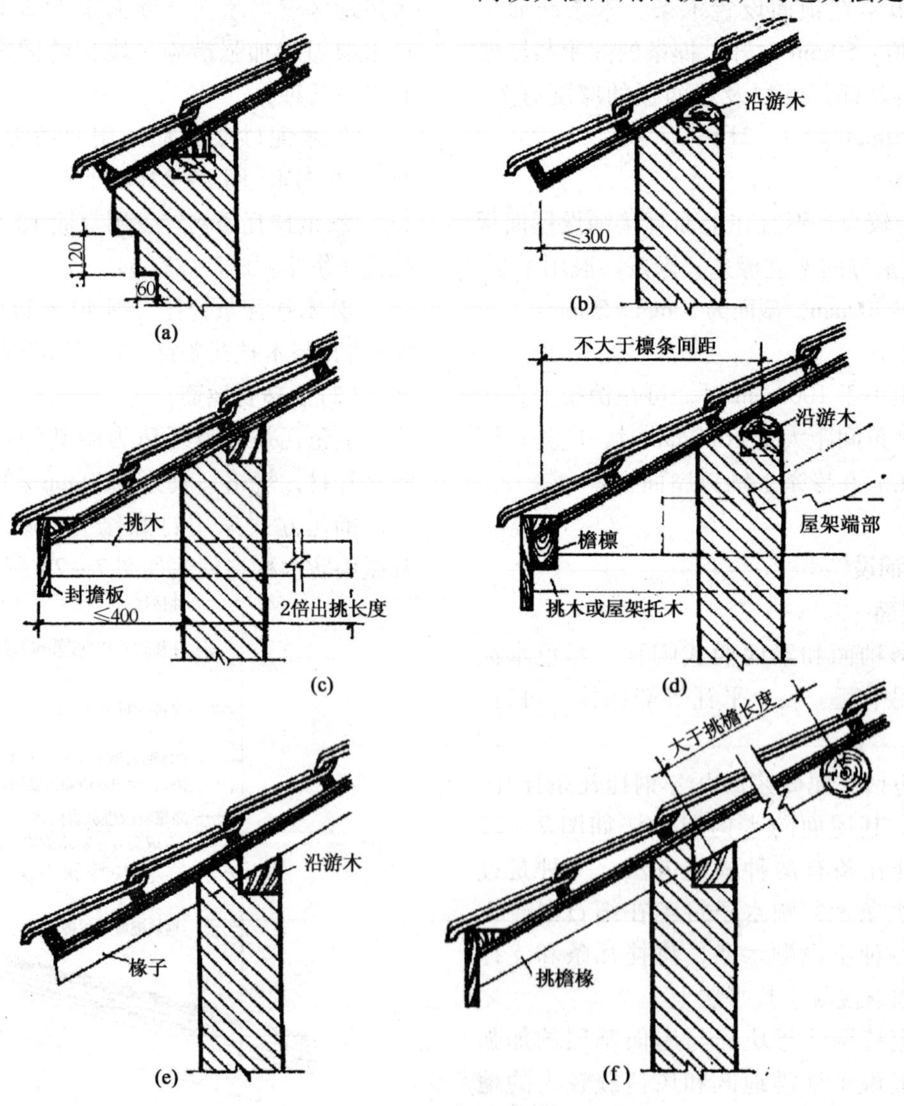

图7-25 半瓦屋顶挑檐

60mm，两皮一挑，高为120mm，但总出挑值不得大于外墙厚度的1/2，如图7－25(a)所示。出挑较大，挑檐常采用木料挑檐，基本可分为两种情况：

用屋面板做出挑檐口　由于屋面板较薄，出挑长度不宜过大，一般应≤300mm[图7－25(b)]，如果增加挑檐木来支承挑檐，则出挑檐口可适当加长。挑檐木设在屋架下弦或横墙内，伸入墙内长度应大于等于出挑长度的两倍，如图7－25(c)所示。

挑椽檐口　利用屋顶层次中已有的椽子[图7－25(e)]或在屋顶的檐边另设椽子挑出作为出挑檐口的支托[图7－25(f)]。

② 包檐　是外墙上部设女儿墙(压檐墙)将檐口包住。要解决好屋面排水问题，需做天沟。天沟最好采用钢筋混凝土预制构件，沟内设卷材防水，如图7－26所示。

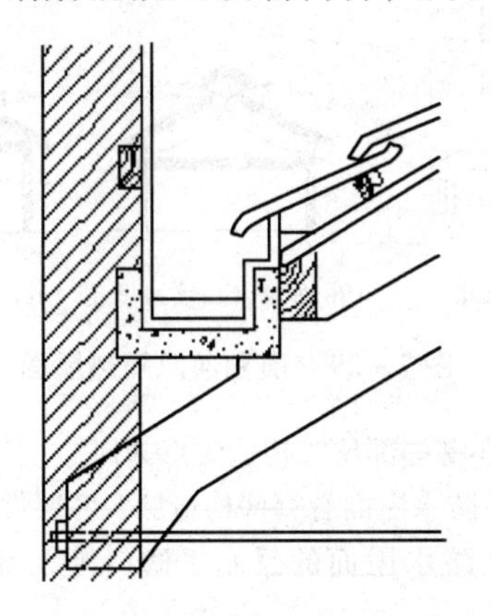

图7－26　包檐檐口构造

(2)山墙檐口

① 山墙挑檐　又称悬山。利用屋顶檩条的延长出挑，上铺屋面板、挂瓦，出挑檩条端部用木板封檐(也称博风板)而形成。山墙檐边铺设的瓦，为避免脱落应用1:2水泥麻刀或其他纤维砂浆做转角封边(坡水线)固瓦，如图7－27(c)所示。

② 山墙封檐　又称硬山。其构造做法是将山墙用砖砌筑高出屋面包住檐口，所形成的女儿墙与屋面相交处做泛水处理，如图7－27(a)、(b)所示。

7.3.5　坡屋顶的顶棚构造

坡屋顶的底面是倾斜的，为满足室内美观和卫生要求，常在屋顶下设置顶棚，顶棚可做成水平的，也可做成山形、梯形或弧形等。顶棚多吊挂在屋顶的承重结构上，即屋架的下弦杆和檩条的侧面或挂瓦板的缝隙中。

当屋架间距较大时，常在屋架下弦用吊筋固定主搁栅(大龙骨)，主搁栅的截面一般约为50mm×70mm，间距视顶棚重量而定，一般为700～1500mm。次搁栅(小龙骨)与主搁栅方向垂直，用小吊木钉在主搁栅底面，截面约为40mm×40mm，间距视顶棚面层规格而定，一般约在400mm×500mm。顶棚面层固定在次搁栅底面。

当屋架间距较小时，一般在屋架下弦直接吊挂顶棚搁栅，用于固定顶棚面层。

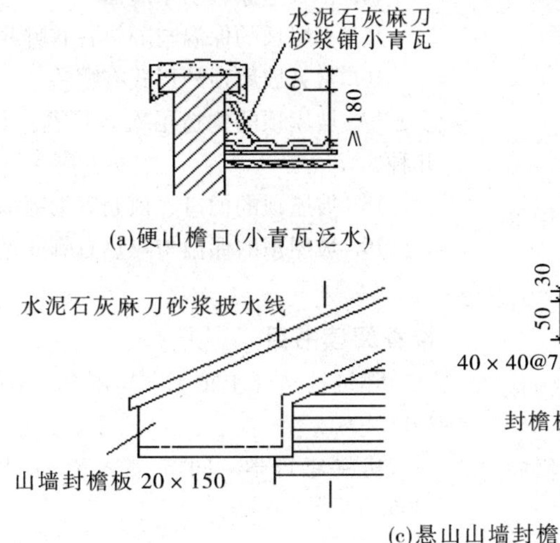

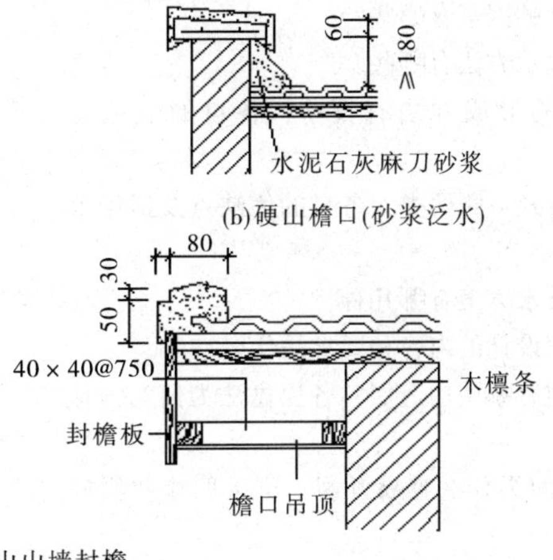

(c)悬山山墙封檐

图7－27　山墙檐口构造

在坡屋顶的房屋设置顶棚时，根据需要一般在房间的角落预留上人孔，以便安装电气和维修检查。整幢建筑的吊顶应便于人员通行，因此硬山横墙须留人行洞口，同时兼作通风孔。

7.3.6 坡屋顶的保温和隔热

(1) 坡屋顶的保温

坡屋顶的保温层一般布置在瓦材与檩条之间或吊顶棚上面。保温材料可根据工程具体要求选用松散材料、块体材料或板状材料。在一般的小青瓦屋面中，采用基层上满铺一层黏土稻草泥作为保温层，小青瓦片黏结在该层上。在平瓦屋面中，可将保温层填充在檩条之间；在设有吊顶的坡屋顶中，常常将保温层铺设在顶棚上面，可起到保温和隔热双重作用。

(2) 坡屋顶的隔热

炎热地区将坡屋顶做成双层，由檐口处进风，屋脊处排风，利用空气流动带走一部分热量，以降低瓦底面的温度，也可利用檩条的间距通风(图7-28)。

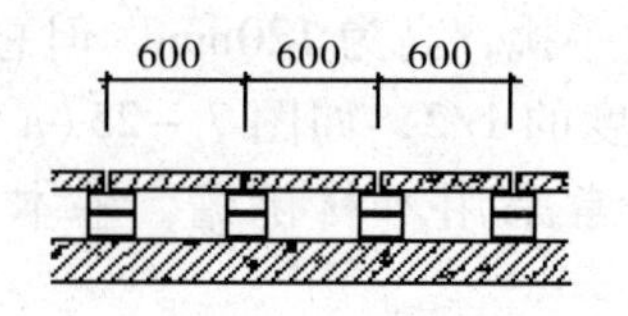

(a)架空预制板（或大阶砖）

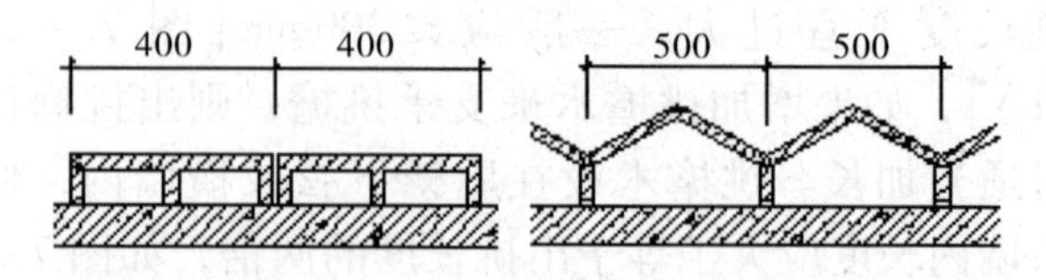

(b)架空混凝土山形板　(c)架空钢丝网水泥折板

图7-28　架空通风隔热

另外，坡屋顶设吊顶时，可在山墙上、屋顶的坡面、檐口以及屋脊等处设通风口(图7-29)，由于吊顶空间较大，可利用组织穿堂风达到隔热隔温的效果。这种做法对木结构屋顶还能起到去潮防腐作用。

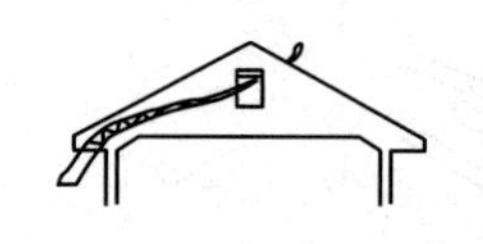
(a)檐吸山墙通风孔

(b)外墙及山墙通风孔

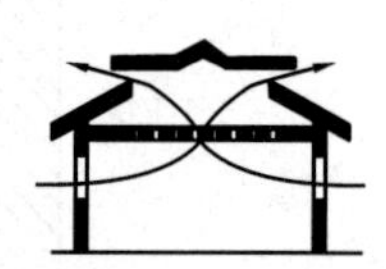
(c)顶棚及天窗通风孔

图7-29　顶棚通风隔热屋面

思考题

1. 屋顶有哪些设计要求？
2. 屋顶按外形分有哪些形式？各自的特点如何？
3. 影响屋顶坡度的因素有哪些？
4. 屋顶坡度的表示方法有哪些？
5. 平屋顶坡度的形成方法有哪些？各自的优缺点为何？
6. 平屋顶排水方式分哪两类？各自的优缺点及适用范围为何？
7. 常见有组织排水方案有哪几种？
8. 屋顶排水组织设计的内容和要求是什么？
9. 刚性防水屋面有哪些构造层？各层做法为何？为什么要设隔离层？
10. 刚性防水屋面为什么容易开裂？可采取哪些措施预防？
11. 为什么要在刚性防水屋面的防水层中设分格缝？分格缝应设在哪些部位？构造要点为何？
12. 柔性防水屋面有哪些构造层？各层做法是什么？
13. 柔性防水屋面的泛水、檐口等细部构造要点是什么？
14. 什么是涂膜防水屋面？
15. 平屋顶的保温与隔热各有哪些构造做法？
16. 常见坡屋顶的形式有哪些？
17. 坡屋顶的构造层次有哪些？其承重结构系统有哪几种？
18. 坡屋顶的檐口、顶棚等细部构造要点是什么？
19. 坡屋顶的保温与隔热有哪些做法？

推荐阅读书目

建筑构造（上册）. 李必瑜. 中国建筑工业出版社，2013.

房屋建筑学. 同济大学等. 中国建筑工业出版社，2006.

第8章 屋顶花园(绿化)

[**本章提要**] 屋顶花园的出现体现出建筑师对建筑第五立面的关注与利用，提供景观效果的同时也增加了人们的活动空间，但建立在屋顶之上的花园无疑给建筑增加了屋面构造处理上的复杂性以及结构处理上的难度。本章简要介绍屋顶花园的效能与作用，重点介绍了屋顶花园的构造层次及构造处理，同时讨论了其荷载与安全。

随着人们生活水平的提高，人们对工作和居住环境有更高的要求。科学技术和现代建筑发展的趋势之一就是要使建筑与自然环境相协调，把更多的绿化空间引入建筑空间。这在当今建筑科学技术发展的条件下，为建造屋顶花园创造了有利的条件。

在建筑物屋顶上绿化、养花和建造花园，与露地种植和造园的最大区别就在于它的种植土不与大地土壤相连，若想取得理想效果，必须了解屋顶种植与露地种植的差别，也需对承受它荷重的建筑物屋顶结构与构造有必要的知识。

8.1 屋顶花园(绿化)的效能与作用

8.1.1 物理效能

(1)保温隔热

现代建筑的屋顶构造层次都设有保温隔热层，其作用在于夏季阻隔室外环境高温传入室内，寒冬阻隔室内热量传出室外。研究表明，对于一般非超高层建筑来说，屋顶造成的室内外温差传热、耗热大于任何一面外墙或地面的耗热量。尤其是低层大面积的建筑，由于屋面面积在维护构件的总面积中所占比例较大，夏季从屋面进入室内的热量甚至占到总维护构件进入室内热量的70%以上。由此可看出，屋顶保温隔热性能的优劣影响着建筑消耗能源的多少，影响着人们的生活工作环境。因此，选择优良的保温隔热材料及采用可靠的构造方法成为建筑屋顶设计中十分重要的内容。

屋顶绿化研究令人们看到了相当有利的前景。试验数据表明，当夏季室外环境气温为30℃时，钢筋混凝土屋面的温度可达40～50℃，如果对屋顶进行绿化则绿化屋顶10cm深处的温度只有20℃。这是由于绿色植物吸收了环境中大量热辐射的结果。

冬季，屋顶绿化构造层材料就是一种很好的保温材料，起到屋顶保温层的作用。据统计，屋顶如果用20cm厚的绿化基质覆盖，冬季室内温度要比无基质覆盖时高2～3℃。

可见，绿化屋顶系统的热功效能优于普通屋面系统，是提高屋面保温隔热性能的有效途径。

(2)蓄水保湿

城市中建筑林立，地表很大部分也铺上了不透水的硬质铺装。当遇到降雨时，雨水由建筑的雨水管道汇集进入市政排水管道再向江河排放。这种排水方式使得城市表面成为一个闭水面，只有很少的一部分雨水被吸收。天气放晴后，地表水分很快蒸发，地表干燥、空气湿度低、环境温度升高，加重城市热岛效应。如果对屋顶进行绿化，植物及种植基质的吸水和蓄水作用可以大大减少屋顶的排水量。试验表明，如果15min内降雨强度为20L/m^2，在有绿化的屋顶排水量为5L/m^2，而普通屋面达16L/m^2。由此可以看出，有绿化的屋顶比无绿化的屋顶可以减少排水量。保留在屋顶的雨水通过植物叶面、种植构造层慢慢蒸发掉，从而建立一种良好的生态循环效应，使得建筑周围空气湿润，周边温度降低。

(3)延长屋面使用寿命

屋面绿化的附加构造层可以防止紫外线辐射、酸雨等给屋面带来的不利影响，延长建筑屋面的寿命。

加拿大国家科学研究委员会在渥太华建造了一个实验屋面，面积70m^2，中间用矮墙将屋面分成面积相同的两部分，一边为SBS改性沥青卷材屋面，另一边为绿化屋面，其防水层以下各构造层次相同，15cm的种植层种植了一种当地的野草。分析表明，屋顶绿化可以明显地缓和外环境引起的屋面温度波动，由于过高的温度会加剧卷材中沥青的老化，温度的加大波动还会使卷材产生热应力，影响其力学和防水性能，可见屋顶绿化能延长卷材的使用寿命。

(4)降低噪声

随着城市化进程的加快，交通运输、工业生产等活动为城市带来了严重的噪声污染。虽然可以通过设置隔音设施降低噪声，但是需要加设隔音设施的地方很多，实施起来有一定难度，也不利于市容环境。增加城市绿化覆盖率是一条简单有效的途径。就屋顶绿化而言，设有绿化的屋顶比硬质铺地的屋顶有着分贝值更低的声学环境。植物层和土壤层对声波具有一定的吸收作用，绿化后的屋顶与砾石屋顶相比最大减噪量可达10dB。

8.1.2 景观效能

随着人们活动空间向高处建筑空间拓展，人们俯视城市的机会增多，城市建筑屋顶成为主要的俯视对象。

而现有屋顶多为防水材料保护层覆盖，颜色单调，或黑或灰；形式单调，多平屋顶；在强烈的太阳光下，还会反射刺目的眩光，损害人们的视力。单调的屋顶景观与色彩丰富、形式多样的地面绿化景观形成鲜明的对比。绿化屋顶能够给人们带来丰富多样的视觉景观，缓解视觉疲劳，调节心情。

8.1.3 心理效能

人是自然界的一员，人们有向往亲近自然的心理需求。现在人类虽然建起了自己的高楼，自己的都市，但似乎与自然界的距离越来越遥远。

屋顶绿化不仅能为人们带来一种绿色的自然情趣，而且是一种与日常生活和工作更贴近的、提供人们交流的空间。与有目的地去公园游乐不同，它渗入到人们的生活和工作环境，给人们带来一种美的享受，它在心理上的作用远比物质享受更为深远。

8.1.4 游憩效能

各种类型的屋顶绿化可以在人们的生活中扮演许多的角色，为人们提供绿色休闲游憩空间：在办公大楼里，它可以使人们在工作间休时稍作休闲娱乐，放松身心；在密集的城市中有一容身之处坐下来与朋友聊天或者享受一个快餐；在住宅楼里，它可以使人们在家门口散步。

8.1.5 生态效能

(1)提高空气质量

① 吸收二氧化碳，放出氧气　温室效应使地球变暖，令生态环境恶化，到目前为止，被认为最经济最有效的解决方法就是种植更多的植物。屋顶绿化是人们利用植物绿化空间的一种方式。不同类型植物固定二氧化碳的量不同，由此可知，屋顶绿化时使用不同的植物具有的生态效应也

不同。

② 吸收有害气体　植物可以吸收某些有害气体，尽管植物会受到有害废气的伤害，但在不使植物受到明显伤害的情况下，许多植物对不同有害、有毒气体具有一定的吸收、同化作用。据研究表明：合欢的叶片就可吸收一定量的二氧化硫；女贞的枝干树叶可以吸收氯；夹竹桃、棕榈、桑树、大叶黄杨均能吸收有害的汞蒸汽。有些树种还能吸收苯、醛、酮等有机污染物。屋顶绿化还能减少空气中的有害细菌，植物的某些分泌物具有杀菌的作用，因而可以减轻疾病的传播。

③ 吸附粉尘　绿化植物可以吸滞大气中的尘埃。污染的空气中包含大量粉尘及悬浮微粒，其中不仅含有碳、铅等可致病的有毒微粒，有时还含有病原菌，而植物是吸滞空气灰尘的天然过滤器。树木、叶片表面往往多生长着茸毛，有皱褶或分泌黏液，对各种尘埃有阻挡、过滤和吸附作用，从而大大减少大气中的灰尘。据测定，一个缺少林木绿化的城镇，每天的降尘量在850mg/m^{2}以上，而有绿化的地区，每天降尘量不足100mg/m^2。

(2)降低区域环境温度

绿化覆盖面不足是城市“热岛效应”产生的重要原因之一。靠空调降低室内温度只会加强“热岛效应”的恶性循环，而且会增加大气的污染。而提高城市的植物覆盖已被证明是降低环境温度的安全而有效的措施。根据国内外相关研究表明，绿化植物能使局部气温降低3～5℃，相对湿度增加3%～12%。有鉴于此，日本的环境厅就以推进建筑物立体绿化的方法作为降低都市高温化的有效策略，甚至在东京涩谷区，自2001年已强制所有新建公有建筑物必须确保两成以上的屋顶绿化面积。

绿化降温增湿效应主要是由于植物的蒸腾原理，植物通过根部从土壤中吸收水分，然后一部分通过光合作用被吸收，另一部分通过叶片表面蒸发出去。蒸发作用是水由液体变为气态的一个过程，所以消耗了相当部分的辐射热能，使周边环境降温，湿度增高。蒸腾量的多少受限于植物本身的生理特性、环境周围温度与湿度、土壤温度、时间等因素的影响。

8.1.6　经济效能

科学技术的发展不仅保障了屋顶绿化质量，而且降低了建设成本，使得屋顶绿化的经济效能逐渐凸现。根据具体情况，屋顶绿化的造价一般在70～500元/m^2，其维护费用可通过科学化的管理手段逐步降低。相对屋顶绿化可以带来的经济效益而言，这些投入有其必要性。屋顶绿化的成功离不开政府的支持、开发商的参与和业主的认同，而这项工程也会为三方带来可观的经济效益。

对于建筑的使用者而言，屋顶绿化的节能效应，使他们可以节省不菲的空调和采暖成本。例如，在德国，试验数据表明，典型的屋顶绿化每平方米、每年可节省约相当于2L燃料的制冷采暖能源消耗。在日本夏季晴天时，屋顶花园覆盖下的有6张榻榻米的房间一天可节约54日元的空调费，而芝加哥市政厅的屋顶绿化每年则可节省高达6000美元的空调和采暖开支。

对于建筑的开发商而言，屋顶绿化可以为他们的经济收益带来立竿见影的效果。以住宅为例，传统楼盘的顶层因为冬冷夏热、易渗漏雨水等原因，在售价相对低的情况下，还可能无人问津。如今，带有屋顶绿化的住宅越来越多受到人们的青睐，尤其是顶层颇为受益。通过绿化使屋顶组成自成格局的庭院式高层活动空间，不仅成就了顶层房产的旺销格局，而且对房地产的保值和增值均具有重要意义。对于酒店、办公楼、医院等公共建筑，对屋顶进行绿化同样提高其市场价值，吸引更多的客流。如日本大阪的QACT大楼是在日本的泡沫经济时期兴建的一项大型公共设施。在泡沫经济崩溃后，房屋出租率直线下降，开发部门承担巨额的赤字。但是，在屋顶花园竣工后，仅仅不到一年时间，大楼整体的销售额就上升了近10%。

对于政府而言，屋顶绿化的经济效益更加可观。一般认为，城区绿化10 000m^{2}的土地，加上征地、拆迁等费用约需3000万元，而绿化同样面积的屋顶，成本只是前者的1/20左右。由此可见，当屋顶绿化形成规模化建设后，可以节约大量的绿化成本。如果在屋顶上种植农作物、果树等产出型植物，经济回报则更加可观。

8.2 屋顶花园(绿化)构造层次

屋顶花园(绿化)主要构造层有：植被层，种植基质层，过滤层，排水层。此外，可设置辅助构造层，包括保护层，防穿刺层，隔离层，防水层等。

8.2.1 植被层

8.2.1.1 植被层的作用

植被层是屋顶绿化的主要功能层，集中体现屋顶绿化的景观、游憩、生态等各项效能，为人们俯视建筑提供良好的视觉景观，提供绿色游憩空间。

与地面绿化植物一样，植被层发挥各种生态功能，如具有吸收二氧化碳、释放氧气、吸收有毒气体、阻止尘埃、调节空气湿度，使城市空气清新、洁净等作用。

与地面植物相比，生长位置较高的植物，能在城市空间中多层次地净化空气，起到地面植物达不到的效果。

8.2.1.2 屋顶绿化植物生长环境特征

屋顶种植与平地种植最大的不同之处在于屋顶隔断了植物与大地的连接，使得植物所需的水分和营养失去了大地的持续供给和调节，屋顶植物生长环境的生态因子发生一些改变，突出体现在风、水、温度、光照等方面。

(1)风

建筑屋顶上气流通畅，当风吹到建筑表面，由于阻力的影响，风力和风速在建筑周围都将加大，变成瞬风。适当的通风使建筑屋顶上气流通畅，但是如若风速过高，易导致高层植物倒伏、风折，高温季节易出现枯梢、枯叶等不良症状。

不同类型屋顶绿化受到风的影响是不同的：

① 当为室外屋顶绿化时，风对植物、园林小品以及人的影响都比较大。尤其是主楼顶部的植物易遭风害，园林小品易被风吹损。因此，要求植物具有抗风性，或者人为干预采取防风的措施；园林小品的设计要牢固等。

② 当为半室内屋顶绿化时，风有时也会影响植物的生长，同样需要植物具有抗风性。

③ 当为室内屋顶绿化时，大多数情况下，室外的风对植物不构成影响，基本不要求植物具有抗风性。

(2)水

由于缺少了大地的调节作用，屋顶植物能利用的毛细管水少。

① 当为室外屋顶绿化时，植物能得到的水一部分来自于自然降水，一部分来自人工浇灌。在雨季，由于基质对雨水的滞留作用，基质存在短时间的积水，这要求植物具有一定的耐湿性；到了干旱季节，如果养护管理不及时，植物又容易缺水，这要求植物抗旱能力比较强。特别是楼顶上光照强、风速高、空气湿度变化大，某些时候，即使植物根系供水充足，也会因为植株上部风速过高，而导致植物尖端失水过多形成枯梢、枯叶。

② 当为半室内屋顶绿化时，与室外屋顶绿化相似，半室内屋顶植物也需要具备一定耐湿性和耐干旱性。

③ 当为室内屋顶绿化时，完全依靠人工浇灌，植物对养护管理的要求较高。

(3)温度

屋顶绿化多建在建筑密集的区域，并且建筑物的比热容较小，因此，白天屋面在日光照射下迅速升温，到晚上又迅速降温，使屋顶上的日温差和年温差均远远高于地面温差。

适度的温差有利于植物生长，也有利于植物色彩的表现，这是某些屋顶植物生长情况好于地面植物的原因之一，如紫叶李、金叶女贞在屋顶绿化中色彩表现效果好。但是如果温差的变化幅度和变化速度超过植物的承受能力时，则会导致植物生长不良，夏季高温易致叶片灼伤，根系受损，冬季低温易造成寒害或冻害。

① 当为室外屋顶绿化时，温度对植物的影响较大，要求植物具有耐热性和耐旱性。

② 当为半室外屋顶绿化时，与室外屋顶绿化情况相似，也要求植物具有一定耐热性和耐旱性。

③ 当为室内屋顶绿化时，室内温度基本恒定，温度对植物的影响较小。

(4)光照

屋顶上光照强度较大，为植物的光合作用提供了良好的条件，有利于喜光植物的生长。另一方面，由于现代建筑幕墙多采用玻璃等反光材料，处于建筑环境之中的植物在吸收太阳直射光之外，还受到建筑物反射光的照射，从而使植物所受光照强度有所增加。适当增加光强可以增强植物的光合作用，但是如若光照过强，反而会导致光合作用停止，对植物生长不利。

① 当为室外屋顶绿化时，楼顶光照强，要求喜光植物；裙楼或者露台局部长期处于建筑阴影中，要求植物有一定耐阴性。

② 当为半室内屋顶绿化时，一般而言，植物会接受到顶光或侧光的照射，要求植物具有一定的耐阴性。

③ 当为室内屋顶绿化时，以人工光照为主，对植物的耐阴性要求较高，或者需要人工补偿光照。

综上所述，屋顶环境对植物生长的有利因素有：屋顶光照强，促进植物光合作用；昼夜温差大，利于植物营养积累；气流通畅，污染减少，有利于植物生长和保护。屋顶环境对植物生长的不利因素有：风大植物倒伏、干旱、受冻害的可能性增加，室外光照强时植物易受日灼，室内屋顶光照不足需要人工补偿光照。

8.2.1.3 植物对环境的适应性分析

通过分析可知，屋顶绿化需要植物具备的特性集中表现在：耐热性、耐寒性、耐湿性、耐阴性、抗风性、耐贫瘠、耐干旱等方面。这些特性是屋顶植物选择的关键因素。

8.2.1.4 选择屋顶绿化植物的注意事项

鉴于屋顶绿化环境条件的复杂性，适应于屋顶环境的植物并不是固定的，因此，应该根据具体的情况，综合考虑诸多因素加以选择。

① 在已有建筑上进行绿化时选择植物需要考虑建筑承载能力、植物对环境的适应性、园林景观效果、植物配置艺术、养护管理水平、造价等因素。

② 与建筑设计同步设计的屋顶绿化需要考虑园林景观效果、植物配置艺术、植物对环境的适应性、建筑承载能力、养护管理水平、造价等因素。

8.2.2 种植基质层

8.2.2.1 基质层的主要作用

屋顶绿化中的基质层主要是为植物提供生长空间，供给生长所需的养分、水分，固定植物，并且能够及时地排出屋面上多余的水分，是植物生长的“土壤”。由于其所处位置的特殊性，基质层的供水和温度并不能保持稳定，其荷载对建筑结构有较大的影响。因此，与地面土壤相比其限制条件要多一些。

8.2.2.2 基质层需要具有的特性

(1)含有一定的有机物质

有机物质能够为植物提供必要的养分。

(2)具有一定的蓄水能力

种植屋面上可蓄水的空间一般很小，基质层是为植物根系生长蓄水的主要空间。而且屋面上的自然环境比自然地面更加恶劣，例如，与地面相比，屋面上风速和温度引起的蒸发量更大。这就要求种植基质层需要具有较高的蓄水能力。当蓄水量超过65%时，应该考虑积水的影响。

(3)渗水性

为了保证将多余的水分排走，避免积水给植物和建筑带来的不利影响，种植基质层必须具有永久的渗水性。植物种类和屋面坡度决定着种植基质层的渗水要求。随着屋面坡度的提高，对基质层渗水性的要求降低。

(4)一定的孔隙率

提供给植物根呼吸的空气，同时能够保持一定水分。

(5)具有一定的空间稳定性

内容略。

8.2.2.3 基质层的材料

(1)自然表层土

有时也称田园土。

优势　取材方便，价格较便宜，肥力相对

持久。

不足　湿容重大(土壤容重一般为1100~1400kg/m³),孔隙率不稳定,体积随着有机物的流失收缩较大,携带杂草等有机物导致植物易生病虫害。

(2)改良土壤

一般由田园土、排水材料、轻质骨料和肥料混合而成。常见改良土配比材料及特性见表8-1。

优势　荷载较轻,持水量大、通气排水性好,营养适中,清洁、无毒,材料来源广。

不足　结构稳定性差(有机物随水流失后,土壤体积变化较大)。

(3)人造土壤

有时也称无土栽培基质,一般是指利用天然矿物、工农业有机无机废弃物单体或复合体。基本具备了水、肥、气、热等类似于表层土可供植物生长的肥力特性。常用的材料如表8-2所示。无土栽培基质在20世纪初逐渐由实验室的研究走向实用化的生产应用。事实上屋顶绿化栽培基质的发展越来越趋向于无机材料的配合使用和对工农业废弃物的资源化再利用。

表8-1　常用改良土配比材料及特性

主要配比材料	配制比例	湿容重(kg/m³)
田园土、轻质骨料	1:1	1200
腐叶土、蛭石、砂土	7:2:1	780~1000
田园土、草炭、蛭石和肥	4:3:1	1100~1300
田园土、草炭、松针土、珍珠岩	1:1:1:1	780~1100
田园土、草炭、松针土	3:4:3	780~950
轻砂壤土、腐殖土、珍珠岩、蛭石	2.5:5:2:0.5	1100
轻砂壤土、腐殖土、蛭石	5:3:2	1100~1300

表8-2　屋顶绿化人工栽培基质部分材料列表

材料名称	功能描述	性能指标	注意事项
泥　炭	主要的有机栽培基质;提供良好的有机生长环境;用于屋顶绿化的泥炭,纤维质含量必须大于80%	饱和水条件下容重一般在500kg/m³左右,pH值5.5~6.0	严酷的环境中易分解,被雨水冲刷后会流失
蛭　石	无机矿物质;可缓释、保水、保肥,富含Mg等矿物质营养元素;主要用做添加剂,宜与酸性有机基质混合使用	饱和水条件下容重为330~450kg/m³,中性或碱性,空隙度达95%	易破碎,不宜受重压
珍珠岩	灰色火山岩高温加热膨胀而成,宜用做基质辅料	容重小(0.03~0.16kg/m³),孔隙度约93%	对养分无吸收能力,易破碎
浮　石	火山喷出岩,轻质、多孔;宜用于基质排水层和土壤疏松剂	颗粒容重为450kg/m³,吸水率50%~60%	持水能力较差
煤　渣	煤炭燃烧后粒状或粉末状残渣	容重500~1000kg/m³	容重较大,前处理成本高
锯木屑	木材加工废料;新鲜木屑含大量有害物质,且C/N高,用前需堆肥腐熟	堆肥后风干容重0.35~0.50kg/m³,湿容重0.70~0.85kg/m³	忌用未腐熟木屑

优势　荷载较轻,持水量大、通气排水性好,营养丰富,清洁、无毒,材料来源广。

不足　结构稳定性差。

8.2.2.4　基质层的深度

据美国研究,乔木和灌木根部97%是在深4英尺(121.92cm)的土壤中生长,只有极少数可以达到10~12英尺(304.8~365.76cm),大部分根系都出现在富含营养的腐殖质中或附近。

据日本学者研究,自然土壤中,土壤表层以下30cm处分布着60%~70%的植物根系,而60cm以下则分布着80%~90%的植物根系。

自然界中,根系生长的深度差异很大。在很薄的土层中生长良好的例子很多,如苏格兰西海岸玛马峡谷地区原始橡树生长在岩石表面,根部土壤深度仅9~12英寸(22.86~30.48cm);人工栽培中,盆栽植物(特别是盆景)在不厚的土壤中生长良好的例子也很多。这说明,植物的健康生长和它们根部可能达到的最终位置不仅取决于土壤深度，与长期的营养供给和维护等多方面因素有关。

因此，无论是在已有建筑上进行绿化还是与建筑设计同步设计的屋顶绿化，在确定基质深度时都应根据已有条件，综合考虑如下因素：① 建筑结构的承载能力；② 植物根系生长特性；③ 基质材料特性；④ 养护管理水平、造价；⑤ 其他。

8.2.3 过滤层

8.2.3.1 过滤层的作用

过滤层的作用是防止种植基质层中的细颗粒漏到排水层阻塞排水层及屋顶排水口，同时保证基质层中多余的水分顺利地排入排水层，防止屋面积水。

8.2.3.2 过滤层需要具备的特性

(1) 较长久的渗水性

能够将种植基质中多余的水分顺利排入屋面排水系统，防止积水。其渗水性不能比种植基质层的渗水性差。理想的过滤层应该是：在基质层结构稳定前能够起到有效的过滤作用，此后应该具有较长久的渗水性。

(2) 适当的孔径

保证水分顺利通过过滤层，而种植基质的小颗粒滞留在过滤层之上。

(3) 一定的耐腐蚀性

在基质层结构稳定前，具有一定的耐腐蚀性。

(4) 具有一定的阻止根系生长能力

阻止植物根系生长，消除根系对屋面防水层的威胁。

(5) 易施工

内容略。

8.2.3.3 过滤层的材料

过滤层的材料要在保证排水通畅的同时又要有效地固定土壤，在屋顶绿化的建造史上一直是一大挑战。常见过滤材料主要有如下几种。

(1) 稻草、椰壳纤维等有机材料

优势　荷载轻，造价低，无污染，能够保持相对长久的渗水性(在土壤结构稳定后腐烂)。

不足　易腐烂，过滤性持久效果不定。

早期很多屋顶绿化都使用此类带纤维有机材料作为排水层。美国凯泽帝国中心大楼，建于20世纪60年代初期，当时运用稻草作为过滤层的材料。尽管它会腐烂并被水冲走，但在此之前为土壤建立稳定结构提供了足够的时间，并在腐烂后保证了屋面排水顺畅。

(2) 粗麻布、塑料编织袋等编织材料

优势　荷载轻，造价低。

不足　易腐烂，过滤性能不稳定。

兰州园林局屋顶花园，20世纪90年代左右建设，采用塑料编织袋的材料做过滤层，既减轻了重量，又降低了造价。

美国奥克兰博物馆屋顶花园在排水口上方铺设一层普通的粗麻布作为过滤材料，在花园建成初期，这一设置保证了屋顶多余的水分流入排水口，阻止砂石进入排水口。

(3) 无纺布

优势　耐腐、易施工、耐用。

不足　渗水性不长久(随着时间的推移，更多的细颗粒聚集在过滤层之上，会使其渗水性降低)。

无纺布可以用很多常见的纤维材料制成，如聚丙烯、聚酯、聚酰胺、聚丙烯腈、玻璃纤维或岩棉。20世纪60年代，一种作为绝缘材料而开发出来的玻璃纤维产品首次被当做滤布使用，后来出现越来越多的类似材料，逐渐被人们接受用于屋顶绿化过滤层。

我国20世纪90年代的长城饭店和北京饭店选用的是玻璃纤维布(图8-1)，2000年以后建的屋顶绿化多选用聚丙乙烯热合硬化而成的无纺布(图8-2)，如京伦饭店。

图8-1　玻璃纤维布

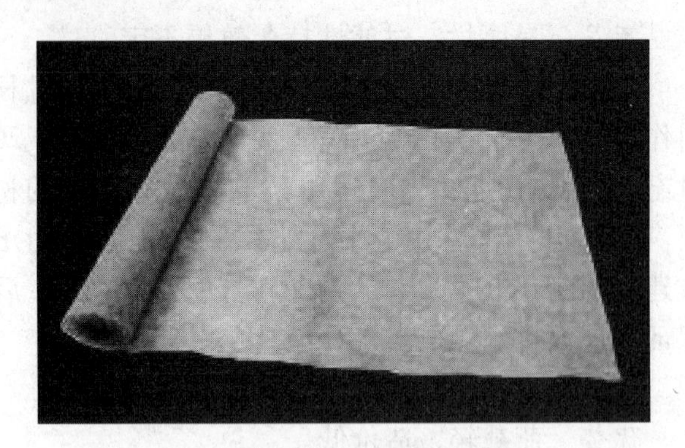

图8-2　无纺布

8.2.4　排水层

8.2.4.1　排水层的作用

排水层的主要作用是能够在降雨或者浇灌时让土壤中不能保持的多余水分排到排水装置中，防止屋面积水，并且能够支撑上面材料的重量。一般包括排水材料和排水管道两部分。

8.2.4.2　排水材料需要具备的特性

① 较长久的渗水性：保证屋面中多余的水分能顺利进入屋面排水系统。坡屋顶主要靠坡度排水，对材料渗水性的要求不高。

② 一定的孔隙率：以保证水分顺利通过。

③ 耐腐蚀，较长久的稳定性。

④ 一定的支撑抗压性：支撑种植层、基质层、过滤层，防止被上层构造压实而不透水。

⑤ 易施工。

8.2.4.3　排水层的材料

(1)松散材料

松散材料是比较适合的排水材料，种类也很丰富，现在仍然有很多屋顶绿化采用此类材料，常用材料见表8-3。早期屋顶绿化中还采用了粗煤渣、碎石等材料。

优势　取材相对容易，价格相对便宜。

不足　只适合用于坡度比较小的屋顶排水层，荷载较重。

表8-3　松散排水材料表

材　料	粒径尺寸(mm)	排水孔隙率(%体积)	密　度(g/cm^3)
砂砾、石屑、陶粒	4~16	25~40	1.6~1.8
溶　岩	1~12	38~46	1.1~1.4
未冲洗的浮石	2~12	15~24	1.1~1.2
干净的浮石	2~12	30~38	0.7~0.8
碾碎的膨胀黏土	2~8	34~36	0.6~0.8
碾碎的膨胀页岩	2~11	40~42	0.6~0.8
碎黏土砖	4~16	35~41	1.0~1.1
未碾碎的膨胀黏土	4~16	45~55	0.5~0.6
未碾碎的膨胀页岩	4~16	40~50	0.6~0.7
泡沫玻璃	10~25		0.25~0.3
碾碎的矿渣	最大32		0.9

美国德里和汤姆斯屋顶花园采用3英寸(7.62cm)厚的煤屑作为排水层，美国洛克菲勒中心屋顶绿化则采用4英寸(10.16cm)厚粗煤渣作为排水层，美国加州太平洋大楼屋顶绿化则采用了陶粒排水层。我国北京长城饭店采用200mm厚的砾石为排水层。

(2)板材

板材包括用热黏法或用沥青黏结的泡沫平板、异型硬质板、泡沫塑料板、排/蓄水板等专为屋顶绿化研制的排水板材，也包括原本作他用，但是也适合用于屋顶绿化的排水材料，如各种植草格、渗排龙、蓄/排水板等。

① 各种植草格(图8-3)　原为车流较少的路铺设草坪而设计的，若将方块倒置(也就是把原来用于承载车辆的那一面朝下)即成为适用于屋顶绿化的排水材料。

② 渗排龙(图8-4)　原用于公路路基、边坡、中央隔离带排水，有管材和片材两种。其中片材可用于屋顶绿化。

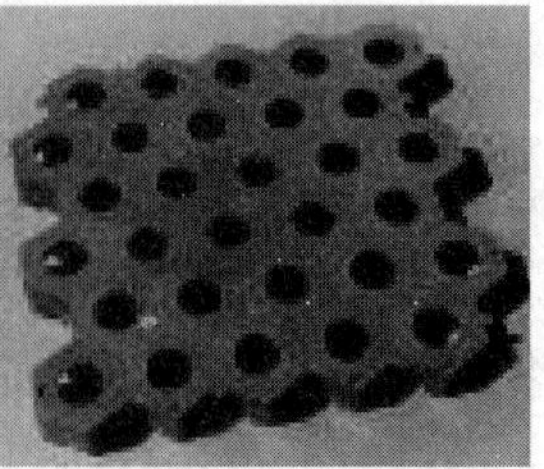

图8-3　植草格

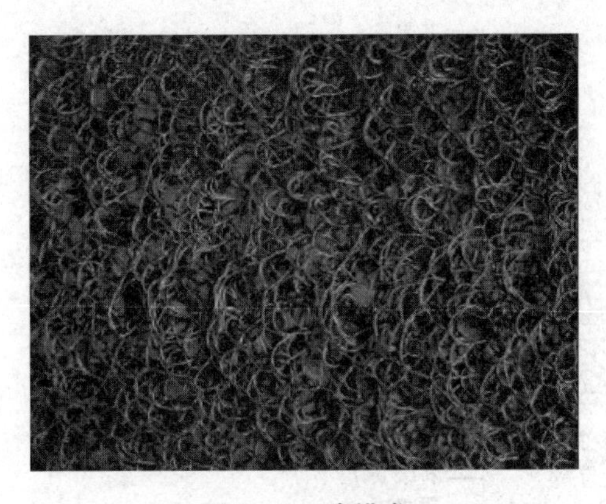

图8-4　渗排龙

优势　耐久、轻便且可抗高压，能起到良好顺畅的排水作用。

不足　渗水性不持久。

纽约巴巴拉。胡布施曼屋顶花园在20世纪70年代重建时使用了一种植草格(赛尔草刚性空心塑料板材)作为排水层，应用效果较好。构造做法见图8-5。

③ 排/蓄水板(图8-6)　具有贮水和排水双重功能，尤其适用于覆盖型屋顶绿化工程中。现在我国相当部分的屋顶绿化也已开始大量采用这种排/蓄水板来施工。

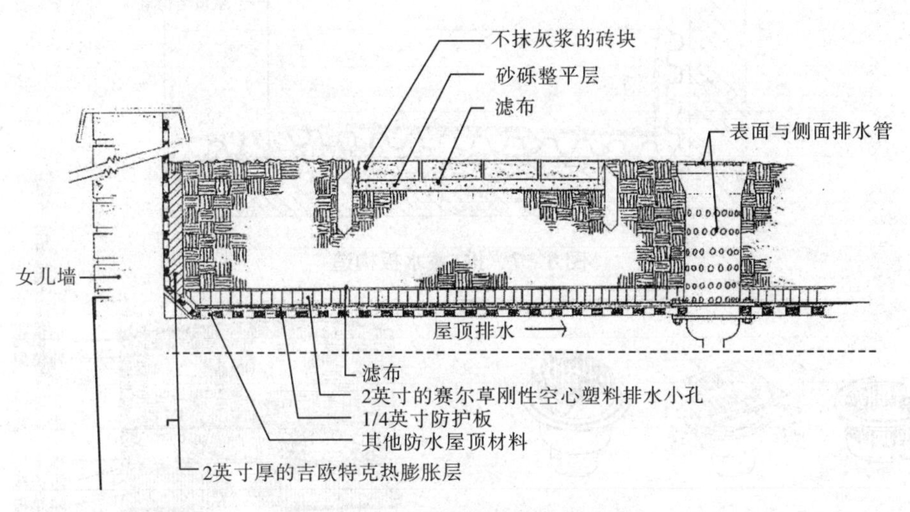

图8-5　胡布施曼屋顶绿化构造

图8-6　排/蓄水板

优势　质量轻、抗高压、透气；能起到良好顺畅的排水作用，同时还可储存一定量的水分供植物生长之用，施工简易。

不足　新材料渗水长久性待实践检验，蓄水使屋面其他构造层次处于潮湿状态，蓄水增加屋面荷载。

近年，北京在已有建筑屋顶建造屋顶绿化多采用排/蓄水板材，如红桥市场屋顶绿化，科技部节能示范楼屋顶绿化，构造做法如图8-7。

8.2.4.4　排水管及管口

排水管口主要作用是收集水，集中排到建筑排水管中。它们一般由塑料或金属制成。为了满足不同的需要，排水口有很多种形式(图8-8)。

上段和侧面都有口的排水口适用于地表及浅地表排水(图8-9)，主要用于种植区。排水组件的下半部安装在屋顶板内，防水材料紧贴在它的四周，组件上半部和下半部由螺栓连接，不锈钢延长管使得人们可以将排水管应用于不同深度的地方。

平板排水口主要用于铺装区，用法如图8-10。

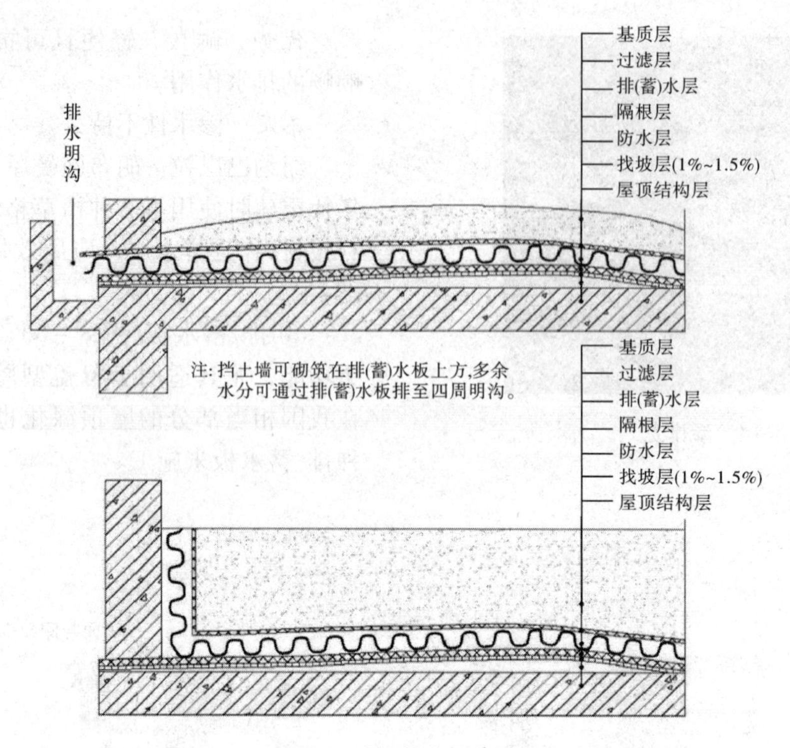

图 8 -7　排/蓄水板构造

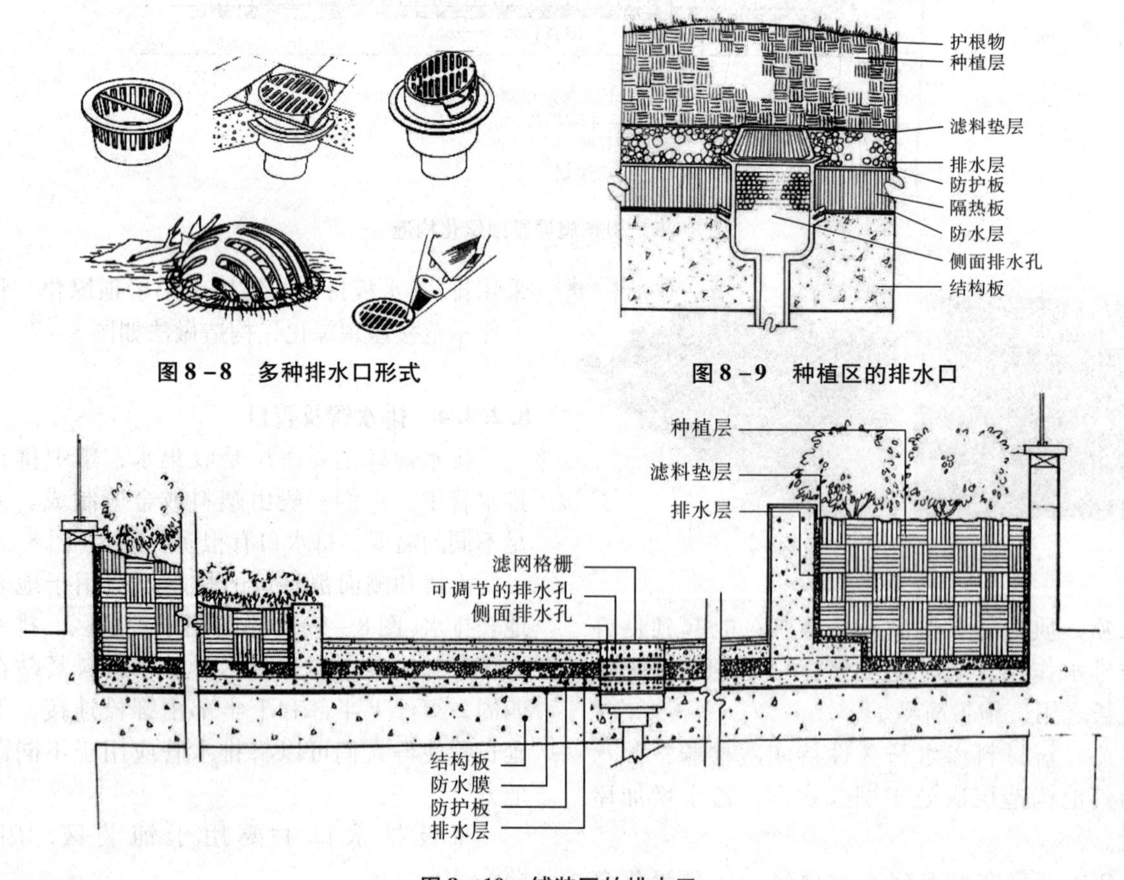

图 8 -8　多种排水口形式

图 8 -9　种植区的排水口

图 8 -10　铺装区的排水口

8.2.5 保护层

8.2.5.1 保护层的作用

保护层的作用是在建造阶段保护屋面防水层，以及在日后屋顶绿化维护时防止防水层受到机械损坏。

8.2.5.2 保护层需要具备的特性

① 具有一定的坚固性；

② 与各种材料的相容性好，耐腐蚀；

③ 荷载轻、易施工。

8.2.5.3 保护层的材料

(1)水泥砂浆刚性保护层

优势 均匀传递荷载，保护能力强。

不足 荷载较大，易产生裂缝，施工周期相对较长。

(2)沥青

优势 均匀传递荷载，保护能力较强；

不足 加工温度高，容易对非刚性防水层构成威胁，不便施工。

(3)薄膜材料

薄膜材料包括无纺布、塑料纤维垫、薄膜等。

优势 荷载轻，易施工；

不足 较光滑，易滑动，不适于用在坡屋顶。

8.2.6 防穿刺层

8.2.6.1 防穿刺层的作用

防穿刺层的作用是防止植物根系穿透防水层而造成屋面防水系统功能失效，甚至穿透结构层而造成更为严重的结构破坏。

8.2.6.2 防穿刺层需要具备的特性

① 具有一定的坚固性，防止根穿透；

② 耐腐蚀；

③ 易施工。

8.2.6.3 防穿刺层的适用条件

植物通过根系吸收生长必需的营养和水分，由于植物的这种向水性、向肥性而使得植物根系不断生长。一种情况是，根系发达的植物会不断向下生长进而穿过过滤层、排水层，甚至还会继续向下穿透防水层。另一种情况是，薄层屋顶绿化中所选取的植物根系的延伸程度并不是很长，同时在屋顶完成面中使用刚性防水，能够防止植物根系的穿透，也就没有必要铺设防穿刺层。

因此，针对不同的情况可以采取不同的阻根处理方法：

① 对现有建筑物的防水层是否损伤或老化情况并不清楚的时候，如果要在这些建筑物上进行绿化，应该在进行绿化施工时铺设防穿刺层，防止根系穿透屋面的防水层。

② 对于有乔木、灌木的屋顶绿化，应当考虑铺设防穿刺层，防止乔木、灌木等根系对防水层的侵害。

③ 对于只栽种地被植物的屋顶绿化，可采用耐穿透的防水层达到防根穿刺的作用，防止根系发达的植物种子的根对屋面防水层构成危害。

8.2.6.4 防穿刺层的材料

(1)水泥砂浆

优势 坚固；

不足 易产生裂缝，根系有可能从裂缝处穿透。

(2)PE(聚乙烯)、PVC(聚氯乙烯)、HDPE(高密度聚乙烯)等卷材

优势 荷载轻，耐久，施工方便；

不足 整体性差。

(3)纯金属或合金

优势 能够有效防止根系生长，耐久；

不足 造价高。

古巴比伦屋顶花园构造中，在黏土砖表面刷铅，既作为防水层，同时也有效限制了根的生长。胡布施曼屋顶绿化在改建前使用铜皮作为防水层，也起到了隔根的作用。

8.2.7 隔离层

隔离层用于防止相邻材料化学性质不相容的情况下出现粘连或滑移现象，常应用于柔性材料之间。刚性防水层或有刚性保护层的柔性防水层表面，一般省略不铺隔离层。

8.2.7.1 隔离层需要具备的特性

① 不易与其他材料发生化学反应；

② 荷载轻、易施工。

8.2.7.2 隔离层常用材料

常用的隔离材料是聚乙烯薄膜和无纺布。

优势　荷载轻、施工方便；

不足　容易滑动。

实践中的用法：热塑性材料(PVC，一般含有塑化剂20%~40%)与沥青材料接触时内部胶结度较低的塑化剂流动性就会增大，材料相容性不好，需要设置隔离层。

8.2.8 防水层

8.2.8.1 防水层的作用

防水层的作用是防止水进入建筑给人们的生活带来不便。在屋顶绿化的建造技术中，防水处理是人们最为关注的项目。因为它的成败将直接影响到建筑物的正常使用和安全。与建筑防水层功能不同的是，屋顶绿化中的防水层通常是作为二次防水来保护建筑的。与建筑同步设计建造的屋顶绿化多在建筑设计时就已经充分考虑了防水问题，在进行绿化时通常省略防水层。

8.2.8.2 防水层需要具备的特性

与建筑防水相比，屋顶绿化防水层不仅要有不透水性、耐久性，还要具有以下特性：

① 承重性　要进行绿化施工，防水层就必须要考虑到可承受土壤和树木的重量。

② 耐药性　一般的防水没有这个要求，但进行绿化时，就要求防水材料能承受肥料和农药等的侵害。

③ 耐菌性　在进行绿化的时候要求防水材料能承受土壤细菌的侵害。

④ 耐机械损伤　虽然一般对暴露防水都有这样的要求，但是在进行绿化时，考虑到有挖土等工序需要采用机械，就尤其要注意防水层不能因此而受到损伤，要求防水层达到可承受机械损伤的要求。

8.2.8.3 防水层的材料

(1)传统刚性防水层

传统常用的刚性防水层的做法是在屋面板上铺筑50mm厚的细石混凝土，内配ϕ4@200或者ϕ4@150双向单层钢筋网，并按规范设置浮筑层和分格缝。

优势　坚硬，整体性好，使用寿命长，能防止根穿刺；

不足　荷载较大。

(2)传统沥青柔性防水层

常用“三毡四油”或“二毡三油”的做法。

优势　防水能力较好；

不足　抗根穿刺性能力不理想。

(3)复合防水层

在普通卷材或者涂膜防水层之上空铺或者点粘一道具有足够耐根系穿刺能力材料的各种复合型防水层。

① APP改性沥青抗根卷材　由下层的聚酯卷材和上层的抗根卷材组成。20世纪90年代建的西单文化广场屋顶绿化项目采用APP改性沥青抗根防水卷材取得了良好的经验。

② 弹性SBS沥青防水卷材

优势　不透水，黏结性强，耐老化，并克服了沥青自身热淌冷脆的缺点；

不足　高温下具有热融流动性。

实际工程中，与高密度的聚乙烯土工膜配合使用，是目前较理想的屋顶防水材料。

③ 聚氯乙烯(PVC)防水卷材　是由聚氯乙烯树脂、增塑剂、稳定剂、防紫外线剂，各种颜料和其他助剂经捏合、挤出、压光、复合而成高分子防水材料。

优势　具有一定的阻根能力；

不足　这种材料与沥青接触时，含有的软化剂可能发生质变。

通常铺设厚度1.2~1.5mm，需要用塑料毛垫或聚乙烯薄膜作为与沥青材料的隔离层。目前大部分耐根穿透的防水卷材都是由PVC组成的。

④ PSS合金防水卷材　是一种国内首创，国

际领先、拥有自主知识产权的新型防水建筑材料。它是以铅、锡、锑等多种金属合成的柔性卷材，厚度0.5～2.0mm。

优势 使用寿命长，防水性能可靠，防根效果好、施工方便；

不足 造价高。

这种材料已应用到屋顶绿化的实际工程中，如北京棕榈泉国际公寓地下会所的屋顶绿化、北京师范大学地下车库屋顶绿化、中共中央组织部办公楼屋顶绿化等工程的防水材料选用的都是这种新型卷材。

⑤ PSB合金卷材 是以多种有色金属合金经轧制、加工而成的可卷板材。

优势 耐腐蚀、耐氧化、强度高、延性大、柔软、焊性好、施工方便，寿命长；

不足 造价高。

PSB合金板厚0.5mm可调，宽800～1000mm，采用特种合金粉焊接，适用于高档防水工程。

8.2.9 屋顶花园的荷载与安全

新建屋顶花园与在旧楼屋顶上改建的屋顶花园，其屋顶承受的荷重均要大于普通的上人或不上人的平屋顶。因为屋顶上要建造植物种植池，山石、水池及园林小品等，这些都是一般平屋顶所没有的设施。

对于新建屋顶花园，只需在设计之初按屋顶花园的各层构造做法和设施，计算出按每平方米面积上折合的荷载量，来进行结构梁板、柱、基础等的结构计算即可。但对于在原有平屋顶上改建屋顶花园，则应根据原有建筑的屋顶构造、结构承重体系、抗震级别和地基基础、墙柱及梁板的构件承载力，进行逐项的结构验算，才能确定该屋顶能否增建屋顶花园。因此，绝不是所有已建的平屋顶都可以改建成屋顶花园，不经技术鉴定，任意增加屋顶荷重，将给房屋建筑物的安全使用带来隐患。

8.2.9.1 屋顶花园的各类荷载

(1)屋顶花园的活荷载

按照现行荷载规范规定，上人平屋顶的活荷载标准值为2kN/m²。对于大型公共建筑，可供集体活动并可为盛大节日观看烟火晚会的屋顶花园，它的屋顶活荷载标准值一般采用3kN/m²为宜。考虑活荷载的部位，除了屋顶花园的走道、休息场地外，屋顶上种植区也宜按屋顶活荷载数值取用，这部分活荷载不包括花圃土石等材料自重。

(2)屋顶花园的恒荷载

屋顶花园的恒荷载包括植物种植土、排水层、防水层、保温隔热层及结构自重等，另外还包括屋顶花园中常设置的山石、水体、廊架等自重。这些荷重基本是固定不变的数值，均可按它们各自实际重量按恒荷载计算。

屋顶花园的恒荷载中，以种植土的荷载最大，它的大小随植物的种植方式和种植土而异。

屋顶花园采用的种植方式有盆栽式、种植池式和按地形要求的自然式种植。

① 盆栽式种植 可随着季节和各类花卉花期的变换，在屋顶花园上根据不同需要来布置盆栽花卉，同时也是减轻屋顶荷重的一种措施。

我国各地采用的黏土烧盆或砂盆，栽培一般草本花卉如月季、一品红等，花盆的规格用二缶子(即花盆上口直径23cm，盆高15cm)，盆内种植土容重为16kg/m³时，若按满布花盆的平面布置，其荷重约为2.4kN/m²。此项数值与上人屋顶的活荷载是接近的。也就是说，如果屋顶原设计是可以上人的，改成屋顶花园后，在屋面某一个区内布满上述盆栽花卉，它的荷重不会超出原设计荷载。

如果将花盆叠落码放，或用大号花盆和木桶栽培，则应根据它们的实际荷重进行结构验算。

② 种植池方式 是以屋顶隔热和生产花卉果菜为目的，一般在屋顶平面按规整排列，是用砖或混凝土砌筑成的浅池。

自然式种植：按园林设计有造景和地形改造要求的屋顶花园，通常采取自然式种植。自然式种植土的厚度要求如下：据有关资料介绍，各类花卉树木生长的最小土壤厚度为：植被草皮15～30cm；花卉灌木30～60cm；浅根乔木60～90cm，深根乔木90～150cm。北京长城饭店屋顶花园的种植土厚度是30～110cm，平均约70cm厚，折合荷载约为 11kN/m²。而新北京饭店的屋顶花园，其种植土厚度采用 20～70cm，由于它采用的种植土的容重比长城饭店的大，因此，北京饭店屋顶花园的种植土折算荷载约为 9kN/m²。可见，此项荷载在屋顶荷载中所占的比例最大，但由于它不是在整个屋顶平面上分布，同时，还可以根据建筑结构平面的梁柱布置与花园的平面布局结合考虑，尽量把种植土较厚的种植区和山石等布置在主梁、柱、承重墙等主要承重构件之上或附近，以利荷载传递并可减少构件的截面和配筋。

8.2.9.2 在旧建筑的屋顶上增建屋顶花园时，房屋结构安全的探讨

在原有建筑物的钢筋混凝土平屋顶上，扩建屋顶花园，除了要按屋顶花园的使用要求进行园林设计外，还要解决好屋顶防水处理和验算原有建筑物的结构承重安全的问题，而这一切只有房屋的承重安全得到保证后才有可能实现。

(1)旧建筑钢筋混凝土平屋顶构造做法

旧建筑的屋顶楼盖结构承重体系多数是采用预制钢筋混凝土板或现浇钢筋混凝土板支承在承重砖墙或钢筋混凝土大梁上。楼板上的保温隔热层在20世纪50～60年代多用焦砟、泡沫混凝土。而70年代以后则多采用加气混凝土块或蛭石板，珍珠岩板等。防水层材料主要是油毡卷材。

分析上述屋顶构造做法的目的是在于从中发现在改建屋顶花园时，哪些项目在不改变其原有使用功能的前提下存在承载潜力。如采用新型轻质高强的保温材料来代替容重较大的保温材料等。

(2)屋顶楼板的承载潜力

现浇钢筋混凝土肋形楼盖，一般均按实际荷载进行计算，在承受荷载不变的情况下，构件本身没有多少承载富余。若采用的是预制楼板，可以查阅原始结构计算书。有一种可能是在原来选用预制板构件时，板的实际承载力值与选用值之间有差值，这时，便可利用此部分荷载差值作为增建屋顶花园的可增加荷载。

另外在20世纪70年代以后在北京等大城市采用不上人的加气混凝土屋面板，它的荷载允许值仅能承受防水层及施工荷载，因此使用这种板的房屋是不能改建屋顶花园的。

(3)从保温隔热层材料的选用上来减轻屋顶荷载

在已建的钢筋混凝土平屋顶上，多采用焦砟作保温材料，焦砟材料容重较大，平均厚度为10～12cm，水泥石灰焦砟作保温层荷载为1.4～1.6kN/m²。在改建屋顶花园时，可将焦砟更换成轻质保温材料。如用10cm 加气混凝土块作保温层，荷载仅0.6kN/m² 左右；如采用10cm 水泥珍珠岩作保温隔热材料，荷载仅0.4kN/m² 左右。仅这一项改变，一般可减轻屋面荷载约 1kN/m²，这对于为原有平屋顶改建成屋顶花园在技术上创造了有利条件。

思考题

1. 屋顶花园(绿化)可以产生哪些效能？其中物理效能都包括哪些方面？

2. 屋顶花园(绿化)的主要构造层次有哪些？分别起什么作用？

3. 屋顶花园(绿化)可以设置哪些辅助构造层次？这些辅助构造层次分别起什么作用？

4. 屋顶花园(绿化)包括哪些荷载？可以通过哪些方法减轻荷重？

推荐阅读书目

屋顶花园设计与营造. 黄金锜. 中国林业出版社，2003.

第9章 建筑结构基本计算原理

[本章提要] 任何一个结构承重构件若想验证其安全与否必须通过国家规范规定的相应公式的验算，而这个验算公式的给出则是建立在结构设计方法的基础上的。本章重点介绍了极限状态设计法以及在使用此种验算方式时不等式左边荷载效应的确定方法，同时讲解了荷载分类、代表值等相关的结构基础知识。

9.1 结构上的荷载

9.1.1 结构的作用、作用效应、抗力及其随机性

(1)作用

建筑结构在施工和使用期间要承受各种作用。结构上的作用是指施加在结构上的集中荷载或分布荷载(包括永久荷载、可变荷载等)，以及引起结构外加变形或约束变形(如基础沉降、温度变化、焊接等作用)的原因。前者是以力的形式直接施加在结构上的荷载，称为直接作用；后者作用不是直接以力的形式出现，则称为间接作用。

(2)作用效应

直接作用和间接作用都将使结构产生内力(弯矩、剪力、轴力、扭矩等)和变形(挠度、转角、拉伸、压缩、裂缝等)，故作用是使结构产生内力和变形的原因。这种由“作用”使结构所产生的内力和变形称为作用效应，以 S 表示。当结构的内力和变形是由荷载产生时，称为荷载效应。

(3)结构抗力

结构抗力 R 是指结构或构件承受作用效应的能力，如构件的承载能力、刚度、抗裂能力等。影响结构抗力的主要因素有材料性能(强度、变形模量等物理力学性能)、几何参数以及计算模式的精确性等。由于材料性能的变异性、几何参数及计算模式精确性的不确定性，由这些因素综合而成的结构抗力也是随机变量。

9.1.2 荷载的代表值及标准值

9.1.2.1 荷载分类

(1)按时间的变异分类

结构上的荷载按其随时间的变异性和出现的可能性分为3类：

永久荷载　在设计基准期内，作用在结构上其值不随时间变化，或其变化与平均值相比可以忽略不计者称为永久荷载，如结构自重、土压力、作用在楼面上的固定设备等。

可变荷载　在设计基准期内，作用在结构上其值随时间变化，且其变化与平均值相比不可忽略者称为可变荷载，如安装荷载、楼屋面活荷载、积灰荷载、风荷载、雪荷载、吊车荷载等。

偶然荷载　在设计基准期内不一定出现，如一旦出现其量值很大且持续时间很短者，称为偶然荷载，如地震、爆炸、撞击等。

(2)按空间位置的变异分类

按照空间位置的变异情况，可以将结构上的荷载分为：

固定荷载　指在结构空间位置上具有固定分布的荷载。例如，构件的自重以及工业与民用建筑楼面上的固定设备荷载等。

可动荷载　指在结构空间位置上的一定范围内可以任意分布的荷载。例如，工业与民用建筑楼面上的人群荷载、吊车荷载等。

(3)按结构的反应分类

按照结构的反应不同，可以将结构的荷载分为：

静态荷载　指对结构构件不产生加速度，或其加速度可以忽略不计的荷载。例如，结构自重、住宅与办公楼的楼面活荷载等属于静态荷载。

动态荷载　指对结构或构件产生不可忽略的加速度的荷载。例如，吊车荷载、地震、设备振动、作用在高耸结构上的风荷载等属于动态荷载。

9.1.2.2　荷载的代表值

(1)永久荷载的代表值

荷载是随机变量，任何一种荷载的大小都具有程度不同的变异性。因此，进行建筑结构设计时，对于不同的荷载和不同的设计情况，应采用不同的代表值。

对于永久荷载而言，只有一个代表值，这就是它的标准值。

永久荷载标准值，对于结构自重，可按结构构件的设计尺寸与材料单位体积(或单位面积)的自重计算确定。

对于常用材料的构件，单位体积的自重可由我国国家标准《建筑结构荷教规范》GB 50009—2001 附录 A 查得。例如，几种常见材料单位体积的自重可查得为：素混凝土 22～24kN/m^3，钢筋混凝土 24～25kN/m^3，水泥砂浆 20kN/m^3，石灰砂浆 17kN/m^3。

对于某些自重变异较大的材料构件(如现场制作的保温材料、混凝土薄壁构件等)，自重的标准值应根据对结构的不利状态，取上限值或下限值。

(2)可变荷载的代表值

对于可变荷载，应根据设计的要求，分别取如下不同的荷载值作为其代表值。

① 标准值　可变荷载的标准值，是可变荷载的基本代表值。我国《建筑结构荷载规范》GB50009—2001 中，对于楼面和屋面活荷载、吊车荷载、雪荷载和风荷载等可变荷载的标准值，规定了具体数值或计算方法，设计时可以查用。例如，民用建筑楼面均布活荷载标准值可由表 9－1 查得。

表 9－1　民用建筑楼面均布活荷载标准值及其组合值、频遇值和准永久值系数

项 目	类 别	标准值 (kN/m^2)	组合值系数 ψ_c	频遇值系数 ψ_f	准永久值系数 ψ_q
1	(1)住宅、宿舍、旅馆、办公楼、医院病房、托儿所、幼儿园	2.0	0.7	0.5	0.4
	(2)试验室、阅览室、会议室、医院门诊室	2.0	0.7	0.6	0.5
2	教室、食堂、餐厅、一般资料档案室	2.5	0.7	0.6	0.5
3	(1)礼堂、剧场、影院、有固定座位的看台	3.0	0.7	0.5	0.3
	(2)公共洗衣房	3.0	0.7	0.6	0.5
4	(1)商店、展览厅、车站、港口、机场大厅及其旅客等候室	3.5	0.7	0.6	0.5
	(2)无固定座位的看台	3.5	0.7	0.5	0.3
5	(1)健身房、演出舞台	4.0	0.7	0.6	0.5
	(2)运动场、舞厅	4.0	0.7	0.6	0.4

（续）

项 目	类 别	标准值 (kN/m²)	组合值系数 ψ_c	频遇值系数 ψ_f	准永久值系数 ψ_q
6	(1)书库、档案室、贮藏室 (2)密集柜书库	5.0 12.0	0.9	0.9	0.8
7	通风机房、电梯机房	7.0	0.9	0.9	0.8
8	汽车通道及客车停车库： (1)单向板楼盖(板跨不小于2m)和双向板楼盖(板跨不小于3m×3m) 客车 消防车 (2)双向板楼盖(板跨不小于6m×6m)和无梁楼盖(柱网不小于6m×6m) 客车 消防车	 4.0 35.0 2.5 20.0	 0.7 0.7 0.7 0.7	 0.7 0.5 0.7 0.5	 0.6 0.0 0.6 0.0
9	厨房： (1)一般情况 (2)餐厅	 2.0 4.0	 0.7 0.7	 0.6 0.7	 0.5 0.7
10	浴室、卫生间、盥洗室	2.5	0.7	0.6	0.5
11	走廊、门厅： (1)宿舍、旅馆、医院病房、托儿所、幼儿园、住宅 (2)办公楼、餐厅、医院门诊部 (3)教学楼及其他可能出现人员密集的地方	 2.0 2.5 3.5	 0.7 0.7 0.7	 0.6 0.7 0.6	 0.5 0.7 0.5
12	楼梯： (1)多层住宅 (2)其他	 2.0 3.5	 0.7 0.7	 0.5 0.5	 0.4 0.3
13	阳台： (1)一般情况 (2)可能出现人员密集的情况	 2.5 3.5	 0.7	 0.6	 0.5

注：①本表所给各项活荷载适用于一般使用条件，当使用荷载较大、情况特殊或有专门要求时，应按实际情况采用。

②第6项书库活荷载当书架高度大于2m时，书库活荷载尚应按每米书架高度不小于2.5kN/m²确定。

③第8项中的客车活荷载只适用于停放载人少于9人的客车；消防车活荷载是适用于满载总重为300kN的大型车辆；当不符合本表的要求时，应将车轮的局部荷载按结构效应的等效原则，换算为等效均布荷载。

④第8项消防车活荷载，当双向板楼盖板跨介于3m×3m～6m×6m之间时，应按跨度线性插值确定。常用板跨消防车活荷载覆土厚度折减系数不应小于规定的值。

⑤第12项楼梯活荷载，对预制楼梯踏步平板，尚应按1.5kN集中荷载验算。

⑥本表各项荷载不包括隔墙自重和二次装修荷载。对固定隔墙的自重应按永久荷载考虑，当隔墙位置可灵活自由布置时，非固定隔墙的自重应取不小于1/3的每延米长墙重(kN/m)作为楼面活荷载的附加值(kN/m)计入，且附加值不应小于1.0kN/m²。

② 组合值　当结构承受两种以上的可变荷载，且承载能力极限状态按基本组合设计或正常使用极限状态荷载标准组合设计时，考虑到这两种或两种以上可变荷载同时达到最大值的可能性较小，因此，可以将它们的标准值乘以一个小于或等于1的荷载组合系数。这种将可变荷载标准值乘以荷载组合系数以后的数值，称为可变荷载的组合值。因此，可变荷载的组合值是当结构承受两种或两种以上的可变荷载时的代表值。

③ 频遇值　为确定可变荷载代表值而选用的

时间参数称为设计基准期。设计基准期一般为50年。对可变荷载，在设计基准期内，其超越的总时间仅为设计基准期一小部分的作用值，或在设计基准期内其超越频率为某一给定频率的作用值，称为可变荷载的频遇值。

④ 准永久值　可变荷载虽然在设计基准期内其值会随时间而发生变化，但是，研究表明，不同的可变荷载在结构上的变化情况不一样。以住宅楼面的活荷载为例，人群荷载的流动性较大，家具荷载的流动性则相对较小。可变荷载中在整个设计基准期内出现时间较长(可理解为总的持续时间不低于25年)的那部分荷载值，称为该可变荷载的准永久值。

可变荷载准永久值为可变荷载标准值乘以荷载准永久值系数。由于可变荷载准永久值只是可变荷载标准值的一部分，因此，可变荷载准永久值小于或等于1.0。

《建筑结构荷载规范》GB 50009—2001中给出了各种可变荷载的准永久值系数取值，设计时可以查用。民用建筑楼面均布活荷载和屋面均布活荷载的准永久值系数分别见表9-1。

9.2　极限状态设计法

9.2.1　结构的功能要求

建筑结构设计的目的是要使所设计的结构能够完成全部功能要求，并具有足够的可靠性。建筑结构的功能要求具体为：

(1)安全性

即要求结构应能承受在正常施工和正常使用时可能出现的各种作用，如各种荷载、支座沉降、温度变化等的作用；以及在偶然作用(如爆炸、地震等作用)下或偶然事件发生时及发生后，仍能保持必要的整体稳定性，不致于因局部破坏而发生连续倒塌。

(2)适用性

建筑结构在正常使用时应能满足正常的使用要求，具有良好的工作性能，如变形、裂缝宽度或振动等性能均不超过规定的限值。

(3)耐久性

建筑结构在正常使用和正常维护条件下，在规定的使用期限内应具有足够的耐久性能，如在设计基准期内，结构材料的锈蚀或其他腐蚀不超过规定的限值。

9.2.2　极限状态设计法

9.2.2.1　结构的可靠度理论

(1)结构的可靠性

安全、适用和耐久是结构的可靠标志，统称为结构的可靠性。亦即结构在规定的时间内(我国设计基准期为50年)，在规定的条件下(正常设计、正常施工、正常使用和正常维修的条件)，满足预定功能(安全性、适用性、耐久性)的能力，则结构是可靠的，即结构构件的作用效应S不超过结构构件抗力R

$$S \leqslant R \tag{9.1}$$

将上式表示为$Z = R - S = g(R, S)$称为结构的功能函数。结构功能函数可用来判别结构所处的工作状态：

当$Z > 0$ $(R > S)$时，结构处于可靠状态；

当$Z < 0$ $(R < S)$时，结构处于失效状态；

当$Z = 0$ $(R = S)$时，结构处于极限状态；

$Z = g(R, S) = R - S = 0$称为极限状态方程。

(2)建筑结构的可靠度

由于荷载效应S和结构构件抗力R都是随机变量，所以$Z = R - S$也是随机变量。因此，结构可靠性只能用概率来度量。度量结构可靠性的概率称为结构可靠度。

结构可靠度的具体定义是：结构在规定的时间内，在规定的条件下，完成预定功能的概率，即结构处于可靠状态的概率。可靠度即可靠概率，用P_s表示。不能完成预定功能的概率，即结构处于失效状态的概率，称为失效概率，用P_f表示。由于两者互补，所以结构的可靠性也可用失效概率来度量。

$$P_f = 1 - P_s \tag{9.2}$$

若R和S都是正态分布的随机变量，则Z也是正态分布的随机变量，其概率密度函数如图9-1中阴影部分面积(即$Z = R - S < 0$部分的面

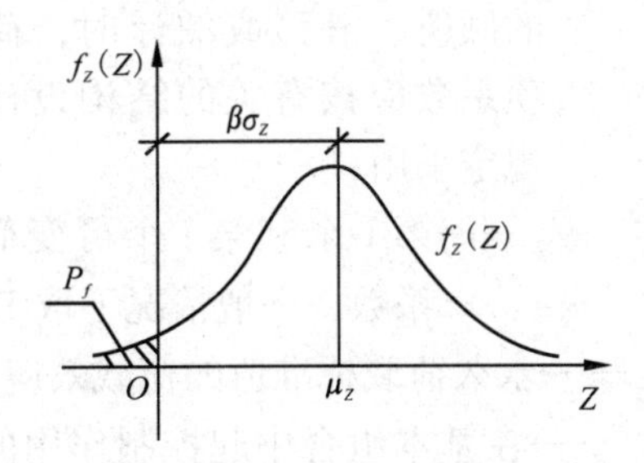

图9-1 功能函数 $Z=R-S$ 的分布曲线

积)，就是失效概率 P_f。

从概率的角度讲，所谓结构可靠是指结构的可靠概率足够大，或者说结构的失效概率足够小，小到可以接受的程度。

从图9-1中可以看出，失效概率 P_f 与结构功能函数 Z 的平均值 μ_Z 有关。令 $\mu_Z=\beta\sigma_Z$（σ_Z 为 Z 的标准差），则 β 值小时 P_f 大；β 值大时 P_f 小，β 与 P_f 存在一一对应关系，所以也可以用 β 度量结构的可靠性，称 β 为结构的可靠指标。

如已知 R 和 S 的平均值分别为 μ_R、μ_S，其标准差分别为 σ_R、σ_S，由于 $\mu_Z=\mu_R-\mu_S$，$\sigma_Z=\sqrt{\sigma_R^2+\sigma_S^2}$，则

$$\beta=\frac{\mu_Z}{\sigma_Z}=\frac{\mu_R-\mu_S}{\sqrt{\sigma_R^2+\sigma_S^2}} \tag{9.3}$$

用失效概率 P_f 来度量结构的可靠性有明确的物理意义，但因计算失效概率要通过复杂的数学运算，故采用可靠指标 β 代替失效概率 P_f 来度量结构的可靠性。

在结构设计时，如能满足：$\beta\geqslant[\beta]$，则结构处于可靠状态。$[\beta]$是规定的作为设计依据的可靠指标，称为目标可靠指标。对于承载能力极限状态的目标可靠指标根据结构安全等级和结构破坏类型按表9-2采用。

表9-2 不同安全等级的目标可靠指标值及与失效概率的对应关系

破坏类型	安全等级					
	一级		二级		三级	
	$[\beta]$	$[P_f]$	$[\beta]$	$[P_f]$	$[\beta]$	$[P_f]$
延性破坏	3.7	1.1×10^{-4}	3.2	6.9×10^{-4}	2.7	3.5×10^{-3}
脆性破坏	4.2	1.3×10^{-5}	3.7	1.1×10^{-4}	3.2	6.9×10^{-4}

建筑结构安全等级是根据建筑结构破坏后果（危及人的生命、造成经济损失、产生社会影响等）的严重程度划分的，见表9-3。

表9-3 建筑结构安全等级

安全等级	破坏后果	建筑物类型
一级	很严重	重要的建筑物
二级	严重	一般的建筑物
三级	不严重	次要的建筑物

注：① 对于特殊建筑物，安全等级可根据具体情况另行确定；
② 当按抗震设计要求时，建筑结构的安全等级应符合《抗震规范》的规定。

建筑物中各类结构构件使用阶段的安全等级，宜与整个结构的安全等级相同，对其中部分结构构件的安全等级，可根据其重要程度适当调整，但一切构件的安全等级在各个阶段均不得低于三级。如屋架、托架的安全等级应提高一级；承受恒载为主的轴心受压柱、小偏心受压柱，其安全等级宜提高一级；预制构件在施工阶段的安全等级，可较其使用阶段的安全等级降低一级。

对于正常使用极限状态，目标可靠指标应根据结构构件特点和工作经验确定。

上述设计方法以概率理论为基础，以各种功能要求的极限状态作为设计依据，故称为概率极限状态设计法。因为此法还没有达到完善的程度，计算过程中做了一些简化处理，所以又称近似概率法。

9.2.2.2 概率极限状态设计法

(1)极限状态分类

整个结构或结构的一部分超过某一特定状态就不能满足设计规定的某一功能要求时，此特定状态称为该功能的极限状态。极限状态是鉴别结构是否满足功能要求的标准，是区分结构是否可靠的标志。只有保证所设计的结构在正常工作时不超过极限状态，才认为该结构是可靠的。

结构的极限状态分为两类：承载能力极限状态和正常使用极限状态。

① 承载能力极限状态　对应于结构或结构构件达到最大承载能力或达到不适于继续承载的变

形时，即为承载能力极限状态。当出现下列状态之一时，即认为超过了承载能力极限状态：

——整个结构或结构的一部分作为刚体失去平衡(如雨篷的倾覆、烟囱抗风不足而倾倒)；

——结构构件或连接因超过材料强度而破坏(包括疲劳破坏)，或因过大的塑性变形而不适于继续承载(如构件的钢筋因锚固长度不足而被拔出)；

——结构转变为机动体系(结构变为机构)；

——结构或构件丧失稳定(如压屈等)。

② 正常使用极限状态　对应于结构或结构构件达到正常使用或耐久性能的某项规定限值时，即为正常使用极限状态。当出现下列状态之一时，即认为超过了正常使用极限状态：

——影响正常使用及外观要求所规定的变形限值(如吊车梁变形过大、梁挠度过大等)；

——影响正常使用或耐久性能的局部损坏(如水池壁开裂漏水等)；

——影响正常使用的振动；

——影响正常使用的其他特定状态。

(2)按承载能力极限状态设计的方法

承载能力极限状态设计的表达式如下

$$\gamma_0 S \leqslant R \tag{9.4}$$

式中：γ_0——结构构件的重要性系数，对安全等级为一级或设计年限为100年及以上的结构构件，其值不小于1.1；对安全等级为二级或设计使用年限为50年的结构构件，其值不小于1.0；对安全等级为三级或设计使用年限为5年的结构构件，其值不小于0.9；

S——荷载效应组合的设计值；

R——结构构件抗力的设计值。

对内力组合设计值S采用以下方法进行。

① 荷载基本组合

由可变荷载效应控制的组合

$$S = \gamma_G S_{G_k} + \gamma_{Q_1} S_{Q_{1k}} + \sum_{i=2}^{n} \gamma_{Qi} \psi_{c_i} S_{Q_{ik}} \tag{9.5}$$

式中：γ_G——永久荷载分项系数，当其荷载效应对结构不利时取1.2；当其荷载效应对结构有利时一般取1.0。验算结构的倾覆、滑移或漂浮时，荷载的分项系数应按有关的结构设计规范的规定采用；

γ_{Q_1}，γ_{Q_i}——第1个和第i个可变荷载分项系数，一般情况下取1.4；

S_{G_k}——永久荷载标准值的荷载效应；

$S_{Q_{1k}}$——在基本组合中起控制作用的一个可变荷载标准值的效应；

$S_{Q_{ik}}$——第i个可变荷载标准值的效应；

ψ_{c_i}——可变荷载Q_i的组合值系数。民用建筑楼面均布活荷载的组合值系数值见表9－1；民用建筑屋面均布活荷载，一般取0.7(书库、风机房及电梯房取0.9)；屋面积灰荷载取0.9；雪荷载取0.7；风荷载取0.6。

由永久荷载效应控制的组合

$$S = \gamma_G S_{G_k} + \sum_{i=1}^{n} \gamma_{Qi} \psi_{c_i} S_{Q_{ik}} \tag{9.6}$$

式中：γ_G——意义同前，但取1.35；

其余符号意义同式(9.5)。

② 基本组合的简化　对一般排架和框架结构，可按下式对基本组合进行简化。

由可变荷载效应控制的组合：

$$S = \gamma_G S_{G_k} + \gamma_{Q_1} S_{Q_{1k}} \tag{9.7}$$

$$S = \gamma_G S_{G_k} + 0.9 \sum_{i=1}^{n} \gamma_{Qi} S_{Q_{ik}} \tag{9.8}$$

按上式组合中最不利值作为组合值。

由永久荷载效应控制的组合仍按式(9.6)计算。

(3)按正常使用极限状态设计的方法

根据不同的设计要求，采用荷载的标准组合，频遇组合或准永久组合，并按下式进行计算：

$$S \leqslant C \tag{9.9}$$

式中：C——结构或结构构件达到正常使用要求的规定限值，体现为裂缝宽度、挠度及振幅等。

① 标准组合　主要考虑用于当一个极限状态被超越时将产生严重的永久性损害的情况。其荷载效应组合的设计值S为：

$$S = S_{G_k} + S_{Q_{1k}} + \sum_{i=2}^{n} \psi_{c_i} S_{Q_{ik}} \tag{9.10}$$

② 频遇组合 它是针对可变荷载考虑的，它是指设计基准期内荷载达到和超过该值的总持续时间与设计基准期的比值小于0.1的荷载代表值。荷载效应组合的设计值S为：

$$S=S_{Gk}+\psi_{f1}S_{Q_{1k}}+\sum_{i=2}^{n}\psi_{ci}S_{Qik} \quad (9.11)$$

式中：ψ_{f1}——可变荷载Q_1的频遇值系数；

ψ_{ci}——可变荷载Q_i的频遇准永久值系数。

③ 准永久组合 它也是针对可变荷载考虑的，主要用于长期效应是决定性因素时的一些情况。按照在设计基准期内荷载达到和超过该值的总持续时间与设计基准期的比值为0.5来确定。准永久组合的荷载效应组合的设计值S为：

$$S=S_{Gk}+\sum_{i=1}^{n}\psi_{ci}S_{Qik} \quad (9.12)$$

对正常使用极限状态的设计包括两方面，裂缝控制验算和受弯构件的挠度验算。

对裂缝控制验算，由于结构类别及所处环境的不同，先选用相对应的裂缝控制等级及最大裂缝宽度限制$\omega_{\lim}$，按《混凝土结构设计规范》GB 50010—2002，裂缝控制等级分为三级，具体如表9-4所示。

表9-4 结构构件的裂缝控制等级及最大裂缝宽度限值

mm

环境类别	钢筋混凝土结构		预应力混凝土结构	
	裂缝控制等级	ω_{lim}	裂缝控制等级	ω_{lim}
一	三级	0.30 (0.40)	三级	0.20
二 a		0.20		0.10
二 b			二级	—
三 a、三 b			一级	—

注：①对处于年平均相对湿度小于60%地区一类环境下的受弯构件，其最大裂缝宽度限值可采用括号内的数值。

②在一类环境下，对钢筋混凝土屋架、托架及需作疲劳验算的吊车梁，其最大裂缝宽度限值应取为0.20；对钢筋混凝土屋面梁和托梁，其最大裂缝宽度限值应取为0.30mm。

③在一类环境下，对预应力混凝土屋架、托架及双向板体系，应按二级裂缝控制等级进行验算；对一类环境下的预应力混凝土屋面梁、托梁、单向板，应按表中二a级环境的要求进行验算；在一类和二a类环境下需作疲劳验算的预应力混凝土吊车梁，应按裂缝控制等级不低于二级的构件进行验算。

④表中规定的预应力混凝土构件的裂缝控制等级和最大裂缝宽度限值仅适用于正截面的验算；预应力混凝土构件的斜截面裂缝控制验算应符合《规范》第7章的有关规定。

⑤对于烟囱、筒仓和处于液体压力下的结构，其裂缝控制要求应符合专门标准的有关规定。

⑥对于处于四、五类环境下的结构构件，其裂缝控制要求应符合专门标准的有关规定。

⑦表中的最大裂缝宽度限值为用于验算荷载作用引起的最大裂缝宽度。

裂缝控制等级为一级的构件，严格要求不出现裂缝，按荷载效应标准组合计算时，构件受拉边缘混凝土不产生拉应力；裂缝控制等级为二级时，一般要求不出现裂缝，按荷载效应标准组合时，构件受拉边缘混凝土拉应力不应大于f_{tk}，按荷载效应准永久组合计算时，构件受拉边缘混凝土不宜产生拉应力；裂缝控制等级为三级的构件允许出现裂缝，但按荷载效应标准组合并考虑长期作用影响计算时，构件最大裂缝宽度不应超过表9-4的限值。

对受弯构件的挠度验算，计算受弯构件的最大挠度时，应按荷载效应的标准组合并考虑荷载长期作用的影响，按《混凝土结构设计规范》GB50010—2002其计算值不超过表9-5规定的挠度限值。

表9-5 受弯构件挠度限值

屋盖、楼盖及楼梯构件	挠度限值
当$l_0<7$m时	$l_0/200(l_0/250)$
当$7\text{m}\leq l_0\leq 9$m时	$l_0/250(l_0/300)$
当$l_0>9$m时	$l_0/300(l_0/400)$

注：①表中l_0为构件的计算跨度；计算悬臂构件的挠度限值时，其计算跨度l_0按实际悬臂长度的2倍取用。

②表中括号内的数值适用于使用上对挠度有较高要求的构件。

③如果构件制作时预先起拱，且使用上也允许，则在验算挠度时，可将计算所得的挠度值减去起拱值；对预应力混凝土构件，尚可减去预加力所产生的反拱值。

④构件制作时的起拱值和预加力所产生的反拱值，不宜超过构件在相应荷载组合作用下的计算挠度值。

思考题

1. 什么是结构的作用？它们如何分类？

2. 什么是结构的“设计基准期”？我国的“设计基准期”规定的年限为多长？

3. 什么是永久荷载？什么是可变荷载？什么是偶然荷载？

4. 什么是作用效应？什么是结构抗力？

5. 什么是永久荷载的代表值？可变荷载有哪些代表值？进行结构设计时如何选用这些代表值？

6. 结构必须满足哪些功能要求？

7. 结构可靠概率与结构失效概率有什么关系？

8. 什么是结构的可靠指标？

9. 结构的可靠指标与结构的失效概率有什么关系？

10. 如何划分结构的安全等级？

11. 结构的安全等级与结构的可靠指标之间有什么关系？

12. 什么是结构的极限状态？

13. 如何划分结构的极限状态？

14. 结构超过承载力极限状态的标志有哪些？

15. 结构超过正常使用极限状态的标志有哪些？

16. 写出按承载力极限状态进行设计计算的一般公式，并对公式中符号的物理意义进行解释。

17. 为什么要引入荷载分项系数？如何选用荷载分项系数值？

18. 荷载设计值与荷载标准值有什么关系？

19. 裂缝控制如何分级？对于每种控制等级的裂缝或截面应力有什么要求？

推荐阅读书目

建筑结构荷载规范(GB 50009—2012). 中国建筑工业出版社，2012.

混凝土结构设计原理. 东南大学等. 中国建筑工业出版社，2012.

第10章 地基基础

[**本章提要**] 基础是建筑物的基本组成构件之一，作为建筑物的最底部构件，主要起到承重的作用，而其安全与否将直接影响整幢建筑物的后续使用。地基是基础下部的持力土层，其承载力也将影响整幢建筑物的安全。本章重点介绍了园林中常用的浅基础的类型及其设计计算方法，并且针对园林构件中常用的挡土墙，详细介绍了其类型及重力式挡土墙的尺寸确定和构造要求；简要讲解了土的物理性质及工程分类和重力式挡土墙的结构计算。

10.1 概　述

任何建筑物，无论其体型、大小、高度如何，结构复杂或简单，都由上部结构、下部结构(基础)和地基3部分组成。把建筑物上的各种荷载传递并扩散到地层的结构叫基础，受影响的那一部分地层称为地基。在上部结构和地基之间，基础起着承上启下的作用。合理的地基基础设计应综合考虑建筑物的规模和功能特点、上部结构型式、荷载大小和分布以及地基土层的分布、土的性质、地下水的情况等因素。

地基和基础在结构工程中的重要性是显而易见的。一方面，地基和基础是建筑物安全和正常使用的根本保障。据统计，建筑工程事故中因地基基础设计、施工不合理或错误引发的事故占有很大的比例，轻则导致墙体开裂、建筑物倾斜；重则发生基础断裂、地基滑移甚至建筑物倒塌。而且由于它们是地下的隐蔽工程，一旦出现事故，补救、加固十分困难。另一方面，地基基础设计是否合理还直接影响整个工程的造价和施工进度。地基和基础工程的造价在建筑工程总造价中占有相当大的比例，为10%～20%，其施工工期也占总工期的25%～35%。

在工程实践中地基基础事故的出现是屡见不鲜的。在工业与民用建筑中固然常见，即使在风景建筑中也常有发生。如苏州著名古迹虎丘塔由于地基下沉，引起塔身倾斜2.5m。又如某动物园新建鸣禽馆外廊柱做在湖池中，由于地基处理不当，柱基下沉引起上部结构开裂，既影响使用安全又不美观。因此，应对各类建筑物的地基基础工程给予足够的重视。

10.1.1　地基基础设计要求

在设计建筑物的地基基础之前，必须对建筑场地进行详细的勘探工作，以掌握地基土层的变化情况。确实掌握建筑物的地基土层变化情况后，进行地基基础设计应满足下列要求：

(1)必须满足地基土的强度条件

地基土是由碎散颗粒所组成，土粒之间互相连接的强度较弱，比颗粒本身的强度低得多，受力后容易沿着颗粒之间的接触面发生剪切破坏。

图10-1 加拿大特朗斯康谷仓事故示意图

做地基基础设计时应满足地基土的强度条件，否则地基将发生破坏，导致上部结构甚至整个建筑物倒塌事故。

例如，加拿大的特朗斯康谷仓地基破坏(图10-1)，该谷仓高24.4m，总重2×10^4t，用钢筋混凝土圆筒组成。基础下地基土为很厚的软黏土层。谷仓建成后第一次贮满谷物，谷仓的一侧就陷入土中12m深，倾斜约30°。事故的原因，主要由于基础底面与地基之间接触压力太大，超过了软黏土的强度，以致靠近基础底面以下的一部分土体滑动，向侧面挤出，使地面隆起，造成地基强度破坏。

(2)必须满足地基变形条件

土是一种由碎散颗粒所堆积而成，内部贯穿有大量孔隙的材料。这种材料与一般连续性建筑材料，如钢筋混凝土、木材等相比较有很大的不同。建筑物的荷重通过基础传给地基土层，土的颗粒在外荷载的作用下相互挤紧，孔隙体积要缩小，因而要产生比一般材料大得多的变形。另外，土层本身不均匀，所以土层各处的压缩也不一样。由于土层有这些特性，任何建筑物在建造过程中及建造以后均会有不同程度的沉降。如若建筑物不均匀沉降过大，超过了容许的范围，建筑物建成后它的上部结构就会产生裂缝，影响使用安全和美观。

10.1.2 风景建筑地基基础基本内容

风景建筑多是荷载不大的小型建筑，甚至只是小品，所以风景建筑的地基基础学习主要有下列内容：

① 了解土的基本特性；

② 了解确定地基承载力的方法；

③ 掌握天然地基上浅基础中刚性基础的设计方法，对风景建筑中一二层混合结构能够进行基础设计。

由于地基土千变万化，建筑物的类型、构造、荷载又各不相同，因而在地基基础工程中，很难找到完全相同的实例，许多问题必须根据具体情况，进行具体分析。要把精力集中在培养分析问题和解决问题的能力上。要善于运用所学到的基本概念，来分析解决在设计、施工中所碰到的与地基基础有关的各种问题。

10.2 土的物理性质及工程分类

10.2.1 土的成因和组成

10.2.1.1 土的成因

土是岩石风化后的产物。地壳表面的岩石暴露在大气中，受到温度、湿度变化的影响，体积经常发生膨胀和收缩使岩石产生裂缝；同时岩石还长期经受风、霜、雨、雪的侵蚀和动植物活动的破坏，逐渐由大块崩解为形状和大小不同的碎块，这个过程叫物理风化。物理风化只改变颗粒的大小和形状，不改变颗粒的成分。物理风化后形成的碎块与水、氧气和二氧化碳等接触，起化学变化，产生更细的并与原来的岩石成分不同的颗粒，这个过程，叫作化学风化。经过这些风化作用所形成的矿物颗粒(有时还有有机物质)堆积在一起，中间贯穿着孔隙，孔隙间存在水和空气，这种碎散的固体颗粒、水和气体的集合体就叫作土。

物理风化不改变颗粒的矿物成分，产生像卵石和砂等颗粒较粗的土。这类土，颗粒之间没有黏结作用，呈松散状态，称为无黏性土。化学风化产生很细的黏土颗粒，颗粒之间因为有黏结力而相互黏结。含有黏土颗粒的土，干时结成硬块，湿时有黏性，称为黏性土。由于成因不同，这两类土的物理性质和工程性能也很不一样。

风化作用生成的土，如果没有经过搬运，堆积在原来的地方，叫作残积土。残积土一般分布在山坡或山顶。土受到各种自然力(如重力、水流、风力、冰川等)的作用，搬运到别的地方再沉积下来，叫作沉积土。沉积土是一种最常碰到的土。

土在沉积过程中，由于颗粒大小不同，沉积的环境不同，沉积后所受的力不同，形成的土松密程度和软硬程度也必然很不一样。例如，粗的颗粒在水中下沉快，沉积的土就往往较密；极细的土粒，悬浮在水中，下沉很缓，沉积的土就较疏松；在水中刚沉积不久的土，没有经过压密，土就又松又软，而土愈积愈厚，下部的土因为长时间受上部土的压力作用，就要变密变硬。土的松或密，软或硬是表示土的状态。当然，土的状态不同，工程性质也不一样。

土与一般建筑材料(如钢铁、木材)最根本的区别就是一般建筑材料是连续的固体，而土则是碎散颗粒的集合体。因而，土也就具有与一般建筑材料不同的特性。例如，土受力后产生的变形比一般建筑材料大很多。又如水可以在土内孔隙间流动，即土是透水的，而一般材料则往往不透水等。

10.2.1.2 土的三相组成

土是由固体的矿物颗粒、液体和气体3部分组成，这3部分通常称为土的三相(图10-2)。固体矿物颗粒构成土的骨架，骨架间贯串着孔隙，孔隙间有水和气体。在一个单位体积的土中，这3部分所占的分量不是固定不变的，而是随着四周的环境，如压力、空气的温度、地下水位的高低等条件的变化而变化着。例如，土所受的压力增加，土就要变密，单位体积内固体颗粒的数量就增加，相应的水和气体的数量就减小。研究土的性质，首先就要研究构成土的三相本身的性质(如土粒矿物成分、大小、形状)，它们之间的相对含量和相互作用对土的性质有什么影响。

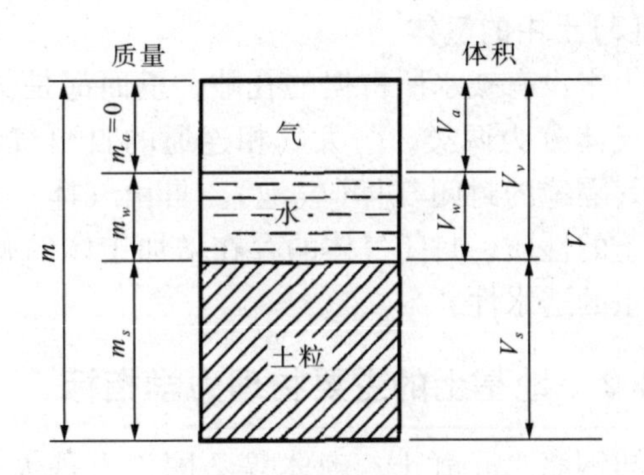

图10-2 土的三相比例示意图

图中：m_s——土粒的质量(g)；

m_w——土中水的质量(g)；

m_a——土中气的质量(g)($m_a \approx 0$)；

m——土的质量(g)，$m = m_s + m_w$；

V_s——土粒的体积(cm^3)；

V_v——土中孔隙体积(cm^3)，$V_v = V_a + V_w$；

V_w——土中水的体积(cm^3)；

V_a——土中气的体积(cm^3)；

V——土的体积(cm^3)，$V = V_s + V_w + V_a$。

(1)土中的固体颗粒

固体颗粒是土的主要组成部分，也是决定土的性质的主要因素。颗粒的矿物成分不同、粗细不同、形状不同，土的性质也不同。

(2)土中水

土孔隙中经常含有若干水分。土中的固体颗粒与水接触就互相起作用。水按其所受吸引力的大小可以分为下列几种形态。

吸着水　吸着水是被颗粒表面电荷(实验证明，土颗粒表面带有负电荷)，紧紧吸附在土粒周围很薄的一层水。黏性土中只有吸着水时成硬块，碾碎则成粉末。

薄膜水　在吸着水外面一定范围内的水分子还要受到颗粒表面电荷的吸引力而吸附在颗粒的四周。薄膜水不能自由流动。它可使土具有塑性，即土可以捏成各种形状而不破裂，也不流动。

自由水　是存在于颗粒表面电荷引力作用范围以外的水，它可以在土的孔隙中流动。土中含有相当数量的自由水时，就具有流动性。

(3)土中的气体

土中没有被水所占据的孔隙，里面都是气体。土中气体分为两类，与大气相连通的自由气体和与大气隔绝的封闭气体(气泡)。自由气体一般不影响土的性质，封闭气体的存在增加土体的弹性，减小土的透水性。

10.2.2 地基土的主要物理力学指标

与钢筋、混凝土、砌体等不同，土是大变形材料，而且成因复杂、组成多样，类别很多。总的来说，土是由矿物颗粒(固相)、水(液相)和空气(气相)3部分组成的三相体系。矿物颗粒是土的骨架，水和空气则存于颗粒之间的孔隙中。当孔隙为水所充满时称为饱和土，地下水位以下的土是饱和土。当孔隙中部分为水、部分为空气或其他气体时，称为非饱和土，地下水位以上的土一般为非饱和土。

土中矿物颗粒的体积和重量、含水量反映了土的组成比例，比例不同，土的工程特性(强度、压缩性等)随之不同，地基土的承载力也不同，采用的地基和基础结构方案也应有所不同。

土的物理力学指标是确定地基土承载力的根据之一，土的常用物理力学指标及其意义分述如下。

10.2.2.1 土的三相比例指标

(1)重度(γ)

土在天然状态时的单位体积重力称为土的重度，即：

$$\gamma = \rho g (\mathrm{kN/m^3}) \tag{10.1}$$

天然重力密度的变化范围较大，与土的矿物成分、空隙的大小、含水的多少等有关。一般土的重度为16~20kN/m^3。

饱和土重力密度(γ_{sat})　单位体积饱和土所受到的重力称为饱和土重力密度。

有效重力密度(γ')　在地下水位以下，土受到水浮力的作用，单位体积中，土颗粒所受的重力扣除浮力后的重力密度，称为有效重力密度，也叫浮重力密度，即：$\gamma' = \gamma_{sat} - \gamma_w$，其中，水的重力密度 $\gamma_w = \rho_w g = 9.8\mathrm{kN/m^3}$

(2)孔隙比(e)

土体中孔隙与颗粒体积之比称为孔隙比，即：

$$e = \frac{V_v}{V_s} \tag{10.2}$$

本指标采用小数表示。孔隙比是反映土的密实程度的一个重要指标，也是评价地基土承载力的主要指标。一般地，e 值小的土，较为密实，地基土承载力高；e 值大时较为疏松，地基土承载力低。

(3)孔隙率(n)

土中孔隙体积与总体积之比(用百分数表示)称为土的孔隙率，即：

$$n = \frac{V_v}{V} \times 100\% \tag{10.3}$$

(4)含水量(ω)

土中水重与固体颗粒重量的比值称为含水量，即：

$$\omega = \frac{m_w}{m_s} \times 100\% \tag{10.4}$$

本指标采用百分数表示。土的含水量是表示土的湿度的一个重要指标。土的含水量变化范围较大，与土的类别、天然的埋藏条件、水的补给环境等有关。一般为10%~60%。一般情况下，同一类土含水量越大，则强度越低；反之，强度越高。

(5)饱和度(S_r)

土中水的体积与孔隙体积之比称为饱和度，即：

$$S_r = \frac{V_w}{V_v} \times 100\% \tag{10.5}$$

本指标采用百分数表示，是反映土潮湿状态的指标。当 $S_r \leqslant 0.5$ 时为稍湿状态；当 $0.5 < S_r \leqslant 0.8$ 时为很湿状态；当 $S_r > 0.8$ 时为饱和状态。

10.2.2.2 土的状态指标

(1)无黏性土

无黏性土颗粒较粗，土粒之间无黏结力而呈散粒状态，其密实度对它的工程性质具有十分重要的影响。如密实状态的砂土其强度高，压缩性低，是良好的建筑地基；反之，松散的砂土则是一种软弱地基。

砂土的密实度可用天然孔隙比来衡量。当 $e<0.6$ 时属于密实的砂土，强度高，压缩性小；当 $e>0.95$ 时为松散砂土。这种测定方法较简单，但没有考虑土颗粒级配的影响。

由于砂土较难采取原状土，天然孔隙比不易测定，所以《建筑地基基础设计规范》采用标准贯入实验锤击数 N 来划分砂土的密实度，详见表10－1。

碎石土既不易获得原状土样，也难于将贯入器击入土中，对这类土根据《建筑地基基础设计规范》要求，可用重型圆锥动力触探锤击数 $N_{63.5}$ 划分密实度，如表10－2所示。

表10－1　砂土的密实度

密实度	标准贯入实验锤击数 N
密实	$N>30$
中密	$30\geqslant N>15$
稍密	$15\geqslant N>10$
松散	$10\geqslant N$

表10－2　碎石土的密实度

密实度	重型圆锥动力触探锤击数 $N_{63.5}$
密实	$N_{63.5}>20$
中密	$20\geqslant N_{63.5}>10$
稍密	$10\geqslant N_{63.5}>5$
松散	$5\geqslant N_{63.5}$

注：① 本表适用于平均粒径小于等于50mm且最大粒径不超过100mm的卵石、碎石、圆砾、角砾。

② 表内 $N_{63.5}$ 为综合修正后的平均值。

（2）黏性土

黏性土是地基土中的一类。随含水量的增加，黏性土分别呈现固体状态、半固体状态、可塑状态和流动状态等不同的状态（图10－3）。黏性土的状态是用界限含水量值来划分的。

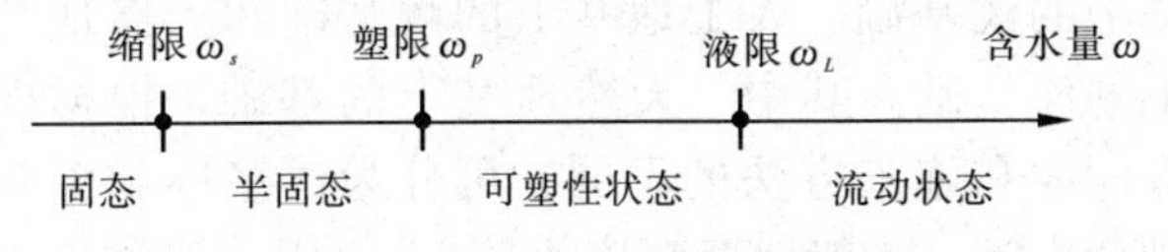

图10－3　黏性土状态与含水量关系

① 塑限和液限　黏性土由可塑状态进入半固体状态时的界限含水量称为塑限（ω_p），也称为塑性下限含水量。它相当于在手中把黏性土搓成3mm粗细的土条出现断裂时的含水量。用黏性土的塑限值可确定土的最佳含水量。在基坑的开挖过程中，含水量在塑限附近的土质边坡比较稳定，只有干裂崩塌的可能性。

黏性土由流动状态进入可塑状态时的界限含水量称为液限（ω_L），也称为塑性上限含水量。有的建筑物的沉降延续数十年仍不稳定，就是土的含水量达到液限的实例。含水量达到液限的淤泥边坡极易滑动，事故较多。

塑限和液限是黏性土很有工程实用价值的指标。随含水量的增大，黏性土地基的承载力相应逐步降低。

② 塑性指数和液性指数　黏性土液限与塑限的差值（去掉百分数）称为塑性指数（I_p），即

$$I_p=\omega_L-\omega_p \tag{10.6}$$

可见，I_p 就是黏性土处于可塑状态时含水量变化的最大范围（黏性土的 $I_p>10$）。I_p 值越大，说明土的颗粒越细，或者说固体颗粒的吸水能力较强。因而 I_p 反映了黏性土的工程性质，可以作为黏性土分类的重要指标。

液性指数（I_L）的定义为

$$I_L=\frac{\omega-\omega_p}{\omega_L-\omega_p}=\frac{\omega-\omega_p}{I_p} \tag{10.7}$$

液性指数也称为相对稠度。由公式（10.7）可知，含水量大于塑限后（$I_L>0$），土便进入塑性状态。含水量达到液限（$I_L=1.0$），土便进入流动状态。所以 I_L 是判断黏性土软硬状态的指标：$I_L\leqslant0$，坚硬状态；$0<I_L\leqslant0.25$，硬塑状态；$0.25<I_L\leqslant0.75$，可塑状态；$0.75<I_L\leqslant1$，软塑状态；$I_L>1$，流塑状态。

液性指数也是确定黏性土承载力的重要指标之一。

10.2.3　地基岩土的工程分类

建筑物地基岩土的分类方法很多，按照《建筑地基基础设计规范》GB50007—2002，划分为岩石、碎石土、砂土、粉土、黏性土和人工填土6类。

（1）岩石

对岩石有两种分类：地质分类和工程分类。

地质分类用于工程的勘察设计，其主要根据是其地质成因、矿物成分、结构构造和风化程度，如强风化花岗岩、微风化砂岩等。工程分类用于工程设计，用来概括土的工程特性。

岩石应是颗粒间牢固联结，呈整体或具有节理裂隙的岩体，用做地基时，应划分其坚硬程度和完整程度。坚硬程度按岩块的饱和单轴抗压强度标准值划分，分为硬质岩、较硬岩、较软岩、软岩和极硬岩。岩石的风化程度可分为未风化、微风化、中风化、强风化和全风化。岩体的完整程度用测定岩体、岩块波速的方法划分为完整、较完整、较破碎、破碎和极破碎5种。

岩石是良好的地基，但是其性能很不均匀，而且岩石表面起伏不平，难以查清，如果在地基中采用桩基础并支承在岩石上时，要特别注意。

(2)碎石土

碎石土是指粒径大于2mm的颗粒含量超过全重50%的土。按照颗粒粒径分级和颗粒形状，分为漂石和块石、卵石和碎石、圆砾和角砾3类。漂石、卵石和圆砾的颗粒以圆形和亚圆形为主。块石、碎石和角砾的颗粒以棱角形为主。

碎石土又按其密实程度分为松散、稍密、中密和密实4种。

(3)砂土

砂土是指粒径大于2mm的颗粒含量不超过全重50%、粒径大于0.075mm的颗粒重量超过全重50%的土。按照颗粒粒径分级及其所占重量的比例，通过标准筛用筛分法分为砾砂、粗砂、中砂、细砂和粉砂。

砂土又按其密实程度分为松散、稍密、中密和密实4种。

颗粒级配良好的砂是较好的地基土，透水性强，在荷载的作用下变形很快就稳定。但是在水下的砂类土往往会在动力水压条件下(如抽水)形成管涌、流砂；干砂不易夯实；粉砂和细砂在地震时易于液化。

(4)粉土

塑性指数$I_p \leqslant 10$且粒径大于0.075mm的颗粒含量不超过全重50%的土称为粉土(塑性指数的概念见后)。粉土由粉粒、砂粒、黏粒3种成分组成，根据它们的含量又可以细分为砂质粉土，粉土和黏质粉土。黏质粉土的性质接近黏性土，不会液化。

(5)黏性土

黏性土是塑性指数$I_p > 10$的土。其中$10 < I_p \leqslant 17$的称为粉质黏土，很容易夯实，是常用的填土材料。$I_p > 17$的称为黏土，性质极为复杂，吸水后呈流塑状，强度很低，含水量在塑限左右时强度很高，但难于夯实，干燥后又易开裂。工程实践中对黏土工程性质的评价是很重要的。按黏性土的状态分为坚硬、硬塑、可塑、软塑和流塑。

淤泥和淤泥质土是在静水或缓慢的流水环境中沉积，并经生物化学作用生成的天然含水量大，处于流动状态的黏性土。当天然孔隙比$e \geqslant 1.5$时称淤泥；当$1.0 \leqslant e < 1.5$时称淤泥质土。淤泥和淤泥质土的共同特点是强度低、压缩性高、透水性差，压实需要很长的时间。

还有一种是红黏土，特点是天然孔隙比较大、含水量高、强度较高、压缩性较低。

(6)人工填土

根据其组成和成因，人工填土可以分为素填土、杂填土、冲填土和压实填土。素填土应是由碎石土、砂土、粉土、黏性土等组成的填土。压实填土是经过压实或夯实的素填土。杂填土应是含有建筑垃圾、工业废料、生活垃圾等杂物的填土。冲填土应是由水力冲填泥沙形成的填土。

10.3 天然地基上浅基础的设计

地基可以分为两类：不经处理可以满足承载力、变形等设计要求的地基称为天然地基；必须经过处理(如换土垫层、排水加固等等)才能使用的地基称为人工地基。

地基基础的方案从总的来说有3种：天然地基上的浅基础、人工地基上的浅基础和天然地基上的深基础。其中，天然地基上的基础，根据埋置深度和施工方法的不同，可分为浅基础和深基础两大类。一般埋置深度小于5m，用一般施工方法即可施工的基础称为浅基础；埋置深度大于5m，需用特殊方法施工的基础称为深基础。深基础设计、施工较为复杂，而天然地基上的浅基础由于施工简单，不需要复杂的施工设备，工期短、造价低，是实际工程中最常用，较为经济、简便的基础类型。在设计地基基础时，应当首先考虑采用天然地基上浅基础的设计方案。

天然地基上浅基础的设计步骤为：

① 确定浅基础的结构型式、材料和平面布置；

② 确定基础的埋置深度；

③ 必要时计算地基变形；

④ 根据结构传来的荷载设计值和地基承载力设计值，计算确定基础的底面尺寸；

⑤ 若地基持力层以下存在软弱土层，需验算软弱下卧层的承载力；

⑥ 基础结构计算和构造设计；

⑦ 绘制基础施工图。

10.3.1 浅基础的类型

10.3.1.1 按基础材料分类

基础的材料决定了基础的强度、耐久性和工程造价，不同的材料也有不同的技术要求，在选择和使用材料时，应当遵循就地取材、充分利用地方材料的原则，并满足技术、经济的要求。

根据不同材料的基础的主要性能，浅基础分为刚性基础和柔性基础两大类。

(1) 刚性基础

刚性基础是指由砖、三合土、灰土、混凝土、毛石基础或毛石混凝土等材料组成的无筋扩展基础。这类材料抗压强度较大，但抗拉、抗弯强度却很小。所以在设计时，要求基础的外伸宽度和基础高度的比值即刚性角在一定限度内，以避免刚性材料被拉破坏，故其基础的相对高度较大。根据其上部结构形式，刚性基础有墙下条形基础和柱下独立基础两种形式（图 10－4）。

刚性基础技术简单、施工方便，适用于多层民用建筑和轻型厂房。常用的刚性基础有以下几种类型。

① 砖基础　具有取材方便、价格便宜、施工简便的特点，在干燥和温暖的地区应用很广。砖基础的剖面形式一般为阶梯形，俗称大放脚。砖基础下一般需设置垫层，大放脚从垫层上开始砌筑，为满足其允许宽高比的要求，采取等高式（即两皮一收，

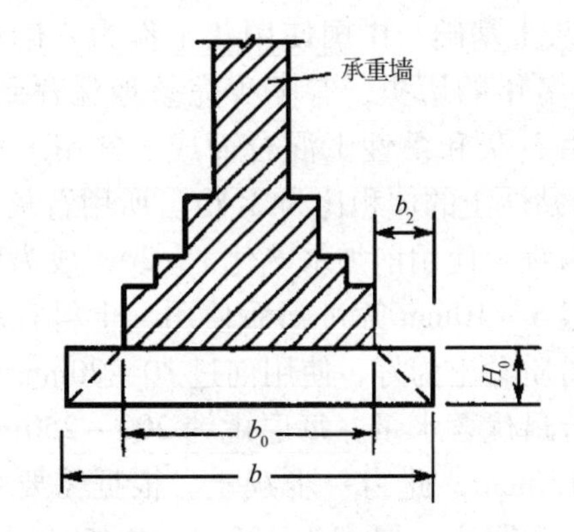

图 10－4　刚性基础构造示意图

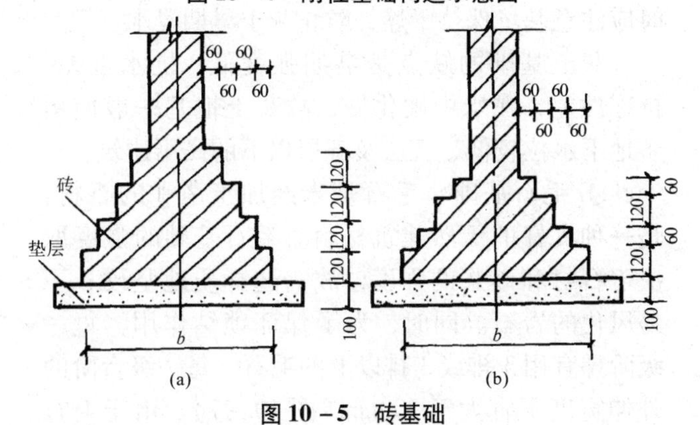

图 10－5　砖基础

砌两皮砖收进 1/4 皮砖）和间隔式（即两皮一收和一皮一收相间隔）两种形式（图 10－5）。

② 三合土基础　三合土是由石灰、砂和骨料按体积比 1:2:7 或 1:3:6 配成，加适量水拌和后，均匀铺入基槽，每层虚铺 220mm，夯至 150mm。三合土基础一般用于地下水位较低的四层和四层以下的民用建筑工程中，参见图 10－6。

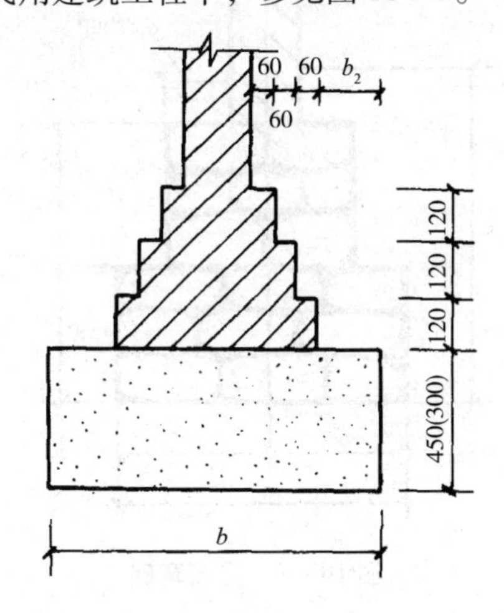

图 10－6　灰土或三合土基础

③ 灰土基础 中国使用灰土作为基础材料已有1000多年的历史，有不少完整地保存到现在。灰土是由石灰和黏性土混合而成，常用三七灰土(石灰和黏性土的体积比为3:7)。所用石灰以块状生石灰为宜，使用前加水熟化1~2d，成为熟石灰粉末，经5~10mm筛过筛后使用。土料宜就地取材，以粉质黏土为好，使用前过10~20mm筛，含水量接近最优含水量。每层虚铺200~250mm，夯实后为150mm，此为一步灰土。根据需要可铺设二步或三步灰土，厚度为300mm或450mm。施工时应注意基坑保持干燥，防止灰土早期浸水。

灰土基础的缺点是早期强度低、抗水性差、抗冻性差，在水中硬化慢，故灰土地基一般使用于地下水位较低、五层及五层以下的民用建筑。

④ 毛石基础 毛石是未经加工凿平的石材，是一种良好的天然建筑材料。毛石基础的强度取决于石材和砂浆的强度，故需选择质地坚硬、不易风化的岩石。同时，为了保证锁结作用，每一级阶梯宜用3排或3排以上的毛石，每一级台阶的外伸宽度不宜大于200mm(图10-7)。由于毛石之间的空隙较大，如果所使用的砂浆黏结强度较差，则不能用于层数较多的建筑物，而且不宜用于地下水位以下。

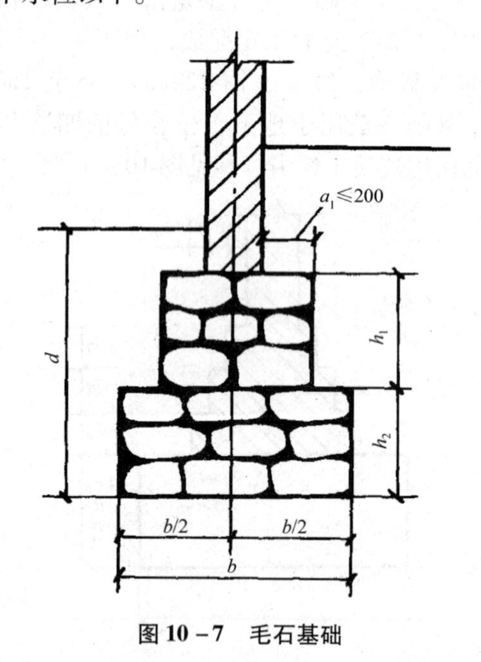

图10-7 毛石基础

⑤ 混凝土和毛石混凝土基础 混凝土基础的强度、耐久性、抗冻性都很好，而且便于机械化施工，是一种较好的基础材料。混凝土基础水泥用量较大，造价也比砖、石基础高。如体积较大，为了节约混凝土用量，在浇灌混凝土时，可掺入少于基础体积30%的毛石，做成毛石混凝土基础(图10-8)。毛石不宜大于基础最小尺寸的1/3，也不能大于300mm。

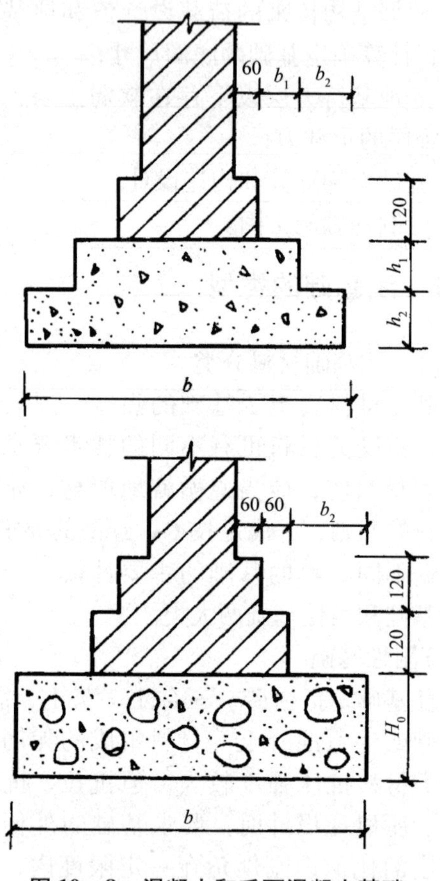

图10-8 混凝土和毛石混凝土基础

(2)柔性基础

当刚性基础的尺寸不能同时满足地基承载力和基础的埋深要求时，可采用钢筋混凝土扩展基础，也称为柔性基础。这种基础配置足够的钢筋来承受拉应力或弯矩，使基础在受弯时不致破坏，所以基础不受刚性角的限制，基础高度较小，如图10-9所示。当建筑物的荷载较大或土质较软弱时，常采用这种基础。

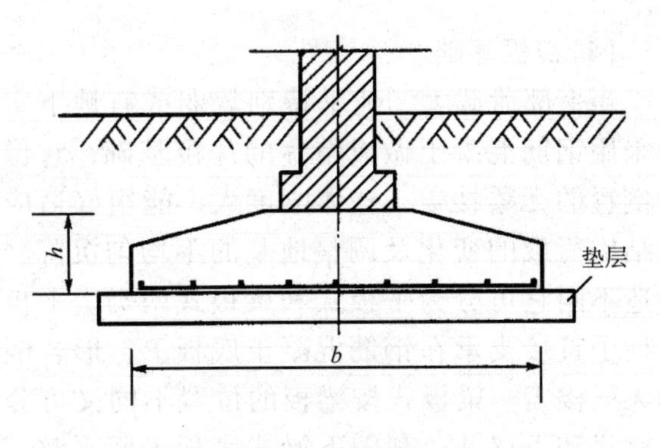

图10－9 柔性基础

10.3.1.2 按结构形式分类

(1)单独基础

按支承的上部结构形式，可分为柱下单独基础和墙下单独基础。

① 柱下单独基础 单独基础是柱基础最常用、最经济的一种类型，它适用于柱距为4～12m，荷载不大且均匀、场地均匀，对不均匀沉降有一定适应能力的结构的柱作基础。它所用材料根据柱的材料和荷载大小而定，常采用砖石、混凝土和钢筋混凝土等。

现浇柱下钢筋混凝土基础的截面可做成矩形、阶梯形或锥形，预制柱下的基础一般为杯形基础(图10－10)。基础底面形状一般为方形(中心荷载作用时)和矩形(偏心荷载作用下)。

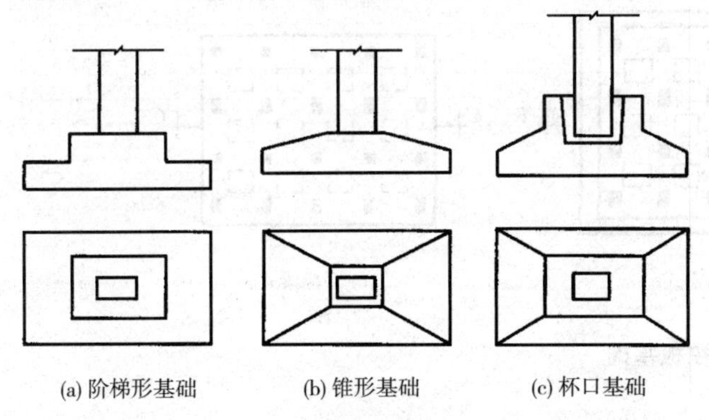

图10－10 柱下独立基础

② 墙下单独基础 当地基承载力较大，上部结构传给基础的荷载较小，或当浅层土质较差，在不深处有较好的土层时，为了节约基础材料和减少开挖土方量可采用墙下单独基础。墙下单独基础的经济跨度为3～5m，砖墙砌在单独基础上边

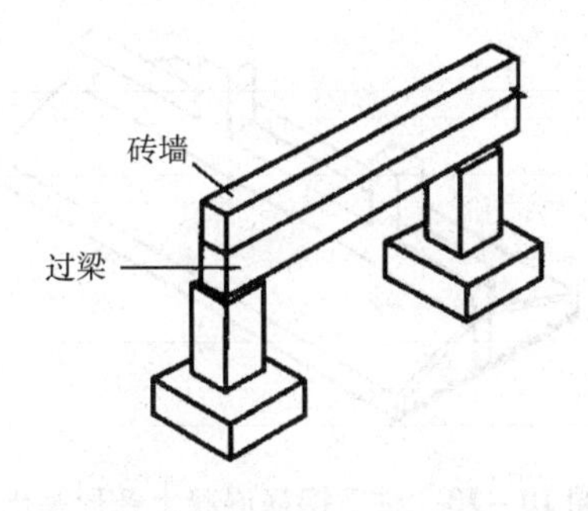

图10－11 墙下独立基础

的钢筋混凝土梁上，如图10－11所示。

(2)条形基础

条形基础是指基础长度远大于宽度的一种基础形式。其基础断面形状有矩形、锥形和阶梯形3种。条形基础按上部结构形式可分为墙下条形基础和柱下条形基础。

① 墙下条形基础 条形基础是墙基础的主要形式，常用砖、石等材料建造，这类材料建造基础由于要满足刚性基础允许宽高比的要求，故当上部荷载较大而土质较差时，其基础高度较大，这时可采用钢筋混凝土柔性基础，基础高度只需300mm左右，而基础宽度可加大到2m以上(图10－12)。

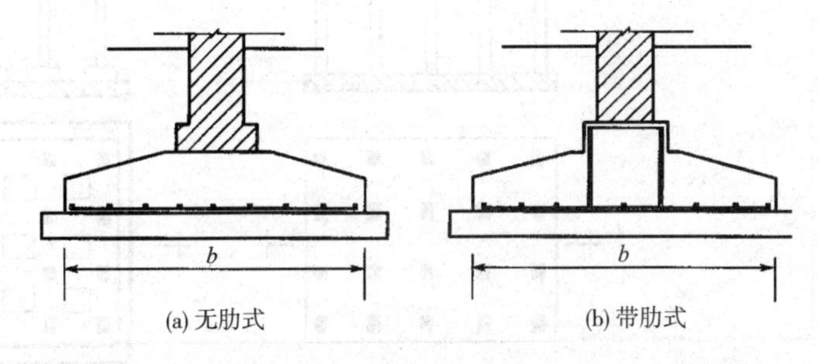

图10－12 墙下钢筋混凝土条形基础

② 柱下钢筋混凝土条形基础 当地基软弱而荷载又较大，如果采用柱下单独基础，底面积必然很大以至于互相接近，甚至互相连接，这时可将同一排的柱基础连通做成钢筋混凝土条形基础。柱下条形基础一般设在房屋的纵向，可增强房屋的纵向基础刚度(图10－13)。

(3)柱下十字交叉基础

当上部荷载较大，土质较弱，采用条形基础不能满足地基承载力要求，或是需要增强基础的

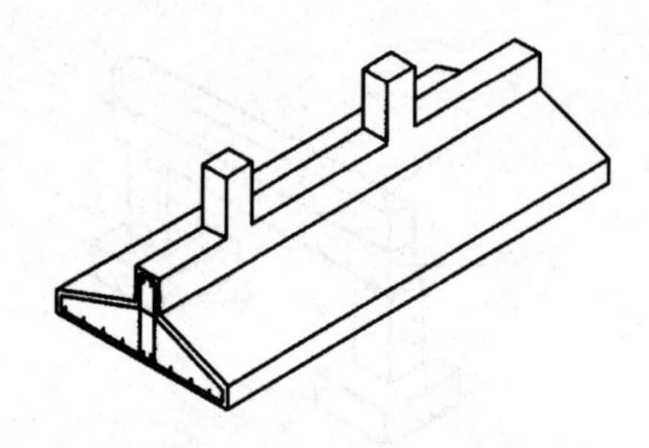

图10－13 柱下钢筋混凝土条形基础

整体刚度，减少不均匀沉降，可在柱网下纵横两方向设置钢筋混凝土条形基础，形成如图10－14所示的十字交叉基础。

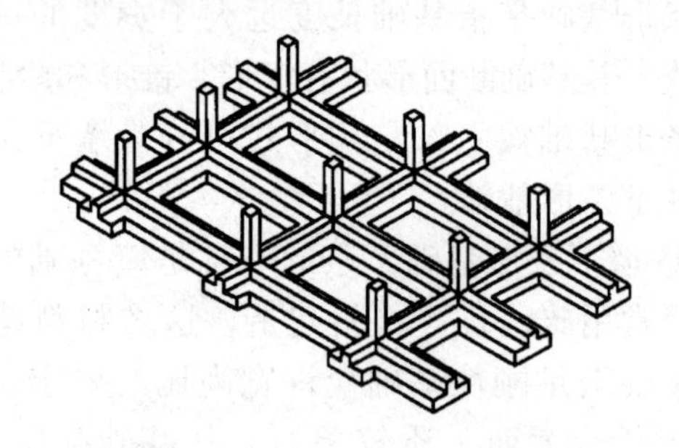

图10－14 柱下十字交叉基础

(4)筏板基础

当上部荷载大、地基特别软弱或有地下室时可采用钢筋混凝土做成整片的片筏基础，它像一个倒置的无梁楼盖，整体刚度大，能很好适应上部结构荷载的变化及调整地基的不均匀沉降。按构造不同它可分为平板式和梁板式两类。平板式是柱子直接支承在钢筋混凝土底板上，形若倒置的无梁楼盖。梁板式按梁板的位置不同又可分为上梁式和下梁式，其中下梁式底板表面平整，可作建筑物底层地面。梁板式基础板的厚度比平板式小得多，但刚度较大，故能承受更大的弯矩(图10－15)。

(5)箱形基础

为使基础具有更大刚度，基础可做成由钢筋混凝土整片底板、顶板和若干钢筋混凝土纵横墙组成的箱形基础(图10－16)。这种基础整体抗弯刚度相当大，基础的空心部分可作地下室，而且由于埋深较大和基础空腹，就可卸除基底处原有的地基自重压力，因而大大减少了基础底面的附加压力，所以这种基础又称为补偿基础。此种基础在高层建筑及重要的构筑物中常采用。

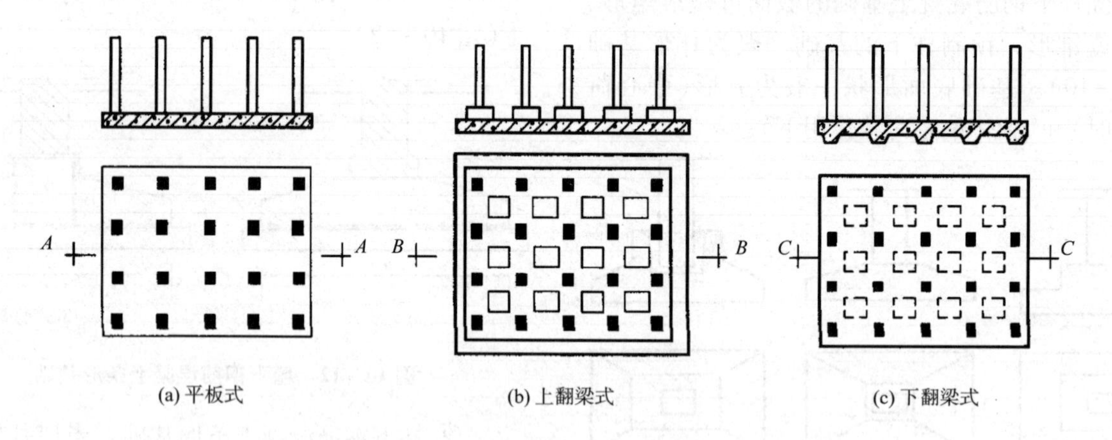

图10－15 筏板基础

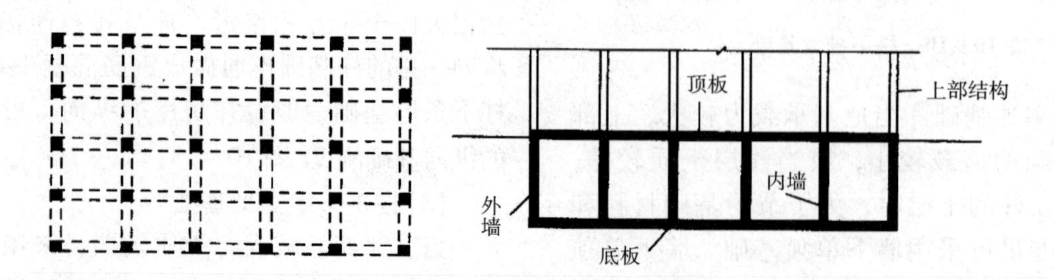

图10－16 箱形基础

除以上介绍的浅基础的几种主要类型外，还有其他类型的浅基础，如壳体基础、圆板基础、不埋式薄板基础等。

10.3.2 基础埋置深度

基础埋置深度是指基础底面至地面(一般指室外地面)的距离。

选择基础埋深即是选择地基持力层，关系到地基的可靠性、基础的安全性、施工的复杂程度、工期及造价等，是设计工作中很重要的环节。为保证基础安全，同时减少基础尺寸，应尽量把基础置于良好的土层上，但基础埋深过大，不但施工不方便，而且会提高基础造价，因此应根据实际情况选择一个合理的埋置深度。选择基础埋深的原则是在保证安全可靠的前提下，尽量浅埋，但考虑到基础的稳定性、建筑物构造的影响等因素，除岩石地基外，基础的最小埋深不应小于0.5m，基础顶面应低于设计地面0.1m以上。

影响基础埋深的因素很多，一般应从建筑物自身的情况和建筑物周围的条件来综合考虑。

(1)建筑物的用途和结构类型

基础的埋深应首先考虑建筑物的用途。当有地下室、地下管道和设备基础时，基础的埋深需要结合建筑设计标高的要求局部或者整个加深，局部加深基础时，可做成台阶形，由浅向深逐步过渡。建筑物的结构类型不同，对不均匀沉降的敏感程度就不同。敏感的结构如框架结构，应将基础埋于较坚实、较均匀的土层上，所以它的埋深就可能较深；不敏感的结构如简支结构，基础可以置于软弱的土层上，所以它的埋深就可能较浅。

基础埋深还取决于基础的构造高度，如刚性基础由于要满足刚性角的要求，基础的构造高度较大，因此无筋扩展基础埋深往往大于钢筋混凝土扩展基础。

(2)作用在地基上的荷载的大小和性质

荷载大小不同，对持力层的要求也不同。同一深度的土层，对荷载小的基础可能是一个很好的持力层，而对荷载较大的基础而言就不适宜作为持力层，就需要选择承载力更大的土层作持力层，这时基础的埋深就可能较大。

建筑物荷载的性质也影响基础埋深的选择。承受轴向压力为主的基础，其埋深只需要满足地基的强度和变形要求；对于承受水平荷载的基础，还需有足够的埋深以满足稳定性要求；对于承受上拔力的基础(如输电塔基础)，也要求有较大的埋深以保证足够的抗拔阻力。而高层建筑由于荷载大，且承受风力和地震力等水平荷载，为满足稳定性的要求，减少建筑物的整体倾斜，基础埋深一般不应少于1/12～1/8的地面以上建筑物的高度。

(3)工程地质和水文地质条件

工程地质条件对基础埋深的选择有很重要的影响。一般来说，当上层土的承载力能满足要求时，基础应尽量选择上层土作持力层，若持力层以下存在软弱下卧层时，还应验算下卧层的承载力是否满足要求；当表层土软弱，下层土承载力较高时，则应根据情况，经过方案比较后，再确定基础埋置土层。

当有地下水存在时，为避免施工排水的麻烦，基础底面应置于地下水位以上。若基础底面必须埋置在地下水位以下时，则应采取施工排水、降水措施，保证地基土不受扰动。

(4)相邻建筑物和构筑物的影响

如果拟建建筑物的邻近有其他建筑物或构筑物时，除了考虑以上条件决定基础埋深外，为保证原有建筑物的安全和正常使用，宜使拟建的建筑物基础不低于已有建筑物或构筑物的基础。如果必须深于原有建筑物基础时，应使两基础间净距不少于它们的底面高差的1～2倍，即$L \geqslant (1 \sim 2)\Delta H$。如图10－17所示。如不能满足这一要求时，施工期间应采取措施，如分段开挖、设置临

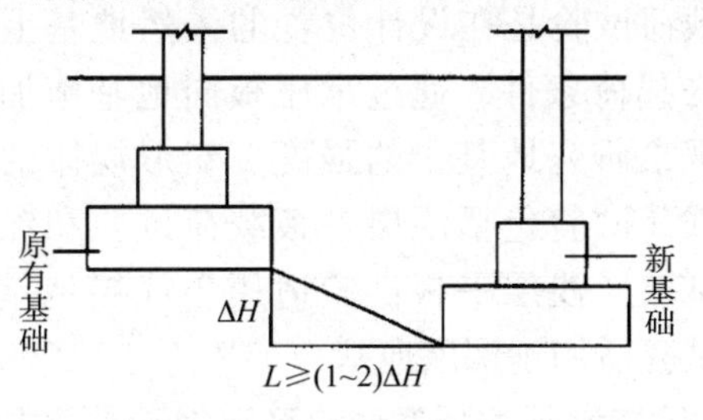

图10－17 相邻基础的埋深

时加固支撑、板桩或地下连续墙等施工措施，也可以加固原有建筑物地基等。

(5)地基土冻胀和融陷的影响

中国北方地区当冬季温度处于0℃以下时，地表中的自由水开始冻结形成冻土；当温度升高时，冻土融化，一年内冻结和融化交替一次，因此称为季节性冻土。某些细粒土冻结时，水分向冻结区聚集，致使冻结区土体积膨胀，在基础周围和基础底部产生冻胀力，使基础和墙体上抬；当冻土融化后，土含水量增加，地基土强度降低并引起沉陷，称为融陷。无论是冻胀还是融陷，一般都是不均匀的，多次冻融的结果会造成建筑物的严重破坏。因此，《建筑地基基础设计规范》(GB50007—2002)中给出了我国各地区的冻深线图表，设计时，基础应当埋在当地冻深线以下。

10.3.3 地基承载力特征值的确定

地基承载力特征值是在保证地基强度和稳定的前提下，建筑物不产生过大沉降和不均匀沉降时地基所能承受的最大荷载。地基承载力特征值用f_{ak}表示。

地基承载力特征值的确定在地基基础设计中是一个非常重要而复杂的问题，它不仅与土的物理、力学性能有关，而且还与基础尺寸、埋深、建筑结构类型、结构特点和施工速度等因素有关。目前确定地基承载力特征值的方法有：按载荷试验或其他原位测试方法确定；按地基土的强度理论公式确定；按经验方法确定。

(1)原位测试确定地基承载力特征值

原位测试是在保持地基土天然结构、天然含水量及天然应力状态下进行的测试。其中载荷试验是最直接可信的方法。

载荷试验是在设计位置的天然地基上模拟建筑物的载荷条件，通过承压板向地基施加竖向荷载，观察研究地基土的强度、变形规律的一种方法。载荷试验包括浅层平板载荷试验和深层平板载荷试验。浅层平板试验适用于浅层地基，深层平板试验适用于深层地基。

(2)按地基的强度理论确定地基承载力特征值

根据工程实践经验证明，当地基出现一部分塑性区时，只要塑性区的发展不超过某一限度，仍可保证建筑物的安全。当偏心距e小于或等于0.033倍基础底面宽度时，根据土的抗剪强度指标确定地基承载力特征值可按下式计算，并应满足变形要求：

$$f_a = M_b\gamma b + M_d\gamma_m d + M_c c_k \tag{10.8}$$

式中：f_a——由土的抗剪强度指标确定的地基承载力特征值，kPa；

M_b、M_d、M_c——承载力系数，按表10-3确定；

b——基础底面宽度，大于6m时按6m取值，对于砂土，小于3m时按3m取值；

c_k——基底下1倍短边宽度内土的黏聚力标准值；

d——基础埋置深度，一般自室外地面标高算起，在填方整平地区，可自填土地面标高算起，但填土在上部结构施工后完成时，应从天然地面标高算起。对于地下室，采用箱形基础或筏基时，基础埋置深度自室外地面标高算起；当采用独立基础或条形基础时，应从室内地面标高算起；

γ_m——基底以上土的加权平均重度。

表10-3 承载力系数M_b、M_d、M_c

土的内摩擦角标准值φ_k(°)	M_b	M_d	M_c
0	0	1.00	3.14
2	0.03	1.12	3.32
4	0.06	1.25	3.51
6	0.10	1.39	3.71
8	0.14	1.55	3.93
10	0.18	1.73	4.17
12	0.23	1.94	4.42
14	0.29	2.17	4.69
16	0.36	2.43	5.00
18	0.43	2.72	5.31
20	0.51	3.06	5.66
22	0.61	3.44	6.04
24	0.80	3.87	6.45

（续）

土的内摩擦角标准值 φ_k（°）	M_b	M_d	M_c
28	1.40	4.93	7.40
30	1.90	5.59	7.95
32	2.60	6.35	8.55
34	3.40	7.21	9.22
36	4.20	8.25	9.97
38	5.00	9.44	10.80
40	5.80	10.84	11.73

注：φ_k——基底下1倍短边宽深度内土内摩擦角标准值。

(3)经验方法确定地基承载力特征值

在大量的工程实践中，人们总结了一些实用的确定地基承载力的方法，用来综合确定地基承载力特征值。

①间接原位测试的方法　平板载荷试验是直接测定地基承载力特征值的原位测试方法，而其他的原位测试方法，如静力触探、动力触探、标准贯入试验等不能直接测定地基承载力特征值，但是可以将其结果与各地区的载荷试验结果相比较，积累一定数量的数据，间接地确定地基承载力。这种方法在中国已有丰富经验，在工程建设中应用较广泛。但是当地基基础设计等级为甲级和乙级时，应结合室内试验成果综合分析，不宜单独使用。

动力触探试验　动力触探是利用一定的锤击能量，使触探杆打入土层一定深度，根据其所需的锤击数来判断土的工程性质。动力触探根据探头的型式分为圆锥动力触探和标准贯入试验。

静力触探试验　静力触探是利用静压力将装有传感器的触探头以匀速压入土中，在这一过程中，由于各个土层的软硬程度不同，触探头所受阻力不一样。土越软，贯入阻力越小；土越硬，贯入阻力越大。传感器将这种大小不同的贯入阻力信号输入电子测量仪中，从而达到了解土层工程性质的目的。

②根据地基承载力特征值表来确定地基承载力　在一些设计规范或勘察设计规范中，常给出了一些根据土的物理性能指标确定地基承载力特征值的表，这些方法是各地区建筑工程实践经验、现场载荷试验、标准贯入试验等数据进行统计分析得到的。要用查表的方式确定地基承载力特征值，必须先在现场取土样进行室内试验测定土的物理指标，划分土的类别，并根据测出的相关指标查表求出承载力基本值，并经过回归修正后得到承载力特征值。

需要说明的是，地基承载力特征值是各地区工程经验的总结，具有很强的地域性，故不能不顾条件照搬照用，各地区要不断进行试验复核工程检验工作，以便不断修正和完善地基承载力特征值表。

(4)地基承载力特征值的修正

地基承载力特征值除了与土的性质有关外，还与基础底面尺寸与基础埋深等因素有关，当基础宽度大于3m或埋置深度大于0.5m时，从载荷试验或其他原位测试、经验值等方法确定的地基承载力特征值，还应按下式修正：

$$f_a = f_{ak} + \eta_b \gamma (b-3) + \eta_d \gamma_m (d-0.5) \quad (10.9)$$

式中：f_a——修正后的地基承载力特征值，kPa；

f_{ak}——地基承载力特征值，kPa；

η_b、η_d——基础宽度和埋深的地基承载力修正系数，按基底下土的类别查表10-4取值；

γ——基础底面以下土的重力密度，地下水位以下取浮重力密度，kN/m^3；

b——基础底面宽，当基宽小于3m时，按3m取值；大于6m时按6m取值；

γ_m——基础底面以上土的加权平均重力密度，地下水位以下取浮重力密度，kN/m^3；

d——基础埋置深度，m，一般自室外地面标高算起，在填方整平地区，可自填土地面标高算起，但填土在上部结构施工后完成时，应从天然地面标高算起。对于地下室，采用箱形基础或筏基时，基础埋置深度自室外地面标高算起；当采用独立基础或条形基础时，应从室内地面标高算起。

表 10-4 承载力修正系数

土的类别		η_b	η_d
淤泥和淤泥质土		0	1.0
人工填土		0	1.0
e 或 I_L 大于等于 0.85 的黏性土			
红黏土	含水比 $\alpha_w>0.8$	0	1.2
	含水比 $\alpha_w\leqslant0.8$	0.15	1.4
大面积压实填土	压实系数大于 0.95，黏粒含量 $\rho_c\geqslant10\%$ 的粉土	0	1.5
	最大干密度大于 $2.1t/m^3$ 的级配砂石	0	2.0
粉　土	黏粒含量 $\rho_c\geqslant10\%$ 的粉土	0.3	1.5
	黏粒含量 $\rho_c<10\%$ 的粉土	0.5	2.0
e 及 I_L 均小于 0.85 的黏性土		0.3	1.6
粉砂、细砂(不包括很湿与饱和时稍密状态)		2.0	3.0
中砂、粗砂、砾砂和碎石土		3.0	4.4

注：① 强风化和全风化的岩石，可参照所风化的相应土类取值，其他状态下的岩石不修正。
② 按平板荷载试验确定地基承载力特征值时，η_d 取 0。

10.3.4 基础的底面尺寸

在基础类型和埋置深度初步确定后，就可根据上部结构传来的荷载及地基承载力来进行浅基础底面尺寸的设计，即要使通过该底面传至地基的基底压力满足持力层的地基承载力及软弱下卧层承载力要求，必要时还需满足地基变形及整体稳定性要求。风景建筑中多为地基基础设计等级中的丙级建筑，因此，本章省去介绍地基变形及整体稳定性的验算方法。

10.3.4.1 中心荷载作用下的基础

中心荷载作用下的基础，基底压力按直线分布简化计算(图 10-18)。根据地基承载力要求，

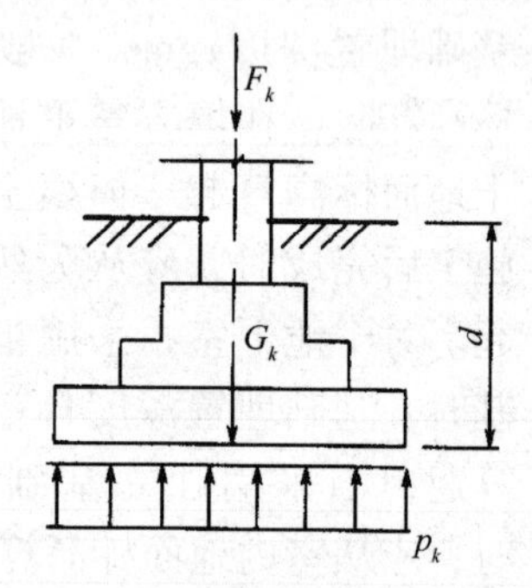

图 10-18 中心荷载作用下的基础

作用在基底上的平均压力应小于或等于地基承载力，即：

$$p_k\leqslant f_a \tag{10.10}$$

(1)柱下单独基础

基底平均压应力 p_k 为：

$$p_k=\frac{F_k+G_k}{A} \tag{10.11}$$

式中：F_k——相应于荷载效应标准组合时，上部结构传到基础顶面的竖向力标准值，kN；

G_k——基础自重和基础上的土重，$G_k=\gamma_G Ad$，kN；

γ_G——基底以上土与基础的平均重力密度，一般取 $\gamma_G=20kN/m^3$。

代入式(10.11)，经整理得：

$$A\geqslant\frac{F_k}{f_a-\gamma_G d} \tag{10.12}$$

按上式先计算出 A 后，先选定一边长 b 或 l，再计算出另一边长，一般取 $\frac{l}{b}\leqslant1.2\sim2$。

(2)条形基础

对于条形基础，沿基础长度方向，取 1m 为计算单元，故基底宽度为：

$$b \geqslant \frac{F_k}{f_a - \gamma_G d} \qquad (10.13)$$

式中：F_k——相应于荷载效应标准组合时，沿长度方向1m范围内上部结构传来的竖向荷载标准值，kN/m。

10.3.4.2 偏心荷载作用下的基础

偏心荷载作用下，基础底面受力不均匀，此为不利条件，需要加大基础面积，一般采用试算法进行计算。计算步骤如下：

① 先不考虑偏心影响，按中心荷载作用下式(10.12)或式(10.13)，初算基础面积A_1；

② 考虑偏心不利影响，加大基底面积10%～40%。故偏心荷载作用下基底面积为：$A=(1.1 \sim 1.4)A_1$；

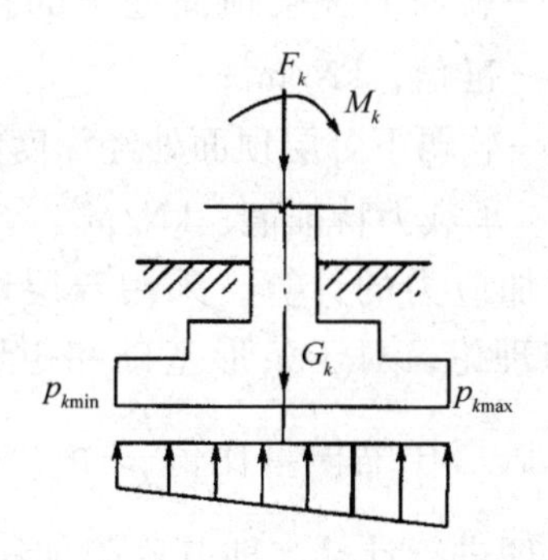

图10－19 偏心荷载作用下的基础

③ 计算基底边缘最大与最小压应力，如图10－19所示，在荷载F_k、G_k和单向弯矩M_k的共同作用下，根据基底压应力呈直线分布的假定，在满足$p_{min}>0$条件下，基底压应力为梯形分布，基底边缘最大、最小压应力为：

$$\left.\begin{matrix} p_{k,\max} \\ p_{k,\min} \end{matrix}\right\} = \frac{F_k + G_k}{A} \pm \frac{M_k}{W} = \frac{F_k + G_k}{A}\left(1 + \frac{6e}{l}\right) \qquad (10.14)$$

式中：e—— 合力偏心矩，且$e = \dfrac{M_k}{F_k + G_k} \leqslant \dfrac{l}{6}$；

l—— 基础底面边长(一般沿弯矩作用方向设置基础的长边)；

M_k——作用于基础底面的力矩标准值，kN·m。

当作用于基底形心处合力的偏心矩$e > \dfrac{l}{6}$时，基底压应力重分布$p_{k,\min}=0$，此时，基底边缘最大应力为：

$$p_{k,\max} = \frac{2(F_k + G_k)}{3ab} \qquad (10.15)$$

式中：a——单向偏心竖向荷载作用点至基础最大压应力边缘的距离，$a = \dfrac{l}{2} - e$，m。

④ 基底压应力验算

$$\frac{1}{2}(p_{k,\max} + p_{k,\min}) \leqslant f_a \qquad (10.16)$$

$$p_{k,\max} \leqslant 1.2 f_a \qquad (10.17)$$

在确定底面边长l时，应注意保证荷载对基础的偏心矩不能过大，以保证基础不发生过大的倾斜。在一般情况下，对中、高压缩性土上的基础或有吊车的工业厂房柱基础，偏心矩e不宜大于$\dfrac{l}{6}$，即保证基础不脱离地基；对低压缩性土，可适当放宽，但偏心矩不宜大于$\dfrac{l}{4}$，也就是必须保证$\dfrac{3}{4}$的基底与地基接触，并要校核基础受压边缘的压应力以及基础的稳定性。

【例题10－1】 上海某公园园墙高2.6m，厚240mm，采用浆砌普通砖$\gamma=18\text{kN/m}^3$，埋置深度$d=1.0\text{m}$，地基土为淤泥质土，重度$\gamma=18\text{kN/m}^3$，地基承载力特征值$f_{ak}=80\text{kN/m}^2$，求墙下条形基础的宽度。

解： 查表10－4，$\eta_d=1.0$

$$\begin{aligned} f_a &= f_{ak} + \eta_b\gamma(b-3) + \eta_d\gamma_m(d-0.5) \\ &= 80 + 0 + 1.0 \times 18 \times (1-0.5) \\ &= 89\text{kPa} \end{aligned}$$

条形基础上每1m长度上所分布荷载为1m长墙体自重，则

$$F_k = 1.2 \times (2.6+1) \times 0.24 \times 1 \times 18 = 18.66\text{kN}$$

$$b \geqslant \frac{F_k}{f_a - \gamma_G d} = \frac{18.66}{89 - 20 \times 1} = 0.27\text{m}$$

综合考虑构造要求，取基底宽$b=0.48\text{m}$。

【例题10－2】 某公园花架柱下独立基础，上部结构传至基础顶面中心的荷载标准值为$F_k=$

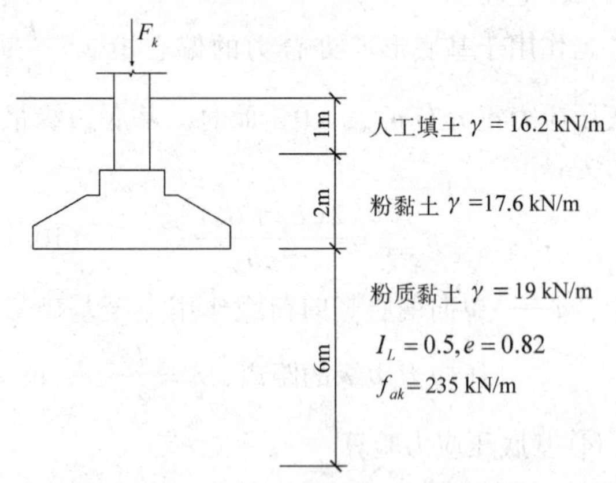

图 10-20　例题 10-2 附图

2600kN，基础埋深 $d=3.0\text{m}$，场地土层情况如图10-20，持力层为粉质黏土层，$f_{ak}=235\text{kN/m}^2$，试确定基础底面尺寸。

解：(1)地基承载力修正

持力层为粉质黏土层，由表 10-4 查得承载力修正系数 $\eta_b=0.3$，$\eta_d=1.6$ 基底上土层的加权平均重力密度：

$$\gamma_m=\frac{16.2\times1.0+17.6\times2}{1.0+2.0}=17.1\text{kN/m}^3$$

先假定基础宽度 $b<3\text{m}$，故地基承载力只需进行深度修正：

$$\begin{aligned}f_a&=f_{ak}+\eta_b\gamma(b-3)+\eta_d\gamma_m(d-0.5)\\&=235+0+1.6\times17.1\times(3-0.5)\\&=303.4\text{kPa}\end{aligned}$$

(2)试算基底面积

$$A_0=\frac{F_k}{f_a-\gamma_G d}=\frac{2600}{303.4-20\times3}=10.7\text{m}^2$$

采用正方形基础，基底边长初步取为 3.3m 则 $b=3.3\text{m}>3\text{m}$，故地基承载力还需进行宽度修正。

(3)地基承载力宽度修正

$$\begin{aligned}f_a&=f_{ak}+\eta_b\gamma(b-3)+\eta_d\gamma_m(d-0.5)\\&=235+0.3\times19\times(3.3-3)+1.6\times17.1\times(3-0.5)\\&=305\text{kPa}\end{aligned}$$

(4)基础面积

$$A_0=\frac{F_k}{f_a-\gamma_G d}=\frac{2600}{305-20\times3}=10.6\text{m}^2$$

$3.3\text{m}\times3.3\text{m}=10.89\text{m}^2>10.6\text{m}^2$。

故此基础尺寸可采用 $l\times b=3.3\text{m}\times3.3\text{m}$。

10.3.5　软弱下卧层验算

地基往往是由成层土构成的，土层的强度通常随深度而增加，而由荷载引起的土中附加应力随深度增加而减小，因此一般情况下，只要验算持力层强度就可以了，但是在某些时候，在持力层以下地基的主要受力层范围内存在软弱土层，即软弱下卧层，这层土的承载力比持力层小得多，这时候，只对持力层进行强度验算是不够的，还要使得传至软弱下卧层顶面的全部压力不超过软弱下卧层的承载力，即：

$$p_z+p_{cz}\leqslant f_{az}\tag{10.18}$$

式中：p_z——软弱下卧层顶面处土的附加应力标准值，kN/m^2；

p_{cz}——软弱下卧层顶面处土的自重应力标准值，kN/m^2；

f_{az}——软弱下卧层顶面处经深度修正后地基承载力特征值，kN/m^2。

关于附加应力的计算，采用双层地基中附加应力的分布理论，对于条形基础和矩形基础，当持力层与下卧层压缩模量比值 $\frac{E_{s1}}{E_{s2}}\geqslant3$ 时，按照应力扩散的原理进行计算。即基底附加压力 p_0 按扩散角 θ 向下传递，且均匀分布在软弱下卧层的顶面(图 10-21)。根据扩散前后压力相等的原则，可知，条形基础仅考虑向宽度方向扩散，并沿基础纵向取 1m 为计算单元：

$$p_z=\frac{p_0 b}{b+2z\tan\theta}\tag{10.19}$$

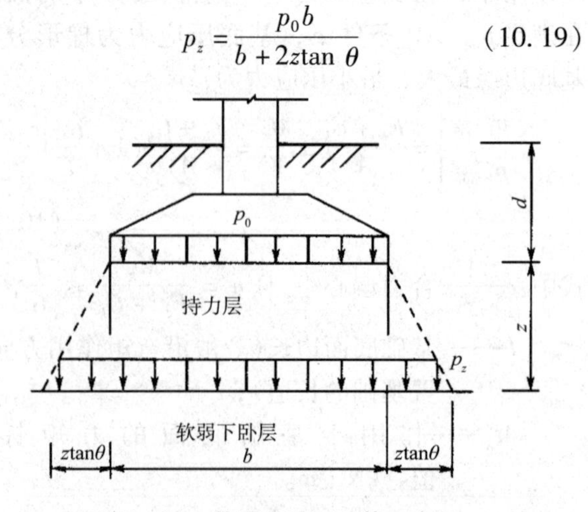

图 10-21　软弱下卧层验算示意图

矩形基础：

$$p_z=\frac{p_0bl}{(b+2z\tan\theta)(l+2z\tan\theta)} \quad (10.20)$$

式中：b——矩形基础或条形基础底边的宽度；

l——矩形基础底边的长度；

p_0——基底平均附加应力标准值，$p_0=p_k-\gamma_m d$；

z——基础底面至软弱下卧层顶面的距离；

θ——地基压力扩散线与垂直线的夹角，可按表10－5采用。

对于地基承载力f_{az}，可将扩散至下卧层顶面的面积(或宽度)，视为假想深基础的底面，但仅进行深度$(d+z)$修正。

表10－5 地基压力扩散角

E_{s1}/E_{s2}	z/b	
	0.25	0.5
3	6°	23°
5	10°	25°
10	20°	30°

注：① E_{s1}为上层土压缩模量，E_{s2}为下层土压缩模量。
② $z/b<0.25$时，θ取0°，必要时，宜由试验确定；$z/b>0.5$时，θ值不变。

经上述方法对软弱下卧层承载力验算后，如果满足要求，说明软弱下卧层对建筑物安全不会产生不利影响；如果不满足要求，说明下卧层承载力不够，这时，就需要重新调整基础尺寸，增大基底面积以减小基底压力，从而使传至下卧层顶面的附加应力降低，以满足要求；如果还是不能满足要求，则需考虑改变地基基础方案，或采用深基础(如桩基)将基础置于软弱下卧层以下的较坚实的土层上，或是进行地基处理提高软弱下卧层的承载力。

【例题10－3】 已知某公园沿墙廊柱传给柱下基础上的荷载及地基土层剖面如图10－22所示，上层土为素填土，$\gamma_1=17.5\text{kN/m}^3$，厚度2.0m。持力层为黏性土，厚度2.5m，重力密度$\gamma_{sat}=18\text{kN/m}^3$，$e=0.7$，$I_L=0.78$，压缩模量$E_{s2}=9\text{MPa}$，承载力特征值$f_{ak2}=195\text{kPa}$。下层土为淤泥质土，$E_{s3}=1.8\text{MPa}$，$f_{ak3}=78\text{kPa}$。$F_k=1350\text{kN}$，

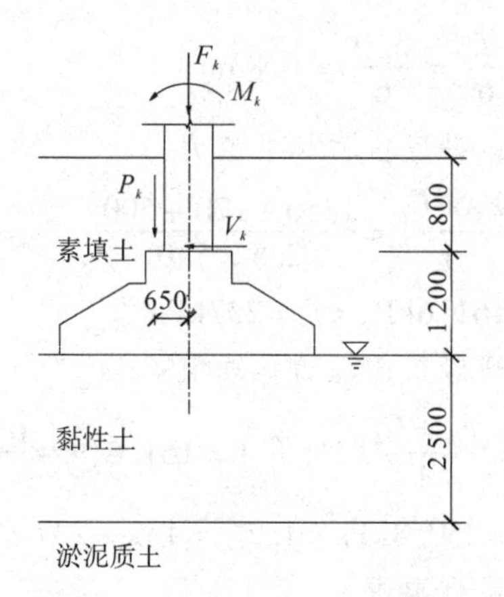

图10－22 例题10－3附图

$M_k=650\text{kN}\cdot\text{m}$，$P_k=170\text{kN}$，$V_k=140\text{kN}$。试确定矩形基础底面尺寸。

解：(1)初步选择基础底面尺寸

$$A_0=\frac{\sum F_k}{f_a-\gamma_G d}=\frac{1350+170}{195-20\times2}=9.8\text{m}^2$$

由于荷载偏心，设基础面积增大20%，则：

$$A=1.2A_0=1.2\times9.8=11.76\text{m}^2$$

取基础长宽比$\frac{l}{b}=2$，

则$2b^2=11.76$，$b=2.42\text{m}$

取$b=2.5\text{m}$，则$l=2b=5.0\text{m}$。

(2)求修正后的地基承载力特征值

根据$e=0.7$，$I_L=0.78$查表得：$\eta_b=0.3$，$\eta_d=1.6$

$$\begin{aligned}f_a&=f_{ak}+\eta_b\gamma(b-3)+\eta_d\gamma_m(d-0.5)\\&=195+0.3\times(18-9.8)\times(3-3)+1.6\times17.5\times(2-0.5)\\&=237\text{kPa}\end{aligned}$$

(3)计算基底压力

基础及回填土自重标准值：

$$G_k=20\times2.5\times5.0\times2=500\text{kN}$$

作用在基础上所有力相对于基底轴心的力矩标准值：

$$\begin{aligned}\sum M_k&=650+170\times0.65+140\times(2.0-0.8)\\&=928.5\text{kN}\cdot\text{m}\end{aligned}$$

合力偏心矩：

$$e=\frac{\sum M_k}{\sum(F_k+G_k)}=\frac{928.5}{1350+170+500}=$$

$0.46\text{m} < \dfrac{l}{6} = \dfrac{5.0}{6} = 0.83\text{m}$

因此，基底压力标准值为：

$$p_k = \frac{F_k + G_k}{A} = \frac{1350 + 170 + 500}{2.5 \times 5.0}$$

$$= 161.6\text{kPa} < f_a = 237\text{kPa}$$

基底边缘最大压力标准值：

$$p_{k\max} = \frac{F_k + G_k}{A}\left(1 + \frac{6e}{l}\right) = 161.6\left(1 + \frac{6 \times 0.46}{5.0}\right)$$

$$= 250.8\text{kPa} < 1.2f_a = 1.2 \times 237 = 284.4\text{kPa}$$

满足设计要求。

(4)软弱下卧层验算

软弱下卧层为淤泥质土，查表 10－4，得 $\eta_b = 0$，$\eta_d = 1.0$，又：

$$\gamma_m = \frac{17.5 \times 2 + 8.2 \times 2.5}{2 + 2.5} = 12.3\text{kN/m}^3$$

则 $f_a = f_{ak} + \eta_b \gamma (b - 3) + \eta_d \gamma_m (d - 0.5)$

$= 78 + 0 + 1.0 \times 12.3 \times (4.5 - 0.5)$

$= 127.3\text{kPa}$

下卧层顶面处自重应力标准值 $p_{cz} = 17.5 \times 2 + 8.2 \times 2.5 = 55.5\text{kPa}$

扩散角计算 $\dfrac{E_{s1}}{E_{s2}} = 5$ $\dfrac{z}{b} = \dfrac{2.5}{2.5} = 1 > 0.5$

查表 10－5，得 $\theta = 25°$，则下卧层顶面处附加应力标准值为：

$$p_z = \frac{p_0 bl}{(b + 2z\tan\theta)(l + 2z\tan\theta)}$$

$$= \frac{(161.6 - 17.5 \times 2) \times 2.5 \times 5.0}{(2.5 + 2 \times 2.5 \times \tan 25°)(5.0 + 2 \times 2.5 \times \tan 25°)}$$

$$= 44.7\text{kPa}$$

$p_z + p_{cz} = 44.7 + 55.5 = 100.2\text{kPa} < f_{az} = 127.3\text{kPa}$，满足要求。

故此基础底面尺寸可采用 $b \times l = 2.5\text{m} \times 5.0\text{m}$。

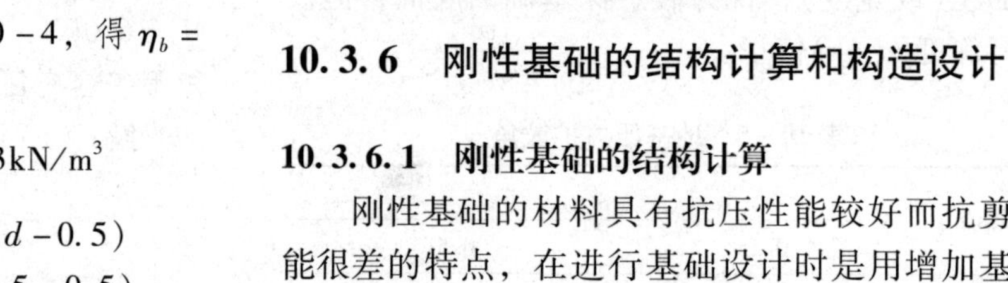

10.3.6 刚性基础的结构计算和构造设计

10.3.6.1 刚性基础的结构计算

刚性基础的材料具有抗压性能较好而抗剪性能很差的特点，在进行基础设计时是用增加基础高度控制基础外伸宽度 b_2 和基础高度 H_0 的比值来提高基础的抗弯能力，防止基础发生破坏(图 10－23)。

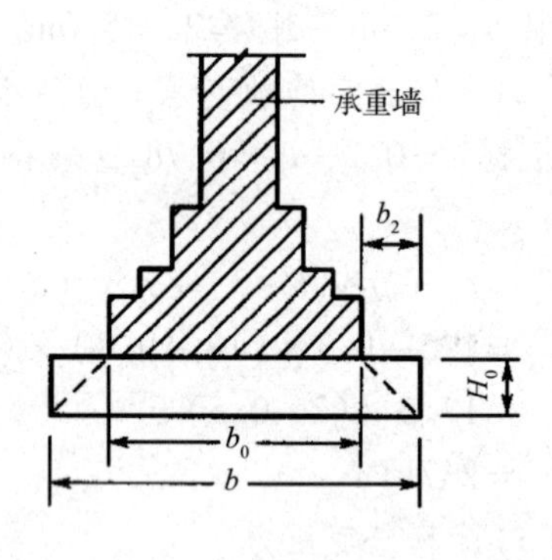

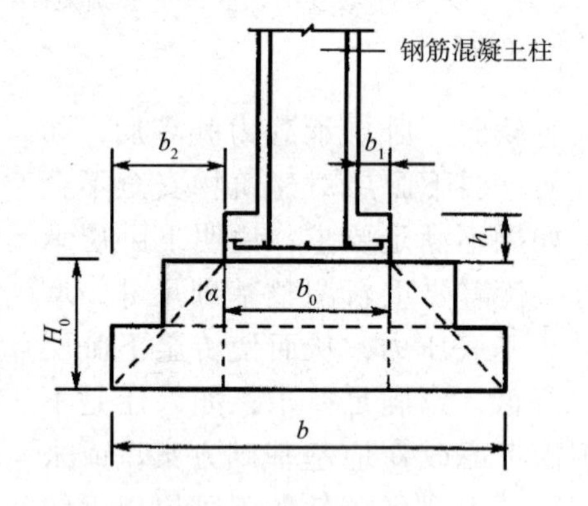

图 10－23 刚性基础示意图

刚性基础底面的宽度，除应满足地基承载力要求外，还受允许宽高比限制，应满足：

$$b \leqslant b_0 + 2H_0 \tan\alpha \tag{10.21}$$

式中：b——基础底面宽度；

b_0——基础顶面的墙体宽度或柱脚宽度；

H_0——基础高度；

$\tan\alpha$——基础台阶宽高比$\left(\dfrac{b_2}{H_0}\right)$，其允许值可按表 10－6 选用；

b_2——基础台阶宽度。

表 10-6　刚性基础台阶宽高比允许值

基础材料	质量要求	台阶宽高比允许值		
		$p_k \leqslant 100$	$100 < p_k \leqslant 200$	$200 < p_k \leqslant 300$
混凝土基础	C15 混凝土	1:1.00	1:1.00	1:1.25
毛石混凝土基础	C15 混凝土	1:1.00	1:1.25	1:1.50
砖基础	砖不低于 MU10、砂浆不低于 M5	1:1.50	1:1.50	1:1.50
毛石基础	砂浆不低于 M5	1:1.25	1:1.50	—
灰土基础	体积比为 3:7 或 2:8 的灰土，其最小密度为 粉土 1.55t/m³ 粉质黏土 1.50t/m³ 黏土 1.45t/m³	1:1.25	1:1.50	—
三合土基础	体积比 1:2:4～1:3:6(石灰:砂:骨料)，每层虚铺约 220mm，夯至 150mm	1:1.50	1:2.00	—

注：① p_k 为荷载效应标准组合时基础底面处的平均压力值，kPa。
② 阶梯形毛石基础的每阶伸出宽度不宜大于 200mm。
③ 当基础由不同材料叠加组成时，应对接触部分作抗压验算。
④ 基础底面处的平均压力值超过 300kPa 的混凝土基础还应进行抗剪验算。

10.3.6.2　刚性基础的设计步骤

(1)根据材料选择基础台阶高度

刚性基础因所用材料的特点及便于施工，一般采用阶梯形或锥形断面。其台阶的高度是由所用材料的模数决定的，台阶宽度则根据与台阶高度的比值满足允许宽高比要求来确定。不同材料的刚性基础，其台阶高度也不同，一般规定如下。

① 混凝土基础　混凝土阶梯形基础的每阶高度宜为 300～500mm；锥形断面应按刚性角放坡，为使基底不出现锐角而发生破坏，基底应放一台阶，其高度不小于 200mm。

② 砖基础　为了施工方便及减少砍砖损耗，基础台阶的高度及宽度应符合砖的模数，这种基础又称大放脚基础。砖基础一般采用等高式或间隔式砌法，相比较而言，在相同底宽的情况下，采用间隔式可减少基础高度，也较节省材料。砖基础下一般应先做 100mm 厚 C10 的混凝土垫层。

③ 毛石基础　毛石基础建造的台阶高一般不小于 200mm。

④ 三合土和灰土基础　基础高度应是 150mm 的倍数。

(2)基础宽度的确定

先根据地基承载力要求初步确定基础宽度，再根据允许宽高比按式(10.21)验算，如不满足则应调整基础高度重新验算，直至满足要求为止。

(3)局部抗压强度验算

当基础由不同材料组成时，应对接触部分作局部抗压强度验算。

(4)混凝土基础

对混凝土基础，当基础底面平均压力超过 300kPa 时，还应对台阶高度变化处的断面进行抗剪强度验算。

【例题 10-4】　厦门某公园管理处办公楼，承重墙厚 240mm，地基土为中砂，重力密度 19kN/m³，承载力特征值 200kPa，地下水位于地表下 0.8m 处。若已知上部传至设计地面的竖向荷载(包括墙体自重)标准值为 240kN/m，试设计该承重墙下的条形基础。

解：(1)确定基底宽度 b

为了便于施工，基础宜建在地下水位以上，故初选基础埋深 $d=0.8\text{m}$。

查表 10-4 其承载力修正系数 $\eta_b=3.0$，$\eta_d=4.4$

先假定 $b<3\text{m}$ 则持力层土修正的承载力特征值初定为：

$$
\begin{aligned}
f_a &= f_{ak}+\eta_b\gamma(b-3)+\eta_d\gamma_m(d-0.5) \\
&= 200+0+4.4\times19\times(0.8-0.5)
\end{aligned}
$$

$=225\text{kPa}$

条形基础宽度：

$$b \geqslant \frac{F_k}{f_a - \gamma_G d} = \frac{240}{225-20\times0.8} = 1.15\text{m}$$

故取基础宽度 $b=1200\text{mm}$。

(2)选择基础材料，并确定基础剖面尺寸

方案Ⅰ 采用MU10砖、M5砂浆“间隔收”式砖基础，基底下做100mm厚C10素混凝土垫层，则砖基础所需台阶数为：

$$n=\frac{b-b_0}{2\times60}=\frac{1200-240}{120}=8(\text{阶})$$

故基础高度 $H_0=120\times4+60\times4=720\text{mm}$

假定基础顶面距离地表100mm，则基坑最小开挖深度 $D_{\min}=720+100+100=920\text{mm}$(100mm厚的垫层)，已进入地下水位下，给施工带来困难，且基础埋深 $d=720+100=820\text{mm}$ 已超过初选时的深度800mm，可见方案Ⅰ不合理。

方案Ⅱ 基础下层采用400mm厚的C15素混凝土层，其上采用“间隔收”式砌砖基础。

混凝土垫层：

$$\text{基底压应力 } p_k=\frac{F_k+G_k}{A}$$

$$=\frac{240+20\times0.8\times1.0\times1.2}{1.2\times1.0}$$

$$=216\text{kPa}$$

由表10-6查得C15素混凝土的宽度比允许值 $\left[\frac{b}{h}\right]=1.25$，所以混凝土垫层收进300mm。

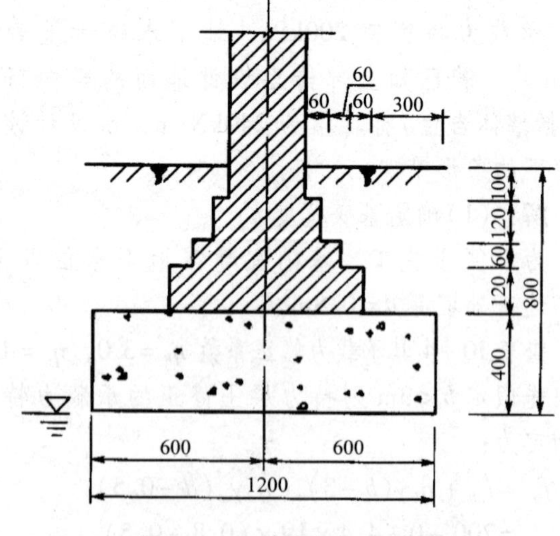

图10-24 例题10-4附图

砖基础所需台阶数为：

$$n\geqslant\frac{1200-240-2\times300}{20\times60}=3(\text{阶})$$

基础高度为：

$$H_0=120\times2+60\times1+400=700\text{mm}$$

基础顶面至地表的距离假定为100mm，则基础埋深 $d=700+100=800\text{mm}$，符合初选基础埋深，可见方案Ⅱ合理。

(3)绘制基础剖面图

基础剖面形状及尺寸如图10-24所示。

10.4 园林挡土墙的设计

在园林环境中，有时为了在园林局部营造某种障碍性景物或阻挡一览无余的视线，也需要设置一些挡墙。由于挡墙类构筑物在园林的立面视觉形象中占有较重的分量，所以在园林设计中就必须重视对挡墙构筑物的景观设计，以便能进一步提高园林风景的艺术表现力。

广义上讲，园林挡墙应包括园林内所有能够起阻挡作用的，以砖石、混凝土等实体性材料修筑的竖向工程构筑物。根据其所处位置和功能作用不同，园林挡墙又可分为挡土墙、驳岸和景墙等。由自然土体形成的陡坡超过所容许的极限坡度时，土体的稳定性就遭到了破坏，从而产生了滑坡和塌方，如若在土坡外侧修建人工的墙体便可维持稳定，这种在斜坡或一推土方的底部起抵挡泥土崩散作用的工程结构体，称为挡土墙。在园林水体边缘与陆地交界处，为稳定岩壁、保护河岸不被冲刷或水淹所设置的与挡土墙类似的构筑物称为驳岸，或称“浸水挡土墙”。在园林中为截留视线，丰富园林景观层次，或者作为背景，以便突出景物时所设置的挡墙称为景墙。本节主要介绍园林挡墙中的挡土墙。

10.4.1 园林挡土墙的功能作用

挡土墙是园林环境中重要的地上构筑物之一，它在园林景观设计中有着十分重要的作用。具体作用可归结如下：

(1)固土护坡，阻挡土层塌落

挡土墙的主要功能是在较高地面与较低地面

之间充当泥土阻挡物，以防止陡坡坍塌。当由厚土构成的斜坡坡度超过所允许的极限坡度时，土体的平衡即遭到破坏，发生滑坡与坍塌。因此，对于超过极限坡度的土坡，就必须设置挡土墙，以保证陡坡的安全。

(2)节省占地，扩大用地面积

在一些面积较小的园林局部，当自然地形为斜坡地时，要将其改造成平坦地，以便能在其上修筑房屋。为了获得最大面积的平地，可以将地形设计为两层或几层台地，这时，上下台地之间若以斜坡相连接，则斜坡本身需要占用较多的面积，坡度越缓，所占面积越大。如果不用斜坡而用挡土墙来连接台地，就可以少占面积，使平地的面积更大些。可见，挡土墙的使用，能够节约用地并扩大园林平地的面积。

(3)削弱台地高差

当上下台地地块之间高差过大，下层台地空间受到强烈压抑时，地块之间挡土墙的设计可以化整为零，分作几层台阶形的挡土墙，以缓和台地之间高度变化太强烈的矛盾。这就是说，挡土墙还有削弱台地高差的作用。

(4)制约空间和空间边界

当挡土墙采用两方甚至三方围合的状态布置时，就可以在所围合之处形成一个半封闭的独立空间。有时，这种半闭合的空间很有用处，能够为园林造景提供具有一定环绕性的良好的外在环境。如西方文艺复兴后期出现的巴洛克式园林的“水剧场”景观，就是在采用幻想式洞窟造型的半环绕式的台地挡土墙前创造出的半闭合喷泉水景空间。

(5)造景作用

由于挡土墙是园林空间的一种竖向界面，在这种界面上进行一些造型造景和艺术装饰，就可以使园林的立面景观更加丰富多彩，进一步增强园林空间的艺术效果。因此我们说，挡土墙可以美化园林的立面。

挡土墙的作用是多方面的，除了上述几种主要功能外，它还可作为园林绿化的一种载体，增加园林绿色空间或作为休息之用。

10.4.2 园林挡土墙的构造类型

园林中一般挡土墙的构造情况有如下几类(图10－25)：

(1)重力式挡土墙

这类挡土墙依靠墙体自重取得稳定性，在构筑物的任何部分都不存在拉应力，砌筑材料大多为砖砌体、毛石和不加钢筋的混凝土。基础顶宽通常为墙高的1/12，基础底宽通常为墙高的1/2～1/3。从经济的角度来看，重力墙适用于侧向压力不太大的地方，墙体高度不超过6m。园林中通常都采用重力式挡土墙。

(2)悬臂式挡土墙

其断面通常作L形或倒T形，墙体材料都是用混凝土。墙高不超过9m时，都是经济的。3.5m以下的低矮悬臂墙，可以用标准预制构件或者预制混凝土块加钢筋砌筑而成。根据设计要求，悬臂的脚可以向墙内一侧、墙外一侧或者墙的两侧伸出，构成墙体下的底板。如果墙的底板伸入墙内侧，便处于它所支承的土壤下面，即利用上面土壤的压力，使墙体自重增加，可更加稳固墙体。

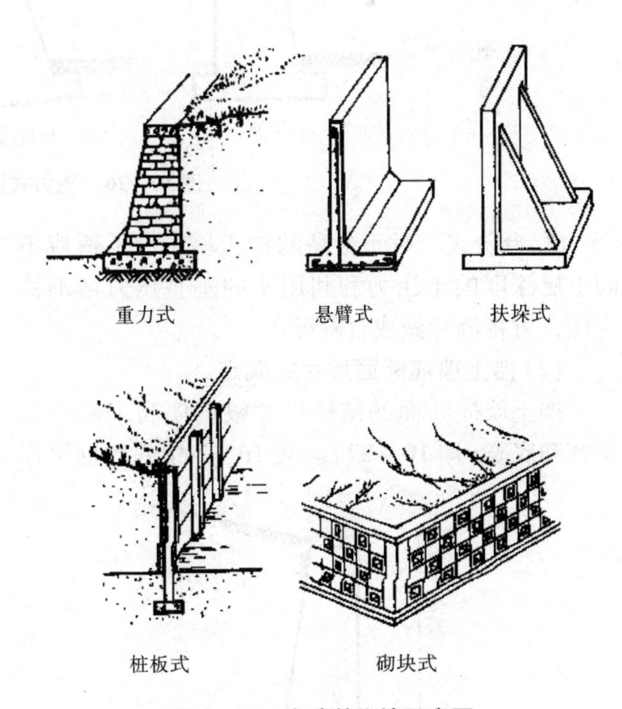

图10－25 各类挡土墙示意图

(3)扶垛式挡土墙

当悬臂式挡土墙设计高度大于6m小于10m时，在墙后加设扶垛，连起墙体和墙下底板，扶垛间距为1/2~2/3墙高，但不小于2.5m。这种加了扶垛壁的悬臂式挡土墙，即称为扶垛式墙。扶垛壁在墙后的，称为后扶垛墙；若在墙前，则叫前扶垛墙。

(4)桩板式挡土墙

预制钢筋混凝土桩，排成一行插入地面，桩后再横向插下钢筋混凝土栏板，栏板相互之间以企口相连接，这就构成了桩板式挡土墙。这种挡土墙的结构体积最小，也容易预制，而且施工方便，占地面积也最小。

(5)砌块式挡土墙

按设计的形状和规格预制混凝土砌块，然后用砌块按一定花式做成挡土墙。砌块一般是实心的，也可做成空心的。但孔径不能太大，否则挡土墙的挡土作用就降低了。这种挡土墙的高度在1.5m以下为宜。用空心砌块砌筑的挡土墙，还可以在砌块空穴里充填树胶、营养土，并播种花卉或草籽，以保证水分供应；待花草长出后，就可形成一道生机盎然的绿墙或花卉墙。这种与花草种植结合一体的砌块式挡土墙，称为“生态墙”。

10.4.3 园林重力式挡土墙的横断面确定方法

(1)挡土墙横断面的选择

重力式挡土墙常见的横断面形式有以下3种(图10-26)。

① 直立式　直立式挡土墙指墙面基本与水平面垂直，但也允许有2%~10%的倾斜度的挡土墙。直立式挡土墙由于墙背所承受的水平压力大，只适用于几十厘米到2m左右高度的挡土墙。

② 倾斜式　倾斜式挡土墙常指墙背向土体倾斜，倾斜坡度在20°左右的挡土墙。这种形式水平压力相对减少，同时墙背坡度与天然土层比较密贴。倾斜式挡土墙可以减少挖方数量和墙背回填土的数量，适用于中等高度的挡土墙。

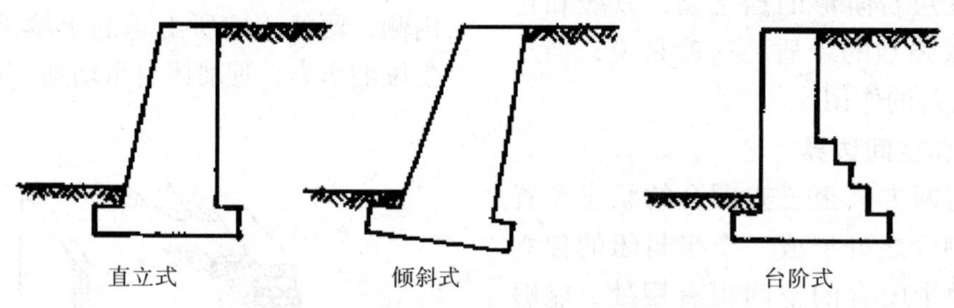

图10-26　重力式挡土墙的几种断面形式

③ 台阶式　对于更高的挡土墙，为了适应不同土层深度的土压力和利用土的垂直压力增加稳定性，可将墙背做成台阶形。

(2)挡土墙横断面尺寸的确定

挡土墙横断面的结构尺寸根据墙高来确立墙顶宽和底宽(图10-27)。表10-7中的数据可作为参考。挡土墙力学计算是十分复杂的工作，实际工作中较高的挡土墙(高于1.22m)则必须经过专门的结构计算，保证稳定，方可施工。

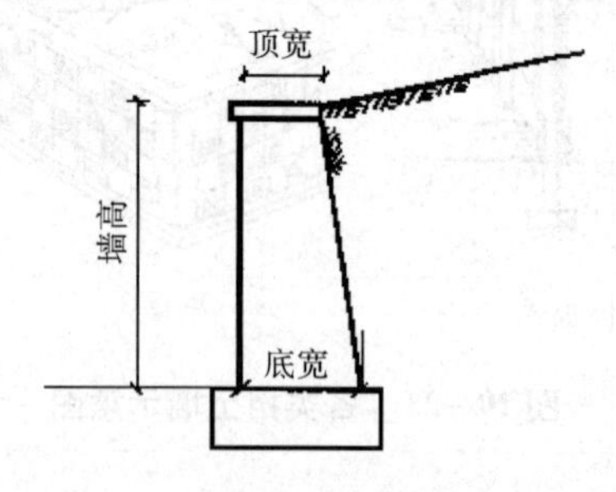

图10-27　浆砌块石挡土墙尺寸图

10.4.4 重力式挡土墙的结构计算方法

10.4.4.1 重力式挡土墙的构造要求

① 重力式挡土墙适用于高度小于6m、地层稳定、开挖土石方时不会危及相邻建筑物安全的地段。

② 重力式挡土墙可在基底设置逆坡。对于土质地基，基底逆坡坡度不宜大于1∶10；对于岩质地基，基底逆坡坡度不宜大于1∶5。

③ 块石挡土墙的墙顶宽度不宜小于400mm；

表10-7 重力式浆砌块石挡土墙尺寸表 cm

类别	墙高	顶宽	底宽
1:3 石灰砂浆砌筑	100	35	40
	150	45	70
	200	55	90
	250	60	115
	300	60	135
	350	60	160
	400	60	180
	450	60	205
	500	60	225
	550	60	250
	600	60	300
1:3 水泥砂浆砌筑	100	30	40
	150	40	50
	200	50	80
	250	60	100
	300	60	120
	350	60	140
	400	60	160
	450	60	180
	500	60	200
	550	60	230
	600	60	270

混凝土挡土墙的墙顶宽度不宜小于200mm。

④ 重力式挡墙的基础埋置深度，应根据地基承载力、水流冲刷、岩石裂隙发育及风化程度等因素进行确定。在特强冻胀、强冻胀地区应考虑冻胀的影响。在土质地基中，基础埋置深度不宜小于0.5m；在软质岩地基中，基础埋置深度不宜小于0.3m。

⑤ 重力式挡土墙应每间隔10～20m设置一道伸缩缝。当地基有变化时宜加设沉降缝。在挡土结构的拐角处，应采取加强的构造措施。

10.4.4.2 重力式挡土墙的计算

挡土墙的计算通常包括下列内容：稳定性验算（包括抗倾覆稳定性验算和抗滑移稳定性验算）；地基承载力验算；墙身强度验算。

作用在挡土墙上的力主要有墙身自重、土压力和基底反力（图10-28）。如果当墙后填土中有地下水且排水不良时，还应考虑静水压力；如墙后有堆载或建筑物，则需考虑由超载引起的附加压力，在地震区还要考虑地震的影响。

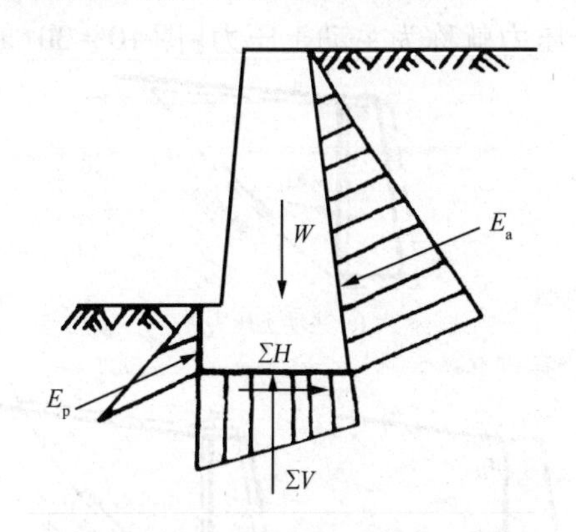

图10-28 作用在挡土墙上的力

挡土墙的稳定性破坏通常有两种形式：一种是在土压力作用下绕墙趾 o 点外倾［图10-29（a）］，对此应进行倾覆稳定性验算；另一种是在土压力作用下沿基底滑移［图10-29（b）］，对此应进行滑动稳定性验算。

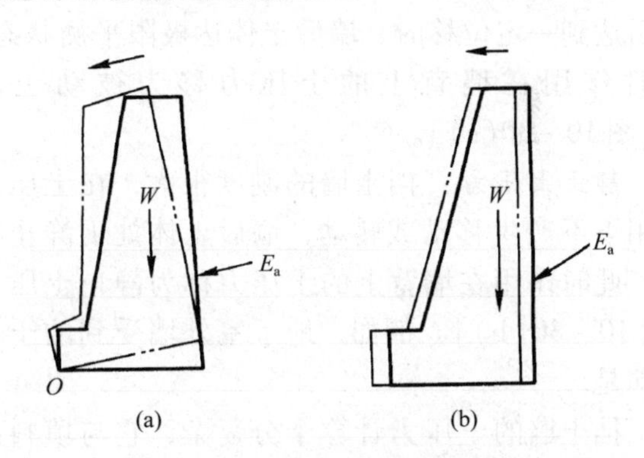

图10-29 挡土墙的倾覆和滑移

（1）挡土墙计算所用的荷载效应

根据《建筑地基基础设计规范》（GB50007—2002）规定：计算挡土墙土压力、地基或斜坡稳定及滑坡推力时，荷载效应应按承力极限状态下荷载效应的基本组合。但其分项系数均为1.0。

（2）挡土墙的主动土压力计算

① 3种土压力　作用在挡土墙上的侧向土推力称为土侧压力，简称土压力。土压力是由墙后

填土与填土表面上的荷载引起的。根据挡土墙受力后的位移情况，土压力可分以下3类：

主动土压力　挡土墙在墙后土压力作用下向前移动或转动，土体随着下滑，当达到一定位移时，墙后土体达极限平衡状态，此时作用在墙背上的土压力就称为主动土压力[图10－30(a)]。

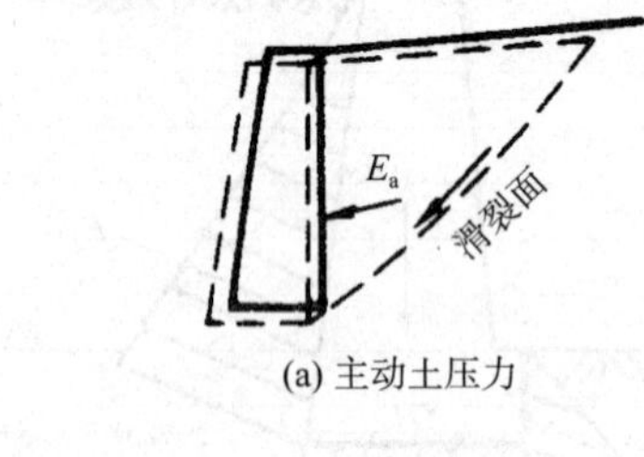

(a) 主动土压力

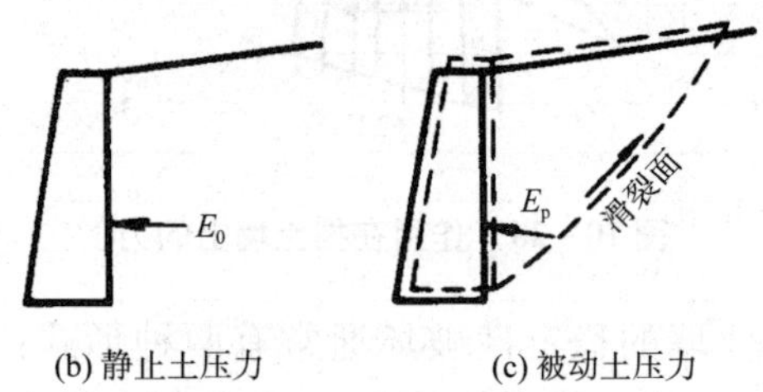

(b) 静止土压力　　(c) 被动土压力

图10－30　三种土压力

被动土压力　挡土墙在外力作用下向后移动或转动，挤压填土，使土体向后位移，当挡土墙向后达到一定位移时，墙后土体达极限平衡状态，此时作用在墙背上的土压力移为被动土压力[图10－30(c)]。

静止土压力　挡土墙的刚度很大，在土压力作用下不产生移动或转动，墙后土体处于静止状态，此时作用在墙背上的土压力称为静止土压力[图10－30(b)]。例如，地下室外墙受到的土压力即是。

挡土墙的土压力计算十分复杂，它与填料的性质、挡土墙的形状、位移方向以及地基土质等因素有关。

② 主动土压力计算

主动土压力计算公式　计算支挡结构的土压力时，可按主动土压力计算，对主动土压力的计算《规范》作了明确规定。边坡工程主动土压力应按下式进行计算：

$$E_a=\psi_c\frac{1}{2}\gamma h^2k_a \tag{10.22}$$

式中：E_a——主动土压力；

ψ_c——主动土压力增大系数，土坡高度小于5m时宜取1.0；高度为5～8m时宜取1.1；高度大于8m时宜取1.2；

γ——填土的重度；

h——挡土结构的高度；

k_a——主动土压力系数，确定方法详见下文。

主动土压力系数确定方法

第一，当填土为无黏性土时，主动土压力系数可按库伦土压力理论确定。

第二，当支挡结构满足朗肯条件(挡土墙墙背垂直、光滑且墙后土体为半无限体)时，主动土压力系数可按朗肯土压力理论确定。

第三，黏性土或粉土的主动土压力也可采用楔体试算法图解求得。

第四，按《规范》提出的计算公式确定。

朗肯和库仑理论是在各自不同的假定条件下，应用不同的分析方法来确定土压力，这两种理论也是目前工程中常用的土压力计算理论。但从这些经典土压力理论的适用范围可见存在较大的局限性，因此，《规范》提出一种在各种土质、直线形边界等条件下都能适用的主动土压力系数计算公式：

$$\begin{aligned}k_a=&\frac{\sin(\alpha+\beta)}{\sin^2\alpha\sin^2(\alpha+\beta-\varphi-\delta)}\{k_q[\sin(\alpha+\beta)\\&\sin(\alpha-\delta)+\sin(\varphi+\delta)\sin(\varphi-\beta)]+\\&2\eta\sin\alpha\cos\varphi\cos(\alpha+\beta-\varphi-\delta)-\\&2[(k_q\sin(\alpha+\beta)\sin(\varphi-\beta)+\eta\sin\alpha\cos\varphi)\\&(k_q\sin(\alpha-\delta)\sin(\varphi+\delta)+\eta\sin\alpha\cos\varphi)]^{1/2}\}\end{aligned} \tag{10.23}$$

$$k_q=1+\frac{2q\sin\alpha\cos\beta}{\gamma h\sin(\alpha+\beta)} \tag{10.24}$$

$$\eta=\frac{2c}{\gamma h} \tag{10.25}$$

式中：q——地表均布荷载(以单位水平投影面上的荷载强度计)；

β——边坡对水平面的坡角；

δ——填土与挡土墙墙背的摩擦角；

φ——内摩擦角；

γ——填土重度；

c——填土黏聚力。

式(10.23)的计算简图如图10－31所示。

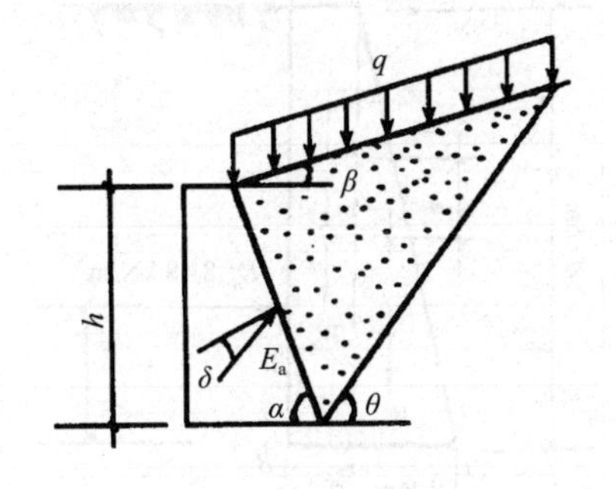

图10－31 计算简图

(3)挡土墙的稳定性验算

挡土墙的稳定性验算应符合下列要求：

① 抗滑移稳定性应按下式验算(图10－32)

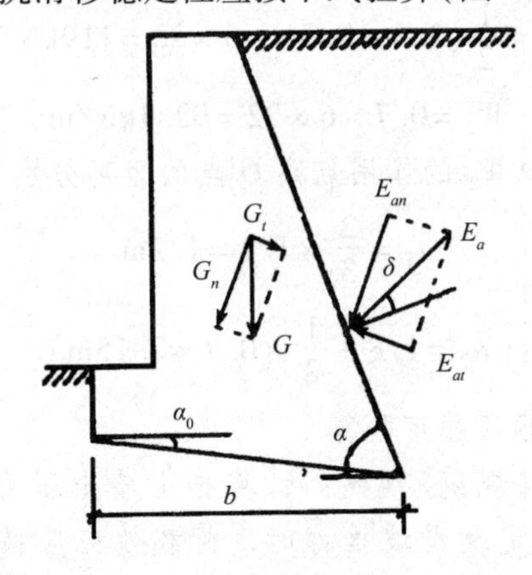

图10－32 挡土墙抗滑稳定验算示意图

$$\frac{(G_n+E_{an})\mu}{E_{at}-G_t}\geqslant 1.3 \tag{10.26}$$

$$G_n=G\cos\alpha_0 \tag{10.27}$$

$$G_t=G\sin\alpha_0 \tag{10.28}$$

$$E_{at}=E_a\sin(\alpha-\alpha_0-\delta) \tag{10.29}$$

$$E_{an}=E_a\cos(\alpha-\alpha_0-\delta) \tag{10.30}$$

式中：G——挡土墙每延米自重；

α_0——挡土墙基底的倾角；

α——挡土墙墙背的倾角；

δ——土对挡土墙墙背的摩擦角，可按表10－8选用；

μ——土对挡土墙基底的摩擦系数，由试验确定，也可按表10－9选用。

表10－8 土对挡土墙墙背的摩擦角δ

挡土墙情况	摩擦角δ
墙背平滑，排水不良	$(0\sim0.33)\varphi_k$
墙背粗糙，排水良好	$(0.33\sim0.50)\varphi_k$
墙背很粗糙，排水良好	$(0.50\sim0.67)\varphi_k$
墙背与填土间不可能滑动	$(0.67\sim1.00)\varphi_k$

注：φ_k为墙背填土的内摩擦角标准值。

表10－9 土对挡土墙基底的摩擦系数μ

土的类别		摩擦系数μ
黏性土	可塑	0.25～0.30
	硬塑	0.30～0.35
	坚硬	0.35～0.45
粉　土		0.30～0.40
中砂、粗砂、砾砂		0.40～0.50
碎石土		0.40～0.60
软质岩		0.40～0.60
表面粗糙的硬质岩		0.65～0.75

注：① 对易风化的软质岩和塑性指数I_p大于22的黏性土，基底摩擦系数应通过试验确定。

② 对碎石土，可根据其密度程度、填充物状况、风化程度等确定。

② 抗倾覆稳定性应按下式验算(图10－33)

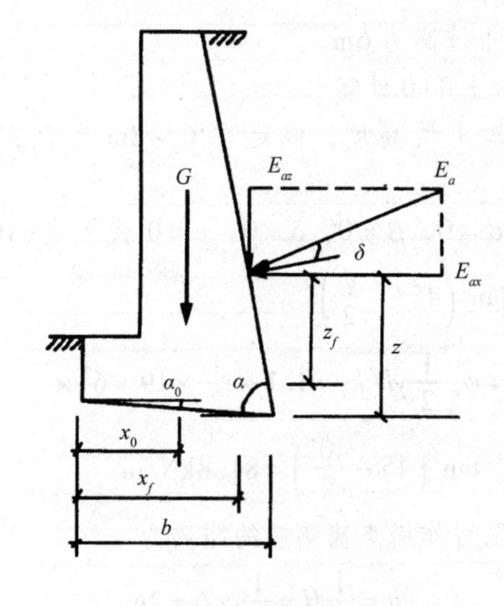

图10－33 挡土墙抗倾覆稳定验算示意图

$$\frac{Gx_0+E_{az}x_f}{E_{ax}z_f}\geqslant 1.6 \tag{10.31}$$

$$E_{ax}=E_a\sin(\alpha-\delta) \quad (10.32)$$

$$E_{az}=E_a\cos(\alpha-\delta) \quad (10.33)$$

$$x_f=b-z\cot\alpha \quad (10.34)$$

$$z_f=z-b\tan\alpha_0 \quad (10.35)$$

式中：z——土压力作用点离墙踵的高度；

x_0——挡土墙重心离墙址的水平距离；

b——基底的水平投影宽度。

③ 整体滑动稳定性验算　可采用圆弧滑动面法。

④ 地基承载力验算　除应符合本章第10.3节的规定外，基底合力的偏心距不应大于0.25倍基础的宽度。

【例题10-5】　某市公园环湖路挡土墙，高$H=6$m，墙背直立($\alpha=0$)，填土面水平($\beta=0$)，墙背光滑($\delta=0$)，用MU100毛石和M2.5水泥砂浆砌筑；砌体抗压强度$R=980\text{kN/m}^2$，砌体重度$\gamma_k=22\text{kN/m}^3$，填土内摩擦角$\varphi=40°$，$c=0$，$\gamma=19\text{kN/m}^3$，基底摩擦系数$\mu=0.5$，地基土的允许承载力$R=180\text{kN/m}^2$，设计此挡土墙。

解：(1)挡土墙断面尺寸的选择

重力式挡土墙的顶宽约为$\frac{1}{12}H$，底宽可取$\left(\frac{1}{2}:\frac{1}{3}\right)H$，初步选择顶宽$b=0.7$m，底宽$B=2.5$m，土坡高为6m。

(2)土压力计算

未知土坡高度，假定在6~8m之间，取$\psi_c=1.1$

将$\alpha=0$，$\beta=0$，$\delta=0$，$c=0$代入式(10.23)得$k_a=\tan^2\left(45°-\frac{\varphi}{2}\right)$

$$E_a=\psi_c\frac{1}{2}\gamma h^2k_a=1.1\times\frac{1}{2}\times19\times6^2\times\tan^2\left(45-\frac{40°}{2}\right)=81.8\text{kN/m}$$

土压力作用点离墙底的距离为

$$h=\frac{1}{3}H=\frac{1}{3}\times6=2\text{m}$$

(3)挡土墙自重及重心

将挡土墙截面分成一个三角形和一个矩形(图10-34)，分别计算它们的自重：

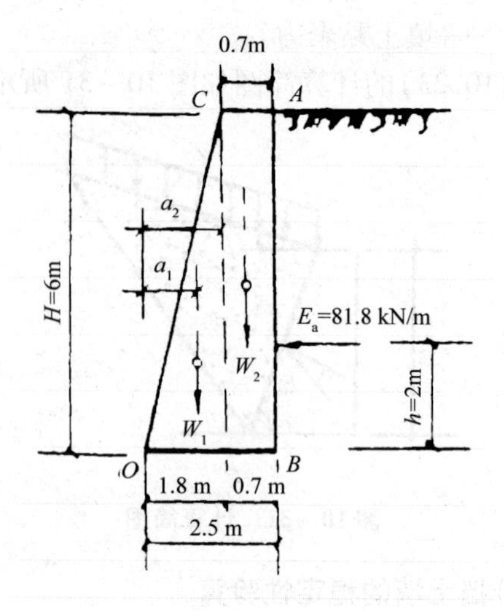

图10-34

$$W_1=\frac{1}{2}(2.5-0.7)\times6\times22=119\text{kN/m}$$

$$W_2=0.7\times6\times22=92.4\text{kN/m}$$

W_1和W_2的作用点离O点的距离分别为

$$a_1=\frac{2}{3}\times1.8=1.2\text{m}$$

$$a_2=1.8+\frac{1}{2}\times0.7=2.15\text{m}$$

(4)倾覆稳定验算

根据《规范》规定：计算挡土墙土压力、地基或斜坡稳定及滑坡推力时，荷载效应应按承力极限状态下荷载效应的基本组合。但其分项系数均为1.0。

$$k_q=\frac{1.0W_1a_1+1.0W_2a_2}{1.0E_ah}$$

$$=\frac{1.0\times119\times1.2+1.0\times92.4\times2.15}{1.0\times81.8\times2}=2.09>1.6$$

(5)滑动稳定验算

$$k_h=\frac{(1.0W_1+1.0W_2)\mu}{1.0E_a}$$

$$=\frac{(1.0\times119+1.0\times92.4)\times0.5}{1.0\times81.8}=1.29\approx1.3$$

(6)地基承载力验算(图10-35)

按10.3.4节介绍的偏心受压条形基础承载力的验算方法验算

作用在基底的总垂直力：

$N=1.0W_1+1.0W_2=1.0\times119+1.0\times92.4=$

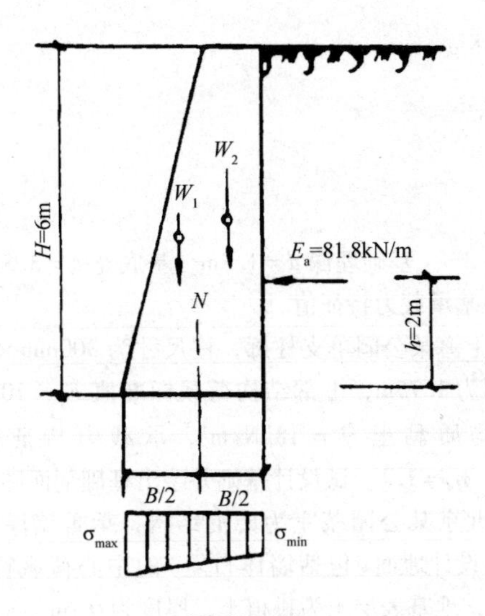

图 10-35

211.4kN/m

N 及 E_a 在基底面的偏心距：

《规范》规定：地基承载力验算时，基底合力的偏心距不应大于0.25倍基础的宽度。

$$e=\frac{1.0W_1\left(\alpha_1-\frac{B}{2}\right)+1.0W_2\left(\alpha_2-\frac{B}{2}\right)-1.0E_a h}{N}$$

$$=\frac{1.0\times119\left(1.2-\frac{2.5}{2}\right)+1.0\times92.4\left(2.15-\frac{2.5}{2}\right)-1.0\times81.8\times2}{211.4}$$

$=-0.41\text{m}$（偏左）$<0.25\times2.5=1.0\text{m}$，满足要求。

基底的应力

$$\sigma_{\max}=\frac{N}{B}\left(1+\frac{6e}{B}\right)=\frac{211.4}{2.5}\left(1+\frac{6\times0.41}{2.5}\right)$$

$=167.8\text{kN/m}^2<1.2R=1.2\times180$

$=216\text{kN/m}^2$，满足要求

$$\sigma_{\min}=\frac{N}{B}\left(1+\frac{6e}{B}\right)=\frac{211.4}{2.5}\left(1-\frac{6\times0.41}{2.5}\right)$$

$=1.35\text{kN/m}^2>0$，满足要求

(7) 墙身强度验算

验算离墙顶3m处截面Ⅰ-Ⅰ（图10-36 截面Ⅰ-Ⅰ以上部分受力）

截面Ⅰ-Ⅰ以上部分的主动土压力

$$E_{a1}=\psi_c\frac{1}{2}\gamma H_1^2k_a=1.1\times\frac{1}{2}\times19\times3^2\times\tan^2\left(45-\frac{40^\circ}{2}\right)=20.45\text{kN/m}$$

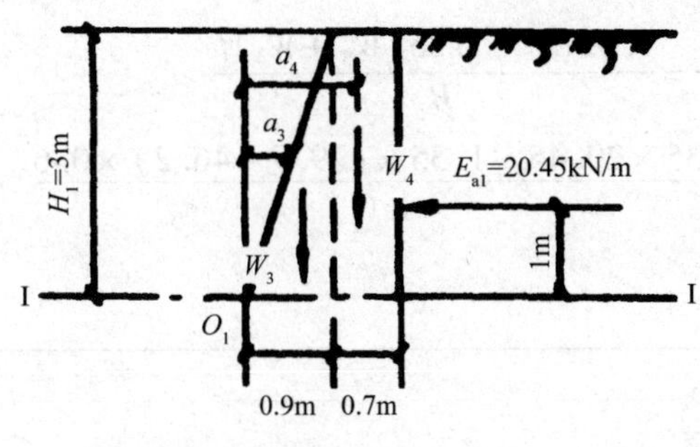

图 10-36

截面Ⅰ-Ⅰ以上挡土墙自重

$$W_3=\frac{1}{2}\times0.9\times3\times22=29.7\text{kN/m}$$

$$W_4=0.7\times3\times22=46.2\text{kN/m}$$

W_3 和 W_4 的作用点离 O_1 点的距离分别为

$$a_3=\frac{2}{3}\times0.9=0.6\text{m}$$

$$a_4=0.9+\frac{1}{2}\times0.7=1.25\text{m}$$

截面Ⅰ-Ⅰ上的总法向力（永久荷载控制的标准组合，所以分项系数取1.35）

$N_1=1.35W_3+1.35W_4$

$=1.35\times29.7+1.35\times46.2$

$=102.5\text{kN/m}$

N_1 及 E_{a1} 在截面Ⅰ-Ⅰ上的偏心距：

$$e=\frac{1.35W_3\left(\alpha_3-\frac{B_1}{2}\right)+1.35W_4\left(\alpha_4-\frac{B_1}{2}\right)-1.35E_{a1}h_1}{N_1}$$

$$=\frac{1.35\times29.7\left(0.6-\frac{1.6}{2}\right)+1.35\times46.2\left(1.25-\frac{1.6}{2}\right)-1.35\times20.45\times1}{102.5}$$

$=-0.07\text{m}$（偏左）

截面Ⅰ-Ⅰ上的法向应力

$$\sigma_{\max}=\frac{N_1}{B_1}\left(1+\frac{6e_1}{B_1}\right)=\frac{102.5}{1.6}\left(1+\frac{6\times0.07}{1.6}\right)$$

$=80.7\text{kN/m}^2<R=980\text{kN/m}^2$，满足要求。

$$\sigma_{\min}=\frac{N}{B}\left(1+\frac{6e}{B}\right)=\frac{102.5}{1.6}\left(1-\frac{6\times0.07}{1.6}\right)$$

$=47.4\text{kN/m}^2<R=980\text{kN/m}^2$，满足要求。

截面Ⅰ-Ⅰ上的剪应力，砌体沿砌体的摩擦系数根据《砌体结构设计规范》（GB50003—2001）按潮湿的摩擦面情况查得 $f=0.6$

$$\tau=\frac{1.35E_{a1}-1.35(W_3+W_4)f}{B_1}$$

$$=\frac{1.35\times20.45-1.35\times(29.7+46.2)\times0.6}{1.6}<0,$$

满足要求。

思考题

1. 土的三相在量的比例上的变化对土的性质有什么影响？反映土含水量程度的指标有哪些？反映土的密度程度的指标有哪些？

2. 土中水分为几种类型？各有什么特点？什么是黏性土的界限含水量？与土中水的类型有什么关系？

3. 建筑物地基土分为几大类？各类土的划分依据是什么？

4. 天然地基上浅基础的设计步骤是什么？

5. 浅基础有哪几种类型？各在什么情况下使用？

6. 何谓基础的埋置深度？选择基础埋置深度应考虑哪些因素？

7. 确定地基承载力有哪些方法？

8. 基础尺寸的确定与哪些因素有关？

9. 何谓软弱下卧层？试述验算软弱下卧层的要点。

10. 减轻建筑物不均匀沉降的措施有哪些？

11. 重力式挡土墙横断面尺寸如何确定？

12. 重力式挡土墙设计时，都需要做哪些方面的计算验算？

13. 某建筑物下地基土为中密的碎石，其承载力特征值为500kPa，地下水位以上的重力密度 $\gamma=18\text{kN/m}^3$，地下水位以下土的饱和重力密度 $\gamma_{sat}=19.8\text{kN/m}^3$，地下水距地表为1.3m。基础埋深 $d=1.8$m，基底宽 $b=3.5$m。试求修正后地基承载力特征值。

14. 上海某公园单支柱廊，柱尺寸为300mm×300mm，基础埋深为1.75m，上部结构荷载标准值 $F_k=108$kN。地基土为均质黏土 $\gamma=18\text{kN/m}^3$，承载力特征值 $f_{ak}=74.2$kPa，$\eta_d=1.1$。试设计基础并绘出基础剖面图。

15. 北京某公园茶室为砖混结构，承重墙厚370mm，上部传至设计地面(包括墙体自重)的中心荷载标准值为200kN/m，地基表层土为耕植土，厚度为0.6m，$\gamma=17\text{kN/m}^3$；第二层土为黏性土，$e=0.9$　$I_L=0.75$ 厚度为2.0m，地基承载力特征值为 $f_{ak}=160$kPa，$\gamma=18.6\text{kN/m}^3$；第三层土为中砂，厚度为1.5m，地基承载力特征值为 $f_{ak}=70$kPa，$\gamma=16.5\text{kN/m}^3$。北京的冻土深度为1m。试设计基础并绘出基础剖面图。

16. 某展览馆柱基，采用钢筋混凝土独立基础，作用在基础顶部的荷载为 $F_k=108$kN，$M_k=112\text{kN}\cdot\text{m}$。持力层为黏性土 $\gamma=18.5\text{kN/m}^3$，$f_{ak}=240$kPa，$\eta_b=0.3$，$\eta_d=1.6$，试确定基础底面尺寸。

推荐阅读书目

建筑地基基础设计规范(GB 50007—2011). 中国建筑工业出版社，2011.

建筑地基基础. 陈树华. 哈尔滨工程大学出版社，2003.

第11章 砌体结构

[本章提要] 砌体结构是中小型建筑常用的结构体系之一，主要为墙体承重结构，无筋砌体在风景建筑中应用较为广泛。本章重点介绍了无筋砌体构件承载力的计算方法及墙柱的高厚比计算。同时介绍了砌体的材料、强度等级及混合结构房屋的设计步骤等结构相关基础知识。还简要讲解了砌体的应用类型、破坏特征和防止或减轻墙体开裂的措施。

11.1 概 述

11.1.1 砌体结构的应用和发展

砌体结构是指用砖、石或砌块为块材，用砂浆砌筑的结构。砌体按照所采用块材的不同，可分为砖砌体、石砌体和砌块砌体三大类。

砌体结构有悠久的历史。人类自巢居、穴居进化到室居以后，最早应用的建筑材料就是块材，如石块、土块等。人类利用这些原始材料垒筑洞穴和房屋，并在此基础上逐步从乱石块发展为加工块石，从土坯发展为烧结砖瓦，出现了最早的砌体结构。如我国早在5000年前就建造有石砌祭坛和石砌围墙；在秦代用乱石和土将秦、燕、赵北面的城墙连成一体，建成了闻名于世的万里长城；在隋代由李春所建造的河北赵县安济桥，是世界上最早建造的单孔圆弧石拱桥，距今已约1400年，净跨为37.02m，宽约9m，外形十分美观。古埃及在公元前约3000年在尼罗河三角洲的吉萨采用块石建成3座大金字塔，工程十分浩大，古罗马在公元75～80年采用石结构建成古罗马大角斗场，至今仍供人们参观。

我国在新石器时代末期（距今约4500—6000年）已有地面木架建筑和木骨泥墙建筑，在公元前约2000年的夏代已有夯土的城墙，商代（前1783—前1135）以后逐渐采用黏土做成的版筑墙。人们生产和使用烧结砖瓦也有3000多年的历史，在西周时期（前1134—前771）已有烧制的瓦，在战国时期（前475—前221）已能烧制大尺寸空心砖，南北朝时砖的使用已很普遍。北魏（386—534）孝文帝建于河南登封的嵩岳寺塔是一座平面为12边形的密檐式砖塔，共15层，总高43.5m，为单筒体结构。塔底直径8.4m、墙厚2.1m、高3.4m，塔内建有真、假门504个，是我国保存最古的砖塔，在世界上也是独一无二的。始建于北齐（550—577）天保十年的河南开封祐国寺塔，大量采用异型琉璃砖砌成（因琉璃砖呈褐色，清代时百姓称为铁塔，流传至今），该塔平面为八角形，共13层，塔高55.08m，地下尚有5～6m；该塔已经受地震38次，冰雹19次，河患6次，雨患17次，至今依然耸立。明代建造的南京灵谷寺无梁殿后面走廊的砖砌穹窿，显示出我国古代应用砖石结构的重要成果。中世纪在欧洲用砖砌筑的拱、券、穹窿和圆顶等结构也得到很大发展，如532—637年建于君士坦丁堡的圣索菲亚教堂，东西向长77m，南北向长71.7m，正中是直径32.6m的穹顶，全部用砖砌成。

砌块生产和应用的历史只有100多年，其中以混凝土砌块生产最早，自1824年发明波特兰水泥后，最早的混凝土砌块于1882年问世，美国于1897年建成第一幢砌块建筑。1933年美国加利福尼亚长滩大地震中无筋砌体震害严重，之后推出了配筋混凝土砌块结构体系，建造了大量的多层和高层配筋砌体建筑，如1952年建成的26幢6～13层的美国退伍军人医院，1966年在圣地亚哥建成的8层海纳雷旅馆(位于9度区)和洛杉矶19层公寓等，这些砌块建筑大部分都经历了强烈地震的考验。

11.1.2 砌体结构的优、缺点

砌体结构之所以不断发展，成为世界上应用最广泛的结构形式之一，其重要原因在于砌体结构具有以下优点：

①砌体结构材料来源广泛，易于就地取材。石材、黏土、砂等是天然材料，分布广，易于就地取材，价格也较水泥、钢材、木材便宜。此外，工业废料如煤矸石、粉煤灰、页岩等都是制作块材的原料，用来生产砖或砌块不仅可以降低造价，也有利于保护环境。

②砌体结构有很好的耐火性和较好的耐久性，使用年限长。

③砖砌体特别是砖砌体的保温、隔热性能好，节能效果明显。

④采用砌体结构较钢筋混凝土结构可以节约水泥和钢材，并且砌体砌筑时不需要模板及特殊的技术设备，可以节省木材。新砌筑的砌体上即可承受一定荷载，因而可以连续施工。

⑤当采用砌块或大型板材作墙体时，可以减轻结构自重，加快施工进度，进行工业化生产和施工。

除上述优点外，砌体结构也有下述缺点：

①砌体结构自重大。一般砌体的强度较低，建筑物中墙、柱的截面尺寸较大，材料用量较多，因而结构的自重大。因此，应加强轻质高强度砌体材料的研究，以减小截面尺寸，减轻结构自重。

②砌筑砂浆与砖、石、砌块之间的黏结力较弱，因此无筋砌体的抗拉、抗弯及抗剪强度低，抗震及抗裂性能较差。因此，应研制推广高黏结性砂浆，必要时采用配筋砌体，并加强抗震抗裂的构造措施。

③砌体结构砌筑工作繁重。砌体基本采用手工方式砌筑，劳动量大，生产效率低。因此，有必要进一步推广砌块、振动砖墙板和混凝土空心墙板等工业化施工方法，以逐步克服这一缺点。

④砖砌体结构的黏土砖用量很大，往往占用农田，影响农业生产。据统计，全国每年生产黏土砖上千亿块，毁坏农田近10万亩*，使我国人口多、耕地少的矛盾更显突出。因此，必须大力发展砌块、煤矸石砖、粉煤灰砖等黏土砖的替代产品。

由于砌体结构具有很多明显的优点，因此应用范围广泛。但由于砌体结构存在的缺点，也限制了它在某些场合下的应用。

砌体主要用于承受压力的构件，建筑的基础、内外墙、柱等都可用砌体材料建造。无筋砌体房屋一般可建5～7层，配筋砌块剪力墙结构房屋可建8～18层。园林中的景墙、园墙、公园大门、茶室、小卖部、挡土墙，对渗水要求不高的水池、驳岸和小桥等均常用砌体结构建造。

但是应该注意，砌体结构是用单块块材和砂浆砌筑的，目前大多是手工操作，质量较难保证均匀一致，加上无筋砌体抗拉强度低、抗裂抗震性能较差等缺点，在应用时应注意有关规范、规程的使用范围。在地震区采用砌体结构，应采取必要的抗震措施。

11.2 砌体的类型与破坏特征

11.2.1 砌体材料及其强度等级

《砌体结构设计规范》(GB 50003—2011)规定

---

* 1亩 = 666.7 m^2

各类砌体抗压强度设计值时，考虑了施工质量控制等级。按照《砌体结构工程施工质量验收规范》(GB 50203—2011)，依据施工现场的质量管理、砂浆和混凝土强度、砌筑工人技术等综合水平，从宏观上将砌体工程施工质量控制等级分为A、B、C3级，A级最好，C级最差，详细评级标准见规范中的规定，在结构设计中通常按B级考虑。

当龄期为28d、各类砌体抗压强度设计值以毛截面计算、施工质量控制等级为B级时，砌体的强度设计值可以根据块体和砂浆的强度等级按表11－2～表11－8采用。施工质量控制等级为A级时，根据块体和砂浆的强度等级按表11－2～表11－8查出的值乘以1.05采用。

根据工程实践经验，在某些特定的情况下，表11－2～表11－8查出的砌体抗压强度设计值f需要乘调整系数γ_a。例如，截面积较小的砌体局部破损或缺陷对强度影响较大；和易性较差的水泥砂浆要降低砌体的承载能力等。对于施工阶段的砌体可适当放宽其安全度。调整系数γ_a的取值见表11－1。

表11－1　砌体强度设计值的调整系数γ_a

使用情况		γ_a
构件截面面积$A<0.3m^2$的无筋砌体		0.7＋A
构件截面面积$A<0.2m^2$的配筋砌体		0.8＋A
采用水泥砂浆≤M5.0级砌筑的砌体(若为配筋砌体，仅对砌体的强度设计值乘以调整系数)	对表11－2～表11－8中的砌体抗压强度值	0.9
	对砌体抗拉和抗剪强度值	0.8
验算施工中房屋的构件时		1.1

注：①表中构件截面面积A以m^2计。

②当砌体同时符合表中所列几种使用情况时，应将砌体的强度设计值连续乘以调整系数γ_a。

11.2.1.1　砖

我国目前用于砌体结构的砖主要有烧结普通砖、烧结多孔砖、蒸压灰砂砖、蒸压粉煤灰砖等4种。烧结砖中以烧结黏土砖的应用最为普遍，但由于黏土砖生产要占用农田，影响社会经济的可持续发展，因此在我国广大人口多、耕地少的地区已逐步限制或取消黏土砖，进行墙体材料改革，积极发展黏土的替代产品，利用当地资源或工业废料研制生产新型墙体材料。

烧结砖一般可分为烧结普通砖与烧结多孔砖。

烧结普通砖是由黏土、煤矸石、页岩或粉煤灰为主要原料，经过焙烧而成的实心或孔洞率不大于15%且外形尺寸符合规定的砖，烧结普通砖按其主要原料种类可分为烧结黏土砖、烧结煤矸石砖、烧结页岩砖及烧结粉煤灰砖等。烧结普通砖的规格尺寸为240mm×115mm×53mm[图11－1(a)]。

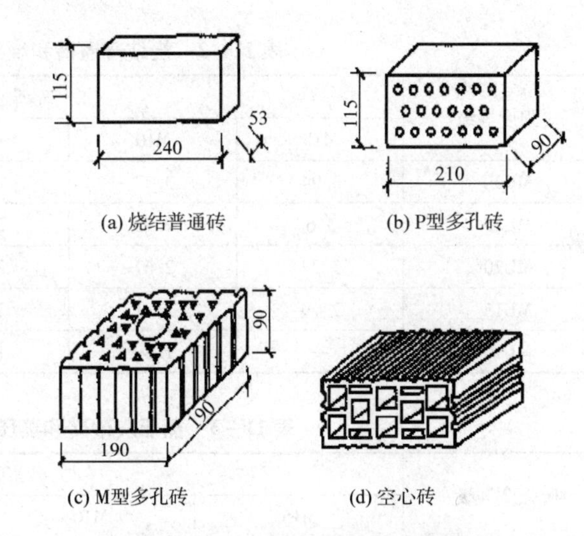

图11－1　部分地区烧结砖的规格

烧结多孔砖是以黏土、页岩、煤矸石为主要原料，经焙烧而成、孔洞率不小于15%，孔的尺寸小而数量多，主要用于承重部位，简称多孔砖。多孔砖分为P型砖与M型砖，P型砖的规格尺寸240mm×115mm×90mm[图11－1(b)]，M型砖的规格尺寸190mm×190mm×90mm[图11－1(c)]以及相应的配砖。此外，用黏土、页岩、煤矸石等原料还可经焙烧成孔洞较大、孔洞率大于35%的烧结空心砖[图11－1(d)]用于围护结构。多孔砖与实心砖相比，可减轻结构自重、节省砌筑砂浆、减少砌筑工时，此外，黏土用量与耗能亦可相应减少。

蒸压灰砂砖是以石灰和砂为主要原料，经坯料制备、压制成型、蒸压养护而成的实心砖，简称灰砂砖。蒸压粉煤灰砖是以粉煤灰、石灰为主要原料，掺加适量石膏和集料，经坯料制备、压制成型、高压蒸汽养护而成的实心砖，简称粉煤灰砖。灰砂砖与粉煤灰砖的规格尺寸与烧结普通砖相同。

实心砖的强度等级是根据标准试验方法所得到的砖的极限抗压强度 MPa 值来划分的，多孔砖强度等级的划分除考虑抗压强度外，尚应考虑其抗折荷重。

承重结构的块体强度取值：

烧结普通砖、烧结多孔砖的强度等级为：MU30、MU25、MU20、MU15 和 MU10；

蒸压灰砂砖、蒸压粉煤灰砖的强度等级为：MU25、MU20 和 MU15；

混凝土普通砖、混凝土多孔砖的强度等级为：MU20、MU15、MU10、MU7.5 和 MU5。

其中 MU 表示砌体中的块体(masonry unity)，其后数字表示块体的强度大小，单位为 MPa。确定粉煤灰砖的强度等级时应乘以自然碳化系数；当无自然碳化系数时，可取人工碳化系数的 1.15 倍。

表 11-2 烧结普通砖和烧结多孔砖砌体的抗压强度设计值 MPa

砖强度等级	砂浆强度等级					砂浆强度
	M15	M10	M7.5	M5	M2.5	0
MU30	3.94	3.27	2.93	2.59	2.26	1.15
MU25	3.6	2.98	2.68	2.37	2.06	1.05
MU20	3.22	2.67	2.39	2.12	1.84	0.94
MU15	2.79	2.31	2.07	1.83	1.6	0.82
MU10	—	1.89	1.69	1.5	1.3	0.67

表 11-3 蒸压灰砂砖和蒸压粉煤灰砖砌体的抗压强度设计值 MPa

砖强度等级	砂浆强度等级				砂浆强度
	M15	M10	M7.5	M5	0
MU25	3.60	2.98	2.68	2.37	1.05
MU20	3.22	2.67	2.39	2.12	0.94
MU15	2.79	2.31	2.07	1.83	0.82
MU10	—	1.89	1.69	1.5	0.67

表 11-4 混凝土普通砖和混凝土多孔砖砌体的抗压强度设计值 MPa

砖强度等级	砂浆强度等级					砂浆强度
	Mb20	Mb15	Mb10	Mb7.5	Mb5	0
MU30	4.61	3.94	3.27	2.93	2.59	1.15
MU25	4.21	3.60	2.98	2.68	2.37	1.05
MU20	3.77	3.22	2.67	2.39	2.12	0.94
MU15	—	2.79	2.31	2.07	1.0	83

11.2.1.2 砌块

采用较大尺寸的砌块代替小块砖砌筑砌体，可减轻劳动量并可加快施工进度，是墙体材料改革的一个重要方向。砌块一般指混凝土空心砌块、加气混凝土砌块及硅酸盐实心砌块。此外还有用黏土、煤矸石等为原料，经焙烧而制成的烧结空心砌块(图 11-2)。

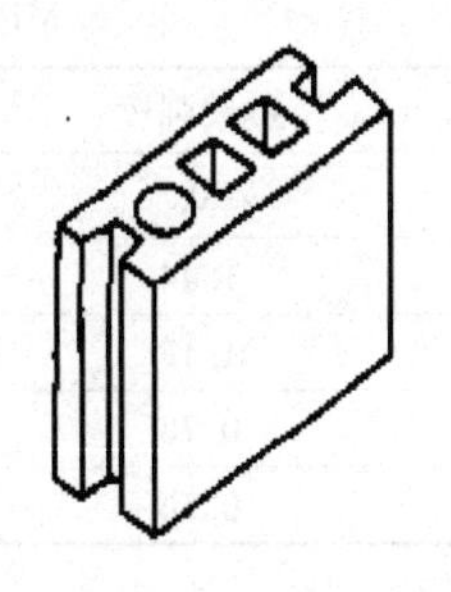

(a) 混凝土中型空心砌块

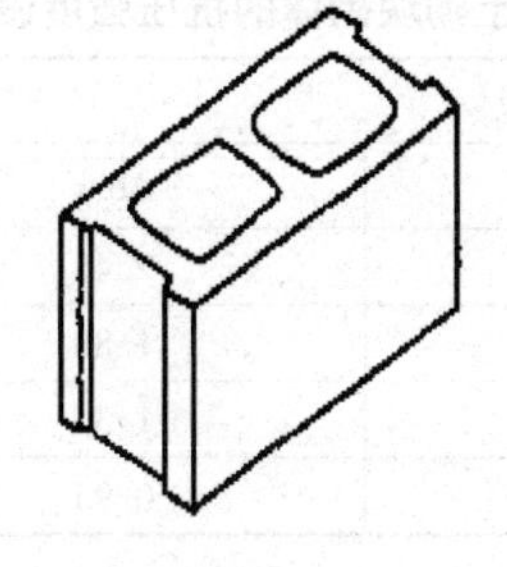

(b) 混凝土小型砌块

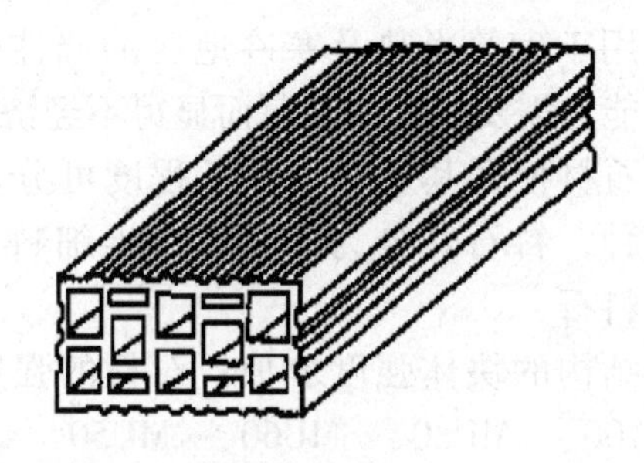

(c) 烧结空心砌块

图11-2 砌块材料

砌块按尺寸大小可分为小型、中型和大型3种，我国通常把砌块高度为180～350mm的称为小型砌块，高度为360～900mm的称为中型砌块，高度大于900mm的称为大型砌块。我国目前在承重墙体材料中使用最为普遍的是混凝土小型空心砌块，它是由普通混凝土或轻集料混凝土制成，主要规格尺寸为390mm×190mm×190mm，空心率一般在25%～50%之间，一般简称为混凝土砌块或砌块。

实心砌块的重力密度一般为15～16kN/m³及以上，以粉煤灰硅酸盐为主，其加工工艺与粉煤灰砖类似。主要规格有长880mm、580mm，厚190mm，高380mm等；加气混凝土砌块用加气混凝土和泡沫混凝土制成，其重力密度一般为4～6kN/m³，由于自重轻，并可按使用要求制成各种尺寸，还可在工地进行锯切，因此广泛应用于围护结构。烧结空心砌块主要用于建造景墙与园墙等围护墙。

混凝土空心砌块的强度等级是根据标准试验方法，按毛截面面积计算的极限抗压强度MPa值来划分的。

①承重结构的块体强度取值

混凝土砌块和轻集料混凝土砌块的强度等级为：MU20、MU15、MU10、MU7.5和MU5。

②自承重墙的块体强度取值

空心砖的强度等级：MU10、MU7.5、MU5和MU3.5。

轻集料混凝土砌块的强度等级：MU10、MU7.5、MU5和MU3.5。

表11-5 单排孔混凝土和轻集料混凝土砌块砌体的抗压强度设计值 MPa

砌块强度等级	砂浆强度等级					砂浆强度
	Mb20	Mb15	Mb10	Mb7.5	Mb5	0
MU20	6.30	5.68	4.95	4.44	3.94	2.33
MU15	—	4.61	4.02	3.61	3.20	1.89
MU10	—	—	2.79	2.50	2.22	1.31
MU7.5	—	—	—	1.93	1.71	1.01
MU5	—	—	—	—	1.19	0.70

注：①对独立柱或厚度为双排组砌的砌块砌体，应按表中数值乘以0.7。

②对T形截面砌体，应按表中数值乘以0.85。

表 11－6　双排孔、多排孔轻集料混凝土砌块砌体的抗压强度设计值　MPa

砌块强度等级	砂浆强度等级			砂浆强度
	Mb10	Mb7.5	Mb5	0
MU10	3.08	2.76	2.45	1.44
MU7.5	—	2.13	1.88	1.12
MU5	—	—	1.31	0.78
MU3.5	—	—	0.95	0.56

注：①表中的砌块为火山灰、浮石和陶粒混凝土砌块。

②对厚度方向为双排组砌的轻骨料混凝土砌块砌体的抗压强度设计值，应按表中数值乘以 0.8。

孔洞率不大于 35% 的双排孔或多排孔轻骨料混凝土砌块砌体的抗压强度设计值，应按表 11－6 采用。

11.2.1.3　石材

天然建筑石材在所有块体材料中应用历史最为悠久，并具有强度高、抗冻与耐久性能好等优点，故在有开采和加工条件及能力的地区，可用于砌筑条形基础、承重墙及重要房屋的贴面装饰材料，但用于砌筑炎热及寒冷地区的墙体时，因其保温性能差需要较大的墙厚而显得不经济。

天然石材根据其外形和加工程度可分为料石与毛石两种，料石又分为细料石、半细料石、粗料石和毛料石。

承重结构的块体强度取值：石材的强度等级为：MU100、MU80、MU60、MU50、MU40、MU30 和 MU20。

表 11－7　高度为 180～350mm 的毛料石砌体的抗压强度设计值　MPa

毛料石强度等级	砂浆强度等级			砂浆强度
	M7.5	M5	M2.5	0
MU100	5.42	4.8	4.18	2.13
MU80	4.85	4.29	3.73	1.91
MU60	4.2	3.71	3.23	1.65
MU50	3.83	3.39	2.95	1.51
MU40	3.43	3.04	2.64	1.35
MU30	2.97	2.63	2.29	1.17
MU20	2.42	2.15	1.87	0.95

注：对下列各类料石砌体，应按表中数值分别乘以如下系数：细料石砌体为 1.4；粗料石砌体为 1.2；干砌勾缝石砌体为 0.8。

表 11－8　毛石砌体的抗压强度设计值　MPa

毛石强度等级	砂浆强度等级			砂浆强度
	M7.5	M5	M2.5	0
MU100	1.27	1.12	0.98	0.34
MU80	1.13	1.00	0.87	0.30
MU60	0.98	0.87	0.76	0.26
MU50	0.90	0.80	0.69	0.23
MU40	0.80	0.71	0.62	0.21
MU30	0.69	0.61	0.53	0.18
MU20	0.56	0.51	0.44	0.15

11.2.1.4 砂浆

砂浆的作用是将砌体中的块体连成一个整体，并因抹平块体表面而促使应力的分布较为均匀。同时砂浆填满块体间的缝隙，减少了砌体的透气性，提高砌体的保温性能与抗冻性能。

(1)对砌体所用砂浆的基本要求

①在强度及抵抗风雨侵蚀方面，砂浆应符合砌体强度及建筑物耐久性要求；

②砂浆的可塑性应保证砂浆在砌筑时能很容易且较均匀地铺开，以提高砌体强度和施工劳动效率；

③砂浆应具有足够的保水性。

(2)砂浆的强度等级选用

①烧结普通砖、烧结多孔砖、蒸压灰砂普通砖和蒸压粉煤灰普通砖砌体采用的普通砂浆强度等级为M15、M10、M7.5、M5和M2.5；蒸压灰砂普通砖和蒸压粉煤灰普通砖砌体采用的专用砌筑砂浆强度等级为Ms15、Ms10、Ms7.5和Ms5.0。

②混凝土普通砖、混凝土多孔砖、单排孔混凝土砌块和煤矸石混凝土砌块砌体采用的砂浆强度等级为Mb20、Mb15、Mb10、Mb7.5和Mb5。

③双排孔或多排孔轻集料混凝土砌块砌体采用的砂浆强度等级为Mb10、Mb7.5和Mb5。

④毛料石、毛石砌体采用的砂浆强度等级为M7.5、M5和M2.5。

其中M表示砂浆(mortar)，其后数字表示砂浆的强度大小(单位为MPa)。

11.2.2 砌体的类型

砌体是由不同尺寸和形状的砖石或块体用砂浆砌筑而成的整体，因此块体的排列方式应使它们能较均匀地承受外力(主要是压力)。否则不仅会降低砌体的受力性能，同时也会削弱甚至破坏建筑物的整体协调受力能力。

按照砌体的作用、砌法及材料的不同，砌体可分为承重砌体与非承重砌体；实心砌体与空斗砌体；砖砌体、砌块砌体及石砌体；无筋砌体与配筋砌体等。

(1)砖砌体

在房屋建筑中，砖砌体可用作内外墙、柱、基础等承重结构以及围护墙与隔墙等非承重结构等。园林中的园凳、花池、栏板、景墙、园墙、大门、茶室、廊、厕所、挡土墙等均广泛应用砖砌体。承重结构一般为实心。通常采用一顺一顶(砖长面与墙长度方向平行的则为顺砖，砖短面与墙长度方向平行的则为顶砖)、三顺一顶、五顺二顶或梅花顶等砌筑方式。试验表明，采用同强度等级的材料，按照上述几种方法砌筑的砌体，其抗压强度相差不大。但应注意上下两皮顶砖间的顺砖数量越多，则意味着宽为240mm的两片半砖墙之间的联系越弱，很容易产生“两片皮”的效果而急剧降低砌体的承载能力。

实砌标准墙的厚度为240mm(一砖)、370mm(一砖半)、490mm(二砖)、620mm(二砖半)、740mm(三砖)等。有时为节省材料，墙厚可不按半砖而按1/4砖进位，因此有些砖需侧砌而构成180mm、300mm、420mm的墙厚。试验表明，这种墙的强度是完全符合要求的。

(2)砌块砌体

采用砌块砌体，特别是采用混凝土小型砌块砌体，是墙体改革的一项重要措施。采用砌块砌体可减轻劳动强度，减少高空作业，有利于提高劳动生产率，并具有较好的经济技术效果。砌块砌体主要用做茶室、大门、厕所等风景建筑以及景墙、园墙、挡土墙等造景构筑物。

砌块的大小取决于房屋墙体的分块情况及吊装能力，但排列砌块是设计工作中的一个重要环节，应做到有规律性，砌块类型最少，同时应排列整齐，尽量减少通缝，并砌筑牢固。

石砌体是由天然石材和砂浆(或混凝土)砌筑而成。可分为料石砌体、毛石砌体和毛石混凝土砌体等。毛石混凝土砌体是在模板内交替铺置混凝土层及形状不规则的毛石构成。石砌体可就地取材，因而在产石的山区应用较为广泛，而且料石砌体不仅可用做茶室等风景建筑，还可用于石拱桥、石驳岸、石园墙等园林小品与构筑物。

(3)配筋砌体

为提高砌体强度、减少其截面尺寸、增加砌

体结构(或构件)的整体性，可采用配筋砌体。配筋砌体可分为配筋砖砌体和配筋砌块砌体，其中配筋砖砌体又可分为网状配筋砖砌体、组合砖砌体、砖砌体和钢筋混凝土构造柱组合墙，配筋砌块砌体又可分为约束配筋砌块砌体和均匀配筋砌块砌体。

配筋砌体不仅加强了砌体的各种强度和抗震性能，还扩大了砌体结构的使用范围，比如高强混凝土砌块通过配筋与浇注灌孔混凝土，可应用于园林中承受较大荷载的构件，尤其是受弯或受拉构件，比如挡土墙，而且相对于钢筋混凝土结构具有不需要支模、不需再作贴面处理及耐火性能更好等优点。

(4)墙板

目前我国的预制大型墙板有矿渣混凝土墙板、空心混凝土墙板、振动砖墙板及采用滑模工艺生产的整体混凝土墙板等。墙板的高度一般相当于房间的高度，宽度可相当于房屋的一个或半个开间(或进深)。采用大型墙板的突出优点是大大降低劳动强度，加快施工进度，是一种有发展前途的墙体体系，但也增加了对施工吊装设备的要求。风景建筑由于体量不大，所以少有采用。

11.2.3 砌体的受力破坏特征及影响因素

11.2.3.1 砌体的受压破坏

(1)砌体轴心受压破坏特征

第一阶段　从砌体开始受压，到出现第一条(批)裂缝[图11-3(a)]。在此阶段，随着压力的增大，单块砖内产生细小裂缝，但就砌体而言，多数情况下裂缝约有数条。如不再增加压力，单块砖内的裂缝亦不发展。根据国内外的试验结果，砖砌体内产生第一批裂缝时的压力约为破坏时压力的50%~70%。

第二阶段　随着压力的增加，单块砖内裂缝不断发展，并沿竖向通过若干皮砖，在砌体内逐渐连接成一段段的裂缝[图11-3(b)]。此时，即使压力不再增加，裂缝仍会继续发展，砌体已临近破坏，处于十分危险的状态。其压力约为破坏时压力的80%~90%。

第三阶段　压力继续增加，砌体中裂缝迅速加长加宽，最后使砌体形成小柱体，个别砖可能被压碎或小柱体失稳，整个砌体随之破坏。

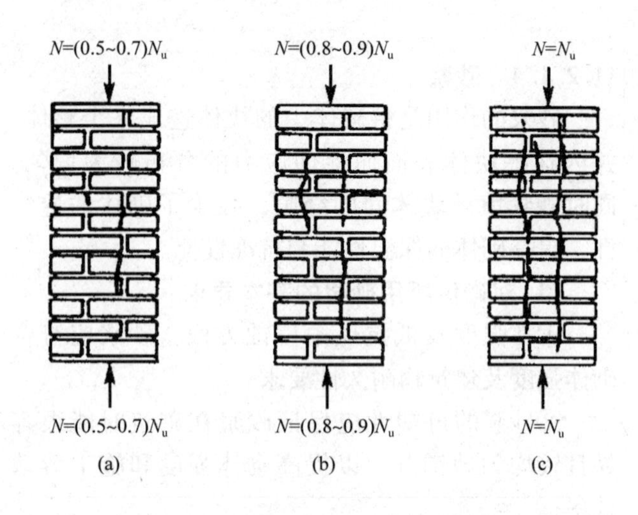

图11-3　砖砌体轴心受压破坏过程

(2)影响砌体抗压强度的主要因素

① 块材和砂浆的强度　块体和砂浆的强度是影响砌体抗压强度的主要因素。块体和砂浆的强度高，砌体的抗压强度亦高。试验表明，提高砖的强度等级比提高砂浆强度等级对增大砌体的抗压强度的效果好。一般情况下，当块材强度等级不变，砂浆等级提高一级，砌体抗压强度只提高15%，而当砂浆强度等级提高，水泥用量增多，因此在块材的强度等级一定时，过高地提高砂浆强度等级并不适宜。

② 块材的尺寸和形状　砌体强度随块体高度增加而增加，块材高度越大，抵抗弯矩和剪力等不利内力的能力就越强，加之水平灰缝数量随之减少，砂浆层横向变形不利影响也相应减弱，从而使砌体抗压强度得到相应提高。

块材的形状也直接影响砌体的抗压强度，如果块材表面不平、形状不整，在压力作用下其弯曲应力和剪应力都将增大，从而使砌体的抗压强度降低。

③ 砂浆的流动性和保水性　砂浆具有较明显的弹塑性性质，在砌体内采用流动性大的砂浆，容易铺砌成均匀、密实的灰缝，这样可以减少块材的弯曲应力和剪应力而提高砌体强度。但当砂浆流动性过大，其硬化受力后的横行变形也将随之增大，反而会降低砌体强度。另外，保水性差

的砂浆，砂浆不能正常硬化，其强度和黏结能力都会下降，影响到砌体抗压强度。

④ 砌筑质量　提高砌体施工质量等级是保证砌筑质量的根本，但灰缝质量也不容忽视，尤其是水平灰缝的均匀、饱满程度对砌体强度的影响较大。《砌体工程施工质量验收规范》(GB50203—2002)规定：砌体水平灰缝的砂浆饱满度，应按净面积计算不得低于90%，灰缝厚度宜为10mm，但不应小于8mm，也不应大于12mm。除此之外，快速砌筑对砌体抗压强度是有利的，因为砂浆在结硬之前就受压，可以减轻灰缝中砂浆不密实、不均匀的影响。

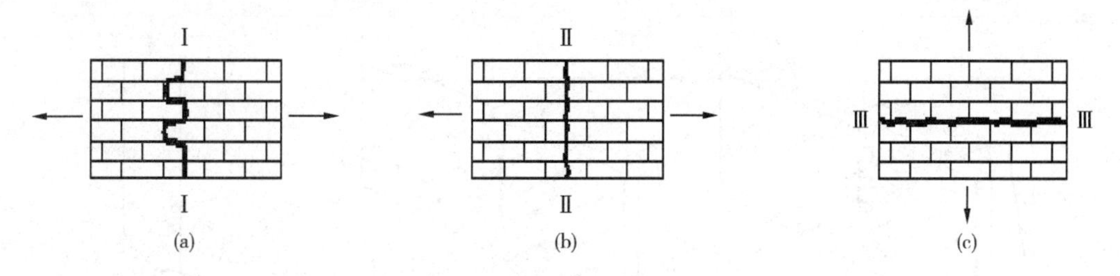

图11－4　砖砌体轴心受拉破坏特征

11.2.3.2　砌体的受拉、受弯和受剪破坏

(1)砌体轴心受拉破坏特征

砌体轴心受拉时，视拉力作用于砌体的方向，有3种破坏形态。当轴心拉力与砌体的水平灰缝平行时，砌体可能沿灰缝(Ⅰ-Ⅰ)截面[图11－4(a)]破坏，破坏面为齿状，称为砌体沿齿缝截面轴心受拉破坏。砌体也可能沿块体和竖向灰缝(Ⅱ-Ⅱ)截面[图11－4(b)]破坏，破坏面较整齐，称为砌体沿块体截面(及竖缝)轴心受拉破坏。当轴心拉力与砌体的一水平灰缝垂直时，砌体可能沿通缝(Ⅲ-Ⅲ)截面[图11－4(c)]破坏，称为砌体沿水平通缝截面轴心受拉。

(2)砌体弯曲受拉破坏特征

砌体弯曲受拉时，也有3种破坏形态。如截面内的拉应力使砌体沿齿缝截面破坏，称为砌体沿齿缝截面弯曲受拉破坏；如使砌体沿块体截面破坏，称为沿块体截面弯曲受拉破坏；如使砌体沿通缝截面破坏，称为沿通缝截面弯曲受拉破坏。

例如，在砌体结构的圆形水池池壁中，由内部液体压力在池壁中产生的环向水平拉力将使池壁砌体的垂直截面处于轴心受拉的状态。如果块材的强度较高而砂浆的强度较低，就将出现如图11－5(a)所示的沿齿缝受拉破坏。但若砂浆强度较高而块材强度较低，则也可能沿图11－5(b)所示的穿过块材和竖缝的截面出现受拉破坏。此外

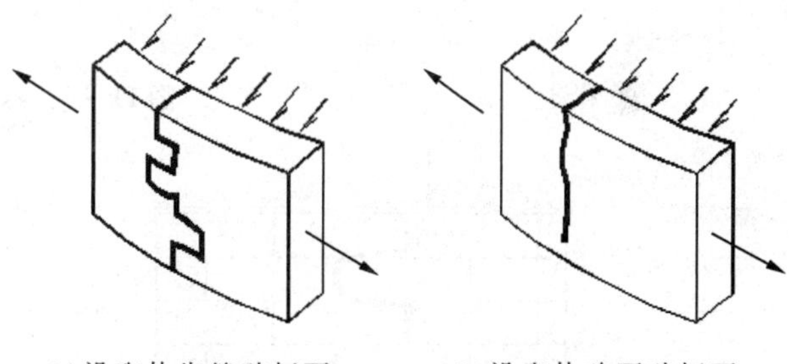

(a)沿砌体齿缝破坏面　(b)沿砌体砖面破坏面

图11－5　砖砌体弯曲受拉破坏特征

还应指出的是，在实际工程中通常不允许出现砌体受垂直于通缝的轴心拉力作用的情况。

又例如在带支墩的挡土墙中，土压力将使墙壁既在水平方向又在垂直方向受弯。在水平弯矩作用下，由于砌体的弯曲抗拉强度较低，故将在弯矩较大的截面，例如图中支座边截面处发生弯曲受拉破坏。视块体和砂浆的相对强度高低，这里的破坏可能发生在齿缝截面[图11－6(a)]，也可能发生在通过竖缝和块体的截面[图11－6(b)]。

墙体在偏心距较大的竖向荷载作用下将沿弯矩最大截面的水平灰缝产生沿通缝的弯曲受拉破坏[图11－6(c)]。

(3)砌体受剪破坏特征

在剪力作用下，由于砌体的抗剪强度较低，在砌体结构中可能出现图11－7(a)的沿齿缝剪切

破坏，也可能出现图 11-7(b)的沿通缝剪切破坏。

(4)影响砌体抗拉、抗弯和抗剪强度的因素

砌体受拉、受弯和受剪破坏，发生在砂浆和块材的连接面上。砌体在拉力、弯矩和剪力作用下的承载力，主要是依靠砂浆的黏结力。因此砌体抗拉、抗弯和抗剪强度取决于灰缝的强度。只有当砂浆强度等级较高，而块材强度等级又较低时，才和块材强度等级有关。砂浆的黏结强度不仅与砂浆的强度等级、龄期、力的作用方向等有关，而且与块材表面特征、清洁程度及块材本身含水率等多种因素有关。在正常情况下，黏结强度仅与砂浆的强度有关。

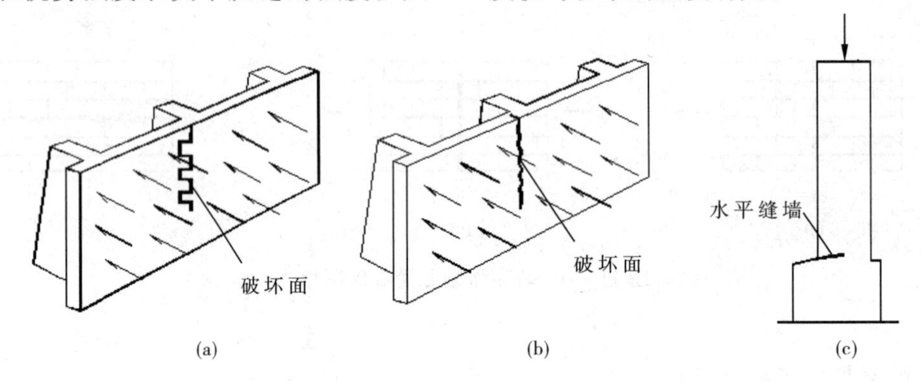

图 11-6　挡土墙弯曲受拉破坏

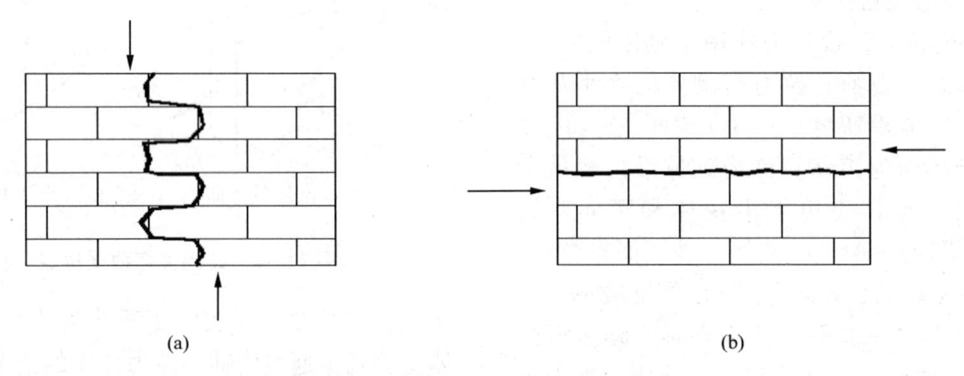

图 11-7　砖砌体轴心受剪破坏特征

11.3　无筋砌体构件承载力计算

11.3.1　受压构件承载力计算

11.3.1.1　受压构件承载力计算公式

无筋砌体受压构件，无论是轴压、偏压，还是短柱、长柱，其承载力均可按下式进行计算：

$$N \leq \varphi f A \tag{11.1}$$

式中：N——轴向力设计值；

f——砌体的抗压强度设计值，查表11-3～表 11-8 确定的值且经施工质量控制等级和调整系数修正；

A——截面面积，各类砌体均按毛截面面积计算；

φ——高厚比 β 和轴向力的偏心距 e 对受压构件承载力的影响系数。查表 11-11～表 11-13。

从受压构件承载力的影响系数 β 来考虑，无筋砌体受压构件可以分为下列 4 种情况：

① 不考虑高厚比 β 的影响，只考虑轴向力偏心距 e 的影响，这种受压构件称为偏心受压短柱；

② 不考虑轴向力偏心距 e 的影响，只考虑高厚比 β 的影响，这种受压构件称轴心受压长柱；

③ 既考虑高厚比 β 的影响，又考虑某个方向偏心距 e 的影响，称单向偏心受压长柱；

④ 既考虑高厚比 β 的影响，又考虑两个方向

偏心距 e 的影响，称双向偏心受压构件。

按砌体受压构件的截面形状可分为：矩形、T形和其他形状(圆形、环形)等。

下面按偏心受压短柱、轴心受压长柱和单向偏心受压长柱3种情况分别介绍其承载力的计算。

11.3.1.2 偏心受压短柱

(1)承载力计算公式

偏心受压短柱承载力采用式(11.1)进行计算，即：

$$N \leq \varphi_1 fA \quad (11.2)$$

式中：N——轴向力设计值；

f——砌体的抗压强度设计值，查表11-3~表11-8确定的值且经施工质量控制等级和调整系数修正；

A——截面面积，各类砌体均按毛截面面积计算；

φ_1——按偏心受压构件承载力的影响系数按高厚比 $\beta \leq 3$ 和轴向力的偏心距 e。查表11-11~表11-13确定的值。

(2)构件高厚比 β 的计算

构件高厚比 β 是指构件的计算高度 H_0 与其相应的边长 h 的比值，按下式计算：

对矩形截面：

$$\beta = \gamma_\beta \frac{H_0}{h} \quad (11.3)$$

对T形截面：

$$\beta = \gamma_\beta \frac{H_0}{h_T} \quad (11.4)$$

式中：H_0——受压构件的计算高度，按表11-10采用；

h——矩形截面轴向力偏心方向的边长，当轴心受压时为截面较小边长；

γ_β——不同砌体材料的高厚比修正系数，按表11-9采用；

h_T——T形截面折算厚度，$h_T = 3.5i$，T形截面特征值详见表11-14；

i——截面回转半径，$i = \sqrt{\frac{I}{A}}$，I 为截面惯性矩，A 为截面面积。

表11-9 高厚比修正系数 γ_β

砌体材料类型	γ_β
烧结普通砖、烧结多孔砖	1
混凝土及轻集料混凝土砌块	1.1
蒸压灰砂砖、蒸压粉煤灰砖、细料石、半细料石	1.2
粗料石、毛石	1.5

注：对灌孔混凝土砌块，取1.0。

(3)受压构件的计算高度 H_0

受压构件的计算高度 H_0，应根据房屋类别和构件支撑条件等按表11-10采用。

(4)轴向力偏心距 e 的影响

① 偏心影响系数 φ_1　根据国内对矩形、T形、十字形和环形截面偏心受压短柱所做的试验，短柱轴向破坏荷载随偏心距 e 增大而降低，其降低的程度可用偏心影响系数 φ_1 来表示，见图11-8。

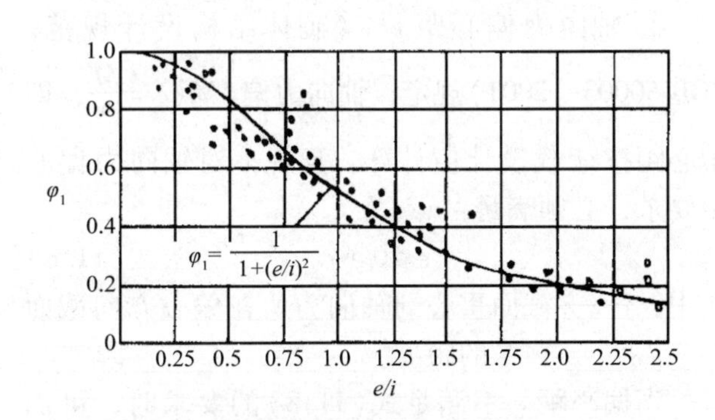

图11-8 砌体的偏心影响系数

偏心受压短柱承载力计算公式可用下式表示：

$$N \leq \varphi_1 fA$$

根据图11-8偏心影响系数 φ_1 的试验点，得到 φ_1 与 $\frac{e}{i}$ 的关系曲线、i 的截面的回转半径，曲线得到的经验公式为：

$$\varphi_1 = \frac{1}{1+(e/i)^2} \quad (11.5)$$

对矩形截面：

表 11-10　受压构件的计算高度 H_0

房屋类别			柱		带壁柱墙或周边拉结的墙		
			排架方向	垂直排架方向	$s>2H$	$2H \geqslant s>H$	$s \leqslant H$
无吊车的单层和多层房屋	单跨	弹性方案	$1.5H$	$1.0H$	$1.5H$		
		刚弹性方案	$1.2H$	$1.0H$	$1.2H$		
	多跨	弹性方案	$1.25H$	$1.0H$	$1.25H$		
		刚弹性方案	$1.1H$	$1.0H$	$1.1H$		
	刚性方案		$1.0H$	$1.0H$	$1.0H$	$0.4s+0.2H$	$0.6s$

注：① 表中 H 为受压构件高度。在房屋底层，为楼板顶面到构件下端支点的距离，下端支点的位置可取在基础顶面；当基础埋置较深且有刚性地坪时，可取室外地面下 500mm 处；在房屋其他层次，为楼板或其他水平支点间距离；对于无壁柱的山墙，可取层高加山墙尖高度的 1/2；对于带壁柱的山墙，可取壁柱处的山墙高度。

② 对于上端为自由端的构件，$H_0=2H$。

③ 独立砖柱，当无柱间支撑时，柱在垂直排架方向的 H_0。应按表中数值乘以 1.25 后采用。

④ s 为房屋横墙间距。

⑤ 自承重墙的计算高度应根据周边支承或拉结条件确定。

$$\varphi_1=\frac{1}{1+12\ (e/h)^2} \qquad (11.6)$$

对 T 形截面：

$$\varphi_1=\frac{1}{1+12\ (e/h_T)^2} \qquad (11.7)$$

② 轴向力偏心距 e　《砌体结构设计规范》(GB 50003—2001)规定，轴向力偏心距 $e=\frac{M}{N}$，即偏心距按荷载设计值计算。且规范对轴向力偏心距要求，必须满足：

$$e \leqslant 0.6y \qquad (11.8)$$

式中：y——截面重心到轴向力所在偏心方向截面边缘的距离。

当偏心距 e 不满足式(11.8)的要求时，可加大偏心方向截面尺寸，或者改用其他结构材料。

根据$\frac{e}{h}\left(或\frac{e}{h_T}\right)$值、$\beta \leqslant 3$ 和砂浆强度等级查表 11-11、表 11-12 得到影响系数 φ(即偏心影响系数 φ_1)，代入式(11.2)即得偏心受压短柱的承载力 N。

(5) 矩形截面构件

当轴向力偏心方向的截面边长大于另一方向的边长时，除按偏心受压计算外，还应对较小边长方向，按轴心受压进行验算。

11.3.1.3　轴心受压长柱

长柱轴心受压时，由于截面材料不均匀、轴向力作用点与截面重心不重合等原因而产生纵向弯曲，使截面有一个附加的偏心距，相应有附加的弯曲应力。所以在承载力计算时，需要考虑稳定系数 φ_0 的影响。

(1) 稳定系数 φ_0

按照材料力学，构件产生纵向弯曲破坏时的临界应力 σ_{cr} 为：

$$\sigma_{cr}=\pi^2 E\left(\frac{i}{H_0}\right)^2 \qquad (11.9)$$

$$\varphi_0=\frac{\sigma_{cr}}{f_m} \qquad (11.10)$$

对于矩形截面，简化后可得：

$$\varphi_0=\frac{1}{1+\alpha\beta^2} \qquad (11.11)$$

式中：β——构件的高厚比，按式(11.3)确定；

α——与砂浆强度有关的系数；

当砂浆强度 $f_2 \geqslant 5\text{MPa}$ 时，$\alpha=0.0015$；

$f_2=2.5\text{MPa}$ 时，$\alpha=0.0020$；

$f_2=0$ 时，$\alpha=0.0090$。

(2) 承载力计算公式

轴心受压长柱的承载力，可按下列两式中任一公式进行计算：

$$N \leqslant \varphi_0 f A \qquad (11.12)$$

式中：φ_0——稳定系数，按式(11.11)计算。或者仍采用式(11.1)计算：

$$N \leqslant \varphi f A$$

式中：φ——受压构件承载力的影响系数，按轴向力偏心距 $e=0$、高厚比 β［按式(11.3)或式(11.4)计算］值查表11－11～表11－13进行计算；

N——轴向力设计值；

f——砌体的抗压强度设计值，查表11－3～表11－8确定的值且经施工质量控制等级和调整系数修正；

A——截面面积，各类砌体均按毛截面面积计算。

11.3.1.4 单向偏心受压长柱

长柱在偏心荷载作用下，因纵向弯曲产生了侧向变形，侧向变形可以用轴向力附加偏心距 e_i 来反映。《砌体结构设计规范》用系数 φ 来综合考虑轴向力偏心距 e 和附加偏心距 e_i 对截面承载力的影响，称高厚比 β 和轴向力的偏心距 e 对受压构件承载力的影响系数。

(1)受压构件承载力影响系数 φ

偏心受压长柱($\beta>3$)时，偏心影响系数表达式为：

$$\varphi_1=\frac{1}{1+(e'/i)^2} \tag{11.13}$$

总偏心距 $e'=e+e_i$，将 e' 代入式(11.13)中，用承载力影响系数 φ 代替偏心影响系数 φ_1 得：

$$\varphi=\frac{1}{1+\left(\frac{e+e_i}{i}\right)^2} \tag{11.14}$$

矩形截面受压构件 $i=\frac{h}{\sqrt{12}}$ 代入得：

$$\varphi=\frac{1}{1+12\left(\frac{e+e_i}{h}\right)^2} \tag{11.15}$$

当 $e=0$ 时 $\varphi=\varphi_0$，代入上式得：

$$\varphi=\frac{1}{1+12\left[\frac{e}{h}+\sqrt{\frac{1}{12}\left(\frac{1}{\varphi_0}-1\right)}\right]^2} \tag{11.16}$$

其中 $$\varphi_0=\frac{1}{1+\alpha\beta^2}$$

(2)承载力计算公式

单向偏心受压长柱的承载力仍可按式(11.1)进行计算：

$$N\leqslant\varphi fA$$

式中：φ——受压构件承载力的影响系数，可按高厚比 β［式(11.3)或式(11.4)计算值］、轴向力偏心距 e 和砂浆强度等级查表11－11～表11－13得到；

N——轴向力设计值；

f——砌体的抗压强度设计值，查表11－3～表11－8确定的值且经施工质量控制等级和调整系数修正；

A——截面面积，各类砌体均按毛截面面积计算。

注意：对矩形截面构件，当轴向力偏心方向的边长大于另一方向的边长时，除按偏心受压计算外，还应对较小边长方向，按轴心受压进行验算。

表11－11 影响系数 φ（砂浆强度等级≥M5）

β	e/h 或 e/h_T												
	0	0.025	0.050	0.075	0.100	0.125	0.150	0.175	0.200	0.225	0.250	0.275	0.300
≤3	1.00	0.99	0.97	0.94	0.89	0.84	0.79	0.73	0.68	0.62	0.57	0.52	0.48
4	0.98	0.95	0.90	0.85	0.80	0.74	0.69	0.64	0.58	0.53	0.49	0.45	0.41
6	0.95	0.91	0.86	0.81	0.75	0.69	0.64	0.59	0.54	0.49	0.45	0.42	0.38
8	0.91	0.86	0.81	0.76	0.70	0.64	0.59	0.54	0.50	0.46	0.42	0.39	0.36
10	0.87	0.82	0.76	0.71	0.65	0.60	0.55	0.50	0.46	0.42	0.39	0.36	0.33
12	0.82	0.77	0.71	0.66	0.60	0.55	0.51	0.47	0.43	0.39	0.36	0.33	0.31
14	0.77	0.72	0.66	0.61	0.56	0.51	0.47	0.43	0.40	0.36	0.34	0.31	0.29
16	0.72	0.67	0.61	0.56	0.52	0.47	0.44	0.40	0.37	0.34	0.31	0.29	0.27
18	0.67	0.62	0.57	0.52	0.48	0.44	0.40	0.37	0.34	0.31	0.29	0.27	0.25

（续）

β	e/h 或 e/h_T												
	0	0.025	0.050	0.075	0.100	0.125	0.150	0.175	0.200	0.225	0.250	0.275	0.300
20	0.62	0.57	0.53	0.48	0.44	0.40	0.37	0.34	0.32	0.29	0.27	0.25	0.23
22	0.58	0.53	0.49	0.45	0.41	0.38	0.35	0.32	0.30	0.27	0.25	0.24	0.22
24	0.54	0.49	0.45	0.41	0.38	0.35	0.32	0.30	0.28	0.26	0.24	0.22	0.21
26	0.50	0.46	0.42	0.38	0.35	0.33	0.30	0.28	0.26	0.24	0.22	0.21	0.19
28	0.46	0.42	0.39	0.36	0.33	0.30	0.28	0.26	0.24	0.22	0.21	0.19	0.18
30	0.42	0.39	0.36	0.33	0.31	0.28	0.26	0.24	0.22	0.21	0.20	0.18	0.17

表 11-12　影响系数 φ（砂浆强度等级 M2.5）

β	e/h 或 e/h_T												
	0	0.025	0.05	0.075	0.1	0.125	0.15	0.175	0.2	0.225	0.25	0.275	0.3
≤3	1.00	0.99	0.97	0.94	0.89	0.84	0.79	0.73	0.68	0.62	0.57	0.52	0.48
4	0.97	0.94	0.89	0.84	0.78	0.73	0.67	0.62	0.57	0.52	0.48	0.44	0.40
6	0.93	0.89	0.84	0.78	0.73	0.67	0.62	0.57	0.52	0.48	0.44	0.40	0.37
8	0.89	0.84	0.78	0.72	0.67	0.62	0.57	0.52	0.48	0.44	0.40	0.37	0.34
10	0.83	0.78	0.72	0.67	0.61	0.56	0.52	0.47	0.43	0.40	0.37	0.34	0.31
12	0.78	0.72	0.67	0.61	0.56	0.52	0.47	0.43	0.40	0.37	0.34	0.31	0.29
14	0.72	0.66	0.61	0.56	0.51	0.47	0.43	0.40	0.36	0.34	0.31	0.29	0.27
16	0.66	0.61	0.56	0.51	0.47	0.43	0.40	0.36	0.34	0.31	0.29	0.26	0.25
18	0.61	0.56	0.51	0.47	0.43	0.40	0.36	0.33	0.31	0.29	0.26	0.24	0.23
20	0.56	0.51	0.47	0.43	0.39	0.36	0.33	0.31	0.28	0.26	0.24	0.23	0.21
22	0.51	0.47	0.43	0.39	0.36	0.33	0.31	0.28	0.26	0.24	0.23	0.21	0.20
24	0.46	0.43	0.39	0.36	0.33	0.31	0.28	0.26	0.24	0.23	0.21	0.20	0.18
26	0.42	0.39	0.36	0.33	0.31	0.28	0.26	0.24	0.22	0.21	0.20	0.18	0.17
28	0.39	0.36	0.33	0.30	0.28	0.26	0.24	0.22	0.21	0.20	0.18	0.17	0.16
30	0.36	0.33	0.30	0.28	0.26	0.24	0.22	0.21	0.20	0.18	0.17	0.16	0.15

表 11-13　影响系数 φ（砂浆强度 0）

β	e/h 或 e/h_T												
	0	0.025	0.05	0.075	0.1	0.125	0.15	0.175	0.2	0.225	0.25	0.275	0.3
≤3	1	0.99	0.97	0.94	0.89	0.84	0.79	0.73	0.68	0.62	0.57	0.52	0.48
4	0.87	0.82	0.77	0.71	0.66	0.6	0.55	0.51	0.46	0.43	0.39	0.36	0.33
6	0.76	0.7	0.65	0.59	0.54	0.5	0.46	0.42	0.39	0.36	0.33	0.3	0.28
8	0.63	0.58	0.54	0.49	0.45	0.41	0.38	0.35	0.32	0.3	0.28	0.25	0.24
10	0.53	0.48	0.44	0.41	0.37	0.34	0.32	0.29	0.27	0.25	0.23	0.22	0.2
12	0.44	0.4	0.37	0.34	0.31	0.29	0.27	0.25	0.23	0.21	0.2	0.19	0.17
14	0.36	0.33	0.31	0.28	0.26	0.24	0.23	0.21	0.2	0.18	0.17	0.16	0.15
16	0.3	0.28	0.26	0.34	0.22	0.21	0.19	0.18	0.17	0.16	0.15	0.14	0.13
18	0.26	0.24	0.22	0.21	0.19	0.18	0.17	0.16	0.15	0.14	0.13	0.12	0.12
20	0.22	0.2	0.19	0.18	0.17	0.16	0.15	0.14	0.13	0.12	0.12	0.11	0.1
22	0.19	0.18	0.16	0.15	0.14	0.14	0.13	0.12	0.12	0.11	0.1	0.1	0.09
24	0.16	0.15	0.14	0.13	0.13	0.12	0.11	0.11	0.1	0.1	0.09	0.09	0.08
26	0.14	0.13	0.13	0.12	0.11	0.11	0.1	0.1	0.09	0.09	0.08	0.08	0.07
28	0.12	0.12	0.11	0.11	0.1	0.1	0.09	0.09	0.09	0.08	0.08	0.07	0.07
30	0.11	0.1	0.1	0.09	0.09	0.09	0.08	0.08	0.07	0.07	0.07	0.07	0.06

表 11－14 砌体 T 形截面特征值（按毛截面计算）

说明：① 单位：$A(cm^2)$，$I(cm^4)$，B、b、D、y_1、y_2、$h_T(cm)$；② 回转半径：$i=\sqrt{\frac{I}{A}}$；③ 折算厚度：$h_T=3.5i$；④ 翼墙厚度：$h=19cm$

B	b	D	$A(10^3)$	$I(10^6)$	y_1	y_2	i	h_T
100	39	39	2.680	0.293	15.200	23.800	10.500	36.600
		59	3.460	1.011	22.800	36.200	17.100	59.800
		79	4.240	2.400	31.300	47.700	23.800	83.200
	59	59	4.260	1.288	25.800	33.200	17.400	60.900
		79	5.440	3.050	35.200	43.800	23.700	82.900
120	39	39	3.060	0.316	14.500	24.500	10.200	35.500
		59	3.840	1.083	21.500	37.500	16.800	58.800
		79	4.620	2.640	29.500	49.500	23.900	83.600
	59	59	4.640	1.391	24.500	34.500	17.300	60.600
		79	5.820	3.290	33.500	45.500	23.800	83.300
140	39	39	3.440	0.335	13.900	25.100	9.900	34.600
		59	4.220	1.144	20.400	38.600	16.500	57.600
		79	5.000	2.720	28.000	51.000	23.300	81.700
	59	59	5.020	1.482	23.400	35.600	17.200	60.200
		79	6.200	3.510	32.100	46.900	23.800	83.300
160	39	39	3.820	0.353	13.500	25.500	9.600	33.700
		59	4.600	1.197	19.500	39.500	16.100	56.500
		79	5.380	2.970	26.700	53.300	23.500	82.200
	59	59	5.400	1.619	19.200	39.800	17.300	60.600
		79	6.580	3.710	30.800	48.200	23.700	83.100
180	39	39	4.200	0.370	13.100	25.900	9.400	32.900
		59	4.980	1.243	18.700	40.300	15.800	55.300
		79	5.760	2.970	25.600	53.400	22.700	79.500
	59	59	5.780	1.633	21.500	37.500	16.800	58.800
		79	6.960	3.880	29.600	49.400	23.600	82.000
200	39	39	4.580	0.386	12.800	26.200	9.200	32.100
		59	5.360	1.285	18.100	40.900	15.500	54.200
		79	6.140	3.080	24.600	54.400	22.400	78.300
	59	59	6.160	1.696	20.800	38.200	16.600	58.100
		79	7.340	4.040	28.600	50.400	23.500	82.100

（续）

说明：① 单位：$A(cm^2)$，$I(cm^4)$，B、b、D、y_1、y_2、$h_T(cm)$；② 回转半径：$i=\sqrt{\frac{I}{A}}$；③ 折算厚度：$h_T=3.5i$；④ 翼墙厚度：$h=19cm$

B	b	D	$A(10^3)$	$I(10^6)$	y_1	y_2	i	h_T
220	39	39	4.960	0.402	12.600	26.400	9.000	31.500
		59	5.740	1.322	17.500	41.500	15.200	53.100
		79	6.520	3.170	23.700	55.300	22.000	77.100
	59	59	6.540	1.753	20.200	38.800	16.400	57.300
		79	7.720	4.180	37.600	51.400	23.300	81.400
240	39	39	5.340	0.416	12.300	26.700	8.800	30.900
		59	6.120	1.357	17.000	42.000	14.900	52.100
		79	6.900	3.250	22.900	56.100	21.700	76.000
	59	59	6.920	1.805	19.600	39.400	16.200	56.500
		79	8.100	2.770	26.800	52.200	18.500	64.700
260	39	39	5.720	0.435	12.200	26.800	8.700	30.500
		59	6.500	1.388	16.600	42.400	14.600	51.200
		79	7.280	3.320	22.200	56.800	21.400	74.800
	59	59	7.300	1.853	19.000	40.000	15.900	55.800
		79	8.480	4.420	26.000	53.000	22.800	79.900
280	39	39	6.100	0.445	12.000	27.000	8.500	29.900
		59	6.880	1.418	16.200	42.800	13.600	47.600
		79	7.660	3.400	21.600	57.400	21.100	73.700
	59	59	7.680	1.897	18.600	40.400	15.700	55.000
		79	8.860	3.460	25.300	53.700	20.000	69.100
300	39	39	6.480	0.463	11.800	27.200	8.500	29.600
		59	7.260	1.460	15.800	43.200	14.200	49.600
		79	8.040	3.460	21.000	58.000	20.800	72.600
	59	59	8.060	1.939	18.100	40.900	15.500	54.300
		79	9.240	4.640	24.600	54.400	22.400	78.400
320	39	39	6.860	0.472	11.700	27.300	8.300	29.000
		59	7.640	1.472	15.500	43.500	14.000	49.200
		79	8.420	3.520	20.500	58.500	20.500	71.600
	59	59	8.440	1.917	17.700	41.300	15.300	53.600
		79	9.620	4.730	24.000	55.000	22.200	77.600

（续）

说明：① 单位：$A(\mathrm{cm}^2)$，$I(\mathrm{cm}^4)$，B、b、D、y_1、y_2、$h_T(\mathrm{cm})$；② 回转半径：$i=\sqrt{\dfrac{I}{A}}$；③ 折算厚度：$h_T=3.5i$；④ 翼墙厚度：$h=19\mathrm{cm}$

B	b	D	$A(10^3)$	$I(10^6)$	y_1	y_2	i	h_T
340	39	39	7.240	0.485	11.600	27.400	8.200	28.700
		59	8.020	1.496	15.200	43.800	13.700	47.800
		79	8.800	3.580	20.000	59.000	20.200	70.600
	59	59	8.820	2.013	17.400	41.600	15.100	52.900
		79	10.000	4.820	23.500	55.500	22.000	76.900
360	39	39	7.620	0.503	11.500	27.500	8.100	28.400
		59	8.400	1.519	15.000	44.000	13.400	47.100
		79	9.180	3.630	19.600	59.400	19.900	69.600
	59	59	9.200	2.047	17.100	41.900	17.900	52.200
		79	10.380	4.910	23.000	56.000	21.700	76.100
380	39	39	8.000	0.511	11.400	27.600	8.000	28.000
		59	8.780	1.542	14.700	44.300	13.300	46.400
		79	9.560	3.680	19.200	59.800	19.600	68.600
	59	59	9.580	2.080	17.800	42.200	14.700	51.600
		79	10.760	4.990	22.500	56.500	21.500	75.300
400	39	39	8.380	0.524	11.300	27.700	7.900	27.700
		59	9.160	1.552	14.500	44.500	13.000	45.600
		79	9.940	3.720	18.800	60.200	19.400	67.700
	59	59	9.960	2.109	16.500	42.500	14.600	50.900
		79	11.140	5.060	22.100	56.900	21.300	74.600
420	39	39	8.760	0.552	11.200	27.800	7.900	27.800
		59	9.540	1.584	14.300	44.700	12.900	45.100
		79	10.320	3.770	18.500	60.500	19.100	66.900
	59	59	10.340	2.140	16.200	42.800	14.400	50.400
		79	11.520	5.130	21.600	57.400	21.100	73.900
440	39	39	9.140	0.549	11.200	27.800	7.700	27.100
		59	9.920	1.604	14.100	44.900	12.700	44.500
		79	10.700	3.810	18.100	60.900	18.900	66.000
	59	59	10.720	2.170	16.000	43.000	14.200	49.800
		79	11.900	5.200	21.300	57.700	20.900	73.100

（续）

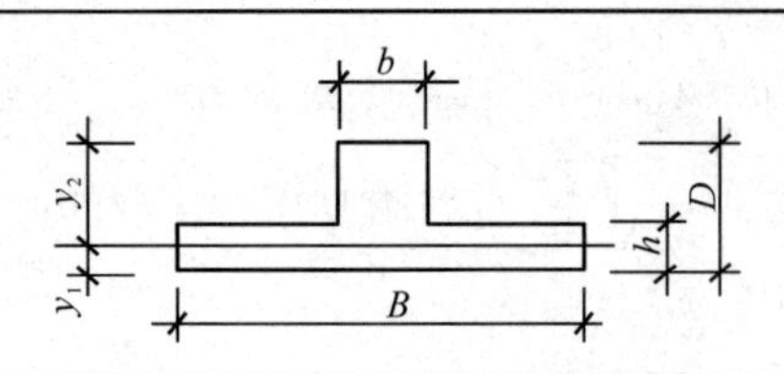

说明：① 单位：$A(\mathrm{cm}^2)$，$I(\mathrm{cm}^4)$，B、b、D、y_1、y_2、$h_T(\mathrm{cm})$；② 回转半径：$i=\sqrt{\dfrac{I}{A}}$；③ 折算厚度：$h_T=3.5i$；④ 翼墙厚度：$h=19\mathrm{cm}$

B	b	D	$A(10^3)$	$I(10^6)$	y_1	y_2	i	h_T
460	39	39	9.520	0.561	11.100	27.900	7.700	26.900
		59	10.300	1.623	14.000	45.000	12.600	43.900
		79	10.080	3.850	17.800	61.200	18.600	65.200
	59	59	11.100	2.190	15.800	43.200	14.000	49.200
		79	12.280	6.650	20.900	58.100	20.300	81.500
480	39	39	9.900	0.574	11.000	28.000	7.600	26.600
		59	10.680	1.989	13.800	49.200	13.600	47.800
		79	11.460	3.880	17.600	61.400	18.400	64.400
	59	59	11.480	2.220	15.600	43.400	13.900	48.700
		79	12.660	5.320	19.700	59.300	20.500	71.800
500	39	39	10.280	0.586	11.000	28.000	7.500	26.400
		59	11.060	1.660	13.700	45.300	12.300	42.900
		79	11.840	3.920	17.300	61.700	18.200	63.700
	59	59	11.860	2.250	15.400	43.600	13.800	48.200
		79	13.040	5.370	20.200	58.800	23.300	71.000

【例题11-1】 某公园大门采用MU10烧结普通砖及M5混合砂浆砌筑（浆砌普通砖重度 $\gamma=18\mathrm{kN/m^3}$），施工质量控制等级为B级，其中某根砖柱截面为 $b\times h=490\mathrm{mm}\times 620\mathrm{mm}$，柱的计算长度 $H_0=7\mathrm{m}$；柱顶截面承受轴心压力设计值 $N=270\mathrm{kN}$。试验算该砖柱的柱顶、柱底受压承载力是否满足要求？

解：(1)柱顶截面验算

从表11-3查得 $f=1.5\mathrm{MPa}$，$A=0.49\times 0.62=0.303\,8\mathrm{m}^2>0.3\mathrm{m}^2$，按表11-2取 $\gamma_a=1.0$。

按轴心受压验算：按表11-9取 $\gamma_\beta=1.0$

$\beta=\gamma_\beta\dfrac{H_0}{h}=1.0\times\dfrac{7000}{490}=14.29$，查表11-11，$\varphi=0.763$

则 $\varphi fA=0.763\times 1.50\times 0.303\,8\times 10^3=347.7\mathrm{kN}>N=270\mathrm{kN}$，满足要求。

(2)柱底截面验算

砖砌体的重力密度 $\gamma=18\mathrm{kN/m^3}$，则柱底轴心压力设计值：

$N=270\mathrm{kN}+1.35\times 18\times 0.49\times 0.62\times 7\mathrm{kN}=321.7\mathrm{kN}$（采用以永久荷载控制的内力组合）

$\beta=\gamma_\beta\dfrac{H_0}{h}=1.0\times\dfrac{7000}{490}=14.29$，查表11-11，$\varphi=0.763$

则 $\varphi fA=0.763\times 1.50\times 0.303\,8\times 10^6=347.7\mathrm{kN}>N=321.7\mathrm{kN}$，满足要求。

【例题11-2】 某公园餐室采用混凝土小型空心砌块MU10及Mb5水泥混合砂浆砌筑，施工质量控制等级为B级，其窗间墙截面为1200mm×190mm，墙的计算高度 $H_0=3.6\mathrm{m}$；承受压力设计值 $N=170\mathrm{kN}$（包括墙自重），压力偏心距为50mm。试验算该窗间墙的受压承载力是否满足要求？

解：$e=50\mathrm{mm}<0.6y=0.6\times\dfrac{190}{2}=57\mathrm{mm}$，偏

心距符合要求。

从表11-5查得$f=2.22MPa$，

$A=0.19\times1.2=0.228m^2<0.3m^2$，按表11-2取$\gamma_a=0.7+0.228=0.928$。

按偏心受压验算：按表11-9取$\gamma_\beta=1.1$

$$\beta=\gamma_\beta\frac{H_0}{h}=1.1\times\frac{3600}{190}=20.8$$

$$\frac{e}{h}=\frac{50}{190}=0.26$$

查表11-11，$\varphi=0.25$

则$\varphi fA=0.25\times2.22\times0.928\times0.228\times10^3=117.4kN<N=170kN$，不满足要求。

11.3.2 砌体局部受压承载力计算

在砌体的部分面积上承受压力的状态称砌体局部受压。局部受压是砌体结构常见的受力形式。例如，梁、屋架支承在砖墙上；砖柱支承在砖基础上等。

11.3.2.1 局部受压的破坏形态

根据试验，砌体局部受压可能出现以下3种破坏形态。

(1)纵向裂缝发展而破坏

图11-9(b)A_0为砌体截面面积，A_l为局部受压面积。当A_0/A_l不大时，在局部压力作用下，第一批纵向裂缝发生在1~2皮砖以下的砌体内，随着荷载的增加出现多条纵向裂缝，并向上向下发展，破坏时形成一条主裂缝。

(2)劈裂破坏

当A_0/A_l较大时，随着压力到一定数值，砌体沿纵向发生突然的脆性劈裂破坏。破坏时，纵向裂缝往往仅有一条，见图11-9(c)，而且开裂荷载几乎等于破坏荷载，破坏突然而无先兆。

(3)局压面积下砌体表面压碎破坏

当砌体强度较低或局压面积A_l很小时，在荷载作用下，局压面积下压应力很大，破坏时构件侧面无纵向裂缝，而是由A_l面积内的砌体压碎而引起砌体破坏，见图11-9(d)。

11.3.2.2 砌体局部均匀受压

(1)局部均匀受压承载力计算公式

砌体在局部面积上施加压力时，砌体上作用的局部压力沿着一定的扩散线进行扩散，见图11-9(a)。由于砌体局部受压区的横向变形受到周围未直接承受压力部分的约束，使局部受压砌体处在双向或三向受压状态，其局部抗压强度比一般情况下的抗压强度有较大的提高，即"套箍强化"作用。

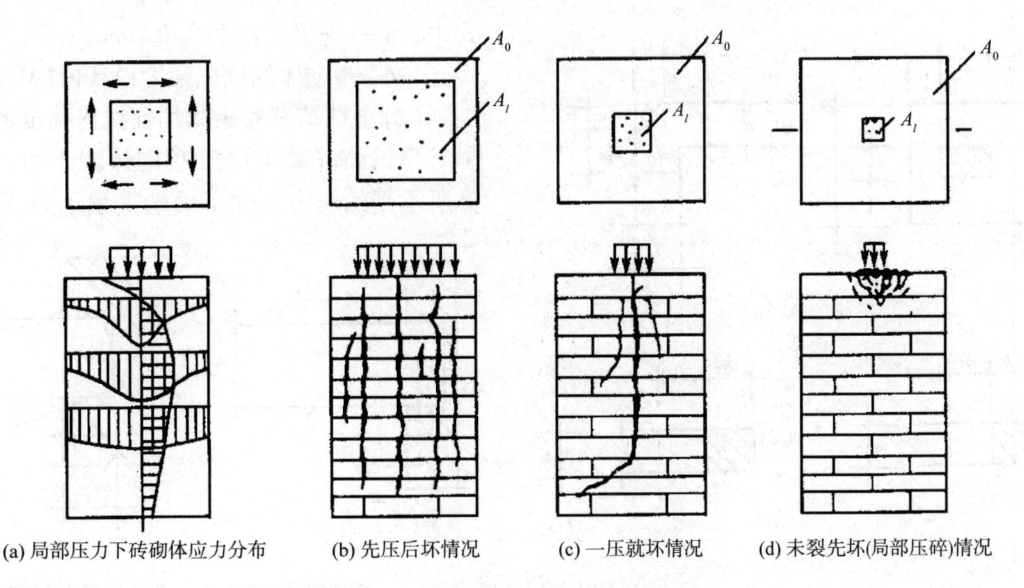

图11-9 砌体局部受压的破坏形态

砌体局部均匀受压时承载力可按下式计算：

$$N_l \leqslant \gamma f A_l \quad (11.17)$$

式中：N_l——局部受压面积上的轴向力设计值；

γ——砌体局部抗压强度提高系数，按式(11.18)计算确定；

f——砌体的抗压强度设计值，查表11-3到表11-8确定，局压验算时可不考虑强度调整系数；

A_l——局部受压面积。

(2)砌体局部抗压强度提高系数

砌体局部抗压强度提高系数γ主要与A_0/A_l的比值有关，可按下式进行计算：

$$\gamma = 1 + 0.35\sqrt{\frac{A_0}{A_l} - 1} \leqslant \gamma_{max} \quad (11.18)$$

式中：A_l——局部受压面积；

A_0——影响砌体局部抗压强度的计算面积，取值方法见表11-15；

γ_{max}——砌体局部抗压强度提高系数最大值，见表11-15。当$\gamma \geqslant \gamma_{max}$时取$\gamma = \gamma_{max}$，规定$\gamma$的限值，是为了防止出现突然的劈裂破坏。

(3)影响砌体局部抗压强度的计算面积

影响砌体局部抗压强度的计算面积A_0，按图11-10中的4种不同情况查表11-15中的公式进行计算。

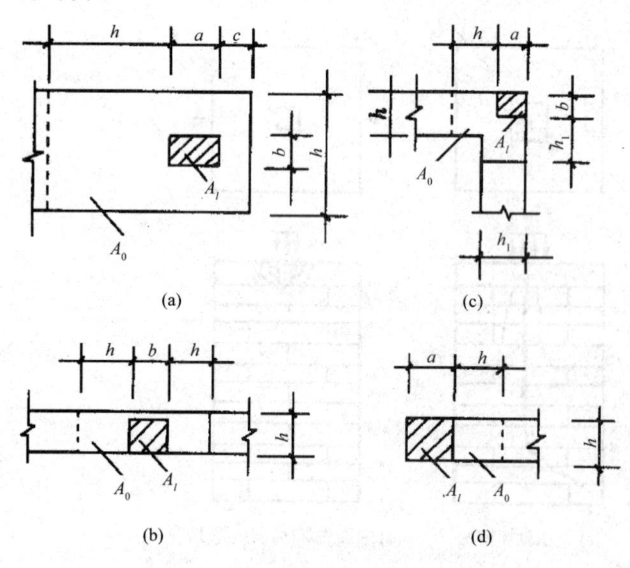

图11-10　影响局部抗压强度的面积A_0

表11-15　A_l、A_0、γ_{max}表

	A_l	A_0	γ_{max}
(a)	$a \cdot b$	$(a+c+h)h$	2.5
(b)	$a \cdot b$	$(b+2h)h$	2.0
(c)	$b \cdot h_1$	$(a+h)h+(b+h_1-h)h_1$	1.5
(d)	$a \cdot h$	$(a+h)h$	1.25

式中：a、b——矩形局部受压面积A_l的边长；

h、h_1——墙厚或柱的较小边长；

c——矩形局部受压面积的外边缘至构件边缘的较小距离，当大于h时，应取为h。

对多孔砖砌体和用Cb20混凝土灌孔的砌块砌体(未设圈梁或混凝土垫块)，在图11-10(a)~(c)情况下，$\gamma_{max}=1.5$；未灌孔混凝土砌块砌体，$\gamma=1.0$。

11.3.2.3　梁端支承处无垫块砌体局部受压

(1)梁端有效支承长度

当梁直接支承在砌体上时，梁端伸入砌体的实际支承长度为a。由于梁的弯曲和支承处砌体的压缩变形，梁端将与砌体脱开，见图11-11(b)。因此，梁端与砌体接触的有效支承长度为a_0，而不是实际长度a。梁端有效支承长度可按下式计算：

$$a_0 = 10\sqrt{\frac{h_c}{f}} \leqslant a \quad (11.19)$$

式中：h_c——梁的截面高度(mm)；

f——砌体的抗压强度设计值(MPa)。

(2)上部荷载对砌体局部抗压强度的影响

当钢筋混凝土梁放在砌体墙上时，在梁端砌体所承受的压力，除了梁端支承压力N_l外，还有

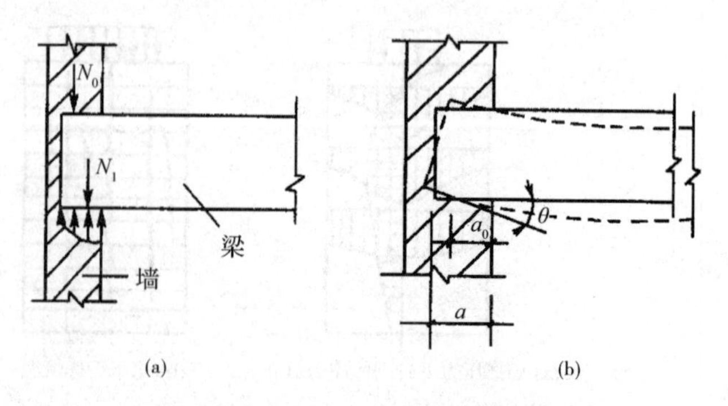

图11-11　梁端支承处的应力与变形

上部荷载产生的轴向力 N_0，见图11-12(a)。当上部荷载 N_0 增大时，梁端支承面下砌体压缩变形较大，而使梁端顶面与上部砌体接触面减小，甚至脱开，产生水平缝隙。这样，原来由上部荷载传给梁支承面上的 N_0，将通过上部砌体的内拱作用传给梁端周围的砌体，见图11-12(b)。上部荷载 σ_0 的扩散对梁端下局部受压的砌体起到了横向约束作用，使砌体局部受压强度略有提高，即"内拱卸荷作用"。

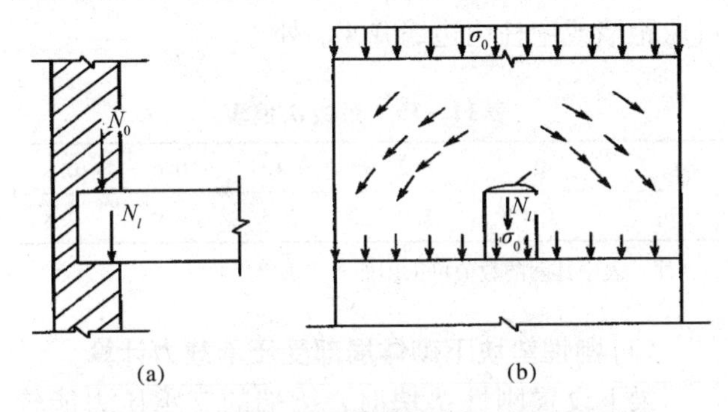

图11-12 上部荷载对砌体局部抗压强度的影响

试验表明，上部荷载对梁端下受压砌体的影响与 A_0/A_l 的比值有关，当 $A_0/A_l \geqslant 3$ 时，可不考虑上部荷载的影响。《砌体结构设计规范》用上部荷载折减系数 ψ 来考虑此影响，其表达式为：

$$\psi = 1.5 - 0.5\frac{A_0}{A_l} \geqslant 0 \qquad (11.20)$$

式中：A_l——局部受压面积；

$$A_l = a_0 b$$

式中：a_0——梁端有效支承长度；

b——梁宽。

(3)梁端支承处砌体局部受压承载力计算

梁端支承处无垫块砌体局部受压承载力可按下式计算：

$$\psi N_0 + N_l \leqslant \eta\gamma f A_l \qquad (11.21)$$

式中：ψ——上部荷载折减系数，按式(11.20)计算；

N_0——局部受压面积内上部轴向力设计值(N)，$N_0 = \sigma_0 A_l$；

N_l——梁端支承压力设计值(N)；

σ_0——上部平均压应力设计值(N/mm²)；$\sigma_0 = \dfrac{N}{A}$；

η——梁端底面压应力图形的完整系数，可取0.7，对于过梁和墙梁可取1.0；

a_0——梁端有效支承长度(mm)，当 a_0 大于 a 时，应取 $a_0 = a$；

a——梁端实际支承长度(mm)；

b——梁的截面宽度(mm)；

f——砌体的抗压强度设计值(MPa)，可不考虑强度调整系数 r_a 的影响；

A_l——局部受压面积，$A_l = a_0 b$；

γ——砌体局部抗压强度提高系数，按式(11.18)计算。

【例题11-3】 某公园茶室采用烧结普通砖MU10和水泥混合砂浆M5砌筑，施工质量控制等级为B级。已知窗间墙截面尺寸为1200mm×240mm，墙上支承钢筋混凝土梁(图11-13)，梁端支承压力设计值为60kN，上部轴向力设计值为150kN。试验算梁端支承处砌体的局部受压承载力。

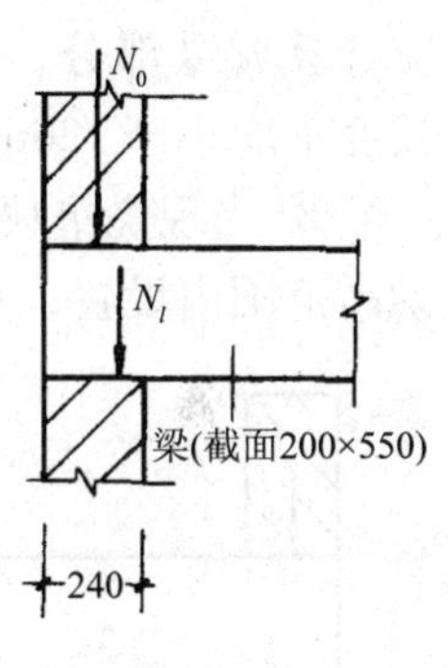

图11-13

解： 查表11-3，$f = 1.50\text{MPa}$

$$b + 2h = 0.2 + 2 \times 0.24 = 0.68\text{m} < 1.2\text{m}$$

$$A_0 = (b + 2h)h = (0.2 + 2 \times 0.24) \times 0.24 = 0.163\text{m}^2$$

由公式

$$a_0 = 10\sqrt{\frac{h_c}{f}} = 10\sqrt{\frac{550}{1.5}} = 191.5\text{mm} < 240\text{mm}$$

$$A_l = a_0 b = 0.1915 \times 0.20 = 0.0383\text{m}^2$$

$\dfrac{A_0}{A_l} = \dfrac{0.163}{0.0383} = 4.26 > 3$，此时 $\psi = 0$，可不考虑上部荷载的影响。

由公式

$$\gamma = 1 + 0.35\sqrt{\frac{A_0}{A_b} - 1} = 1 + 0.35\sqrt{4.26 - 1} = 1.63 < \gamma_{\max} = 2.0$$

取 $\eta = 0.7$

$$\eta\gamma f A_l = 0.7 \times 1.63 \times 1.50 \times 0.0383 \times 10^3 = 65.5\text{kN}$$

$\psi N_0 + N_l = 0 \times N_0 + 60 = 60\text{kN} \leqslant \eta\gamma f A_l = 65.5\text{kN}$，所以，该梁端支承处砌体局部受压安全。

11.3.2.4 梁端支承处有刚性垫块砌体局部受压

当梁端支承处砌体局压强度不足时，可在大梁或屋架支座处设置混凝土垫块。

(1)刚性垫块的构造要求

梁端支承处刚性垫块应符合下列构造规定：

① 刚性垫块的高度不宜小于180mm，自梁边算起的垫块挑出长度不宜大于垫块高度 t_b，见图11-14(a)；

② 带壁柱墙的壁柱设刚性垫块时，见图11-14(b)，其计算面积应取壁柱范围内的面积，而不应计算翼缘部分，同时壁柱上垫块伸入翼墙内的长度不应小于120mm；

③ 当现浇垫块与梁端整体浇筑时，垫块可在梁高范围内设置，见图11-15。

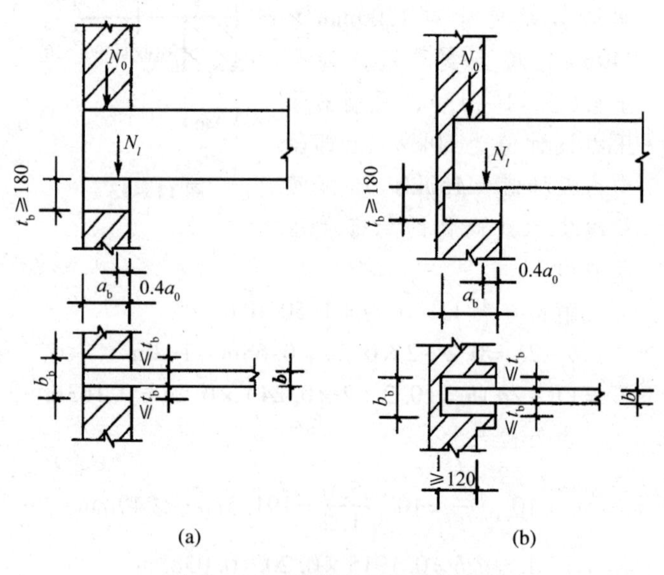

图11-14 梁端下预制刚性垫块

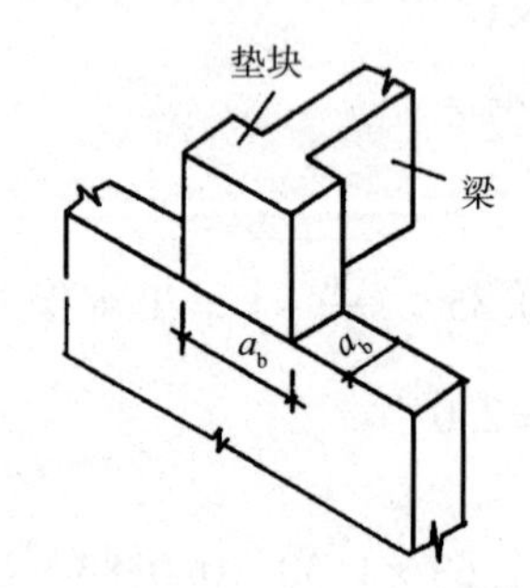

图11-15 梁与刚性垫块整浇

(2)梁端有效支承长度

梁端支承处设有刚性垫块时，垫块上表面有效支承长度可按下列公式进行计算：

$$a_0 = \delta_1 \sqrt{\frac{h_c}{f}} \qquad (11.22)$$

式中：δ_1——刚性垫块的影响系数，根据上部荷载平均压应力设计值 δ_0 与砌体抗压强度设计值 f 的比值查表11-16采用。

垫块上 N_l 作用点的位置对于屋盖梁或楼盖梁可取距墙或壁柱内边缘 $0.4a_0$ 处。

表11-16 系数 δ_1 值表

σ_0/f	0	0.2	0.4	0.6	0.8
δ_1	5.4	5.7	6	6.9	7.8

注：表中其间的数值可采用插入法求得。

(3)刚性垫块下砌体局部受压承载力计算

梁下设置刚性垫块时，梁端的支承压力能较均匀地传到垫块下的砌体上，刚性垫块下砌体的局部受压接近于偏心受压，因此可按砌体偏心受压承载力公式进行计算，而且垫块以外的砌体仍能对垫块下砌体抗压强度产生有利影响。考虑到垫块底面压应力的不均匀性，取垫块外砌体面积的有利影响系数 $\gamma_1 = 0.8\gamma$。刚性垫块下的砌体局部受压承载力可按下列公式计算：

$$N_0 + N_l \leqslant \varphi \gamma_1 f A_b \qquad (11.23)$$

式中：N_0——垫块面积 A_b 内上部轴向力设计值(N)，$N_0 = \sigma_0 A_b$；

σ_0——上部平均压应力设计值(N/mm^2)；

A_b——垫块面积(mm^2)，$A_b = a_b b_b$；

a_b——垫块伸入墙内的长度(mm)；

b_b——垫块沿墙长方向的长度(mm)；

N_l——梁端支承压力设计值(N)；

φ——垫块上 N_0 及 N_l 合力的影响系数，采用表11-11～表11-13中 $\beta \leqslant 3$ 时的 φ 值；

γ_1——垫块外砌体面积的有利影响系数 γ_1，应为 0.8γ，但不小于1.0。γ 为砌体局部受压强度提高系数，按式(11.18)计算时，用 A_b 代替 A_l。

f——砌体的抗压强度设计值(MPa)，可不考虑强度的调整系数 r_a 的影响。

【例题11-4】 某公园茶室采用烧结多孔砖MU10、水泥混合砂浆M5砌筑，施工质量控制等级为B级。某窗间墙截面尺寸为1200mm×190mm，墙上支承截面尺寸为250mm×600mm的钢筋混凝土梁，梁端支承压力设计值为70kN，上部轴向力设计值为150kN。试验算梁端支承处砌体的局部受压承载力，并使其符合规定的要求。

解题思路：与上例一样，梁端支承处砌体的局部受压，不仅受本层梁端支承压力的作用，还作用由上层楼层传来的轴向力。解题时先计算梁端有效支承长度、局部受压面积、上部荷载及其折减系数，然后才能求得局部受压时的承载力。当梁端支承处砌体局部受压承载力不足时，应设法增大局部受压面积，通常在梁端设置混凝土刚性垫块，垫块既可预制也可与梁端整体现浇。

解：查表11-3，$f=1.50\text{MPa}$

$b+2h=0.25+2\times0.19=0.93\text{m}<1.2\text{m}$

$A_0=(b+2h)h=(0.25+2\times0.19)\times0.19=0.1197\text{m}^2$

由公式 $a_0=10\sqrt{\dfrac{h_c}{f}}=10\sqrt{\dfrac{600}{1.5}}=200\text{mm}>190\text{mm}$(墙宽)，取 $a_0=190\text{mm}$

$$A_l=a_0b=0.19\times0.25=0.0475\text{m}^2$$

$\dfrac{A_0}{A_l}=\dfrac{0.1197}{0.0475}=2.52<3.0$，故应考虑上部荷载的影响。

由公式 $\psi=1.5-0.5\dfrac{A_0}{A_l}=1.5-0.5\times2.52=0.24$

上部荷载在窗间墙截面上产生的平均压应力为

$$\sigma_0=\frac{N}{A}=\frac{150\times10^3}{1200\times190}=0.658\text{MPa}$$

上部荷载作用于局部受压面积 A_l 上的轴向力为

$$N_0=\sigma_0A_l=0.658\times0.0475\times10^3=31.25\text{kN}$$

由公式 $\gamma=1+0.35\sqrt{\dfrac{A_0}{A_b}-1}=1+0.35\sqrt{2.52-1}=1.43<1.5$

取 $\eta=0.7$

$$\eta\gamma fA_l=0.7\times1.43\times1.50\times0.0475\times10^3=71.5\text{kN}$$

$\psi N_0+N_l=0.24\times31.25+70=77.5\text{kN}>\eta\gamma fA_l=71.5\text{kN}$，故梁端支承处砌体局部受压不安全。

为了保证砌体的局部受压承载力，可设垫块，验算公式 $N_0+N_l\leqslant\varphi\gamma_1A_bf$

设置600mm×190mm×190mm($b_b\times a_b\times t_b$)预制混凝土垫块，其尺寸符合刚性垫块的要求。

$$A_b=a_bb_b=0.19\times0.6=0.114\text{m}^2$$

垫块面积上由上部荷载设计值产生的轴向力为：

$$N_0=\sigma_0A_b=0.658\times0.114\times10^3=75.0\text{kN}$$

N_0 的作用点为垫块 $a_b/2$ 的位置

$$N_0+N_l=75.0+70=145.0\text{kN}$$

N_l 的作用点为距离墙内边缘 $0.4a_0$ 处，所以 $e_l=\dfrac{a_b}{2}-0.4a_0$

$\dfrac{\sigma_0}{f}=\dfrac{0.658}{1.5}=0.44$，查表11-16得 $\delta_1=6.18$

$$a_0=\delta_1\sqrt{\frac{h_c}{f}}=6.18\sqrt{\frac{600}{1.5}}=123.6\text{mm}<190\text{mm}$$

N_0 与 N_l 合力的偏心距 $e=\dfrac{N_le_l}{N_0+N_l}$

$$e=\frac{N_le_l}{N_0+N_l}=\frac{70\times\left(\dfrac{0.19}{2}-0.4\times0.1236\right)}{145}=0.022\text{m}$$

$$\frac{e}{a_b}=\frac{0.022}{0.19}=0.116$$

按构件高厚比 $\beta\leqslant3$，查表11-11得 $\varphi=0.861$

$b+2h=0.6+2\times0.19=0.98\text{m}<1.2\text{m}$

$A_0=(b+2h)h=(0.6+2\times0.19)\times0.19=0.1862\text{m}^2$

$$\frac{A_0}{A_b}=\frac{0.1862}{0.114}=1.63$$

$\gamma=1+0.35\sqrt{\dfrac{A_0}{A_b}-1}=1+0.35\sqrt{1.63-1}=1.28<1.5$

$$\gamma_1=0.8\gamma=0.8\times1.28=1.024>1.0$$

$\varphi\gamma_1A_bf=0.861\times1.024\times1.5\times0.114\times10^3$

$=150.8\text{kN}$

$$N_0+N_l=145\text{kN}\leqslant\varphi\gamma_1A_bf=150.8\text{kN}$$

故设置预制混凝土刚性垫块后，梁端支承处砌体局部受压安全。

11.4 混合结构房屋的设计

11.4.1 混合结构房屋的承重体系

混合结构房屋通常是指主要承重构件由不同的材料组成的房屋。如房屋的楼(屋)盖采用钢筋混凝土结构、轻钢结构或木结构，而墙体、柱、基础等承重构件采用砌体(砖、石、砌块)材料。

一般情况下，混合结构房屋的墙、柱占房屋总重的40%左右，墙体材料的选用直接影响房屋建造的费用。而混合结构房屋的墙体材料的选用通常符合就地取材、造价低、充分利用工业废料的原则。如在一般民用建筑中，混合结构可用做多层住宅、宿舍、办公楼、中小学教学楼、商店、酒店、食堂等。园林中的茶室、厕所等多数建筑均可采用混合结构。

混合结构房屋中，由板、梁、屋架等构件组成的楼(屋)盖是混合结构的水平承重结构；墙、柱和基础组成了混合结构的竖向承重结构。通常称沿房屋长向布置的墙为纵墙，沿房屋短向布置的墙为横墙。房屋四周与外界隔离的墙体又称为外墙，其余的墙体称为内墙，内墙中仅起隔断作用而不承受楼板荷载的墙称作隔墙，其墙厚可适当减小。

混合结构房屋中的楼盖、屋盖、纵墙、横墙、柱、基础及楼梯等主要承重构件互相连接共同构成承重体系，组成空间结构，因此墙、柱、梁、板等构件的结构布置应满足建筑功能、使用及结构合理、经济的要求，所以房屋结构布置方案的选择，则成为整个结构设计的关键。

结构布置包括墙体、柱(含构造柱)、梁、板、楼梯、雨篷、圈梁、过梁等结构构件的平面布置。结构布置是否合理，直接影响到房屋结构的强度、刚度、稳定、造价及设计与施工的难易程度。结构布置与建筑设计紧密相关，是在建筑平、立、剖面基础上进行的。由于建筑功能及场地条件的不同，建筑平、立面布置千变万化，其结构布置方案亦多种多样。根据结构的承重体系及竖向荷载的传递路线不同，混合结构房屋的结构布置方案可分为以下几种：

(1)纵墙承重方案

由纵墙直接承受楼面、屋面荷载的结构布置方案即为纵墙承重方案。图11－16所示纵墙承重体系房屋的屋面荷载(竖向)传递路线为：

楼(屋)面荷载→板→梁(或屋架)→纵墙→基础→地基。

纵墙承重方案的特点是：

① 主要承重墙为纵墙，横墙间距可根据需要确定且布置比较灵活；

② 纵墙是主要承重墙，设置在纵墙上的门窗洞口大小和位置受到一定限制；

③ 横墙数量少，所以房屋的横向刚度小，整体性差；

④ 与横墙承重方案比较，屋盖、楼盖构件所用材料较多而墙体材料用量较少。

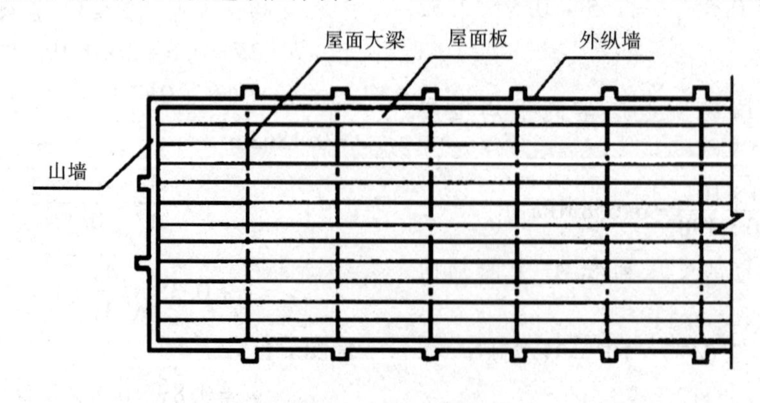

图11－16 纵墙承重体系

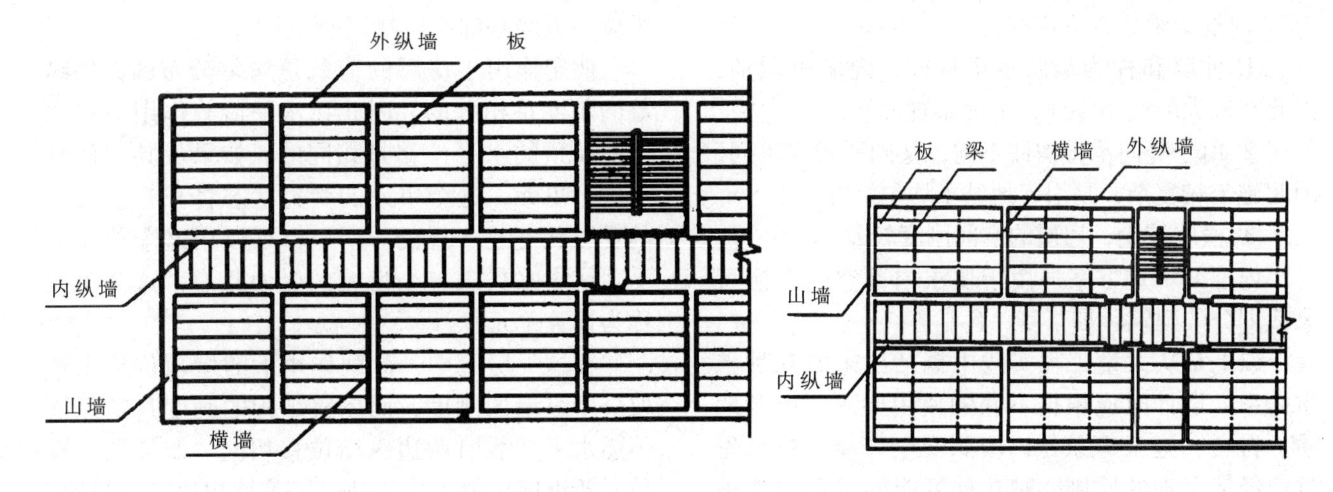

图 11－17 横墙承重体系

图 11－18 纵横墙承重体系

纵墙承重方案房屋适用于在使用上要求有较大空间的房屋或隔墙位置可能变化的房屋，如教学楼、实验楼、办公楼，园林建筑中的展室、泵室等。

(2)横墙承重方案

当房屋开间不大(一般为 3～4m)，横墙间距较小，将楼(或屋面)板直接搁置在横墙上的结构布置称为横墙承重方案。图 11－17 所示横墙承重方案的荷载主要传递路线为：楼(屋)面荷载→板→横墙→基础→地基。

横墙承重方案的特点是：

① 横墙是主要承重墙。纵墙主要起围护、隔断作用，因此其上开设门窗洞口所受限制较少。

② 横墙数量多、间距小，又有纵墙拉结，因此房屋的横向空间刚度大，整体性好，有良好的抗风、抗震性能及调整地基不均匀沉降的能力。

③ 横墙承重方案结构较简单、施工方便，但墙体材料用量较多。

横墙承重方案房屋适用于房间大小较固定，横墙间距较密的民用房屋，如住宅、宿舍、旅馆、园林中的客舍、管理处等。

(3)纵横墙承重方案

当建筑物的功能要求房间的大小变化较多时，为了结构布置的合理采用纵横墙承重方案，图 11－18所示纵横墙承重方案的荷载传递路线为：

楼(屋)面板荷载→梁板结构→{纵墙，横墙}→基础→地基

纵墙承重方案有以下特点：

① 适合于多层的塔式住宅楼，所有的墙体都承受楼面传来的荷载，且房屋在两个相互垂直的方向的刚度均较大，有较强抗风能力。

② 在占地面积相同的条件下，外墙面积较少。

③ 砌体应力分布较均匀，可以减少墙厚，或者在相同的墙厚时，房屋做得较高，同时亦使得基底土层应力较小且均匀分布。

纵横墙承重方案，既可保证有灵活布置的房间，又具有较大的空间刚度和整体性，所以适用于对内部使用功能划分较多样的建筑。

(4)内框架承重方案

房屋内部由钢筋混凝土柱与楼(屋)盖梁组成内框架，和外墙共同承重的结构方案，称为内框架承重方案(图 11－19)。竖向荷载的传递路线为：

楼(屋)面荷载→板→梁→{外墙→外墙基础，柱→柱基础}→地基

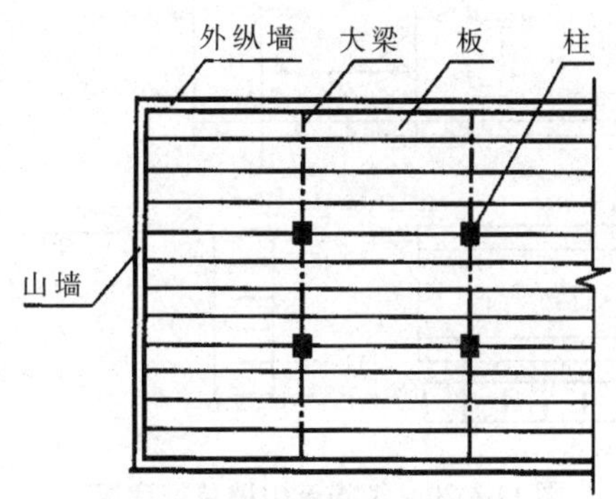

图 11－19 内框架承重体系

内框架承重方案特点为：

① 外墙和柱为竖向承重构件，内墙可取消，因此有较大的使用空间，平面布置灵活；

② 由于竖向承重构件不同，基础形式亦不同，因此施工较复杂，易引起地基不均匀沉降；

③ 横墙较少，房屋的空间刚度较差。

内框架承重方案适用于要求内部空间开敞可灵活划分的建筑，如茶室、食堂等。

以上是从大量工程实践中概括出来的几种承重体系。设计时应根据不同的使用要求，以及地质、材料、施工等条件，按照安全可靠、技术先进、经济合理的原则，对几种可能的承重方案进行经济技术比较，正确选用比较合理的承重体系。

11.4.2 混合结构房屋的静力计算方案

混合结构房屋由屋盖、楼盖、墙、柱、基础等主要承重构件组成空间受力体系，共同承担作用在房屋上的各种竖向荷载(结构的自重、楼面和屋面的活荷载)、水平风荷载和地震作用。混合结构房屋中仅墙、柱为砌体材料，因此本书把墙、柱设计计算作为本节的主要内容。

计算墙体内力首先要确定其计算简图。计算简图既要尽量符合结构实际受力情况，又要使计算尽可能简单。现以各类单层房屋为例分析其受力特点。

(1)第一种情况

图11－20是一单层房屋，外纵墙承重，屋盖为装配式钢筋混凝土楼盖，两端未设置山墙。

该房屋的水平风荷载传递路线是：风荷载→纵墙→纵墙基础→地基。

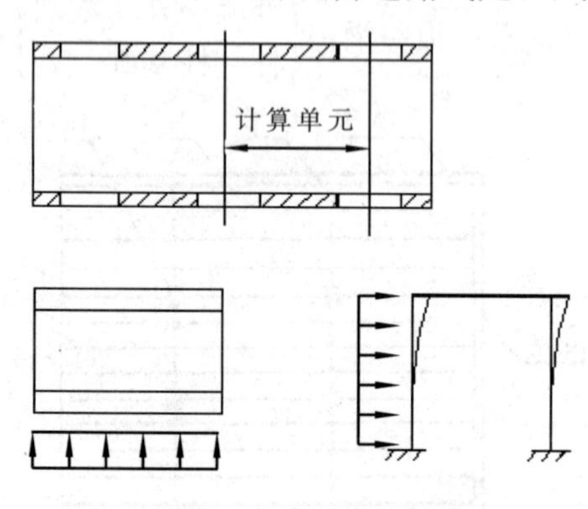

图11－20　两端无山墙单层房屋

假定作用于房屋的荷载是均匀分布的，外纵墙的刚度是相等的，因此在水平荷载作用下整个房屋墙顶的水平位移是相同的。如果从其中任意取出一单元，这个单元的受力状态将和整个房屋的受力状态是一样的。所以，可以用这个单元的受力状态来代表整个房屋的受力状态，这个单元称为计算单元。

在这类房屋中，荷载作用下的屋顶位移主要取决于纵墙的刚度，而屋盖结构的刚度只是保证传递水平荷载时两边纵墙位移相同。如果把计算单元的纵墙比拟为排架柱，屋盖结构比拟为横梁，把基础看做柱的固定端支座，屋盖结构和墙的连接点看做铰结点，则计算单元的受力状态就如同一个单跨平面排架，属于平面受力体系。其静力分析可采用结构力学解平面排架方法。

(2)第二种情况

图11－21所示两端有山墙的单层房屋。由于两端山墙的约束，其传力途径发生了变化。在均匀的水平荷载作用下，整个房屋墙顶的水平位移不再相同。与山墙距离越远的墙顶水平位移越大，与山墙距离越近的墙顶水平位移越小。其原因就是水平风荷载不仅仅是在纵墙和屋盖组成的平面排架内传递，而且还通过屋盖平面和山墙平面进行传递，即组成了空间受力体系，其风荷载传递路线为：

风荷载→纵墙→{纵墙基础；屋盖结构→山墙→山墙基础}→地基

影响房屋空间性能的因素很多，除上述的屋

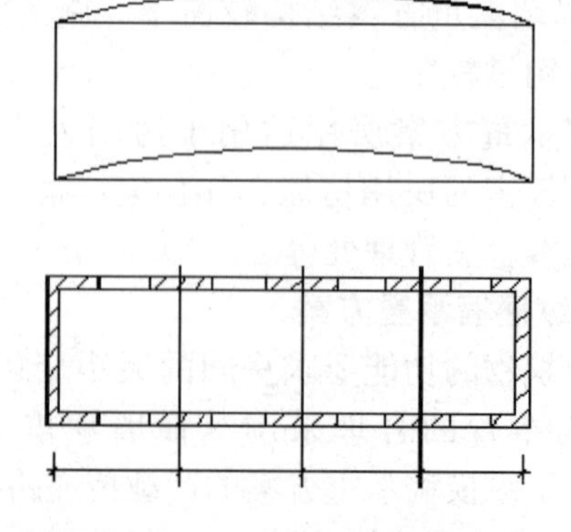

图11－21　两端有山墙单层房屋

盖刚度和横墙间距外，还有屋架的跨度、排架的刚度、荷载类型及多层房屋层与层之间的相互作用等。《砌体结构设计规范》中为方便计算，仅考虑屋盖刚度和横墙间距两个主要因素的影响，按房屋空间刚度(作用)大小，将混合结构房屋静力计算方案分为3种。

刚性方案　当房屋的横墙间距较小时，楼盖和屋盖的水平刚度较大，房屋的空间刚度也较大，在水平荷载作用下，房屋的水平位移较小。在确定墙柱的计算简图时，可以忽略房屋的水平位移。这时，楼盖和屋盖均可视作墙柱的不动铰支承，墙柱内力可按不动铰支承的竖向构件计算。这种房屋称为刚性方案房屋。一般混合结构的多层住宅、办公楼、风景建筑的小型茶餐室、小卖部等均属于刚性方案房屋。

弹性方案　当房屋的横墙间距较大时，楼盖和屋盖的水平刚度较小，房屋的空间刚度也较小，在水平荷载作用下，房屋的水平位移较大。在设计计算墙柱时，就不能把屋盖和楼盖视为不动的支承，而应视为可以位移的弹性支承。墙柱内力应按有侧移的平面排架或框架进行计算，这种情况称为弹性方案。一般工业厂房、大礼堂、食堂及风景建筑中大的展览厅、泵室等多属弹性方案结构。

刚弹性方案　指介于刚性与弹性两种方案之间的情况。这种房屋在水平荷载作用下的水平位移虽较弹性方案小，但又不能忽略。如按刚性方案考虑，则偏于不安全；如按弹性方案考虑，则又不经济。所以规范提出，刚弹性方案房屋墙柱的内力计算，按有侧移的平面排架或框架来计算。

房屋的空间刚度不同，其计算方案就不同。而房屋的空间刚度则与楼盖、屋盖的刚度和横墙间距与刚度有关。设计规范按照各种不同类型的楼盖、屋盖规定了3种不同方案的横墙间距。一般选择方案可参考表11-17确定。

作为刚性和刚弹性方案的横墙，为了保证屋盖水平梁的支座位移不致过大，横墙应符合下列要求，以保证其平面刚度：

① 横墙中开洞口时，洞口的水平截面积不应超过横墙截面积的50%；

② 横墙的厚度不宜小于180mm；

③ 单层房屋的横墙长度不宜小于其高度，多层房屋的横墙长度，不宜小于$H/2$(H为横墙总高度)。

当横墙不能同时满足上述要求时，应对横墙刚度进行验算，如其最大水平位移值$U_{max} \leq H/4000$时，仍可视作刚性或刚弹性方案横墙。凡符合$U_{max} \leq H/4000$刚度要求的一段横墙或其他结构构件(如框架结构等)，也可视为刚性或刚弹性方案房屋的横墙。

表11-17　房屋的静力计算方案

序号	屋盖或楼盖类别	刚性方案	刚弹性方案	弹性方案
1	整体式、装配整体式和装配式无檩体系钢筋混凝土屋盖或钢筋混凝土楼盖	$s<32$	$32\leq s\leq 72$	$s>72$
2	装配式有檩体系钢筋混凝土屋盖、轻钢屋盖和有密铺望板的木屋盖或木楼盖	$s<20$	$20\leq s\leq 48$	$s>48$
3	瓦材屋面的木屋盖和轻钢屋盖	$s<16$	$16\leq s\leq 36$	$s>36$

注：① 表中s为房屋横墙间距，其长度单位为m。

② 对无山墙或伸缩缝处无横墙的房屋，应按弹性方案考虑。

11.4.3　墙柱高厚比验算

混合结构房屋中的墙、柱均是受压构件，除了满足承载力要求外，还必须保证其稳定性。《砌体结构设计规范》规定用验算墙、柱高厚比的方法进行墙、柱稳定性的验算。这是保证砌体结构的墙柱在使用阶段具有足够的稳定性，保证墙柱在使用阶段具有足够的刚度及保证墙柱施工中出现的轴线偏差不致过大的一项重要构造措施。

高厚比验算包括两方面，一是允许高厚比的限值；二是墙、柱实际高厚比的确定。

11.4.3.1 允许高厚比及影响高厚比的因素

一根受压构件，其长细比越大，稳定性就越差，在轴向压力的作用下，就越容易失稳而破坏。与此相似，墙柱的高厚比越大，则其稳定性越差，容易倾斜或有受震动而倒塌的危险。因此进行墙体设计时，必须限制其高厚比，规定其允许值。

允许高厚比限值[β]主要取决于一定时期内材料的质量和施工水平，其取值是根据实践经验确定的。砌体规范给出了不同砂浆砌筑的砌体的允许高厚比[β]，见表11-18。

表11-18 墙、柱的允许高厚比[β]值

砂浆强度等级	墙	柱
M2.5	22	15
M5.0	24	16
≥M7.5	26	17

注：① 毛石墙、柱允许高厚比应按表中数值降低20%。
② 组合砖砌体构件的允许高厚比，可按表中数值提高20%，但不得大于28。
③ 验算施工阶段砂浆尚未硬化的新砌体高厚比时，允许高厚比对墙取14，对柱取11。

影响墙、柱高厚比的因素很复杂，很难用理论公式来推导。规范中给出的验算是结合我国工程经验确定的。

(1)砂浆强度等级

砂浆强度直接影响砌体的弹性模量，而砌体弹性模量的大小又直接影响砌体的刚度。所以砂浆强度是影响允许高厚比的重要因素，砂浆强度越高，允许高厚比亦相应增大。

(2)砌体截面刚度

截面惯性大，稳定性则好。当墙上门窗洞口削弱多时，允许高厚比值降低，验算时通过修正系数考虑。

(3)砌体类型

毛石墙比一般砌体墙刚度差，允许高厚比要降低，而组合砌体由于钢筋混凝土的刚度好，允许高厚比可提高(见表11-18注①、②)。

(4)构件重要性和房屋使用情况

对次要构件，如自承重墙允许高厚比可以适当提高。

(5)构造柱间距及截面系数

构造柱间距越小，对墙体的约束越大，因此墙体稳定性越好，允许高厚比也提高。验算时通过修正系数考虑。

(6)横墙间距 s

横墙间距越小，墙体稳定性和刚度越好，允许高厚比也提高，验算时通过修正系数考虑。

(7)支承条件

刚性方案房屋的墙柱在屋(楼)盖支承处假定为不动铰支座，刚性好。而弹性和刚弹性房屋的墙柱在屋(楼)盖处侧移较大，稳定性差。验算时用改变其计算高度 H_0 来考虑。

11.4.3.2 一般墙、柱的高厚比验算

$$\beta = H_0/h \leq \mu_1\mu_2[\beta] \qquad (11.24)$$

式中：H_0——墙、柱计算高度，按表11-10采用；

h——墙厚或柱与 H_0 相对应的边长；

μ_1——自承重墙允许高厚比的修正系数，可按下列规定采用：

$h=240\text{mm}$　$\mu_1=1.2$；

$h\leq 90\text{mm}$　$\mu_1=1.5$；

$90\text{mm}<h<240\text{mm}$ μ_1 可按插入法取值。

上端为自由端墙的允许高厚比，除按上述规定提高外，尚可提高30%。工程实践表明，对于厚度小于90mm的墙，当双面用不低于M10的水泥砂浆抹面，包括抹面层的墙厚不小于90mm时，可按墙厚等于90mm验算高厚比；

μ_2——有门窗洞口墙允许高厚比修正系数，可按下式计算。

$$\mu_2 = 1-0.4\frac{b_s}{s} \qquad (11.25)$$

式中：b_s——在宽度 s 范围内的门窗洞口总宽度(如图11-22)；

s——相邻窗间墙、壁柱之间或构造柱之间的距离。

当按式(11.25)算得的 μ_2 值小于0.7时，应采用0.7；当洞口高度等于或小于墙高的1/5时，可取 $\mu_2=1.0$。

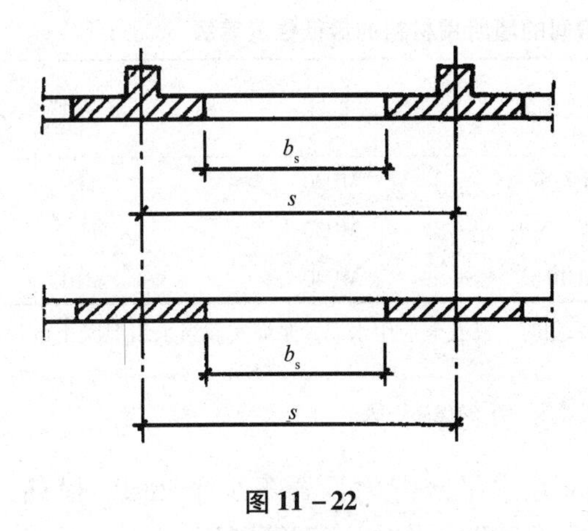

图 11－22

当与墙连接的相邻两横墙间的距离 $s \leqslant \mu_1\mu_2[\beta]h$ 时，墙的高度可不受式(11.24)限制。

11.4.3.3 带壁柱墙高厚比验算

(1)整片墙高厚比验算

$$\beta = H_0/h_T \leqslant \mu_1\mu_2 [\beta] \quad (11.26)$$

式中：h_T——带壁柱墙截面的折算厚度，$h_T = 3.5i$；

i——带壁柱墙截面的回转半径，$i = \sqrt{\frac{I}{A}}$；

I——带壁柱墙截面的惯性矩；

A——带壁柱墙截面的截面面积。

当计算 H_0 时，s 取相邻横墙间距 s_w(图 11－23)。在确定截面回转半径时，带壁柱墙的计算截面翼缘宽度 b_f，可按下列规定采用：

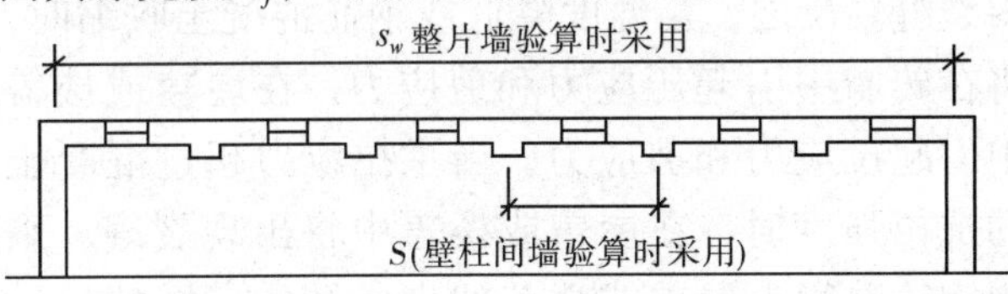

图 11－23　带壁柱墙验算图

① 多层房屋、当有门窗洞口时，可取窗间墙宽度；当无门窗洞口时，每侧翼墙宽度可取壁柱高度的1/3；

② 单层房屋，可取壁柱宽加 2/3 墙高($b_f = b + \frac{2}{3}H$)，但不大于窗间墙宽度和相邻壁柱间距离；

③ 计算带壁柱墙的条形基础时，可取相邻壁柱间的距离。

(2)壁柱间墙的高厚比验算

壁柱间墙的高厚比可按无壁柱墙式(11.24)进行验算。此时可将壁柱视为壁柱间墙的不动铰支座。因此计算 H_0 时，s 取壁柱间距离，而且不论带壁柱墙体的房屋的静力计算时为何种计算方案，H_0 一律按表 11－10 中刚性方案考虑。

【例题 11－5】 某公园的园墙厚 240mm，高 2.5m，采用烧结多孔砖，M2.5 砂浆砌筑，园墙上端自由，墙上漏窗洞宽 2.5m，洞高 1m，相邻窗间墙间距 5m，试验此墙的高厚比。

解： 查表 11－18，M2.5 砂浆，$[\beta]=22$

查表 11－10，根据注② 得，$H_0 = 2H = 2\times2.5 = 5$m

园墙为自承重墙，厚 240mm，所以 $\mu_1 = 1.2$

园墙上有漏窗，且洞口高度大于 1/5 墙高，所以 $\mu_2 = 1 - 0.4\frac{b_s}{s} = 1 - 0.4\times\frac{2.5}{5} = 0.8 > 0.7$

上端为自由端墙的允许高厚比尚可提高 30%，所以

$$\beta = \frac{H_0}{h} = \frac{5}{0.24} = 20.83 < (1+30\%)\mu_1\mu_2[\beta] = 1.3\times1.2\times0.8\times22 = 27.6$$，满足要求。

11.4.4 砌体房屋设计的构造要求

设计砌体结构房屋时，除进行墙、柱的承载力计算和高厚比的验算外，尚应满足下列墙、柱的一般构造要求。

① 五层及五层以上房屋的墙体以及受震动或层高大于6m 的墙、柱所用材料的最低强度等级：砖为 MU10，砌块为 MU7.5，石材为 MU30，砂浆为 M5。对于安全等级为一级或设计使用年限大于 50 年的房屋，墙、柱所用材料的最低强度等级应至少提高一级。

② 在室内地面以下，室外散水坡顶面以上的砌体内，应设防潮层。地面以下或防潮层以下的砌体、潮湿房间的墙，所用材料的最低强度等级应符合表 11－19 的要求。

表 11-19　地面以下或防潮层以下的砌体，潮湿房间的墙所用材料的最低强度等级

基土的潮湿程度	烧结普通砖、蒸压灰砂砖		混凝土砌块	石材	水泥砂浆
	严寒地区	一般地区			
稍潮湿的	MU10	MU10	MU7.5	MU30	M5
很潮湿的	MU15	MU10	MU7.5	MU30	M7.5
含水饱和的	MU20	MU15	MU10	MU40	M10

注：① 在冻胀地区，地面以下或防潮层以上的砌体，不宜采用多孔砖，如采用时，其孔洞应用水泥砂浆灌实。当采用混凝土砌块砌体时，其孔洞应采用强度等级不低于 Cb20 的混凝土灌实。

② 对安全等级为一级或设计使用年限大于 50 年的房屋，表中材料强度等级应至少提高一级。

③ 承重的独立砖柱截面尺寸不应小于 240mm×370mm，毛石墙的厚度不宜小于 350mm，毛石料柱较小边长不宜小于 400mm。注意，当有震动荷载时，墙、柱不宜采用毛石砌体。

④ 跨度大于 6m 的屋架和跨度大于下列数值的梁：砖砌体为 4.8m，砌块和料石砌体为 4.2m，毛石砌体为 3.9m，应在支承处砌体上设置混凝土或钢筋混凝土垫块，当墙中设有圈梁时，垫块与圈梁宜浇成整体。

⑤ 跨度大于或等于下列数值的梁：240mm 厚的砖墙为 6m，180mm 厚的砖墙为 4.8m，砌块、料石墙为 4.8m，其支承处宜加设壁柱或采取其他加强措施。

⑥ 预制钢筋混凝土板的支承长度，在墙上不宜小于 100mm，在钢筋混凝土圈梁上不宜小于 80mm，当利用板端伸出钢筋拉结和混凝土灌缝时，其支承长度可为 40mm，但板端缝宽不宜小于 80mm，灌缝混凝土强度等级不宜低于 Cb20。

⑦ 支承在墙、柱上的吊车梁、屋架及跨度≥9m(支承在砖砌体上)或 7.2m(支承在砌块和料石砌体上)的预制梁的端部，应采用锚固件与墙、柱上的垫块锚固。

⑧ 填充墙、隔墙应分别采取措施与周边构件可靠连接。山墙处的壁柱宜砌至山墙顶部，屋面构件应与山墙可靠拉结。

⑨ 砌块砌体应分皮错缝搭砌。上下皮搭砌长度不得小于 90mm。当搭砌长度不满足上述要求时，应在水平灰缝内设置不少于 2ϕ4 的焊接钢筋网片(横向钢筋的间距不宜大于 200mm)。网片每端均应超过该垂直缝，其长度不得小于 300mm。

⑩ 砌块墙与后砌隔墙交接处，应沿墙高每 400mm 在水平灰缝内设置不少于 2ϕ4、横筋，间距不大于 200mm 的焊接钢筋网片。

⑪ 混凝土砌块房屋，宜将纵横墙交接处，距墙中心线每边不小于 300mm 范围内的孔洞采用不低于 Cb20 的灌孔混凝土灌实，灌实高度为墙身全高。

11.4.5　防止或减轻墙体开裂的措施

引起墙体开裂的一种因素是温度变形和收缩变形。当气温变化或材料收缩时，钢筋混凝土屋盖、楼盖和砖墙由于线膨胀系数和收缩率的不同，将产生各自不同的变形，而引起彼此的约束作用而产生应力。当温度升高时，由于钢筋混凝土温度变形大，砖砌体温度变形小，砖墙阻碍了屋盖或楼盖的伸长，必然在屋盖和楼盖中引起压应力和剪应力，在墙体中引起拉应力和剪应力，当墙体中的主拉应力超过砌体的抗拉强度时，将产生斜裂缝。反之，当温度降低或钢筋混凝土收缩时，将在砖墙中引起压应力和剪应力，在屋盖或楼盖中引起拉应力和剪应力，当主拉应力超过混凝土的抗拉强度时，在屋盖或楼盖中将出现裂缝。采用钢筋混凝土屋盖或楼盖的砌体结构房屋的顶层墙体常出现裂缝，如内外纵墙和横墙的八字裂缝，沿屋盖支承面的水平裂缝和包角裂缝以及女儿墙水平裂缝等就是由上述原因产生的。

地基产生过大的不均匀沉降，也是造成墙体开裂的一种原因。当地基为均匀分布的软土，而房屋长高比较大时，或地基土层分布不均匀、土质差别很大时，或房屋体型复杂或高差较大时，都有可能产生过大的不均匀沉降，从而使墙体产生附加应力。当不均匀沉降在墙体内引起的拉应

力和剪应力超过砌体的强度时，就会产生裂缝。

(1)为防止或减轻房屋在正常使用条件下，由温差和砌体干缩变形引起的墙体竖向裂缝，应在墙体中设置伸缩缝。伸缩缝应设在因温度和收缩变形可能引起应力集中、砌体产生裂缝可能性最大的地方。伸缩缝处只需将墙体断开，而不必将基础断开。伸缩缝的间距可按表11－20采用。

表11－20 砌体房屋伸缩缝的最大间距 m

屋盖或楼盖类别		间距
整体式或装配整体式钢筋混凝土结构	有保温层或隔热层的屋盖、楼盖	50
	无保温层或隔热层的屋盖	40
装配式无檩体系钢筋混凝土结构	有保温层或隔热层的屋盖、楼盖	60
	无保温层或隔热层的屋盖	50
装配式有檩体系钢筋混凝土结构	有保温层或隔热层的屋盖	75
	无保温层或隔热层的屋盖	60
瓦材屋盖、木屋盖或楼盖、轻钢屋盖		100

注：①对烧结普通砖、多孔砖、配筋砌块砌体房屋取表中数值；对石砌体、蒸压灰砂砖、蒸压粉煤灰砖和混凝土砌块房屋取表中数值乘以0.8。当有实践经验并采取有效措施时，可不遵守本表规定。

②在钢筋混凝土屋面上挂瓦的屋盖应按钢筋混凝土屋盖采用。

③按本表设置的墙体伸缩缝，一般不能同时防止由于钢筋混凝土屋盖的温度变形和砌体干缩变形引起的墙体局部裂缝。

④层高大于5m的烧结普通砖、多孔砖、配筋砌块砌体结构单层房屋，其伸缩缝间距可按表中数值乘以1.3。

⑤温差较大且温度变化频繁的地区和严寒地区不采暖的房屋及构筑物墙体的伸缩缝的最大间距，应按表中数值予以适当减小。

⑥墙体的伸缩缝应与结构的其他变形缝相重合，在进行立面处理时，必须保证缝隙的伸缩作用。

(2)为防止或减轻房屋顶层墙体的裂缝，可根据具体情况采取下列相应措施。

① 屋面应设置有效的保温、隔热层。

② 屋面保温(隔热)层或屋面刚性面层及砂浆找平层应设置分隔缝，分隔缝间距不宜大于6m，女儿墙隔开，其缝宽不小于30mm。

③ 采用装配式有檩体系钢筋混凝土屋盖和瓦材屋盖。

④ 顶层屋面板下设置现浇钢筋混凝土圈梁，并沿内外墙拉通，房屋两端圈梁下的墙体内宜适当增设水平筋。

⑤ 顶层挑梁末端下墙体灰缝内设置3道焊接钢筋网片(纵向钢筋不宜小于2ϕ4，横向钢筋间距不宜大于200mm)或2ϕ6拉结筋，钢筋网片或拉结筋应自挑梁末端伸入两边墙体不小于1m。

⑥ 顶层墙体的门窗洞口处，在过梁上的水平灰缝内设置2～3道焊接钢筋网片或2ϕ6钢筋，并应伸入过梁两端墙内不小于600mm。

⑦ 顶层墙体及女儿墙砂浆强度等级不低于M5。

⑧ 房屋顶层端部墙体内增设构造柱。女儿墙应设构造柱，构造柱间距不大于4m，构造柱应伸至女儿墙顶并与现浇钢筋混凝土压顶整浇在一起。

(3)为防止或减轻房屋底层墙体的裂缝，可根据具体情况采取下列措施。

① 房屋的长高比不宜过大，当房屋建造在软弱地基上时，对于三层及三层以上的房屋，其长高比宜小于或等于2.5。当房屋的长高比为$2.5 < l/H \leqslant 3$时，应做到纵墙不转折或少转折，内横墙间距不宜过大。必要时适当增强基础的刚度和强度。

② 在房屋建筑平面的转折部位，高度差异或荷载差异处，地基土的压缩性有显著差异处，建筑结构(或基础)类型不同处，分期建造房屋的交界处宜设置沉降缝。

③ 设置钢筋混凝土圈梁是增强房屋整体刚度的有效措施，特别是基础圈梁和屋顶檐口部位的圈梁对抵抗不均匀沉降最为有效，必要时应增大基础圈梁的刚度。

④ 在房屋底层的窗台下墙体灰缝内设置3道焊接钢筋网片或2ϕ6钢筋，并伸入两边窗间墙内不小于600mm。

⑤ 采用钢筋混凝土窗台板，窗台板嵌入窗间墙内不小于600mm。

(4)墙体转角处和纵横墙交接处宜沿竖向每隔400～500mm设拉结钢筋，其数量为每120mm不少于1ϕ6或焊接网片，埋入长度从墙的转角或交接处算起，每边不小于600mm。

(5)蒸压灰砂砖、混凝土砌块和其他非烧结砖砌体的干缩变形较大，当实体墙长超过5m时，往往在墙体中部出现两端小、中间大的竖向收缩裂缝。为防止和减轻这类型裂缝的出现，对灰砂砖、粉煤灰砖、混凝土砌块或其他非烧结砖，宜在各层门、窗过梁上方的水平灰缝内及窗台下第一、第二道水平灰缝内设置焊接钢筋网片或2ϕ6 钢筋，焊接钢筋网片或钢筋应伸入两边窗间墙内不小于500mm。

当灰砂砖、粉煤灰砖、混凝土砌块或其他非烧结砖实体墙长大于5m 时，宜在每层筋高度中部设置 2～3 道焊接钢筋网片或 3ϕ6 的通长水平钢筋，竖向间距宜为500mm。

(6)灰砂砖、粉煤灰砖、砌体宜采用黏结性好的砂浆砌筑。混凝土砌块砌体宜采用砌块专用砂浆。

(7)为防止或减轻混凝土砌块房屋顶层两端和底层第一、二开间窗洞处的裂缝，可采取下列措施。

① 在门窗洞口两侧不少于一个孔洞中设置不小于 1ϕ12 的钢筋，钢筋应在楼层圈梁或基础锚固，并采用不低于 Cb20 灌孔混凝土灌实。

② 在门窗洞口两侧墙体的水平灰缝中，设置长度不小于900mm，竖向间距为400mm 的 2ϕ4 焊接钢筋网片。

③ 在顶层和底层设置通长钢筋混凝土窗台梁，窗台梁的高度宜为块高的模数，纵筋不少于 4ϕ10、箍筋 ϕ6@200，混凝土强度等级 Cb20。

(8)当房屋刚度较大时，可在窗台下或窗台角处墙体内设置竖向控制缝。在墙体高度或厚度突然变化处也宜设置竖向控制缝或采取其他可靠的防裂措施。竖向控制缝的构造和嵌缝材料应能满足墙体平面外传力和防护的要求。

思考题

1. 砌体结构有哪些优缺点？在园林建筑中有哪些应用？

2. 影响砌体抗压强度的主要因素有哪些？

3. 为何要规定砌体强度设计值的调整系数？

4. 无筋砌体受压构件对偏心距 e 有何限制，当超过限值时如何处理？

5. 砌体在局部压力作用下，承载力为什么会提高？

6. 混合结构房屋的承重体系有哪几种？它们各有何特点？

7. 混合结构房屋的静力计算方案有哪几类？确定静力计算方案的依据是什么？

8. 为什么要对墙、柱进行高厚比验算，验算应注意哪些事项？

9. 影响墙、柱高厚比的主要因素有哪些？

10. 某公园大门采用 MU20 蒸压灰砂砖 M 7.5 混合砂浆砌筑，施工质量控制等级为 C 级，柱截面为 490mm × 620mm，计算高度 H_0 = 6m，柱底受轴向压力设计值 480kN。验算该柱的承载力。

11. 某公园茶室用 MU10 烧结普通砖，M5 混合砂浆砌筑，窗间墙截面尺寸 1200mm × 370mm，如图 11－24 外纵墙上有一大梁，梁的截面尺寸为 200mm × 500mm，梁支承长度 a = 240mm，梁端支承反力 N_l = 70kN，上部传至窗间墙的设计荷载为 260kN。验算砌体局部受压承载力。

12. 某公园茶室用 MU10 烧结多孔砖，M2.5 混合砂浆砌筑，窗间墙尺寸 2100mm × 370mm，如图 11－25 有一预制梁支承在墙上，梁的截面尺寸为 200mm × 500mm，实际支承长度 a = 240mm，上部荷载作用在窗间墙上的设计值为 450kN，预制梁的支承反力设计值为 150kN，梁支承处设预制刚性垫块，尺寸如图 $b_b \times a_b \times t_b$ = 500mm × 240mm × 360mm。试验算梁垫下砌体局部受压承载力。

13. 某公园内景墙采用混凝土小型空心砌块，M2.5 级砂浆砌筑，景墙厚 200mm，高 2m，景墙上端自由，墙上无洞口。验算此墙的高厚比。

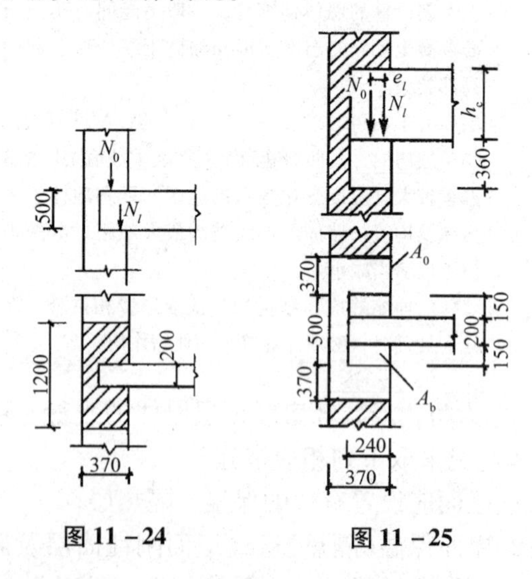

图 11－24　　图 11－25

推荐阅读书目

砌体结构设计规范(GB 50003—2010). 中国建筑工业出版社，2010.

砌体结构. 施楚贤. 中国建筑工业出版社，2012.

第12章 钢筋混凝土结构

[**本章提要**] 钢筋混凝土结构是现今民用建筑中应用较为普遍的一种结构体系，因现浇混凝土可做出不规则造型的特性，所以也被风景建筑师广泛使用。本章重点介绍了钢筋混凝土常用做的梁板柱(弯、压)构件的设计计算方法；同时介绍了预应力混凝土的基本概念及施工方法，这一技术也有助于实现景观建筑中常出现的大跨度和大悬挑的造型需要。最后简要说明了肋梁楼盖的计算方法。

12.1 概　述

12.1.1 钢筋混凝土结构的基本概念

混凝土是应用很广的一种土木工程材料，混凝土结硬后如同石料，可以认为是一种人造石材，它具有与石料相同的特点，其抗压强度很高，而抗拉强度却很低。这就决定了素混凝土和天然石材一样，只适用于以受压为主的构件，对于受拉构件、受弯构件、受压构件和偏心受压构件，由于拉应力的存在，则在荷载很小的情况下，易于受拉区断裂而破坏，如图 12－1(b)所示的素混凝土梁。但是如果在受拉区沿拉应力方向配置钢筋，形成钢筋混凝土构件，构件受力就会显示出另一种新的受力情况。

与混凝土材料不同的是钢筋的抗拉强度很高，而抗压受到截面尺寸的限制容易失稳。为了充分利用这两种材料的特点，将混凝土和钢筋两种材料结合在一起，让钢筋主要承受拉力，而让混凝土主要承受压力，如图 12－1(c)钢筋混凝土梁。另外，由于钢筋的抗压强度也很高，在混凝土中由于克服了稳定性问题，故在受压区中也能发挥很好的作用，如钢筋混凝土柱中的钢筋则能承受较大的压力。

当混凝土受拉区配置了适量的钢筋，一旦受拉区混凝土开裂，裂缝截面处的受拉混凝土虽然不能继续承受拉力，但是此力可由受拉钢筋来承受[图 12－1(c)]，因此钢筋混凝土梁不会像素混凝土梁那样发生脆性破坏。而且在受拉区混凝土开裂后还可以继续增加荷载直至钢筋应力达到屈服强度，并使受压区混凝土的抗压强度也得到充分利用，这样会使梁的承载能力大大提高。由此可见这两种性能极不相同的材料结合在一起共同工作，使其发挥各自抗拉、抗压强度的特长将会使梁具有较高的承载能力和较好的经济效益。

12.1.2 钢筋混凝土结构的优点与缺点

钢筋混凝土结构除具有良好的共同工作性能外，还具有如下优点：

合理用材　钢筋混凝土结构合理地利用了钢筋和混凝土两种不同材料的受力性能，使混凝土

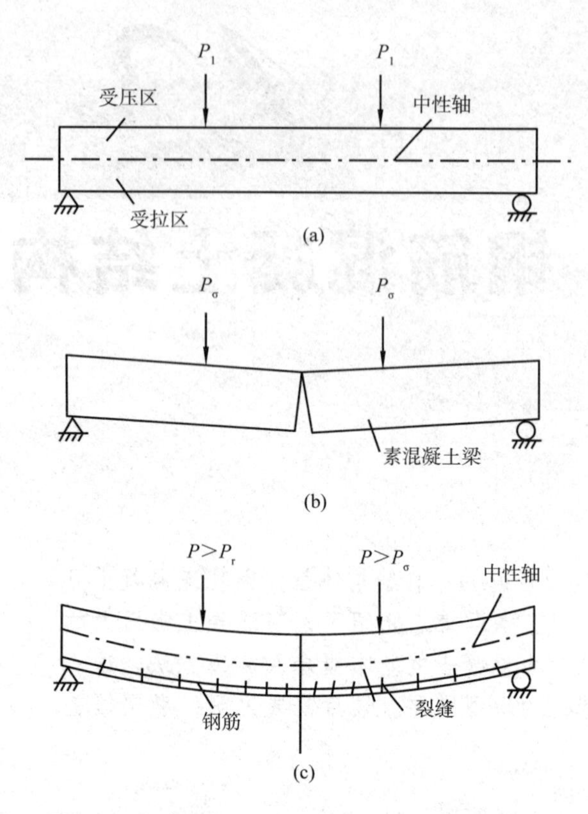

图12-1 素混凝土梁和钢筋混凝土梁的受压破坏

和钢筋的强度得到了充分的发挥，特别是现代预应力混凝土应用以后，在更大的范围内取代钢结构，降低了工程造价。

耐久性好　与钢结构相比钢筋混凝土结构有较好的耐久性，它不需要经常的保养与维护。在钢筋混凝土结构中，钢筋被混凝土包裹而不致锈蚀，另外混凝土的强度还会随时间增长而略有提高，故钢筋混凝土有较好的耐久性。

耐火性好　相对钢结构和木结构而言，钢筋混凝土结构具有较好的耐火性。在钢筋混凝土结构中，由于钢筋包裹在混凝土里面而受到保护，火灾时钢筋不至于很快达到流塑状态使结构整体破坏。

整体性好　相对砌体结构而言，钢筋混凝土结构具有较好的整体性，适用于抗震、抗爆结构，另外钢筋混凝土结构刚度较好，受力后变形小。

容易取材　混凝土所用的沙、石料可就地取材。另外还可以将工业废料如矿渣、粉煤灰用于混凝土当中。

具有可塑性　可根据建筑、结构等方面的要求将钢筋混凝土结构浇筑成各种形状和尺寸。

由于钢筋混凝土结构具有许多优点，现已成为世界各地建筑、道路桥梁、机场、码头和核电站等工程中应用最广的工程材料。风景建筑中的亭、榭、舫、廊、花架、码头、桥以及其余小品建筑，尤其是不规则造型的建筑都可以使用钢筋混凝土建造。

混凝土结构除了具有以上优点外，还存在以下主要缺点：

结构自重大　混凝土和钢筋混凝土结构的重力密度一般为23kN/m^{3}和25kN/m^3。由于钢筋混凝土结构截面尺寸大，所以对大跨度结构、高层抗震结构都是不利的。应发展高强高性能混凝土、预应力混凝土以减小钢筋混凝土结构截面尺寸，采用轻骨料混凝土以减轻结构自重。

抗裂性能差　混凝土抗拉强度很低。一般构件都有拉应力存在，配置钢筋以后虽然可以提高构件的承载力，但抗裂能力提高很少，因此在使用阶段构件一般是带裂缝工作的，这对构件的刚度和耐久性都带来不利的影响。施加预应力可克服此缺点。

费工费模　现浇的钢筋混凝土结构费工时较多，且施工受季节气候条件的限制。模板耗费量大，若采用木模，则耗费大量的木材。目前大多采用工具式钢模，效果较好。

12.2 钢筋和混凝土材料的力学性能

12.2.1 钢筋

12.2.1.1 钢筋的品种与级别

钢筋混凝土结构中所用的钢筋品种很多，如图12-2，按外形分为光圆钢筋和带肋钢筋(或称变形钢筋)。光圆钢筋横截面通常为圆形，表面光滑。带肋钢筋横截面通常也为圆形，但表面带肋，钢筋表面的肋纹有利于钢筋和混凝土两种材料的结合。光圆钢筋的直径一般为6~22mm，带肋钢筋的直径一般为6~50mm。直径较小的钢筋(直径小于6mm)也称钢丝，钢丝的外形通常为光圆的。

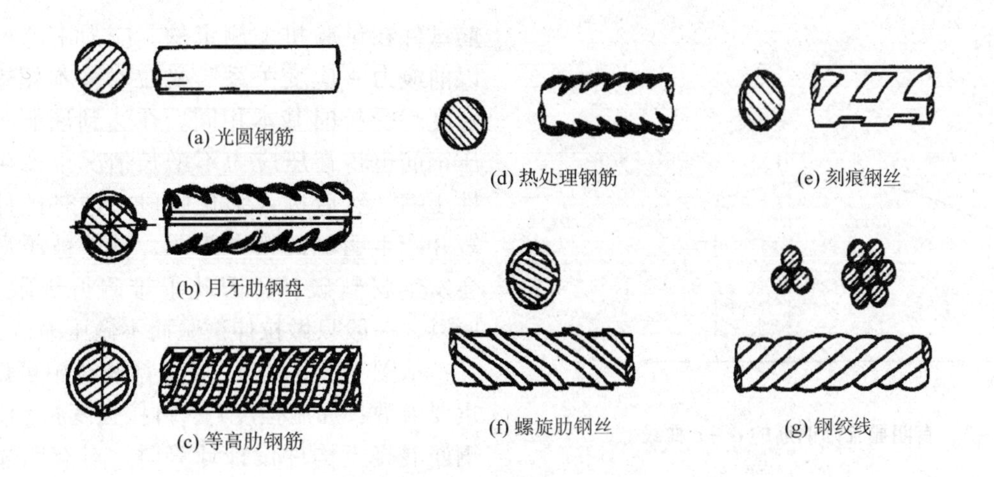

图 12－2 常用钢筋形式

在光圆钢丝的表面上进行轧制肋纹，形成螺旋肋钢丝。将多股钢丝捻在一起，并经低温回火处理清除内应力后形成钢绞线。钢绞线可分为2股、3股、7股3种。

按其化学成分的不同，可分为碳素钢和普通低合金钢。碳素钢的化学成分以铁为主，还含有少量的碳、硅、锰、硫、磷等元素。碳素钢按其含碳量的多少可分为低碳钢（<0.25%）、中碳钢（0.25%～0.6%）、高碳钢（0.6%～1.4%）。碳素钢的强度随含碳量的增加而提高，但塑性、韧性下降，同时降低可焊性、抗腐蚀性及冷弯性能。普通低合金钢是碳素钢中加入一定数量的合金元素，如硅、锰、钒、钛等，能提高钢材的强度和抗腐蚀性能，又不显著降低钢的塑性。

用于钢筋混凝土结构中的钢筋和预应力混凝土结构的非预应力钢筋常用热轧钢筋，是由低碳钢、普通低合金钢在高温状态下轧制而成。热轧钢筋有热轧光圆钢筋（hot plain bars）和热轧带肋钢筋（hot rolled ribbed bars）。热轧光圆钢筋有HPB300，其牌号由HPB与屈服强度特征值构成，用符号 φ 表示；热轧带肋钢筋有 HRB335、HRB400、HRB500，其牌号由 HRB 与屈服强度特征值构成，分别用符号Φ、Φ、Φ表示。

热轧光圆钢筋的强度较低，但塑性及焊接性能很好，便于各种冷加工，实际工程中用于板、基础和荷载不大的梁、柱的受力主筋、箍筋以及其他构造钢筋。HRB335 和 HRB400 钢筋强度较高，塑性和焊接性能也较好，广泛用于大、中型钢筋混凝土结构的受力钢筋。HRB500 钢筋强度高，但塑性和焊接性能较差，可用作预应力钢筋。

此外，热轧钢筋还有细晶粒热轧钢筋（hot rolled ribbed bars fine）。细晶粒热轧钢筋是在热轧过程中，通过控轧和控冷工艺形成的钢筋。细晶粒热轧钢筋有 HRBF335、HRBF400、HRBF500，其牌号由 HRBF 与屈服强度特征值构成，分别用符号Φ^{F}、Φ^{F}、Φ^{F} 表示。

《混凝土结构设计规范》GB50010—2010 建议钢筋混凝土结构及预应力混凝土结构的钢筋，应按下列规定选用：

纵向受力普通钢筋宜采用 HRB400、HRB500、HRBF400、HRBF500 钢筋；也可采用 HPB300 和 HRB335、HRBF335、RRB400 钢筋。

梁、柱纵向受力普通钢筋应采用 HRB400 和 HRB500、HRBF400 和 HRBF500 钢筋。箍筋宜采用 HRB400、HRBF400、HPB300、HRB500、HRBF500，也可采用 HRB335、HRBF335 钢筋。

预应力钢筋宜采用预应力钢丝、钢绞线、预应力螺纹钢筋。

12.2.1.2 钢筋的强度与变形

钢筋的强度与变形可通过拉伸试验曲线，σ-ε 关系说明，有的钢筋有明显流幅（图 12－3）；有的钢筋没有明显的流幅（图 12－4）。一般的混凝土构件常用有明显流幅的钢筋。没有明显流幅的钢筋

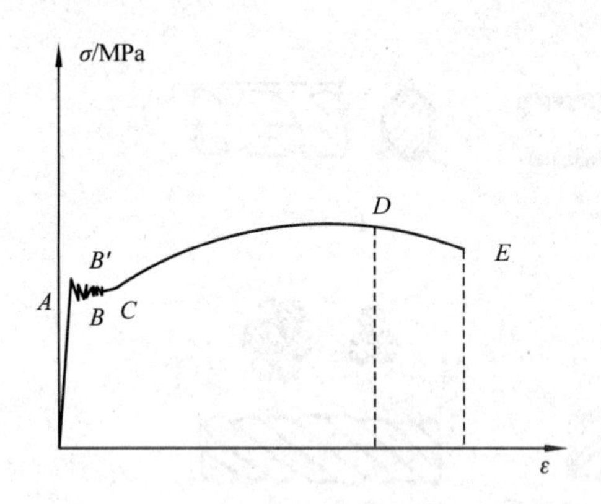

图 12-3 有明显流幅钢筋的 $\sigma-\varepsilon$ 曲线

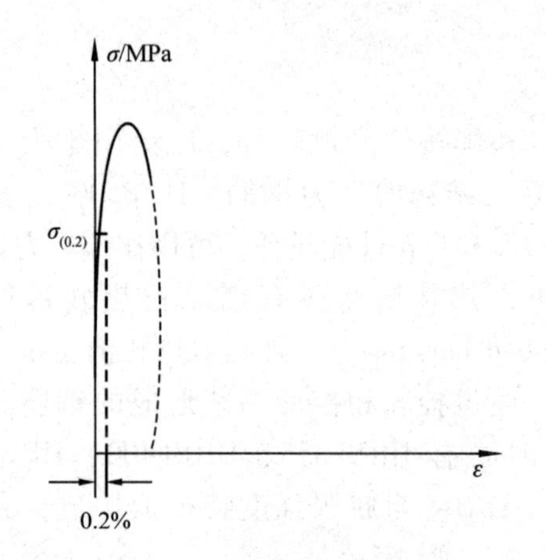

图 12-4 无明显流幅钢筋的 $\sigma-\varepsilon$ 曲线

主要用在预应力混凝土构件上。

图 12-3 所示为有明显流幅的典型拉伸应力—应变关系曲线($\sigma-\varepsilon$ 曲线)。A 点以前 σ 与 ε 成线性关系，AB'是弹塑性阶段，一般认为 B'点以前应力和应变接近为线性关系，B'点是不稳定的(称为屈服上限)。B'点以后曲线降到 B 点(称为屈服下限)，这时相应的应力称为屈服强度 f_y。在 B 点以后应力不增加而应变急剧增长，钢筋经过较大的应变到达 C 点，一般 HPB235 级钢的 C 点应变是 B 点应变的十几倍。过 C 点后钢筋应力又继续上升，但钢筋变形明显增大，钢筋进入强化阶段。钢筋应力达到最高应力 D 点，D 点相应的峰值应力 f_u 称为钢筋的极限抗拉强度。D 点以后钢筋发生颈缩现象，应力开始下降，应变增加，到达 E 点时钢筋被拉断，E 点相对应的钢筋平均应变 δ 称为钢筋的延伸率。

有明显流幅钢筋的受压性能通常是用短粗钢筋试件在试验机上测定的。应力未超过屈服强度以前应力-应变关系与受拉时基本相重合，屈服强度与受拉时基本相同。在达到屈服强度后，受压钢筋也将在压应力不增长情况下产生明显的塑性压缩，然后进入强化阶段。这时试件将越压越短并产生明显的横向膨胀，试件被压得很扁也不会发生材料破坏，因此很难测得极限抗压强度。所以，一般只做拉伸试验而不做压缩试验。

从图 12-3 的 $\sigma-\varepsilon$ 关系曲线中可以得出 3 个重要参数：屈服强度 f_y、抗拉强度 f_u 和延伸率 δ 在钢筋混凝土构件设计计算时，对有明显流幅的钢筋，一般取屈服强度作为钢筋强度的设计依据，这是因为钢筋应力达到屈服后将产生很大的塑性变形，卸载后塑性变形不可恢复，使钢筋混凝土构件产生很大变形和不可闭合的裂缝。设计上一般不用抗拉强度这一指标，抗拉强度可度量钢筋的强度储备。延伸率反映了钢筋拉断前的变形能力，它是衡量钢筋塑性的一个重要指标，延伸率大的钢筋在拉断前变形明显，构件破坏前有足够的预兆，属于延性破坏；延伸率小的钢筋拉断前没有预兆，具有脆性破坏的特征。

没有明显流幅的钢筋拉伸，$\sigma-\varepsilon$ 曲线如图 12-4 所示。当应力很小时，具有理想弹性性质；应力超过 $\sigma_{0.2}$ 之后钢筋表现出明显的塑性性质，直到材料破坏时曲线上没有明显的流幅。破坏时它的塑性变形比有明显流幅钢筋的塑性变形要小得多。对无明显流幅钢筋，在设计时一般取残余应变的 0.2% 相对应的应力 $\sigma_{0.2}$ 作为假定的屈服点，称为“条件屈服强度”。由于 $\sigma_{0.2}$ 不易测定，故极限抗拉强度就作为钢筋检验的唯一强度指标，$\sigma_{0.2}$ 大约为极限抗拉强度的 0.8 倍。

《混凝土结构设计规范》规定普通钢筋的抗拉强度设计值、抗压强度设计值按附表 4 采用。

12.2.1.3 钢筋的冷加工性能

为了提高钢筋的强度，节约钢材，可对钢筋进行冷加工。冷拉和冷拔是钢筋冷加工的常用方法。但是，冷加工在提高钢筋强度的同时，使钢筋变形性能显著降低，同时，冷加工钢筋在焊接热影响区的强度降低，热稳定性较差，目前已不再是结构设计中鼓励采用的钢筋，使用时应符合专门规定。

(1)冷拉

冷拉是将热轧钢筋的冷拉应力值先超过屈服强度，如图12-5所示的K点。然后卸载，在卸载过程中，$\sigma-\varepsilon$曲线沿着直线KO'($KO' /\!/ BO$)回到O'点，这时钢筋产生残余变形OO'。如果立即重新张拉，$\sigma-\varepsilon$曲线将沿着$O'KDE$变化。如果停留一段时间后再进行张拉，则σ-ε曲线沿着$O'KK'D'E$变化，屈服点从K提高到K'点，这种现象称为时效硬化。温度对时效硬化影响很大。例如，HPB235级钢在常温情况下20d完成时效硬化，若温度为100℃时仅需2h完成时效硬化，但如继续加温可能得到相反的效果。为了使钢筋冷拉时效后，既能显著提高强度，又使钢材具有一定的塑性，应合理选择张拉控制点K，K点相对应的应力称为冷拉控制应力，K点相对应的应变称为冷拉率。冷拉工艺分为控制应力和控制应变(冷拉率)两种方法。

需要注意的是：对钢筋进行冷拉只能提高它的抗拉屈服强度，不能提高它的抗压屈服强度。

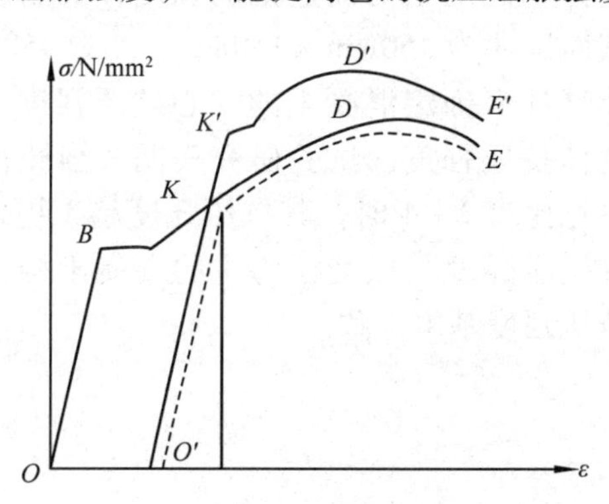

图12-5 钢筋冷拉后的拉伸$\sigma-\varepsilon$曲线

(2)冷拔

冷拔是把热轧光面钢筋用强力拉过比钢筋直径还小的拔丝模孔，迫使钢筋截面减小、长度增大，使内部组织结构发生变化，强度大为提高，但脆性增加。钢筋一般需要经过多次冷拔，逐渐减小直径、提高强度才能成为强度明显高于母材的钢丝。图12-6所示冷拔低碳钢丝受拉的$\sigma-\varepsilon$曲线，经冷拔后的钢丝没有明显的屈服点，它的

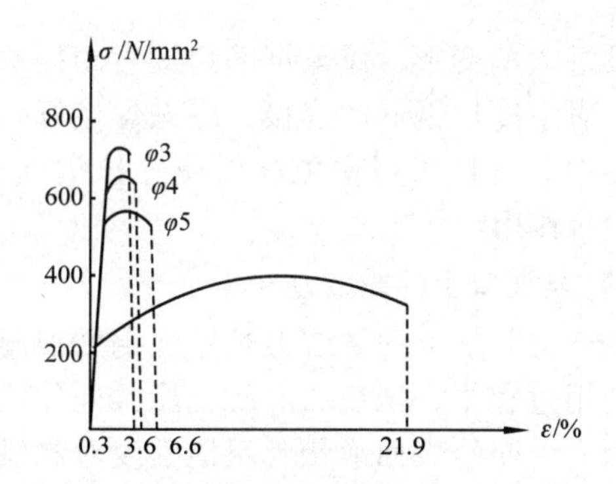

12-6 冷拔低碳钢丝受拉的$\sigma-\varepsilon$曲线

屈服强度一般取条件屈服强度$\sigma_{0.2}$。

与冷拉不同，冷拔既可以提高钢筋的抗拉强度，也可以提高其抗压强度。

12.2.1.4 钢筋混凝土结构对钢筋的要求

(1)强度

强度是指钢筋的屈服强度和抗拉强度。屈服强度是设计计算的主要依据。对无明显屈服点钢筋的屈服强度取条件屈服强度$\sigma_{0.2}$。采用高强度钢筋可以节约钢材，取得较好的经济效果。抗拉强度不是设计强度依据，但它也是一项强度指标，抗拉强度越高，钢筋的强度储备越大，反之则强度储备越小。提高使用钢筋强度的方法，除采用市场上有供给的较高强度钢筋外，还可以对钢筋进行冷加工获得较高强度钢筋，但应保证一定的强屈比(抗拉强度与屈服强度之比)，使结构有一定的可靠性潜力。

(2)塑性

塑性是指钢筋在受力过程中的变形能力，混凝土结构要求钢筋在断裂前有足够的变形，使结构在将要被破坏前有明显的预兆。塑性指标是要求伸长率δ_5(或δ_{10})满足要求和冷弯性能合格来衡量的。伸长率δ_5和δ_{10}分别表示标距$L=5d$和$L=10d$的标准拉伸试块的伸长率；冷弯性能是以冷弯试验来判断的，冷弯试验是将直径为d的钢筋绕直径为D的钢辊，弯成一定角度而不发生断裂就表示合格。钢筋的f_y、f_u、δ_5(或δ_{10})和冷弯性能是施工单位验收钢筋是否合格的主要指标。

(3)可焊性

在一定的工艺条件下要求钢筋焊接后不产生

裂纹及过大的变形，保证钢筋焊接后的接头性能良好。对于冷拉钢筋的焊接，应先焊接好以后再进行冷拉，这样可以避免高温使冷拉钢筋软化，丧失冷拉作用。

(4)与混凝土的黏结力

钢筋与混凝土的黏结力是保证钢筋混凝土构件在使用过程中，钢筋和混凝土能共同作用的主要原因。钢筋的表面形状及粗糙程度对黏结力有重要的影响。同时要保证钢筋的锚固措施和锚固长度和混凝土保护层厚度。

(5)温度要求

钢材在高温下，性能会大大降低，对常用的钢筋类型，热轧钢筋的耐火性最好，冷轧钢筋次之，预应力钢筋最差。在进行结构设计时要注意施工工艺中高温对各类钢筋的影响，同时注意混凝土保护层厚度对构件耐火极限的要求。在寒冷地区，为了防止钢筋发生脆性破坏，对钢筋的低温性能也应有一定的要求。

12.2.2 混凝土

混凝土是由胶凝材料将集料胶结成整体的工程复合材料。通常讲的混凝土是指用水泥作胶凝材料，砂、石作集料，与水按一定比例配合，经搅拌、成型、养护而形成的材料。其主要性能有强度和变形性能及钢筋与混凝土的黏结性能。

(1)混凝土的强度等级

按我国《混凝土结构设计规范》(GB 50010—2010)的规定，混凝土的强度等级是根据混凝土立方体抗压强度标准值划分的强度级别。立方体抗压强度标准值，指按照标准方法制作养护的边长为150mm的立方体试件(图12－7)在28d或设计规定龄期，用标准试验方法测得的具有95%保证率的抗压强度值$f_{cu,k}$。

混凝土强度等级以“C”(concrete)表示，有C15、C20、C25、C30、C35、C40、C45、C50、C55、C60、C65、C70、C75、C80共14个等级。如C20是混凝土立方体抗压强度标准值$f_{cu,k}=20N/mm^2$的混凝土。

由于混凝土立方体的抗压强度受到各种因素的影响，如试件的尺寸越小，其抗压强度越高。因此，当采用边长为200mm或边长为100mm的立方体试块时，为将其抗压强度转换成边长为150mm的立方体试块的抗压强度，需分别乘以强度换算系数1.05和0.95。

(2)混凝土轴心抗压强度

混凝土轴心抗压强度是根据混凝土棱柱体试件而测得的混凝土抗压强度。在实际结构中，如柱的截面尺寸较柱的长度小得多，为了直接反映受压构件中混凝土可能达到的强度，我国规范规定以截面尺寸为150mm×150mm、高为450mm的棱柱体试件来确定混凝土的轴心抗压强度，又称为棱柱体抗压强度。试验研究表明，当棱柱体试件的高宽比为3～4时，其抗压强度趋于稳定，所测得的抗压强度与以受压为主的混凝土构件中混凝土抗压强度基本一致。

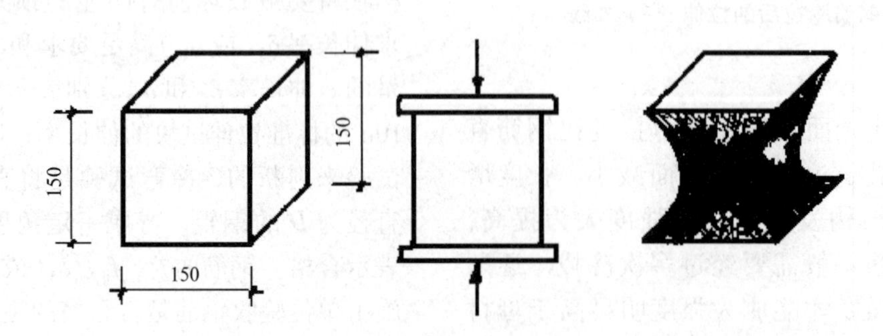

图12－7 混凝土立方体试件及受压破坏情况

(3)混凝土抗拉强度

混凝土抗拉强度是根据其棱柱体试件而测得的轴心抗拉强度。它也可以由劈裂抗拉试件的试验结果，经换算而得。

混凝土的抗拉强度远小于其抗压强度，一般只是抗压强度的1/10，且不与抗压强度成正比。

《混凝土结构设计规范》给出的混凝土轴心抗压强度设计值和抗拉强度设计值见附表3。

12.3 钢筋混凝土受弯构件

受弯构件是指承受弯矩和剪力为主的构件。受弯构件是土木工程中使用数量最多，使用面最广的一类构件。一般房屋中各种类型的楼盖和屋盖结构的梁、板、楼梯和过梁以及钢筋混凝土桥梁等都属于受弯构件。

按极限状态进行设计的基本要求，对受弯构件需要进行下列计算和验算：

(1)承载能力极限状态计算，即截面强度计算

在荷载作用下，受弯构件截面一般同时产生弯矩和剪力。设计时既要满足构件的抗弯承载力要求，也要满足构件的抗剪承载力要求。因此，必须分别对构件进行抗弯和抗剪强度计算。

(2)正常使用极限状态验算

受弯构件一般还需要按正常使用极限状态的要求进行变形和裂缝宽度的验算。

除进行上述两类计算和验算外，还必须采取一系列构造措施，方能保证构件具有足够的强度和刚度，并使构件具有必要的耐久性。

12.3.1 受弯构件的一般构造

12.3.1.1 梁板截面的形式与尺寸

(1)梁板截面的形式

梁和板均为受弯构件，梁的截面高度一般都大于其宽度，而板的截面高度则远小于其宽度。钢筋混凝土梁、板可分为预制梁、板和现浇梁、板两大类。钢筋混凝土预制板的截面形式很多，最常用的有平板、槽形板和多孔板3种。钢筋混凝土预制梁最常用的截面形式为矩形和T形。有时为了降低层高将梁做成十字梁、花篮梁，将板搁置在伸出的翼缘上，使板的顶面与梁的顶面齐平。钢筋混凝土现浇梁、板的形式也很多。当板与梁一起浇注时，板不但将其上的荷载传递给梁，而且和梁一起构成T形或倒L形截面共同承受荷载(图12-8)。

(2)梁板截面尺寸

板的厚度应满足承载力、刚度和抗裂的要求，从刚度条件出发，板的跨厚比：钢筋混凝土单向板不大于30，双向板不大于40，无梁支承的有柱帽板不大于35，无梁支承的无柱帽板不大于30。预应力板跨厚比可适当增加；当板的荷载、跨度较大时宜适当减小跨厚比。如板厚满足上述要求，即不需作挠度验算。

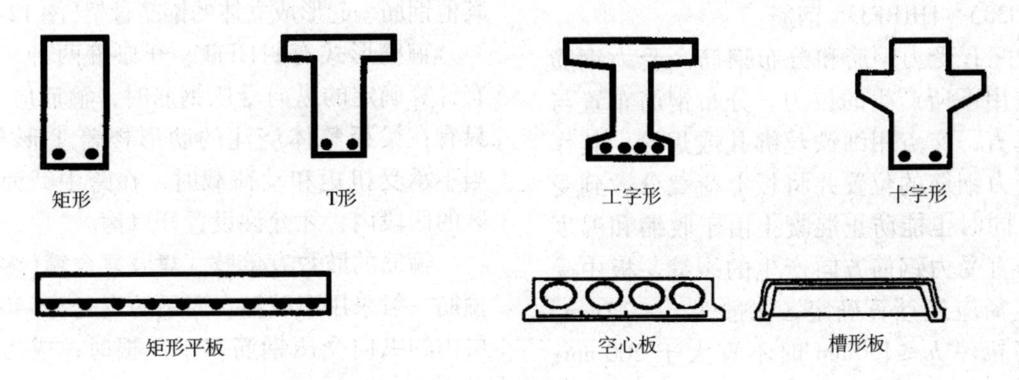

图12-8 梁板常用的截面形式

现浇板的最小厚度为：一般屋盖不宜小于60mm，一般楼盖不宜小于60mm，行车道下的楼板不宜小于80mm，双向板不宜小于80mm。悬臂板(悬臂长度不大于500mm)不宜小于60mm，悬臂板(悬臂长度1200mm)不宜小于100mm，无梁楼板不宜小于150mm，现浇空心楼盖不宜小于200mm。

梁截面尺寸与梁的跨度有关，独立的简支梁的截面高度与其跨度的比值可为1/12左右，独立的悬臂梁的截面高度与其跨度的比值可为1/6左右。矩形截面梁的高宽比 h/b 一般取2.0～3.5；T形截面梁的高宽比 h/b 一般取2.5～4.0(此处 b 为梁肋宽)。为了统一模板尺寸和便于施工，当梁高 $h \leqslant 800$mm时，截面高度取50mm的倍数；当 $h > 800$mm时，则取100mm的倍数。

12.3.1.2 材料选择和钢筋布置

(1)混凝土强度等级的选择

素混凝土结构的混凝土强度等级不应低于C15；钢筋混凝土结构的混凝土强度等级不应低于C20；采用强度等级400MPa及以上的钢筋时，混凝土强度等级不应低于C25。预制梁板为了减轻自重可采用较高的强度等级。

(2)钢筋的强度等级及常用直径

纵向受力普通钢筋宜采用HRB400、HRB500、HRBF400、HRBF500钢筋，也可采用HPB300、HRB335、HRBF335、RRB400钢筋；梁、柱纵向受力普通钢筋应采用HRB400、HRB500、HRBF400、HRBF500钢筋；箍筋宜采用HRB400、HRBF400、HPB300、HRB500、HRBF500钢筋，也可采用HRB335、HRBF335钢筋。

①板中配有受力钢筋和分布钢筋　受力钢筋承受荷载作用下所产生的拉力。分布钢筋布置与受力钢筋垂直，交点用细铁丝绑扎或焊接，其作用是固定受力钢筋的位置并将板上荷载分散到受力钢筋网，同时也能防止混凝土由于收缩和温度变化，在垂直受力钢筋方向产生的裂缝。板中受力钢筋的直径应经计算确定，一般为6～12mm，其间距：当板厚 $h \leqslant 150$mm时不宜大于200mm；当板厚 $h > 150$mm时，不宜大于1.5h，且不宜大于250mm。为了保证施工质量，钢筋间距也不宜小于70mm。

②梁中的钢筋有纵向受力钢筋、弯起钢筋、箍筋和架立钢筋等(图12－9)。

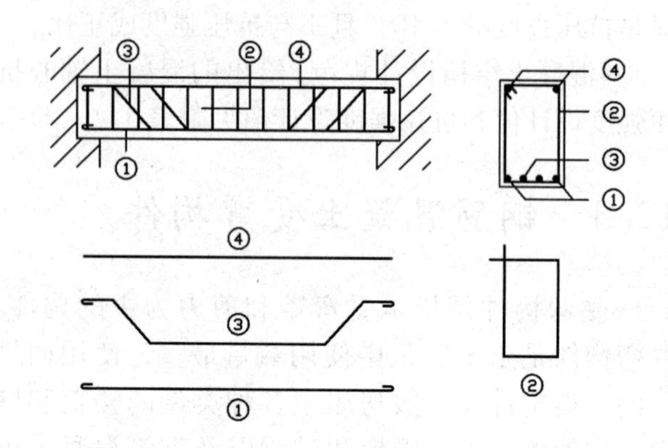

图12－9　梁的构造

①纵向受力钢筋　②箍筋　③弯起钢筋　④架立钢筋

纵向受力钢筋　其作用是承受由于弯矩在梁内产生的拉力。常用直径为12～35mm。当梁高 $h \geqslant 300$mm时，其直径不应小于10mm；当 $h < 300$mm时，不应小于8mm。为保证钢筋与混凝土之间具有足够的黏结力和便于浇注混凝土，梁的上部纵向钢筋的净距不应小于30mm和1.5d(d 为纵向钢筋的最大直径)，下部纵向钢筋的净距不应小于25mm和d(图12－10)，梁的下部纵向钢筋配置多于两层时，钢筋水平方向的中距应比下面两层的中距增大1倍。

箍筋　主要是用来承受由剪力和弯矩在梁内引起的主拉应力，同时还可固定纵向受力钢筋。并和其他钢筋一起形成立体的钢筋骨架(图12-11)。

箍筋形式有封闭箍、开口箍两种。当梁中配有计算确定的纵向受压钢筋时，箍筋应为封闭箍；只有在梁板整体浇注的肋形楼盖T形截面梁中，当不承受扭矩和动荷载时，在跨中截面上部受压区的区段内，才允许设置开口箍。

箍筋的肢数有单肢、双肢复合箍(多肢箍)等，箍筋一般采用双肢箍。当梁的宽度 $b > 400$mm且一层内的纵向受压钢筋多于3根时；或当梁的宽度

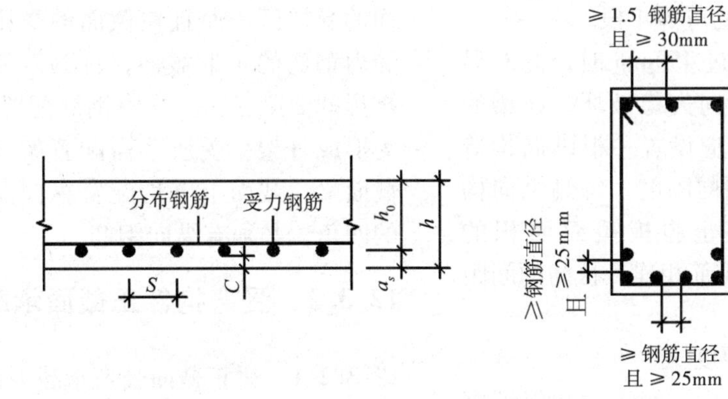

图 12－10 混凝土保护层和截面有效高度

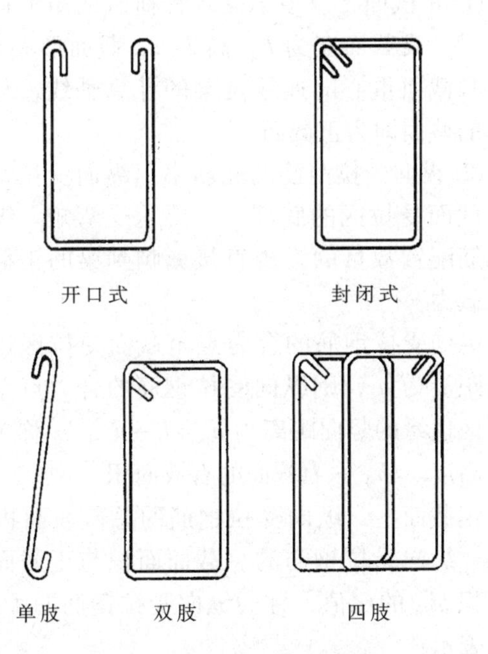

图 12－11 箍筋的形式和肢数

b≤400mm 但一层内的纵向受压钢筋多于 4 根时，应设置复合箍筋。

箍筋的直径应由计算确定，同时，为使箍筋与纵筋联系形成的钢筋骨架有一定的刚性，因此箍筋直径不能太小。《规范》规定：截面高度 h≤800mm 的梁，不宜小于 6mm；截面高度 h>800mm 的梁，不宜小于 8mm。梁中配有计算需要的纵向受压钢筋时，箍筋直径还应不小于 d/4（d 为纵向受压钢筋最大直径）。

箍筋的间距应由计算确定，同时，梁中纵向受力钢筋搭接长度范围内的箍筋最大间距应符合表 12－1 规定。

表 12－1 梁中箍筋最大间距 mm

梁高 h	$V>0.7f_tbh_0$	$V\leq0.7f_tbh_0$
150<h≤300	150	200
300<h≤500	200	300
500<h≤800	250	350
h>800	300	400

如按计算不需设置箍筋时，应满足下列构造规定：当梁高 h≤150mm 时，可不设置箍筋；150mm≤h≤300mm 时，可仅在梁端部各 1/4 跨度范围内设置，但当在梁中部 1/2 跨度范围内有集中荷载作用时，则应沿梁跨全长设置箍筋；h>300mm 时，应沿梁全长设置箍筋。

弯起钢筋 其数量、位置由计算确定，一般由纵向受力钢筋弯起而成（图 12－9），当纵向受力钢筋较少，不足以弯起时，也可设置单独的弯起钢筋。弯起钢筋的作用是：其弯起段用来承受弯矩和剪力产生的主拉应力；弯起后的水平段可承受支座处的负弯矩。弯起钢筋的弯起角度：当梁高 h<800mm 时，采用 45°；当梁高 h≥800mm 时，采用 60°。

架立钢筋 设置在梁的受压区外缘两侧，用来固定箍筋和形成钢筋骨架。如受压区配有纵向受压钢筋时，则可不再配置架立钢筋。架立钢筋的直径与梁的跨度有关：当跨度小于 4m 时，不小于 8mm；当跨度在 4～6m 时，不小于 10mm；跨度大于 6m 时，不小于 12mm。

当采用绑扎骨架配筋时，架立钢筋最少为 2

根；采用四肢箍时，架立钢筋应为4根。

当梁的截面腹板高度超过450mm时，此时梁比较单薄，为防止其发生侧向失稳破坏，在梁的两侧面沿高度每隔200mm，应设置一根纵向构造钢筋(也叫腰筋)，以加强侧向刚度，每侧纵向构造钢筋的截面面积不应小于腹板截面面积的0.1%，并用直径为6mm的拉筋相连，拉筋的间距一般为箍筋间距的2倍。

(3)混凝土最小保护层厚度

① 混凝土保护层　为防止钢筋锈蚀和保证钢筋与混凝土的黏结，梁、板的受力钢筋均应有足够的混凝土保护层。如图12－10所示，混凝土保护层应从钢筋的外边缘起算。受力钢筋的混凝土保护层最小厚度，根据钢筋混凝土结构所处环境类别(见附表1)按附表2采用。

② 截面的有效高度h_0　计算梁、板承载力时，因为混凝土开裂后，拉力完全由钢筋承担，则梁、板能发挥作用的截面高度应为从受压混凝土边缘至受拉钢筋截面形心的距离，这一距离称为截面有效高度，用h_0表示(图12－10)。所以h_0的取用为：

梁　一排钢筋时　$h_0 = h - c - \varphi - d/2$(mm)

两排钢筋时　$h_0 = h - c - \varphi - d - 25/2$(mm)

板　$h_0 = h - c - d/2$(mm)

式中：h——截面总高度(mm)；

c——保护层厚度(mm)；

d——纵筋直径(mm)；

φ——箍筋直径(mm)。

在设计计算时，由于钢筋的直径尚未选定，在正常环境下，取梁的保护层$c=25$mm，箍筋直径按8mm估计，钢筋直径按$d=22$mm估计，板的保护层$c=15$mm，钢筋直径按$d=10$mm估计，所以设计计算时h_0可按如下近似数值取用：

梁　一排钢筋时　$h_0 = h - 45$(mm)

两排钢筋时　$h_0 = h - 70$(mm)

板　$h_0 = h - 20$(mm)

(4)纵向钢筋在梁截面上的布置

矩形截面通常分为单筋矩形截面和双筋矩形截面两种形式。只在截面的受拉区配有纵向受力钢筋的矩形截面，称为单筋矩形截面。不但在截面的受拉区，而且在截面的受压区同时配有纵向受力钢筋的矩形截面，称为双筋矩形截面。单筋矩形截面梁，纵向受力钢筋配置在截面受拉一侧，为形成骨架，受压区需配置架立钢筋。双筋矩形截面梁，截面上下均配置纵向受力钢筋，在箍筋的四角，必须有纵向钢筋。

12.3.2　受弯构件正截面承载力的计算

12.3.2.1　梁正截面受弯承载力简介

(1)梁正截面受弯承载力的试验研究

① 正截面　一根承受各种荷载的矩形截面的简支梁，梁截面宽为b，高为h，截面形心在$A/2$处，各截面重心的连线是梁的计算轴线，与轴线垂直的截面即为正截面。

② 纵向受拉钢筋的配筋率　纵向受拉钢筋位于正截面受拉区的底部，主要承受弯矩。纵向受拉钢筋配置数量的多少直接影响到梁的正截面抗弯承载力。

纵向受拉钢筋的合力点至截面受拉区边缘的竖向距离为a_s，则纵向受拉钢筋的合力点至截面受压区边缘的竖向距离为$h_0 = h - a_s$，h_0称为截面有效高度。bh_0称为截面的有效面积。

正截面上，纵向受拉钢筋的总截面面积用A_s表示。纵向受拉钢筋的总截面面积与正截面的有效面积bh_0的比值，称为纵向受拉钢筋的配筋率，用ρ表示：

$$\rho = \frac{A_s}{bh_0} \tag{12.1}$$

式中：A_s——纵向受拉钢筋总截面面积(mm^2)；

b——矩形截面宽度(mm)；

h_0——矩形截面有效高度(mm)。

(2)适筋梁正截面受弯破坏的3个阶段

对混凝土这种非弹性材料与钢筋复合形成的梁，它的正截面抗弯承载力计算，国内外学者都做了大量的试验研究。现在就将这些研究成果介绍如下：

① 适筋梁试验　配筋率比较适当的梁称为适筋梁。图12－12是一根简支的矩形截面试验梁。在跨度的三分点处两点加载，荷载为P，跨长为

L_0。于是在跨度的中部形成纯弯段，在纯弯段内承受的弯矩 $M=PL_0/3$。

梁的跨中挠度 f 是3支百分表量测的，一支放在跨中点，另外的两支放在支座处，这样可以较准确地计算梁的挠度。另外在纯弯段的中心区段用应变仪量测截面表面纵向纤维的平均应变，用逐级加载法由零荷载一直加到梁的破坏。

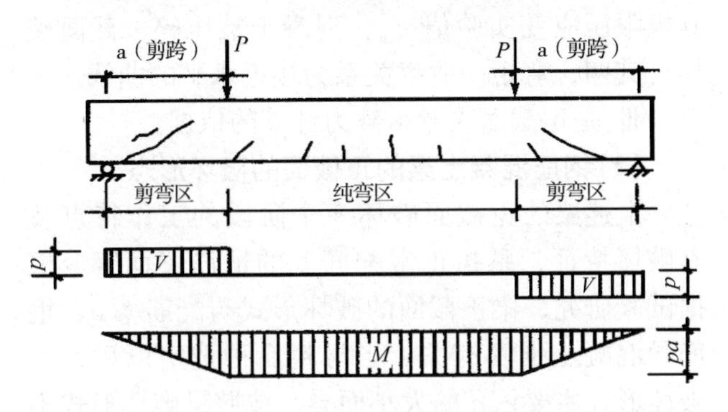

图12－12 钢筋混凝土试验梁

② 适筋梁破坏的3个阶段

第一，混凝土开裂前的未裂阶段 刚开始加载时，由于弯矩很小，沿梁高量测到的梁截面上各个纤维应变也小，且应变沿梁截面高度为直线变化，即符合平截面假定（图12－13）。由于应变很小，此时梁的工作情况与匀质弹性体梁相似，混凝土基本上处于弹性工作阶段，应力与应变成正比，受压区和受拉区混凝土应力分布图形为三角形。

随着弯矩增大，应变也随之加大，但其变化仍符合平截面假定，由于混凝土抗拉能力远较抗压能力弱，故在受拉区边缘处混凝土首先表现出应变比应力增长速度快的塑性特征。受拉区应力图形开始偏离直线而逐步变弯。弯矩继续增大，受拉区应力图形中曲线部分的范围不断沿梁高向上发展。

在弯矩 M^0 即将达到 M_{cr}^0 时，受拉区边缘纤维的应变值即将到达混凝土受弯时的极限拉应变实验值 ε_{tu}^0，截面处于即将开裂状态，称为第Ⅰ阶段末，用 I_a 表示。这时受压区边缘纤维应变量测值相对还很小，故受压区混凝土基本上处于弹性工作阶段，受压区应力图形接近三角形，而受拉区应力图形则呈曲线分布。

第Ⅰ阶段的特点是：其一，混凝土没有开裂；其二，受压区混凝土的应力图形是直线，受拉区混凝土的应力图形在第Ⅰ阶段前期是直线，后期是曲线；其三，弯矩与截面曲率基本上是直线关系。

I_a 是受弯构件抗裂度的计算依据。

第二，混凝土开裂后至钢筋屈服前的裂缝阶段 当 $M^0=M_{cr}^0$ 时（M_{cr}^0 为开裂弯矩），在纯弯段抗拉能力最薄弱的某一截面处，受拉区边缘纤维的拉应变值到达混凝土极限拉应变实验值 ε_{cu}^0 时，将首先出现第一条裂缝，一旦开裂，梁即由第Ⅰ阶段转入第Ⅱ阶段工作。

在裂缝截面处，混凝土一开裂，就把原先由

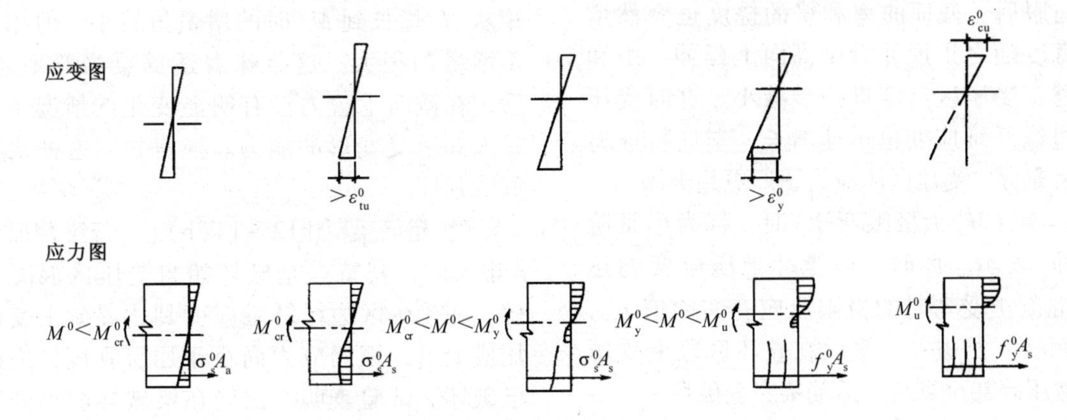

图12－13 梁各阶段截面应力分布

它承担的那一部分拉力传给钢筋，使钢筋应力突然增大许多，故裂缝出现时梁的挠度和截面曲率都突然增大，同时裂缝具有一定的宽度，并将沿梁高延伸到一定的高度。裂缝截面处的中和轴位置也将随之上移，在中和轴以下裂缝尚未延伸到的部位，混凝土虽然仍可承受一小部分拉力，但受拉区的拉力主要已由钢筋承担。

弯矩再增大，截面曲率加大，主裂缝开展越来越宽。由于受压区混凝土应变不断增大，受压区混凝土应变增长速度比应力增长速度快，塑性性质表现得越来越明显，受压区应力图形呈曲线变化。当弯矩 M^0 继续增大到使受拉钢筋应力即将到达屈服强度 f_y^0 时，称为第Ⅱ阶段末，用Ⅱ$_a$表示。

第Ⅱ阶段是截面混凝土裂缝发生、开展的阶段，在此阶段中梁是带裂缝工作的。其受力特点是：其一，在裂缝截面处，受拉区大部分混凝土退出工作，拉力主要由纵向受拉钢筋承担，但钢筋没有屈服；其二，受压区混凝土已有塑性变形，但不充分，压应力图形为只有上升段的曲线；其三，弯矩与截面曲率是曲线关系，截面曲率与挠度的增长加快了。

Ⅱ$_a$是使用阶段验算变形和裂缝开展宽度的依据。

第三，钢筋开始屈服至截面破坏的破坏阶段

纵向受力钢筋屈服后，即 $M^0 = M_y^0$(M_y^0 为屈服弯矩)，梁就进入第Ⅲ阶段工作。

钢筋屈服后，截面曲率和梁的挠度也突然增大，裂缝宽度随之扩展并沿梁高向上延伸，中和轴继续上移，受压区高度进一步减小。这时受压区混凝土边缘纤维应变也迅速增长，塑性特征将表现得更为充分，受压区压应力图形更趋丰满。

当 $M^0 = M_u^0$(M_u^0 为极限弯矩)时，称为第Ⅲ阶段末，用Ⅲ$_a$表示。此时，边缘纤维压应变到达(或接近)混凝土受弯时的极限压应变实验值 ε_{cu}^0，标志着截面已开始破坏。最后在破坏区段上受压区混凝土被压碎甚至剥落，适筋梁完全破坏。

在第Ⅲ阶段整个过程中，钢筋所承受的总拉力大致保持不变，但由于中和轴逐步上移，内力臂 Z 略有增加，故截面极限弯矩 M_u^0 略大于屈服弯矩 M_y^0。可见第Ⅲ阶段是截面的破坏阶段，破坏始于纵向受拉钢筋屈服，终结于受压区混凝土压碎。其特点是：其一，纵向受拉钢筋屈服，拉力保持为常值；裂缝截面处，受拉区大部分混凝土已退出工作，受压区混凝土压应力曲线图形比较丰满，有上升段曲线，也有下降段曲线；其二，弯矩还略有增加；其三，受压区边缘混凝土压应变达到其极限压应变实验值 ε_{cu}，混凝土被压碎，截面破坏；其四，弯矩—曲率关系为接近水平的曲线。

Ⅲ$_a$是正截面受弯承载力计算的依据。

(3)钢筋混凝土梁的正截面的破坏形态

上述梁的正截面破坏3个阶段的工作特点及其破坏特征，系指正常配筋率的适筋梁而言。根据试验研究，梁正截面的破坏形式与配筋率 ρ、钢筋和混凝土强度有关。当材料品种选定以后，其破坏形式主要依 ρ 的大小而异。按照梁破坏形式不同，可将其划分为以下3类：

① 适筋梁[图12－14(a)]　如前所述，这种梁的特点是破坏始自受拉区钢筋的屈服。在钢筋应力到达屈服强度之初，受压区边缘纤维应变尚小于受弯时混凝土极限压应变。在梁完全破坏以前，由于钢筋要经历较大的塑性伸长，随之引起裂缝急剧开展和梁挠度的激增，它将给人以明显的破坏预兆，习惯上常把这种梁的破坏叫作“延性破坏”。

对应于Ⅱ$_a$时的弯矩 M_y 的曲率设为 φ_y，对应于 M_u 时的极限弯矩梁的曲率为 φ_u。由图可知，弯矩从 M_y 增长到 M_u 时的增量虽较小，但相应的曲率增量却很大。这意味着适筋梁当弯矩超过 M_y 后，在截面承载力没有明显变化的情况下，具有较大的承受变形的能力。换言之，这种梁具有较好的延性。

② 超筋梁[图12－14(b)]　若梁截面配筋率 ρ 很大时，其特点是破坏始自受压区混凝土的压碎。在受压区边缘纤维应变到达混凝土受弯极限压应变时，钢筋应力尚小于屈服强度，但此时梁已破坏。试验表明，钢筋在梁破坏前仍处于弹性工作阶段，裂缝开展不宽，延伸不高。总之，它在没有明显预兆的情况下由于受压区混凝土突然压碎而破坏，故习惯上常称为“脆性破坏”。

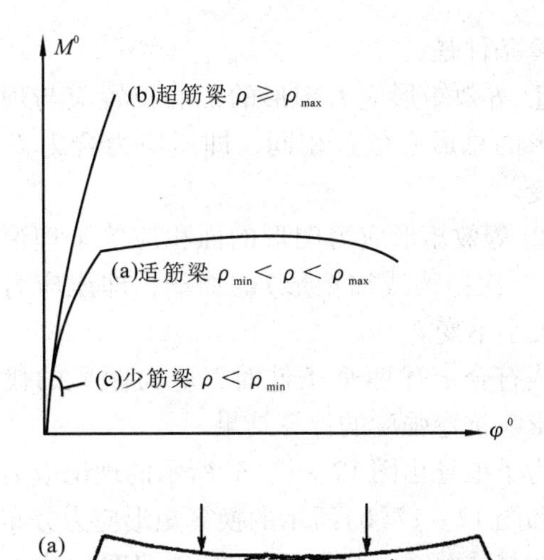

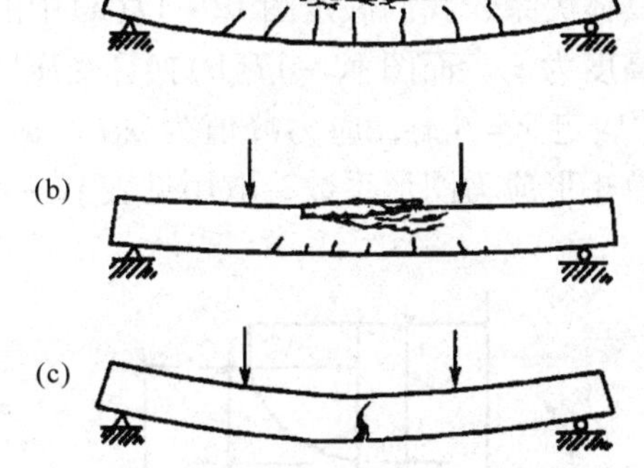

图12-14 梁正截面的3种破坏形式

超筋梁虽配置过多的受拉钢筋，但由于其破坏时钢筋应力低于屈服强度，不能充分发挥作用，造成钢材的浪费。这个不仅不经济，破坏前也毫无预兆，故设计中不允许采用这种梁。

比较适筋梁和超筋梁的破坏，可以发现，两者的差异在于：前者破坏始自受拉钢筋；后者则始自受压区混凝土。显然，当钢筋和混凝土强度确定之后，一根梁总会有一个特定的配筋率 ρ_{max}。它使得钢筋应力到达屈服强度的同时受压区边缘纤维应变也恰好到达混凝土受弯时极限压应变值。这种梁的破坏叫作“界限破坏”，即适筋梁与超筋梁的界限，在国外多称为“平衡配筋梁”。鉴于安全和经济的原因，在实际工程中不允许采用超筋梁，那么这个特定配筋率 ρ_{max} 实质上就限制了适筋梁的最大配筋率。梁的实际配筋率 $\rho<\rho_{max}$ 时，破坏始自钢筋的屈服；$\rho>\rho_{max}$ 时，破坏始自受压区混凝土的压碎；$\rho=\rho_{max}$ 时，受拉钢筋应力到达屈服强度的同时受压区混凝土压碎而梁立即破坏。

“界限破坏”的梁，在实际试验中是很难做到的。因为尽管严格控制施工质量、材料、实际强度也会和设计时所预期的选用数值有所不同。无疑，截面尺寸和材料强度的差异，都会在一定程度上导致梁破坏形式的不同。

③ 少筋梁[图12-14(c)] 当梁的配筋率 ρ 很小时称少筋梁。其特点在于：梁破坏时的极限弯矩 M_u 小于在正常情况下的开裂弯矩 M_{cr}。梁配筋率 ρ 越小，$(M_{cr}-M_u)$ 的差值越大；ρ 越大(但仍在少筋梁范围内)，$(M_{cr}-M_u)$ 的差值越小。当 $M_{cr}-M_u=0$ 时，从原则上讲，它就是少筋梁与适筋梁的界限。这时的配筋率就是适筋梁最小配筋率的理论值 ρ_{min}。在这种特定配筋情况下，梁一旦开裂钢筋应力立即达到屈服强度。

少筋梁破坏时，裂缝往往集中出现一条，不仅开展宽度很大，且沿梁高延伸较高。即使受压区混凝土暂未压碎，但因此时裂缝宽度大于1.5mm甚至更大，已标志着梁的“破坏”。

单纯从满足承载力需要考虑，少筋梁的截面尺寸会选定得过大，故不经济；同时，它的承载力取决于混凝土的抗拉强度，属于“脆性破坏”性质，故在土木工程结构中不允许采用。

(4)正截面承载力计算的基本假定

① 构件正截面在弯曲变形后依然保持平面，即截面中的应变按线性规律分布；

② 不考虑截面受拉区混凝土承担拉力，即认为拉力全部由受拉钢筋承担；

③ 如图12-15所示，当混凝土的压应变 $\varepsilon_c \leq \varepsilon_0$ 时，应力与应变关系曲线为抛物线；$\varepsilon_c>\varepsilon_0$ 时，应力与应变关系曲线为水平线，其极限压应变取 ε_{cu}。图12-15所示的混凝土应力应变曲线的数学表达式可以写成：

当 $0 \leq \varepsilon_c \leq \varepsilon_0$

$$\sigma_c=f_c\left[1-\left(1-\frac{\varepsilon_c}{\varepsilon_0}\right)^n\right] \tag{12.2}$$

当 $\varepsilon_0 \leq \varepsilon_c \leq \varepsilon_{cu}$

$$\sigma_c=f_c \tag{12.3}$$

式中：f_c——混凝土轴心抗压强度；

ε_c——受压区混凝土压应变；

σ_c——对应于混凝土压应变为 ε_c 时的混凝土压应力；

ε_0——对应于混凝土压应力刚达到f_c时的混凝土压应变，当计算的ε_0值小于0.002时，应取为0.002。

④ 纵向受拉钢筋的应力取等于其抗拉强度的设计值f_y，极限拉应变取0.01(图12－16)。

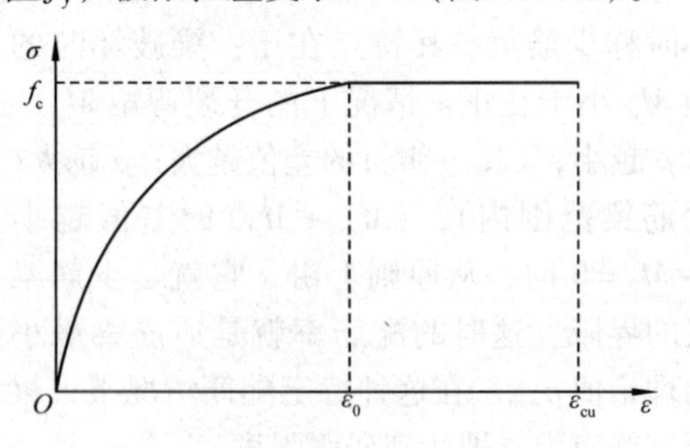

图12－15　混凝土的应力—应变关系

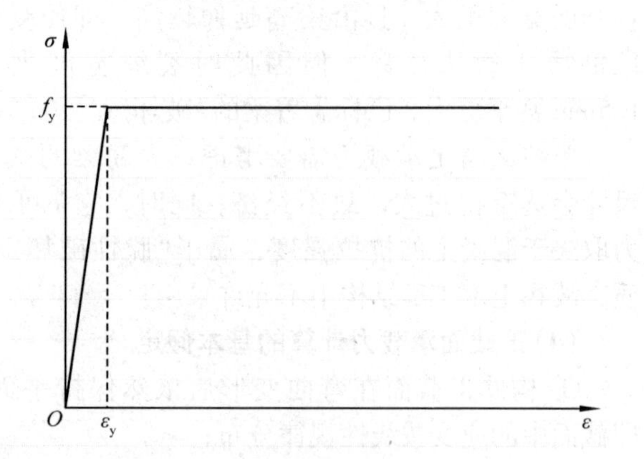

图12－16　钢筋的应力—应变关系

(5)受压区混凝土应力计算图形

利用上述假设虽然可以计算出截面的抗弯强度，但计算过于复杂，在实际设计工作中，特别是采用手算时难以接受。国内外规范多采用将压区混凝土应力图形简化为等效矩形应力图形的实用计算方法。因为从承载力设计角度来看，确定受压区的实际应力分布图形的意义并不大，而更加关心的问题是受压区应力图的合力大小及其作用点。其具体做法是采用图12－17所示的等效矩形应力图形来代替二次抛物线加矩形的应力图形。其换算条件是：

① 等效矩形应力图形的形心位置应与理论应力图形的总形心位置相同，即压应力合力C的位置不变。

② 等效矩形应力图形的面积应等于理论应力图形(二次抛物线加矩形)的面积，即压应力合力C的大小不变。

当符合上述两个条件时，应力图形的代换就不会影响抗弯强度的计算结果。

为了推导出图12－17(a)所示的理论应力分布图形和图12－17(b)所示的换算矩形应力分布图形之间的具体关系，我们假定图12－17(a)中的理论受压区高度为x_c，而图12－17(b)换算受压区高度为x，并假定$x=\beta_1 x_c$，应力峰值为$\alpha_1 f_c$，α_1和β_1称为等效矩形应力图形系数，取用见表12－2。

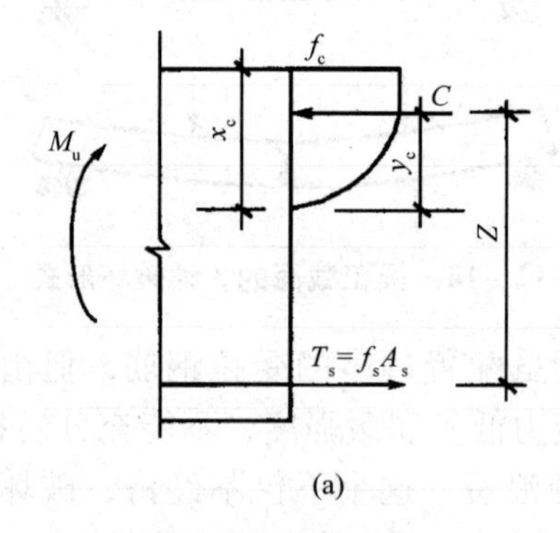

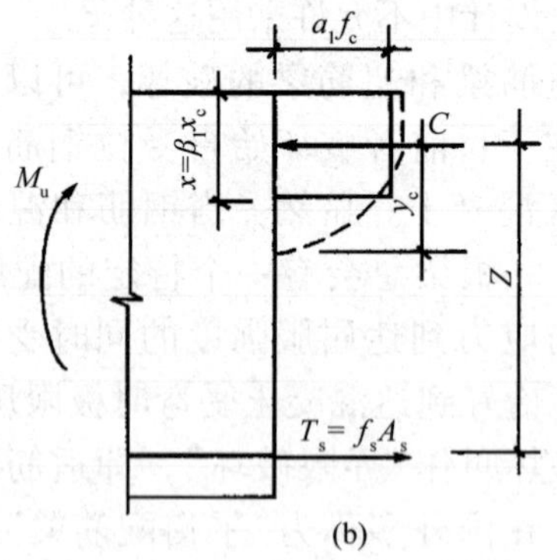

图12－17　受压区混凝土应力分布图形的简化

表12－2　混凝土受压区等效矩形应力图系数

混凝土强度等级	≤C50	C55	C60	C65	C70	C75	C80
α_1	1	0.99	0.98	0.97	0.96	0.95	0.94
β_1	0.8	0.79	0.78	0.77	0.76	0.73	0.74

(6)界限相对受压区高度

适筋梁与超筋梁的界限为“平衡配筋梁”，对有明显屈服点的钢筋来说，梁破坏时钢筋应力到达屈服的同时受压区混凝土边缘纤维应变也恰好达到混凝土受弯时的极限压应变 ε_{cu}。平衡配筋梁中的受压区高度即为界限受压区高度 x_{cb}。

如图12－18所示，设钢筋开始屈服时的应变为 ε_y，则

$$\varepsilon_y = f_y / E_s \tag{12.4}$$

式中：E_s——钢筋的弹性模量。

设界限破坏时受压区的真实高度为 x_{cb}，则有

$$\frac{x_{cb}}{h_0} = \frac{\varepsilon_{cu}}{\varepsilon_{cu} + \varepsilon_y} \tag{12.5}$$

矩形应力分布图形的折算受压区高度 $x = \beta_1 x_c$，亦即界限破坏时折算受压区高度 $x_b = \beta_1 x_{cb}$，代入上式可得：

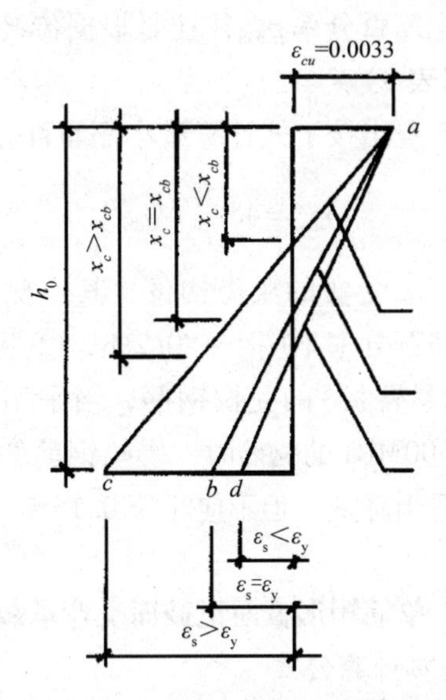

图12－18 适筋梁破坏、超筋梁破坏和界限破坏时的截面平均应变图

表12－3 相对界限受压区高度 ξ_b

混凝土强度等级	≤C50	C55	C60	C65	C70	C75	C80
HPB300级钢筋	0.576	0.566	0.556	0.547	0.537	0.528	0.518
HRB335、HRBF335级钢筋	0.550	0.541	0.531	0.522	0.512	0.503	0.493
HRB400、HRBF400、RRB400级钢筋	0.518	0.508	0.499	0.490	0.481	0.472	0.463
HRB500、HRBF500、RRB500级钢筋	0.482	0.473	0.464	0.455	0.447	0.438	0.429

$$\frac{x_b}{\beta_1 h_0} = \frac{\varepsilon_{cu}}{\varepsilon_{cu} + \varepsilon_y} \tag{12.6}$$

设 $\xi = \frac{x}{h_0}$，称 ξ 为相对受压区高度，则 ξ_b 为界限相对受压区高度：

$$\xi_b = \frac{x_b}{h_0} = \frac{\beta_1}{1 + \frac{f_y}{\varepsilon_{cu} E_s}} \tag{12.7}$$

由上式可见，界限相对受压区高度与截面尺寸无关，仅与材料性能有关，将相关数值 f_y、ε_{cu}、E_s、β_1 代入上式，即可求出 ξ_b。ξ_b 亦可查表得出，见表12－3。

当 $\xi = \xi_b$ 时，与之对应的配筋率就是适筋梁与超筋梁的界限配筋率，亦即适筋梁的最大配筋率 ρ_{max} 值。

$$\rho_{max} = \frac{x_b}{h_0} \times \frac{\alpha_1 f_c}{f_y} = \xi_b \frac{\alpha_1 f_c}{f_y} \tag{12.8}$$

当梁相对受压区高度 $\xi < \xi_b$ 时，或 $\rho < \rho_{max}$，属于适筋梁或少筋梁；若 $\xi > \xi_b$ 时，或 $\rho > \rho_{max}$，属于超筋梁。

(7)适筋梁与少筋梁的界限及最小配筋率

少筋破坏的特点是梁一裂就坏，所以从理论上讲，受拉钢筋的最小配筋百分率 ρ_{min} 应是这样确定的：钢筋混凝土受弯构件正截面受弯极限承载力与按 $\mathrm{I_a}$ 阶段计算的素混凝土受弯构件正截面受弯承载力两者相等。但是，考虑到混凝土抗拉强度的离散性，以及收缩等因素的影响，所以在实用

上，最小配筋百分率$\rho_{\min}$往往是根据传统经验得出的(参照附表5)。

附表5查出按下式计算最小配筋百分率：

$$\rho_{\min} = 45\frac{f_t}{f_y}(\%) \quad (12.9)$$

同时：①受弯的梁类构件，其一侧纵向受拉钢筋的配筋百分率不应小于0.2%；②板类受弯构件(不包括悬臂板)的受拉钢筋，当采用强度等级400MPa、500MPa的钢筋时，受拉钢筋的最小配筋百分率可适当降低，但不应小于0.15%。

12.3.2.2 单筋矩形截面正截面受弯承载力计算

(1)基本计算公式

根据截面强度计算的基本要求，对有可能产生弯曲破坏的正截面，设计弯矩M不应超过抗弯强度M_u，即：

$$M \leqslant M_u \quad (12.10)$$

根据图12-19的受力平衡以及前面的介绍可写出单筋矩形截面抗弯强度计算的基本公式：

$$\sum X = 0 \quad \alpha_1 f_c bx = f_y A_s \quad (12.11)$$

$$\sum M = 0 \quad M \leqslant M_u = \alpha_1 f_c bx\left(h_0 - \frac{x}{2}\right) \quad (12.12)$$

$$M \leqslant M_u = f_y A_s\left(h_0 - \frac{x}{2}\right) \quad (12.13)$$

式中：M——弯矩设计值；

f_c——混凝土轴心抗压强度设计值，见附表3；

f_y——钢筋的抗拉强度设计值，见附表4；

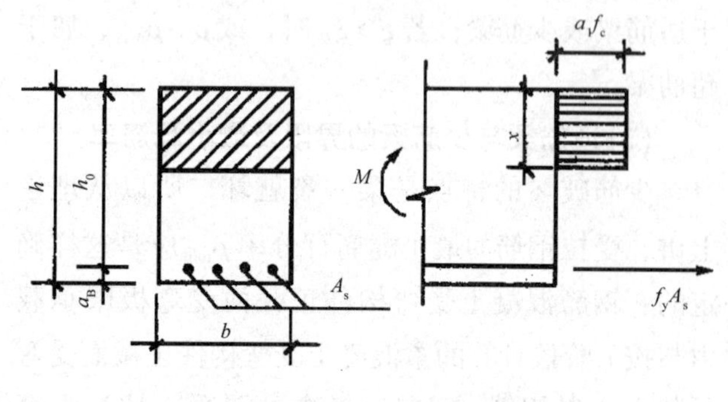

图12-19 单筋矩形截面梁

A_s——受拉钢筋截面面积；

b——截面宽度；

x——应力图形换算成等效矩形后的受压区高度；

h_0——截面有效高度；

α_1——等效矩形应力图形系数，查表12-2。

(2)适用条件及其意义

为了使所设计的截面保持在适筋梁的范围内，尚应满足以下两个条件。这两个条件也就是基本式(12.11)、式(12.12)和式(12.13)的适用条件。

① 适用条件1

$$\xi \leqslant \xi_b \quad (12.14)$$

或

$$x \leqslant x_b = \xi_b h_0 \quad (12.15)$$

或

$$\rho \leqslant \xi_b \frac{\alpha_1 f_c}{f_y} \quad (12.16)$$

式中ξ_b按表12-3采用。满足该条件，则可保证截面不发生超筋破坏。若将ξ_b代入式(12.12)，即可求得单筋矩形截面所能承担的最大弯矩$M_{u,\max}$。因此$M_{u,\max}$也就是在截面尺寸及材料强度已定时，单筋矩形截面充分配筋后所能发挥的最大抗弯能力。

$$M_{u\max} = \alpha_1 f_c bh_0^2 \xi_b(1 - 0.5\xi_b) \quad (12.17)$$

② 适用条件2

$$\rho \geqslant \rho_{\min} \quad (12.18)$$

$\rho_{\min}$取值规定详见附表5。满足该条件，则可保证截面不发生少筋破坏。

(3)系数计算方法

利用基本公式进行计算时，必须求解二次方程。这虽然不困难，但毕竟繁琐费时。为了简化计算，也常采用系数法，下面介绍一下其原理及应用方法。

把基本式(12.12)和式(12.13)按等式关系写出，即

$$M = \alpha_1 f_c bh_0^2 \frac{x}{h_0}(1 - 0.5\frac{x}{h_0}) = \alpha_1 f_c bh_0^2 \xi(1 - 0.5\xi)$$

$$M = f_y A_s h_0(1 - 0.5\frac{x}{h_0}) = f_y A_s h_0(1 - 0.5\xi)$$

令其中：$\alpha_s = \xi(1 - 0.5\xi)$

$$\gamma_s=(1-0.5\xi)$$

式中：γ_s——力臂系数，z 与 h_0 的比值；

α_s——截面抵抗矩形系数。

则代回原式可得到：

$M=\alpha_1 f_c b h_0^2 \alpha_s$，变形后为，

$$\alpha_s=\frac{M}{\alpha_1 f_c b h_0^2} \tag{12.19}$$

$M=f_y A_s h_0 \gamma_s$，变形后为，

$$A_s=\frac{M}{f_y \gamma_s h_0} \tag{12.20}$$

其中：

$$\xi=1-\sqrt{1-2\alpha_s} \tag{12.21}$$

$$\gamma_s=\frac{1+\sqrt{1-2\alpha_s}}{2} \tag{12.22}$$

12.3.2.3 正截面受弯承载力计算的两类问题

(1)截面设计

已知：弯矩设计值 M。

求：截面尺寸 b、h_0，材料强度 f_c、f_y 和截面配筋 A_s。

实际工程设计时，由于只有两个基本公式，而未知数却常不止两个，故截面设计的结果并非唯一解。设计人员应根据受力性能、材料供应、施工条件、使用要求等因素综合分析，确定较为经济合理的设计。

一般可先根据材料选用原则确定混凝土及钢筋的强度等级。构件的截面尺寸根据工程经验，常按经济高跨比来估计截面高度。

给定 M 时，截面尺寸 b、h 越大，所需 A_s 就越少，ρ 越小，但混凝土用量和模板费用增加，并影响使用净空高度；反之，b、h 越小，所需 A_s 就越大，ρ 增大。按照我国经验，梁的经济配筋率约为 $\rho=0.5\%\sim1.6\%$，板的经济配筋率约为 $\rho=0.4\%\sim0.8\%$。

选定材料强度 f_c、f_y，截面尺寸 b、$h(h_0)$后，未知数就只有 x、A_s，基本公式即可求解。

【例题12-1】 某公园茶室钢筋混凝土梁，计算简图为简支梁，计算跨度为 $l_0=5.7\text{m}$，承受均布荷载设计值 28.3N/mm(包括梁自重)，试确定梁的截面尺寸和配筋。

解：(1)选择材料

本例中选用 HRB355 钢筋作为受力钢筋，混凝土强度等级选用 C20。查附表4和附表3得 $f_y=300\text{N/mm}^2$，$f_c=9.6\text{N/mm}^2$。

(2)假定截面尺寸

本例中选用：

$$h=\frac{l}{12}=\frac{5700}{12}=475\text{mm} \quad \text{取 } h=500\text{mm}$$

$$b=\frac{1}{3}h=170\text{mm} \quad \text{取 } b=200\text{mm}$$

(3)内力计算

由力学分析知简支梁跨中为控制截面，所受弯矩最大，弯矩设计值为

$$M=\frac{1}{8}ql_0{}^2=\frac{1}{8}\times28.5\times5.7^2=114.93\text{kN}\cdot\text{m}$$

(4)配筋计算

在钢筋直径尚未选定时，可先估算截面有效高度 h_0。本例估算梁内只配一排受拉筋：

$$h_0=h-45=500-45=455\text{mm}$$

将各已知值代入基本式(12.11)和式(12.12)

$$\begin{cases}\alpha_1 f_c bx=f_y A_s\\ M_u=\alpha_1 f_c bx(h_0-\dfrac{x}{2})\end{cases}\text{，则得}$$

$$\begin{cases}1.0\times9.6\times200x=300A_s\\ 114.93\times10^6=1.0\times9.6\times200x(455-\dfrac{x}{2})\end{cases}$$

解出 $x=160$ $A_s=1021\text{mm}^2$

查附表 选用 2⌀20+1⌀25 $A_s=1119\text{mm}^2$

(5)验算适用条件

$$\rho=\frac{A_s}{bh_0}\times100\%=\frac{1119}{200\times455}\times100\%=1.2\%$$

$$\rho_{\max}=\xi_b\frac{\alpha_1 f_c}{f_y}=0.55\times\frac{1\times9.6}{300}=1.76\%$$

$$\rho_{\min}=(45\frac{f_t}{f_y})\%=(45\times\frac{1.27}{300})\%=0.19\%$$

且规定 $\rho_{\min}\geqslant0.2\%$，取 $\rho_{\min}=0.2\%$

所以，$\rho_{\min}<\rho<\rho_{\max}$ 满足适用条件。

从上例可以看出，截面设计问题并非仅有一个单一解，当 M、f_c 和 f_y 已定时，如果选择不同

的截面尺寸，就会求得不同的配筋量。截面尺寸越大(特别是 h 越大)，所需钢筋就越少。根据经验，在满足适筋梁要求的整个范围内，截面选得过大或过小都会使造价相对提高。

(2)截面复核

已知：截面尺寸 b、h_0、配筋量 A_s，材料强度等级(即相应的 f_c 和 f_y)

求：计算截面所能承担的弯矩 M_u，或复核截面承受某个设计弯矩 M 是否安全。

未知数只有受压区高度 x 和受弯承载力 M_u，基本公式即可求解 M_u。求出 M_u 后，与已知的弯矩设计值比较，以确定构件是否安全。但若 M_u 大于 M 太多，则该截面设计不经济。

【例题12-2】 某公园小卖店中的一根矩形截面钢筋混凝土简支梁，计算跨度 $l_0=6.0$m，板传来的均布荷载设计值(包括自重)为33.7kN/m，梁的截面尺寸为200×500mm，混凝土的强度等级为C20，纵向受力钢筋为HRB335级(3Φ25)，面积为 $A_s=1473\text{mm}^2$，问截面的承载力是否足够?

解：本例采用查表法计算

(1)内力计算

梁的跨中截面为控制界面，弯矩设计值为：

$$M=ql_0{}^2/8=33.7\times6^2/8=151.65\text{kN}\cdot\text{m}$$
$$=151.65\times10^6\text{N}\cdot\text{mm}$$

(2)求 ξ

本例中选用HRB335钢筋作为受力钢筋，混凝土强度等级选用C25。查附表4和附表3得 $f_y=300\text{N/mm}^2$，$f_c=11.9\text{N/mm}^2$。

查附表1和附表2得混凝土保护层 $c=25$mm，则

$$h_0=h-c-\varphi-d/2=500-25-8-25/2=456.5\text{mm}$$

由

$$\xi=\frac{f_yA_s}{f_cbh_0}=\frac{300\times1473}{11.9\times200\times456.5}$$
$$=0.41<\xi_b=0.55$$

(3)求 M_u

$$M_u=\alpha_1f_cbh_0^2\xi(1-0.5\xi)$$
$$=1.0\times11.9\times200\times456.5^2\times0.41\times(1-0.5\times0.41)$$
$$=161.7\text{kN}\cdot\text{m}$$

(4)判别截面承载力

$$M=151.6\text{kN}\cdot\text{m}\leqslant M_u=161.7\text{kN}\cdot\text{m}$$

因此，截面的承载力足够。

12.3.2.4 T形截面正截面受弯承载力计算

(1)*T*形截面的定义及翼缘计算宽度

矩形截面受弯构件受拉区混凝土对于截面的抗弯强度起作用很小，反而增加构件自重。若将受拉区混凝土挖去一部分，并将钢筋布置得集中一些，就会形成T形截面。这样可以节约混凝土，减轻构件自重，使材料的利用更为合理。

T形截面是由翼缘和腹板(即梁肋)两部分组成的。通常用 h_f' 和 b_f' 来分别表示受压翼缘的厚度和宽度，而用 h 和 b 表示梁高和腹板厚度(或称肋宽)。工字形截面受拉区翼缘不参加受力，因此也按T形截面进行计算。显然，T形截面的受压区翼缘宽度越大，截面的受弯承载力也越高。因为 b_f' 增大可使受压区高度 x 减小，内力臂 $z=(h_0-\frac{x}{2})$ 增大。但试验及理论分析表明，与肋部共同工作的翼缘宽度是有限的。沿着翼缘宽度上的压应力分布如图12-20所示，距肋部越远翼缘参与受力的程度越小。计算上为了简化，假定距肋部一定范围以内的翼缘全部参加工作，而在这个范围以外的部分，则不考虑它参与受力，这个范围称为翼缘的计算宽度 b_f'，也叫有效翼缘宽度。它与翼缘厚度 h_f'、梁的计算跨度 l_0、受力情况(单独梁、肋形楼盖中的T形梁)等很多因素有关。《规范》对翼缘的计算宽度 b_f' 的规定如表12-4所列，确定 b_f' 时应取表中有关各项的最小值。

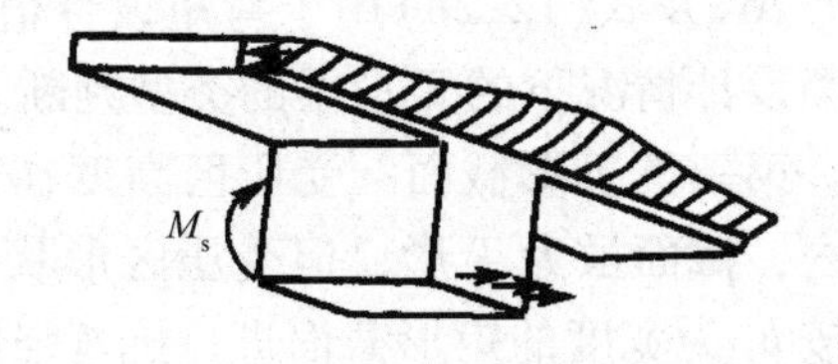

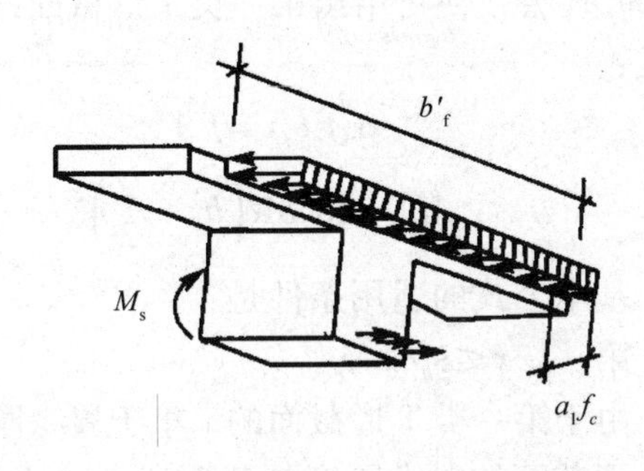

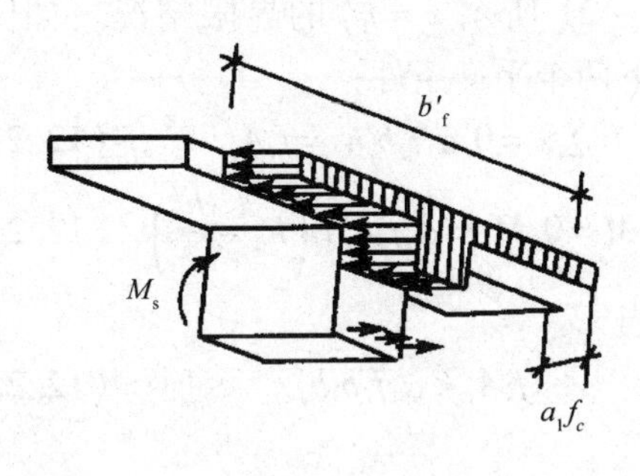

图 12－20　T 形截面受压翼缘应力分布

表 12－4　T 形及倒 L 形截面受弯构件翼缘计算宽度 b'_f

考虑情况	T 形截面		倒 L 形截面
	肋形梁（板）	独立梁	肋形梁（板）
按计算跨度 l_0 考虑	$l_0/3$	$l_0/3$	$l_0/6$
按梁（肋）净距 S_n 考虑	$b+S_n$	—	$b+S_n/2$
按翼缘高度考虑	$b+12h'_f$	b	$b+5h'_f$

注：① 表中 b 为梁的腹板宽度；

② 肋形梁在梁跨内设有间距小于纵肋间距的横肋时，可不考虑表中情况三的规定；

③ 对有加腋的 T 形和倒 L 形截面，当受压区加腋的高度 $h_h > h'_f$ 且 $b_h < 3h_h$ 加腋的宽度时，则其翼缘计算宽度可按表中情况三的规定分别增加 $2b_h$（T 形截面）和 b_h（倒 L 形截面）；

④ 独立梁受压区的翼缘板在荷载作用下经验算沿纵肋方向可能产生裂缝时，其计算宽度应取用腹板宽度 b。

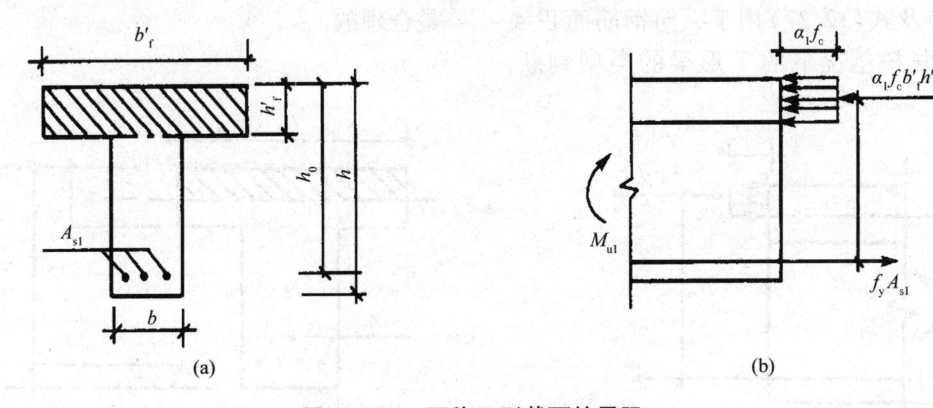

图 12－21　两种 T 形截面的界限

(2)T形截面正截面受弯承载力计算公式

①T形梁的两种类型　计算T形梁时，按中和轴位置不同，可分为两种类型：

第一种类型：中和轴在翼缘内，即 $x \leqslant h_f'$。

第二种类型：中和轴在梁肋内，即 $x > h_f'$。

为了鉴别T形梁应属于哪一种类型，首先分析一下图12－21所示 $x = h_f'$ 的界限情况。如图，可以建立如下两个平衡条件：

$$\sum x = 0 \quad \alpha_1 f_c b_f' h_f = f_y A_s \tag{12.23}$$

$$\sum M = 0 \quad M_u = \alpha_1 f_c b_f' h_f \left(h_0 - \frac{h_f'}{2} \right) \tag{12.24}$$

由此可知，当

$$f_y A_s < \alpha_1 f_c b_f' h_f' \tag{12.25}$$

或

$$M_u < \alpha_1 f_c b_f' h_f' \left(h_0 - \frac{h_f}{2} \right) \tag{12.26}$$

即翼缘高度内的混凝土受压足以与荷载产生的弯矩设计值相平衡，则 $x \leqslant h_f'$ 为第一类T形截面。

反之，若

$$f_y A_s \geqslant \alpha_1 f_c b_f' h_f' \tag{12.27}$$

或

$$M_u \geqslant \alpha_1 f_c b_f' h_f' \left(h_0 - \frac{h_f'}{2} \right) \tag{12.28}$$

说明仅仅翼缘高度内的混凝土受压尚不足以与钢筋的总拉力 $f_y A_s$ 或弯矩设计值 M 相平衡，则受压区高度将下移，$x > h_f'$ 属于第二类T形截面。

式(12.25)及式(12.27)用于纵向钢筋面积 A_s 为已知时截面复核情况下的T形梁的类型判断；式(12.26)及式(12.28)用于弯矩设计值 M 为给定时截面设计情况下的T形梁的类型判断。

②第一类T形截面　受压区高度在翼缘 $x \leqslant h_f'$ 范围内，截面虽为T形，但受压区形状仍为矩形，故可按 b_f' 为宽度的矩形截面进行抗弯强度计算(图12－22)，只要将单筋矩形截面基本公式中的梁宽 b 以 b_f' 代替，便可给出第一类T形截面的基本计算公式：

$$\alpha_1 f_c b_f' x = f_y A_s \tag{12.29}$$

$$M_u = \alpha_1 f_c b_f' x \left(h_0 - \frac{x}{2} \right) \tag{12.30}$$

基本公式的适用条件是：

第一，$x \leqslant \xi_b h_0$。

由于第一类T形截面的 x 小于翼缘厚度，而一般T形截面的翼缘厚度与截面高度之比都不太大，故受压区高度 x 通常都能满足上述适用条件而不必进行验算。

第二，$\rho \geqslant \rho_{min}$。

《钢筋混凝土结构设计规范》规定，T形截面的配筋率 ρ 应按下式计算：

$$\rho = \frac{A_s}{b h_0}$$

式中：b——肋宽。

这是因为如前面已经指出过的，该适用条件的本意是使开裂后截面的抗弯能力不低于开裂前截面的抗弯能力，而后者则主要取决于截面受拉区的形状。因此取肋宽 b 来确定T形截面的配筋率是合理的。

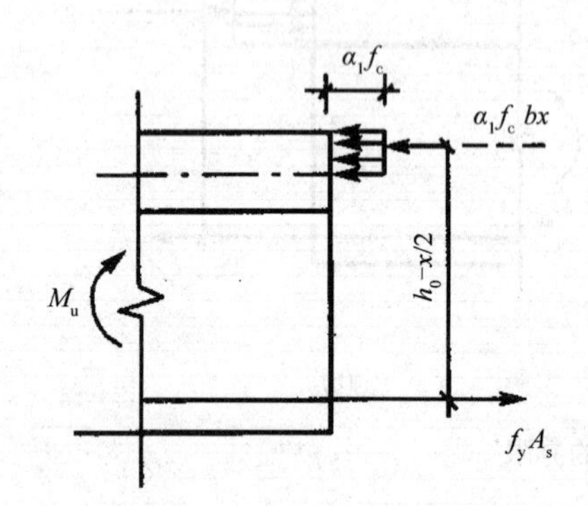

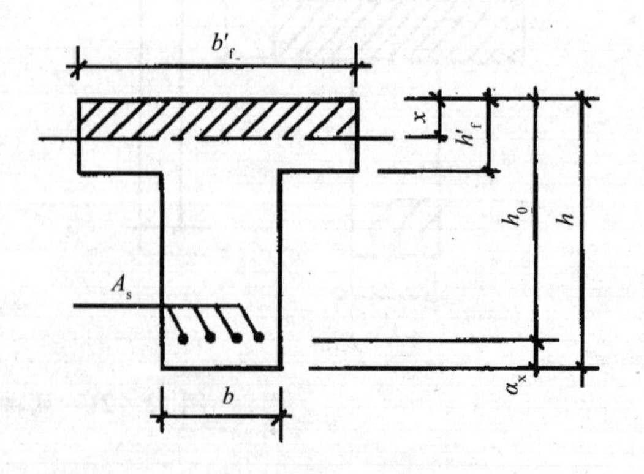

图12－22　第一类T形截面受弯承载力计算应力图

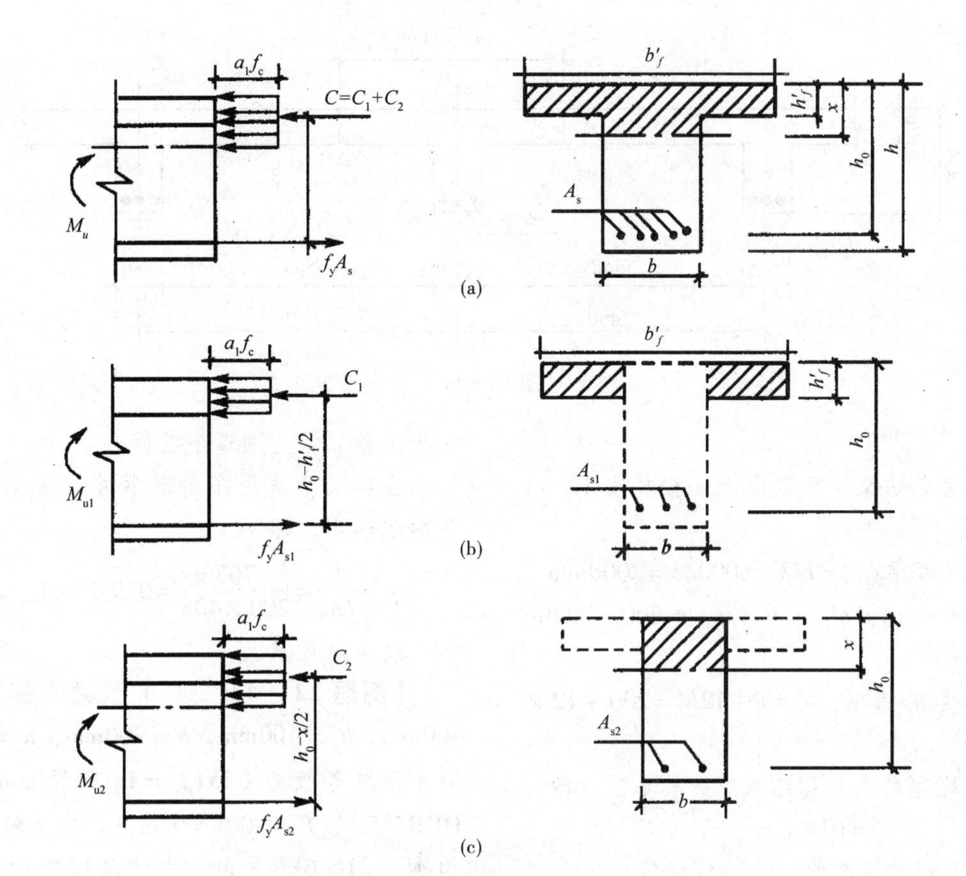

图 12－23　第二类 T 形截面受弯承载力计算应力图

③第二类 T 形截面　受压区进入梁肋部，即 $x>h'_f$ 时，由图 12－23 的截面平衡条件可写出：

$$\alpha_1 f_c bx+\alpha_1 f_c(b'_f-b)h'_f=f_yA_s \qquad (12.31)$$

$$M_u=M_{u1}+M_{u2} \qquad (12.32)$$

式中：M_{u1}——肋部矩形截面的受弯承载力［图 12－23(b)］；

M_{u2}——翼缘部分的受弯承载力［图 12－23(c)］。

其中：

$$M_{u1}=\alpha_1 f_c bx\left(h_0-\frac{x}{2}\right)=f_yA_{s1}\left(h_0-\frac{x}{2}\right) \qquad (12.33)$$

相应的受拉钢筋面积

$$A_{s1}=\alpha_1 f_c bx/f_y \qquad (12.34)$$

其中：

$$M_{u2}=\alpha_1 f_c(b'_f-b)h'_f\left(h_0-\frac{h'_f}{2}\right)=f_yA_{s2}\left(h_0-\frac{h'_f}{2}\right) \qquad (12.35)$$

相应的受拉钢筋面积

$$A_{s2}=\alpha_1 f_c(b'_f-b)h'_f/f_y \qquad (12.36)$$

受拉钢筋的总面积为 $A_s=A_{s1}+A_{s2}$

上述基本公式应满足：

第一，$x\leqslant\xi_b h_0$。

或

$$\rho_1=\frac{A_{s1}}{bh_0}\leqslant\rho_{1,\max}=\xi_b\frac{\alpha_1 f_c}{f_y}$$

或

$$M_{u1}\leqslant\alpha_1 f_c bh_0^2\xi_b(1-0.5\xi_b)$$

第二，$\rho\geqslant\rho_{\min}$ 由于第二类 T 形截面的受压区高度较大，故通常配筋较多，能够满足上述适用条件，而不必进行验算。

【例题 12－3】　某茶室采用钢筋混凝土肋梁楼盖，次梁的跨度为 6m，间距为 2.4m，截面尺寸如图 12－24 所示。跨中最大正弯矩 $M=80.8\text{kN}\cdot\text{m}$。混凝土强度等级为 C30($f_c=14.3\text{kN/mm}^2$)，钢筋为 HRB335 级($f_y=300\text{kN/mm}^2$)，试计算次梁受

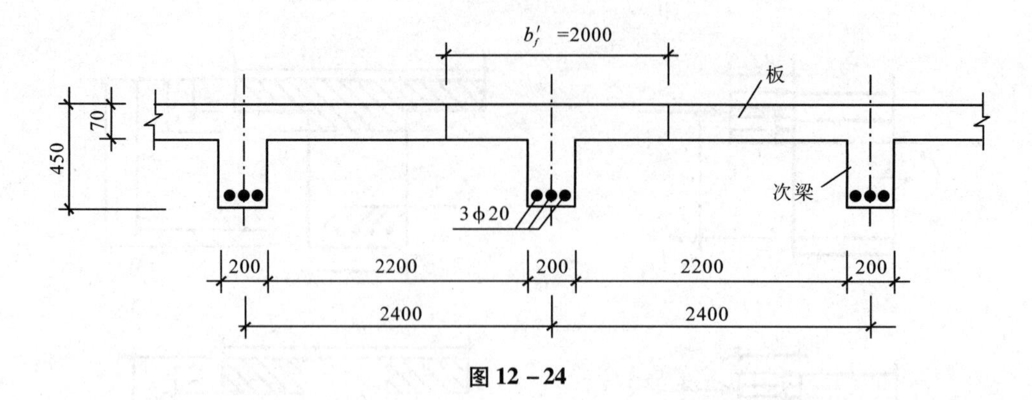

图 12-24

拉钢筋面积 A_s。

解：(1)确定翼缘计算宽度 b'_f：根据表 12-4 可得：

按梁跨度 l 考虑：$b'_f = l/3 = 6000/3 = 2000\text{mm}$

按梁净距考虑：$b'_f = b + s_n = 200 + 2200 = 2400\text{mm}$

按翼缘厚度 h'_f 考虑：$b'_f = b + 12h'_f = 200 + 12 \times 70 = 1040\text{mm}$

最后，翼缘宽度取计算结果中的较小值，即

$$b'_f = 1040\text{mm}$$

(2)判别 T 形截面类型

$$h_0 = 450 - 45 = 405\text{mm}$$

$$\alpha_1 f_c b'_f h'_f (h_0 - \frac{h'_f}{2}) = 1 \times 14.3 \times 1040 \times 70 \times (405 - 70/2) = 385.2\text{kN} \cdot \text{m} > 80.8\text{kN} \cdot \text{m}$$

故属于第一类 T 形截面。

(3)求受拉钢筋面积 A_s(采用系数法求解)

由式(12.19)得

$$\alpha_s = \frac{M}{\alpha_1 f_c b'_f h_0^2} = \frac{80\ 800\ 000}{1.0 \times 14.3 \times 1040 \times 405^2} = 0.033$$

求得

$$\gamma_s = \frac{1 + \sqrt{1 - 2\alpha_s}}{2} = 0.983$$

于是由式(12.20)得

$$A_s = \frac{M}{f_y \gamma_s h_0} = \frac{80\ 800\ 000}{300 \times 0.983 \times 405} = 677\text{mm}^2$$

实选 3 Φ 18($A_s = 763\text{mm}^2$)

(4)验算适用条件

第一类 T 形截面的受压区相对高度很小，因此无须验算第一项适用条件。

在第二项适用条件验算中，配筋率按梁肋有效面积确定，即

$$\rho = \frac{A_s}{bh_0} = \frac{763}{200 \times 405} = 0.9\% > \rho_{\min} = 0.2\%$$

故满足要求。

【例题 12-4】 某 T 形梁的截面尺寸 $b'_f = 400\text{mm}$，$h'_f = 100\text{mm}$，$b = 200\text{mm}$，$h = 500\text{mm}$。混凝土强度等级为 C25($f_c = 11.9\text{kN/mm}^2$)，钢筋为 HRB335 级($f_y = 300\text{kN/mm}^2$)。截面所承担的弯矩为 $M = 216.6\text{kN} \cdot \text{m}$，试计算所需的受拉钢筋面积 A_s。

解：(1)判别 T 形截面类型：

估计受拉钢筋须布置成两排，故取

$$h_0 = 500 - 70 = 430\text{mm}$$

$$\alpha_1 f_c b'_f h'_f (h_0 - \frac{h'_f}{2}) = 1 \times 11.9 \times 400 \times 100 \times (430 - 100/2) = 180.9\text{kN} \cdot \text{m} < 216.6\text{kN} \cdot \text{m}$$

故属于第二类 T 形截面。

(2)计算与挑出翼缘相对应的受拉钢筋面积 A_{s2} 及挑出翼缘与 A_{s2} 数量的受拉钢筋共同承担的弯矩 M_{u2}。由式(12.35)和式(12.36)得

$$A_{s2} = \frac{\alpha_1 f_c (b'_f - b) h'_f}{f_y} = \frac{1.0 \times 11.9 \times (400 - 200) \times 100}{300} = 793\text{mm}^2$$

$$M_{u2} = f_y A_{s2} (h_0 - h'_f/2) = 793 \times 300 \times (430 - 100/2)\text{N} \cdot \text{mm} = 90.4\text{kN} \cdot \text{m}$$

(3)计算由梁肋承担的 M_{u1} 和相应的受拉钢筋

面积 A_{s1}

$$M_{u1}=M-M_{u2}=216.6-90.4=126.2\text{kN}\cdot\text{m}$$

$$\alpha_s=\frac{M_{u1}}{\alpha_1 f_c b h_0^2}=\frac{126\ 200\ 000}{1.0\times11.9\times200\times430^2}=0.287$$

$\xi=1-\sqrt{1-2\alpha_s}=0.35<\xi_b=0.55$ 说明满足第一项适用条件。

求得

$$\gamma_s=\frac{1+\sqrt{1-2\alpha_s}}{2}=0.83$$

于是

$$A_{s1}=\frac{M_{u1}}{f_y\gamma_s h_0}=\frac{126\ 200\ 000}{300\times0.83\times430}=1179\text{mm}^2$$

(4)求受拉钢筋面积 A_s

$$A_s=A_{s1}+A_{s2}=1179+793=1972\text{mm}^2$$

实选 3 Φ 25 + 2 Φ 18 (A_s = 1473 + 509 = 1982mm²)。

12.3.3 受弯构件斜截面承载力的计算

12.3.3.1 概述

(1)斜裂缝的产生

工程设计中，对受弯构件进行设计时，包括承载能力极限状态设计(即为抵抗弯矩作用而进行的正截面受弯承载力设计；为了抵抗剪力作用而进行的斜截面承载力设计)和正常使用极限状态设计(即裂缝宽度和挠度计算)。本小节的任务就是解决斜截面承载力计算。

研究受弯构件斜截面的计算方法，与研究正截面计算方法一样，先从试验入手，用力学分析解释现象，最后总结出实用的计算公式。那么，现在就受两个对称集中荷载作用的钢筋混凝土简支梁进行研究。

图 12 - 25 中可以看出，在纯弯段 BC 段内，由于弯矩作用而产生截面上的正应力(上部受压，下部受拉)。当截面下部的主拉应力超过混凝土的抗拉强度 f_t，截面开裂，形成一些垂直于主拉应力的垂直裂缝。在 AB 段和 CD 段，既有弯矩作用，又有剪力作用，随荷载增加，在复合应力作用下，梁开始出现由支座底部指向集中力 P 处的斜裂缝。荷载不断增加，裂缝逐渐加长、变宽，在梁正截面强度得到保证的情况下，最后会发生沿斜裂缝的强度破坏。这种斜截面破坏与正截面破坏比较，更具突然性，属于脆性破坏范畴。

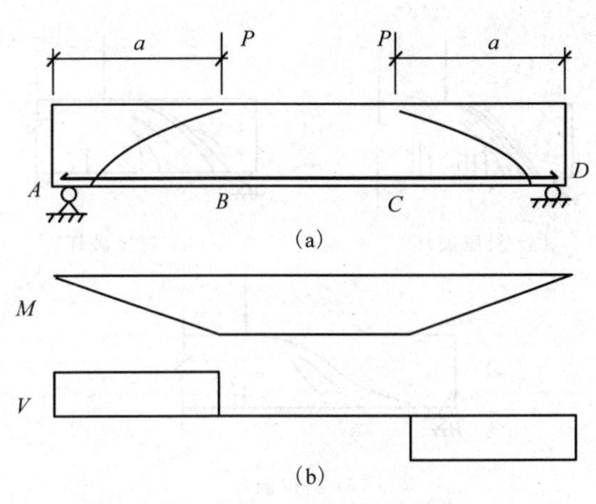

图 12 - 25 简支梁内力图

(2)剪跨比的概念

对于钢筋混凝土受弯构件，为反映截面上弯矩与剪力的相对比值，引入剪跨比 $\lambda=M/(Vh_0)$。广义上，该无量纲参数实质上反映了 M 引起的正应力 σ、V 引起的剪应力 τ 之间的相对比值，它决定着主拉应力的大小和方向，从而剪跨比也就影响着梁斜截面的破坏形态和受剪承载力。

根据定义，图 12 - 25 简支梁的剪跨比可表示为

$$\lambda=\frac{M}{Vh_0}=\frac{Va}{Vh_0}=\frac{a}{h_0} \tag{12.37}$$

式中：a——集中荷载到支座之间的距离；

h_0——梁的有效高度。

(3)斜截面 3 种主要破坏形态

受弯构件正截面有适筋、超筋、少筋 3 种破坏形态，再除去出于纵筋锚固不足、支座处局部承压能力不足引起的破坏(这类破坏用构造方法解决)，受弯构件还有可能发生斜截面的破坏。

斜截面破坏形态有斜压、剪压及斜拉 3 种主要破坏形态。

① 斜压破坏[图 12 - 26(a)] 这种破坏多发生在剪力较大而弯矩较小，即剪跨比 λ 较小($\lambda\leq1$)的区段，或腹筋配置过多，以及腹板很薄的 T 形、工字形截面的受弯构件内。

这种破坏形态由于是剪应力 τ 起主导作用，

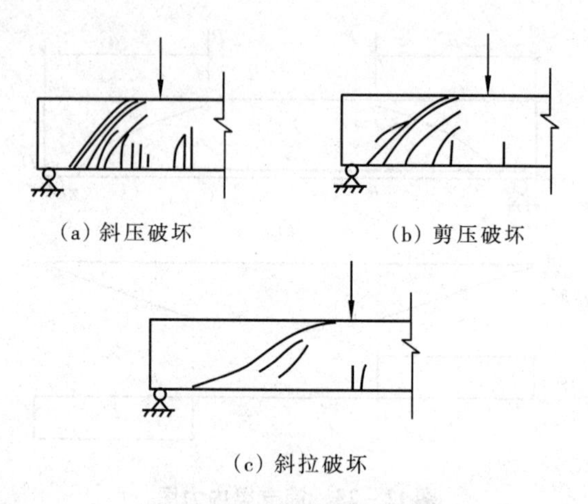

图 12－26　斜截面破坏形态

所以破坏时先在剪应力最大的腹部发生裂缝，随荷载逐渐增加，若干互相平行的斜裂缝将支座与集中力之间的混凝土划分成若干斜向小短柱，破坏时这些斜向小短柱被压碎，而此时的腹筋还没有达到屈服强度。

这种受弯构件的承载力取决于混凝土的抗压强度，由于破坏时钢筋未达到屈服强度，与正截面的超筋破坏类似，属脆性破坏。但当截面尺寸一定时，此类破坏形态抗剪强度最高，因它充分发挥了混凝土的抗压性能。

② 剪压破坏[图 12－26(b)]　当剪跨比 $1<\lambda\leqslant 3$，且腹筋配置适中时，常出现剪压破坏。这种破坏是最常见的斜截面破坏形态。其破坏特点是首先弯剪段出现一系列垂直裂缝，然后随荷载逐渐增加，垂直裂缝沿斜向延伸，形成一主斜裂缝；而后与此主裂缝相交的腹筋达到屈服强度；最后剪压区的混凝土在正应力 σ 和剪应力 τ 的复合受力下达到极限强度而失去承载能力。

这种破坏形态先使腹筋达到屈服强度，其后混凝土也达到极限强度而破坏，与正截面的适筋破坏类似，不过与适筋梁正截面破坏相比，它仍具突然性，属脆性破坏。这种破坏形态的受弯构件斜截面承载力取决于腹筋用量和混凝土的强度。当截面尺寸一定时、其斜截面受剪承载力小于斜压破坏时的受剪承载力，但大于下面所述的斜拉破坏时的受剪承载力。

③ 斜拉破坏[图 12－26(c)]　当受弯构件剪跨比 $\lambda>3$ 且腹筋配置过少时，常发生斜截面斜拉破坏。

其破坏特点是，弯剪段垂直裂缝迅速斜向延伸形成主裂缝，且很快伸展到梁顶将梁劈成两部分而破坏，其实质是斜截面正应力占主导地位，使截面形成很大的主拉应力，超过钢筋和混凝土的抗拉极限强度而破坏。

这种破坏与正截面少筋梁破坏类似。破坏荷载与抗裂荷载很接近，破坏时变形小，且有很明显的破坏。

比较上述 3 种破坏形态，剪压破坏是一种较为理想的破坏形态，因它与斜压、斜拉破坏相比有着较好的延性，且能充分发挥腹筋和混凝土的强度。《规范》计算公式是以剪压破坏模型建立的，为避免发生斜压、斜拉破坏，对公式规定了上下限值。

(4)保证斜截面受剪承载力的方法

受弯构件斜截面受剪承载力主要由混凝土和腹筋(即箍筋和弯起钢筋)提供。从前面梁内弯剪段微体分析可知，混凝土由于抗拉强度抵抗不了主拉应力的作用而开裂。如果没有配置腹筋，此梁斜截面承载力会很低，而箍筋与弯起钢筋却能提供与梁内主拉应力方向一致的抗力，达到避免斜截面破坏的目的。理论上，箍筋布置若与主拉应力方向一致，会充分发挥箍筋的抗拉作用，但主拉应力方向变化复杂，且从施工方便角度考虑，工程实践中都采用垂直箍筋。而弯起钢筋可由正截面受拉纵筋弯起而得，弯起角度通常为 45°、60°；但又由于弯起筋传力较为集中，有可能引起弯起处混凝土的劈裂裂缝[图 12－27(b)]；或者在超静定结构中，由于地震作用方向不定性及地基不均匀沉降引起主拉应力方向变化甚至与原来相垂直，而导致弯起钢筋发挥不了作用，所以在工程设计中，往往首先选用垂直箍筋，再考虑选用弯起钢筋。选用的弯筋位置不宜在梁侧边缘，且直径不宜过粗。另外，在连续梁的中间支座布置的鸭筋，主次梁交接处布置的吊筋，也能起到腹筋的作用。可见，在受弯构件中，纵筋与腹筋一起构成一个钢筋骨架，共同抵抗 M、V 的作用[图 12－27(a)]。

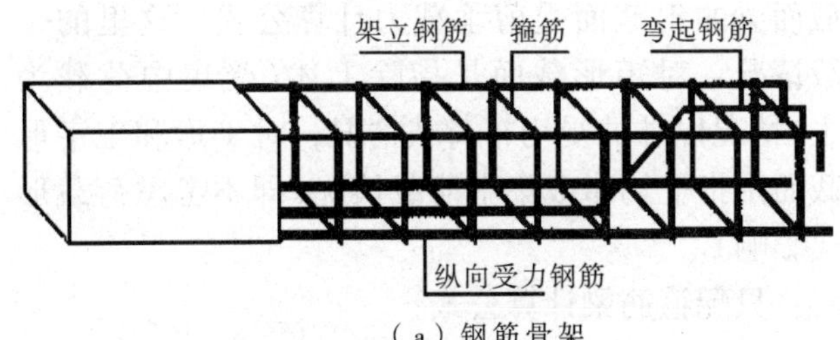

(a) 钢筋骨架

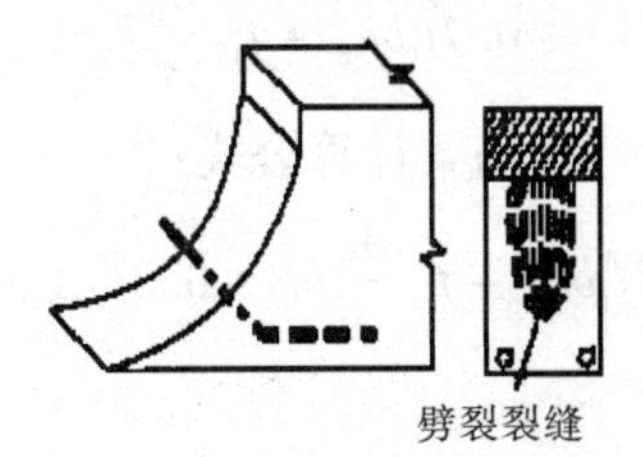

(b) 应力集中引起的劈裂裂缝

图12-27 钢筋骨架及劈裂裂缝

12.3.3.2 影响斜截面受剪承载力的主要因素

(1)混凝土的强度

试验证明，在截面尺寸一定时，混凝土的强度等级与梁的受剪承载力大致为线性关系。

(2)剪跨比

前文介绍剪跨比时已述及，剪跨比反映了斜截面上正应力与剪应力的相对大小关系，也就决定了单元体主应力的大小和方向，可见，剪跨比不仅影响斜截面的破坏形态，还影响到梁的受剪承载力。通过集中荷载作用下无腹筋梁试验表明：相同条件下的梁，随着剪跨比的加大，破坏形态按斜压、剪压和斜拉的顺序逐步演变，受剪承载力逐步降低，当$\lambda>3$后强度值趋于稳定，剪跨比的影响不明显。可见，剪跨比是影响集中荷载作用下无腹筋梁受剪承载力的主要因素。对于有腹筋梁，随着配筋率的增大，剪跨比对梁的受剪承载力影响越来越小。

(3)配箍率和箍筋强度

配箍率ρ_{sv}用以表示梁中配置箍筋的多少：

$$\rho_{sv}=\frac{nA_{sv1}}{bs} \tag{12.38}$$

式中：ρ_{sv}——竖向箍筋配箍率；

n——同一截面内箍筋的肢数；

A_{sv1}——单肢箍筋的截面面积；

s——梁纵向箍筋间距；

b——梁的宽度。

在上一节中已述及，在斜向主裂缝出现以后，箍筋的悬吊作用能提高混凝土的咬合力、销栓力、拱作用等，且自身还分担了一部分剪力。试验表明：当$\rho_{sv}f_{yv}$在一定范围内时，其值越大，梁的受剪承载力也越大，二者大致呈线性关系。其中f_{yv}为箍筋抗拉强度设计值。

(4)纵筋配筋率

试验还表明：梁内纵筋配筋率ρ越大，其销栓作用越明显，并且在一定范围内，ρ越大，受压区高度也增加，即间接提高了梁的受剪承载力。

梁的受剪承载力与纵筋配筋率ρ大致呈线性关系，其影响程度与λ有关，λ越小时，影响越明显。

(5)加载方式

在试验中对梁进行加载时，通常都将荷载加在梁的顶部，称为直接加载。但在实际工程中，现浇肋梁楼盖的主次梁相交，次梁的荷载是加在主梁的中部或底部，称为间接加载。分析两种加载方式下梁的受力差异：直接加载时，垂直梁轴的正应力σ_y是压应力，间接加载时σ_y是拉应力，导致二者主拉应力大小、方向截然不同。试验表明：间接加载时，即使λ很小，梁还可能发生斜拉破坏。可见，两种加载方式导致受剪承载力相差较大，特别是λ越小，差异越大。但随着腹筋用量的增加，间接加载的不利影响会逐渐减小。为了避免间接加载时受剪承载力降低，在集中荷载作用点附近，通常应增设附加箍筋或吊筋。

(6)截面形式

由于T型、工字型截面梁有翼缘影响，对抗剪能力会有所提高。对无腹筋梁，当翼缘宽度为肋宽的2倍时，受剪承载力可提高20%左右，再增加翼缘，截面受剪承载力基本不再提高；对有腹筋梁，受剪承载力可提高5%左右。在设计中，对这种因素引起的受剪承载力提高忽略不计。

(7)轴向力的影响

试验表明：对承受轴向压力、拉力的受剪构件，其受剪承载力会随之增大、减小。如框架结构中的框架柱，由于承受轴向压力，其受剪承载力有所提高。

(8)支座约束条件的影响

连续梁和简支梁由于支座约束条件不同，其抗剪性能也有所不同。

12.3.3.3 斜截面受剪承载力的计算公式

实际工程中，通常都采用有腹筋梁，通过上述分析，《规范》规定了梁斜截面受剪承载力的计算公式。

(1)受集中荷载为主(指全部受集中荷载，或者当受不同形式荷载作用时，集中荷载在支座上所引起的剪力值占总剪力值的75%以上的情况)的矩形截面梁的斜截面受剪承载力计算公式。

只配箍筋梁计算公式：

$$V \leqslant \frac{1.75}{\lambda + 1.0} f_t b h_0 + 1.0 f_{yv} \frac{A_{sv}}{s} h_0 \quad (12.39)$$

配箍筋及弯起钢筋梁计算公式：

$$V \leqslant \frac{1.75}{\lambda + 1.0} f_t b h_0 + 1.0 f_{yv} \frac{A_{sv}}{s} h_0 + 0.8 f_{yv} A_{sb} \sin\alpha_s \quad (12.40)$$

式中：V——斜截面的总受剪承载力；

λ——计算截面的剪跨比，当 $\lambda \geqslant 3$ 时取 $\lambda = 3$，当 $\lambda \leqslant 1.5$ 时取 $\lambda = 1.5$；

f_t——混凝土的轴心抗拉强度设计值；

b——截面宽度；

h_0——截面的有效高度；

f_{yv}——箍筋抗拉强度设计值；

A_{sv}——同一截面箍筋总截面面积；

s——箍筋之间的间距；

f_y——弯起钢筋的抗拉强度设计值；

A_{sb}——与斜裂缝相交的配置在同一弯起平面内的弯起钢筋的截面面积；

α_s——弯起钢筋与构件纵向轴线的夹角。

0.8——弯起钢筋受剪承载力的发挥取决于它穿越斜裂缝的部位，考虑到弯起钢筋可能与斜裂缝相交于顶端(接近受压区)，而不能充分发挥作用，用工作系数0.8来表达这一不利因素。

(2)一般情况下的矩形截面梁、T形和工字形截面梁的斜截面受剪承载力计算公式。这里的一般情况，对矩形截面是指除上述(受集中荷载为主)情况以外的受均布荷载情况；对T形和工字形截面则指受均布或集中荷载情况(即不考虑荷载形式影响)。

只配箍筋梁计算公式：

$$V \leqslant 0.7 f_t b h_0 + f_{yv} \frac{A_{sv}}{s} h_0 \quad (12.41)$$

配箍筋及弯起筋梁计算公式：

$$V \leqslant 0.7 f_t b h_0 + f_{yv} \frac{A_{sv}}{s} h_0 + 0.8 f_{yv} A_{sb} \sin\alpha_s \quad (12.42)$$

(3)上述斜截面受剪承载力的计算公式适用范围

①截面最小尺寸(上限值，防止斜压破坏)配箍率超过极限或截面尺寸太小，使梁成为超配箍梁，斜截面破坏时，箍筋达不到屈服强度，发生斜压破坏，此时梁的受剪承载力取决于混凝土强度等级和截面尺寸，再提高箍筋含量对斜截面承载力影响很小。故《规范》为防止截面尺寸过小而造成斜压破坏，对矩形、T形和工字形截面梁的截面尺寸作如下限定：

当 $h_w/b \leqslant 4$ 时(厚腹梁)，应满足：$V \leqslant 0.25\beta_c f_c b h_0$

当 $h_w/b \geqslant 6$ 时(薄腹梁)，应满足：$V \leqslant 0.2\beta_c f_c b h_0$

当 $4 < h_w/b < 6$ 时，式中系数按直线内插法在0.2~0.25间取用。

式中：V——构件斜截面上的最大剪力设计值；

b——矩形截面宽度，或T形、工字形截面的腹板宽度；

h_w——截面腹板高度。矩形截面取有效高度 h_0，T形截面取有效高度减去翼缘高度即 $h_0 - h'_f$，工字形截面取腹板净高；

β_c——混凝土强度影响系数，当混凝土强度等级不超过C50时，取 $\beta_c = 1.0$，当混凝土强度等级为C80时，取 $\beta_c = 0.8$，其间按线性内插法取用。

在实际设计中，当不满足以上限定时，说明梁截面尺寸太小，会发生斜压破坏，应采取的措施是加大截面尺寸或提高混凝土强度等级。这一点与受弯构件正截面计算中限定适用条件 $x>\xi_b h_0$ 相似。

②最小配箍率（下限值，防止斜拉破坏） 当含箍率 $\rho_{sv}f_{yv}/f_t<0.2$ 时，由于箍筋用量太小，主裂缝形成后，应力转变引起箍筋应力迅速增加从而达到强度极限。此时，箍筋已起不到抗剪作用，梁的受力形同于无腹筋梁，在剪跨比较大时极易发生斜拉脆性破坏。为防止这种由于箍筋配置过少而发生的斜拉脆性破坏，《规范》规定了梁的最小配箍率：

$$\rho_{sv\min}=0.24\frac{f_t}{f_{yv}} \tag{12.43}$$

式中：f_t——混凝土抗拉强度设计值；

f_{yv}——箍筋抗拉强度设计值。

这一点与正截面计算中 $\rho\geqslant\rho_{\min}$ 相似。当计算出的配箍率 $\rho<\rho_{sv,\min}$，应按 $\rho_{sv,\min}$ 配置箍筋。

12.3.3.4 计算截面的位置

受弯构件正截面设计时，先找出几个控制截面，通过对几个控制截面的设计，来达到控制配筋的目的，而不必对每个截面都进行设计。受弯构件斜截面受剪承载力计算也一样，要找出构件可能发生破坏的危险截面，即计算截面。

《规范》规定，在计算斜截面的受剪承载力时，其计算位置应按下列规定采用：

(1)支座边缘处的截面

如图12－28(a)所示简支梁不论何种荷载形式，通常在支座处的截面剪力最大，如果是等截面梁，1－1截面肯定为最危险截面。一般在实际设计中，支座处截面1－1是最先考虑的危险截面，通过对该截面设计得出需配箍筋量，沿梁均匀布置箍筋。

(2)受拉区弯起钢筋弯起点处的截面[图12－28(a) 2－2截面]

如果前述1－1截面所配箍筋还不满足抗剪需要，即 $V_{1-1}>V_{cs}$，此时需再配弯起钢筋。在弯起钢筋所覆盖范围内的截面（2－2截面以左的截面），都能满足抗剪要求；而弯起点截面（2－2截面）以右的截面（如3－3截面）没有弯起钢筋的作用，这些截面是否需配弯起钢筋，要验算2－2截面处剪力 V_{2-2} 是否大于梁抗剪能力 V_{cs}，若 $V_{2-2}>V_{cs}$，还需再配一排弯起筋。

(3)箍筋截面面积或间距改变处的截面[图12－28(b)，4－4截面]

一般情况下，梁的剪力是沿梁跨变化的，相应各截面所需箍筋量也是变化的，若按实际变化配置箍筋是最经济的。通常将梁跨分区段配置箍筋，各区段应按该区段最大剪力计算配置箍筋。

(4)腹板宽度改变处的截面

腹板宽度改变处截面会引起剪应力突变，需对该截面重点设计。

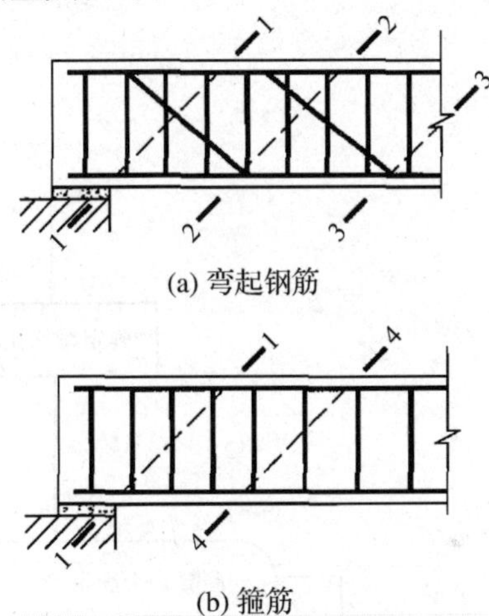

图12－28 斜截面受剪承载力计算截面位置

注：1－1支座边缘处的斜截面；2－2、3－3受拉区弯起钢筋弯起点的斜截面；4－4箍筋截面面积或间距改变处的斜截面

12.3.3.5 斜截面计算的两类问题

受弯构件斜截面受剪承载力计算，包括斜截面设计和斜截面复核两类问题。在工程设计中，受弯构件设计程序一般是：先进行正截面受弯承载力设计，即确定截面尺寸、材料强度等级、纵向受拉筋面积；然后，在这个基础上进行斜截面受剪承载力设计，即先验算正截面设计确定的尺寸、材料是否满足抗剪要求（若不满足，需重新进行正截面设计确定新的尺寸、材料强度），再确定腹筋用量。而斜截面复核是指在所配腹筋、截面尺寸、材料强度已知的情况下验算梁承受某确定的剪力时是否安全。

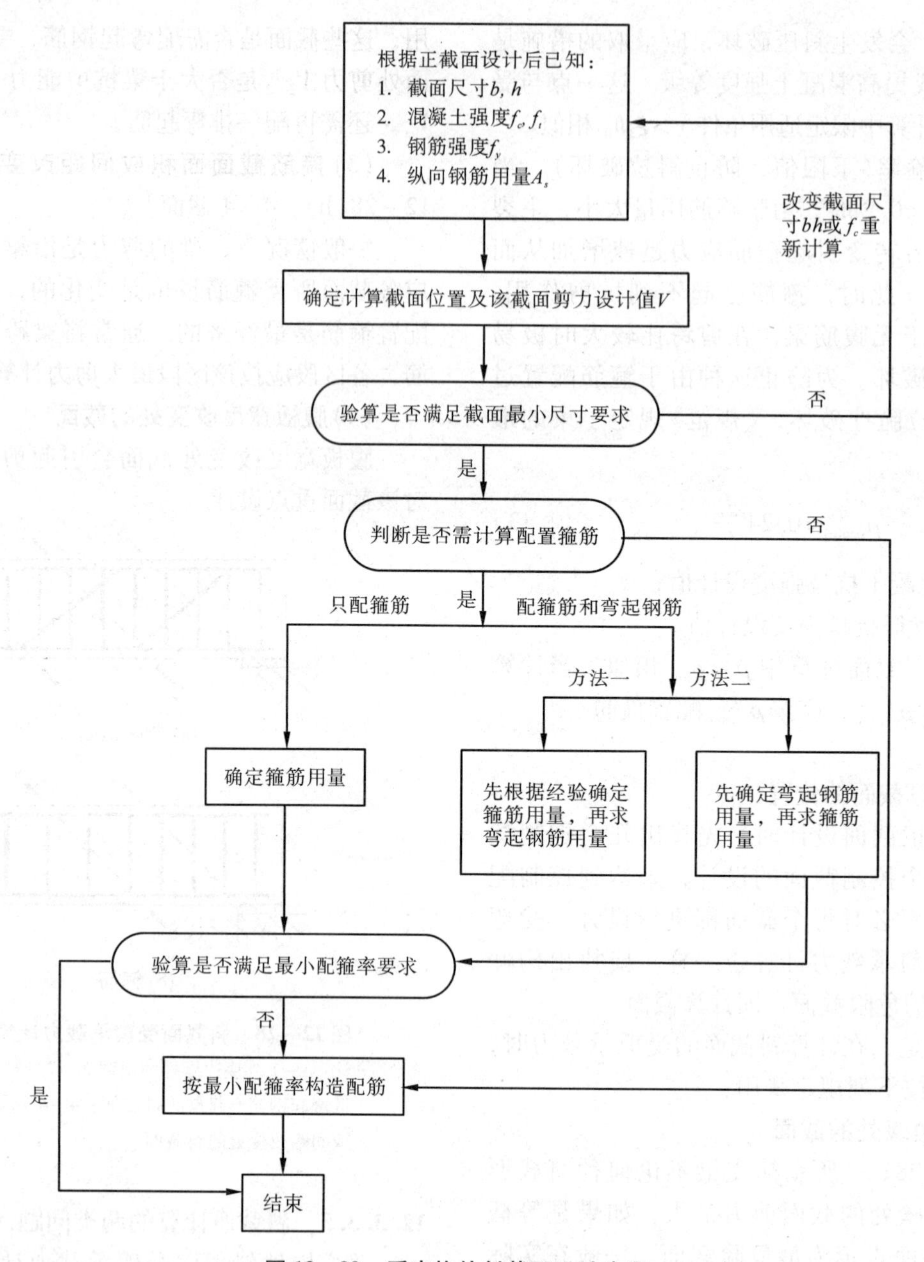

图 12－29　受弯构件斜截面设计步骤

(1)斜截面设计计算方法与步骤

如图 12－29 所示。

(2)斜截面复核

已知：受弯构件材料强度设计值f_c、f_t、f_{yv}；截面尺寸$b \times h$；配箍量n、A_{sv1}、s；弯起钢筋A_{sb}；求该构件最大能承受的剪力V_u(或受弯构件承受某确定的剪力V时是否安全)。

只需将已知条件代入式(12.39)~式(12.42)计算即可。

【例题 12－5】 某墙廊上钢筋混凝土简支梁，矩形截面$b = 250$mm，$h = 500$mm，计算跨度$l_0 = 4.26$m。混凝土强度等级为 C25($f_c = 11.9\text{N/mm}^2$，$f_t = 1.27\text{N/mm}^2$)，纵向受拉钢筋采用 HRB400($f_y = 360\text{N/mm}^2$)、箍筋采用 HRB400($f_{yv} = 360\text{N/mm}^2$)，承受均布荷载设计值$q = 60$kN/m(含自重)。经正截面设计配置 4 根直径为 20mm 的 HRB400 纵向受拉钢筋。求：只配箍筋时的箍筋用量。

解：(1)求剪力设计值

支座边缘处截面的剪力值最大，为控制截面

$$V=\frac{1}{2}ql_0=\frac{1}{2}\times 60\times 4.26=127.8\text{kN}$$

(2)验算截面尺寸

$$h_w=h_0=500-45=455\text{mm}$$

$$\frac{h_w}{b}=\frac{455}{250}=1.82<4$$

应按厚腹梁来验算截面，

$$0.25\beta_c f_c bh_0=0.25\times 1.0\times 11.9\times 250\times 455=338.4\text{kN}>V=127.8\text{kN}$$

则截面符合条件。

(3)验算是否需要计算配置箍筋

$$0.7f_t bh_0=0.7\times 1.27\times 250\times 455=101.1\text{kN}<V=127.8\text{kN}$$

需要进行计算配箍。

(4)只配箍筋时的箍筋用量

按式(12.41)有：

$$V=0.7f_t bh_0+f_{yv}\frac{A_{sv}}{s}h_0$$

$$127\,800=0.7\times 1.1\times 250\times 455+360\frac{A_{sv}}{s}\times 455$$

则

$$\frac{A_{sv}}{s}=0.245\text{mm}^2/\text{mm}$$

选取Φ8双肢箍，即 $s=100.6/0.245=411\text{mm}$，查表得 $s_{\max}=200\text{mm}$，取 $s=200\text{mm}$，即箍筋用量2Φ8@200。

配箍率 $\rho_{sv}=\frac{A_{sv}}{b\cdot s}=\frac{100.6}{250\times 200}=0.2\%$

最小配箍率 $\rho_{sv,\min}=0.24\frac{f_t}{f_{yv}}=0.24\times\frac{1.1}{360}=0.07\%<\rho_{sv}$

满足需要。

12.4 钢筋混凝土受压构件

工程上常见的各种柱、拱和桁架里面的受压杆件均为受压构件。受压构件是钢筋混凝土结构中最常见的构件之一，解决好受压构件承载力的计算问题，即解决了钢筋混凝土基本构件计算主要问题之一。对于匀质材料的受压构件，当纵向压力的作用线与构件截面形心轴线重合时，为轴心受压构件；不重合时，为偏心受压。钢筋混凝土构件是由两种材料组成，混凝土为非匀质材料，而钢筋还可能不对称布置，因此，对钢筋混凝土受压构件只有当截面上受压应力的合力与纵向外力在同一直线上时，为轴心受压，否则为偏心受压。但为了方便起见，习惯上，利用纵向外力作用线与受压构件混凝土截面形心是否重合来判断是轴心受压还是偏心受压。实际工程中几乎没有真正的轴心受压构件。但在设计以恒载为主的多层房屋的内柱和屋架的受压腹杆等构件时，往往因弯矩很小而忽略不计，可以近似简化按轴心受压构件计算。若纵向外力作用线偏离构件轴线或同时作用轴力和弯矩时，这类构件称为偏心受压构件。

12.4.1 受压构件的构造要求

12.4.1.1 截面形式及尺寸

钢筋混凝土受压构件截面形式的选择要考虑到受力合理和模板制作方便。轴心受压构件的截面形式一般为正方形或边长接近的矩形。建筑上有特殊要求时，可选择圆形或多边形。偏心受压构件的截面形式一般多采用长宽比不超过1.5的矩形截面。承受较大荷载的装配式受压构件也常采用工字形截面。为避免房间内柱子突出墙面而影响美观与使用，常采用T形、L形、十字形等异型截面柱。

矩形截面柱，抗震等级为四级或层数不超过2层时，其最小截面尺寸不宜小于300mm，一、二、三级抗震等级且层数超过2层时不宜小于400mm；圆柱的截面直径，抗震等级为四级或层数不超过2层时不宜小于350mm，一、二、三级抗震等级且层数超过2层时不宜小于450mm。对于工字形截面，翼缘厚度不宜小于120mm，因为翼缘太薄，会使构件过早出现裂缝，同时在靠近柱脚处的混凝土容易在车间生产过程中碰坏，影响柱的承载力和使用年限；腹板厚度不宜小于100mm，否则浇捣混凝土困难，对于地震区的截面尺寸应适当加大。

同时，主截面尺寸还受到长细比的控制。因为柱子过于细长时，其承载力受稳定控制，材料强度得不到充分发挥。一般情况下，对方形、矩形截面，$l_0/b \leqslant 30$，$l_0/h \leqslant 25$；对圆形截面，$l_0/d \leqslant 25$。此处 l_0 为柱的计算长度，b 和 h 分别为矩形截面短边及长边尺寸，d 为圆形截面直径。

为施工制作方便，柱截面尺寸还应符合模数化的要求，柱截面边长在 800mm 以下时，宜取 50mm 为模数，在 800mm 以上时，可取 100mm 为模数。

12.4.1.2　材料强度等级

混凝土强度等级对受压构件的抗压承载力影响很大，特别对于轴心受压构件。为了充分利用混凝土承压，节约钢材，减小构件截面尺寸，受压构件宜采用较高强度等级的混凝土，一般设计中常用的混凝土强度等级为 C25～C50。

在受压构件中，钢筋与混凝土共同承压，二者变形保持一致，受混凝土峰值应变的控制，钢筋的压应力最高只能达到 400N/mm^2，采用高强度钢材不能充分发挥其作用。因此，一般设计中常采用 HRB400、HRB500、HRBF400、HRBF500 级钢筋作为纵向受力钢筋，采用 HRB400、HRBF400、HPB300、HRB500、HRBF500 级钢筋作为箍筋，也可采用 HRB335、HRBF335 级钢筋作为箍筋。

12.4.1.3　纵筋的构造要求

纵向受力钢筋的作用是与混凝土共同承担由外荷载引起的纵向压力，防止构件突然脆裂破坏及增强构件延性，减小混凝土不匀质引起的不利影响；同时，纵向钢筋还可以承担构件失稳破坏时凸出面出现的拉力以及由于荷载的初始偏心、混凝土收缩、徐变、温度应变等因素引起的拉力等。

纵向受压柱主要承受压力的作用。配在柱中的钢筋如果太细，则容易失稳，从箍筋之间外凸，因此一般要求纵向钢筋直径不宜过小，《规范》要求纵向钢筋直径不宜小于 12mm，一般在 12～32mm 范围内选用。对轴心受压柱虽然压力主要靠混凝土承担，但为了使轴心受压柱在不可预见的外力作用下产生弯矩时不致使柱脆断，并且为了提高轴心受压柱的延性，要求纵向受压钢筋的配筋率不宜过低(参照附表 5)，但不宜超过 5%，以免造成浪费与施工不变。对圆截面柱纵向钢筋应沿周边均匀布置，根数不宜多于 8 根，且不应少于 6 根，对矩形截面柱，当截面高度 $h \geqslant 600$mm 时，为防止构件因混凝土收缩和温度变化产生裂缝，在侧面应设置直径为 10～16mm 的纵向构造钢筋，且间距不应超过 500mm，并相应地配置复合箍筋或拉筋。为便于浇筑混凝土，纵向钢筋的净距不应小于 50mm，但中距也不宜大于 300mm。

12.4.1.4　箍筋的构造要求

受压构件中，一般箍筋沿构件纵向等距离放置，并与纵向钢筋构成空间骨架。箍筋除了在施工时对纵向钢筋起固定作用外，还给纵向钢筋提供纵向支点，防止纵向钢筋受压弯曲而降低承压能力。此外，箍筋在柱中也起到抵抗水平剪力的作用。密布箍筋还起约束核心混凝土变形性能的作用。

为了有效地阻止纵向钢筋的压屈破坏和提高构件斜截面抗剪能力，周边箍筋应做成封闭式；箍筋间距不应大于 400mm 及构件短边尺寸，且不应大于 $15d$。箍筋直径不应小于 $d/4$，且不应小于 6mm，d 为纵向钢筋的最小直径。当柱中全部纵向受拉钢筋的配筋率超过 3% 时，箍筋直径不宜小于 8mm，间距不应大于纵向钢筋最小直径的 10 倍，且不应大于 200mm。箍筋应焊成封闭式，或在箍筋末端做成不小于 135° 的弯钩，弯钩末端平直段长度不应小于 10 倍箍筋直径。当柱子截面短边大于 400mm，且各边纵向钢筋多于 3 根时，或当柱截面短边未超过 400mm，但各边纵向钢筋多于 4 根时，应设置复合箍筋。柱内纵向钢筋搭接长度范围内，偏心受压时箍筋间距不应大于搭接钢筋较小直径的 5 倍，且不应大于 100mm；轴心受力时，箍筋间距不应大于搭接钢筋较小直径的 10 倍，且不应大于 200mm。当受压钢筋直径大于 25mm 时，应在搭接接头两个端面外 50mm 范围内各设置 2 个箍筋。

12.4.2 轴心受压构件正截面受压承载力的计算

轴心受压柱为了减小构件截面尺寸，防止柱子突然断裂破坏，增强柱截面的延性和减小混凝土的变形，柱截面一般配有纵筋和箍筋，当纵筋和箍筋形成骨架后，还可以防止纵筋受压失稳外凸，当采用密排箍筋时还可以约束核心混凝土，提高混凝土的强度和抗压变形能力。

12.4.2.1 轴心受压柱的破坏形态

轴心受压柱可分为短柱和长柱两类，当柱子的长细比满足以下要求时可认为是短柱，否则为长柱。

矩形截面：$\frac{l_0}{b} \leqslant 8$

圆形截面：$\frac{l_0}{d} \leqslant 7$

式中：l_0——柱的计算长度，框架结构柱的取值参见表12－5，其余取值参见《规范》第7.3.11条的规定确定；

b——矩形截面的短边尺寸；

d——为圆截面的直径。

表12－5 框架结构各层柱的计算长度

楼盖类型	柱的类别	l_0
现浇楼盖	底层柱	$1.0H$
	其余各层柱	$1.25H$
装配式楼盖	底层柱	$1.25H$
	其余各层柱	$1.5H$

注：表中H对底层柱为从基础顶面到一层楼盖顶面的高度；对其余各层柱为上、下两层楼盖顶面之间的高度。

从配有纵筋和箍筋的短柱的大量试验结果可以看出，荷载作用下，整个截面的应变基本上是均匀分布的(考虑到浇注混凝土的不均匀，故加载时要对准实际轴心)。当荷载较小时，压应力的增加与外力的增长呈正比，但当荷载较大时，变形增加的速度快于外力增加的速度，纵筋配筋量越少，这种现象就越明显。随着荷载的继续增加，柱中开始出现微细竖向裂缝，在临近破坏荷载时，柱子四周出现明显的斜裂缝，箍筋间的纵筋发生压屈，向外凸出，混凝土被压碎而整个柱子破坏，如图12－30(a)所示。

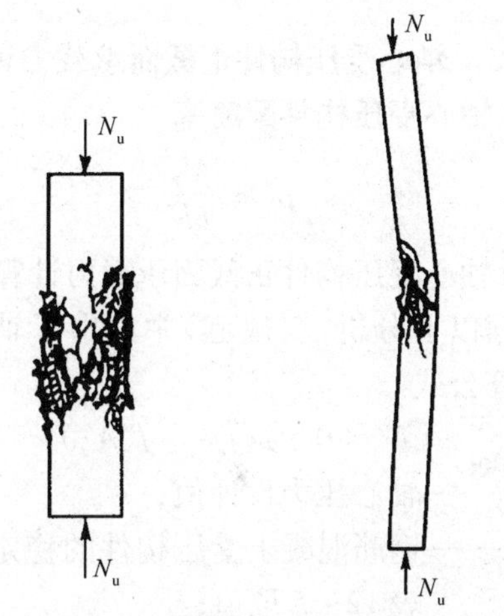

(a)短柱的破坏形态　(b)长柱的破坏形态

图12－30 轴心受压柱的破坏形态

从长柱的试验中可见，由于长细比增大和各种随机因素引起的附加偏心距的存在，长柱出现附加挠度，并随着附加挠度的增大而产生纵向弯曲[图12－30(b)]，甚至失稳破坏，故长柱的承载力低于短柱的承载力。

若以稳定系数φ代表长柱和短柱承载力之比，则有：

$$\varphi = \frac{N_{长柱}}{N_{短柱}} \tag{12.44}$$

根据中国建筑科学研究院的试验资料及一些国外的试验数据，得出稳定系数φ值主要与柱子的长细比有关，经数理统计与经验调整《规范》给出了稳定系数φ值见表12－6。

表12－6 钢筋混凝土轴心受压构件的稳定系数φ

l_0/b	≤8	10	12	14	16	18	20	22	24	26	28
l_0/d	≤7	8.5	10.5	12	14	15.5	17	19	21	22.5	24
l_0/i	≤28	35	42	48	55	62	69	76	83	90	97
φ	1	0.98	0.95	0.92	0.87	0.81	0.75	0.7	0.65	0.6	0.56

(续)

l_0/b	30	32	34	36	38	40	42	44	46	48	50
l_0/d	26	28	29.5	31	33	34.5	36.5	38	40	41.5	43
l_0/i	104	111	118	125	132	139	146	153	160	167	174
φ	0.52	0.48	0.44	0.4	0.36	0.32	0.29	0.26	0.23	0.21	0.19

注：①l_0 为构件的计算长度。

②b 为矩形截面的短边尺寸，d 为圆形截面的直径，i 为截面的最小回转半径。

12.4.2.2 轴心受压构件正截面承载力计算公式

(1)轴心受压构件配筋率

$$\rho' = \frac{A'_s}{bh}$$

(2)轴心受压构件正截面承载力计算公式

根据以上分析，《规范》中给出了轴心受压构件的计算公式

$$N \leqslant 0.9\varphi(f_cA + f'_yA'_s) \qquad (12.45)$$

式中：N——轴心压力设计值；

φ——钢筋混凝土受压构件的稳定系数，按表12-5取值；

f_c——混凝土轴心抗压强度设计值，按附表3取值；

f'_y——纵向钢筋抗压强度设计值，按附表4取值；

A——构件截面面积，当纵筋配筋率$\rho > 3\%$时，A用$(A - A'_s)$代替；

A'_s——全部纵筋截面面积；

0.9——保持与偏心受压构件正截面承载力计算具有相近的可靠度而加的系数。

【例题12-6】 某公园大门中钢筋混凝土轴心受压柱，轴力设计值$N = 2400\text{kN}$，计算高度为$l_0 = 6.2\text{m}$，混凝土C25（$f_c = 11.9\text{N/mm}^2$），纵筋采用HRB400钢筋（$f_y = 360\text{N/mm}^2$），柱截面尺寸$450 \times 450\text{mm}^2$，要求确定受力钢筋。

解：(1)计算配置纵筋

$$\frac{l_0}{b} = \frac{6.2}{0.45} = 13.78\text{，查表12-5得 }\varphi = 0.923$$

$$N = 0.9\varphi(f_cA + f'_yA'_s)$$

$$A'_s = \frac{N - 0.9\varphi f_cA}{0.9\varphi f'_y}$$

$$= \frac{2400 \times 10^3 - 0.9 \times 0.923 \times 11.9 \times 450 \times 450}{0.9 \times 0.923 \times 360}$$

$$= 1332\text{mm}^2$$

选配 8 Φ 16（$A'_s = 1608\text{mm}^2$）

(2)验算纵筋配筋率

$$\rho' = \frac{A'_s}{bh} = \frac{1608}{450 \times 450} = 0.794\% > \rho_{\min} = 0.5\%$$

(3)根据构造要求配置箍筋

选取箍筋Φ6@200mm，根据构造要求箍筋间距小于短边长度450mm，也小于$15d$即240mm(d为纵筋最小直径)，箍筋直径大于等于6mm同时也大于等于$d/4$(d为纵筋最小直径)，故满足构造要求。

12.4.3 偏心受压构件正截面受压承载力的计算

12.4.3.1 偏心受压构件正截面破坏形态

试验表明，偏心受压构件正截面有两种破坏形态：大偏心受压破坏和小偏心受压破坏。

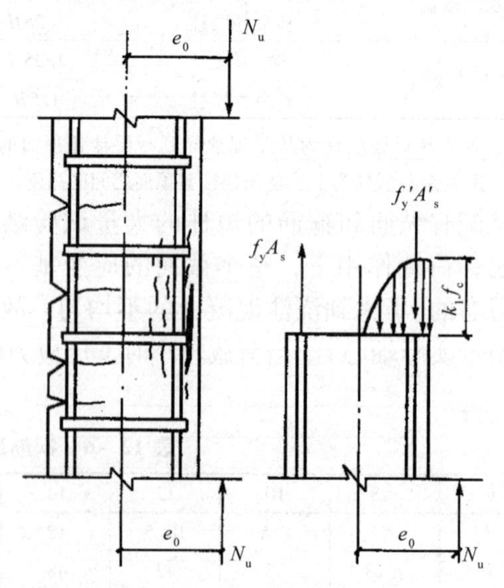

图12-31 大偏心受压破坏

(1)大偏心受压破坏

当轴向压力 N 的相对偏心距 e_0/h_0 较大，且在偏心另一侧的纵向钢筋 A_s 配置适量时，发生大偏心受压破坏。此时，在荷载作用下，轴向压力 N 作用一侧截面受压，另一侧截面受拉。荷载加大时，首先在受拉区产生横向裂缝，随着荷载继续增大，受拉区横裂缝不断开展、延伸，主裂缝逐渐明显，纵向受拉钢筋 A_s 的应力增大并首先达到屈服强度 f_y，进入流幅阶段，随着横向裂缝迅速向受压区延伸，使受压区面积迅速减少，最后受压区出现纵向裂缝混凝土被压碎，构件随即破坏。破坏时，除非受压区高度太小，一般情况下受压区纵筋 A'_s，也能达到屈服强度 f'_y，这种破坏形态在破坏之前有明显的预兆，属于延性破坏，如图12－31所示。

(2)小偏心受压破坏

当轴向压力 N 的相对偏心距 e_0/h_0 较小；或者虽然 e_0/h_0 不太小，但是在轴向压力 N 的另一侧纵向钢筋 A_s 配置过多时，发生小偏心受压破坏。这时构件截面可能大部分受压、小部分受拉，也可能截面全部受压。

①截面大部分受压、小部分受拉　此时，受拉区可能出现横向裂缝，但裂缝发展不显著，无明显主裂缝。临近破坏时，混凝土受压区边缘出现纵向裂缝，继续加载后受压区混凝土被压碎，构件破坏。此时，受压区纵向钢筋 A'_s 的应力达到受压屈服强度 f'_y，但受拉区纵向钢筋 A_s 的应力达不到受拉屈服强度 f_y，如图12－32(a)所示。

②截面全部受压　此时，没有横向裂缝出现，随着荷载的增大，在轴向压力 N 作用一侧，混凝土边缘首先出现纵向裂缝，然后被压碎，构件随即破坏。破坏时，受压钢筋 A'_s 的应力达到其屈服强度，而另一侧的纵向钢筋 A_s 也承受压应力，但其值仍达不到受压屈服强度 f'_y，如图12－32(b)所示。应该注意到，当相对偏心距 e_0/h_0 很小，且纵向钢筋 A_s 较少时，还有可能出现"反向破坏"，即混凝土边缘的受压破坏出现在纵向钢筋 A_s 一侧。

总之，小偏心受压破坏都是由于混凝土首先被压碎而产生的，破坏时，在离轴向压力 N 作用点较远一侧纵向钢筋 A_s 的应力无论是受拉或是受压都未达到其屈服强度。这种破坏形态在破坏前没有明显预兆，属于脆性破坏。

(3)两种偏心受压破坏形态的界限

大、小偏心受压这两种破坏形态的根本区别就在于纵向钢筋 A_s 在破坏时是否达到屈服。这和受弯构件的适筋破坏与超筋破坏的破坏形态区别完全一致。因此，两种偏心受压破坏形态的界限与受弯构件的适筋与超筋两种破坏形态的界限也一致：即在破坏时纵向受拉钢筋 A_s 应力达到屈服强度 f_y，同时受压区混凝土也达到其极限压应变 ε_{cu} 值，此时其相对受压区高度称为界限相对受压区高度 ξ_b(ξ_b 值按表12－3取用)。

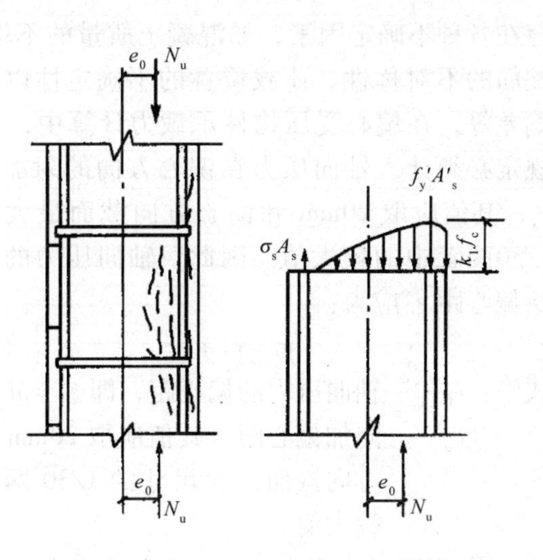

(a) 部分截面受压

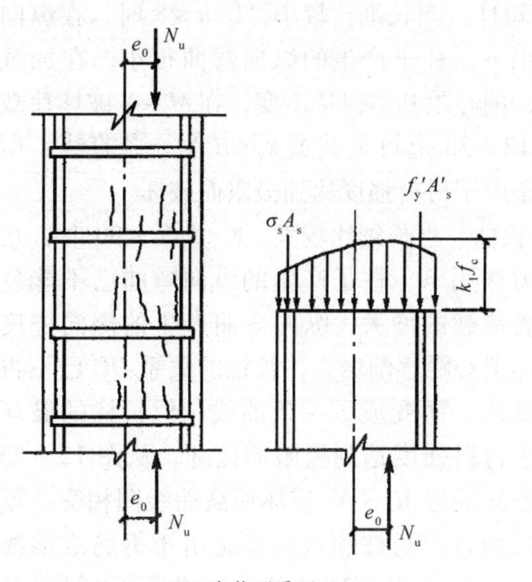

(b) 全截面受压

图12－32　小偏心受压破坏

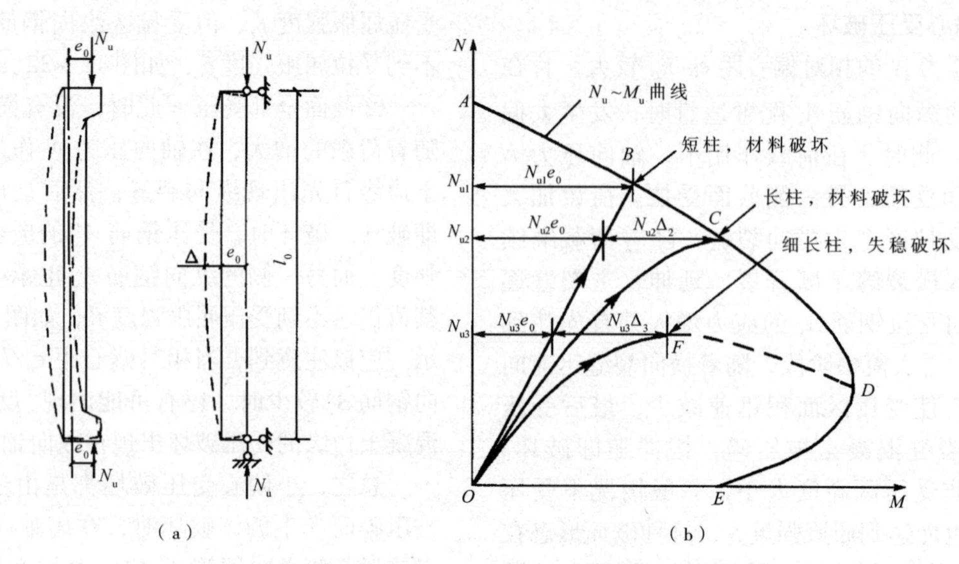

图 12-33　偏心受压构件的 $M \sim N$ 破坏荷载曲线及其破坏性质

故当满足下列条件时，为大偏心受压破坏：

$$\xi \leq \xi_b 或 x \leq x_b \quad (12.46)$$

而当满足下列条件时，则为小偏心受压破坏：

$$\xi > \xi_b 或 x > x_b \quad (12.47)$$

12.4.3.2　偏心受压柱的破坏类型

(1)材料破坏和失稳破坏

偏心受压柱按照长细比的不同，一般分为短柱、长柱和细长柱3类。假定，截面尺寸、材料、配筋、支承条件和偏心距等都相同，下面来比较这三类柱的破坏特征：

① 短柱　当长细比较小，$l_0/h \leq 8$ 时，在纵向压力作用下，柱子产生的纵向弯曲很小，在加载过程中，偏心距基本保持不变，在 $M \sim N$ 破坏荷载曲线图 12-33 上可见其关系 OB 为一条直线，所以短柱是由于材料强度达到极限而破坏。

② 长柱　当长细比较大，$8 < l_0/h \leq 30$ 时，在纵向压力作用下，柱子产生的纵向弯曲已不能忽视，随着荷载的增大，纵向弯曲产生的侧向挠度使其实际偏心距逐渐增大，长柱的关系 OC 已不再为一条直线，而变成了一条曲线；但长柱的破坏也是由于材料强度达到极限而破坏，从图 12-33 可见这条曲线与 $M_u \sim N_u$ 破坏荷载曲线图相交。就破坏特性而言，长柱和短柱都是由于钢筋或混凝土的强度达到极限而破坏的，所以属于“材料破坏”类型。

③ 细长柱　当长细比很大，即 $l_0/h > 30$ 时，在较低的荷载下，其受力性能与上述长柱相似，但当荷载超过其临界荷载后，虽然其截面中应力比材料强度值低得多，但构件将发生失稳而破坏。此时，柱子的承载力已大为降低，如图 12-33 所示。短柱、长柱和细长柱的承载力各不相同，若其值分别为 N_{u1}、N_{u2} 及 N_{u3}，则 $N_{u3} < N_{u2} < N_{u1}$，细长柱的这种破坏属于“失稳破坏”类型。因此，从节约材料考虑，在设计中应尽量避免采用细长柱。

(2)附加偏心距 e_a 和弯矩增大系数 η_{ns}

① 附加偏心距 e_a　考虑到工程实际中有可能存在各种不确定因素，如混凝土质量的不均匀性、配筋的不对称性、荷载位置的不确定性以及施工偏差等，在偏心受压构件承载力计算中，《规范》规定必须计入轴向压力在偏心方向的附加偏心距 e_a，其值应取 20mm 和偏心方向截面最大尺寸的 1/30两者中的较大值。因此，轴向压力的计算初始偏心距 e_i 应为：

$$e_i = e_0 + e_a \quad (12.48)$$

式中：e_0——轴向压力的偏心距，即 $e_0 = M/N$；

e_a——附加偏心距，其值应取 20mm 和偏心方向截面最大尺寸的 1/30 两者中的较大值。

② 弯矩增大系数 η_{ns}　由前文分析，对于短

柱，可以忽略侧向挠度的影响。故《混凝土结构设计规范》规定：对于弯矩作用平面内截面对称的偏心受压构件，当同一主轴方向的杆端弯矩比 M_1/M_2 不大于0.9且设计轴压比不大于0.9时，若构件的长细比满足式(12.49)的要求，可不考虑该方向构件自身挠曲产生的附加弯矩影响；当不满足式(12.49)时，需按截面的两个主轴方向分别考虑构件自身挠曲产生的附加弯矩影响。

$$\frac{l_0}{i} \leqslant 34 - 12\left(\frac{M_1}{M_2}\right) \tag{12.49}$$

式中：M_1、M_2——分别为已考虑侧移影响的偏心受压构件两端截面按结构弹性分析确定的对同一主轴的组合弯矩设计值，绝对值较大端为 M_2，绝对值较小端为 M_1，当构件按单曲率弯曲时，M_1/M_2 取正值，否则取负值；

l_0——偏心受压构件的计算长度，可取偏心受压构件相应主轴方向两支撑点之间的距离；

i——偏心方向的回转半径。

对于长柱、细长柱在设计中应考虑附加挠度对弯矩增大的影响，故引入偏心距调节系数和弯矩增大系数来表示柱端附加弯矩。《混凝土结构设计规范》规定：除排架结构柱以外的偏心受压构件，在其偏心方向上考虑构件自身挠曲影响(附加弯矩)的弯矩设计值取为：

$$M = C_m \eta_{ns} M_2 \tag{12.50}$$

$$C_m = 0.7 + 0.3\frac{M_1}{M_2} \tag{12.51}$$

$$\eta_{ns} = 1 + \frac{1}{1300\left(\dfrac{M_2}{N} + e_a\right)/h_0}\left(\frac{l_0}{h}\right)^2 \zeta_c \tag{12.52}$$

$$\zeta_c = \frac{0.5 f_c A}{N} \tag{12.53}$$

式中：M_1、M_2——分别为已考虑侧移影响的偏心受压构件两端截面按结构弹性分析确定的对同一主轴的组合弯矩设计值，绝对值较大端为 M_2，绝对值较小端为 M_1，当构件按单曲率弯曲时，M_1/M_2 取正值，否则取负值；

C_m——构件端截面偏心距调节系数，当小于0.7时取0.7；

η_{ns}——弯矩增大系数；

N——与弯矩设计值 M_2 相应的轴向压力设计值；

e_a——附加偏心距；

ζ_c——截面曲率修正系数，当计算值大于1.0时取1.0；

h——截面高度；

h_0——截面有效高度；

A——构件截面面积。

12.4.3.3 矩形截面偏心受压构件正截面的承载力

(1)基本假定

钢筋混凝土偏心受压构件正截面的承载力的计算和受弯构件相同，采用基本假定如下：

① 平截面假定，即构件正截面在变形之后仍保持平面；

② 截面受拉区混凝土不参加工作；

③ 截面受压区混凝土的应力图形采用等效矩形，其受压强度取为 $\alpha_1 f_c$，矩形应力图形的受压区计算高度 x 与由平截面假定所确定的实际中性轴高度 x_0 的比值同样取 β_1。α_1 与 β_1 的值可按表12-2查用；

④ 当截面受压区高度满足 $x \geqslant 2a'_s$ 条件时，受压钢筋能够达到受压强度设计值 f'_y。

(2)矩形截面偏心受压构件大、小偏心的初步判别

由于偏心受压构件存在大偏心和小偏心两种不同的破坏形态，使得大、小偏心受压构件的应力计算图形也各不相同，所以在进行计算前，必须首先判别其破坏形态。区分大、小偏心受压破坏形态的界限为式(12.46)、式(12.47)所示的条件，但若在开始进行设计复核时，ξ 值尚为未知数，则可按下列方法作初步的判别：

当 $e_i \geqslant 0.3h_0$ 时，可先按大偏心受压进行计算，若结果属于 $\xi \leqslant \xi_b$ 的小偏心受压情况，则重新

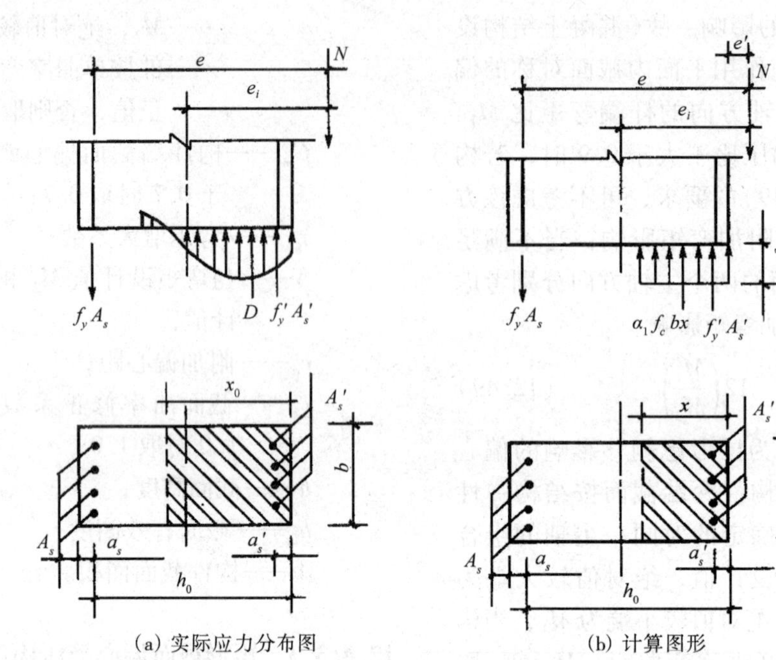

(a) 实际应力分布图　　(b) 计算图形

图 12－34　大偏心受压构件截面应力计算图

按小偏心受压进行计算;

当 $e_i < 0.3h_0$ 时，可按小偏心受压进行计算。

(3) 大偏心受压构件承载力计算

① 基本计算公式　截面应力计算图形如图 12－34(b)所示。其平衡方程式为:

$$\sum N = 0 \quad N \leqslant \alpha_1 f_c bx + A_s' f_y' - A_s f_y \quad (12.54)$$

$$\sum M_{A_s} = 0 \quad N \cdot e \leqslant \alpha_1 f_c bx\left(h_0 - \frac{x}{2}\right) + A_s' f_y'(h_0 - a_s') \quad (12.55)$$

$$e = e_i + \frac{h}{2} - a_s \quad (12.56)$$

式中：α_1——系数，查表 12－2;

e_i——初始偏心距，见式(12.48);

N——轴向力设计值;

f_c——混凝土抗压强度设计值;

b——受压构件无偏心一边长度;

x——截面受压区高度;

A_s——受拉钢筋截面面积;

A_s'——受压钢筋截面面积;

f_y——钢筋抗拉强度设计值;

f_y'——钢筋抗压强度设计值;

h_0——截面有效高度。

② 公式的适用条件

第一，为了保证受拉钢筋 A_s 达到屈服(大偏心受压)，应满足:

$$\xi \leqslant \xi_b \text{或} x \leqslant x_b \quad (12.57)$$

第二，为了保证构件破坏时受压钢筋 A_s' 达到屈服，应满足:

$$x \geqslant 2a_s' \text{或} z \leqslant h_0 - a_s' \quad (12.58)$$

当 $x < 2a_s'$ 时，可近似取 $x = 2a_s'$，并对纵向受压钢筋 A_s' 的合力点取矩，得:

$$Ne' = f_y A_s (h_0 - a_s') \quad (12.59)$$

式中：e'——轴向力 N 作用点至纵向受压钢筋 A_s' 合力点的距离，其值为:

$$e' = e_i - \frac{h}{2} + a_s' \quad (12.60)$$

(4) 小偏心受压构件承载力计算

① 基本计算公式　截面应力计算图形如图 12－35(b)所示。其平衡方程式为:

$$\sum N = 0$$

$$N \leqslant \alpha_1 f_c bx + A_s' f_y' - A_s \sigma_s \quad (12.61)$$

$$\sum M_{A_s} = 0$$

$$N \cdot e \leqslant \alpha_1 f_c bx\left(h_0 - \frac{x}{2}\right) + A_s' f_y'(h_0 - a_s') \quad (12.62)$$

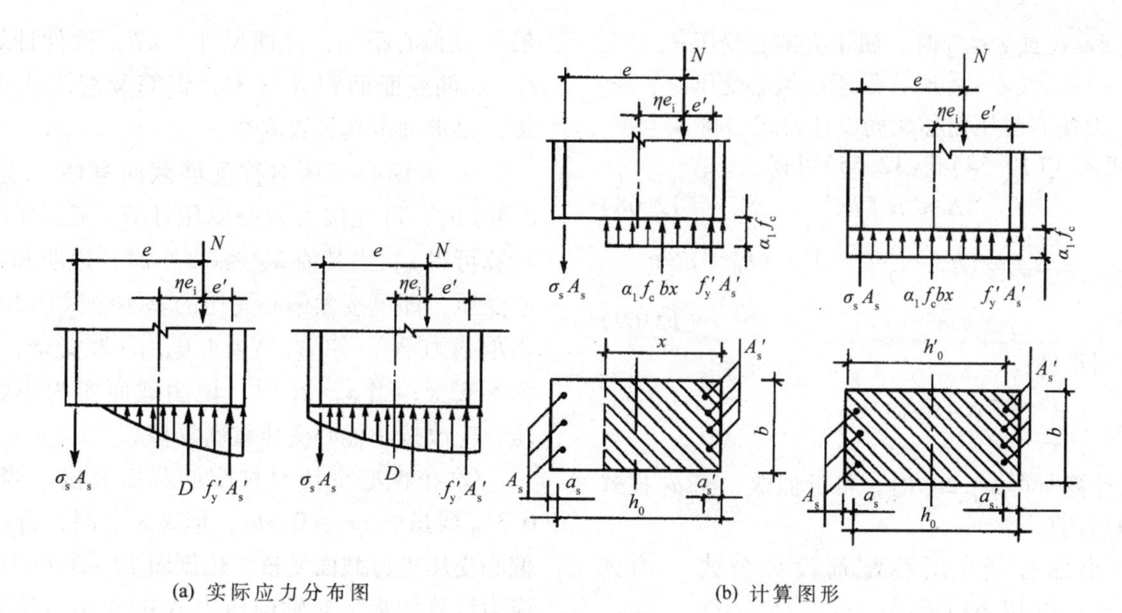

(a) 实际应力分布图　　(b) 计算图形

图12-35　小偏心受压构件截面应力计算图

$$e = e_i + \frac{h}{2} - a_s \qquad (12.63)$$

式中：σ_s——纵筋A_s的应力值，可近似按下式计算，并要求满足$-f_y' \leqslant \sigma_s < f_y$，其中

$$\sigma_s = \frac{\xi - \beta_1}{\xi_b - \beta_1} f_y \qquad (12.64)$$

β_1——系数，由表12-2确定；

α_1——系数，由表12-2确定；

e_i——初始偏心距，见式(12.48)；

N——轴向力设计值；

f_c——混凝土抗压强度设计值；

b——受压构件无偏心一边长度；

x——截面受压区高度；

A_s——受拉钢筋截面面积；

A_s'——受压钢筋截面面积；

f_y——钢筋抗拉强度设计值；

f_y'——钢筋抗压强度设计值；

h_0——截面有效高度。

② 公式的适用条件　$\xi > \xi_b$，或$x > x_b$；$x \leqslant h$，当$x > h$时，取$x = h$。

12.4.3.4　矩形截面对称配筋偏心受压构件承载力

如果偏心受压构件截面两侧的受力纵筋配置完全相同，即$A_s = A_s'$，$f_y = f_y'$时，称为对称配筋。对称配筋不但设计简便而且施工也方便，因此，在工程中得到广泛应用。当遇下列情况时，均宜采用对称配筋。

① 偏心受压构件如在使用中，可能受到数值相近而方向相反的弯矩作用时；② 偏心受压构件按对称配筋设计所需的纵向钢筋总量，比按非对称配筋设计所需的纵向钢筋总量增加不多时；③ 为了避免安装可能出现反向错误，预制装配式偏心受压构件宜用对称配筋。

(1)对称配筋的截面配筋设计

截面配筋设计问题一般已知截面内力设计值M、N，截面尺寸$b \times h$，计算长度l_0，钢筋及混凝土强度等级(f_c、f_y、f_y')。要求计算纵筋截面面积A_s、A_s'。

① 大小偏心受压的判别　假定截面属于大偏心受压，则因$A_s = A_s'$，$f_y = f_y'$，所以由式(12.54)可得：

$$N = \alpha_1 f_c bx \qquad (12.65)$$

$$x = \frac{N}{\alpha_1 f_c b} \qquad (12.66)$$

$$\xi = \frac{x}{h_0} = \frac{N}{\alpha_1 f_c b h_0} \qquad (12.67)$$

因此，在设计配筋时，对于对称配筋的截面可以直接用x或ξ来判别大小偏心受压：

当 $x \leqslant x_b$ 或 $\xi \leqslant \xi_b$ 时，属于大偏心受压；

当 $x > x_b$ 或 $\xi > \xi_b$ 时，属于小偏心受压。

② 大偏心受压对称配筋设计公式　将 $A_s = A'_s$，$f_y = f'_y$ 代入式(12.54)式(12.55)可得

$$N \leqslant \alpha_1 f_c bx \tag{12.68}$$

$$N \cdot e \leqslant \alpha_1 f_c bx(h_0 - \frac{x}{2}) + A'_s f'_y(h_0 - a'_s) \tag{12.69}$$

公式适用条件：

第一，$x \leqslant x_b$ 或 $\xi \leqslant \xi_b$；

第二，$x \geqslant 2a'_s$。

当计算所得 $x < 2a'_s$ 时，可近似取 $x = 2a'_s$ 按式(12.69)计算。

③ 小偏心受压对称配筋设计公式　由式(12.61)~式(12.64)可得：

$$N \leqslant \alpha_1 f_c bh_0 \xi + (1 - \frac{\xi - \beta_1}{\xi_b - \beta_1}) f_y A_s \tag{12.70}$$

$$N \cdot e \leqslant \alpha_1 f_c bh_0 \xi(1 - 0.5\xi) + A'_s f'_y(h_0 - a'_s) \tag{12.71}$$

如按以上两式计算，须解 ξ 的三次方程式，计算太烦琐，《规范》建议可近似按下式计算：

$$A_s = A'_s = \frac{N \cdot e - \alpha_1 f_c bh_0^2 \xi(1 - 0.5\xi)}{f'_y(h_0 - a'_s)} \tag{12.72}$$

式中：ξ——换算相对受压区高度，《规范》规定按下式取用

$$\xi = \frac{N - \xi_b \alpha_1 f_c bh_0}{\dfrac{N \cdot e - 0.43\alpha_1 f_c bh_0^2}{(\beta_1 - \xi_b)(h_0 - a'_s)} + \alpha_1 f_c bh_0} + \xi_b \tag{12.73}$$

式中：ξ_b——界限相对受压区高度；

β_1——系数，由表12-2确定；

α_1——系数，由表12-2确定；

N——轴向力设计值；

f_c——混凝土抗压强度设计值；

b——受压构件无偏心一边长度。

公式适用条件：

第一，$x > x_b$ 或 $\xi > \xi_b$；

第二，$x \leqslant h$，若 $x > h$，取 $x = h$。

(2)对称配筋的截面复核

截面复核问题一般已知构件的轴向压力设计值 N 及偏心距 e_0，截面尺寸 $b \times h$，构件计算长度 l_0，纵筋截面面积 $A_s = A'_s$，钢筋及混凝土强度等级，要求确定其是否安全。

① 大偏心受压对称配筋截面复核　当 $\eta e_i \geqslant 0.3h_0$ 时，可先按大偏心受压计算。由式(12.69)计算可得 x，当其值 $2a'_s \leqslant x \leqslant x_b$ 时，说明确为大偏心受压，即可按大偏心受压的基本公式(12.68)求出承载力 N_u。如 $N_u/N \geqslant 1.0$，即为安全，否则，为不安全；当 $x > x_b$ 时，说明截面实为小偏心受压，应改按小偏心受压重新复核。

② 小偏心受压对称配筋截面复核　当 $\eta e_i < 0.3h_0$ 或虽然 $\eta e_i \geqslant 0.3h_0$，但 $x > x_b$ 时，都应按小偏心受压进行截面复核。依据图12-35(b)的截面应力计算图形，对轴向压力 N 的作用点取矩，由平衡条件可得：

$$\alpha_1 f_c bx(\frac{x}{2} - e') - \sigma_s A_s e - f'_y A'_s e' = 0 \tag{12.74}$$

式中：

$$e' = \frac{h}{2} - e_i - a'_s \tag{12.75}$$

σ_s 可按公式(12.64)求得，这样由公式(12.61)即可求得 x 值。如果 $x \leqslant (1.6 - \xi_b)h_0$，说明 $\sigma_s \geqslant -f_y$，可按公式(12.61)计算 N_u；如果 $x > (1.6 - \xi_b)h_0$，说明 $\sigma_s < -f_y$，如 $N_u/N \geqslant 1.0$，即为安全，否则，为不安全。

【例题12-7】　某亭子柱截面尺寸 $b \times h = 300\text{mm} \times 500\text{mm}$，柱计算高度 $l_0 = 4.5\text{m}$，承受轴向压力设计值 $N = 860\text{kN}$，沿长边方向作用的柱端较大弯矩 $M_2 = 172\text{kN} \cdot \text{m}$，混凝土强度等级C30，HRB400级钢筋，$a_s = a'_s = 40\text{mm}$，采用对称配筋，试求所需纵向钢筋的截面面积 A'_s 和 A_s(假定两端弯矩相等，即 $M_1/M_2 = 1$)。

解：(1)基本数据：查表可得 $f_c = 14.3\text{N/mm}^2$，$f_y = f'_y = 360\text{N/mm}^2$。

$a_s = a'_s = 40\text{mm}$，则 $h_0 = h - 40 = 500 - 40 = 460\text{mm}$；

$\xi_b = 0.518$。

(2)确定设计弯矩 M

$$i=\sqrt{\frac{\frac{1}{12}bh^3}{bh}}=\frac{h}{2\sqrt{3}}=\frac{500}{2\sqrt{3}}=144.34\text{mm}$$，则

$$\frac{l_0}{i}=\frac{4500}{144.34}=31.18>34-12\left(\frac{M_1}{M_2}\right)=34-12\times1=22$$，所以需要考虑附加弯矩的影响。

$$\zeta_c=\frac{0.5f_cA}{N}=\frac{0.5\times14.3\times300\times500}{860}=1.247>1$$，取 $\zeta_c=1$

$$C_m=0.7+0.3\frac{M_1}{M_2}=0.7+0.3=1>0.7$$

$$e_a=\frac{h}{30}=\frac{500}{30}=16.67\text{mm}<20\text{mm}$$，取 $e_a=20\text{mm}$

$$\eta_{ns}=1+\frac{1}{1300\left(\frac{M_2}{N}+e_a\right)/h_0}\left(\frac{l_0}{h}\right)^2\zeta_c$$

$$=1+\frac{1}{1300\times\left(\frac{172\times10^6}{860\times10^3}+20\right)/460}\left(\frac{4500}{500}\right)^2\times1$$

$$=1.13$$

柱的弯矩设计值为：

$$M=C_m\eta_{ns}M_2=1\times1.13\times172=194.36\text{kN}\cdot\text{m}$$

(3)判别大、小偏心受压

$$\xi=\frac{N}{\alpha_1f_cbh_0}=\frac{860\times10^3}{1\times14.3\times300\times460}=0.436<0.518$$

故为大偏心受压柱。则

$$x=\xi h_0=0.436\times460=200.47\text{mm}>2\alpha_s'=2\times40=80\text{mm}$$

(4)求 A_s' 和 A_s

$$e_0=\frac{M}{N}=\frac{172\times10^6}{860\times10^3}=200\text{mm}$$

$$e_i=e_0+e_a=200+20=220\text{mm}$$

$$e=e_i+h/2-a_s=220+500/2-40=430\text{mm}$$

$$A_s=A_s'=\frac{Ne-\alpha_1f_cbx\left(h_0-\frac{x}{2}\right)}{f_y'(h_0-a_s')}$$

$$=\frac{860\times10^3-1\times14.3\times300\times200.47\times(460-200.47/2)}{360\times(460-40)}$$

$$=2040.63\text{mm}^2>A'_{s,\min}=\rho'_{\min}bh=0.002\times300\times500=300\text{mm}^2$$

(5)选配钢筋并验算配筋率

每边选配钢筋 3Φ25+2Φ20($A_s'=A_s=1473+628=2101\text{mm}^2$)。

验算配筋率：

$$A_s'+A_s=2101+2101=4202\text{mm}^2$$

$$\rho=\frac{4202}{300\times500}=2.8\%>0.55\%$$

故满足要求。

12.5 现浇钢筋混凝土平面楼盖设计

12.5.1 现浇钢筋混凝土平面楼盖概述

钢筋混凝土梁板结构是由钢筋混凝土受弯构件(梁、板)组成，被广泛应用于工业和民用建筑中，它既可用来建造房屋中的楼面、屋面、楼梯和阳台，也可用来建造基础、挡土墙、水池顶板等结构。施工方法可分为现浇楼盖、装配式楼盖和装配整体式楼盖。按组成形式可分为交梁楼盖、无梁楼盖、密肋梁楼盖等形式。按照楼板的形式可把交梁楼盖分为单向板肋梁楼盖和双向板肋梁楼盖(包括井字梁楼盖)。楼盖的类型如图12－36所示。

(1)单向板肋梁楼盖

单向板肋梁楼盖一般是由板、次梁、主梁组成，如图12－37所示，板的四边支承在梁(墙)上，次梁支承在主梁上。单向板的长边 l_2 与短边 l_1 之比较大(按弹性理论，$l_2/l_1>2$ 时；按塑性理论，$l_2/l_1>3$ 时)，所以单向板是沿单向(短向)传递荷载。其传力途径为板上荷载传至次梁(墙)，次梁荷载传至主梁(墙)，最后总荷载由墙、柱传至基础和地基。

在单向板肋梁楼盖中主梁跨度一般为5～8m，次梁跨度一般为4～6m，板常用跨度一般为1.7～2.7m。板厚不小于60mm，且不小于板跨的1/30。为了增强房屋的横向刚度，主梁一般沿房屋的横向布置(也可纵向布置)，次梁则沿纵向布置，主梁必须避开门窗洞口。梁格布置应力求整齐、贯通并有规律性，其荷载传递应直接。梁、板最好是等跨布置，由于边跨梁的内力要比中间跨梁的内力大一些，边跨梁的跨度可略小于中间跨梁的跨度(一般在10%以内)。板厚和梁高尽量统一，

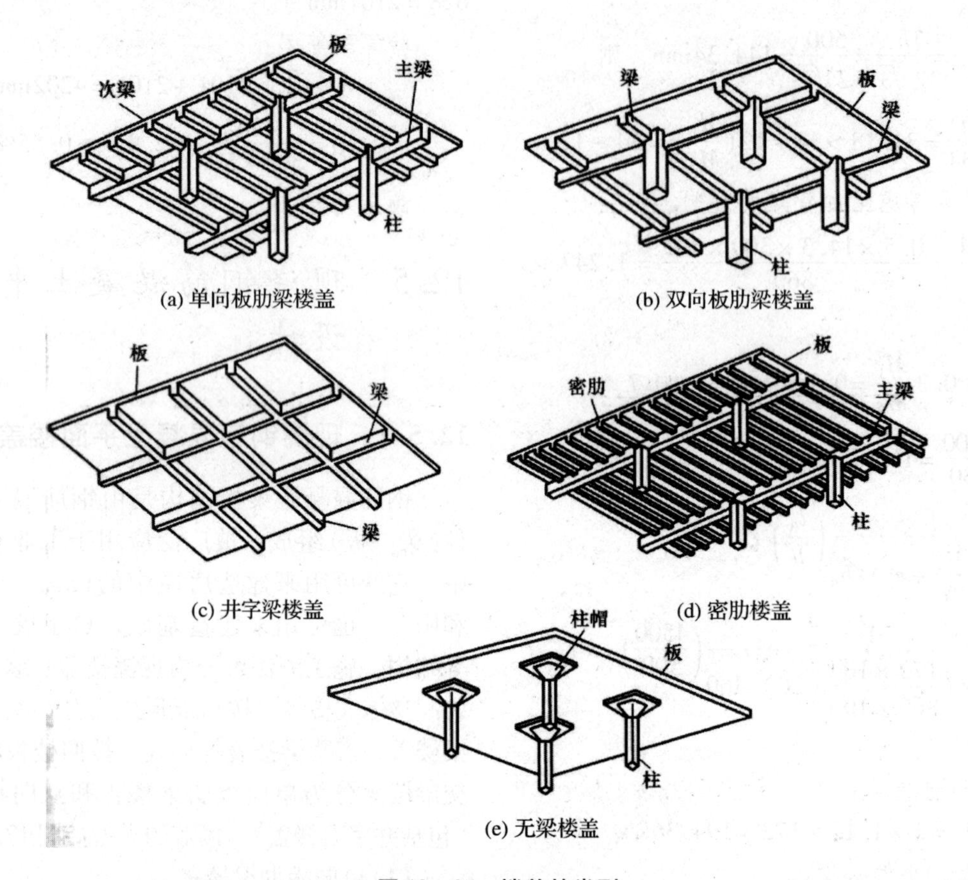

图 12－36　楼盖的类型

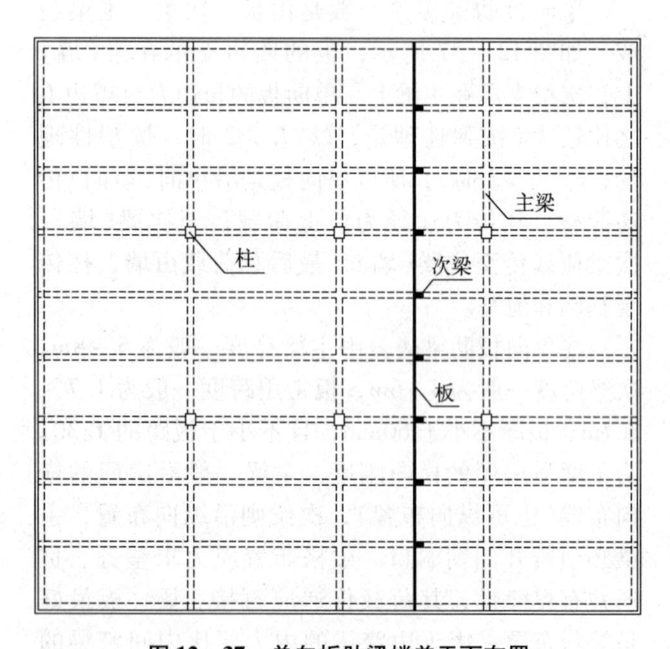

图 12－37　单向板肋梁楼盖平面布置

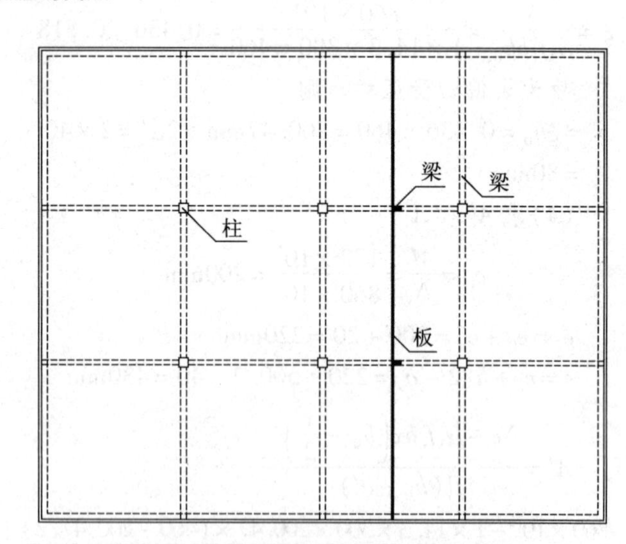

图 12－38　双向板肋梁楼盖平面布置

这样便于设计和施工。单向板肋梁楼盖一般适用于较大跨度的公共建筑和工业建筑。

(2)双向板肋梁楼盖

双向板肋梁楼盖是指板的长边 l_2 与短边 l_1 之比

小于或等于2的肋梁楼盖，双向板是在两个方向均受力工作。其传力途径为板上荷载传至次梁(墙)和主梁(墙)，次梁和主梁上荷载传至墙、柱最后传至基础和地基(图12-38)。双向板肋梁楼盖的跨度可达12m或更大，适用于较大跨度的公共建筑和工业建筑，同跨时板厚比单向板为薄。

(3)井字梁楼盖

井字梁楼盖是从双向板演变而来的一种结构形式，当在双向板肋梁楼盖的范围内不设柱则组成井字梁楼盖，井字梁楼盖双向的梁通常是等高的。不分主次梁，各向梁协同工作，共同承担和分配楼面荷载。具有良好的空间整体性能。

井式梁板结构的布置一般有以下5种：

① 正式网格梁　网格梁的方向与屋盖或楼板矩形平面两边相平行。正向网格梁宜用于长边与短边之比不大于1.5的平面，且长边与短边尺寸越接近越好。

② 斜向网格梁　当屋盖或楼盖矩形平面长边与短边之比大于1.5时，为提高各项梁承受荷载的效率，应将井式梁斜向布置。该布置的结构平面中部双向梁均为等长度等效率，与矩形平面的长度无关。当斜向网格梁用于长边与短边尺寸较接近的情况，平面四角的梁短而刚度大，对长梁起到弹性支承的作用，有利于长边受力。为构造及计算方便，斜向梁的布置应与矩形平面的纵横轴对称，两向梁的交角可以是正交也可以是斜交。此外斜向矩形网格对不规则平面也有较大的适应性。

③ 三向网格梁　当楼盖或屋盖的平面为三角形或六边形时，可采用三向网格梁。这种布置方式具有空间作用好、刚度大、受力合理、可减小结构高度等优点。

④ 设内柱的网格梁　当楼盖或屋盖采用设内柱的井式梁时，一般情况沿柱网双向布置主梁，再在主梁网格内布置次梁，主次梁高度可以相等也可以不等。

⑤ 有外伸悬挑的网格梁　单跨简支或多跨连续的井式梁板有时可采用有外伸悬挑的网格梁。这种布置方式可减少网格梁的跨中弯矩和挠度。

(4)密肋梁楼盖

在前文的肋梁楼盖或无梁楼盖中，如果用模壳在板底形成规则的“挖空”部分，没有挖空的部分在两个方向形成高度相等的肋(梁)，当肋梁间距很小时，一般小于1.5m，就形成了密肋梁楼盖。密肋梁楼盖的楼板可以设计的很薄，一般为60~130mm，但不得小于40mm。在我国的工程实践中，钢筋混凝土密肋梁楼盖的跨度一般不超过9m，预应力混凝土密肋梁楼盖的跨度一般不超过12m。

(5)无梁楼盖

当楼板直接支撑在柱上而不设梁时，称为无梁楼盖。整个无梁楼盖由板、柱帽和柱组成。无梁楼盖的板一般采用等厚的钢筋混凝土平板，其厚度由计算确定，一般较有梁楼盖的板为厚，常用的厚度约为跨度的1/30。为了保证板应有足够的刚度，板厚一般不宜小于柱网长边尺寸的1/35，且不得小于150mm。为了改善板的受冲切性能，适应传力的需要，在柱的顶端尺寸放大，形成“柱帽”。也可设计成无柱帽的无梁楼盖。无梁楼盖的柱网布置以正方形最为经济，每一方向的跨数不少于3跨，柱距一般≥6m。

在维持同样的净空高度时，无梁楼盖可以降低建筑物的高度，故较经济。无梁楼盖板底平整美观；施工时可采用升板法施工，施工进度快。

无梁楼盖适用于各种多层的工业和民用建筑，如地下车库、商场、地铁站等，但有很大的集中荷载时则不宜采用。

12.5.2　现浇单向板肋梁楼盖设计

现浇单向板肋梁楼盖由板、次梁、主梁组成，其荷载传递的路线是：荷载→板→次梁→主梁→柱(墙)→基础→地基，即柱(墙)是主梁的支座，主梁是次梁的支座，次梁是板的支座。

现浇单向板肋梁楼盖的设计步骤：

① 确定结构平面布置图，包括板厚、次梁和主梁的截面尺寸；

② 板的设计(荷载计算、确定计算简图、内力及配筋计算)；

③ 次梁的设计(荷载计算、确定计算简图、内力及配筋计算)；

④ 主梁的计算简图(荷载计算、确定计算简图、内力及配筋计算);

⑤ 构造处理;

⑥ 绘制施工图。

12.5.2.1 结构的平面布置图

为使得结构的布置合理应按下列原则进行:

① 应满足建筑物的正常使用要求;

② 应考虑结构受力是否合理;

③ 应考虑材料的节约、减低造价的要求;

在现浇单向板肋梁楼盖中,柱(墙)的间距决定了主梁的跨度,主梁的间距决定了次梁的跨度,次梁的间距决定了板的跨度。根据工程经验,单向板的常用跨度:1.7 ~ 2.5m,荷载大时取较小值;次梁的常用跨度:4 ~ 6m;主梁的常用跨度:5 ~ 8m。另外,应尽量将整个柱网布置成正方形或长方形,板梁应尽量布置成等跨度的,以使板的厚度和梁的截面尺寸都统一,便于计算,有利施工。

常用的单向板肋梁楼盖的结构平面布置方案有以下3种:

① 主梁横向布置,次梁纵向布置,如图12-39(a)所示,主梁和柱可形成横向框架,提高房屋的横向抗侧移刚度,而各榀横向框架间由纵向的次梁联系,故房屋的整体性较好。此外由于外纵墙处仅布置次梁,窗户高度宽度可开得大些,这样有利于房屋室内的采光和通风。

② 主梁纵向布置,次梁横向布置,如图12-39(b)所示,这种布置方案适用于横向柱距大得多的情况,这样可以减小主梁的截面高度,增加室内净空。

③ 只布置次梁,不设主梁,如图12-39(c)所示,这种布置仅适用于有中间走廊的砌体墙承重的混合结构房屋。

在进行楼盖的结构布置时,应注意以下问题:

① 受力处理 荷载传递要简洁、明确,梁宜拉通,避免凌乱;尽量避免将梁,特别是主梁搁置在门、窗过梁上,否则会增大过梁的荷载,影响门窗的开启;在楼、屋面上有机器设备、冷却塔、悬吊装置和隔墙等荷载比较大的地方,宜设次梁承重;主梁跨内最好不要只放置一根次梁,以减少主梁跨内弯矩的不均匀;楼板上开有较大尺寸(大于800mm)的洞口时,应在洞口边设置小梁。

② 满足建筑要求 不封闭的阳台、厨房和卫生间的板面标高宜低于相邻板面30 ~ 50mm;当房间不做吊顶时,一个房间平面内不宜只放一根梁,否则会影响美观。

③ 方便施工 梁的布置尽可能规则,梁的截面类型不宜过多,梁的截面尺寸应考虑支模的方便。

12.5.2.2 梁板的计算简图

在确定计算简图时,现浇楼盖中板和梁按多跨连续板、多跨连续梁考虑,为了简化计算,通常做如下简化假定:

① 梁板能自由转动,支座处没有竖向位移;

② 不考虑薄膜效应对板内力的影响;

③ 在确定传递荷载时,忽略板、次梁的连续性,每一跨都按简支构件来计算支座竖向反力。

下面对支撑条件、计算单元及从属面积、计算跨数、计算跨度、荷载进行讨论。

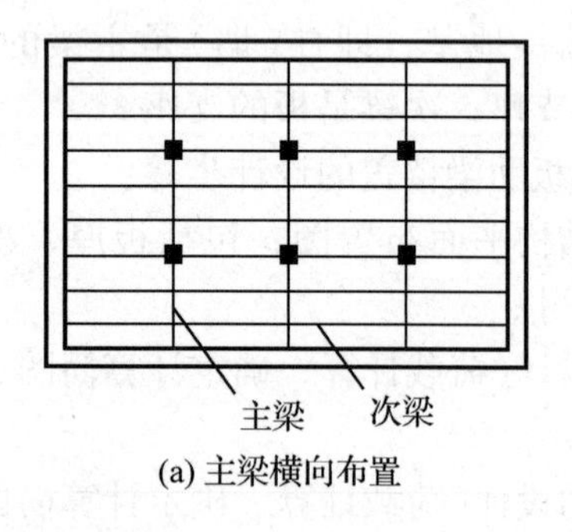

(a) 主梁横向布置

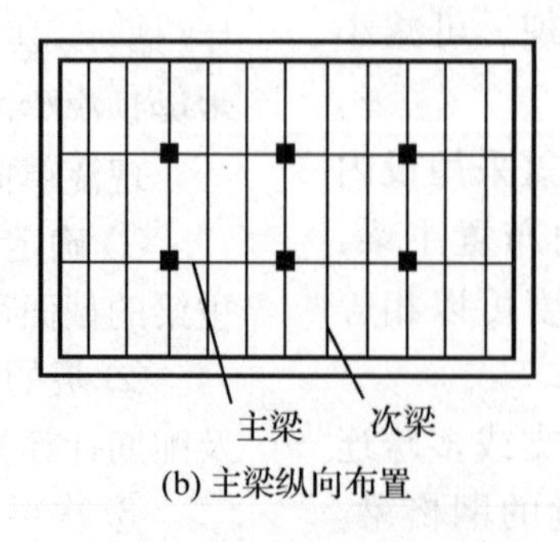

(b) 主梁纵向布置

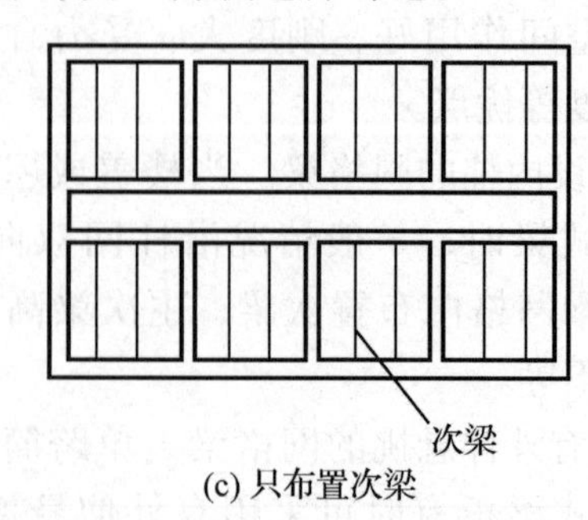

(c) 只布置次梁

图12-39 梁的平面布置

(1)支撑条件

板、次梁、主梁的支撑起始端简化为铰支座，中间支撑简化为连杆。忽略约束所引起的误差可以通过适当调整板、次梁的荷载设计值及梁的支座截面弯矩设计值和剪力设计值的方法来弥补。在楼盖中，如果主梁的支座为截面较大的钢筋混凝土柱，当主梁与柱的线刚度比小于4时，以及柱的两边主梁跨度相差较大(>10%)时，由于柱对梁的转动有较大的约束和影响，故不能再按铰支座考虑，而应将梁、柱视作框架来计算。

(2)计算单元及从属面积

结构内力分析时，常常不是对整个结构进行分析计算，而是从实际结构中选取有代表性的一部分作为计算对象，称为计算单元。如图12-40所示：对于板取1m宽的板带作为计算单元，主、次梁的计算宽度取梁两侧各延伸1/2梁间距的范围，板承受楼面均布荷载，次梁承受板传来的均布线荷载，主梁承受次梁传来的集中荷载。

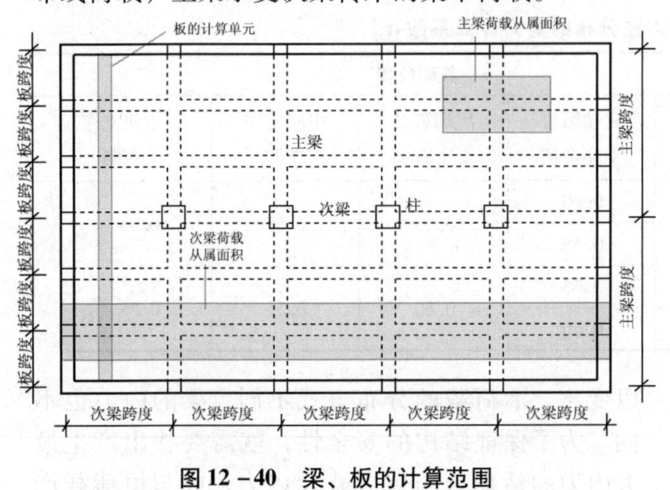

图12-40 梁、板的计算范围

(3)计算跨数

对于五跨和五跨以内的连续梁、板，按实际跨数计算；

对于实际跨数超过五跨的等跨连续板、梁，可按五跨计算。因为中间各跨的内力与第三跨的内力非常接近，为了减少计算工作量，所有中间跨的内力和配筋均可按第三跨处理；

对于非等跨，但跨度相差不超过10%的连续梁、板可以按等跨计算。

(4)计算跨度

梁、板的计算跨度 l_0 是指在内力计算时所采用的跨间长度，该值与构件的支撑长度和构件的抗弯刚度有关。

(5)荷载计算

板：板所承受的荷载即为板带自重及板带上的均布活载，常取宽度为1m的板带作为计算单元。

次梁：取相邻板跨中线所分割出来的面积作为它的受荷面积，次梁所承受的荷载为次梁自重及其受荷面积上板传来的荷载。

主梁：一承受主梁自重及由次梁传来的集中荷载。但由于主梁自重与次梁传来的荷载相比往往较小，故为了简化计算，一般可将主梁均布自重折算为若干集中荷载，加入次梁传来的集中荷载合并计算。

当楼面承受集中(或局部)荷载时，可按楼面的集中或局部荷载换算成等效均布荷载进行计算，换算方法可参阅《荷载规范》。

总之，单向板、次梁要简化成均布荷载，而主梁按集中荷载处理，如图12-41所示。

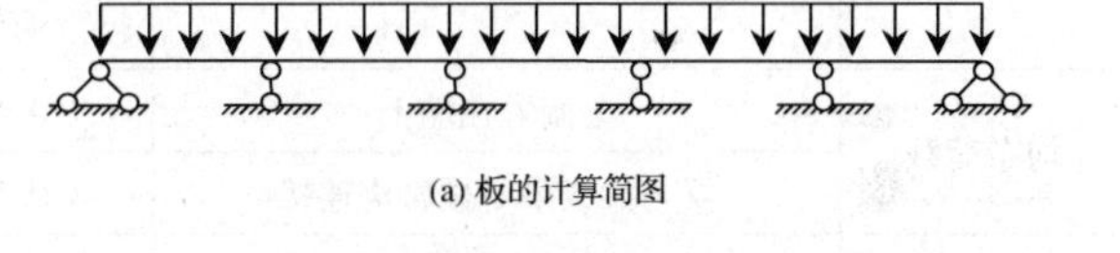

(a) 板的计算简图

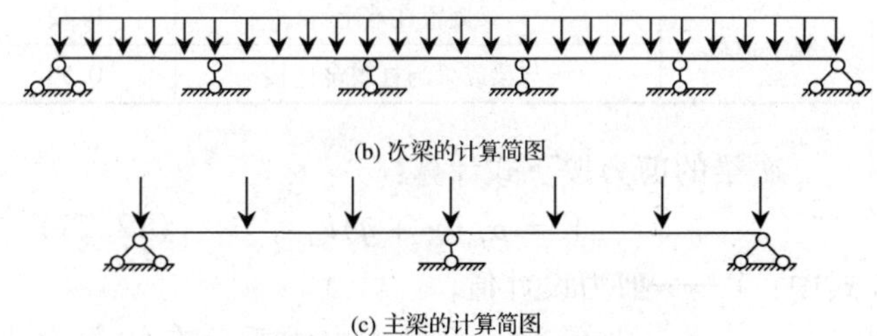

(b) 次梁的计算简图

(c) 主梁的计算简图

图12-41 梁、板的计算简图

12.5.2.3 内力计算

(1)板和次梁的内力计算

梁、板的内力计算有弹性计算法(如力矩分配法)和塑性计算法(弯矩调幅法)两种。塑性计算法是考虑了混凝土开裂，受拉钢筋屈服，内力重分布的影响；进行了内力调幅，降低和调整了按弹性理论计算的某些截面的最大弯矩。对重要构件及使用中一般不允许出现裂缝的构件，如主梁及其他处于有腐蚀性、湿度大等环境的构件，不宜采用塑性计算法计算，应采用弹性计算法计算内力。

板和次梁的内力一般采用塑性理论进行计算，不考虑活荷载的不利位置。对于等跨连续板、梁，其弯矩值为：

$$M = \alpha_{mb}(g + q)l_0^2 \qquad (12.76)$$

式中：M——弯矩设计值；

α_{mb}——连续梁、板考虑内力重分布的弯矩计算系数，按表12－7采用；

g、q——均布恒荷载和活荷载的设计值；

l_0——计算跨度。

对于四周与梁整体连接的单向板，由于存在着拱的作用，因而跨中弯矩和中间支座截面的弯矩可减少20%，但边跨及离板端的第二支座不能这样处理。

表12－7　连续梁和连续单向板考虑塑性内力重分布的弯矩计算系数 α_{mb}

端支座支撑情况		截面位置					
		端支座	边跨跨中	离端第二支座	离端第二跨中	中间支座	中间跨中
梁、板搁置在墙上		0	1/11	二跨连续 －1/10 三跨以上连续 －1/11	1/16	－1/14	1/16
板	与梁整浇连接	－1/16	1/14				
梁		－1/24	1/14				
梁与柱整浇连接		－1/16	1/14				

表12－8　连续梁考虑塑性内力重分布的剪力计算系数 α_{vb}

荷载情况	端支座支撑情况	截面位置				
		端支座右侧	离端第二支座左侧	离端第二支座右侧	中间支座左侧	中间支座右侧
均布荷载	梁搁置在墙上	0.45	0.60	0.55	0.55	0.55
	梁与梁或梁与柱整浇连接	0.50	0.55			
集中荷载	梁搁置在墙上	0.42	0.65	0.60	0.55	0.55
	梁与梁或梁与柱整浇连接	0.50	0.60			

次梁的剪力按下式计算：

$$V = \alpha_{vb}(g + q)l_n \qquad (12.77)$$

式中：V——剪力设计值；

α_{vb}——连续梁、板考虑内力重分布的剪力计算系数，按表12－8采用；

g、q——均布恒荷载和活荷载的设计值；

l_n——净跨度。

（2）主梁的内力计算

主梁的内力应按弹性理论进行计算。假定梁为理想的弹性体系，可按力学方法计算其内力。此时要考虑活荷载的不利组合。恒荷载作用于结构上，其分布不会发生变化，而活荷载的布置可以变化。活荷载的分布方式不同，梁的内力也不同。为了保证结构的安全性，就需要找出产生最大内力的活荷载布置方式及内力，并与恒荷载产生的内力叠加作为设计的依据，这就是荷载不利组合的概念。

如图12－42所示，连续梁，欲求跨中截面最大正弯矩时，除应在该跨布置活荷载外，其余各跨则隔一跨布置活荷载[图12－42（a）、（b）]；欲求某支座截面最大负弯矩时，除应在该支座左、右两跨布置活荷载外，其余各跨则隔一跨布置活荷载[图12－42（c）、（d）]；欲求某支座截面（包括左或右二截面）最大剪力时，其活荷载布置同导致

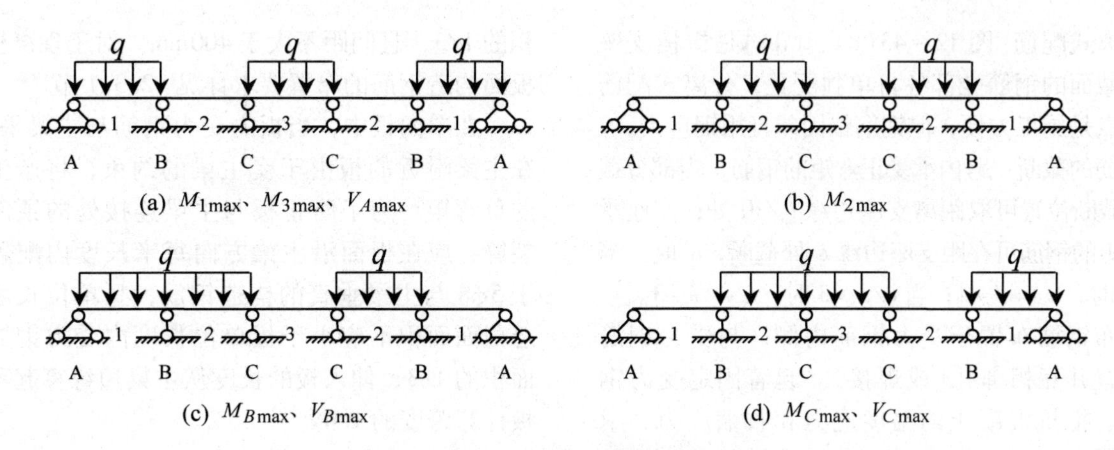

图 12－42　连续梁最不利活荷载位置

该支座截面出现最大负弯矩的活荷载布置。

活荷载的最不利位置确定后，对于等跨(包括跨差≤10%的不等跨)连续梁，可直接利用附表 8 查得在恒荷载和各种活荷载作用下梁的内力系数，求出梁有关截面的弯矩和剪力。

在均布荷载及三角形荷载作用下：

$$M = k_1 g l_0^2 + k_2 q l_0^2; V = k_3 g l_0 + k_4 q l_0 \quad (12.78)$$

在集中荷载作用下：

$$M = k_5 G l_0 + k_6 Q l_0; V = k_7 G + k_8 Q \quad (12.79)$$

式中：g、q——均布恒荷载和活荷载的设计值；

G、Q——集中恒荷载和活荷载的设计值；

l_0——计算跨度；

k_1、k_2、k_5、k_6——按附表 8 相应栏中的弯矩系数；

k_3、k_4、k_7、k_8——按附表 8 相应栏中的剪力系数。

主梁按弹性理论计算内力时，中间跨的计算跨度取为支座中心线间的距离，忽略了支座宽度，这样求得的支座截面负弯矩和剪力值都是支座中心位置的。实际上内力设计值应按支座边缘截面确定，则支座弯矩和剪力设计值应按下式修正：

支座边缘截面的弯矩设计值：

$$M = M_c - V_0 \frac{b}{2} \quad (12.80)$$

支座边缘截面的剪力设计值：

均布荷载时：

$$V = V_c - (g + q) \frac{b}{2} \quad (12.81)$$

集中荷载时：

$$V = V_c \quad (12.82)$$

式中：M_c、V_c——支座中心处的弯矩和剪力设计值；

V_0——按简支梁计算支座中心处的剪力设计值，取绝对值；

b——支座宽度。

12.5.2.4　配筋计算

梁和板都是受弯构件，内力求出后，可按钢筋混凝土受弯构件正截面强度计算和斜截面强度计算基本公式进行配筋计算。

12.5.2.5　构造要求

(1)板的构造要求

① 板的厚度　参见 12.3.1.1 节。

② 配筋构造　受力钢筋的直径与间距，参见 12.3.1.2 节。

受力钢筋的布置：连续板中受力钢筋的配置可采用弯起式和分离式两种。

弯起式配筋，如图 12－43(a)、(b)，是将跨中一部分受力钢筋(一般为 1/2 ~ 1/3 全部受力钢筋)在支座附近 $l_n/6$ 弯起(弯起角度一般为 30°)作为支座负弯矩筋，若面积不足则再另加直筋。弯起式配筋具有钢筋锚固好，节约钢材等优点，但施工麻烦，一般用于板厚≥120mm 及经常承受动荷载的板。分离式配筋[图12-43(c)、(d)]是指板支座和跨中截面的钢筋全部各自单独配置，分离式配筋最大优点是施工方便，但钢筋锚固差且用钢量大。

钢筋的截断：跨内承受正弯矩的钢筋，当部分截断时，截断位置可取距离支座边缘 $l_n/10$ 处；支座承受负弯矩的钢筋可在距支座边缘 a 处截断，a 值：当 $q/g \leqslant 3$ 时，$a = l_n/4$；当 $q/g > 3$ 时，$a = l_n/3$。

分布钢筋布置于受力钢筋内侧，与受力钢筋垂直放置并互相绑扎(或焊接)。起着固定受力钢筋位置、抵抗混凝土的温度应力和收缩应力、承担并分散板上局部荷载产生的内力的作用。分布钢筋的单位长度上的面积不少于单位长度上受力钢筋面积的10%，其间距不应大于300mm。现浇板的分布钢筋的直径及间距可按表12-9选用。

板的支承长度应满足其受力钢筋在支座内的锚固要求，且一般不小于板厚及120mm。伸入支座的钢筋截面面积不得少于跨中受力钢筋截面面积的1/3，且间距不大于400mm。对于现浇楼板的板面构造钢筋的布置要求详见12.3.1节。

在单向板中，当板的受力钢筋与主梁平行时，在主梁附近的板由于受主梁的约束，将产生一定的负弯矩。为了防止板与主梁连接处的顶部产生裂缝，应在板面沿主梁方向每米长度内配置不少于5ϕ8与主梁垂直的构造钢筋，且单位长度内的总截面面积不应小于板单位长度内受力钢筋截面面积的1/3，伸入板的长度从主梁边缘算起不小于板计算跨度的1/4。

(2)次梁的构造要求

次梁在砖墙上的支承长度不应小于240mm，并应满足墙体局部受压承载力的要求。次梁的钢筋直径、净距、混凝土保护层、钢筋锚固、弯起及纵向钢筋的搭接、截断等，均按受弯构件的有关规定。

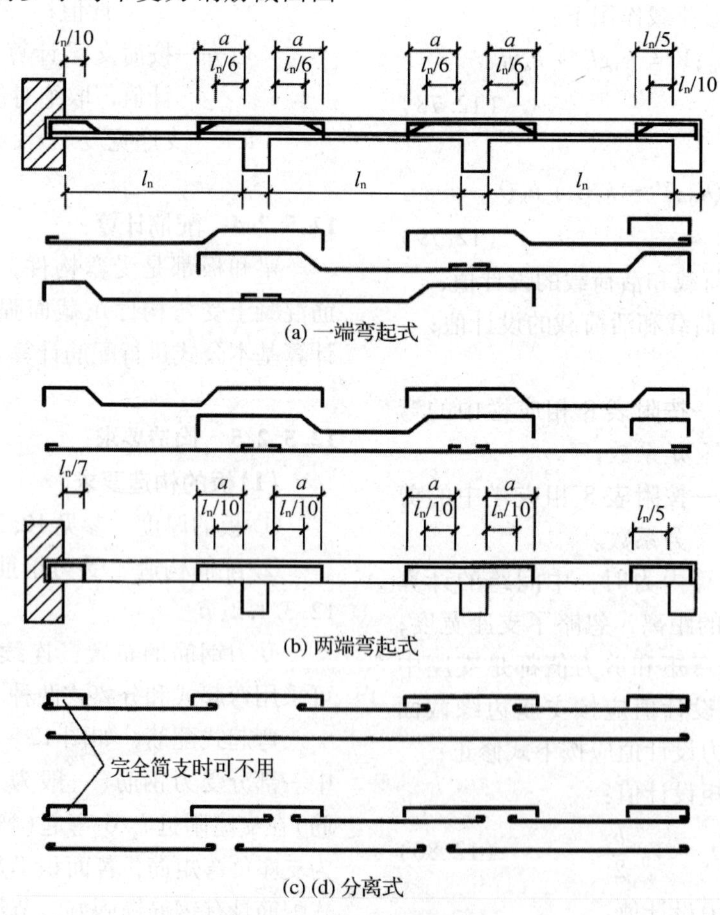

图12-43　连续单向板的配筋方式

表 12－9　现浇式板的分布钢筋的直径及间距　　mm

受力钢筋直径	受力钢筋间距													
	70	75	80	85	90	95	100	110	120	130	140	150	160	170～200
6～8	φ6@300													
10	φ6@250			φ6@300										
12	φ8@300						φ6@250				φ6@300			
14	φ8@200		φ8@250			φ8@300					φ6@250			φ6@300
16	φ8@150 φ10@250		φ8@200 φ10@250					φ8@250					φ8@300	

次梁的剪力一般较小，斜截面强度计算中一般仅需设置箍筋即可，弯筋可按构造设置。

次梁的纵筋有两种配置方式：一种是跨中正弯矩钢筋全部伸入支座，不设弯起筋，支座负弯矩钢筋全部另设。此时，跨中纵筋伸入支座的长度不小于规定的受压钢筋的搭接长度 l_{as}，所有伸入支座的纵向钢筋均可在同一截面上搭接。支座负弯矩钢筋的切断位置与一次切断数量，对承受均布荷载的次梁，当 $q/g \leqslant 3$ 且跨度差不大于 20% 时，可按图 12－44(a)所示构造要求确定。另一种方式是将跨中部分正弯矩钢筋在支座处弯起，但靠近支座(距支座边缘 $\leqslant h_0/2$)，第一排弯筋不得作为支座负弯矩钢筋，而第二、三排弯筋可计入抵抗支座负弯矩钢筋面积中，如仍需另加直筋，则直筋不宜少于两根。位于梁两侧的跨中正弯矩钢筋不宜弯起，且至少应有两根伸入支座。弯筋的位置及支座负弯矩钢筋的切断按图 12－44(b)所示构造要求确定。支座负弯矩钢筋切断后，应设架立钢筋，架立钢筋的截面面积不少于支座负弯矩钢筋截面面积的 1/4，且不少于 2 根，搭接长度一般为 150～200mm。

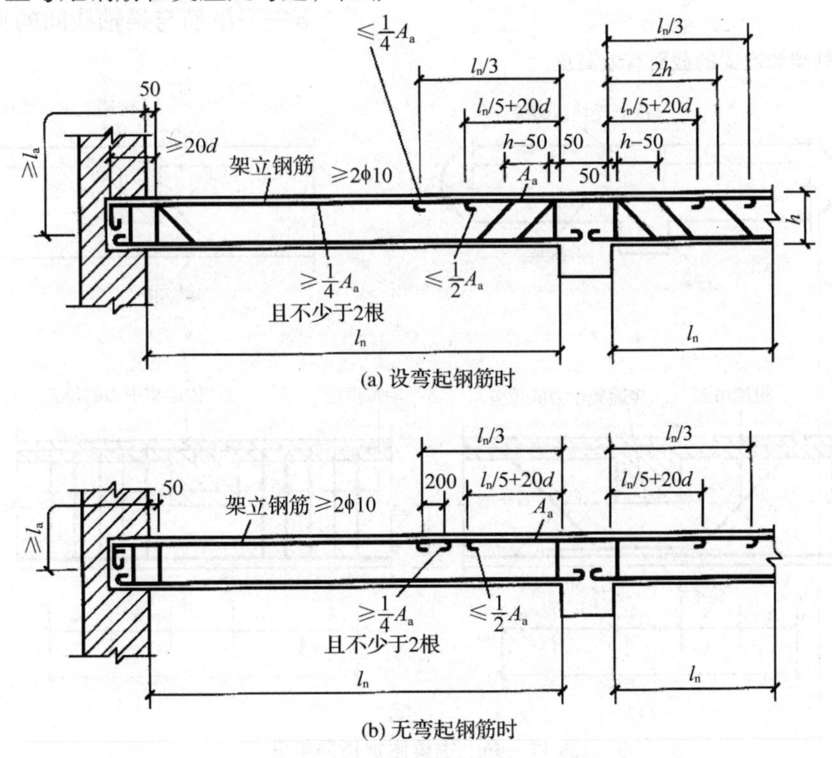

图 12－44　次梁的配筋方式

(3)主梁的构造要求

主梁支承在砌体上的长度不应小于370mm，并应满足砌体局部受压承载力的要求。主梁的截面尺寸、钢筋选择等应按基本受弯构件的规定。主梁受力钢筋的弯起和截断应通过在弯矩包络图上作抵抗弯矩图确定。

在主梁与次梁的交接处，由于主梁与次梁的负弯矩钢筋彼此相交，且次梁的钢筋置于主梁的钢筋之上(图12-45)，因而计算主梁支座的负弯矩钢筋时，其截面有效高度应按下列规定估算：当单排钢筋时，$h_0=h-60$mm；当为双排钢筋时，$h_0=h-80$mm。

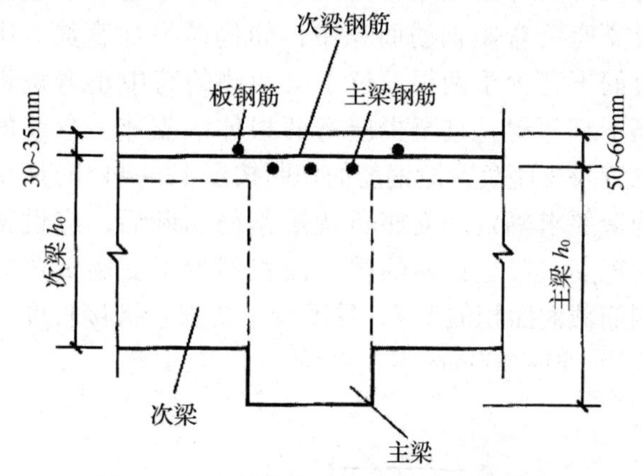

图12-45 柱梁和次梁的截面有效高度

在次梁和主梁相交处，次梁的集中荷载传至主梁的腹部，有可能引起斜裂缝[图12-46(a)]。为防止斜裂缝的发生引起局部破坏，应在次梁支承处的主梁内设置附加横向钢筋，将上述集中荷载有效的传至主梁的上部。

附加的横向钢筋包括箍筋和吊筋[图12-46(b)]，布置在长度s($s=2h1+3b$，$h1$为主梁与次梁的高度差，b为次梁腹板宽度)的范围内。附加横向钢筋宜优先采用箍筋，其截面面积可按下列公式计算：

仅设附加箍筋时：$G+P\leqslant mf_{yv}\cdot A_{sv1}\cdot n$ (12.83)

仅设吊筋时： $G+P\leqslant 2f_y\cdot A_{sb}\cdot \sin\alpha$ (12.84)

式中：$G+P$——由次梁传来的恒荷载和活荷载；

f_{yv}、f_y——分别为附加箍筋和附加吊筋抗拉强度设计值；

A_{sv1}——附加箍筋的单肢截面面积；

n——附加箍筋的肢数；

m——在s长范围内箍筋的总根数；

A_{sb}——吊筋的截面面积；

α——吊筋与梁轴线间的夹角，一般取45°。

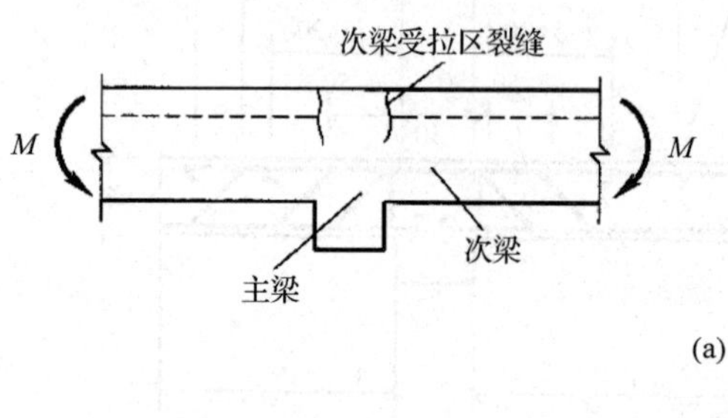

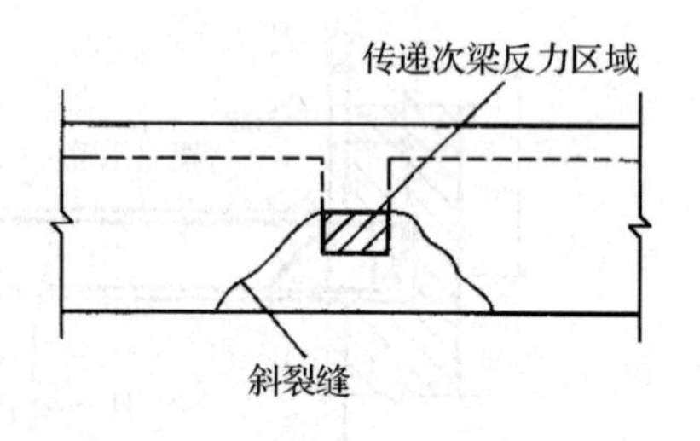

(a)

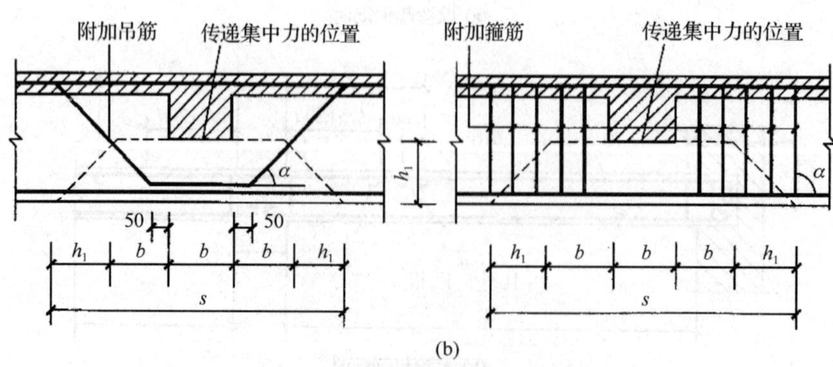

(b)

图12-46 主梁附加横向钢筋

吊筋不得小于 2ϕ12mm。

12.5.3 现浇双向板肋梁楼盖设计

当四边支撑板的两向跨度之比小于等于 2（按塑性计算小于等于 3）时，即为双向板。双向板肋梁楼盖的梁格可以布置成正方形或接近正方形，外观整齐美观，常用于民用房屋的较大房间及门厅处。当楼盖为 5m 左右的方形区格且使用荷载较大时，双向板楼盖比单向板楼盖经济。双向板的受力特点是两个方向传递荷载。板中因有扭矩存在，使板的四角有翘起的趋势，受到墙的约束后，使板的跨中弯矩减少，刚度增大。因此双向板的受力性能比单向板优越，其内力计算方法可分为弹性理论计算方法和塑性理论计算方法。

12.5.3.1 弹性法计算板的内力

弹性理论计算法，是将双向板视为均质弹性体，不考虑塑性，按弹性力学理论进行的内力计算。为了简化计算，计算时可查计算用表。直接承受动力和重复荷载的结构以及在使用阶段不允许出现裂缝或对裂缝开展有严格限制的结构通常采用弹性理论方法计算内力。

(1) 单区格双向板的内力计算

单区格双向板有 6 种支撑情况：四边简支；一边固定、三边简支；两对边固定、两对边简支；两邻边固定、两邻边简支；三边固定、一边简支；四边固定。

根据不同的支承情况，可在表中查相应的弯矩系数，算出双向板跨中及支座弯矩，即

$$m = \text{表中系数} \times ql^2$$

式中：m——跨中或支座单位板宽内的弯矩；

q——板面均布荷载；

l——板的计算跨度，取 l_x 和 l_y 中较小者。

(2) 多区格双向板的实用计算

多区格双向板的内力计算也应该考虑活荷载的最不利布置，其精确计算很复杂。在设计中，对两个方向均为等跨或在同一方向区格的跨度相差小于等于 20% 的不等跨双向板，可采用简化的实用计算法。

① 基本假定　支撑梁的抗弯刚度很大，其垂直变形可以忽略不计；支撑梁的抗弯刚度很小，板可以绕梁转动；同一方向的相邻最大与最小跨度之差小于 20%。

② 计算方法

区格跨中最大弯矩　求某区格跨中最大弯矩时，活荷载的最不利布置如图 12－47 所示，即为棋

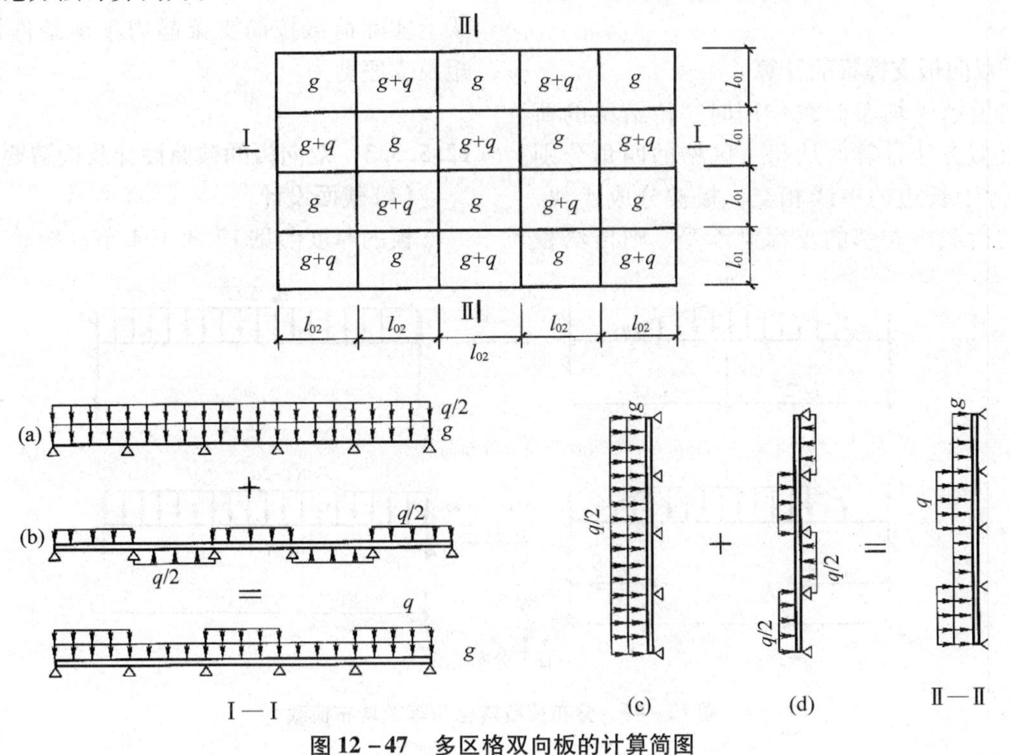

图 12－47　多区格双向板的计算简图

盘式布置。求跨中弯矩时，将荷载分解为各跨满布的对称荷载 $g+q/2$ 和各跨向上向下相间作用的反对称荷载 $\pm q/2$ 两部分。

在对称荷载($g+q/2$)作用下，中间支座均可视为固定支座，从而所有中间区格板均可为四边固定双向板，而边、角区格的外边界条件按实际情况确定，如楼盖周边可视为简支。按单跨双向板计算其弯矩 m_{x1} 和 m_{y1}。

在反对荷载($\pm q/2$)作用下，可近似认为支座截面弯矩为零，即将所有中间支座均可视为简支支座，如楼盖周边可视为简支，则所有各区格板均可视为四边简支板。按单跨双向板计算其弯矩 m_{x2} 和 m_{y2}。

最后将各区格板在上述两种荷载作用下的跨中弯矩相叠加，即得到各区格板跨中弯矩，即 $m_x = m_{x1} + m_{x2}$，$m_y = m_{y1} + m_{y2}$。

区格支座的最大负弯矩　为简化计算，不考虑活荷载的不利布置，可近似认为恒荷载和活荷载皆满布在连续双向板所有各区格时支座产生最大弯矩。于是，所有内区格板均按四边固定板来计算支座弯矩，受 $g+q$ 作用。外区格按实际支承情况考虑。

12.5.3.2　双向板支撑梁的计算

当双向板承受均布荷载作用时，传给梁的荷载可采用近似方法计算。从每一区格的四角分别45°线与平行于长边的中线相交，板被分成4块，每块板上的荷载由相邻的支撑梁承受。则传给长边的梁的荷载为梯形分布，传给短边梁的荷载为三角形分布，如图12－48所示。梯形(即三角形)分布荷载的最大值 p' 等于板面均布荷载乘以短边支撑梁的跨度 l_{01}，长边梁与短边梁可分别单独计算。

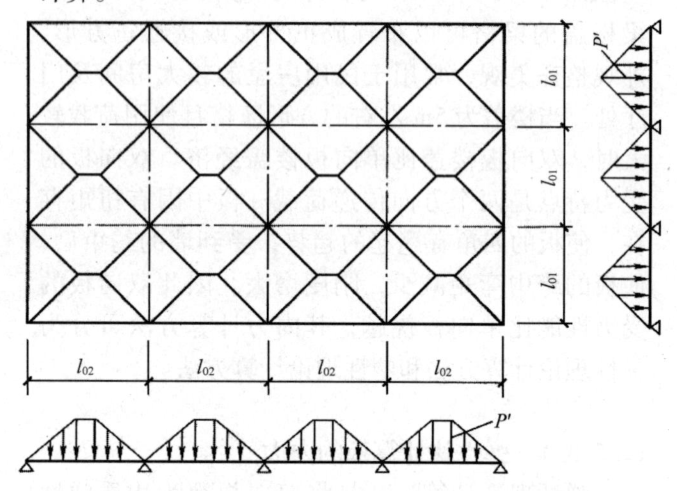

图12－48　双向板支撑梁承受的荷载计算简图

为计算多跨连续梁的内力，可将梯形荷载及三角形荷载按支座弯矩相等的原则折算成等效均布荷载，等效荷载值如图12－49所示。按各种活荷载的最不利位置分别求出其支座弯矩，再根据梁上实际荷载按简支梁静力平衡条件计算跨中弯矩及支座剪力。

12.5.3.3　双向板的截面设计及构造要求

(1)截面设计

板的厚度参见12.3.1.1节。短跨方向的受力

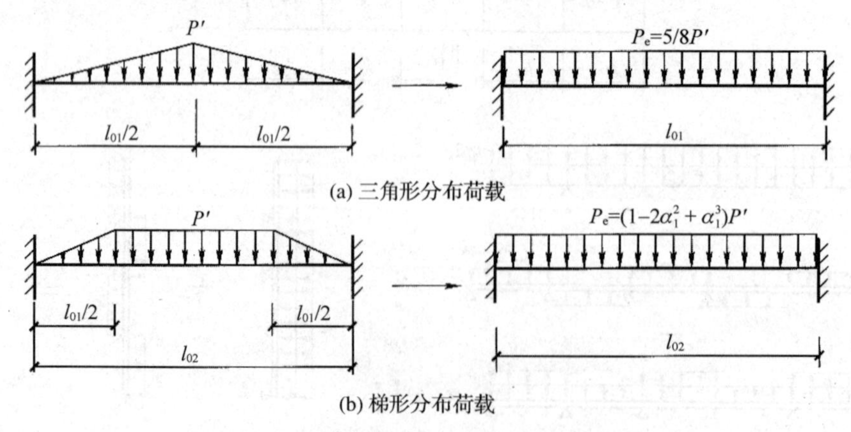

图12－49　分布荷载转化为等效均布荷载

钢筋放在长跨方向受力钢筋的外侧，板的截面有效高度估算：短边 $h_0 = h - 20mm$，长向 $h_0 = h - 30mm$。内力臂系数 $\gamma_0 = 0.9 \sim 0.95$。

由于板的内拱作用，弯矩实际值在下述情况下可予以折减：

① 中间区格的跨中截面及中间支座截面上可减少20%。

② 边区的跨中截面及楼板边缘算起的第二支座截面上：当 $l_b/l < 1.5$ 时，计算弯矩可减少20%；当 $1.5 \leqslant l_b/l \leqslant 2.0$ 时，计算弯矩可减少10%；当 $l_b/l > 2.0$ 时，弯矩部折减。其中 l_b 为沿板边缘方向的计算跨度，l 为垂直于板边缘方向的计算跨度。

③对角区格，计算弯矩不应减少。

(2)构造要求

① 双向板的配筋方式类似于单向板，有分离式和弯起式两种。

② 双向板的板边若置于砖墙上时，其板边、板角应设置构造筋，其数量、长度等同单向板。

12.6 预应力混凝土

12.6.1 预应力混凝土的基本概念

普通钢筋混凝土结构或构件，由于混凝土的抗拉强度及极限拉应变很小，其抗拉强度约为抗压强度的1/8 ~1/17，极限拉应变(约为 $0.1 \times 10^{-3} \sim 0.15 \times 10^{-3}$)也仅为极限压应变的1/20 ~ 1/30。因此，在使用荷载作用下，钢筋混凝土受弯构件、大偏心受压构件及受拉构件的受拉区混凝土开裂较早，这时受拉钢筋的拉应力只有20 ~ 30MPa。混凝土开裂后，显著地降低了构件的刚度，导致构件变形过大；当钢筋应力达到200MPa时，裂缝宽度已有较大的开展，可达0.2mm以上。裂缝的开展，将导致钢筋的锈蚀，使处于高湿度或侵蚀性环境中构件的耐久性降低。因此，对要求有较高密度性和耐久性的结构物及受到侵蚀性介质作用的结构物，为了使构件满足变形和裂缝控制的要求，第一种解决方法是增加构件的截面尺寸和用钢量，而这将导致截面尺寸和自重过大，使钢筋混凝土构件设计不经济、不合理，甚至不可能实现。第二种解决方法是采用高强度混凝土和高强钢筋。而在普通钢筋混凝土构件中很难合理利用高强度材料，提高混凝土强度等级对提高构件的抗裂性、刚度和减小裂缝宽度的作用很小，采用高强度钢筋，在使用荷载作用下，其应力可以达500 ~ 1000MPa，但裂缝宽度和挠度将远远超过了允许的限制。因而，在普通钢筋混凝土结构中采用高强钢筋不能充分发挥作用。由此可见，第二种解决方法中的关键问题是：在普通钢筋混凝土构件中，受拉区混凝土的过早开裂使高强钢筋及高强混凝土不能充分发挥作用，使混凝土固有的抗压强度高的优势不能充分发挥。由此，产生了预应力混凝土。

日常生活中可见到，在木桶或木盆干燥时用几道铁箍箍紧，使桶壁中产生环向预压应力。盛水后，木板因浸湿而膨胀产生环向压应力，同时水压力在桶壁内产生环向拉应力，只要木板之间的预压应力大于水压产生的环向拉应力，木桶或木盆就不会漏水。在钢筋混凝土结构中，防止混凝土开裂的一种设想是利用某些手段，在结构构件受外荷载作用前，预先对由外荷载引起的混凝土受拉区施加预压应力，用以减小或抵消外荷载所引起的混凝土的拉应力，从而使结构构件中的混凝土的拉应力不大，甚至处于受压状态。也就是借助于混凝土较高的抗压能力来弥补其抗拉能力的不足，采用预先加压的手段来间接地提高混凝土的抗拉强度，从本质上改变混凝土易裂的特性。这种在构件受荷载以前预先对混凝土受拉区施加压应力的结构称为“预应力混凝土结构”。

预应力混凝土最早是在1928年由著名的法国工程师弗来西奈研制成功的。经过数十年的研究开发与推广应用，取得了很大进展，在房屋建筑、桥梁、水利、海洋、能源、电力及通信工程中得到了广泛应用，节约了大量的材料与投资，促进了社会生产的发展。可以说，预应力混凝土结构作为一种先进的结构形式，其应用的范围和数量是衡量一个国家建筑技术水平的重要指标之一。

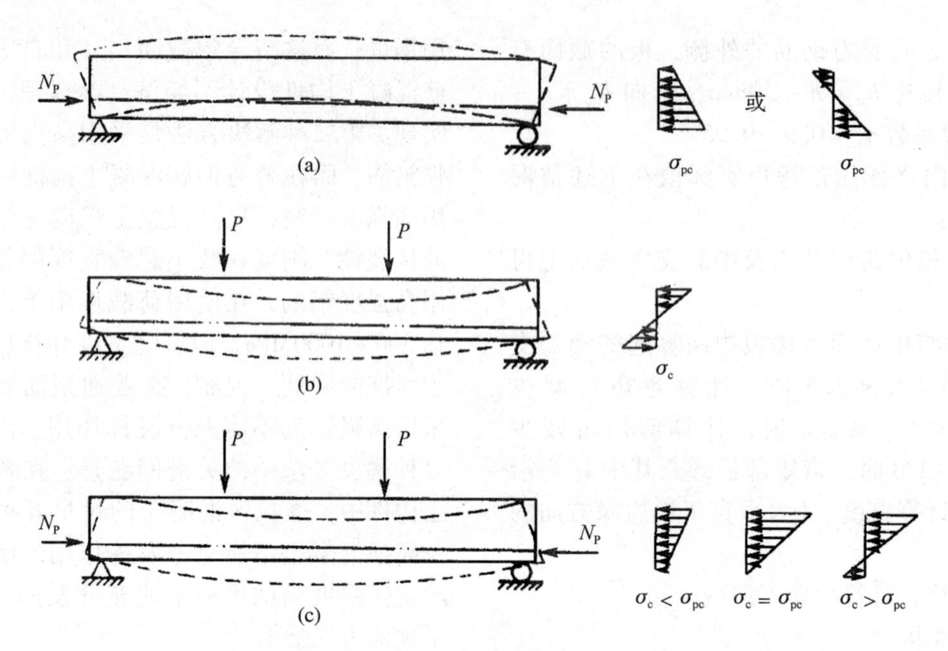

图 12－50　预应力混凝土受弯构件基本原理示意图

现以图 12－50 所示简支梁为例，说明预应力混凝土的一些重要特性及基本原理。

图 12－50(b)所示的无配筋素混凝土梁，当外荷载 P(包括梁自重)作用时，跨中截面梁的下边缘将受拉，梁上边缘受压。图 12－50(a)为另外一条梁，其截面尺寸，跨度等同前一根梁。在外荷载作用之前，预先在梁的受拉区施加一对大小相等、方向相反的偏心力，从而使梁跨中截面的下边缘混凝土预先受压，梁上边缘预先受拉。这样，在预加力 N_p 和外荷载 P 的共同作用下，梁的下边缘拉应力将减小，梁上边缘应力一般为压应力，但也可能为拉应力[图 12－50(c)]。

因此，预应力混凝土的基本原理是：预先对混凝土或钢筋混凝土构件的受拉区施加压应力，使之处于一种人为的应力状态。这种应力的大小和分布可能部分抵消或全部抵消使用荷载作用下产生的拉应力，从而使结构或构件在使用荷载作用下不至于开裂、推迟开裂，或减小裂缝开展的宽度，并提高构件的抗裂度和刚度，有效利用了混凝土抗压强度高这一特点来间接提高混凝土的抗拉强度。多数情况下，预加应力是由张拉后的预应力钢筋提供的，从而使预应力混凝土构件可利用高强钢筋和高强混凝土，取得了节约钢材，减轻构件自重的效果，克服了普通钢筋混凝土的主要缺点，为高强材料的应用开辟了新的途径。

12.6.1.1　预应力混凝土结构的优点和缺点

预应力混凝土结构具有如下一系列主要优点：

① 改善和提高了结构或构件的受力性能　由于预应力的作用，克服了混凝土抗拉强度低的弱点，可以根据构件的受力特点和使用条件，控制裂缝的出现及裂缝开展的宽度。从而也提高了构件的刚度，能减少受力构件承受荷载后弯曲的程度。

② 充分利用高强材料，节约钢材、混凝土，减轻结构自重　在普通钢筋混凝土结构中，当采用高强度材料后，如果要充分利用材料的强度，构件或结构的裂缝和变形会很大而难以满足正常使用的要求。在预应力混凝土结构中，却必须采用高强度材料，一方面利用高强度的钢筋建立起有效预压应力；另一方面利用高强度的混凝土承受由预加力和荷载在构件内产生的较高的压应力，同时减少构件的截面尺寸，节约钢材和混凝土，降低结构自重。

③ 提高结构或构件的耐久性、耐疲劳性和抗震能力　预加应力能有效地控制混凝土的开裂或裂缝开展的宽度，有利于结构承受动荷载，也避免和减少有害介质对钢筋的侵蚀，延长结构或构件的使用期限，同时，混凝土强度等级越高，其耐久性也越好。另一方面，由于预应力构件自重减轻，它受到

的地震荷载就小，使其抗震能力比普通钢筋混凝土结构的抗震能力高。

但预应力混凝土同时也存在着一些缺点：如生产工艺较复杂，对施工队伍要求高，需要有张拉机具、灌浆设备和锚固装置等专用设备等。

12.6.1.2　预应力混凝土结构的适用范围

由于预应力混凝土结构具有如上所述一系列的优点，因而对下列的结构物，宜优先采用预应力结构。

① 要求裂缝控制等级较高的结构。如水池、油罐、原子能反应堆，受到侵蚀性介质作用的工业厂房、水利、海洋、港口工程结构物等。

② 在工程结构中，建造大跨度或承受重型荷载的构件。如加大跨度桥梁中的梁式构件、吊车梁、楼盖与屋盖结构等。

③ 对构件的刚度和变形控制要求较高的结构构件。如工业厂房的吊车梁等。

12.6.2　预应力混凝土的施工方法

目前，对混凝土施加预应力，一般是通过张拉钢筋(称为预应力筋)利用钢筋的回弹来挤压混凝土，使混凝土受到预压应力。预应力混凝土构件，根据张拉钢筋与混凝土浇筑的先后关系可分为先张法和后张法两大类。

12.6.2.1　先张法

在浇灌混凝土之前张拉钢筋的方法称为先张法。其主要工序是：

① 在台座(或钢模)上按设计规定的拉力张拉钢筋，并将它用夹具临时锚固在台座(或钢模)上[图12－51(a)]。

② 支模、绑扎钢筋(如为局部加强锚固区而设置的非预应力钢筋，抗剪需要的非预应力钢筋等)，浇灌混凝土并养护[图12－51(b)]。

③ 待混凝土到达一定强度后(一般不低于设计强度的75%)，切断或放松预应力，预应力钢筋在回缩时挤压混凝土，使混凝土获得预压力[图12－51(c)]。所以先张法预应力混凝土构件中，预压应力是通过钢筋与混凝土之间的黏结力来传递的。

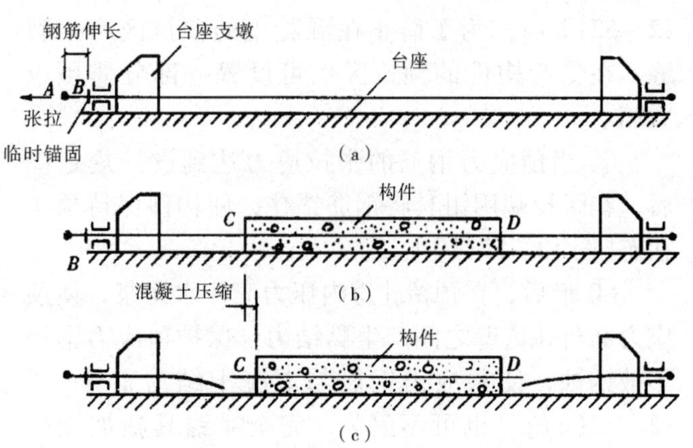

图12－51　先张法主要工序示意图

制作先张法预应力构件一般都需要台座、千斤顶、传力架和夹具等设备。台座承受张拉力的反力，形式有多种，长度往往很长，设计时应保证它具有足够的台座，而在钢模上直接进行张拉。千斤顶和传力架随构件的形式和尺寸、张拉力大小的不同而有不同的类型。当构件尺寸不大时，可不用台座，而在钢模上直接进行张拉。先张法中在张拉端夹住钢筋进行张拉的夹具以及在两端临时固定钢筋用的工具或锚具，可以重复使用。

先张法适用于在预制构件厂批量生产的，可以用运输车装运的中小型构件。它多数是直线配筋，也可进行曲线配筋。先张法施工工艺简单，质量易保证，可以大批量生产预应力混凝土构件。重复利用模板，迅速施加预应力，节省大量价格昂贵的锚具及金属附件，是一种非常经济的施加预应力的方法。

12.6.2.2　后张法

后张法是指先浇筑混凝土，在混凝土结硬并达到一定的强度后，再在构件上张拉钢筋的方法。工序是：

① 先浇筑混凝土，并在构件中配置预应力钢筋的部位上预留孔道[图12－52(a)]；孔道可采用预埋铁皮管、钢管抽芯成型或用充气橡皮管抽芯成型。

② 待混凝土到达规定的强度后(不低于设计强度的75%)，将预应力钢筋穿入孔道，利用构件本身作为加力台座用千斤顶张拉钢筋，在张拉预应力钢筋的同时，混凝土被压缩并获得预压应力[图

12-52(b)]；为了防止在混凝土的预拉区产生裂缝，在受弯构件的预拉区也可设置一部分非预应力筋。

③ 当预应力钢筋的张拉应力达到设计规定值后，在张拉端用钳具将钢筋锚住，使构件保持预压状态[图12-52(b)]。

④ 最后，在预留孔道内压力灌注水泥浆，使预应力筋与孔道壁之间产生黏结力，保护预应力钢筋不被锈蚀，使预应力钢筋与混凝土结为整体[图12-52(c)]。也可不灌浆，完全靠锚具施加预应力，形成无黏结的预应力结构。

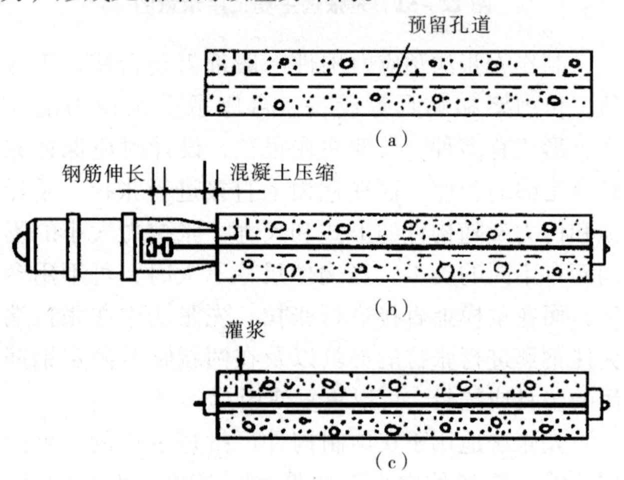

图12-52 后张法主要工序示意图

后张法构件是靠设置在钢筋两端的锚固装置来传递和保持预加应力的。用后张法生产预应力混凝土构件，主要需要永久性安装在构件上的工作锚具和千斤顶、制孔器、压浆机等设备，锚具不能重复使用、成本高，但不需要台座，施工工艺较复杂。后张法更适用于在现场成型的大型预应力混凝土构件，在现场分阶段张拉的大型构件，甚至整个结构。后张法的预应力筋可按照设计需要做成曲线或折线形状以适应荷载的分布状况，使支座处部分预应力筋可以承受部分剪力。

先张法与后张法虽然以张拉钢筋在浇筑混凝土的前后来区分，但其本质差别却在于对混凝土构件施加预压力的途径。先张法通过预应力筋与混凝土之间的黏结力施加预应力；而后张法则通过钢筋两端的锚具施加预应力。在后张法中张拉钢筋可用千斤顶，也可用电热张拉法。

12.6.3 预应力混凝土材料和构件尺寸要求

12.6.3.1 材料要求

(1)混凝土

预应力混凝土结构构件所用的混凝土，需满足下列要求：

① 高强度　第一，预应力混凝土结构中，采用高强度混凝土配合高强度钢筋，是因为所用预应力筋的强度越大，混凝土强度等级相应要求越高，从而获得更大的预压应力。第二，高强度混凝土能更有效地减小构件截面尺寸，减轻构件自重，使建造跨度较大的结构在技术、经济上成为可能。第三，高强度混凝土的弹性模量较高，混凝土的徐变较小。第四，高强度混凝土有较高的黏结强度，可减少先张法预应力混凝土构件的预应力筋的锚固长度。第五，高强度混凝土具有较高的抗拉强度，使高强度的预应力混凝土结构具有较高的抗裂强度。第六，后张法构件，采用高强度混凝土，可承受构件端部强大的预压力。

② 收缩、徐变小　以减少由于收缩、徐变引起的预应力损失。

③ 快硬、早强　混凝土能较快地获得强度，缩短预应力张拉设备的使用周期，加快施工进度，降低间接管理费用。

(2)钢筋

在预应力混凝土构件中，使混凝土建立预压应力是通过张拉预应力筋来实现的。预应力筋在构件中，从制造开始直到破坏，始终处于高应力状态。因此，对使用的预应力筋有较高的要求。有5个方面：

① 高强度　混凝土预压应力的大小，取决于预应力钢筋张拉应力的大小。若要使混凝土中建立起较高的预压应力，预应力筋必须在混凝土发生弹性回缩、收缩、徐变以及预应力筋本身的应力松弛发生后仍存在较高的应力，则需要采用较高的张拉应力，这就要求预应力筋要有较高的抗拉强度。

② 具有一定的塑性　为了避免预应力混凝土构件发生脆性破坏，要求预应力钢筋在拉断时，具有一定的伸长率。当构件处于低温或受冲击荷载环境时，更应注意对钢筋塑性和抗冲击性的要求。

③ 良好的加工性能　要求有良好的可焊性，同时要求钢筋“墩粗”后并不影响原来的物理力学性能等。

④ 与混凝土之间有良好的黏结强度　这一点对先张法预应力混凝土构件尤为重要，因为在传递长度内钢筋与混凝土间的黏结强度是先张法构件建立预应力的保证。

⑤ 钢筋的应力松弛要低　预应力钢材的发展趋势是高强度、粗直径、低松弛和耐腐蚀。目前预应力钢材产品的主要种类有预应力钢丝、钢绞线和预应力螺纹钢筋。

(3) 构件尺寸要求

设计任何结构或构件时，应选择几何特性良好、惯性矩较大的截面形式。预应力混凝土轴心受拉构件通常采用正方形或矩形截面。预应力混凝土受弯构件可采用T形、工形及箱形等截面形式。这是因为它们有较大的受压翼缘，节省了腹部混凝土，减轻了构件自重。

由于预应力混凝土构件的抗裂度和刚度较大，其截面尺寸可比普通钢筋混凝土构件小一些。对于预应力混凝土受弯构件，其截面高度 $h=(\frac{1}{20}\sim\frac{1}{14})l$，最小可为$\frac{l}{35}$（$l$为跨度），大致可取普通钢筋混凝土梁高的70%左右。翼缘宽度一般可取 $b=(\frac{1}{2}\sim\frac{1}{3})h$，翼缘厚度可取$(\frac{1}{10}\sim\frac{1}{6})h$。腹板宽度尽可能薄些，可取$(\frac{1}{8}\sim\frac{1}{15})h$。

确定截面尺寸时，既要考虑构件承载能力，又要考虑抗裂度和刚度的需要，而且还必须考虑施工时的模板制作、钢筋种类、锚具布置等要求。根据国内外工程实践经验的积累和相关资料，表12－10列出了预应力混凝土梁板的常用跨高比及经济跨度，供设计时参考。

表12－10　预应力混凝土梁板的跨高比

结构形式	跨高比	适用荷载	经济跨度
单向梁	16～25	轻、中等、重	8～15
扁　梁	20～25	轻、中等	10～18
框架梁	12～18	中等、重	15～25
井式梁	20～25	中等	16～32
悬臂梁	10	轻、中等	—
单向板	35～45	轻、中等	6～9
双向板	40～50	轻、中等	7～10
密肋板	30～35	中等、重	10～15
悬臂板	12	轻、中等	—

思考题

1. 钢筋混凝土结构有哪些主要优点？有哪些主要缺点？如何克服这些缺点？

2. 钢筋混凝土及预应力钢筋混凝土结构所用的钢筋可分为哪两类？其屈服强度如何取值？

3. 钢筋根据其强度的高低分哪几个级别？各级钢筋的代表符号是什么？各级钢筋的强度和变形性能有什么差别？

4. 钢筋的冷加工方法有哪几种？冷拉和冷拔后的力学性能有何变化？

5. 如何确定混凝土的立方体抗压强度标准值？

6. 梁中配有哪些钢筋？作用分别是什么？

7. 梁、板中混凝土保护层的作用是什么？由何因素决定？

8. 受弯构件正截面有几种破坏形态？各有何特点？与配筋率的关系是什么？

9. 适筋梁从开始加载到正截面承载力破坏经历了哪几个阶段？各阶段主要特征？每个阶段是哪种极限状态设计的基础？

10. 分析一下影响受弯构件正截面抗弯承载力的主要因素有哪些？

11. 根据中和轴位置不同，T形截面的承载力计算有哪几种情况？

12. 梁的斜截面破坏状态有几种？破坏性质如何？

13. 为什么要控制箍筋最小配筋率？为什么要控制梁截面尺寸不能过小？

14. 为什么要控制箍筋的最大间距？

15. 影响受弯构件斜截面抗剪承载力的主要因素有哪些？

16. 斜压破坏、斜拉破坏、剪压破坏都属于脆性破坏，为何却以剪压破坏的受力特征为依据建立计算公式？

17. 钢筋混凝土轴心受压构件中箍筋的作用是什么？

18. 钢筋混凝土轴心受压柱的破坏特征是什么？长、短柱的破坏有何不同？其原因是什么？影响稳定系数的主要因素是什么?

19. 轴心受压构件为什么不宜采用高强钢筋?

20. 在轴心受压构件中配置纵向钢筋的作用是什么?为什么要控制纵向钢筋的最小配筋率?

21. 大小偏心受压破坏有何本质区别?其判别的界限条件是什么?

22. 在偏心受压构件承载力计算中,为什么要考虑弯矩增大系数 η_{ns} 的影响?

23. 何种情况下偏心受压构件采用对称配筋?

24. 对构件施加预应力的目的是什么?

25. 先张法与后张法的主要区别是什么?

26. 预应力混凝土构件所用的混凝土应具有哪些性能?钢筋应具有哪些性能?

27. 某一类环境餐室钢筋混凝土简支板,板厚 $h=70$mm,计算跨度 $l_0=2.5$m,承受均布荷载设计值(包括自重)$q=5.7\text{kN/m}^2$,采用材料:混凝土 C20 级,钢筋 HPB235 级。试求:所需纵向钢筋的截面面积(直径、间距)。(提示:取1m板宽做计算单元 $M=\frac{1}{8}ql_0^2$)

28. 某一类环境长廊钢筋混凝土梁的截面尺寸 $b\times h=200\times450$mm,混凝土 C25,钢筋 HRB335 级 4φ16,承受弯矩设计值 $M=70\text{kN}\cdot\text{m}$。验算梁正截面承载力是否安全。

29. 某茶室现浇钢筋混凝土肋形楼盖,次梁承受弯矩设计值 $M=65\text{kN}\cdot\text{m}$,截面尺寸如图 12-53 所示,计算跨度 $l_0=4.8$m,采用混凝土 C20,钢筋 HRB335 级,试确定次梁的纵向受力钢筋截面面积。

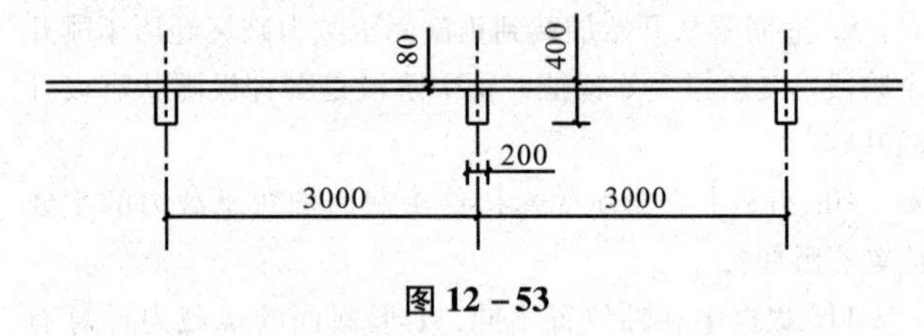

图 12-53

30. 某一类环境花架钢筋混凝土矩形截面简支梁如图12-54 所示,截面尺寸 $b\times h=250\text{mm}\times600\text{mm}$,计算跨度 $l_0=6.3$m,承受均布荷载设计值(包括自重)$q=56\text{kN/m}$,采用混凝土 C25,经正截面承载力计算已配纵向钢筋 4φ20 + 2φ22,箍筋采用 HPB235 级。试确定腹筋的数量。(提示:$V=\frac{1}{2}ql_0$)

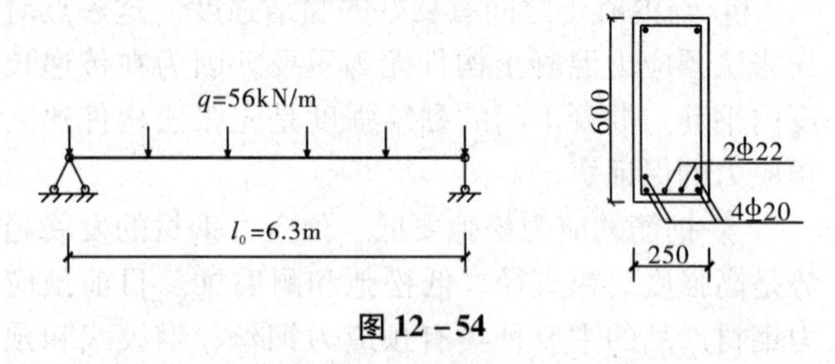

图 12-54

31. 某二 a 类环境廊钢筋混凝土轴心受压柱的截面为 $b\times h=400\text{mm}\times400\text{mm}$,计算长度 $l_0=6.4$m,采用混凝土 C30 级,HRB335 级钢筋,承受轴向力设计值 $N=1500$kN。求:纵向钢筋截面面积。(直径、根数)

32. 某二 a 类环境亭中钢筋混凝土柱截面尺寸 $b\times h=300\text{mm}\times400\text{mm}$,计算长度 $l_0=3.9$m,$a_s=a_s'=35$mm,采用混凝土 C25 级,HRB335 级钢筋,承受弯矩设计值 $M_1=M_2=100\text{kN}\cdot\text{m}$ 承受轴向力设计值 $N=450$kN。求:对称配筋的钢筋面积。

33. 某一类环境茶室钢筋混凝土矩形柱截面尺寸 $b\times h=400\text{mm}\times500\text{mm}$,计算长度 $l_0=5.0$m,$a_s=a_s'=35$mm,采用混凝土 C30,HRB400 级钢筋,承受弯矩设计值 $M_1=M_2=400\text{kN}\cdot\text{m}$,承受轴向力设计值 $N=1500$kN。求:对称配筋的钢筋面积。

推荐阅读书目

混凝土结构设计规范(GB 50010—2010). 中国建筑工业出版社,2010.

混凝土结构设计原理. 赵顺波. 同济大学出版社,2004.

钢筋混凝土结构及砌体结构. 中国机械工业教育协会组. 机械工业出版社,2001.

第13章 钢结构和木结构

[本章提要]木结构是传统的中式景观建筑所使用的结构体系，而随着我国木料的短缺、钢产量的增加及钢结构技术的发展，钢结构也摘去了工业厂房专用的帽子，被设计师引入了景观建筑中。本章分别介绍了钢结构和木结构的材料和选用、基本构件计算、连接计算和构造及各自的设计要求。

13.1 钢结构

钢结构是指由热轧型钢、钢管、钢板或冷加工的薄壁型钢通过适当的连接而组成的结构。由于钢材具有强度高，容重小的显著优点，因此钢结构主要用于大跨度屋盖结构(钢网架、体育馆、飞机场、钢屋架)、重型厂房结构(钢铁联合厂房、重型机构制业)、大跨度桥梁结构(跨度为500m的上海卢浦大桥)、高耸结构(高300m的法国巴黎埃菲尔电视塔、高压输电塔架、桅杆结构)和超高层房屋结构(高312m的深圳地王大厦)等。随着人民生活水平的提高和国民经济的进一步发展以及钢材价格的进一步下降，钢结构必将得到越来越广泛的应用。

13.1.1 材料和选用

钢结构材料包括钢材和连接材料。

13.1.1.1 钢材

用于工程结构的钢材，除钢板外，还有各种型钢，如角钢、槽钢和工字钢(图13-1)。

(1)材料的分类

结构用钢材可以按下述方法分类：

① 按冶炼方法(炉种)　分为平炉钢和电炉钢或空气转炉钢。承重结构钢一般采用平炉或氧气转炉Q235钢。

② 按炼钢脱氧程度　分为沸腾钢(F)、半镇静钢(b)、镇静钢(Z)及特殊镇静钢(TZ)。

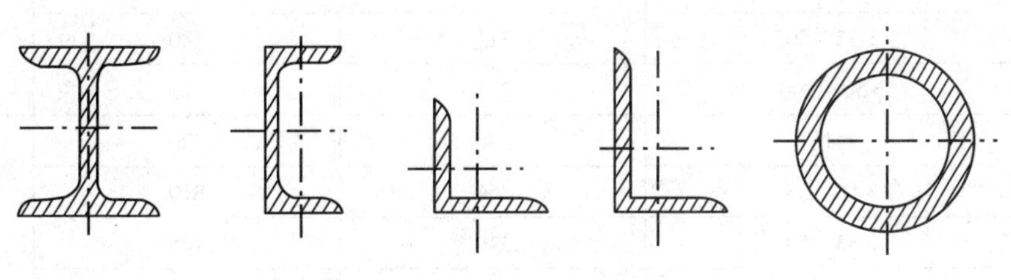

图13-1　工程结构常见型钢

③ 按钢的牌号和化学成分分类　钢的牌号按钢的屈服点数值命名，钢的质量等级分为A、B、C、D四级，这4个等级与钢的化学成分、力学性能及冲击试验性能有关。

普通碳素钢的牌号由代表屈服点的字母、屈服点数值、质量等级符号、脱氧方法等4个部分按顺序组成。

例如，Q235-B·F符号含义如下：

Q——钢材屈服强度；

235——屈服点(不小于)235N/mm；

A、B、C、D——质量等级，从次到优顺序排列；

F、b、Z、TZ——沸腾钢、半镇静钢、镇静钢、特殊镇静钢，在牌号表达中"Z"与"TZ"符号可忽略。

在碳素结构钢中，钢号越大，含碳量越高，强度也随之增高，但塑性和韧性降低。在承重结构钢中经常采用掺加合金元素的低合金钢。其强度高于碳素结构钢，强度的增高不是靠增加含碳量，而是靠加入合金元素的程度，所以，其韧性并不降低。在低合金钢中Q345钢(16Mn)的综合性能较好，在我国已有几十年的工程实践经验。

(2)钢材的机械性能

① 屈服强度(f_y)　是衡量结构的承载能力的确定基本强度设计值的重要指标。

② 抗拉强度(f_y')　是衡量钢材经过其本身所能产生的足够变形时的抵抗能力。

③ 伸长率(δ)　是衡量钢材塑性性能的指标。钢材的塑性实际上是当结构经受其本身所产生的足够变形时，抵抗断裂的能力。

④ 冷弯性能　冷弯是衡量材料性能的综合指标，也是塑性指标之一。通过冷弯试验不仅可以检验钢材颗粒组织、结晶情况和非金属夹杂物的分布等缺陷。在一定程度上也是鉴定焊接性能的一个指标。

⑤ 冲击韧性　是衡量抵抗脆性破坏的一个指标。因此，直接承受动力荷载以及重要的受拉或受压焊接结构，为了防止钢材的脆性破坏，应具有常温冲击韧性的保证，在某些低温情况下尚应具有负温冲击韧性的保证。

钢材的强度设计值见表13-1。

表13-1　钢材强度设计值

钢材		抗拉、抗压和抗弯	抗剪	端面承压(刨平顶紧)
牌号	厚度或直径(mm)	f	f_v	f_{ce}
Q235钢	≤16	215	125	325
	>16~40	205	120	
	>40~60	200	115	
	>60~100	190	110	
Q345钢	≤16	310	180	400
	>16~35	295	170	
	>35~50	265	155	
	>50~100	250	145	
Q390钢	≤16	350	205	415
	>16~35	335	190	
	>35~50	315	180	
	>50~100	295	170	
Q420钢	≤16	380	220	440
	>16~35	360	210	
	>35~50	340	195	
	>50~100	325	185	

(3)选用

为保证承重结构的承载能力和防止在一定条件下出现脆性破坏，应根据结构的重要性、荷载特征、结构形式、连接方法、钢材厚度和工作温度等因素综合考虑，选用合适的钢材牌号和材件。当结构构件的截面是按强度控制并有条件时，宜采用Q345钢。Q345钢和Q235钢相比，屈服强度提高45%左右，故采用Q345钢可比Q235钢节约15%~25%。

第一，承重钢结构的钢材宜采用Q235钢和Q345钢。

第二，下列情况的承重结构和构件不宜采用Q235沸腾钢。

① 焊接结构

——直接承受动力荷载或振动荷载且需要验算疲劳的结构；

——室外空气温度低于－20℃时的直接承受动荷载或振动荷载但不可不验算疲劳的结构，以及承受静力荷载的受弯及受拉的重要承重结构；

——当室外空气温度等于或低于－30℃的所有承重结构。

② 非焊接结构　室外空气温度等于或低于－20℃的直接承受动力荷载且需要验算疲劳的结构。

13.1.1.2　连接材料

钢结构连接方式有焊接和螺栓连接两种。

(1)焊接

① 材质　钢结构的焊接材料应与被连接件所采用的钢材材质相适应。将两种不同强度的钢材相连接时，可采用与低强度钢材相适应的连接材料。对直接承受动力荷载或振动荷载且需要验算疲劳的结构，宜采用低氢型焊条。

第一，手工电弧焊应符合现行国家标准《碳钢焊条》或《低合金钢焊条》规定的焊条，为使经济合理，选择的焊条型号应与构件钢材的强度相适应。选用时可按下列要求确定：

——对Q235钢宜采用E43型焊条；

——对Q345钢宜采用E50型焊条。

第二，自动焊接或半自动焊接采用的焊丝和相应的焊剂与主体金属强度相适应，并应符合现行国家标准《熔化焊用钢丝》的规定。

② 选用　焊接连接是目前钢结构最主要的连接方法，它具有不削弱杆件截面、构造简单和加工方便等优点。一般钢结构中主要采用电弧焊。电弧焊是利用电弧热熔化焊件及焊条(或焊丝)形成焊缝。目前应用的电弧焊方法有：手工焊、自动焊和半自动焊。在轻型钢结构中，由于焊件薄，通常焊缝少，故多数采用手工焊。手工焊施焊灵活，易于在不同位置施焊，但焊缝质量低于自动焊。

(2)螺栓

① 材质　普通螺栓可采用符合现行国家标准《碳素结构钢》规定的Q235—A级钢制成；螺栓可采用现行国家标准《碳素结构钢》规定的Q235钢或《低合高强度结构钢》中规定的Q345钢等制成。

② 选用

第一，普通螺栓连接主要用在结构的安装连接以及可拆装的结构中。螺栓连接的优点是拆装便利，安装时不需要特殊设备，操作较简便。但由于普通螺栓连接传递剪力较差，而高强度螺栓连接在施工中的要求又较高，因而轻型钢屋架与支撑连接，一般采用普通螺栓C级，受力较大时可用螺栓定位、安装焊缝受力的连接方法。

第二，锚栓主要应用于屋架与混凝土柱顶的连接及门式刚架柱脚与基础的连接，锚栓可根据其受力情况选用不同牌号的钢材制成。

(3)连接强度设计值

① 焊缝连接强度设计值　应根据钢材牌号、焊接方法、焊条型号和焊接质量等级按表13－2采用。

② 螺栓连接强度设计值　见表13－3。

表 13-2　焊缝强度设计值

焊接方法和焊条型号	构件钢材		对接焊缝				角焊缝
	牌号	厚度或直径(mm)	抗压 f_c^w	焊缝质量为下列等级时，抗拉 f_t^w		抗剪 f_v^w	抗拉、抗压和抗剪 f_f^w
				一级、二级	三级		
自动焊、半自动焊和 E43 型焊条的手工焊	Q235 钢	≤16	215	215	185	125	160
		>16~40	205	205	175	120	
		>40~60	200	200	170	115	
		>60~100	190	190	160	110	
自动焊、半自动焊和 E50 型焊条的手工焊	Q345 钢	≤16	310	310	265	180	200
		>16~35	295	295	250	170	
		>35~50	265	265	225	155	
		>50~100	250	250	210	145	
自动焊、半自动焊和 E55 型焊条的手工焊	Q390 钢	≤16	350	350	300	205	220
		>16~35	335	335	285	190	
		>35~50	315	315	270	180	
		>50~100	295	295	250	170	
	Q420 钢	≤16	380	380	320	220	220
		>16~35	360	360	305	210	
		>35~50	340	340	290	195	
		>50~100	325	325	275	185	

表 13-3　螺栓连接强度设计值

螺栓的性能等级、锚栓和构件钢材的牌号		普通螺栓						锚栓	承压型连接高强度螺栓		
		C 级螺栓			A 级、B 级螺栓			抗拉 f_t^a	抗拉 f_t^b	抗剪 f_v^b	承压 f_c^b
		抗拉 f_t^b	抗剪 f_v^b	承压 f_c^b	抗拉 f_t^b	抗剪 f_v^b	承压 f_c^b				
普通螺栓	4.6 级 4.8 级	170	140	—	—	—	—	—	—	—	—
	5.6 级	—	—	—	210	190	—	—	—	—	—
	8.8 级	—	—	—	400	320	—	—	—	—	—
锚栓	Q235 钢	—	—	—	—	—	—	140	—	—	—
	Q345 钢	—	—	—	—	—	—	180	—	—	—
承压型连接高强度螺栓	8.8 级	—	—	—	—	—	—	—	400	250	—
	10.9 级	—	—	—	—	—	—	—	500	310	—
构件	Q235 钢	—	—	305	—	—	405	—	—	—	470
	Q345 钢	—	—	385	—	—	510	—	—	—	590
	Q390 钢	—	—	400	—	—	530	—	—	—	615
	Q420 钢	—	—	425	—	—	560	—	—	—	655

13.1.2 基本构件计算

钢结构设计仍采用以概率理论为基础的极限状态设计法。其极限状态分为承载能力极限状态和正常使用极限状态。本节主要论述受弯构件、轴心受力构件和拉弯、压弯构件及连接的计算。

13.1.2.1 受弯构件

钢梁是钢结构受弯构件的最基本形式。其截面形式有热轧工字钢梁，采用焊接的工字形或箱形组合梁。

受弯构件的计算内容包括强度、整体稳定性、局部稳定性和挠度，必要时还要进行疲劳计算。强度中又包括正应力、剪应力及局部压应力。

(1)单向受弯构件强度

① 正应力计算公式

$$\frac{M_x}{\gamma_x W_{nx}} \leqslant f \tag{13.1}$$

② 剪应力计算公式

$$\tau = \frac{VS}{It_w} \leqslant f_v \tag{13.2}$$

③ 局部压应力计算公式

$$\sigma_c = \frac{\psi F}{t_w l_z} \leqslant f \tag{13.3}$$

式中：M_x——绕 x 轴的弯矩；

W_{nx}——对 x 轴的净截面模量；

γ_x——截面塑性发展系数；

f——钢材的抗弯、抗压、抗拉强度设计值；

V——计算截面沿腹板平面作用的剪力；

S——计算剪应力点以上毛截面对中和轴的面积矩；

f_v——钢材的抗剪强度设计值；

I——毛截面惯性矩；

t_w——腹板厚度；

ψ——集中荷载增大系数；

F——集中荷载，对动力荷载应考虑动力系数；

l_z——集中荷载在腹板计算高度 h_0 上边缘的假定分布长度。

(2)单向受弯构件整体稳定性

当梁不符合某些构造要求时，要进行整体稳定性计算，公式为：

$$\frac{M_x}{\varphi_b W_x} \leqslant f \tag{13.4}$$

式中：M_x——绕强轴作用的最大弯矩；

W_x——按受压边缘纤维确定的对强轴毛截面模量；

φ_b——绕强轴弯曲所确定的整体稳定系数。

(3)受弯构件的局部稳定

受弯构件的局部稳定主要是通过限制受压冀缘的宽厚比和配置加劲肋的方法予以避免。

(4)受弯构件的挠度计算

受弯构件的挠度应满足下式的要求：

$$\upsilon \leqslant [\upsilon] \tag{13.5}$$

式中：υ——由全部荷载或可变荷载标准值计算所得的构件挠度，可由荷载和支承条件由静力计算确定；

$[\upsilon]$——构件的容许挠度值，查阅相关规范可得到。

13.1.2.2 轴心受力构件

轴心受力构件包括轴心受拉和轴心受压构件。其计算内容包括强度、整体稳定和局部稳定三方面，后两者只适用于轴心受压构件。

(1)强度

① 轴心受拉构件强度计算公式

$$\sigma = \frac{N}{A_n} \leqslant f \tag{13.6}$$

式中：N——轴心拉力；

A_n——构件净截面面积。

② 实腹式轴心受压构件强度计算　计算公式同式(13.6)。

(2)整体稳定

实腹式轴心受压构件整体稳定验算公式为：

$$\frac{N}{\varphi_A} \leqslant f \tag{13.7}$$

式中：A——构件毛截面面积；

φ——轴心受压构件的稳定系数，由规范可直接查得。

(3)局部稳定

实腹式轴心受压构件局部稳定公式为：

① 对工字形和H形截面，验算翼缘公式为

$$\frac{b}{t} \leqslant (10 + 0.1\lambda)\sqrt{\frac{235}{f_y}} \qquad (13.8)$$

式中：b、t——分别为翼缘板外伸宽度和厚度。

② 验算腹板公式为

$$\frac{h_0}{t_w} \leqslant (25 + 0.5\lambda)\sqrt{\frac{235}{f_y}} \qquad (13.9)$$

式中：h_0、t_w——分别为腹板计算高度和厚度；

λ——构件两方向长细比的较大值，当$\lambda < 30$时，取$\lambda = 30$；当$\lambda > 100$时，取$\lambda = 100$。

13.1.2.3 偏心受力构件

偏心受力构件分为偏心受拉构件和偏心受压构件，两者都需作强度计算，但偏压构件还需进行弯矩作用平面内、外的整体稳定验算。

（1）强度计算

对偏拉和偏压构件，其强度计算公式为：

$$\sigma = \frac{N}{A_n} \pm \frac{M_x}{\gamma_x W_{nx}} \pm \frac{M_y}{\gamma_y W_{ny}} \leqslant f \qquad (13.10)$$

式中符号含义同前。

（2）整体稳定

计算公式较为复杂，其思路是考虑了两个方向弯矩M_x和M_y的相互影响。在此不详细讨论。

13.1.3 连接计算和构造

钢结构连接有两种方式，即焊接和螺栓连接两种。

13.1.3.1 焊接

包括对接焊接和角焊接，本节只讨论对接焊缝计算。

对接焊缝主要用于实腹式门式钢架梁、柱的翼缘板和腹板的连接，它通常有5种截面形式：不剖口的矩形、剖口的V形、X形、U形及K形。这种焊缝的优点是：用料经济、传力均匀，没有显著的应力集中（对于承受动力荷载作用的结构采用对接焊缝最为有利）。它的缺点是：施焊时要使杆件保持一定的间隙，板边切割加工尺寸要求较严，对于较厚的构件还需加工剖口。

① 在对接接头和T形接头中，垂直于轴心拉力或轴心压力的对接焊缝，其强度按下式计算

$$\sigma = \frac{N}{l_w t} \leqslant f_t^w,\ f_c^w \qquad (13.11)$$

② 在对接接头和T形接头中，承受弯矩和剪力共同作用的对接焊缝，其正应力和剪应力按式（13.12）和式（13.13）分别进行计算。但在同时受有较大正应力和剪应力处（例如梁腹板横向对接焊缝的端部），应按公式（13.14）计算折算应力：

$$\sigma = \frac{M}{W_f} \leqslant f_t^w \qquad (13.12)$$

$$\tau = \frac{VS_f}{I_f t} \leqslant f_v^w \qquad (13.13)$$

$$\sqrt{\sigma^2 + 3\tau^2} \leqslant 1.1 f_t^w \qquad (13.14)$$

式中：N——轴心拉力或轴心压力设计值；

l_w——焊缝计算长度，当无法采用引弧板施工焊时，计算时应将每条焊缝的长度减去10mm。如薄壁型钢结构应将每条焊缝的长度减去2倍焊缝厚度；

t——对接接头中为对边接件的较小厚度，在T形接头中为腹板厚度；

f_{tw}、f_{cw}——对接焊缝的抗拉、抗压强度设计值；

W_f——焊缝截面抵抗矩；

S_f——焊缝截面面积矩；

I_f——焊缝截面惯性矩。

13.1.3.2 螺栓连接

（1）螺栓的承载能力设计值的计算

① 受剪承载力设计值

$$N_v^b = n_v \frac{\pi d^2}{4} f_v^b \qquad (13.15)$$

② 承压承载力设计值

$$\mathrm{N_c^b = d \sum t \cdot f_c^b} \qquad (13.16)$$

③ 受拉承载力

$$N_t^b = \frac{\pi d_e^2}{4} f_t^b \qquad (13.17)$$

式中：$f_v^b f_c^b f_t^b$——螺栓的受剪、承压和受拉强度设计值；

$N_v^b N_c^b N_t^b$——每个螺栓的受剪、承压和受拉

承载力设计值；

n_v——每个螺栓的受剪面数；

d——螺栓杆的直径；

d_e——螺栓螺纹处的有效直径；

$\sum t$——在同一方向承压构件的较小总厚度。

(2)螺栓的排列和构造要求

螺栓的排列考虑受力、构造和施工要求，其最大和最小间距应满足表13－4的规定。

表13－4 螺栓的容许距离

<table>
<tr><th>名称</th><th colspan="3">位置和方向</th><th>最大容许距离
（取两者的较小值）</th><th>最小容许距离</th></tr>
<tr><td rowspan="5">中心间距</td><td colspan="3">外排（垂直内力方向或内力方向）</td><td>$8d_0$ 或 $12t$</td><td rowspan="5">$3d_0$</td></tr>
<tr><td rowspan="3">中间排</td><td colspan="2">垂直内力方向</td><td>$16d_0$ 或 $24t$</td></tr>
<tr><td rowspan="2">顺内力方向</td><td>构件受压力</td><td>$12d_0$ 或 $18t$</td></tr>
<tr><td>构件受拉力</td><td>$16d_0$ 或 $24t$</td></tr>
<tr><td colspan="3">沿对角线方向</td><td>—</td></tr>
<tr><td rowspan="4">中心至构件边缘距离</td><td colspan="3">顺内力方向</td><td rowspan="4">$4d_0$ 或 $8t$</td><td>$2d_0$</td></tr>
<tr><td rowspan="3">垂直内力方向</td><td colspan="2">剪切边或手工气割边</td><td rowspan="2">$1.5d_0$</td></tr>
<tr><td rowspan="2">轧制边、自动气割或锯割边</td><td>高强度螺栓</td></tr>
<tr><td>其他螺栓或铆钉</td><td>$1.2d_0$</td></tr>
</table>

注：① d_0 为螺栓的孔径，t 为外层较薄板件的厚度。

② 钢板边缘与刚性构件（如角钢、槽钢等）相连的螺栓的最大间距，可按中间排的数值采用。

13.1.4 钢屋架设计要求

钢屋架设计包括屋架结构形式的确定、荷载及内力计算，截面杆件的选择及杆件连接的计算与构造等内容。

13.1.4.1 屋架结构形式

屋架的形式主要取决于房屋的使用要求、屋面材料、屋架与柱的连接方式（铰接或刚接），屋盖的整体刚度。按结构形式可分为梯形屋架、三角形屋架、两铰拱屋架、三铰拱屋和梭形屋架；按所采用的材料可分为普通钢屋架、轻型钢屋架（杆件为圆钢和小角钢）和薄壁型屋架。图13－2至图13－5为几种常见屋架的形式。

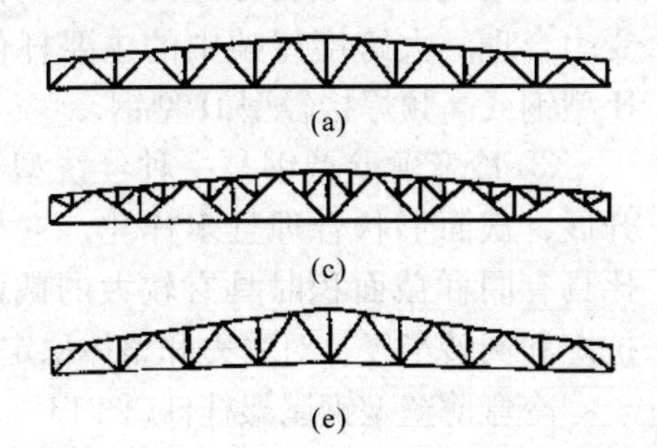

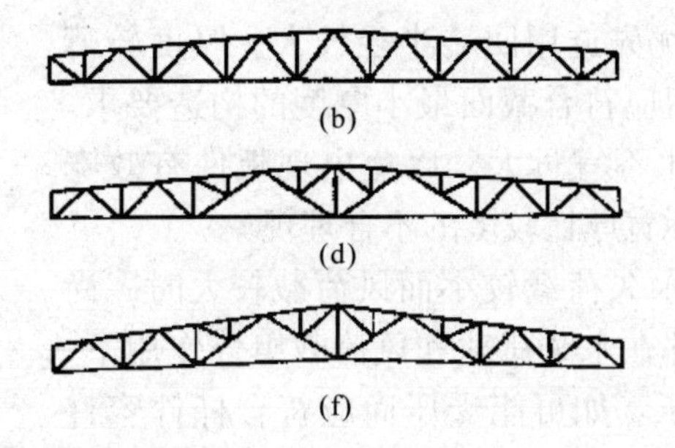

图13－2 梯形屋架

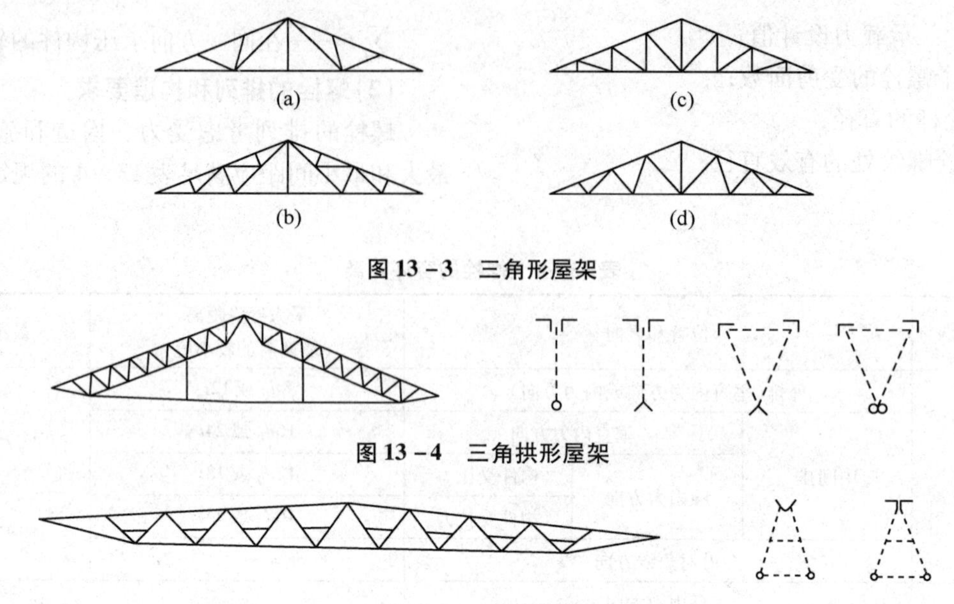

图 13－3　三角形屋架

图 13－4　三角拱形屋架

图 13－5　梭形屋架

13.1.4.2　荷载及内力计算

屋架上荷载有以下 3 种：永久荷载、可变荷载和偶然荷载。根据使用条件，在荷载规范中均能查到。

内力计算采用弹性理论进行，可用结构力学方法进行求解。当屋架上弦有节间荷载时，先应把节间荷载转化为节点荷载再进行计算。

对荷载效应组合应考虑由可变荷载效应控制的组合和由永久荷载效应控制的组合两种情况，具体组合较为复杂，在此不再叙述。

13.1.4.3　杆件截面选择

(1)选用原则

① 压杆应优先选用回转半径较大、厚度较薄的截面规格，但应符合截面最小厚度的构造要求。方钢管的宽厚比不宜过大，以免出现板件有效宽厚比小于其实际宽厚比较多的不合理现象。

② 当屋面永久荷载较小而风荷载较大时，尚应验算受拉构件在永久荷载和风荷载组合作用下，是否有可能受压。如可能受压尚应符合杆件容许长细比的要求。

③ 当屋架跨度较大时，其下弦杆可根据内力的变化采用两种截面规格。

④ 同一榀屋架中，杆件的截面规格不宜过多。在用钢量增加不多的情况下，宜将杆件截面规格相近的加以统一。一般来说，同一榀屋架中杆件的截面规格不宜超过 6 ~7 种。

(2)截面形式

选择屋架杆件截面形式时，应考虑构造简单、施工方便，且取材容易、易于连接，尽可能增大屋架的侧向刚度。对轴心受力构件宜使杆件在屋架平面内和平面外的长细比接近。

① 一般采用双角钢组成的 T 形截面或十字形截面，受力较小的次要杆件可采用单角钢，如图 13 －6 所示。

② 热轧 T 型钢不仅可节省节点板，节约钢材，避免双角钢角钢肢背相连处出现腐蚀性现象，且受力合理。大跨度屋架中的主要杆件要选用热轧 H 型钢或高频焊接轻型 H 型钢。

③ 冷弯薄壁型钢是一种经济型材，截面比较开展，截面形状合理且多样化，它与热轧型钢相比具有同样截面积时具有较大的截面惯性矩、抵抗矩和回转半径，对受力和整体稳定有利。

冷弯薄壁型钢屋架杆件(图 13 －7)中的闭口钢管截面具有刚度大、受力性能好、构造简单等优点，宜优先采用。

(3)尺寸

角钢屋架杆件截面的最小厚度不宜小于 4mm。

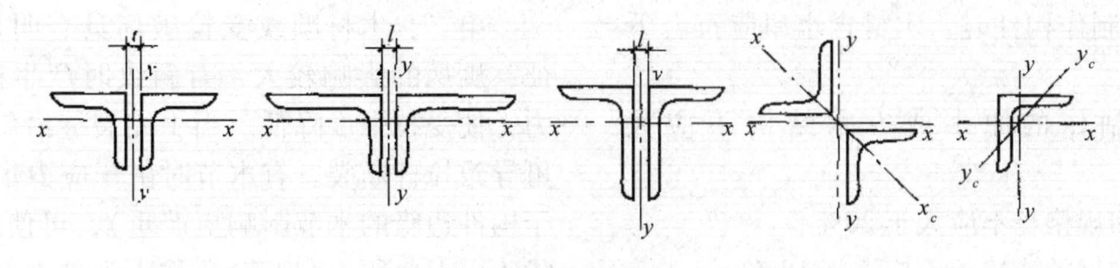

图 13-6 角钢屋架的杆件截面

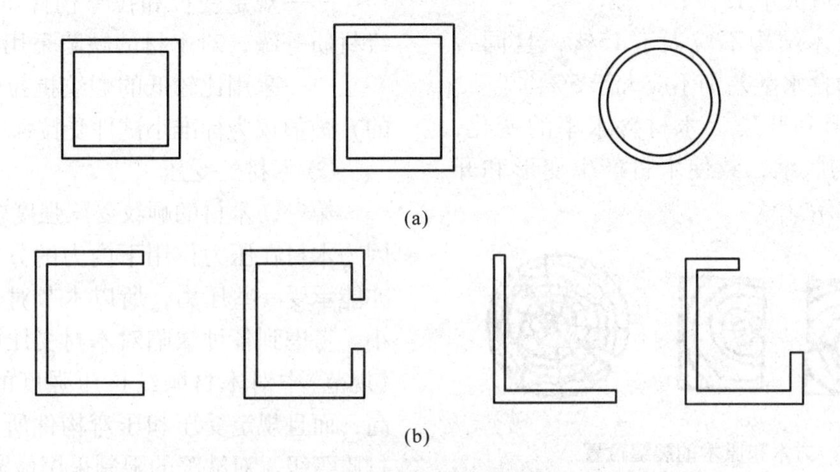

图 13-7 冷弯薄壁型钢屋架杆件截面

冷弯薄壁型钢屋架杆件厚度不宜小于2mm，一般不大于4.5mm。

13.2 木结构

木材是建筑工程常用三大主材之一，是一种天然生长、有机的材料，易于加工，有较好的弹性、韧性，能有效地抗压、抗弯、抗拉，具有良好的塑性和强度表观密度比。其力学性能各向异性显著；强度因树种而异，并与木材缺陷、含水率等因素的影响有关。

13.2.1 材料与选用

13.2.1.1 木材的物理性能与力学性能

(1)木材的物理性能

① 木材的重度小、相对强度高　结构用木材可分为针叶材和阔叶材两大类。承重构件宜采用针叶材，阔叶材主要用做板销、键块和受拉接头中的夹板等重要木制连接件。承重用木材重度约为$5kN/m^3$，较其他结构材料轻。材料的强度和其容积的比值(称为相对强度)和钢材相近，而较混凝土和砌体高。

② 木材的各向异性　当作用力与顺纹平行时，木材的强度最大，变形最小；当作用力与横纹平行时，强度较低。斜纹方向强度随α角度的增大而减小，介于顺纹与横纹之间。如图13-8所示。

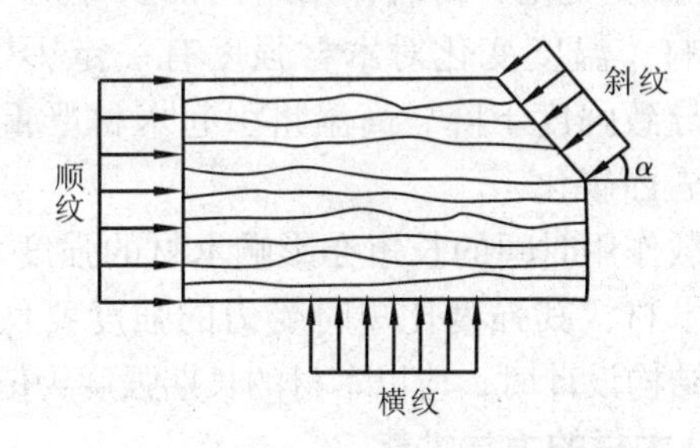

图 13-8 木材受力的各向异性

③ 木材的含水率　是指木材中所含水分的质量占烘干后木材质量的百分率。木材的含水率对木材强度有很大的影响，木材强度一般随含水率的增加而降低，但当含水率达到纤维饱和点时，含水率再增加，木材强度也不再降低：含水率对受压、受弯、受剪及承压强度影响最大，而对受拉强度影响较小。《木结构设计规范》(GB50005—

2003)规定，在制作构件时，木材含水率应符合下列要求：

——现场制作的原木或方木结构不应大于25%；

——板材和规格材不应大于20%；

——受拉构件的连接板不应大于18%；

——连接件不应大于15%；

——层板胶合木结构不应大于15%，且同一构件各层木板间的含水率差别不应大于5%。

④ 木材的变形和开裂　木材含水率的变化，引起木材的不均匀收缩，致使木材产生变形和开裂，如图13-9所示。

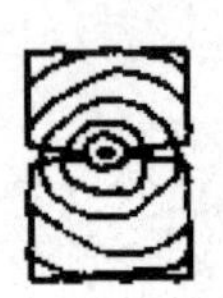

图13-9　方木和原木的裂缝位置

⑤ 木材的疵病　木材本身不规则的构造，内部和外部的损伤以及不同形式的缺陷，统称为木材的疵病。常见的木材缺陷有木节、腐朽、虫害、裂缝、斜纹等。木材的疵病在不同程度上影响其质量。实际应用时应根据木材疵病的程度来评定木材的质量和划分等级，做到合理使用。

⑥ 温度变化、荷载作用时间的长短对木材强度的影响　温度变化对木材强度有一定影响，温度升高导致强度下降，高温将引起木材严重开裂、变形和表面碳化。

荷载作用时间的长短亦影响木材的强度。长期受力的木材，其强度比短时受力的强度要低得多。所以木结构设计时，应以木材的长期强度为依据。

(2)木材的力学性能

由于木材有着各向异性的特点，所以力的作用方向与木纹方向之间的角度对木材强度有很大的影响。

① 木材的受拉

第一，木材的顺纹受拉强度最高，而横纹受拉强度仅为顺纹受拉强度的1/14～1/10。斜纹受拉的强度介于两者之间，故应尽量避免发生横纹或斜纹受拉。

第二，木材顺纹受拉破坏具有明显的脆性特征，疵病的影响较大，有斜纹时产生横纹方向分力，使受拉强度降低。当干缩裂缝沿斜纹开展时，可导致拉杆断裂。有木节时由于应力集中现象(位于构件边缘的木节影响更严重)，可使承载力降低60%以上，所以《规范》采取下列措施：

——规定受拉和拉弯构件所用的木材要符合Ⅰ级材质等级，对木材的缺陷采用最严格的限制。

——采用比较低的顺纹抗拉强度设计值，采用的f_t数值仅为标准小试件受拉强度的1/14～1/10。

② 木材的受压

第一，木材的顺纹受压强度较顺纹受拉强度大，因为木材在压力作用下内力的分布较均匀，且木节亦能承受一些压力，所以木节对受压强度的影响较小。考虑到各种缺陷对木材受压的影响较小，所以《规范》中对木材顺纹抗压强度的设计值f_c取值较高，而且规定受压和压弯构件所用的木材采用Ⅲ级材质等级，对缺陷的限制采用最宽松的限制。

第二，木材的横纹承压强度$f_{c,90}$较低，仅为顺纹抗压强度的1/7～1/5，承压后的变形亦较大。当局部承压时，它的强度还会提高，其提高值随局部承压面积与构件表面面积之比而变化。

第三，木材斜纹受压时的抗压强度$f_{c\alpha}$和作用力方向与木纹方向的夹角有关，其数值在顺纹和横纹抗压强度之间。

当$\alpha \leqslant 10°$时

$$f_{c\alpha} = f_c \tag{13.18}$$

当α在10°～90°时

$$f_{c\alpha} = \frac{f_c}{1 + \left(\frac{f_c}{f_{c,90}} - 1\right)\frac{\alpha - 10°}{80°}\sin\alpha} \tag{13.19}$$

式中：α——作用力方向与木纹方向的夹角。

③ 木材的受弯

第一，构件受弯时的受力方向属于顺纹受力，以中和轴为界，截面分成受拉和受压两部分，木材的受弯极限强度介于顺纹受拉强度和顺纹受压强度之间。

第二，木材的疵病对受弯强度的影响除缺孔和木节的大小外还取决于它的位置。位于受拉边缘的木节对构件的受弯强度影响最大，而在中和轴附近的木节则影响最小。在受压区一般木节对受弯强度影响不大，但缺孔则不能很好承受压力。

第三，《规范》中对受弯和压弯构件的材质等级规定采用Ⅱ级，即对木材缺陷的限制采用拉、压构件的中间值。在施工时对受弯构件总是不使受拉边缘有较大的缺孔和木节，所以对抗弯强度设计值f_m的取值较高。

④ 木材的受剪　木材的受剪强度很低，在木结构连接中最常遇到的是木材的顺纹受剪f_v。对受剪强度影响最大的是受剪面附近的裂缝，特别是与受剪面重合的裂缝。它往往是木结构连接破坏的主要原因，所以《规范》根据木材干缩开裂的规律，在材质标准中增加了受剪面应避开髓心的规定。

(3)承重木结构材质等级的选用及适用范围

① 承重木结构材质等级的选用　承重结构用材，分为原木、锯材(方木、板材、规格材)、胶合材。用于普通木结构的原木、方木和板材的材质等级分为三级(表13-5)；胶合木构件的材质等级分为三级；轻型木结构用规格材的材质等级分为七级。

表13-5　普通木结构的材质等级

项次	主要用途	材质等级
1	受拉或拉弯构件	$Ⅰ_a$
2	受弯或压弯构件	$Ⅱ_a$
3	受压构件及次要受弯构件(如吊顶小龙骨等)	$Ⅲ_a$

② 木结构的适用范围　承重木结构应在正常温度和湿度环境下的房屋结构和构筑物中使用。不能应用于以下情况：

——极易引起火灾；

——受生产性高温影响，木材表面温度高于50℃；

——经常受潮且不易通风等。

13.2.1.2　木材的设计强度

(1)木材的强度等级

木材的强度等级是指不同树种的木材按其抗弯强度设计值划分的等级。常用针叶材的强度等级有4种，即TC17、TC15、TC13和TC11。常用阔叶材的强度等级有TB20、TB17、TB15、TB13和TB11。此处强度等级代号TC、TB后的数值为抗弯强度设计值，单位为N/mm^2。

(2)正常情况下木材强度设计值、弹性模量和性能指标调整系数

表13-6至表13-8列出了常用树种的强度设计值和弹性模量，它们是在正常情况下的数值。在设计时尚须考虑含水率、荷载作用时间、温度等因素的影响，所需的调整系数见表13-9、表13-10。

表13-6　在正常情况下木材强度设计值和弹性模量

强度等级	组别	抗弯f_m	顺纹抗压及承压f_c	顺纹抗拉f_t	顺纹抗剪f_v	横纹承压$f_{c,90}$			弹性模量E
						全表面	局部表面和齿面	拉力螺栓垫板下	
TC17	A	17	16	10.0	1.7	2.3	3.5	4.6	10 000
	B		15	9.5	1.6				
TC15	A	15	13	9.0	1.6	2.1	3.1	4.2	10 000
	B		12	9.0	1.5				
TC13	A	13	12	8.5	1.5	1.9	2.9	3.8	10 000
	B		10	8.0	1.4				9000
TC11	A	11	10	7.5	1.4	1.8	2.7	3.6	9000
	B		10	7.0	1.2				
TB20	—	20	18	12.0	2.8	4.2	6.3	8.4	12 000
TB17	—	17	16	11.0	2.4	3.8	5.7	7.6	11 000

(续)

强度等级	组别	抗弯 f_m	顺纹抗压及承压 f_c	顺纹抗拉 f_t	顺纹抗剪 f_v	横纹承压 $f_{c,90}$			弹性模量 E
						全表面	局部表面和齿面	拉力螺栓垫板下	
TB15	—	15	14	10.0	2.0	3.1	4.7	6.2	10 000
TB13	—	13	12	9.0	1.4	2.4	3.6	4.8	8000
TB11	—	11	10	8.0	1.3	2.1	3.2	4.1	7000

注：计算木构件端部，如接头处的拉力螺栓垫板时，木材横纹承压强度设计值应同“局部表面和齿面”一栏的数值采用。

① 当采用原木时，若验算部位未经切削，其顺纹抗压、抗弯强度设计值以及弹性模量可提高15%。

② 方木截面短边尺寸不小于150mm时，其抗弯强度设计值可提高10%。

③ 当采用湿材时，各种木材的横纹承压强度设计值和弹性模量，以及落叶松木材的抗弯强度设计值，宜降低10%。

表13－7　阔叶树种木材适用的强度等级

强度等级	适用树种
TB20	青冈、桐木、门格里斯木、卡普木、沉水稍克隆、绿心木、紫心木、孪叶豆、塔特布木
TB17	栎木、达荷玛木、萨佩莱木、苦油树、毛罗藤黄
TB15	锥栗(栲木)、桦木、黄梅兰蒂、梅萨瓦木、水曲柳、红劳罗木
TB13	深红梅兰蒂、浅红梅兰蒂、白梅兰蒂、巴西红厚壳木
TB11	大叶椴、小叶椴

表13－8　针叶树种木材适用的强度等级

强度等级	组别	适用树种
TC17	A	柏木、长叶松、湿地松、粗皮落叶松
	B	东北落叶松、欧洲赤松、欧洲落叶松
TC15	A	铁杉、油杉、太平洋海岸黄柏、花旗松—落叶松、西部铁杉、南方松
	B	鱼鳞云杉、西南云杉、南亚松
TC13	A	油松、新疆落叶松、云南松、马尾松、扭叶松、北美落叶松、海岸松
	B	红皮云杉、丽江云杉、樟子松、红松、西加云杉、俄罗斯红松、欧洲云杉、北美山地云杉、北美短叶松
TC11	A	西北云杉、新疆云杉、北美黄松、云杉—松—冷杉、铁—冷杉、东部铁杉—杉木
	B	冷杉、速生杉木、速生马尾松、新西兰辐射松

表13－9　不同使用条件下木材强度设计值和弹性模量的调整系数

使用条件	调整系数	
	强度设计值	弹性模量
露天环境	0.9	0.85
长期生产性高温环境，木材表面温度达40～50℃	0.8	0.8
按恒荷载验算时	0.8	0.8
用于木构筑物时	0.9	1.0
施工和维修时的短暂情况	1.2	1.0

注：① 当仅有恒荷载或恒荷载产生的内力超过全部荷载所产生的内力的80%时，应单独以恒荷载进行验算。

② 当若干条件同时出现时，表列各系数应连乘。

表13-10 不同设计使用年限时木材强度设计值和弹性模量的调整系数

设计使用年限	调整系数	
	强度设计值	弹性模量
5年	1.1	1.1
25年	1.05	1.05
50年	1	1
100年及以上	0.9	0.9

13.2.2 基本构件计算

13.2.2.1 木结构构件的承载力计算公式

(1)轴心受拉构件

$$\sigma_t = \frac{N}{A_n} \leqslant f_t \tag{13.20}$$

式中：A_n——受拉构件的净截面面积，计算 A_n 时应扣除分布在150mm长度上的缺孔投影面积；

N——轴心受拉构件拉力设计值；

f_t——木材顺纹抗拉强度设计值。

(2)轴心受压构件

① 按强度验算

$$\sigma_c = \frac{N}{A_n} \leqslant f_c \tag{13.21}$$

② 按稳定验算

$$\frac{N}{\varphi A_0} \leqslant f_c \tag{13.22}$$

式中：A_n——受压构件的净截面面积；

N——轴心受压构件压力设计值；

f_c——木材顺纹抗压强度设计值；

A_0——受压构件截面的计算面积；

φ——轴心受压构件稳定系数。

(3)单向受弯构件

① 受弯承载力

$$\frac{M}{W_n} \leqslant f_m \tag{13.23}$$

式中：f_m——木材抗弯强度设计值；

M——受弯构件弯矩设计值；

W_n——受弯构件净截面抵抗矩。

② 受剪承载力

$$\frac{VS}{Ib} \leqslant f_v \tag{13.24}$$

式中：f_v——木材顺纹抗剪强度设计值；

V——受弯构件剪力设计值；

I——构件的全截面惯性矩；

b——构件的截面宽度；

S——剪切面以上的截面面积对中性轴的面积矩。

③ 挠度

$$\omega \leqslant [\omega] \tag{13.25}$$

式中：ω——构件按荷载效应标准值组合计算的挠度；

$[\omega]$——受弯构件挠度限值。

(4)拉弯构件

$$\frac{N}{A_n f_t} + \frac{M}{W_n f_m} \leqslant 1 \tag{13.26}$$

式中：M——受弯构件弯矩设计值；

A_n——受压构件的净截面面积；

N——轴心受拉构件拉力设计值；

f_t——木材顺纹抗拉强度设计值；

f_m——木材抗弯强度设计值；

W_n——受弯构件净截面抵抗矩。

(5)压弯构件

① 承载力计算

$$\frac{N}{A_n f_c} + \frac{M}{W_n f_m} \leqslant 1 \tag{13.27}$$

② 稳定计算

$$\frac{N}{\varphi \varphi_m A_0} \leqslant f_c \tag{13.28}$$

$$\varphi_m = (1-K)^2(1-kK) \tag{13.29}$$

$$K = \frac{Ne_0 + M_0}{Wf_m\left(1+\sqrt{\frac{N}{Af_c}}\right)} \tag{13.30}$$

$$K = \frac{Ne_0}{Ne_0 + M_0} \tag{13.31}$$

式中：A_n——受压构件的净截面面积；

N——轴心受压构件压力设计值；

f_c——调整后的木材顺纹抗压强度设计值；

A_0——轴心受压构件截面的计算面积；

e_0——构件的初始偏心距；

f_m——调整后的木材抗弯强度设计值；

M_0——横向荷载作用下跨中最大初始弯矩设计值；

φ_m——考虑轴向力和初始弯矩共同作用的折减系数。

13.2.2.2 轴心受压构件的稳定系数和计算长度

(1)轴心受压构件的稳定系数

见表13-11。

表13-11 轴心受压构件的稳定系数

树种强度等级	构件长细比	稳定系数	附注
TC17 TC15 TB20	≤75	$\varphi=\dfrac{1}{1+\left(\dfrac{\lambda}{80}\right)^2}$	长细比 $\varphi=\dfrac{l_0}{i}$
	>75	$\varphi=\dfrac{3000}{\lambda^2}$	构件截面的回转半径，$i=\sqrt{\dfrac{I}{A}}$，此处，I，A 为构件毛界面的惯性矩和面积
TC13 TC11 TB17 TB15 TB13 TB11	≤91	$\varphi=\dfrac{1}{1+\left(\dfrac{\lambda}{65}\right)^2}$	受压构件的计算长度 l_0 平面内——节点中心间的距离； 平面外——上弦：锚固檩条间距； 下弦：侧向支撑间距； 腹杆：节点中心
	>91	$\varphi=\dfrac{2800}{\lambda^2}$	

(2)计算长度的确定

受压构件的计算长度，应按实际长度乘以下列系数：

两端铰接 1.0

一端固定，一端自由 2.0

一端固定，一端铰接 0.8

13.2.2.3 计算指标和容许值的确定

受压构件的长细比 λ 应不超过允许长细比 $[\lambda]$。主要构件 $[\lambda]=120$，一般构件 $[\lambda]=150$，支撑 $[\lambda]=200$。

受弯构件的允许挠度 $[\omega]=1/250\sim1/150$。

13.2.3 连接计算和构造

13.2.3.1 连接的种类和要求

(1)连接方式

① 接长 将木材沿纵向连接以增加长度。

② 拼合 将木材沿横向连接以增大截面积。

③ 节点连接 木材成角度连接，以组成平面或空间结构。

(2)常用的连接

目前木结构常用的连接有齿连接、螺栓连接、钉连接。此外，还有斜键连接和胶连接。

① 齿连接 杆件直接抵承传递压力，木材的工作是承压及受剪。

② 螺栓连接 用来接长或拼合受拉或受压构件，螺栓受弯，栓孔承压。

(3)连接的基本要求

为了保证结构安全可靠和正常工作，连接应满足下列基本要求：

① 连接必须受力明确、传力直接，同一节点内不能有两种刚度不相同的连接件共同传力。

② 连接应有必要的紧密性和韧性，塑性变形引起内力重分布使各杆确保共同工作，避免受力不匀而各个击破。

③ 连接必须构造简单、施工方便、省工省料，易于检查施工质量，对构件的截面没有过多的削弱。

13.2.3.2 齿连接

(1)连接形式

齿连接是在一根构件端头做成齿，在另一根构件上刻成槽，将齿与槽嵌合起来而成的一种通过构件与构件直接抵承传力的连接方式。齿连接有单齿连接和双齿连接，如图13-10所示。

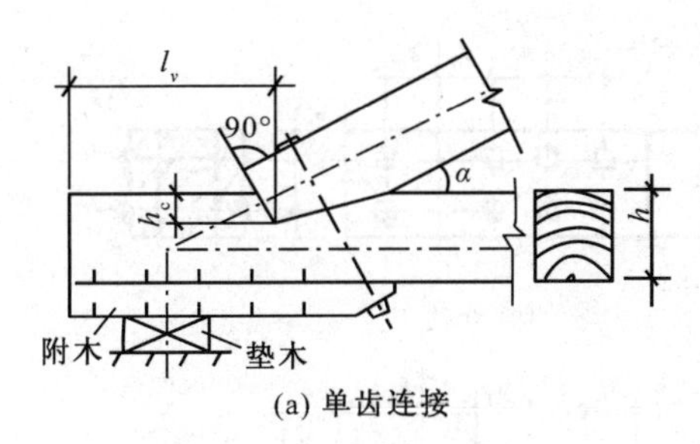

(a) 单齿连接

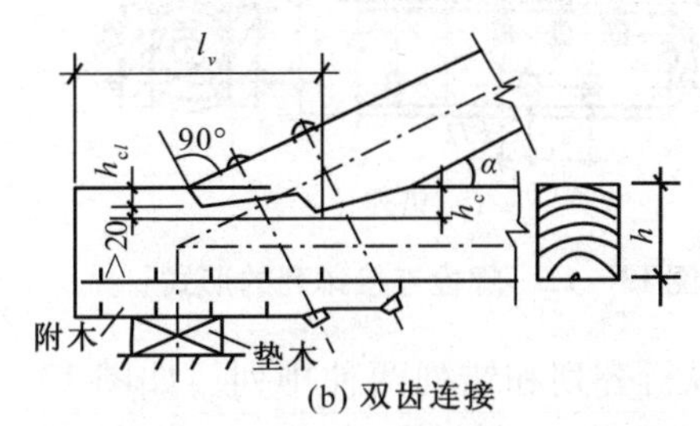

(b) 双齿连接

图 13-10 单齿、双齿连接的受力情况

(2)构造规定

① 端承压面应与所连接的压杆(如上弦)轴线垂直。

② 齿连接应使压杆轴线通过承压面中心。

③ 屋架支座节点的上弦轴线和支座反力的作用线，当采用方木或板材时，宜与下弦净截面的中心线交汇于一点；当采用原木时，可与下弦毛截面的中心线交汇于一点，此时齿处截面可按轴心受拉验算。

④ 连接的齿深对方木不应小于20mm；对于原木不小于30mm。

⑤ 屋架支座节点齿深不应大于 $h/3$；中间节点的齿深不大于 $h/4$。h 为齿深方向构件截面尺寸，对于原木为削平后的截面高度；对于方木或板材为截面高度。

⑥ 双齿连接中的第二齿深 h_c 应比第一齿深 h_{c1} 至少大20mm。第二齿头的下弦齿尖应位于上弦轴线与下弦上表面的交点。单齿和双齿第一齿的剪面计算长度 l_v 不得小于齿深 h_c 的4.5倍。当 $l_v < 4.5h_c$ 时，因 l_v 过短不能满足抗剪要求。$l_v > 10h_c$ 时，由于 l_v 过长，l_v 的再增长不能提高受剪面的抗剪能力。在这范围之间，不同长度 l_v 的受剪面上剪应力分布的不均匀，会导致抗剪强度降低。用降低系数 ψ_v 来调整 l_v 长度对抗剪强度的影响。表13-12列出了 ψ_v 的数值。

⑦ 湿材制作时，还要考虑木材发生端裂的可能性，桁架支座节点齿连接的剪面长度比计算值加50mm。

⑧ 桁架支座节点必须设置保险螺栓，其方向与上弦轴线垂直。下弦下设附木，厚度不小于下弦截面高度 h 的1/3。附木与下弦钉牢，屋架固定在垫木和支架上，垫木宜作防腐处理。

(3)齿连接的承载力计算

计算内容有如下几项：

① 按木材受压计算

表 13-12 抗剪强度降低系数 ψ_v

	单齿连接					双齿连接			
l_v/h_c	4.5	5	6	7	8	6	7	8	10
ψ_v	0.95	0.89	0.77	0.7	0.64	1	0.93	0.85	0.71

$$\sigma_c = \frac{N}{A_c} \leqslant f_{c\alpha} \qquad (13.32)$$

式中：$f_{c\alpha}$——木材斜纹承压强度设计值；

σ_c——承压应力设计值；

N——轴心压力设计值；

A_c——齿的承压面积。

② 按木材受剪计算

$$\tau = \frac{V}{l_v b_v} \leqslant \psi_v f_v \qquad (13.33)$$

式中：τ——剪应力设计值；

V——剪力设计值；

l_v——剪面计算长度，其取值不得大于8倍齿深 h_c；

b_v——受剪面宽度；

ψ_v——考虑沿剪面长度剪应力分布不均匀的强度降低系数；

f_v——木材顺纹抗剪强度设计值。

③ 下弦净面积的受拉验算 下弦受拉按支座节点因齿槽及保险螺栓钻孔后的净截面计算：

$$\sigma_t = \frac{N}{A_n} \leqslant f_t \qquad (13.34)$$

式中：A_n——受拉构件的净截面面积，计算 A_n 时应扣除分布在150mm长度上的缺孔投影面积；

N——轴心受拉构件拉力设计值；

f_t——木材顺纹抗拉强度设计值。

④ 保险螺栓的计算　保险螺栓承受的拉力 N_b 由上弦轴力设计值和上下弦夹角 α 按下式计算：

$$N_b = N\tan(60° - \alpha) \quad (13.35)$$

保险螺栓宜用软钢Q235制作，其抗拉强度设计值取170N/mm²，乘以调整系数1.25，并按螺丝扣处有效截面验算。

双齿连接时，由于木材具有较好的塑性，当承压验算时，可考虑两个承压面共同作用；当受剪验算时，因为第一剪面必需通过第二剪面传递，故只需验算第二受剪面的抗剪能力，其余计算同单齿连接。

13.2.3.3　螺栓连接

(1)螺栓连接形式和构造要求

螺栓连接是通过夹板和螺栓传力而将构件连接起来，螺栓连接有：

① 双剪连接和单剪连接　如图13－11所示。

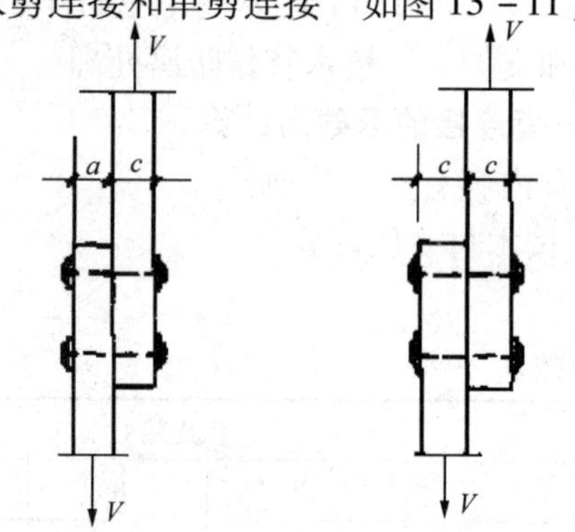

(a)单剪连接

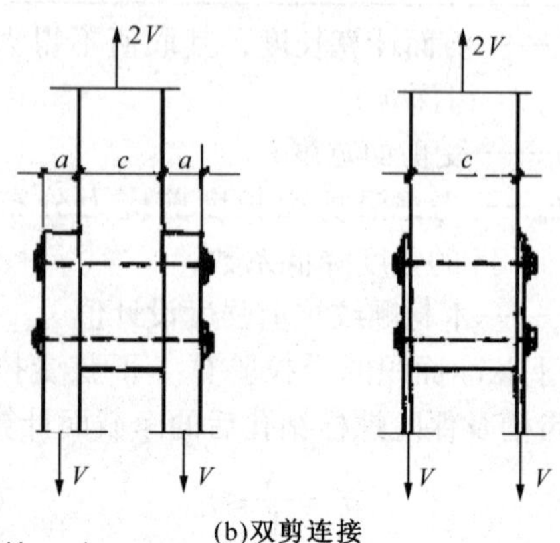

(b)双剪连接

图13－11　螺栓连接形式

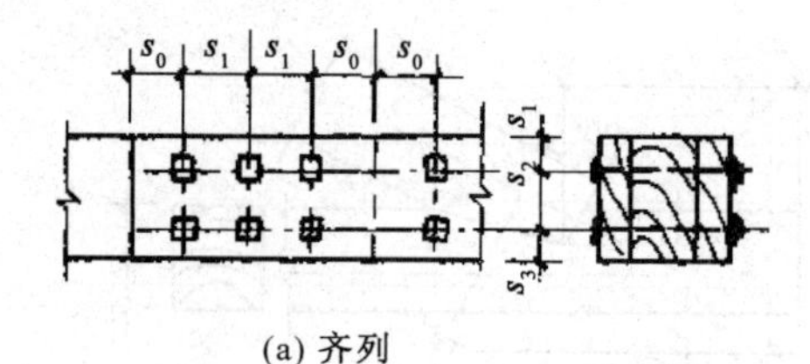

(a) 齐列

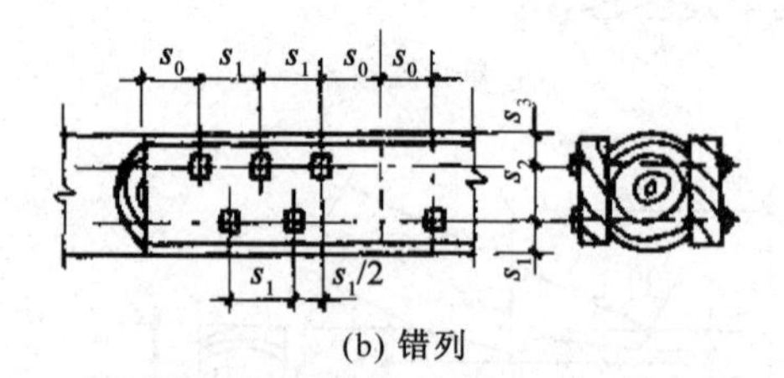

(b) 错列

图13－12　螺栓连接排列的形式

② 两纵行齐列和错列两种排列　如图13－12所示。

在传力过程中螺栓阻止了被连接构件在垂直于螺栓轴线方向的相对移动。构件和夹板的螺栓孔壁受到螺栓杆的挤压。如果螺栓的直径相对较粗，构件或夹板的厚度相对过薄，螺栓对构件的压力将使螺栓之间的木材发生顺纹剪切、劈裂，而导致连接失去承载力，为了避免出现这种破坏，表13－13对木构件和夹板的最小厚度作了具体规定。

表13－13　螺栓连接中木构件的最小厚度

连接形式	螺栓连接	
	$d<18$mm	$d\geq18$mm
双剪连接	$c\geq5d$	$c\geq5d$
	$a\geq2.5d$	$a\geq4d$
单剪连接	$c\geq7d$	$c\geq7d$
	$a\geq2.5d$	$a\geq4d$

注：表中c——中部构件的厚度或单剪连接中较厚构件的厚度；

a——边部构件的厚度或单剪连接中较薄构件的厚度；

d——螺栓或钉的直径。

为了避免木材的劈裂和木材中受剪面和干缩裂缝重合，不允许将螺栓排成单行，并应避开木材的髓心。一般宜采用数量较多、直径较细的螺栓，做成受力较均匀而又分散排列的连接。螺栓排列最小间距见表13－14。

表 13－14 螺栓排列的最小间距

构造特点	顺纹			横纹	
	端距		中距	边距	中距
	S_0	S'_0	S_1	S_3	S_2
两纵行齐列	$7d$		$7d$	$3d$	$3.5\ d$
两纵行错列			$10d$		$2.5\ d$

注：d——螺栓直径。

(2) 螺栓连接的计算

螺栓连接中的螺栓在构件和夹板的挤压下发生剪切和弯曲，如螺栓较细而构件和夹板相对较厚，木材的承压能力超过螺栓的抗弯能力时，由于螺栓的过大弯曲变形而使连接达到极限承载能力。

① 当木构件最小厚度符合表 13－13 的要求时，螺栓连接每一剪面承载力设计值按下式确定：

$$N_v = k_v d^2 \sqrt{f_c} \tag{13.36}$$

式中：N_v——螺栓或钉连接每一剪面的承载力设计值；

d——螺栓或钉的直径；

f_c——木材顺纹抗压强度设计值；

k_v——螺栓或钉连接设计承载力计算系数，按表 13－15 取用。

表 13－15 螺栓连接设计承载力计算系数 k_v

连接形式	螺栓连接			
a/d	2.5～3	4	5	≥6
k_v	5.5	6.1	6.7	7.5

② 当连接木构件厚度 c 不满足表 13－13 的规定时，除按上式计算外，N_v 值尚不应大于 $0.3cd\psi_a^2 f_c$。式中，ψ_a 按表 13－16 确定。

③ 当螺栓的传力方向与构件木纹成 α 角时，N_v 值应乘以表的斜纹承压降低系数 ψ_a。

13.2.4 木屋架设计要求

用原木或方木制作的桁架称为木屋架，当其下弦采用钢材时称为钢木屋架。木屋架以采用静定的结构体系为宜。

表 13－16 斜纹承压的降低系数 ψ_a mm

角度 α(°)	螺栓直径					
	12	14	16	18	20	22
≤10	1	1	1	1	1	1
10＜α＜80	1～0.84	1～0.81	1～0.78	1～0.75	1～0.73	1～0.71
≥80	0.84	0.81	0.78	0.75	0.73	0.71

注：α 在 10°和 80°之间时，按线性插入法确定。

13.2.4.1 屋架的选型

木屋架由于节点采用齿连接，这种节点只能传递压力，所以在任何荷载组合下必须使木腹杆受压而钢腹杆受拉，所以三角形屋架的斜腹杆的方向必须向内和向下倾斜以保证斜腹杆总是受压。因竖杆均为受拉故采用圆钢筋，它还有利于拼装时通过拧紧螺帽消除节点处手工操作的偏差，并用以预起拱。

木屋架的跨度一般不宜超过18m，常用跨度为9～15m。考虑到不使木檩条的挠度过大，木屋架的间距一般控制在3m左右，不超过4m。对于柱距为6m的厂房，应在柱顶设置钢筋混凝土托梁，再将屋架按3m间距布置。屋架的节间长度常为2～3m，多为6节间或8节间，在这范围内能充分利用上弦杆的承载力，又使节间的数量最少。当三角形屋架的高跨比≥1/5，梯形和多边形屋架的高跨比≥1/6时，可不必验算挠度。

钢木屋架常用的跨度为12～24m，三角形屋架的跨度不宜大于18m，梯形的可达24m，屋架节间长度可达4m。钢木屋架的刚度较木屋架的大，其高跨比可适当减小。三角形屋架高跨比≥1/6，梯形及多边形高跨比≥1/7时，可不必验算挠度。

为了消除屋架可见的垂度，在制造时应预先向上起拱，起拱值为1/200。

13.2.4.2 屋架的设计

(1)荷载计算

① 屋架自重的估算　屋架自重标准值 q_z(kN/m)的估算公式为

$$q_z = 0.07 + 0.0007l \qquad (13.37)$$

式中：l——屋架跨度(m)。

② 荷载及其组合

第一，作用在屋架上弦的荷载有恒载、雪载、屋面活荷载及风载。恒载按全跨分布，活载根据各种屋架受力特点分别按可能出现的不利情况进行组合。

第二，作用在屋架下弦的荷载有恒载(吊顶、抹灰及保温材料等)和悬挂荷载。当下弦有荷载时屋架自重上下各半分配，当仅上弦有荷载时屋架自重作用于上弦节点。

第三，屋架一般按恒载和活载全跨组合确定弦杆内力。对三角形屋架尚应按恒载全跨，活载半跨确定中央两根斜杆的内力，以核算下弦杆中央节点的连接。

第四，只有在天窗较高时才考虑风荷载的不利组合。

(2)内力计算及杆件设计

木屋架是一个平面铰接桁架，荷载集中作用于各个节点上，按节点荷载求各杆内力，节间荷载引起的弯矩在选择弦杆截面时再行考虑。当檩条布置在节点时，上弦按轴心受压杆计算；当节间有檩条时，上弦按偏心受压杆计算。

压杆的计算长度，在结构平面内，弦杆与腹杆均取节点中心间的距离。在结构平面外，上弦取锚固檩条间的距离，腹杆取节点中心间的距离。应保证屋架在运输和安装过程中的强度、刚度和稳定性。

屋架的同一节点或接头中有两种或多种不同刚度的连接时，计算上只考虑一种连接传递内力，不应考虑几种连接的共同作用。

13.2.4.3 屋架的构造

① 对构件的截面尺寸除按计算确定外，尚应考虑屋架吊装时平面外的刚度，构件截面尺寸不能太小。对方木屋架、腹杆和弦杆的宽度应一致，以便拼装时使各杆轴线在同一平面内。

② 受拉弦杆的接头应保证传递轴心拉力，下弦接头不宜多于两个，接头应锯平对接，并宜采用螺栓的木夹板连接。当采用螺栓夹板连接时，接头每端的螺栓不宜少于6个，且不应排成单行。当采用木夹板时，应选用优质的气干木材，其厚度不应小于下弦宽度的1/2。当桁架跨度较大时，木夹板的厚度尚不宜小于100mm。当采用钢夹板时，其厚度不应小于6mm。

③ 屋架上弦的受压接头应设在节点附近，并不宜设在支座节间和脊节间内。受压接头应锯平对接，并应用木夹板连接，在接缝每侧至少应用两个螺栓系紧，木夹板厚度宜取上弦宽度的1/2，长度宜取上弦宽度的5倍。

13.2.4.4 屋架的支撑

(1)支撑的作用

——保证整个屋架在施工和使用期间的空间稳定，防止屋架侧倾；

——保证屋架受压上弦的侧向稳定，使上弦不致发生平面外屈曲；

——承担和传递纵向水平力。

(2)支撑的布置

支撑的布置，应根据屋盖形式、跨度、屋面构造、荷载，有无山墙及山墙刚度等情况，综合考虑。

① 上弦横向支撑是在屋架上弦杆与上弦节点牢固连接的檩条之间另加斜杆组成沿上弦展开的平面桁架，它对增强屋盖的空间刚度起着较大的作用。对有山墙房屋常设置在第二开间内，若房屋端部为轻型挡风板，则可设在第一开间。若房屋纵向很长，对于冷摊瓦屋面或跨度大的房屋，则每隔20~30m增设一道横向支撑。

② 垂直支撑是设在跨中垂直于屋架平面的桁架体系，其主要作用是防止屋架倾倒和增加屋架在使用和安装时的稳定性。垂直支撑的设置，在跨度方向可依跨度大小设置一道或两道，沿房屋纵向应间隔设置将屋架两两联系起来，但不得连续设置垂直支撑。在垂直支撑的下端应设通长的纵向水平系杆。

③ 当有密铺屋面板和山墙，且跨度≤9m 的房屋；或房屋为四坡顶，且半屋架与主屋架有可靠连接；或当房屋两端与其他刚度较大的建筑物相连时，只要房屋的长度不超过30m，可不设支撑。

13.2.5 防腐、防虫和防火

腐朽、虫蛀是木材最严重的缺点，是造成木结构破坏的重要原因之一。

(1)木材的腐朽是由于木腐菌侵害所引起的，木腐菌必须在水分、温度和空气3个条件均具备的情况才能将木材分解作为养料而繁殖生长。如果能消除其中的一个条件，木材就能避免遭腐朽。由于空气和温度是难以控制的，因此，构造上防腐措施的根本原则是使木结构通风良好，使结构即使受潮也能及时风干，保证木结构在使用期间的含水率始终控制在18%以下。对于露天结构及一些容易受潮部位，除了构造上采取措施以外，还必须用防腐剂处理。

(2)危害木材的虫类主要有甲壳虫和白蚁两类。甲壳虫主要侵害含水率低的木材，而白蚁喜蛀蚀潮湿的木构件。防治的方法，除从构造上采用防潮措施及良好通风条件外，还可采用化学药剂处理方法。

(3)木材是一种易燃性材料，在燃烧过程中构件外层的碳化，以及木炭内侧一层因温度升高而强度降低，以致构件丧失承载力。常用防火措施有下列几种：

① 在构造上采取的主要措施是：木构件表面平整、刨光，与火源隔开一段距离，尽量少用易燃的保暖材料。

② 在建筑设计时应按《建筑设计防火规范》(GB50016)的规定控制木结构的使用范围、层数、长度、面积、防火间距以及设置防火墙等。

③ 木屋盖的吊顶应尽量采用板条或铁丝网抹灰，以保护木屋盖。

思考题

1. 钢结构如何选用材料？
2. 钢结构轴心受压柱的计算思路是什么？
3. 钢屋架设计要点有哪些？
4. 钢构件的连接有哪几种方式？其适用条件及特点是什么？
5. 木材的缺陷主要有哪几种？这些缺陷对木材受拉、受压、受弯、承压和受剪各有何影响？
6. 对木构件的含水率有哪些规定？
7. 荷载作用时间长短对木材强度有何影响？
8. 偏心受压木构件的承载能力决定于哪两种情况？
9. 设计受弯木构件时，应进行哪些计算？
10. 木连接应符合哪些基本要求？为什么？
11. 单齿连接中对槽深 h_c 和剪切面长度 l_v 各有何规定？为什么要有这些规定？
12. 单齿连接有哪些构造要求？若不满足这些要求，将产生什么问题？
13. 单齿连接中承压面积(原木和方木)各怎样计算？剪切面积怎样计算？下弦杆净截面受拉验算时，净截面面积怎样计算？
14. 双齿连接中剪切的承载能力是否有提高？为什么？
15. 螺栓连接中螺栓的承载能力是在什么假定下确定的？为什么螺栓连接中螺栓不允许单列布置？
16. 从受力性能方面分析，哪种屋架形式最为合理？在实际工程应用上，为什么三角形屋架用得最多？
17. 确定屋架间距时应考虑哪些因素？其中主要因素是什么？
18. 屋架腹杆应怎样布置能使受力更为合理？
19. 屋架各杆件计算长度是怎样确定的？
20. 屋架为什么要起拱，不起拱将会产生什么问题？
21. 哪些因素会影响木屋盖的空间刚度？设计时应如何考虑？
22. 上弦横向支撑起什么作用，应如何布置？
23. 垂直支撑起什么作用？应如何布置？
24. 在什么条件下木材易腐朽、虫蛀？木构件在构造上应采取怎样的防腐措施？
25. 在什么情况下不能采用木结构？一般采取什么防火措施？

推荐阅读书目

钢结构设计规范(GB 50017—2003). 中国建筑工业出版社，2003.

木结构设计规范(GB 50005—2003). 中国建筑工业出版社，2005.

第14章 建筑抗震

[**本章提要**] 我国处于地震多发带上，因此建筑物需要根据地域的不同选择相应的抗震设防标准做抗震设计，虽然景观建筑的重要性较低，所能造成的损失与伤亡相对较小，但也应满足抗震设计的基本要求，尤其是抗震构造措施的保证。本章简单介绍了地震的基本知识，并介绍了国家规范中涉及风景建筑常用的结构形式中需要注意的抗震设计基本要求与抗震构造措施。

14.1 有关地震的基本知识

14.1.1 地震的类型与成因

地震按其成因主要分为构造地震、火山地震、陷落地震和诱发地震4种类型。

构造地震是由于地壳运动，推挤地壳岩层，使其薄弱部位发生断裂错动而引起的地震。火山地震是指由于火山爆发，岩浆猛烈冲出地面而引起的地震。陷落地震是由于地表或地下岩层，如石灰岩地区较大的地下溶洞或古旧矿坑等突然发生大规模的陷落和崩塌时所引起的小范围内的地面震动。诱发地震是由于水库蓄水或深井注水等引起的地面震动。

在上述4种类型地震中，构造地震分布最广，危害最大，发生次数最多(占发生地震的90%左右)。其他三类地震发生的几率很少，且危害影响面也较小。因此，在地震工程学中主要的研究对象是构造地震。在建筑抗震设防中所指的地震就是构造地震，通常简称为地震。

14.1.2 地震常用术语

地震常用术语可用图14－1说明。我们将导致地震的起源区域叫作震源。震源正上方的地面位置或震源在地表的投影叫作震中。震中附近地面运动最剧烈，也是破坏最严重的地区，叫作震中区或极震区。地面上被地震波及的某一地区称为场地。由场地到震中的水平距离叫作震中距，由场地到震源的距离叫作震源距。震源到震中的垂直距离称为震源深度。

根据震源深度(以 d 表示)，构造地震可分为浅源地震($d<60$km)、中源地震($d=60\sim300$km)和深源地震($d>300$km)。浅源地震距地面近，在

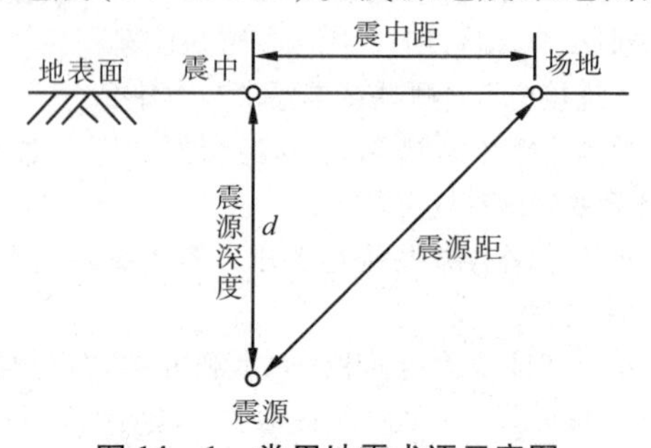

图14－1 常用地震术语示意图

震中区附近造成的危害最大，但相对而言，所波及的范围较小。深源地震波及的范围较大，但由于地震释放的能量在长距离传播中大部分被耗散掉，所以对地面上建筑物的破坏程度相对较轻。世界上绝大部分地震是浅源地震，震源深度集中在5～20km，一年中全世界所有地震释放能量的约85%来自浅源地震。

14.1.3 地震波、震级和烈度

14.1.3.1 地震波

当震源岩层发生错动、断裂时，岩层所积累的变形能突然释放，它以波的形式从震源向四周传播，这种波就称为地震波。

地震波按其在地壳传播的位置不同，分为体波和面波。

体波即为在地球内部传播的波，体波又分为纵波和横波。纵波是由震源向四周传播的压缩波。介质的质点的振动方向与波的传播方向一致。这种波周期短，振幅小，波速快。横波是由震源向四周传播的剪切波。介质的质点的振动方向与波的传播方向垂直。这种波周期长，振幅大，波速慢。

面波是指在地球表面传播的波。它是体波经地层界面多次反射、折射形成的次生波。

14.1.3.2 震级和烈度

通常用震级与烈度两个指标来衡量地震的强度。震级用来描述地震震源释放出的能量的大小；烈度用来描述地震中指定场地的地面振动的强烈程度以及建筑物的破坏程度。

(1)震级

地震震级是地震大小的量度。它与震源所释放出的能量多少无关。目前，国际上常用的是里氏震级，震级定义为：震级等于标准地震仪记录到的地面最大水平位移(以微米为单位)的常用对数。

(2)烈度

地震烈度是度量某一地区地面和建筑物遭受一次地震影响的强弱程度。由于地面振动的强烈程度与震级大小、震级深度、震中距大小有关，与该地区地层的土质有关，还与该地区的地形地貌有关。因此，每次地震不同地区的地震烈度是不一样的。表14－1为《中国地震烈度表》。

基本烈度是在一定时期内，某地区可能遭遇到的超越某一概率的最大地震烈度。

抗震设防烈度是指国家规定的权限批准作为一个地区抗震设防依据的地震烈度。我国现行建筑抗震设计规范规定，一般情况下，抗震设防烈度可采用中国地震动参数区划图的地震基本烈度，或与抗震规范中设计基本地震加速度对应的烈度值。对已编制抗震设防区划的城市，可按批准的抗震设防烈度或设计地震动参数进行抗震设防。

表14－1 《中国地震烈度表》

烈度	人的感觉	一般房屋		其他现象	参考物理指标	
		大多数房屋震害程度	平均震害指数		加速度(水平向)(cm/s^2)	速度(水平向)(cm/s)
Ⅰ	无感					
Ⅱ	室内个别静止中的人感觉					
Ⅲ	室内多数静止中的人感觉	门、窗轻微作响		悬挂物微动		
Ⅳ	室内多数人感觉，室外少数人感觉，少数人梦中惊醒	门、窗作响		悬挂物明显摆动，器皿作响		
Ⅴ	室内普通感觉，室外多数人感觉，多数人梦中惊醒	门窗、屋顶、屋架颤动作响、灰土掉落、抹灰出现微细裂缝		不稳定器物翻倒	31(22～44)	3(2～4)

(续)

烈度	人的感觉	一般房屋		其他现象	参考物理指标	
		大多数房屋震害程度	平均震害指数		加速度(水平向)(cm/s^2)	速度(水平向)(cm/s)
Ⅵ	惊慌失措，仓皇逃出	损坏——个别砖瓦掉落、墙体微细裂缝	0~0.1	河岸和松软土上出现裂缝；饱和砂层出现喷砂冒水；地面上有的砖烟囱轻度裂缝、掉头	63(45~89)	6(5~9)
Ⅶ	大多数人仓皇逃出	轻度破坏——局部破坏、开裂，但不妨碍使用	0.11~0.30	河岸出现塌方；饱和砂层常见喷砂冒水；松软土上地裂缝较多；大多数砖烟囱中等破坏	125(90~177)	13(10~18)
Ⅷ	摇晃颠簸行走困难	中等破坏——结构受损，需要修理	0.31~0.50	干硬土上亦有裂缝；大多数砖烟囱严重破坏	250(178~353)	25(19~35)
Ⅸ	坐立不稳，行动的人可能摔跤	严重破坏——墙体龟裂，局部倒塌，修复困难	0.51~0.70	干硬土上有许多地方出现裂缝；基岩上可能出现裂缝；滑坡、塌方常见；砖烟囱出现倒塌	500(354~707)	50(36~71)
Ⅹ	骑自行车的人会摔倒；处不稳状态的人会摔出几尺远；有抛起感	倒塌——大部倒塌，不堪修复	0.71~0.90	山崩和地震断裂出现；基岩上的拱桥破坏；大多数砖烟囱从根部破坏或倒毁	1000(708~1414)	100(72~141)
Ⅺ		毁灭	0.91~1.00	地震断裂延续很长；山崩常见；基岩上拱桥毁坏		
Ⅻ				地面剧烈变化，山河改观		

14.1.4 地震的破坏作用

14.1.4.1 地表的破坏现象

(1) 地裂缝

在强烈地震作用下，常常在地面产生裂缝。根据产生的机理不同，地裂缝分为重力地裂缝和构造地裂缝两种。重力地裂缝是由于在强烈地震作用下，地面作剧烈震动而引起的惯性力超过了土的抗剪强度所致。这种裂缝长度可由几米到几十米，其断续总长度可达几千米，但一般都不深，多为1~2m。图14-2为地震中的重力地裂缝情形。构造地裂缝是地壳深部断层错动延伸至地面的裂缝。美国旧金山大地震圣安德烈斯断层的巨大水平位移，就是现代可见断层形成的构造地裂缝。

图14-2 地裂缝

(2) 喷砂冒水

在地下水位较高、砂层埋深较浅的平原地区地震时，地震波的强烈振动使地下水压力急剧增高，地下水经地裂缝或土质松软的地方冒出地面，当地表土层为砂层或粉土层时，则夹带着砂土或粉土一起喷出地表，形成喷砂冒水现象(图14－3)。喷砂冒水现象一般要持续很长时间，严重的地方可造成房屋不均匀下沉或上部结构开裂。

(3)地面下沉(震陷)

在强烈地震作用下，地面往往发生震陷，使建筑物破坏。图14－4为1976年唐山地震因地陷引起铁路破坏的情况。

(4)河岸、陡坡滑坡

在强烈地震作用下，常引起河岸、陡坡滑坡。有时规模很大，造成公路堵塞，岸边建筑物破坏。图14－5为1974年云南昭通地震中大关县山体滑坡堵塞阴河，形成堰塞湖。

14.1.4.2 建筑物的破坏

在强烈地震作用下，各类建筑物发生严重破坏，按其破坏的形态及直接原因，可分以下几类：

(1)结构丧失整体性

房屋建筑或其他构筑物，都是由许多构件组成的，在强烈地层作用下，构件连接不牢，支撑长度不够和支撑失效等都会使结构丧失整体性而破坏。图14－6所示为1976年唐山地震中唐山地委办公大楼，震后主楼倒塌二层，配楼坍塌。

(2)承重结构强度不足引起破坏

任何承重构件都有各自的特定功能，以适用于承受一定的外力作用。对于设计时没有考虑抗震设防或抗震设防不足的结构，在强烈地震作用下，不仅构件内力增大很多，而且其受力性质往往也将改变，致使构件强度不足而被破坏。图14－7为1999年土耳其伊兹米特地震中的“豆腐渣工程”。

(3)地基失效

当建筑物地基内含饱和砂层、粉土层时，在强烈地面运动影响下，土中孔隙水压力急剧增高，

图14－3 喷砂冒水

图14－4 1976年唐山地震

图14－5 1974年云南昭通地震

图14－6 1976年唐山地震

图14－7　1999年土耳其伊兹米特地震

图14－8　1964年日本新潟地震

致使地基土发生液化。地基承载力下降，甚至完全丧失从而导致上部结构破坏。图14－8为1964年日本新潟地震中的地基砂土液化，使楼体倾斜现象。

14.1.4.3　次生灾害

地震除直接造成建筑物的破坏外，还可能引起火灾、水灾、污染等严重的次生灾害，有时比地震直接造成的损失还大。在城市，尤其是在大城市这个问题越来越引起人们的关注。

例如，1923年日本关东大地震，据统计，倾倒房屋13万栋。由于地震时正值中午做饭时间，故许多地方同时起火，自来水管普遍遭到破坏，而道路又被堵塞，致使大火蔓延烧毁房屋达45万幢之多。1906年美国旧金山大地震在震后的3d火灾中，共烧毁521个街区的28 000处建筑物。使已被震坏但仍未倒塌的房屋，又被大火夷为一片

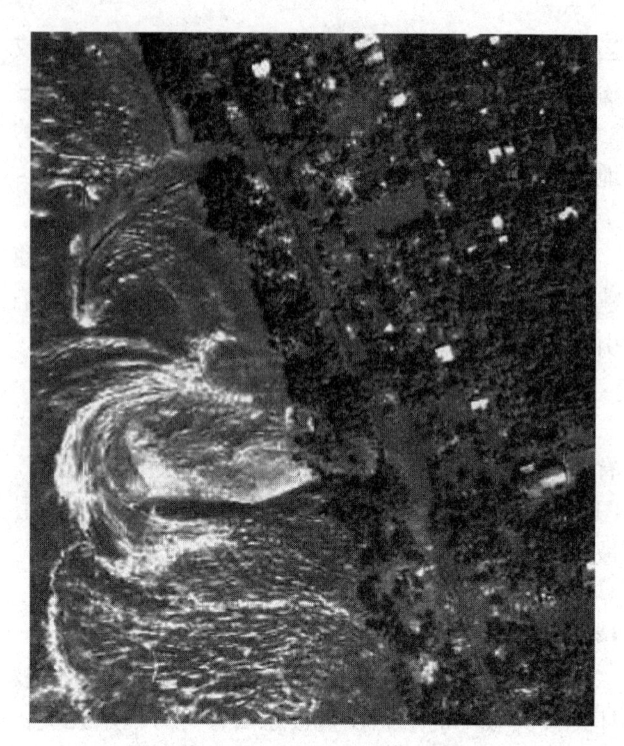

图14－9　2004年印度洋海啸

废墟。1960年发生在海底的智利大地震引起海啸灾害，除吞噬了智利中、南部沿海房屋外，海浪还从智利沿大海以每小时640km的速度横扫太平洋，22h之后，高达4m的海浪又袭击了距智利17 000km远的日本。在本州和北海道，使海港和码头建筑遭到严重的破坏，甚至连巨船也被抛上陆地。2004年印度尼西亚苏门答腊岛附近海域发生的8.9级强烈地震及其引发的海啸波及印度尼西亚、斯里兰卡、泰国、印度、马来西亚、孟加拉国、缅甸、马尔代夫等国，遇难者总数超过16万。图14－9为2004年印度洋海啸卫星照片。

14.2　建筑结构的抗震设防

14.2.1　建筑抗震设防分类

根据《建筑工程抗震设防分类标准》(GB 50223—2008)将建筑抗震设防类别分为以下4类。

① 特殊设防类　指使用上有特殊设施，涉及国家公共安全的重大建筑工程和地震时可能发生严重次生灾害等特别重大灾害后果，需要进行特殊设防的建筑。简称甲类。

② 重点设防类　指地震时使用功能不能中断或需尽快恢复的生命线相关建筑，以及地震时可能导致大量人员伤亡等重大灾害后果，需要提高设防标准的建筑。简称乙类。

③ 标准设防类　指大量的除①、②、④款以外按标准要求进行设防的建筑。简称丙类。

④ 适度设防类　指使用上人员稀少且震损不致产生次生灾害，允许在一定条件下适度降低要求的建筑。简称丁类。

14.2.2 建筑抗震设防标准

建筑抗震设防标准是衡量建筑抗震设防要求的尺度。各抗震设防类别建筑的设防标准，应符合下列要求：

① 特殊设防类　应按高于本地区抗震设防烈度提高一度的要求加强其抗震措施；但抗震设防烈度为9度时应按比9度更高的要求采取抗震措施。同时，应按批准的地震安全性评价的结果且高于本地区抗震设防烈度的要求确定其地震作用。

② 重点设防类　应按高于本地区抗震设防烈度一度的要求加强其抗震措施；但抗震设防烈度为9度时应按比9度更高的要求采取抗震措施；地基基础的抗震措施，应符合有关规定。同时，应按本地区抗震设防烈度确定其地震作用。

③ 标准设防类　应按本地区抗震设防烈度确定其抗震措施和地震作用，达到在遭遇高于当地抗震设防烈度的预估罕遇地震影响时不致倒塌或发生危及生命安全的严重破坏的抗震设防目标。

④ 适度设防类　允许比本地区抗震设防烈度的要求适当降低其抗震措施，但抗震设防烈度为6度时不应降低。一般情况下，仍应按本地区抗震设防烈度确定其地震作用。

14.3 风景建筑抗震设计的基本要求

在强烈地震作用下，建筑物的破坏机理和过程是十分复杂的。目前对它还没有充分认识。因此，要进行精确的抗震计算是困难的。这些年来，人们在总结大地震灾害经验中提出了“建筑抗震概念设计”。概念设计是指根据地震灾害和工程经验等所形成的基本设计原则和设计思想，进行建筑和结构总体布局并确定细部构造的过程。根据概念设计原则在进行抗震设计应遵守下列一些要求。

14.3.1 场地和地基的要求

选择建筑场地时，应根据工程需要和地震活动情况、工程地质和地震地质的有关资料，对抗震有利、一般、不利和危险地段做出综合评价。对不利地段，应提出避开要求；当无法避开时应采取有效的措施。对危险地段，严禁建造甲、乙类的建筑，不应建造丙类的建筑。

对建筑抗震有利地段，一般是指稳定基岩，坚硬土或开阔、平坦、密实、均匀的中硬土等地段；不利地段，一般是指软弱土，液化土，条状突出的山嘴，高耸孤立的山丘，非岩质的陡坡，河岸和边坡的边缘、平面分布上成因、岩性、状态明显不均匀的土层(如古河道、疏松的断层破碎带、暗埋的塘滨沟谷及半填半挖地基)等地段；危险地段，一般是指地震时可能发生滑坡、崩塌、地陷、地裂、泥石流等及发震断裂带上可能发生地表位错的部位等地段。

同一结构单元的基础不宜设置在性质截然不同的地基土上，同一结构单元不宜部分采用天然地基，部分采用桩基。当地基有软弱黏性土、液化土、新近填土或严重不均匀土层时，应根据地震时地基不均匀沉降或其他不利影响，并采取相应措施。

山区建筑的场地和地基基础应符合下列要求：山区建筑场地勘察应有边坡稳定性评价和防治方案建议；应根据地质、地形条件和使用要求，因地制宜设置符合抗震设防要求的边坡工程。边坡设计应符合现行国家标准《建筑边坡工程技术规范》GB50330的要求；其稳定性验算时，有关的摩擦角应按设防烈度的高低相应修正。边坡附近的建筑基础应进行抗震稳定性设计。建筑基础与土质、强风化岩质边坡的边缘应留有足够的距离，其值应根据设防烈度的高低确定，并采取措施避免地震时地基基础破坏。

14.3.2 选择对抗震有利的建筑平面、立面和竖向剖面

为了避免地震时建筑发生扭转和应力集中，或塑性变形集中而形成薄弱部位，建筑平、立面和竖向剖面应符合下列要求。

(1)建筑设计应根据抗震概念设计的要求明确建筑形体的规则性。不规则的建筑应按规定采取加强措施；特别不规则的建筑应进行专门研究和论证，采取特别的加强措施；严重不规则的建筑不应采用。

(2)建筑设计应重视其平面、立面和竖向剖面的规则性对抗震性能及经济合理性的影响，宜择优选用规则的形体，其抗侧力构件的平面布置宜规则对称、侧向刚度沿竖向宜均匀变化、竖向抗侧力构件的截面尺寸和材料强度宜自下而上逐渐减小、避免侧向刚度和承载力突变。

(3)体型复杂、平立面不规则的建筑，应根据不规则程度、地基基础条件和技术经济等因素的比较分析，确定是否设置防震缝，并分别符合下列要求：

① 当不设置防震缝时，应采用符合实际的计算模型，分析判明其应力集中、变形集中或地震扭转效应等导致的易损部位，采取相应的加强措施。

② 当在适当部位设置防震缝时，宜形成多个较规则的抗侧力结构单元。防震缝应根据抗震设防烈度、结构材料种类、结构类型、结构单元的高度和高差以及可能的地震扭转效应的情况，留有足够的宽度，其两侧的上部结构应完全分开。

③ 当设置伸缩缝和沉降缝时，其宽度应符合防震缝的要求。

14.3.3 选择技术和经济合理的抗震结构体系

抗震结构体系，应根据建筑的设防类别、抗震设防烈度、建筑高度、场地条件、地基、结构材料和施工等因素，经过技术、经济和使用条件比较综合确定。

(1)在选择建筑结构体系时，应符合以下要求：

① 应具有明确的计算简图和合理的地震作用传递途径。

② 应避免因部分结构或构件破坏而导致整个体系丧失抗震能力或对重力的承载能力。

③ 应具备必要的抗震承载力，良好的变形能力和消耗地震能量的能力。

④ 对可能出现的薄弱部位，应采取措施提高抗震能力。

(2)结构体系尚宜符合下列各项要求：

① 宜有多道抗震防线。

② 宜具有合理的刚度和承载力分布，避免因局部削弱或突变形成薄弱部位，产生过大的应力集中或塑性变形集中。

③ 结构在两个主轴方向的动力特性宜相近。

(3)在选择抗震结构的构件时，应符合下面的要求：

① 砌体结构构件，应按规定设置钢筋混凝土圈梁和构造柱、芯拄，或采用约束砌体、配筋砌体，以改善结构的抗震能力。

② 混凝土结构构件，应控制截面尺寸和受力钢筋箍筋的设置，防止剪切破坏先于弯曲破坏、混凝土的压溃先于钢筋屈服、钢筋锚固黏结破坏先于钢筋破坏。

③ 预应力混凝土的抗侧力构件，应配有足够的非预应力钢筋。

④ 钢结构构件应合理控制尺寸，防止局部或整个构件失稳。

⑤ 多、高层的混凝土楼、屋盖宜优先采用现浇混凝土板。当采用预制装配式混凝土楼、屋盖时，应从楼盖体系和构造上采取措施确保各预制板之间连接的整体性。

(4)在设计结构各构件之间的连接时，应符合下列要求：

① 构件节点的破坏，不应先于其连接的构件。

② 预埋件的锚固破坏，不应先于连接件。

③ 装配式结构构件的连接，应能保证结构的整体性。

④ 预应力混凝土构件的预应力钢筋，宜在节点核心区以外锚固。

14.3.4 非结构构件的要求

在抗震设计中，处理好非结构构件与主体结构之间的关系，可防止附加震害，减少损失。非结构构件，包括建筑非结构构件和建筑附属机电设备，自身及其与结构主体的连接，应进行抗震设计。附着于楼、屋面结构上的非结构构件，以及楼梯间的非承重墙体，应与主体结构有可靠的连接或锚固，避免倒塌伤人或损坏重要设备。框架结构的围护墙和隔墙应估计其对结构抗震的不利影响，应避免不合理的设置而导致主体结构的破坏。当需要装饰时，幕墙、装饰贴面与主体结构应有可靠的连接措施，避免地震时脱落伤人。安装在建筑上的附属机械、电气设备系统的支座和连接，应符合地震时使用功能的要求，且不应导致相关部件的损坏。

14.3.5 材料的选择和施工质量

抗震结构在材料选用、施工质量，特别是材料的使用上有其特殊的要求。这是抗震施工中一个十分重要的问题。因此，在抗震设计和施工中应当引起足够的重视。

抗震结构对材料和施工质量的特别要求，应在设计文件上注明。

结构材料性能指标应符合下列最低要求：

(1)砌体结构材料

① 普通砖或多孔砖的强度等级不宜低于MU10，砌筑砂浆强度等级不应低于M5。

② 混凝土小型空心砌块的强度等级不应低于MU7.5，砌筑砂浆强度等级不应低于Mb7.5。

(2)混凝土结构材料

① 混凝土强度等级，框支梁、框支柱及抗震等级为一级的框架梁、柱和节点不宜低于C30，构造柱、芯柱、圈梁及其他各类构件不宜低于C20。

② 抗震等级为一、二、三级的框架和斜撑构件(含梯段)，其纵向受力钢筋采用普通钢筋时，钢筋的抗拉强度实测值与屈服强度实测值的比值不应小于1.25；钢筋的屈服强度实测值与屈服强度标准值的比值不应大于1.3。且钢筋在最大拉力下的总伸长率实测值不应小于9%。

(3)钢结构的材料

① 钢材的屈服强度实测值与抗拉强度实测值的比值不应大于0.85。

② 钢材应有明显的屈服台阶，且伸长率不应小于20%。

③ 钢材应有良好的焊接性和合格的冲击韧性。

14.4 常见风景建筑形式的抗震构造措施

14.4.1 多层砌体房屋和底部框架砌体房屋

(1)多层房屋的层数和高度

应符合下列要求：

① 一般情况下，房屋的层数和总高度不应超过表14-2的规定。

② 对医院、教学楼等及横墙较少的多层砌体房屋，总高度应比表14-2的规定降低3m，层数相应减少一层；各层横墙很少* 的多层砌体房屋，还应根据具体情况再适当降低总高度和减少层数。

③ 横墙较少的多层砖砌体住宅楼，当按规定采取加强措施并满足抗震承载力要求时，其高度和层数应允许仍按表14-2的规定采用。

(2)普通砖、多孔砖和小砌块砌体

其承重房屋的层高不应超过3.6m；底部框架—抗震墙房屋的底部和内框架房屋的层高，不应超过4.5m。

(3)多层砌体房屋

总高度与总宽度的最大比值，宜符合表14-3的要求。

---

* 横墙较少指同一楼层内开间大于4.2m的房间占该层总面积的40%以上。

表 14－2　房屋的层数和总高度限值

m

房屋类别		最小墙厚度（mm）	烈度											
			6		7				8				9	
			0.05g		0.10g		0.15g		0.20g		0.30g		0.40g	
			高度	层数	高度	层数	高度	层数	高度	层数	高度	层数	高度	层数
多层砌体房屋	普通砖	240	21	7	21	7	21	7	18	6	15	5	12	4
	多孔砖	240	21	7	21	7	18	6	18	6	15	5	19	3
	多孔砖	190	21	7	18	6	15	5	15	5	12	4	—	—
	小砌体	190	21	7	21	7	18	6	18	6	15	5	9	3
底部框架—抗震墙砌体房屋	普通砖 多孔砖	240	22	7	22	7	19	6	16	5	—	—	—	—
	多孔砖	190	22	7	19	6	16	5	13	4	—	—	—	—
	小砌体	190	22	7	22	7	19	6	16	5	—	—	—	—

注：① 房屋的总离度指室外地面到主要屋面板顶或檐口的高度，半地下室从地下室室内地面算起，全地下室和嵌固条件好的半地下室应允许从室外地面算起；对带阁楼的坡屋面应算到山尖墙的1/2高度处。

② 室内外高差大于0.6m时，房屋总高度应允许比表中的数据适当增加，但增加值应少于1.0m。

③ 乙类的多层砌体房屋仍按本地区设防烈度查表，其层数应减少一层且总高度应降3m；不应采用底部框架—抗震墙砌体房屋。

④ 本表小砌块砌体房屋不包括配筋混凝土小型空心砌块砌体房屋。

表 14－3　房屋最大高宽比

m

烈　度	6	7	8	9
最大高宽比	2.5	2.5	2.0	1.5

注：① 单面走廊房屋的总宽度不包括走廊宽度。

② 建筑平面接近正方形时，其高宽比宜适当减小。

（4）房屋抗震横墙的间距

不应超过表 14－4 的要求。

表 14－4　房屋抗震墙最大间距

mm

房屋类别		烈度			
		6	7	8	9
多层砌体房屋	现浇或装配整体式钢筋混凝土楼、屋盖	15	15	11	7
	装配式钢筋混凝土楼、屋盖	11	11	9	4
	木楼、屋盖	9	9	4	—
底部框架—抗震墙房屋	上部各层	同多层砌体房屋			—
	底层或底部两层	18	15	11	—

注：① 多层砌体房屋的顶层，除木屋盖外的最大横墙间距应允许适当放宽，但应采取相应加强措施。

② 多孔砖抗震横墙犀度为190mm时，最大横墙间距应比表中数值减少3m。

（5）房屋中砌体墙段的局部尺寸限值

宜符合表 14－5 的要求。

表 14－5 房屋的局部尺寸限值 m

部 位	6度	7度	8度	9度
承重窗间墙最小宽度	1.0	1.0	1.2	1.5
承重外墙尽端至门窗洞边的最小距离	1.0	1.0	1.2	1.5
非承重外墙尽端至门窗洞边的最小距离	1.0	1.0	1.0	1.0
内墙阳角至门窗洞边的最小距离	1.0	1.0	1.5	2.0
无锚固女儿墙（非出入口处）的最大高度	0.5	0.5	0.5	0.0

注：①局部尺寸不足时，应采取局部加强措施弥补，且最小宽度不宜小于1/4层高和表列数据的80%。
②出入口处的女儿墙应有锚固。

（6）多层砌体房屋的建筑布置和结构体系

应符合下列要求：

① 应优先采用横墙承重或纵横墙共同承重的结构体系。不应采用砌体墙和混凝土墙混合承重的结构体系。

② 纵横向砌体抗震墙的布置应符合下列要求：

——宜均匀对称，沿平面内宜对齐，沿竖向应上下连续；且纵横向墙体的数量不宜相差过大；

——平面轮廓凹凸尺寸，不应超过典型尺寸的50%；当超过典型尺寸的25%时，房屋转角处应采取加强措施；

——楼板局部大洞口的尺寸不宜超过楼板宽度的30%，且不应在墙体两侧同时开洞；

——房屋错层的楼板高差超过500mm时，应按两层计算；错层部位的墙体应采取加强措施；

——同一轴线上的窗间墙宽度宜均匀；墙面洞口的面积，6、7度时不宜大于墙面总面积的55%，8、9度时不宜大于50%；

——在房屋宽度方向的中部应设置内纵墙，其累计长度不宜小于房屋总长度的60%（高宽比大于4的墙段不计入）。

③ 房屋有下列情况之一时宜设置防震缝，缝两侧均应设置墙体，缝宽应根据烈度和房屋高度确定，可采用70～100mm；

——房屋立面高差在6m以上；

——房屋有错层，且楼板高差大于层高的1/4；

——各部分结构刚度、质量截然不同。

④ 楼梯间不宜设置在房屋的尽端或转角处。

⑤ 不应在房屋转角处设置转角窗。

⑥ 横墙较少、跨度较大的房屋，宜采用现浇钢筋混凝土楼、屋盖。

（7）底部框架—抗震墙砌体房屋的结构布置

应符合下列要求：

① 上部的砌体墙体与底部的框架梁或抗震墙，除楼梯间附近的个别墙段外均应对齐。

② 房屋的底部，应沿纵横两方向设置一定数量的抗震墙，并应均匀对称布置。6度且总层数不超过四层的底层框架—抗震墙砌体房屋，应允许采用嵌砌于框架之间的约束普通砖砌体或小砌块砌体的砌体抗震墙，但应计入砌体墙对框架的附加轴力和附加剪力并进行底层的抗震验算，且同一方向不应同时采用钢筋混凝土抗震墙和约束砌体抗震墙；其余情况，8度时应采用钢筋混凝土抗震墙，6、7度时应采用钢筋混凝土抗震墙或配筋小砌块砌体抗震墙。

③ 底层框架—抗震墙砌体房屋的纵横两个方向，第二层计入构造柱影响的侧向刚度与底层侧向刚度的比值，6、7度时不应大于2.5，8度时不应大于2.0，且均不应小于1.0。

④ 底部两层框架—抗震墙砌体房屋纵横两个方向，底层与底部第二层侧向刚度应接近，第三层计入构造柱影响的侧向刚度与底部第二层侧向刚度的比值，6、7度时不应大于2.0，8度时不应大于1.5，且均不应小于1.0。

⑤ 底部框架—抗震墙砌体房屋的抗震墙应设置条形基础、筏形基础等整体性好的基础。

14.4.2 多层砖砌体房屋抗震构造措施

（1）多层砖砌体房屋应按下列要求设置现浇钢

筋混凝土构造柱(以下简称构造柱)：

① 构造柱设置部位，一般情况下应符合表14－6的要求。

② 外廊式和单面走廊式的多层房屋，应根据房屋增加一层后的层数，按表14－6的要求设置构造柱，且单面走廊两侧的纵墙均应按外墙处理。

③ 横墙较少的房屋，应根据房屋增加一层后的层数，按表14－6的要求设置构造柱，当横墙较少的房屋为外廊式或单面走廊式时，应按②款要求设置构造柱，但6度不超过四层、7度不超过三层和8度不超过二层时，应按增加二层后的层数对待。

④ 各层横墙很少的房屋，应按增加二层的层数设置构造柱。

⑤ 采用蒸压灰砂砖和蒸压粉煤灰砖的砌体房屋，当砌体的抗剪强度仅达到普通黏土砖砌体的70%时，应根据增加一层的层数按①～④款要求设置构造柱；但6度不超过四层、7度不超过三层和8度不超过二层时，应按增加二层的层数对待。

表14－6　砖房构造柱设置要求

<table>
<tr><th colspan="4">房屋层数</th><th colspan="2" rowspan="2">设置部位</th></tr>
<tr><th>6度</th><th>7度</th><th>8度</th><th>9度</th></tr>
<tr><td>四
五</td><td>三
四</td><td>二
三</td><td></td><td rowspan="3">楼、电梯间四角，楼梯斜梯段上下端对应的墙体处；
外墙四角和对应转角；
错层部位律墙与外纵墙交接处；
大房间内外墙交接处；
较大洞口两侧</td><td>隔12m或单元横墙与外纵墙交接处；
楼梯间对应的另一侧内横墙与外纵墙交接处</td></tr>
<tr><td>六</td><td>五</td><td>四</td><td>二</td><td>隔开间横墙(轴线)与外墙交接处；
山墙与内纵墙交接处</td></tr>
<tr><td>七</td><td>≥六</td><td>≥五</td><td>≥三</td><td>内墙(轴线)与外墙交接处；
内墙的局部较小墙垛处；
内纵墙与横墙(轴线)交接处</td></tr>
</table>

(2)多层砖砌体房屋的构造柱应符合下列要求：

① 构造柱最小截面可采用180mm×240mm(墙厚190mm时为180mm×190mm)，纵向钢筋宜采用4ϕ12，箍筋间距不宜大于250mm，且在柱上下端宜适当加密，6、7度时超过六层、8度时超过五层和9度时，构造柱纵向钢筋宜采用4ϕ14，箍筋间距不应大于200mm；房屋四角的构造柱应适当加大截面及配筋。

② 构造柱与墙连接处应砌成马牙槎，沿墙高每隔500mm设2ϕ6水平钢筋和ϕ4分布短筋平面内点焊组成的拉结网片或ϕ4点焊钢筋网片，每边伸入墙内不宜小于1m。6、7度时底部1/3楼层，8度时底部1/2楼层，9度时全部楼层，上述拉结钢筋网片应沿墙体水平通长设置。

③ 构造柱与圈梁连接处，构造柱的纵筋应在圈梁纵筋内侧穿过，保证构造柱纵筋上下贯通，保证构造柱纵筋上下贯通。

④ 构造柱可不单独设置基础，但应伸入室外地面下500mm，或与埋深小于500mm的基础圈梁相连。

⑤ 房屋高度和层数接近本章表14－2的限值时，纵、横墙内构造柱间距尚应符合下列要求：

——横墙内的构造柱间距不宜大于层高的2倍；下部1/3楼层的构造柱间距适当减小；

——当外纵墙开间大于3.9m时，应另设加强措施。内纵墙的构造柱间距不宜大于4.2m。

(3)多层普通砖、多孔砖房屋的现浇钢筋混凝土圈梁设置应符合下列要求：

① 装配式钢筋混凝土楼、屋盖或木屋盖的砖房，应按表14－7的要求设置圈梁；纵墙承重时抗震横墙上的圈梁间距应比表内要求适当加密。

② 现浇或装配整体式钢筋混凝土楼、屋盖与墙体有可靠连接的房屋，应允许不另设圈梁，但楼板沿抗震墙体周边应加强配筋并应与相应的构造柱钢筋可靠连接。

表14－7 砖房现浇钢筋混凝土圈梁设置要求

墙类	烈度		
	6、7	8	9
外墙和内纵墙	屋盖处及每层楼盖处	屋盖处及每层楼盖处	屋盖处及每层楼盖处
内横墙	屋盖处及每层楼盖处；屋盖处间距不应大于4.5m；楼盖处间距不应大于7.2m；构造柱对应部位	屋盖处及每层楼盖处；各层所有横墙，且间距不应大于4.5m；构造柱对应部位	屋盖处及每层楼盖处；各层所有横墙

(4)多层砖砌体房屋的现浇钢筋混凝土圈梁构造应符合下列要求：

① 圈梁应闭合，遇有洞口圈梁应上下搭接。圈梁宜与预制板设在同一标高处或圈梁紧靠板底。

② 圈梁在表14－4要求的间距内无横墙时，应利用梁或板缝中配筋替代圈梁。

③ 圈梁的截面高度不应小于120mm，配筋应符合表14－8的要求；按《规范》第3.3.4条3款要求增设的基础圈梁，截面高度不应小于180mm，配筋不应少于4ϕ12。

表14－8 多层砖砌体房屋圈梁配筋要求

墙类	烈度		
	6、7	8	9
最小纵筋	4ϕ10	4ϕ12	4ϕ14
箍筋最大间距(mm)	250	200	150

(5)多层砖砌体房屋的楼、屋盖应符合下列要求：

① 现浇钢筋混凝土楼板或屋面板伸进纵、横墙内的长度，均不应小于120mm。

② 装配式钢筋混凝土楼板或屋面板，当圈梁未设在板的同一标高时，板端伸进外墙的长度不应小于120mm，伸进内墙的长度不应小于100mm或采用硬架支模连接，在梁上不应小于80mm或采用硬架支模连接。

③ 当板的跨度大于4.8m并与外墙平行时，靠外墙的预制板侧边应与墙或圈梁拉结。

④ 房屋端部大房间的楼盖，6度时房屋的屋盖和7~9度时房屋的楼、屋盖，当圈梁设在板底时，钢筋混凝土预制板应相互拉结，并应与梁、墙或圈梁拉结。

(6)楼、屋盖的钢筋混凝土梁或屋架应与墙、柱(包括构造柱)或圈梁可靠连接；不得采用独立砖柱。跨度不小于6m大梁的支承构件应采用组合砌体等加强措施，并满足承载力要求。

(7)6~7度时长度大于7.2m的大房间，及8、9度时外墙转角及内外墙交接处，应沿墙高每隔500mm配置2ϕ6的通长钢筋和ϕ4分布短筋平面内点焊组成的拉结网片或ϕ4点焊网片。

(8)楼梯间应符合下列要求：

① 顶层楼梯间横墙和外墙应沿墙高每隔500mm设2ϕ6通长钢筋和ϕ4分布短筋平面内点焊组成的拉结网片或ϕ4点焊网片；7~9度时其他各层楼梯间墙体应在休息平台或楼层半高处设置60mm厚、纵向钢筋不应少于2ϕ10的钢筋混凝土带或配筋砖带，配筋砖带不少于3皮，每皮的配筋不少于2ϕ6，砂浆强度等级不应低于M7.5且不低于同层墙体的砂浆强度等级。

② 8度和9度时，楼梯间及门厅内墙阳角处的大梁支承长度不应小于500mm，并应与圈梁连接。

③ 装配式楼梯段应与平台板的梁可靠连接；8、9度时不应采用装配式楼梯段；不应采用墙中悬挑式踏步或踏步竖肋插入墙体的楼梯，不应采用无筋砖砌栏板。

④ 突出屋顶的楼、电梯间，构造柱应伸到顶部，并与顶部圈梁连接，所有墙体应沿墙高每隔500mm设2ϕ6通长钢筋和ϕ4分布短筋平面内点焊组成的拉结网片或ϕ4点焊网片。

(9)坡屋顶房屋的屋架应与顶层圈梁可靠连接，檩条或屋面板应与墙、屋架可靠连接，房屋出入口处的檐口瓦应与屋面构件锚固；采用硬山搁檩时，顶层内纵墙顶宜增砌支承山墙的踏步式墙垛，并设置构造柱。

(10)门窗洞处不应采用砖过梁；过梁支承长度6~8度时不应小于240mm，9度时不应小于360mm。

(11)预制阳台，6、7度时应与圈梁和楼板的现浇板带可靠连接，8、9度时不应采用预制阳台。

(12)后砌的非承重砌体隔墙，烟道、风道、垃圾道等应符合《规范》第13.3节的有关规定。

(13)同一结构单元的基础(或桩承台)，宜采用同一类型的基础，底面宜埋置在同一标高上，否则应增设基础圈梁并应按1:2的台阶逐步放坡。

(14)丙类的多层砖砌体房屋，当横墙较少且总高度和层数接近或达到表14－4规定限值，应采取下列加强措施：

① 房屋的最大开间尺寸不宜大于6.6m。

② 同一结构单元内横墙错位数量不宜超过横墙总数的1/3，且连续错位不宜多于两道；错位的墙体交接处均应增设构造柱，且楼、屋面板应采用现浇钢筋混凝土板。

③ 横墙和内纵墙上洞口的宽度不宜大于1.5m；外纵墙上洞口的宽度不宜大于2.1m或开间尺寸的1/2；且内外墙上洞口位置不应影响内外纵墙与横墙的整体连接。

④ 所有纵横墙均应在楼、屋盖标高处设置加强的现浇钢筋混凝土圈梁：圈梁的截面高度不宜小于150mm，上下纵筋各不应少于3ϕ10，箍筋不小于ϕ6，间距不大于300mm。

⑤ 所有纵横墙交接处及横墙的中部，均应增设满足下列要求的构造柱：在横墙内的柱距不宜大于层高，在纵墙内的柱距不宜大于3.0m，最小截面尺寸不宜小于240mm×240mm(墙厚190mm时为240mm×190mm)，配筋宜符合表14－9的要求。

⑥ 同一结构单元的楼、屋面板应设置在同一标高处。

⑦ 房屋底层和顶层的窗台标高处，宜设置沿纵横墙通长的水平现浇钢筋混凝土带；其截面高度不小于60mm，宽度不小于墙厚，纵向钢筋不少于2ϕ10，横向分布筋的直径不小于ϕ6且其间距不大于200mm。

表14－9 增设构造柱的纵筋和箍筋设置要求

位置	纵向钢筋			箍筋		
	最大配筋率(%)	最小配筋率(%)	最小直径(mm)	加密区范围(mm)	加密区间距(mm)	最小直径(mm)
角柱	1.8	0.8	14	全高	100	6
边柱			14	上端700 下端500		
中柱	1.4	0.6	12			

14.4.3 多层砌块房屋抗震构造措施

(1)多层小砌块房屋

应按表14－10的要求设置钢筋混凝土芯柱。对外廊式和单面走廊式的多层房屋、横墙较少的房屋、各层横墙很少的房屋，应分别按本书14.4.2节中(1)中第②、③、④款；关于增加层数的对应要求，按表14－10的要求设置芯柱。

(2)多层小砌块房屋的芯柱

应符合下列构造要求：

① 小砌块房屋芯柱截面不宜小于120mm×120mm。

② 芯柱混凝土强度等级，不应低于Cb20。

③ 芯柱的竖向插筋应贯通墙身且与圈梁连接；插筋不应小于1ϕ12，6、7度时超过五层，8度时超过四层和9度时，插筋不应小于1ϕ14。

④ 芯柱应伸入室外地面下500mm或与埋深小于500mm的基础圈梁相连。

⑤ 为提高墙体抗震受剪承载力而设置的芯柱，宜在墙体内均匀布置，最大净距不宜大于2.0m。

⑥ 多层小砌块房屋墙体交接处或芯柱与墙体连接处应设置拉结钢筋网片，网片可采用直径4mm的钢筋点焊而成，沿墙高间距不大于600mm，并应沿墙体水平通长设置。6、7度时底部1/3楼

表 14-10 小砌块房屋芯柱设置要求

房屋层数				设置部位	设置数量
6度	7度	8度	9度		
四、五	三、四	二、三		外墙转角，楼、电梯间四角，楼梯斜梯段上下端对应的墙体处；大房间内外墙交接处；错层部位横墙与外纵墙交接处；隔12m或单元横墙与外纵墙交接处	外墙转角，灌实3个孔；内外墙交接处，灌实4个孔；楼梯斜段上下端对应的墙体处，灌实2个孔
六	五	四		外墙转角，楼、电梯间四角，楼梯斜梯段上下端对应的墙体处；大房间内外墙交接处；错层部位横墙与外纵墙交接处；隔12m或单元横墙与外纵墙交接处；隔开间横墙（轴线）与外纵墙交接处	
七	六	五	二	外墙转角，楼、电梯间四角，楼梯斜梯段上下端对应的墙体处；大房间内外墙交接处；错层部位横墙与外纵墙交接处；隔12m或单元横墙与外纵墙交接处；各内墙（轴线）与外纵墙交接处；内纵墙与横墙（轴线）交接处和洞口两侧	外墙转角，灌实5个孔；内外墙交接处，灌实4个孔；内交接处，灌实4~5个孔；洞口两侧各灌实1个孔
	七	≥六	≥三	外墙转角，楼、电梯间四角，楼梯斜梯段上下端对应的墙体处；大房间内外墙交接处；错层部位横墙与外纵墙交接处；隔12m或单元横墙与外纵墙交接处；横墙内芯柱间距不大于2m	外墙转角，灌实7个孔；内外墙交接处，灌实5个孔；内墙交接处，灌实4~5个孔；洞口两侧各灌实1个孔

注：外墙转角、内外墙交接处、楼电梯间四角等部位，应允许采用钢筋混凝土构造柱替代部分芯柱。

层，8度时底部1/2楼层，9度时全部楼层，上述拉结钢筋网片沿墙高间距不大于400mm。

(3)小砌块房屋中替代芯柱的钢筋混凝土构造柱应符合下列构造要求：

① 构造柱最小截面可采用190mm×190mm，纵向钢筋宜采用4ϕ12箍筋间距不宜大于250mm，且在柱上下端宜适当加密；6、7度时超过五层，8度时超过四层和9度时，构造柱纵向钢筋宜采用4ϕ14，箍筋间距不应大于200mm；外墙转角的构造柱可适当加大截面及配筋。

② 构造柱与砌块墙连接处应砌成马牙槎，与构造柱相邻的砌块孔洞，6度时宜填实，7度时应填实，8、9度时应填实并插筋；构造柱与砌块墙之间沿墙高每隔600mm设置ϕ4点焊拉结钢筋网片，并应沿墙体水平通长设置。6、7度时底部1/3楼层，8度时底部1/2楼层，9度全部楼层，上述拉结钢筋网片沿墙高间距不大于400mm。

③ 构造柱与圈梁连接处，构造柱的纵筋应在圈梁纵筋内侧穿过，保证构造柱纵筋上下贯通。

④ 构造柱可不单独设置基础，但应伸入室外地面下500mm或与埋深小于500mm的基础圈梁相连。

(4)多层小砌块房屋的现浇钢筋混凝土圈梁的设置位置

应按本书14.4.2节中(3)多层砖砌体房屋圈梁的要求执行，圈梁宽度不应小于190mm，配筋不应少于4ϕ12，箍筋间距不应大于200mm。

(5)多层小砌块房屋的层数

6度时超过五层、7度时超过四层、8度时超过三层和9度时，在底层和顶层的窗台标高处，沿纵横墙应设置通长的水平现浇钢筋混凝土带；其截面高度不小于60mm，纵筋不少于2ϕ10，并应有分布拉结钢筋；其混凝土强度等级不应低于C20。水平现浇混凝土带亦可采用槽形砌块替代模板，其纵筋和拉结钢筋不变。

(6)丙类的多层小砌块房屋

当横墙较少且总高度和层数接近或达到表14-2规定限值时，应符合本书7.4.2节(14)的相关要求；其中，墙体中部的构造柱可采用芯柱替代，芯柱的灌孔数量不应少于2孔，每孔插筋的直径不应小于18mm。

(7)小砌块房屋的其他抗震构造措施

应符合本书14.4.2节(5)~(13)有关要求。其中，墙体的拉结钢筋网片间距应符合本节的相应规定，分别取600mm和400mm。

14.4.4 底部框架—抗震墙砌体房屋抗震构造措施

(1)底部框架—抗震墙砌体房屋的上部墙体应设置钢筋混凝土构造柱或芯柱，并应符合下列要求：

① 钢筋混凝土构造柱、芯柱的设置部位，应根据房屋的总层数分别按14.4.2节(1)、14.4.3节(1)的规定设置。

② 构造柱、芯柱的构造，除应符合下列要求外，尚应符合本规范14.4.2节(2)、14.4.3节(2)、14.4.3节(3)的规定。

——砖砌体墙中构造柱截面不宜小于240mm×240mm(墙厚190mm时为240mm×190mm)；

——构造柱的纵向钢筋不宜少于4φ14，箍筋间距不宜大于200mm；芯柱每孔插筋不应小于1φ14，芯柱之间沿墙高应每隔400mm设φ4焊接钢筋网片。

③ 构造柱、芯柱应与每层圈梁连接，或与现浇楼板可靠拉接。

(2)过渡层墙体的构造应符合下列要求：

① 上部砌体墙的中心线宜与底部的框架梁、抗震墙的中心线相重合；构造柱或芯柱宜与框架柱上下贯通。

② 过渡层应在底部框架柱、混凝土墙或约束砌体墙的构造柱所对应处设置构造柱或芯柱；墙体内的构造柱间距不宜大于层高；芯柱除按表14-10设置外，最大间距不宜大于1m。

③ 过渡层构造柱的纵向钢筋，6、7度时不宜少于4ϕ16，8度时不宜少于4ϕ18。过渡层芯柱的纵向钢筋，6、7度时不宜少于每孔1ϕ16，8度时不宜少于每孔1ϕ18。一般情况下，纵向钢筋应锚入下部的框架柱或混凝土墙内；当纵向钢筋锚固在托墙梁内时，托墙梁的相应位置应加强。

④ 过渡层的砌体墙在窗台标高处，应设置沿纵横墙通长的水平现浇钢筋混凝土带；其截面高度不小于60mm，宽度不小于墙厚，纵向钢筋不少于2ϕ10，横向分布筋的直径不小于6mm且其间距不大于200mm。此外，砖砌体墙在相邻构造柱间的墙体，应沿墙高每隔360mm设置2ϕ6通长水平钢筋和ϕ4分布短筋平面内点焊组成的拉结网片或ϕ4点焊钢筋网片，并锚入构造柱内；小砌块砌体墙芯柱之间沿墙高应每隔400mm设置ϕ4通长水平点焊钢筋网片。

⑤ 过渡层的砌体墙，凡宽度不小于1.2m的门洞和2.1m的窗洞，洞口两侧宜增设截面不小于120mm × 240mm(墙厚190mm时为120mm × 190mm)的构造柱或单孔芯柱。

⑥ 当过渡层的砌体抗震墙与底部框架梁、墙体不对齐时，应在底部框架内设置托墙转换梁，并且过渡层砖墙或砌块墙应采取比14.4.4节(2)中④更高的加强措施。

(3)底部框架—抗震墙砌体房屋的底部采用钢筋混凝土墙时，其截面和构造应符合下列要求：

① 墙体周边应设置梁(或暗梁)和边框柱(或框架柱)组成的边框；边框梁的截面宽度不宜小于墙板厚度的1.5倍，截面高度不宜小于墙板厚度的2.5倍；边框柱的截面高度不宜小于墙板厚度的2倍。

② 墙板的厚度不宜小于160mm，且不应小于墙板净高的1/20；墙体宜开设洞口形成若干墙段，各墙段的高宽比不宜小于2。

③ 墙体的竖向和横向分布钢筋配筋率均不应小于0.30%，并应采用双排布置；双排分布钢筋间拉筋的间距不应大于600mm，直径不应小于6mm。

④ 墙体的边缘构件可按《规范》第6.4节关于一般部位的规定设置。

(4)当6度设防的底层框架—抗震墙砖房的底层采用约束砖砌体墙时，其构造应符合下列要求：

① 砖墙厚不应小于240mm，砌筑砂浆强度等级不应低于M10，应先砌墙后浇框架。

② 沿框架柱每隔300mm配置2ϕ8水平钢筋和

ϕ4 分布短筋平面内点焊组成的拉结网片，并沿砖墙水平通长设置；在墙体半高处尚应设置与框架柱相连的钢筋混凝土水平系梁。

③ 墙长大于 4m 时和洞口两侧，应在墙内增设钢筋混凝土构造柱。

(5)当6度设防的底层框架—抗震墙砌块房屋的底层采用约束小砌块砌体墙时，其构造应符合下列要求：

① 墙厚不应小于 190mm，砌筑砂浆强度等级不应低于 Mb10，应先砌墙后浇框架。

② 沿框架柱每隔 400mm 配置 2ϕ8 水平钢筋和 ϕ4 分布短筋平面内点焊组成的拉结网片，并沿砌块墙水平通长设置；在墙体半高处尚应设置与框架柱相连的钢筋混凝土水平系梁，系梁截面不应小于 190mm×190mm，纵筋不应小于 4ϕ12，箍筋直径不应小于 ϕ6，间距不应大于 200mm。

③ 墙体在门、窗洞口两侧应设置芯柱，墙长大于 4m 时，应在墙内增设芯柱，芯柱应符合 14.4.3 节(2)的有关规定；其余位置，宜采用钢筋混凝土构造柱替代芯柱，钢筋混凝土构造柱应符合 14.4.3 节(3)条的有关规定。

(6)底部框架—抗震墙砌体房屋的框架柱应符合下列要求：

① 柱的截面不应小于 400mm×400mm，圆柱直径不应小于 450mm。

② 柱的轴压比，6 度时不宜大于 0.85，7 度时不宜大于 0.75，8 度时不宜大于 0.65。

③ 柱的纵向钢筋最小总配筋率，当钢筋的强度标准值低于 400MPa 时，中柱在 6、7 度时不应小于 0.9%，8 度时不应小于 1.1%；边柱、角柱和混凝土抗震墙端柱在 6、7 度时不应小于 1.0%，8 度时不应小于 1.2%。

④ 柱的箍筋直径，6、7 度时不应小于 8mm，8 度时不应小于 10mm，并应全高加密箍筋，间距不大于 100mm。

⑤ 柱的最上端和最下端组合的弯矩设计值应乘以增大系数，一、二、三级的增大系数应分别按 1.5、1.25 和 1.15 采用。

(7)底部框架—抗震墙砌体房屋的楼盖应符合下列要求：

① 过渡层的底板应采用现浇钢筋混凝土板，板厚不应小于 120mm；并应少开洞、开小洞，当洞口尺寸大于 800mm 时，洞口周边应设置边梁。

② 其他楼层，采用装配式钢筋混凝土楼板时均应设现浇圈梁；采用现浇钢筋混凝土楼板时应允许不另设圈梁，但楼板沿抗震墙体周边均应加强配筋并应与相应的构造柱可靠连接。

(8)底部框架—抗震墙砌体房屋的钢筋混凝土托墙梁，其截面和构造应符合下列要求：

① 梁的截面宽度不应小于 300mm，梁的截面高度不应小于跨度的 1/10。

② 箍筋的直径不应小于 8mm，间距不应大于 200mm；梁端 在 1.5 倍梁高且不小于 1/5 梁净跨范围内，以及上部墙体的洞口处和洞口两侧各 500mm 且不小于梁高的范围内，箍筋间距不应大于 100mm。

③ 沿梁高应设腰筋，数置不应少于 2ϕ14，间距不应大于 200mm。

④ 梁的纵向受力钢筋和腰筋应按受拉钢筋的要求锚固在柱内，且支座上部的纵向钢筋在柱内的锚固长度应符合钢筋混凝土框支梁的有关要求。

(9)底部框架—抗震墙砌体房屋，材料强度等级应符合下列要求：

① 框架柱、混凝土墙和托墙梁的混凝土强度等级，不应低于 C30。

② 过渡层砌体块材的强度等级不应低于 MU10，砖砌体砌筑砂浆强度的等级不应低于 M10，砌块砌体砲筑砂浆强度的等级不应低于 Mb10。

(10)底部框架—抗震墙砌体房屋的其他抗震构造措施，应符合 14.4.2 节、14.4.3 节和《规范》第 6 章的有关要求。

14.4.5 土、木、石结构房屋抗震构造措施

适用于穿斗木构架、木柱木屋架和木柱木梁等房屋。

(1)木结构房屋的平面布置应避免拐角或突出；同一房屋不应采用木柱与砖柱或砖墙等混合承重。

(2)木柱木屋架和穿斗木构架房屋不宜超过二层，总高度不宜超过 6m。木柱木梁房屋宜建单层，高度不宜超过 3m。

(3)木屋架房屋两端的屋架支撑，应设置在端开间。

(4)柱顶应有暗榫插入屋架下弦，并用U形铁件连接；8度和9度时，柱脚应采用铁件或其他措施与基础锚固。

(5)空旷房屋应在木柱与屋架(或梁)间设置斜撑；横隔墙较多的居住房屋应在非抗震隔墙内设斜撑，穿斗木构架房屋可不设斜撑；斜撑宜采用木夹板，并应通到屋架的上弦。

(6)穿斗木构架房屋的横向和纵向均应在木柱的上、下柱端和楼层下部设置穿枋，并应在每一纵向柱列间设置1~2道剪刀撑或斜撑。

(7)斜撑和屋盖支撑结构，均应采用螺栓与主体构件相连接；除穿斗木构件外，其他木构件宜采用螺栓连接。

(8)椽与檩的搭接处应满钉，以增强屋盖的整体性。木构架中，宜在柱檐口以上沿房屋纵向设置竖向剪刀撑等措施，以增强纵向稳定性。

(9)木构件应符合下列要求：

① 木柱的梢径不宜小于150mm；应避免在柱的同一高度处纵横向同时开槽，且在柱的同一截面开槽面积不应超过截面总面积的1/2。

② 柱子不能有接头。

③ 穿枋应贯通木构架各柱。

(10)围护墙应与木结构可靠拉结；土坯、砖等砌筑的围护墙不应将木柱完全包裹，宜贴砌在木柱外侧。

14.4.6 土、木、石结构房屋

14.4.6.1 一般规定

(1)土、木、石结构房屋的建筑、结构布置

应符合下列要求：

① 房屋的平面布置应避免拐角或突出。

② 纵横向承重墙的布置宜均匀对称，在平面内宜对齐，沿竖向应上下连续；在同一轴线上，窗间墙的宽度宜均匀。

③ 多层房屋的楼层不应错层，不应采用板式单边悬挑楼梯。

④ 不应在同一高度内采用不同材料的承重构件。

⑤ 屋檐外挑梁上不得砌筑砌体。

(2)木楼、屋盖房屋

应在下列部位采取拉结措施：

① 两端开间屋架和中间隔开间屋架应设置竖向剪刀撑；

② 在屋檐高度处应设置纵向通长水平系杆，系杆应采用墙揽与各道横墙连接或与木梁、屋架下弦连接牢固；纵向水平系杆端部宜采用木夹板对接，墙揽可采用方木、角铁等材料；

③ 山墙、山尖墙应采用墙揽与木屋架、木构架或檩条拉结；

④ 内隔墙墙顶应与梁或屋架下弦拉结。

(3)木楼、屋盖构件的支承长度

应不小于表14-11的规定。

表14-11 木楼、屋盖构件的最小支承长度 mm

构件名称	木屋架、木梁	对接木龙骨、木檩条		搭接木龙骨、木檩条
位置	墙上	屋架上	墙上	屋架上、墙上
支承长度与连接方式	240(木垫板)	60(木夹板与螺栓)	120(木夹板与螺栓)	满搭

(4)门窗洞口过梁的支承长度

6~8度时不应小于240mm，9度时不应小于360mm。

(5)采用冷摊瓦屋面时

底瓦的弧边两角宜设置钉孔，可采用铁钉与椽条钉牢；盖瓦与底瓦宜采用石灰或水泥砂浆压垄等做法与底瓦黏结牢固。

(6)土木石房屋突出屋面的烟囱、女儿墙等易倒塌构件的出屋面高度

6、7度时不应大于600mm；8度(0.20g)时不应大于500mm；8度(0.30g)和9度时不应大于400mm。并应采取拉结措施。

注：坡屋面上的烟囱高度由烟囱的根部上沿算起。

(7) 土木石房屋的结构材料

应符合下列要求：

① 木构件应选用干燥、纹理直、节疤少、无腐朽的木材。

② 生土墙体土料应选用杂质少的黏性土。

③ 石材应质地坚实，无风化、剥落和裂纹。

(8) 土木石房屋的施工

应符合下列要求：

① HPB300 钢筋端头应设置 180°弯钩。

② 外露铁件应做防锈处理。

14.4.6.2 生土房屋

(1)要求适用于6度、7度(0.10g)未经焙烧的土坯、灰土[①]和夯土承重墙体的房屋及土窑洞[②]、土拱房。

(2)生土房屋的高度和承重横墙墙间距应符合下列要求：

① 生土房屋宜建单层，灰土墙房屋可建二层，但总高度不应超过6m。

② 单层生土房屋的檐口高度不宜大于2.5m。

③ 单层生土房屋的承重横墙间距不宜大于3.2m。

④ 窑洞净跨不宜大于2.5m。

(3)生土房屋的屋盖应符合下列要求：

① 应采用轻屋面材料。

② 硬山搁檩房屋宜采用双坡屋面或弧形屋面，檩条支承处应设垫木；端檩应出檐，内墙上檩条应满搭或采用夹板对接和燕尾榫加扒钉连接。

③ 木屋盖各构件应采用圆钉、扒钉、钢丝等相互连接。

④ 木屋架、木梁在外墙上宜满搭，支承处应设置木圈梁或木垫板；木垫板的长度、宽度和厚度分别不宜小于500mm、370mm 和60mm；木垫板下应铺设砂浆垫层或黏土石灰浆垫层。

注：①灰土墙指掺石灰(或其他黏结材料)的土筑墙和掺石灰土坯墙。

②土窑洞指未经扰动的原土中开挖而成的崖窑。

(4)生土房屋的承重墙体应符合下列要求：

① 承重墙体门窗洞口的宽度，6、7度时不应大于1.5m。

② 门窗洞口宜采用木过梁；当过梁由多根木杆组成时，宜采用木板、扒钉、铅丝等将各根木杆连接成整体。

③ 内外墙体应同时分层交错夯筑或咬砌。外墙四角和内外墙交接处，应沿墙高每隔500mm左右放置一层竹筋、木条、荆条等编织的拉结网片，每边伸入墙体应不小于1000mm或至门窗洞边，拉结网片在相交处应绑扎；或采取其他加强整体性的措施。

④ 各类生土房屋的地基应夯实，应采用毛石、片石、凿开的卵石或普通砖基础，基础墙应采用混合砂浆或水泥砂浆砌筑。外墙宜做墙裙防潮处理(墙脚宜设防潮层)。

⑤ 土坯宜采用黏性土湿法成型并宜掺入草苇等拉结材料；土坯应卧砌并宜采用黏土浆或黏土石灰浆砌筑。

⑥ 灰土墙房屋应每层设置圈梁，并在横墙上拉通；内纵墙顶面宜在山尖墙两侧增砌踏步式墙垛。

⑦ 土拱房应多跨连接布置，各拱脚均应支承在稳固的崖体上或支承在人工土墙上；拱圈厚度宜为300~400mm，应支模砌筑，不应后倾贴砌；外侧支承墙和拱圈上不应布置门窗。

⑧ 土窑洞应避开易产生滑坡、山崩的地段；开挖窑洞的崖体应土质密实、土体稳定、坡度较平缓、无明显的竖向节理；崖窑前不宜接砌土坯或其他材料的前脸；不宜开挖层窑，否则应保持足够的间距，且上、下不宜对齐。

14.4.6.3 木结构房屋

(1)要求适用于6~9度的穿斗木构架、木柱木屋架和木柱木梁等房屋。

(2)木结构房屋不应采用木柱与砖柱或砖墙等混合承重；山墙应设置端屋架(木梁)，不得采用硬山搁檩。

(3)木结构房屋的高度应符合下列要求：

① 木柱木屋架和穿斗木构架房屋，6~8度时不宜超过二层，总高度不宜超过6m；9度时宜建单层，高度不应超过3.3m。

② 木柱木梁房屋宜建单层，高度不宜超过3m。

(4)礼堂、剧院、粮仓等较大跨度的空旷房屋，宜采用四柱落地的三跨木排架。

(5)木屋架屋盖的支撑布置，应符合《规范》第9.3节有关规定的要求，但房屋两端的屋架支撑，应设置在端开间。

(6)木柱木屋架和木柱木梁房屋应在木柱与屋架(或梁)间设置斜撑；横隔墙较多的居住房屋应在非抗震隔墙内设斜撑；斜撑宜采用木夹板，并应通到屋架的上弦。

(7)穿斗木构架房屋的横向和纵向均应在木柱的上、下柱端和楼层下部设置穿枋，并应在每一纵向柱列间设置1~2道剪刀撑或斜撑。

(8)木结构房屋的构件连接，应符合下列要求：

① 柱顶应有暗榫插入屋架下弦，并用U形铁件连接；8、9度时，柱脚应采用铁件或其他措施与基础锚固。柱础埋入地面以下的深度不应小于200mm。

② 斜撑和屋盖支撑结构，均应采用螺栓与主体构件相连接；除穿斗木构件外，其他木构件宜采用螺栓连接。

③ 椽与檩的搭接处应满钉，以增强屋盖的整体性。木构架中，宜在柱檐口以上沿房屋纵向设置竖向剪刀撑等措施，以增强纵向稳定性。

(9)木构件应符合下列要求：

① 木柱的梢径不宜小于150mm；应避免在柱的同一高度处纵横向同时开槽，且在柱的同一截面开槽面积不应超过截面总面积的1/2。

② 柱子不能有接头。

③ 穿枋应贯通木构架各柱。

(10)围护墙应符合下列要求：

① 围护墙与木柱的拉结应符合下列要求：

——沿墙高每隔500mm左右，应采用8号钢丝将墙体内的水平拉结筋或拉结网片与木柱拉结；

——配筋砖圈梁、配筋砂浆带与木柱应采用φ6钢筋或8号钢丝拉结。

② 土坯砌筑的围护墙，洞口宽度应符合14.4.5节(2)的要求。砖等砌筑的围护墙，横墙和内纵墙上的洞口宽度不宜大于1.5m，外纵墙上的洞口宽度不宜大于1.8m或开间尺寸的一半。

③ 土坯、砖等砌筑的围护墙不应将木柱完全包裹，应贴砌在木柱外侧。

14.4.6.4 石结构房屋

(1)要求适用于6~8度，砂浆砌筑的料石砌体(包括有垫片或无垫片)承重的房屋。

(2)多层石砌体房屋的总高度和层数不应超过表14-12的规定。

(3)多层石砌体房屋的层高不宜超过3m。

(4)多层石砌体房屋的抗震横墙间距，不应超过表14-13的规定。

表14-12 多层石砌体房屋总高度(m)和层数限值

墙体类别	烈度					
	6		7		8	
	高度	层数	高度	层数	高度	层数
细、半细料石砌体(无垫片)	16	五	13	四	10	三
粗料石及毛料石砌体(有垫片)	13	四	10	三	7	二

注：①房屋总高度的计算同表14-2注。

②横墙较少的房屋，总高度应降低3m，层数相应减少一层。

表 14-13 多层石砌体房屋的抗震横墙间距 m

楼、屋盖类型	烈度		
	6	7	8
现浇及装配整体式钢筋混凝土	10	10	7
装配式钢筋混凝土	7	7	4

(5)多层石砌体房屋，宜采用现浇或装配整体式钢筋混凝土楼、屋盖。

(6)石墙的截面抗震验算，可参照《规范》第7.2节；其抗剪强度应根据试验数据确定。

(7)多层石砌体房屋应在外墙四角、楼梯间四角和每开间的内外墙交接处设置钢筋混凝土构造柱。

(8)抗震横墙洞口的水平截面面积，不应大于全截面面积的1/3。

(9)每层的纵横墙均应设置圈梁，其截面高度不应小于120mm，宽度宜与墙厚相同，纵向钢筋不应小于4ϕ10，箍筋间距不宜大于200mm。

(10)无构造柱的纵横墙交接处，应采用条石无垫片砌筑，且应沿墙高每隔500mm设置拉结钢筋网片，每边每侧伸入墙内不宜小于1m。

(11)不应采用石板作为承重构件。

(12)其他有关抗震构造措施要求，参照《规范》第7章的相关规定。

思考题

1. 什么是震级？什么是烈度？

2. 抗震设防的目标是什么？

3. 抗震设防的标准是什么？

4. 抗震设防地区的房屋其平、立面布置的原则是什么？

5. 抗震设防地区建筑结构体系的设计应符合什么要求？

6. 抗震设防地区建筑结构构件及连接的设计应符合什么要求？

7. 抗震设防地区非结构构件的设计应符合什么要求？

8. 为何要限制多层砌体结构房屋的总体高度、层数和高宽比？

9. 限制多层砌体结构房屋抗震横墙的最大间距的目的是什么？

10. 抗震设防地区的多层砌体结构房屋中设置构造柱、圈架的目的分别是什么？

11. 抗震设防地区设计砌体结构房屋的楼梯间时能否采用在墙中设置预制悬挑式踏步板？

推荐阅读书目

建筑抗震设计规范(GB 50011—2011). 中国建筑工业出版社，2011.

参考文献

(日)增田一真. 结构形态与建筑设计[M]. 任莅棣，译. 北京：中国建筑工业出版社，2002.
陈树华. 建筑地基基础[M]. 哈尔滨：哈尔滨工程大学出版社，2003.
东南大学，等. 混凝土结构设计原理[M]. 北京：中国建筑工业出版社，2012.
樊振和. 建筑构造原理与设计[M]. 天津：天津大学出版社，2004.
钢结构设计规范(GB 50017—2003)[S]. 北京：中国建筑工业出版社，2003.
过镇海. 钢筋混凝土原理[M]. 北京：清华大学出版社，2013.
何益斌. 建筑结构[M]. 北京：中国建筑工业出版社，2005.
黄林青. 地基基础工程[M]. 北京：化学工业出版社，2003.
混凝土结构设计规范(GB 50010—2010)[S]. 北京：中国建筑工业出版社，2010.
建筑地基基础设计规范(GB 50007—2011)[S]. 北京：中国建筑工业出版社，2011.
建筑结构荷载规范(GB 50009—2012)[S]. 北京：中国建筑工业出版社，2012.
建筑抗震设计规范(GB 50011—2011)[S]. 北京：中国建筑工业出版社，2011.
金虹. 房屋建筑学[M]. 沈阳：东北大学出版社，2002.
李必瑜. 建筑构造（上册)[M]. 北京：中国建筑工业出版社，2013.
李国庆，等. 建筑设计与构造[M]. 北京：科学出版社，2001.
罗福午，张惠英，杨军. 建筑结构概念设计及案例[M]. 北京：清华大学出版社，2003.
罗福午. 建筑结构概念体系与估算[M]. 北京：清华大学出版社，1991.
木结构设计规范(GB 50005—2003)[S]. 北京：中国建筑工业出版社，2005.
裴刚，等. 房屋建筑学[M]. 北京：中国建筑工业出版社，2002.
砌体结构设计规范(GB 50003—2011)[S]. 北京：中国建筑工业出版社，2011.
施楚贤. 砌体结构理论与设计[M]. 北京：中国建筑工业出版社，2014.
施楚贤，徐建，刘桂秋. 砌体结构设计与计算[M]. 北京：中国建筑工业出版社，2003.
施楚贤. 砌体结构[M]. 北京：中国建筑工业出版社，2012.
宋群，宗兰. 建筑结构(下册)[M]. 北京：机械工业出版社，2004.
孙维东. 土力学与地基基础[M]. 北京：机械工业出版社，2003.
同济大学等. 房屋建筑学[M]. 北京：中国建筑工业出版社，2006.
王威，薛建阳. 混凝土结构原理与设计习题集及题解[M]. 北京：中国电力出版社，2010.
王心田. 建筑结构体系与选型[M]. 上海：同济大学出版社，2003.
王旭鹏. 土力学与地基基础[M]. 北京：中国建材工业出版社，2004.
许淑芳. 砌体结构与木结构[M]. 北京：中国建筑工业出版社，2003.
杨金铎，房志勇. 房屋建筑构造[M]. 3 版. 北京：中国建材工业出版社，2003 .
姚谏. 建筑结构静力计算实用手册[M]. 2 版. 北京：中国建筑工业出版社，2014.
于建民. 钢筋混凝土结构[M]. 北京：清华大学出版社，2013.
袁雪峰，王志军. 房屋建筑学[M]. 北京：科学出版社，2001.
赵研. 建筑构造[M]. 北京：中国建筑工业出版社，2000.
中国机械工业教育协会组. 钢筋混凝土结构及砌体结构[M]. 北京：机械工业出版社，2001.

附 录

附表 1 混凝土结构的环境类别

环境类别	条件
一	室内干燥环境； 无侵蚀性静水浸没环境
二 a	室内潮湿环境； 非严寒和非寒冷地区的露天环境； 非严寒和非寒冷地区与无侵蚀性的水或土壤直接接触的环境；严寒和寒冷地区的冰冻线以下与无侵蚀性的水或土壤直接接触的环境
二 b	干湿交替环境； 水位频繁变动环境； 严寒和寒冷地区的露天环境； 严寒和寒冷地区冰冻线以上与无侵蚀性的水或土壤直接接触的环境
三 a	严寒和寒冷地区冬季水位变动区环境； 受除冰盐影响环境； 海风环境
三 b	盐渍土环境； 受除冰盐作用环境； 海岸环境
四	海水环境
五	受人为或自然的侵蚀性物质影响的环境

注：①室内潮湿环境是指构件表面经常处于结露或湿润状态的环境。

②严寒和寒冷地区的划分应符合现行国家标准《民用建筑热工设计规范》GB50176 的有关规定。

③海岸环境和海风环境宜根据当地情况，考虑主导风向及结构所处迎风、背风部位等因素的影响，由调查研究和工程经验确定。

④受除冰盐影响环境是指受到除冰盐盐雾影响的环境；受除冰盐作用环境是指被除冰盐溶液溅射的环境以及使用除冰盐地区的洗车房、停车楼等建筑。

⑤暴露的环境是指混凝土结构表面所处的环境。

附表 2 混凝土保护层的最小厚度 *c* mm

环境类别	板、墙、壳	梁、柱、杆
一	15	20
二 a	20	25
二 b	25	35
三 a	30	40
三 b	40	50

注：①混凝土强度等级不大于 C25 时，表中保护层厚度数值应增加 5mm。

②钢筋混凝土基础宜设置混凝土垫层，基础中钢筋的混凝土保护层厚度应从垫层顶面算起，且不应小于 40mm。

附表3　混凝土强度设计值　N/mm²

强度种类	混凝土强度等级													
	C15	C20	C25	C30	C35	C40	C45	C50	C55	C60	C65	C70	C75	C80
f_c	7.2	9.6	11.9	14.3	16.7	19.1	21.1	23.1	25.3	27.5	29.7	31.8	33.8	35.9
f_t	0.91	1.1	1.27	1.43	1.57	1.71	1.8	1.89	1.96	2.04	2.09	2.14	2.18	2.22

注：①计算现浇钢筋混凝土轴心受压及偏心受压构件时，如截面的长边或直径小于300mm，则表中混凝土的强度设计值应乘以系数0.8；当构件质量（如混凝土成型、截面和轴线尺寸等）确有保证时，可不受此限制；

②离心混凝土的强度设计值应按专门标准取用。

附表4　普通钢筋强度设计值　N/mm²

牌　号	抗拉强度设计值 f_y	抗压强度设计值 f'_y
HPB 300	270	270
HRB 335、HRBF 335	300	300
HRB 400、HRBF 400、RRB 400	360	360
HRB 500、HRBF 500	435	410

附表5　钢筋混凝土构件纵向受力钢筋最小配筋率　%

受力类型			最小配筋百分率
受压构件	全部纵向钢筋	强度等级500MPa	0.50
		强度等级400MPa	0.55
		强度等级300MPa、335MPa	0.60
	一侧纵向钢筋		0.20
受弯构件、偏心受拉、轴心受拉构件一侧的受拉钢筋			0.20和45 f_t/f_y 中较大值

注：① 受压构件全部纵向钢筋最小配筋百分率，当采用C60以上强度等级的混凝土时，应按表中规定增大0.10。

② 板类受弯构件（不包括悬臂板）的受拉钢筋，当采用强度等级400MPa、500MPa的钢筋时，其最小配筋率应采用0.15和0.45ft/fy中的较大值。

③ 偏心受拉构件中的受压钢筋，应按受压构件一侧纵向钢筋考虑。

④ 受压构件的全部纵向钢筋和一侧纵向钢筋的配筋率以及轴心受拉构件和小偏心受拉构件一侧受拉钢筋的配筋率应按构件的全截面面积计算。

⑤ 受弯构件、大偏心受拉构件一侧受拉钢筋的配筋率应按全截面面积扣除受压翼缘面积 $(b'_f - b)h'_f$ 后的截面面积计算。

⑥ 当钢筋沿构件截面周边布置时，“一侧纵向钢筋”系指沿受力方向两个对边中的一边布置的纵向钢筋。

附表6　钢筋的计算截面面积及理论质量

直径 d（mm）	计算截面面积（mm²），当根数 n 为									理论质量（kg/m）
	1	2	3	4	5	6	7	8	9	
2.5	4.9	9.8	14.7	19.6	24.5	29.4	34.3	39.2	44.1	0.039
3	7.1	14.1	21.2	28.3	35.3	42.4	49.5	56.5	63.6	0.055
4	12.6	25.1	37.7	50.2	62.8	75.4	87.9	100.5	113	0.099
5	19.6	39	59	79	98	118	138	157	177	0.154
6	28.3	57	85	113	142	170	198	226	255	0.222
7	38.5	77	115	154	192	231	269	308	346	0.302
8	50.3	101	151	201	252	302	352	402	453	0.395

（续）

直径 d（mm）	计算截面面积（mm^2），当根数 n 为									理论质量（kg/m）
	1	2	3	4	5	6	7	8	9	
9	63.5	127	191	254	318	382	445	509	572	0.499
10	78.5	157	236	314	393	471	550	628	707	0.617
11	95	190	285	380	475	570	665	760	855	0.75
12	113.1	226	339	452	565	678	791	904	1017	0.888
13	132.7	265	398	531	664	796	929	1062	1195	1.04
14	153.9	308	461	615	769	923	1077	1230	1387	1.208
15	176.7	353	530	707	884	1050	1237	1414	1512	1.39
16	201.1	402	603	804	1005	1206	1407	1608	1809	1.578
17	227	454	681	908	1135	1305	1589	1816	2043	1.78
18	254.5	509	763	1017	1272	1526	1780	2036	2290	1.998
19	283.5	567	851	1134	1418	1701	1985	2268	2552	2.23
20	314.2	628	941	1256	1570	1884	2200	2513	2827	2.466
21	346.4	693	1039	1385	1732	2078	2425	2771	3117	2.72
22	380.1	760	1140	1520	1900	2281	2661	3041	3421	2.984
23	415.5	831	1246	1662	2077	2498	2908	3324	3739	3.26
24	452.4	904	1356	1808	2262	2714	3167	3619	4071	3.551
25	490.9	982	1473	1964	2454	2945	3436	3927	4418	3.85
26	530.9	1062	1593	2124	2655	3186	3717	4247	4778	4.17
27	572.6	1144	1716	2291	2865	3435	4008	4580	5153	4.495
28	615.3	1232	1847	2463	3079	3695	4310	4926	5542	4.83
30	706.9	1413	2121	2827	3534	4241	4948	5655	6362	5.55
32	804.3	1609	2418	3217	4021	4826	5630	6434	7238	6.31
34	907.9	1816	2724	3632	4540	5448	6355	7263	8171	7.13
35	962	1924	2886	3848	4810	5772	6734	7696	8658	7.5
36	1017.9	2036	3054	4072	5080	6107	7125	8143	9161	7.99
40	1256.1	2513	3770	5027	6283	7540	8796	10 053	11 310	9.865

附表 7 钢筋混凝土板每米宽的钢筋面积表

mm^2

钢筋间距（mm）	钢 筋 直 径 （mm）											
	3	4	5	6	6/8	8	8/10	10	10/12	12	12/14	14
70	101	179	281	404	561	719	920	1121	1369	1616	1908	2199
75	94.3	167	262	377	524	671	859	1047	1277	1508	1780	2053
80	88.4	157	245	354	491	629	805	981	1198	1414	1669	1924
85	83.2	148	231	333	462	592	758	924	1127	1331	1571	1811
90	78.5	140	218	314	437	559	716	872	1064	1257	1484	1710
95	74.5	132	207	298	414	529	678	826	1008	1190	1405	1620
100	70.6	126	196	283	393	503	644	785	958	1131	1335	1539
110	64.2	114	178	257	357	457	585	714	871	1028	1214	1399

（续）

钢筋间距（mm）	钢 筋 直 径 （mm）											
	3	4	5	6	6/8	8	8/10	10	10/12	12	12/14	14
120	58.9	105	163	236	327	419	537	654	798	942	1112	1283
125	56.5	100	157	226	314	402	515	628	766	905	1068	1232
130	54.4	96.6	151	218	302	387	495	604	737	870	1027	1184
140	50.5	89.7	140	202	281	359	460	561	684	808	954	1100
150	47.1	83.8	131	189	262	335	429	523	639	754	890	1026
160	44.1	78.5	123	177	246	314	403	491	599	707	834	962
170	41.5	73.9	115	166	231	296	379	462	564	665	786	906
180	39.2	69.8	109	157	218	279	358	436	532	628	742	855
190	37.2	66.1	103	149	207	265	339	413	504	595	702	810
200	35.3	62.8	98.2	141	196	251	322	393	479	565	668	770
220	32.1	57.1	89.3	129	178	228	292	357	436	514	607	700
240	29.4	52.4	81.9	118	164	209	268	327	399	471	556	641
250	28.3	50.2	78.5	113	157	201	258	314	383	452	534	616
260	27.2	48.3	75.5	109	151	193	248	302	368	435	513	592
280	25.2	44.9	70.1	101	140	180	230	281	342	404	477	550
300	23.6	41.9	65.5	94.2	131	168	215	262	320	377	445	513
320	22.1	39.2	61.4	88.4	123	157	201	245	299	353	417	481

附表8 等截面三等跨连续梁在常用荷载作用下的内力系数表

1. 在均布及三角形荷载作用下：

$$M = \text{表中系数} \times ql^2 \ (\text{或} \times gl^2);$$
$$V = \text{表中系数} \times ql \ (\text{或} \times gl);$$

2. 在集中荷载作用下：

$$M = \text{表中系数} \times Ql \ (\text{或} \times Gl);$$
$$V = \text{表中系数} \times Q \ (\text{或} \times Gl);$$

3. 内力正负号规定：

M——使截面上部受压、下部受拉为正；

V——对临近截面所产生的力矩沿顺时针方向者为正。

荷载图	跨内最大变距		支座弯距		剪力			
	M_1	M_2	M_B	M_C	V_A	V_{Bl} V_{Br}	V_{Cl} V_{Cr}	V_D
A B C D；L L L；g	0.080	0.025	−0.100	−0.100	0.400	−0.600 0.500	−0.500 0.600	−0.400
M1 M2 M3；q	0.101	—	−0.050	−0.050	0.450	−0.550 0	0 0.550	−0.450

（续）

荷载图	跨内最大变距		支座弯距		剪力			
	M_1	M_2	M_B	M_C	V_A	V_{B1} V_{Br}	V_{C1} V_{Cr}	V_D
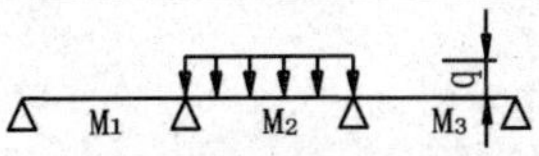	—	0.075	-0.050	-0.050	0.050	-0.050 0.500	-0.500 0.050	0.050
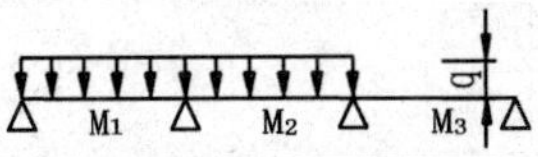	0.073	0.054	-0.117	-0.033	0.383	-0.617 0.583	0.083 -0.017	-0.017
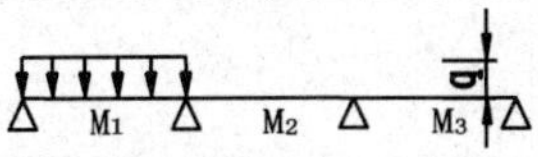	0.094	—	-0.067	0.017	0.433	-0.567 0.083	0.083 -0.017	-0.017
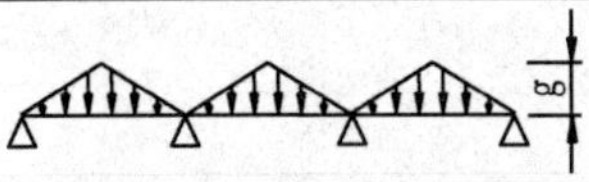	0.054	0.021	-0.063	-0.063	0.183	-0.313 0.250	-0.250 0.313	-0.188
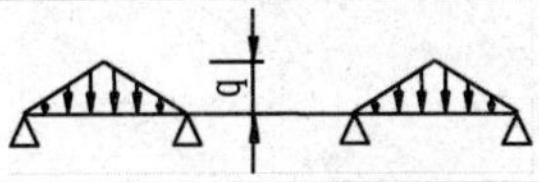	0.068	—	-0.031	-0.031	0.219	-0.281 0	0 0.281	-0.219
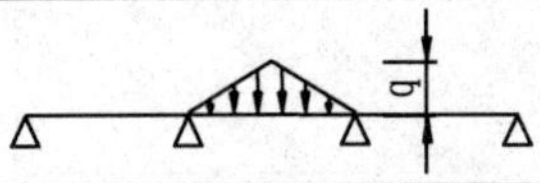	—	0.052	-0.031	-0.031	0.031	-0.031 0.250	-0.250 0.051	0.031
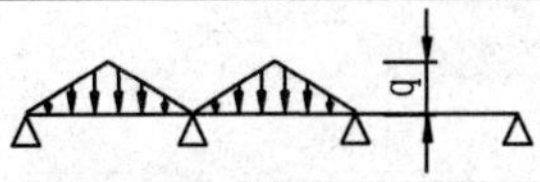	0.050	0.038	-0.073	-0.021	0.177	-0.323 0.302	-0.198 0.021	0.021
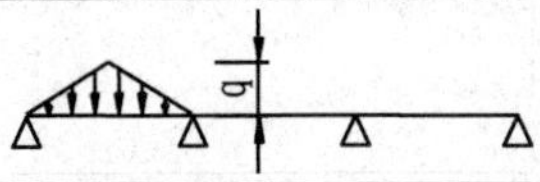	0.063	—	-0.042	0.010	0.208	-0.292 0.052	0.052 -0.010	-0.010
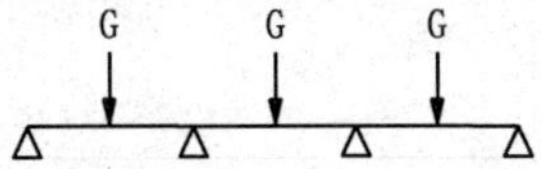 G G G	0.175	0.100	-0.150	-0.150	0.350	-0.650 0.500	-0.500 0.650	-0.350
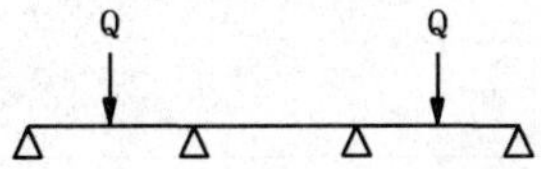 Q Q	0.213	—	-0.075	-0.075	0.425	-0.575 0	0 0.575	-0.425
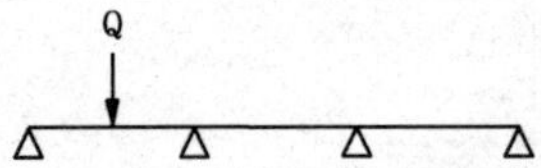 Q	0.200	—	-0.100	0.025	0.400	-0.600 0.125	0.125 -0.025	-0.025
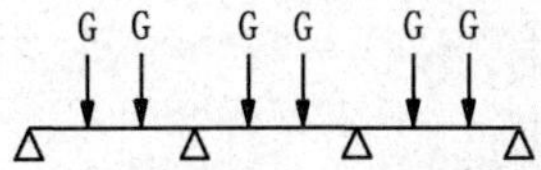 G G G G G G	0.244	0.067	-0.267	0.267	0.733	-1.267 1.000	-1.000 1.267	-0.733
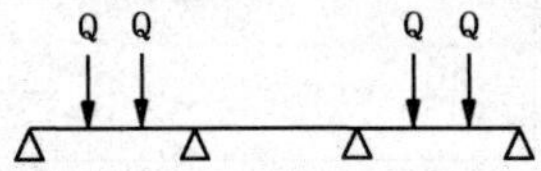 Q Q Q Q	0.289	—	0.133	-0.133	0.866	-1.134 0	0 1.134	-0.866
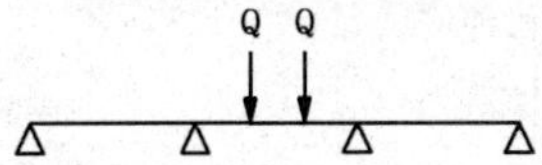 Q Q	—	0.200	-0.133	0.133	-0.133	-0.133 1.000	-1.000 0.133	0.133
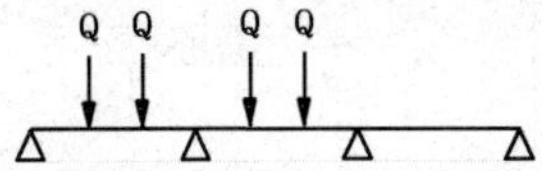 Q Q Q Q	0.229	0.170	-0.311	-0.089	0.689	-1.311 1.222	-0.778 0.089	0.089
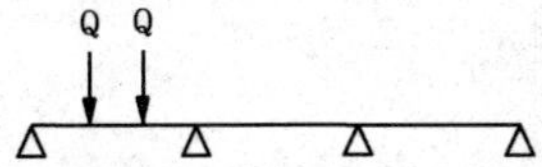 Q Q	0.274	—	0.178	0.044	0.822	-1.178 0.222	0.222 -0.044	-0.044

注：等截面二、四、五等跨连续梁在常用荷载下的内力系数，可参考内力计算手册或其他钢筋混凝土结构教科书。